北京大学数学教学系列丛书

黎 曼 几 何 引 论

（上册）（第二版）

陈维桓　李兴校　编著

北京大学出版社

PEKING UNIVERSITY PRESS

图书在版编目 (CIP) 数据

黎曼几何引论. 上册 / 陈维桓，李兴校编著. — 2 版. —北京：北京大学出版社，2023.6

（北京大学数学教学系列丛书）

ISBN 978-7-301-33438-6

Ⅰ. ①黎⋯　Ⅱ. ①陈⋯　②李⋯　Ⅲ. ①黎曼几何 – 研究生 – 教材　Ⅳ. ① O186.12

中国版本图书馆 CIP 数据核字 (2022) 第 185955 号

书　　　名	黎曼几何引论（上册）（第二版）	
	LIMAN JIHE YINLUN (SHANGCE) (DI-ER BAN)	
著作责任者	陈维桓　李兴校　编著	
责 任 编 辑	尹照原　邱淑清	
标 准 书 号	ISBN 978-7-301-33438-6	
出 版 发 行	北京大学出版社	
地　　　址	北京市海淀区成府路 205 号　　100871	
网　　　址	http://www.pup.cn　新浪微博：@ 北京大学出版社	
电 子 信 箱	zpup@pup.cn	
电　　　话	邮购部 010-62752015　发行部 010-62750672	
	编辑部 010-62752021	
印 　刷 　者	河北博文科技印务有限公司	
经 　销 　者	新华书店	
	880 毫米 ×1230 毫米　A5　16.25 印张　504 千字	
	2002 年 12 月第 1 版	
	2023 年 6 月第 2 版　2024 年 12 月第 2 次印刷	
定　　　价	78.00 元	

内 容 简 介

"黎曼几何引论"课是基础数学专业研究生的基础课。从1854年黎曼首次提出黎曼几何的概念以来,黎曼几何学经历了从局部理论到大范围理论的发展过程。现在,黎曼几何学已经成为广泛地用于数学、物理的各个分支学科的基本理论。本书上册是"黎曼几何引论"课的教材,前四章是黎曼几何的基础;第五与第六章介绍黎曼几何的变分方法,是大范围黎曼几何学的初步;第七章介绍黎曼几何子流形的理论。每章末都附有大量的习题,书末并附有习题解答和提示,便于读者深入学习和自学。

本书可供综合大学、师范院校数学系、物理系学生和研究生用作教材,并且可供数学工作者参考。

作 者 简 介

陈维桓　北京大学数学科学学院教授,博士生导师。1964年毕业于北京大学数学力学系,后师从吴光磊先生读研究生。长期从事微分几何方向的研究工作和教学工作,开设的课程有"微分几何""微分流形""黎曼几何引论"和"纤维丛的微分几何"等。已出版的著作有:《微分几何讲义》(与陈省身合著),《黎曼几何选讲》(与伍鸿熙合著),《微分几何初步》,《微分流形初步》和《极小曲面》等。

李兴校　河南师范大学数学与信息科学学院教授,博士生导师。1994年在四川大学获得博士学位,主要研究方向是子流形微分几何。

序　言

北京大学数学科学学院 (及其前身数学力学系、数学系和概率统计系) 历来重视教学工作, 积极吸收、借鉴先进思想和方法, 不断探索人才培养的新途径、新模式, 始终秉持 "加强基础、重视应用、因材施教、分流培养" 的理念, 为全体学生提供良好的学习条件和多种成长途径, 让更多学生更快成长起来. 过去二十年间, 北京大学数学科学学院为精简学分而减少学时; 为减小班级规模而分班授课, 同一门课程由多位教师独立执教; 为培养拔尖人才, 又以实验班为名相继开设荣誉课程. 多措并举, 人勤天助, 北大数学涌现出以 "黄金一代" 为代表的大批数学新人, 教学成效也获得同行鼓励和相关部门的奖励.

在长期教学实践中, 许多教师为更好辅助教学工作而动手自编讲义, 几经教学实践调整打磨, 斟酌修改成书, 由北京大学出版社陆续出版, 汇编为 "北京大学数学教学系列丛书", 累计达三十余种. 所出版的教材, 既是课程建设成果的主要标志, 又可脱离课堂教学而独立存世. 因为不受讲课时间限制, 教材内容可以更丰富完备, 充分体现作者的学识修养和表达功力. 许多学生通过阅读教材而无师自通, 更多学生通过预习、复习教材而深刻理解与掌握所学知识.

目前, "北京大学数学教学系列丛书" 基本满足了北京大学数学科学学院教学工作所需, 也为国内许多高校所采用. 然而, 教材作为一门学科的入门书籍, 前后内容的联系、例题与习题的选配, 乃至遣词造句、外语汉译、符号标点使用, 都对学生有潜移默化的培养功效. 以更高标准来衡量, 大部分教材尚需时间来检验、完善. 虽然数学课程的内容是相对稳定的, 而教学方式却会与时俱进. 相较于二三十年前相对统一的课程教学, 如今教学中个性因素增大了. 不同教师按照同样教学大纲教授同一门课程, 内容取舍可以相差很大; 同样一门课程, 放在大学二年级还是三年级讲授, 进度快慢也会相差很远. 此外, 由于我们开展研究生教育时间相对较短, 所需教材还有很多空白, 需要出版更多高水平的研究生教材, 以减少对国外教材的依赖. 这些都要求我们继续努力, 不断推陈出新, 百花齐放, 这也是 "北京大学数学教学系列丛书" 二期的出版任务.

百余年前, 蔡元培主导大学教育时期, 就将教材出版作为中国现代大学教育的一项基础性工程, 由国人自己编撰大学教材以取代外国人的讲义, 革新旧式教材, 并亲自示范与推动, 对中国大学学术本土化起到了根本性作用. 党的二十大报告指出, 教育、科技、人才是全面建设社会主义现代化国家的基础性、战略性支撑. 北京大学数学科学学院不忘立德树人初心, 牢记为国育才使命, 提高国家的 "元实力"; 与时俱进, 守正创新, 继承百年实践所形成的优秀传统, 全面提高人才自主培养质量, 着力造就拔尖创新人才, 为加快建设教育强国、科技强国、人才强国做出更大贡献. 我相信, 在这一伟大奋斗进程中, 我们必将奉献更多优秀的教材, 努力实现高层次创新人才辈出的新格局.

陈大岳

2023 年 5 月 29 日

于北京大学

第二版前言

　　本书第一版问世已经有 20 年了. 现在第二版要出版, 我十分高兴. 在这里, 我要感谢广大读者长期的关注, 还要感谢北京大学出版社持续不断的支持和努力. 当前, 我国数学的发展水平取得了长足的进步, 与 20 年前相比已经不能同日而语. 但是, "黎曼几何引论" 作为数学研究生的基础课程仍然应该得到重视和提高, 这也是本书要出第二版的动力.

　　第二版对全书做了全面的修订, 改正了在第一版中出现的一些印刷错误. 其次, 比较重要的修改是: 全面地改写了 §2.4, 阐述了联络的意义, 增加了联络存在性的直接证明; 增加了对于从一点出发的距离函数的性质的描述 (§3.4 最后); 增加了挠率形式和曲率形式在局部切标架场变换下的变换公式 (§4.2 结构方程 (2.7) 之后); 对 §6.5 的 Rauch 比较定理做了改写, 并且增加了 Hessian 比较定理和 Laplace 比较定理. 我们希望, 本书第二版对于黎曼几何课程能够继续起到它应有的作用.

陈维桓

2023 年 6 月于北京大学

第一版前言

自从 B. Riemann 在 1854 年给出 "关于几何学的基本假设" 的就职演讲以来, 黎曼几何已经成为数学中十分重要的基本理论. 黎曼几何的基础知识是从事现代数学研究的人必须掌握的内容. "黎曼几何引论" 课程是数学系研究生的必修课程之一.

经过我们在北京大学长期的教学实践, 和持续不断的教学体系及教学内容的改革, 在 10 年前把 "流形论" 部分从 "黎曼几何引论" 课中分离出来, 单独成为一门 "微分流形" 课, 并且已经出版了教材《微分流形初步》(陈维桓编著, 高等教育出版社, 1998 年第一版, 2001 年第二版). 该课程作为黎曼几何的预备课程, 既适用于硕士研究生一年级, 也可供数学系本科高年级学生选修. 我们相信, 该课程的开设对于加强大学的几何教学和提高大学生的数学知识水平会起相当大的作用. 现在的 "黎曼几何引论" 以 "微分流形" 课为先修课程, 其教学重点是联络、黎曼度量、测地线、曲率等黎曼几何的基本概念和基础理论, 并且比较系统地介绍大范围黎曼几何, 特别是变分方法在黎曼几何中的应用. 本书在实质上是我在北京大学多年讲授 "黎曼几何引论" 课的讲稿, 其取材受到参考文献 [5; 21] 的重大影响. 其中第八、九、十章的内容我也在北京大学的研究生选修课或讨论班上, 以及在南开数学研究所举办的 "几何拓扑学术年" (1986) 和 "微分几何学术年" (1995) 的讲座中分别讲过多次.

一本适用的教材首先要取材适当. 一方面, 它必须反映当代数学发展的水平, 满足数学发展的需要. 黎曼几何发展到现在, 已经成为相当成熟的学科, 黎曼流形已经成为许多数学分支演绎的舞台. 我们不仅需要在平直空间中研究数学, 而且需要在弯曲空间中发展数学. 在目前, 这个最适当的弯曲空间就是黎曼流形. 所以, 不仅是专门从事几何研究的学生要学习黎曼几何, 而且数学系的从事各个方向研究和学习的学生都应该学习这门课. 因此, 课程设计和教学内容必须要兼顾到各方面的需求. 在另一方面, 教材又不能写成 "百科全书", 把黎曼几何各个方面的成果都收集进来. 我们只能以黎曼几何中与当前数学发展水平相适应的基础知识和基本理论为重点, 务必使学生通过本教材的学习, 理解和掌握黎曼几何的基本思想和基本方法.

教材的语言要通畅而平易近人; 讲理要透彻并富于启发性和直观性; 所用术语和记号要准确、明快和简洁. 有的数学著作以言简意赅为其写作风格. 但是, 我们认为教材更应该写得易于理解, 能够吸引读者, 使读者感到亲切, 而不要板着脸把读者拒之门外.

我感到很高兴的是李兴校教授愿意参加到编写《黎曼几何引论》这项工作中来. 他的参加使得本书的写作进程加快了, 并且全书的编著质量也得到了提高. 特别是全书的习题、解答及提示是由他负责编写的. 本书是我们两个人愉快合作的结晶.

普遍认为, 编写教材是费力不讨好的任务; 尤其是不少年轻一些的同志觉得编写教材无非是抄抄写写, 是剪刀加糨糊的产物, 是脑力劳动中的低层次工作. 实际上, 一本好的教材是研究工作的长期积累和教学实践的经验总结, 也是重要的创新成果. 作者不仅要了解该学科的全貌, 能够博采众长, 而且要成为教学实践、教学改革的有心人, 能够持续不断地投入全部精力和甘于默默无闻、长期不懈地努力, 总结自己在教学中的心得体会. 如《南开大学数学教学丛书》(科学出版社出版) 的序中所说: 这些教材不是编出来的, 而是在长期教学中 "教" 出来的, "改" 出来的. 我十分赞同关于教材建设的这个观点. 形成一个先进的教材体系, 是创新人才培养工作中的 "百年大计", 从上到下都应该重视这件事. 基于这些认识, 我们自己在几何类课程的教材建设方面已经作出了长期、艰苦、系统的努力. 值得欣慰的是, 这些努力没有白费: 献给读者的一系列几何教科书在培养数学人才和普及微分几何知识方面应该说起到了显著的作用.

本书可以用于高等院校数学系研究生的不同层次的几何课程. 标准的研究生课程 "黎曼几何引论" 可以在先修课 "微分流形" 的基础上, 以本书第二章至第七章为主要内容, 在一学期内讲完 (周学时为

3). "黎曼几何引论" 课的另一种设计可以从微分流形的概念讲起, 以本书第一章至第四章的内容为主, 结合《微分流形初步》, 也可以在一学期内完成 (周学时为 3, 或 4). 后一种课的设计也许会有更广泛的适应性, 而第五章至第七章可以作为同学自学的材料. 第八、九、十章分别讲述 Kähler 流形、黎曼对称空间和主纤维丛上的联络的基础知识, 它们是黎曼几何的有机组成部分, 对于学习、了解和应用黎曼几何基本理论是不可或缺的. 这些内容可以作为微分几何、拓扑学、几何分析、函数论、数学物理等研究方向的研究生进一步自学的材料, 也可以作为 "黎曼几何 II" 的教材. 为了方便读者使用, 本书按照上面的设想分成上、下两册出版.

在这里, 我们需要特别提一下, 第九章 "黎曼对称空间" 的取材和写作参照了南开数学研究所孟道骥教授的讲稿. 在 1988 年, 我们曾经邀请孟道骥教授到北京大学数学系给研究生系统地讲授 "黎曼对称空间"; 后来, 我在北京大学的几何讨论班上也多次讲过此内容. 在我们编写第九章时, 孟道骥教授把他当年的讲稿慷慨地借给我们参考; 并且在第九章完稿之后, 他又认真地审读过一遍. 作者在此特向他表示崇高的敬意和衷心的感谢. 虽然黎曼对称空间在本质上是李群、李代数的理论, 但是它是特殊的黎曼空间, 是检验几何理论的重要场所, 所以本书的重点是强调它的基本理论和几何性质. 读者在熟悉 (或承认) 李代数的一些基本事实之后, 阅读本章似乎没有特别的困难. 由于篇幅的限制, 也为了不喧宾夺主, 关于李代数我们只提及所要用到的一些基本概念和事实, 没有给出它们的详细的证明. 但是, 这样处理的结果反而使得黎曼对称空间的性质和结构能够更加清晰、更加突出地展现在读者面前, 达到更好的效果.

在本书的写作过程中, 第一作者得到北京大学数学科学学院、北京大学研究生院、北京大学教材建设委员会、北京大学出版社以及国家自然科学基金 (项目号: 19871001, 10226037) 的支持和资助. 在这期间, 第二作者得到国家自然科学基金 (项目号: 19971060) 和河南省自然科学基金的资助. 作者在此向他们表示衷心的感谢. 在本书交付北京大学出版社正式出版之前, 孟道骥教授和马辉博士受本丛书编辑委员会的委托, 认真、细致地审读过全书初稿, 并且提出过许多宝贵的意见和建议. 作者在此向他们表示深切的谢意. 最后, 作者对责任编辑邱淑清老师卓有成效的辛勤工作表示敬意.

　　限于作者的水平, 本书中的不足之处肯定是存在的, 诚恳地希望读者能不吝指正.

陈维桓

2002 年 1 月于北京大学

上　册　目　录

绪论 · 　1

第一章　微分流形 ·　7
　§1.1　微分流形 ·　7
　§1.2　光滑映射 ·　14
　§1.3　单位分解定理 ·　18
　§1.4　切向量和切空间 ·　22
　§1.5　光滑切向量场 ·　29
　§1.6　光滑张量场 ·　35
　§1.7　外微分式 ·　39
　§1.8　外微分式的积分和 Stokes 定理 · · · · · · · · · ·　43
　§1.9　切丛和向量丛 ·　48
　习题一 ·　59

第二章　黎曼流形 ·　76
　§2.1　黎曼度量 ·　76
　§2.2　黎曼流形的例子 ·　83
　§2.3　切向量场的协变微分 · · · · · · · · · · · · · · · · · ·　92
　§2.4　联络和黎曼联络 ·　101
　§2.5　黎曼流形上的微分算子 · · · · · · · · · · · · · · · ·　113
　§2.6　联络形式 ·　127
　§2.7　平行移动 ·　132
　§2.8　向量丛上的联络 ·　138
　习题二 ·　144

第三章　测地线 ·　162
　§3.1　测地线的概念 ·　162
　§3.2　指数映射 ·　170

§3.3 弧长的第一变分公式 · 173

§3.4 Gauss 引理和法坐标系 · 181

§3.5 测地凸邻域 · 191

§3.6 Hopf-Rinow 定理 · 196

习题三 · 202

第四章 曲率 · 209

§4.1 曲率张量 · 209

§4.2 曲率形式 · 219

§4.3 截面曲率 · 228

§4.4 Ricci 曲率和数量曲率 · 235

§4.5 Ricci 恒等式 · 239

习题四 · 246

第五章 Jacobi 场和共轭点 · 255

§5.1 Jacobi 场 · 256

§5.2 共轭点 · 266

§5.3 Cartan-Hadamard 定理 · 271

§5.4 Cartan 等距定理 · 277

§5.5 空间形式 · 284

习题五 · 292

第六章 弧长的第二变分公式 · 298

§6.1 弧长的第二变分公式 · 298

§6.2 Bonnet-Myers 定理 · 302

§6.3 Synge 定理 · 305

§6.4 基本指标引理 · 311

§6.5 黎曼几何中的比较定理 · 325

习题六 · 343

第七章 黎曼流形的子流形 · 349

§7.1 子流形的基本公式 · 350

§7.2 子流形的基本方程 · 360

§7.3 欧氏空间中的子流形 · 366

§7.4 极小子流形 · 381

§7.5　体积的第二变分公式 · 396

习题七 · 414

习题解答和提示 · 425

参考文献 · 493

索引 · 497

下册目录预告

第八章　Kähler 流形

复向量空间, 复流形和近复流形, 复向量丛上的联络, Kähler 流形的几何, 全纯截面曲率, Kähler 流形的例子, 陈示性类

第九章　黎曼对称空间

定义和例子, 黎曼对称空间的性质, 黎曼对称对, 黎曼对称空间的例子, 正交对称李代数, 黎曼对称空间的曲率张量

第十章　主纤维丛上的联络

向量丛上的联络和水平分布, 标架丛和联络, 微分纤维丛, 主纤维丛上的联络, 主丛上联络的曲率, Yang-Mills 场简介

绪　　论

"什么是黎曼几何学?" 每一位初学者在打开本书时都会提出这样的问题. 对这个问题的回答既是简单、容易的, 又是复杂、困难的. 让我们从 Gauss 的 "绝妙定理" (Theorema Egregium) 谈起.

为了刻画三维欧氏空间中正则参数曲面的形状, 通常要引进曲面的第一基本形式和第二基本形式的概念. 第一基本形式是曲面上的切向量 $\mathrm{d}\vec{r}$ 的长度平方, 即

$$I = \mathrm{d}\vec{r} \cdot \mathrm{d}\vec{r}.$$

第二基本形式是

$$II = \mathrm{d}^2\vec{r} \cdot \vec{n}$$

(其中 $\vec{n}$ 为曲面的单位法向量), 在本质上它是曲面上任意一点的邻近点到该点切平面的有向距离. 特别是, 两个基本形式之比

$$\frac{II}{I} = \frac{\mathrm{d}^2\vec{r} \cdot \vec{n}}{\mathrm{d}\vec{r} \cdot \mathrm{d}\vec{r}} = \frac{\mathrm{d}^2\vec{r}}{\mathrm{d}s^2} \cdot \vec{n}$$

是曲面上通过该点, 以 $\mathrm{d}\vec{r}$ 为方向的曲线的曲率向量 $\kappa\vec{\beta} = \dfrac{\mathrm{d}^2\vec{r}}{\mathrm{d}s^2}$ 在曲面该点处的单位法向量 $\vec{n}$ 上的投影 (这里的 κ 和 $\vec{\beta}$ 分别是曲线的曲率和主法向量), 它是仅依赖曲面在该点的切方向的函数. 如果考虑曲面上由该点的切方向 $\mathrm{d}\vec{r}$ 和单位法向量 $\vec{n}$ 所张成的平面, 并且用该平面在曲面上截出一条曲线, 则这条曲线以 $\mathrm{d}\vec{r}$ 为切向量, 同时它在该点的曲率向量与 $\vec{n}$ 是共线的. 所以该曲线在该点的曲率正好是 $\dfrac{II}{I}$, 我们把它称为曲面在该点沿切方向 $\mathrm{d}\vec{r}$ 的法曲率, 记为 κ_n. 在曲面上任意固定一点, 则 κ_n 是在该点的切方向的函数, 它反映了曲面在该点沿该切方向的弯曲方向和弯曲程度. 一般说来, 曲面在每一点有两个彼此垂直的切方向, 使得法曲率 κ_n 在这两个方向分别达到它的最大值和最小值.

这两个切方向称为曲面在该点的主方向, 相应的两个法曲率称为曲面在该点的主曲率, 记为 κ_1, κ_2. 所谓的 Gauss 曲率 K 指的就是这两个主曲率的乘积, 即 $K = \kappa_1\kappa_2$. 自然, 它是借助于曲面的第一基本形式和第二基本形式计算而得的.

Gauss 经过复杂的计算, 获得了一个惊人的发现 (1827 年): Gauss 曲率 K 只依赖于曲面的第一基本形式, 而与曲面的第二基本形式无关. 这就是 Gauss 的绝妙定理.

Gauss 的绝妙定理的意义在哪里? 如果我们把参数曲面的定义域记为 D, 它是 $\mathbb{R}^2$ 中的一个开子集, 其中的点的坐标记为 (u^1, u^2), 那么曲面的第一基本形式 I 是在区域 D 上坐标 u^1, u^2 的 2 次微分式:

$$I = \sum_{i,j=1}^{2} g_{ij}(u^1, u^2)\mathrm{d}u^i\mathrm{d}u^j,$$

其中 $g_{ij} = g_{ji}$, 并且在每一点 $(u^1, u^2) \in D$, (g_{ij}) 是正定的 2×2 矩阵. 在这样一种结构下, 能够做些什么事呢? 按照曲面论, 我们能够计算区域 D 上任意一条分段光滑曲线的长度, 能够计算区域 D 内一个有界子区域的面积等等; 而且这些量与定义区域 D 内所取的坐标系无关. Gauss 的定理则进一步断言: 利用 (g_{ij}), 我们还可以计算曲面在 D 内每一点处的 Gauss 曲率, 而不管曲面的具体形状如何. 这是一个非常了不起的结果, 它开创了曲面的内蕴微分几何. Gauss 曲率的意义是什么? 它所反映的不只是我们所观察到的曲面的 "外在" 形状, 而且是衡量定义在区域 D 上的第一基本形式 I 与标准的欧氏度量偏离程度的量度. 以 Gauss 曲率 K 为常数 c 的第一基本形式为例 (参看参考文献 [2], 第 184 页):

当 $c = 0$ 时, $I = (\mathrm{d}u^1)^2 + (\mathrm{d}u^2)^2$;

当 $c > 0$ 时, $I = (\mathrm{d}u^1)^2 + \cos^2(\sqrt{c}u^1)(\mathrm{d}u^2)^2$;

当 $c < 0$ 时, $I = (\mathrm{d}u^1)^2 + \cosh^2(\sqrt{-c}u^1)(\mathrm{d}u^2)^2$.

通过坐标变换, 可以用等温参数把上述三种情况统一起来:

$$I = \frac{(\mathrm{d}u^1)^2 + (\mathrm{d}u^2)^2}{[1 + \frac{c}{4}((u^1)^2 + (u^2)^2)]^2}.$$

更一般地, 可以证明: 在 D 上的第一基本形式 I 是欧氏度量, 当且仅当它的 Gauss 曲率 K 恒为零. 由此可见, Gauss 曲率衡量了第一基本形式相对于欧氏度量的偏离程度, 即曲面 (或二维空间) 的 "内在" 弯曲程度. 我们可以研究各种不同的二维 "弯曲" 空间, 而经典的非欧几何恰恰是在常 "弯曲" 空间中的几何学.

B. Riemann 在 1854 年给出的著名就职演说《关于几何学的基本假设》(参看参考文献 [30], Vol.2, 第 135 页) 中把 Gauss 的曲面内蕴微分几何推广到任意维数的情形. 首先, 他提出了 n 维流形的概念. 尽管在当时, 尚没有具体、确切地表述度量空间和拓扑空间等概念的方式, 但在他的头脑里已把 n 维流形设想为在局部上与 n 维欧氏空间相仿的对象, 其中每一个点都可以用 n 个有序实数的组 $x = (x^1, \cdots, x^n)$ 来描写. 在欧氏空间中, 为了求曲线的长度, 需要先指定直线段的长度, 然后把曲线的长度定义为它的内接折线长度的上确界. 在这里, "直线段" 是一类特殊的曲线, 需要预先把它从一般的曲线中区分出来. 现在, Riemann 提出一种与之不同的统一的模式, 不需要预先区分直线和曲线, 而是先定义切向量的长度, 然后把曲线的长度定义为切向量的长度沿曲线的积分. 因而, 这种做法适用于任意的 (光滑) 流形, 不必要求该流形有如同欧氏空间的平直结构. Riemann 进一步提出: 切向量 $\mathrm{d}x$ 的长度 $\mathrm{d}s$(称为线元) 可以是 $\mathrm{d}x$ 的分量的任意的一次齐次函数, 要求该函数的值在 $\mathrm{d}x$ 的分量全部反号时不改变; 并且该函数的系数与 x 有关 (后来, Finsler 首次对此作了系统的研究, 现在称这种度量为 Finsler 度量). 特别地, $\mathrm{d}s$ 可以是 $\mathrm{d}x^i$ 的、处处为正的二次齐次函数的算术平方根, 而其中的系数是变量 x 的连续函数. 后者就是现在的 Riemann 度量. 由此可见, 简单地说, 黎曼几何恰恰是 Gauss 的曲面内蕴微分几何在高维的推广, 曲面的内蕴微分几何是二维黎曼流形的几何学.

Gauss 对 Riemann 的演讲评价很高, 他在步出演讲厅时以罕有的激动心情对 W. Weber 谈起 "Riemann 所表述的观点的深度" (参看参考文献 [30], Vol.2, 第 134 页). 事实的确是如此, 为了理解并在技术细节上完善 Riemann 的思想差不多花了大半个世纪. 首先是 Christoffel,

然后是 Ricci 和 Levi-Civita, 他们创造了一整套张量分析的方法, 引进了所谓的绝对微分学, 给出了 Riemann 所提出的曲率的表达式. 尤其是 Levi-Civita 提出了曲面上的切向量沿曲线平行移动的概念. 这样, 对于黎曼几何在几何直观上的理解便提高到一个崭新的水平, 大大地推动了黎曼几何的发展.

1916 年, A. Einstein 在他所发表的广义相对论中成功地运用了黎曼几何学, 把质量分布表述为黎曼度量, 把引力现象解释为黎曼空间的曲率性质. 于是, 黎曼几何开始受到普遍的重视, 研究 “弯曲” 空间的必要性再次得到肯定. 在其后不久出版的教科书:

L. P. Eisenhart, *Riemannian Geometry*, Princeton University Press, New Jersey, 1926

在传播黎曼几何知识方面起到了重大的作用. 与此同时, E. Cartan 出版了他的重要著作:

E. Cartan, *Lecons sur la Géométrie des Espaces de Riemann*, Gauthier-Villars, Paris, 1928.

流形论是黎曼几何的基础. 对流形 (拓扑流形) 的概念第一次做出准确描述的是 D. Hilbert (《几何基础》,1902 年). 后来, H. Weyl 在他的名著《黎曼面的概念》(1913 年) 中对于微分流形给出了清晰的数学描述. 在 20 世纪 30 年代, H. Whitney 开始对微分流形的拓扑进行了认真的研究. 在做了这些准备之后, H. Hopf 在 1932 年提出了研究大范围黎曼几何的问题, 即截面曲率 K 的符号与 (紧致) 黎曼流形 (M,g) 的拓扑相互制约的问题 (参看 M. Berger, *Riemannian Manifolds: From Curvature to Topology*, In: Chern — A Great Geometer of the Twentieth Century, 第 184 页, International Press, Hong Kong, 1992). 在 1942 年, 陈省身用 Cartan 的外微分和活动标架方法, 成功地用内蕴的方法证明了偶数维紧致黎曼流形上的 Gauss-Bonnet 定理, 这是大范围黎曼几何发展过程中的里程碑, 开创了大范围黎曼几何的新纪元. 陈省身在他的论文:*A simple intrinsic proof of the Gauss-Bonnet formula for closed Riemannian manifolds* (Ann. of Math., 45(1944), 747-752) 中以深邃的思想揭示了联络、曲率形式、切丛和球丛的重要性以及它们之间的相互联系, 编织了黎曼流形的局部不变量 (曲率) 和整体不变量 (Euler 示性数) 之间的辉煌图景. 陈省身的这项研究成果以及随后发表的关于陈示性式的一系列论文, 展示了后来的微分几何发展方向, 影响极为深远, 很快使得微分几何的思想和方法成为拓扑学、代数几何学、大范围分析、数学物理等许多数学分支的有机组成部分, 并使微分几何成为数学研究的一个中心课题.

在这里, 我们不能不提到陈省身在芝加哥大学讲授微分几何的油印讲义 *Differentiable Manifolds* (1953 年), 它以清晰的现代语言讲述微分流形、联络、黎曼流形等基本理论. 后来出版的微分流形与黎曼几何教科书都受到这本讲义的深刻影响. 当代许多重要的微分几何学家都是在陈省身的研究工作及上述讲义的养育、鼓舞下成长起来的. 陈省身的著作成为当代微分几何学家的必读经典.

从黎曼几何的发展过程, 以及黎曼几何在各个数学分支中的应用来看, 联络的概念处于中心的位置. 在流形上给定微分结构之后, 微分流形上的切向量、切空间和光滑切向量场都是有意义的, 因为它们所涉及的是微分流形上的光滑函数, 以及光滑函数的导数. 若要在微分流形上进一步运用微分手段, 必须能够对光滑切向量场求微分. 然而, 微分流形的光滑结构本身并未提供对光滑切向量场求导的手段. 对光滑切向量场求导本身是加在光滑流形上的一种新的结构, 这种结构就是所谓的联络. 有幸的是, 在黎曼流形上存在一种自然的特殊联络 (称为黎曼联络或 Levi-Civita 联络), 它是被黎曼结构 (即黎曼度量) 唯一确定的. 由此可见, 联络是比黎曼度量更为基本的一种结构. 在 20 世纪的五六十年代, 围绕联络的概念进行了紧张的研究, 其主要结晶是建立并完善了向量丛上的联络 (Koszul) 和主丛上的联络 (Ehresmann) 等概念. 陈示性式是通过复向量丛上的联络构造出来的, 然而它是与向量丛上联络的选取无关的不变量 (Chern-Weil 定理), 因此它反映了复向量丛的结构特性, 特别是量度了复向量丛偏离平凡丛 (空间的直积) 的程度.

从 20 世纪五六十年代以来, 大范围黎曼几何本身及其在各个数学分支中的应用已经发展到相当可观的程度. 例如, 度量的曲率性质与流形本身的拓扑的相互制约关系, de Rham-Hodge 理论, Yang-Mills 理论, 黎曼流形的谱, 调和映射, 黎曼流形上的函数论, 黎曼流形中的极小子流形, 热流方法和问题, 非线性理论中的几何问题, Gromov 的黎曼度量的收敛问题, 等等, 都是黎曼几何中的重要课题. 由于黎曼几何已经有如此众多的分支, 所以, 我们说, "什么是黎曼几何学?" 是一个难以确切回答的问题. 在本书最后所列的参考书目, 有些是新近出版的黎曼几何教科书, 有些是黎曼几何专著, 往往侧重于或强调黎曼几何的某些课题. 若想更多地了解上述问题的答案, 读者可以选读这些书.

"在本课程中能够学到些什么?" 本课程是黎曼几何学的入门课程, 其先修课程是 "微分流形". 本课程面向基础数学专业、应用数学专业 (以及理论物理专业和近代力学专业) 的全体硕士研究生和博士研究生, 主要目标是向他们介绍黎曼几何的基本概念和基础理论, 大体上可以分为三个部分. 鉴于联络的重要性, 我们首先在联络的引进、联络的一般概念和黎曼联络的特性、切向量的平行移动等方面倾注了很大的力量, 务使读者对此有一个清晰的了解. 然后在黎曼流形上对测地线、弧长第一变分公式和曲率展开讨论. 前四章是黎曼几何的基础, 它们构成本书 (上册) 的第一部分. 在第二部分, 我们要导出弧长的第二变分公式, 在此基础上, 讨论测地线的最短性 (即短程性), Jacobi 场和共轭点理论, 以及它们在大范围黎曼几何中的应用. 这部分内容的教学目的是帮助读者初步建立起大范围黎曼几何的观念, 并掌握研究大范围黎曼几何的变分方法. 第三部分旨在建立黎曼子流形的框架理论, 并导出子流形体积的第一、第二变分公式.

除了前七章作为标准的 "黎曼几何引论" 课程的基本内容以外, 我们还辟专章介绍 Kähler 流形、黎曼对称空间等特殊黎曼流形, 以及主丛上的联络. 它们构成本书的下册. 这些内容本身是微分几何的重要研究课题, 而且是黎曼几何以及微分几何在各个数学分支中的应用的重要的基础. 当然, 在这里我们强调的还是这些内容的基础理论, 而不是它们的最新发展. 但是, 这些基础理论对于从事有关研究工作的读者来讲是必备的知识.

第一章 微分流形

微分流形是 20 世纪数学有代表性的基本概念, 当代数学的许多重要结构和研究对象都以微分流形为载体. 本书要介绍的黎曼几何学就是在光滑流形上给定了一个黎曼结构的几何学. 在本章我们要回顾有关微分流形的一些基本概念, 包括光滑流形, 光滑函数, 光滑切向量场, 外微分式, 切丛等等. 这方面的详细内容, 可参看参考文献 [3].

§1.1 微 分 流 形

微分流形的概念是从欧氏空间脱胎而来的, 而欧氏空间则是微分流形中最简单的例子和模型. 所谓的 n 维欧氏空间, 简记为 $\mathbb{R}^n$, 是有序的 n 元实数组的集合, 并赋予标准的距离 d 所构成的空间, 其元素称为 "点". $\mathbb{R}^n$ 中任意两点 $a = (a^1, \cdots, a^n)$, $b = (b^1, \cdots, b^n)$ 之间的距离定义为

$$d(a, b) = \sqrt{\sum_{i=1}^{n} (b^i - a^i)^2}.$$

设 U 是 $\mathbb{R}^n$ 的一个开集, r 为正数. 如果 U 上的实函数 $f: U \to \mathbb{R}$ 具有直到 r 阶的各阶连续偏导数, 则称 f 为 U 上的一个 r 次**可微函数**. U 上 r 次可微函数的集合记为 $C^r(U)$. 依此记法, U 上连续函数的集合记作 $C^0(U)$. 给定函数 $f: U \to \mathbb{R}$, 如果对于任意的非负整数 r, 都有 $f \in C^r(U)$, 则称 f 是 U 上的一个**光滑函数**. U 上光滑函数的集合记作 $C^\infty(U)$. 如果函数 $f: U \to \mathbb{R}$ 在 U 中每一点的某个邻域内都能展开为收敛的幂级数, 则称 f 为 U 上的**实解析函数**. U 上的实解析函数的集合记作 $C^\omega(U)$. 以后, 在记号 $C^r(U)$ 中, 总是认为 r 是非负整数、∞ 或 ω. 为了方便起见, 把 $C^r(U)$ 中的函数称为 (U 上的) C^r 函数.

上述概念可以推广到两个欧氏空间之间的映射. 设 U 是 $\mathbb{R}^n$ 的一个开子集, $f : U \to \mathbb{R}^k$ 是从 U 到 k 维欧氏空间 $\mathbb{R}^k$ 的映射. 显然, 映射 f 可以用 U 上的 k 个实函数 $f^\alpha (1 \leqslant \alpha \leqslant k)$ 表示为

$$f = (f^1, \cdots, f^k),$$

其中的 f^α $(1 \leqslant \alpha \leqslant k)$ 称为映射 f 的分量. 如果对于每一个 $\alpha(1 \leqslant \alpha \leqslant k)$, f^α 都是 U 上的 C^r 函数, 则称映射 f 为 (从 U 到 $\mathbb{R}^k$ 的) C^r **映射**. 类似地, 可以引入光滑映射和实解析映射等等. 特别地, 如果 U 是 $\mathbb{R}$ 的一个开区间, 则 C^∞ 映射 $f : U \to \mathbb{R}^k$ 又称为 $\mathbb{R}^k$ 中的一条**光滑曲线**.

定义 1.1 设 M 是一个非空的 Hausdorff 空间. 如果对于每一点 $p \in M$, 都存在 p 点的开邻域 $U \subset M$, 以及从 U 到 m 维欧氏空间 $\mathbb{R}^m$ 的某个开集上的同胚 $\varphi : U \to \mathbb{R}^m$, 则称 M 为一个 m 维**拓扑流形**.

上述定义中的 (U, φ) 称为 M 的一个**坐标卡**; 此时, 开集 U 称为点 $p \in U$ 的**坐标邻域**, φ 称为**坐标映射**. 于是, 所谓的拓扑流形实际上就是在局部上同胚于 m 维欧氏空间的 Hausdorff 空间, 即它的每一点都有同胚于 $\mathbb{R}^m$ 中某个开集的坐标邻域.

定义 1.2 设 M 是一个 m 维拓扑流形, (U, φ) 与 (V, ψ) 是 M 的两个坐标卡. 如果 $U \cap V = \emptyset$, 或者, 当 $U \cap V \neq \emptyset$ 时, 映射

$$\psi \circ \varphi^{-1} : \varphi(U \cap V) \to \psi(V) \quad \text{和} \quad \varphi \circ \psi^{-1} : \psi(U \cap V) \to \varphi(U)$$

都是 C^r 映射, 则称坐标卡 (U, φ) 与 (V, ψ) 是 C^r **相关的**.

显然, 拓扑流形 M 的任意两个坐标卡必定是 C^0 相关的.

定义 1.3 设 M 是一个拓扑流形, $\mathscr{A} = \{(U_\alpha, \varphi_\alpha); \alpha \in I\}$ 是 M 的若干坐标卡构成的集合, I 为指标集. 如果 $\mathscr{A}$ 满足下列三个条件, 则称 $\mathscr{A}$ 为拓扑流形 M 的一个 C^r **微分结构**:

(1) $\{U_\alpha; \alpha \in I\}$ 是 M 的一个开覆盖;

(2) $\forall \alpha, \beta \in I$, $(U_\alpha, \varphi_\alpha)$ 与 (U_β, φ_β) 是 C^r 相关的;

(3) $\mathscr{A}$ 是极大的, 换句话说, 对于 M 的任意一个坐标卡 (U, ψ), 如果它和 $\mathscr{A}$ 中的每一个成员都是 C^r 相关的, 则它一定属于 $\mathscr{A}$.

C^∞ 微分结构称为**光滑结构**; C^ω 结构称为**实解析结构**.

定义 1.4 设 M 是一个 m 维拓扑流形, $\mathscr{A}$ 是 M 的一个 C^r 微分结构, 则称 $(M, \mathscr{A})$ 是一个 m 维 C^r **微分流形**. 此时, $\mathscr{A}$ 中的坐标卡称为 C^r 微分流形 $(M, \mathscr{A})$ 的**容许坐标卡**.

特别地, C^∞ 微分流形和 C^ω 微分流形分别称为**光滑流形**和**实解析流形**.

在不会引起混淆的情况下, 也用 M 表示一个 C^r 微分流形 $(M, \mathscr{A})$.

注记 1.1 对于 $r \geqslant 1$, 并非每一个拓扑流形都有 C^r 的微分结构.

注记 1.2 任意一个 C^r 微分结构 $\mathscr{A}$ 都可以由 M 的一个 C^r 相关的坐标覆盖 $\mathscr{A}_0$ 唯一确定. 这里所谓的 C^r 相关的坐标覆盖 $\mathscr{A}_0$ 是指流形 M 上满足定义 1.3 中前两个条件的坐标卡集. 事实上, $\mathscr{A}$ 由 $\mathscr{A}_0$ 通过下面的方式确定:

$$\mathscr{A} = \{(U, \varphi); (U, \varphi) \text{是 } M \text{ 的坐标卡, 且 } \forall (V, \psi) \in \mathscr{A}_0,$$
$$(U, \varphi) \text{ 与 } (V, \psi) \text{ 是 } C^r \text{ 相关的}\}.$$

注记 1.3 设 (U, φ) 是 m 维微分流形 M 的一个容许坐标卡, 则对于 $\forall p \in U$, 把 $x = \varphi(p)$ 在 $\mathbb{R}^m$ 中的坐标 $(x^1(p), \cdots, x^m(p))$ 称为点 p 的**局部坐标**. 以这样的方式在 U 上确定了一个坐标系, 称为 M 在 p 点的一个 (由局部坐标卡 (U, φ) 给出的) **局部坐标系**, 记为 $(U, \varphi; x^i)$ 或 $(U; x^i)$; 其中, 定义在 U 上的 m 个函数 $x^i : U \to \mathbb{R}$ $(i = 1, \cdots, m)$ 称为 (局部) **坐标函数**.

对于 M 的任意两个 C^r-相关的局部坐标系 $(U, \varphi; x^i)$ 和 $(V, \psi; y^i)$, 如果 $U \cap V \neq \emptyset$, 则称映射

$$\psi \circ \varphi^{-1} : \varphi(U \cap V) \to \psi(U \cap V)$$

为从 $(U, \varphi; x^i)$ 到 $(V, \psi; y^i)$ 的 (局部) **坐标变换**, 它可以表示为

$$y^i = (\psi \circ \varphi^{-1})^i = y^i(x^1, \cdots, x^m), \qquad 1 \leqslant i \leqslant m.$$

由此所得到的 m 阶方阵

$$J_{x;y} = \left(\frac{\partial y^l}{\partial x^j} \right)$$

称为局部坐标变换 $\psi \circ \varphi^{-1}$ 的 **Jacobi 矩阵**, 相应的行列式称为 $\psi \circ \varphi^{-1}$ 的 **Jacobi 行列式**, 并且记

$$\frac{\partial(y^1, \cdots, y^m)}{\partial(x^1, \cdots, x^m)} = \det\left(\frac{\partial y^i}{\partial x^j}\right).$$

由于局部坐标变换是可逆的, 利用求偏导数的链式法则容易看出, 局部坐标变换的 Jacobi 矩阵都是非退化的, 即相应的 Jacobi 行列式恒不为零 (证明留作练习).

利用局部坐标变换的 Jacobi 行列式, 容易引入可定向流形及有向流形的概念.

定义 1.5　设 M 是一个微分流形. 如果在 M 上存在一族容许的局部坐标系 $\mathscr{U} = \{(U_\alpha; x_\alpha^i); \ \alpha \in I\}$, 满足以下两个条件:

(1) $\bigcup\limits_{\alpha \in I} U_\alpha = M$;

(2) $\forall \alpha, \beta \in I$, 或者 $U_\alpha \cap U_\beta = \varnothing$, 或者当 $U_\alpha \cap U_\beta \neq \varnothing$ 时, 在 $U_\alpha \cap U_\beta$ 上必有

$$\frac{\partial(x_\alpha^1, \cdots, x_\alpha^m)}{\partial(x_\beta^1, \cdots, x_\beta^m)} > 0, \tag{1.1}$$

则称 M 是**可定向的微分流形**.

一般地, 满足 (1.1) 的两个局部坐标系 $(U_\alpha; x_\alpha^i)$, $(U_\beta; x_\beta^i)$ 称为是**定向相符的**.

定义 1.6　设 M 是可定向的 m 维微分流形, 如果

$$\mathscr{U} = \{(U_\alpha; x_\alpha^i); \alpha \in I\}$$

是使定义 1.5 中条件 (1) 和 (2) 成立的一族局部坐标系, 并且满足条件:

(3) $\mathscr{U}$ 是极大的, 即对于任意的容许局部坐标系 $(U; x^i)$, 只要对于任意的 $\alpha \in I$, $(U; x^i)$ 和 $(U_\alpha; x_\alpha^i)$ 都是定向相符的, 便有 $(U; x^i) \in \mathscr{U}$, 则称 $\mathscr{U}$ 是 M 的一个**定向**.

具有指定定向的微分流形称为**有向的微分流形**. 关于有向微分流形的其他等价定义以及相应的详细讨论可参看参考文献 [3].

现在给出一些常见的微分流形的例子.

例 1.1 设 M 是 $\mathbb{R}^m$ 的任意一个开子集, 令 $U = M, \varphi : U \to \mathbb{R}^m$ 为包含映射. 则对于任意的 r (正整数、∞ 或 ω), $\mathscr{A}_0 = \{(U, \varphi)\}$ 是 M 的一个 C^r 坐标覆盖. 于是 $\mathscr{A}_0$ 在 M 上确定了一个 C^r 微分结构 $\mathscr{A}$, 使 M 成为 m 维的 C^r 微分流形.

例 1.2 $\mathbb{R}^n$ 到其自身的所有可逆线性变换关于复合运算构成一个群 $\mathrm{GL}(n, \mathbb{R})$, 称为 n 阶的**一般线性群**. $\mathrm{GL}(n, \mathbb{R})$ 可等同于全体非奇异的 n 阶实方阵所构成的乘法群. 由于每一个 n 阶实方阵 $A = (a_{ij})$ 都可以看作 $\mathbb{R}^{n^2}$ 中的一个点, $\mathrm{GL}(n, \mathbb{R})$ 可表示为

$$\mathrm{GL}(n, \mathbb{R}) = \{A \in \mathbb{R}^{n^2}; \ \det A \neq 0\}.$$

由此可见, $\mathrm{GL}(n, \mathbb{R})$ 是欧氏空间 $\mathbb{R}^{n^2}$ 的开子集, 因而是一个 n^2 维的 C^r 微分流形.

例 1.3 设 $M = \mathbb{R}, r$ 为正整数、∞ 或 ω. 例 1.1 已经给出了 M 上的一个 C^r 微分结构 $\mathscr{A}$. 现令 $V = M$, 映射 $\psi : V \to \mathbb{R}$ 由 $\psi(x) = x^3$ $(\forall x \in V)$ 确定. 易见 ψ 和 ψ^{-1} 均为连续映射, 所以 ψ 是同胚, 即 (V, ψ) 是 M 的一个坐标卡. 由坐标覆盖 $\{(V, \psi)\}$ 在 M 上确定的 C^r 微分结构记为 $\mathscr{A}_1$. 于是 $(M, \mathscr{A}_1)$ 也是一个 C^r 的微分流形.

注意到坐标变换 $\varphi \circ \psi^{-1}(x) = \sqrt[3]{x}$ 在 $x = 0$ 处是不可微的, 于是这两个坐标卡 (U, φ) 和 (V, ψ) 不是 C^1 相关的. 所以, $(M, \mathscr{A})$ 与 $(M, \mathscr{A}_1)$ 是两个不同的一维 C^r 微分流形.

例 1.4 设 f 是定义在 $\mathbb{R}^{n+1}$ 上的实值 C^r 函数, $r \geqslant 1$. 如果 f 的梯度

$$\mathrm{grad}\, f = \left(\frac{\partial f}{\partial x^1}, \cdots, \frac{\partial f}{\partial x^{n+1}} \right)$$

在 f 的一个水平集

$$M_c = \{p \in \mathbb{R}^{n+1}; \ f(p) = c\}$$

(c 为常数) 上恒不为零, 则 M_c 是一个 n 维的 C^r 微分流形, 证明如下:

对于任意的 $p = (x_0^1, \cdots, x_0^{n+1}) \in M_c$, 不妨设

$$\frac{\partial f}{\partial x^{n+1}}(p) \neq 0.$$

根据隐函数定理, 存在点 $(x_0^1, \cdots, x_0^n)$ 在 $\mathbb{R}^n$ 中的邻域 $\tilde{U}$, 以及定义在 $\tilde{U}$ 上的 C^r 函数 $x^{n+1} = h(x^1, \cdots, x^n)$, 使得

$$x_0^{n+1} = h(x_0^1, \cdots, x_0^n),$$

并且在 $\tilde{U}$ 上有恒等式

$$f(x^1, \cdots, x^n, h(x^1, \cdots, x^n)) \equiv c.$$

由此可见, 从点 p 在 M_c 中的一个邻域 U 到坐标平面 $x^{n+1} = 0$ 上的投影 $j : U \to \tilde{U}$ 是一一对应, 其逆映射 j^{-1} 由

$$(x^1, \cdots, x^n) \longmapsto (x^1, \cdots, x^n, h(x^1, \cdots, x^n))$$

确定. 易知, j 与 j^{-1} 都是连续的. 因此, (U, j) 是 M_c 在 p 点的一个坐标卡. 可以验证, 对于所有的 $p \in M_c$, 由上述方法得到的坐标卡彼此都是 C^r 相关的, 并构成了 M_c 的一个 C^r 相关的坐标覆盖, 它在 M_c 上确定了一个 C^r 微分结构 $\mathscr{A}$, 使 M_c 成为一个 n 维的 C^r 微分流形.

例 1.4 说明, 欧氏空间 $\mathbb{R}^{n+1}$ 中的正则超曲面都是微分流形, 其中包括许多最常见的例子. 例如: 设 $r > 0$, 并设

$$f = \sum_{i=1}^{n+1} (x^i)^2, \quad \forall (x^1, \cdots, x^{n+1}) \in \mathbb{R}^{n+1},$$

则以原点为心、r 为半径的 n 维球面

$$S^n(r) = \{x \in \mathbb{R}^{n+1}; \ f(x) = r^2\}$$

是 f 的一个水平集, 并且 $\operatorname{grad} f$ 在 $S^n(r)$ 上处处不为零, 因此它是一个 n 维 C^r 微分流形. 为了简便起见, 以后记 $S^n = S^n(1)$.

例 1.5 开子流形.

设 M 为 m 维光滑流形, 其光滑结构记为

$$\mathscr{A} = \{(U_\alpha, \varphi_\alpha); \ \alpha \in I\};$$

又设 U 是 M 的一个非空开子集, 令

$$V_\alpha = U \cap U_\alpha, \quad \psi_\alpha = \varphi_\alpha|_{V_\alpha},$$

则 $\tilde{\mathscr{A}} = \{(V_\alpha, \psi_\alpha); \ \alpha \in I, V_\alpha \neq \emptyset\}$ 给出了 U 的一个光滑结构, 使得 $(U, \tilde{\mathscr{A}})$ 成为一个 m 维光滑流形, 称为 M 的 **开子流形**.

例 1.6 n 维实射影空间 $\mathbb{R}P^n$.

用 $\mathbb{R}P^n$ 表示 $\mathbb{R}^{n+1}$ 中经过原点 $O = (0, \cdots, 0)$ 的直线的集合. 若把 $\mathbb{R}^{n+1}$ 视为 $n+1$ 维的实向量空间, 则 $\mathbb{R}P^n$ 就是 $\mathbb{R}^{n+1}$ 的所有一维子空间的集合. 下面要在 $\mathbb{R}P^n$ 上引入一个 "标准" 的微分结构, 使之成为 n 维光滑流形.

为此, 先在 $\mathbb{R}_*^{n+1} = \mathbb{R}^{n+1} \setminus \{0\}$ 上定义一种等价关系 $\sim$ 如下:

$$\forall x = (x^1, \cdots, x^{n+1}), \quad y = (y^1, \cdots, y^{n+1}) \in \mathbb{R}_*^{n+1},$$

$x \sim y$ 当且仅当存在非零实数 λ, 使得 $y = \lambda x$, 即 $y^\alpha = \lambda x^\alpha (1 \leqslant \alpha \leqslant n+1)$. 不难知道, $\mathbb{R}P^n$ 可以等同于 $\mathbb{R}_*^{n+1}$ 关于等价关系 $\sim$ 的商空间, 即有

$$\mathbb{R}P^n = \mathbb{R}_*^{n+1} / \sim .$$

为方便起见, 用 $[x] = [(x^1, \cdots, x^{n+1})]$ 表示 $\mathbb{R}^{n+1}$ 中的元素 $x = (x^1, \cdots, x^{n+1})$ 所在的等价类, 于是有

$$\mathbb{R}P^n = \{[x] = [(x^1, \cdots, x^{n+1})]; \ x = (x^1, \cdots, x^{n+1}) \in \mathbb{R}_*^{n+1}\}.$$

把对应 $x \in \mathbb{R}_*^{n+1} \mapsto [x] \in \mathbb{R}P^n$ 记为 π. $\mathbb{R}P^n$ 上的拓扑结构定义如下: $U \subset \mathbb{R}P^n$ 是开集当且仅当 $\pi^{-1}(U)$ 是 $\mathbb{R}_*^{n+1}$ 的开子集. 由此可见, $\pi : \mathbb{R}_*^{n+1} \to \mathbb{R}P^n$ 是连续映射, 并且 $\mathbb{R}P^n$ 是 Hausdorff 空间. 通常把 x 的坐标 $(x^1, \cdots, x^{n+1})$ 称为 $\mathbb{R}P^n$ 中的点 $[x]$ 的 **齐次坐标**. 显然, 一个点的齐次坐标不是唯一的, 并且当 $x^\alpha \neq 0$ 时, 总有

$$[(x^1, \cdots, x^{n+1})] = \left[\left(\frac{x^1}{x^\alpha}, \cdots, \frac{x^{\alpha-1}}{x^\alpha}, 1, \frac{x^{\alpha+1}}{x^\alpha}, \cdots, \frac{x^{n+1}}{x^\alpha} \right) \right].$$

定义 $\mathbb{R}P^n$ 的 $n+1$ 个开子集如下:

$$V_\alpha = \{[(x^1, \cdots, x^{n+1})] \in \mathbb{R}P^n; \ x^\alpha \neq 0\}, \quad \alpha = 1, \cdots, n+1.$$

从直观上讲, V_α 是 $\mathbb{R}^{n+1}$ 中全体通过原点但不落在超平面 $x^\alpha = 0$ 之中的直线所构成的集合. 再引入映射

$$\varphi_\alpha : V_\alpha \to \mathbb{R}^n, \quad 1 \leqslant \alpha \leqslant n+1,$$

其定义如下:

$$\begin{aligned}
(\xi^1, \cdots, \xi^n) &= \varphi_\alpha([(x^1, \cdots, x^{n+1})]) \\
&= \left(\frac{x^1}{x^\alpha}, \cdots, \frac{x^{\alpha-1}}{x^\alpha}, \frac{x^{\alpha+1}}{x^\alpha}, \cdots, \frac{x^{n+1}}{x^\alpha} \right), \\
&\forall [(x^1, \cdots, x^{n+1})] \in V_\alpha.
\end{aligned}$$

容易看出, φ_α 完全确定, 并且是从 V_α 到 $\mathbb{R}^n$ 的同胚. 故 $(V_\alpha, \varphi_\alpha)$ 是 $\mathbb{R}P^n$ 的一个坐标卡, 相应的局部坐标 $(\xi^1, \cdots, \xi^n)$ 通常称为 $\mathbb{R}P^n$ 中的点的**非齐次坐标**. 当 $V_\alpha \cap V_\beta \neq \varnothing$ 时 (不妨设 $\alpha > \beta$), 局部坐标变换

$$(\eta^1, \cdots, \eta^n) = \varphi_\beta \circ \varphi_\alpha^{-1}(\xi^1, \cdots, \xi^n), \quad \xi^\beta \neq 0$$

由下式确定:

$$\eta^1 = \frac{\xi^1}{\xi^\beta}, \quad \cdots, \quad \eta^{\beta-1} = \frac{\xi^{\beta-1}}{\xi^\beta}, \quad \eta^\beta = \frac{\xi^{\beta+1}}{\xi^\beta}, \quad \cdots,$$

$$\eta^{\alpha-2} = \frac{\xi^{\alpha-1}}{\xi^\beta}, \quad \eta^{\alpha-1} = \frac{1}{\xi^\beta}, \quad \eta^\alpha = \frac{\xi^\alpha}{\xi^\beta}, \quad \cdots, \quad \eta^n = \frac{\xi^n}{\xi^\beta}.$$

它们都是 $(\xi^1, \cdots, \xi^n)$ 的光滑函数, 因而

$$\varphi_\beta \circ \varphi_\alpha^{-1} : \varphi_\alpha(V_\alpha \cap V_\beta) \to \varphi_\beta(V_\alpha \cap V_\beta)$$

是光滑映射. 所以 $\{(V_\alpha, \varphi_\alpha); 1 \leqslant \alpha \leqslant n+1\}$ 确定了 $\mathbb{R}P^n$ 上的一个光滑结构, 使得 $\mathbb{R}P^n$ 成为 n 维光滑流形, 称为 n 维**实射影空间**.

§1.2 光 滑 映 射

在本书中只考虑 $r = \infty$ 的情况, 也就是只在光滑流形上进行讨论. 利用流形上的光滑结构, 可以在流形上以自然的方式建立光滑函数的概念, 然后再定义并讨论光滑流形之间的光滑映射.

如果没有另外的说明, 以下假定 $s > 0$ 或 $s = \infty$.

定义 2.1 设 M 是一个 m 维光滑流形, G 为 M 的非空开子集, $f : G \to \mathbb{R}$ 是定义在 G 上的实值函数. 如果对于 M 的任意一个容许坐标卡 (U, φ), 当 $U \cap G \neq \emptyset$ 时,

$$f \circ \varphi^{-1} : \varphi(G \cap U) \to \mathbb{R}$$

是 C^s 函数, 则称 f 是 G 上的 C^s 函数; G 上的 C^∞ 函数又称为**光滑函数**.

开子集 G 上全体 C^s 函数的集合记作 $C^s(G)$. 特别地, M 上全体光滑函数的集合记为 $C^\infty(M)$. 不难看出, $C^s(G)$ 关于函数的加法和乘法构成一个环.

例 2.1 设 $(U, \varphi; x^i)$ 是 m 维光滑流形 M 的一个局部坐标系, 则由例 1.5, U 是一个光滑流形. 根据定义 2.1, 不难验证, 每一个局部坐标函数 $x^i : U \to \mathbb{R}$ 都是光滑函数.

定义 2.2 设 M 为光滑流形, $p \in M$, f 是定义在 p 点的某个邻域 A 上的函数. 如果存在 p 的开邻域 $U \subset A$, 使得 $f|_U$ 是 U 上的 C^s 函数, 则称 f 是定义在 p 点附近的 C^s 函数, 简称为在 p 点的 C^s 函数.

全体在 p 点的 C^s 函数构成的集合记作 C_p^s. 一般地, C_p^s 中两个函数可以有不同的定义域, 但是它们在 p 点的某一个开邻域上都有定义并且是 C^s 的. 因此, 在 C_p^s 中可以定义加法和乘法.

定义 2.3 设 M, N 分别是 m, n 维光滑流形, $f : M \to N$ 为映射, $p \in M$. 如果存在 M 在点 p 的容许坐标卡 (U, φ) 以及 N 在点 $f(p)$ 的容许坐标卡 (V, ψ), 使得 $f(U) \subset V$, 并且复合映射

$$\tilde{f} = \psi \circ f \circ \varphi^{-1} : \varphi(U) \to \psi(V)$$

是 C^∞ 映射, 则称映射 f 在 p 点是 C^∞ 的 (或光滑的).

通常, 称映射 $\tilde{f}$ 为映射 f 关于坐标卡 (U, φ) 和 (V, ψ) 的局部表示; 具体地写出来, 它由 n 个 m 元实函数组成. 另外, 由坐标卡的 C^∞ 相关性易知, 定义 2.3 与坐标卡 (U, φ) 和 (V, ψ) 的选取无关.

定义 2.4 设 $f : M \to N$ 是光滑流形 M, N 间的映射. 如果 f 在 M 的每一点 p 处都是 C^∞ 的, 则称 f 为 C^∞ **映射**或**光滑映射**.

显然, 光滑函数是光滑映射的特例.

例 2.2　流形上的光滑曲线.

设 M 是一个 m 维光滑流形, I 是 $\mathbb{R}$ 中的一个闭区间, $\gamma : I \to M$ 是映射. 如果存在开区间 (a, b) 以及光滑映射 $\tilde{\gamma} : (a, b) \to M$, 使得 $I \subset (a, b)$, 并且 $\tilde{\gamma}|_I = \gamma$, 则称 γ 是 M 中的一条**光滑曲线**. 当然, I 也可以是开区间, 或半开半闭区间, 视所讨论的问题而定.

定义 2.5　设 M 和 N 是两个光滑流形, $f : M \to N$ 是一个同胚. 如果 f 及其逆映射 $f^{-1} : N \to M$ 都是光滑的, 则称 f 是从 M 到 N 的**光滑同胚**或**微分同胚**; 此时, 也称 M 和 N 是彼此光滑 (或微分) 同胚的. 如果 $f : M \to N$ 是一个光滑映射, 并且对于每一点 $p \in M$ 都有 p 的一个开邻域 U, 使得 $f(U)$ 是 N 中的开子集, 并且 $f|_U : U \to f(U)$ 是从 U 到 $f(U)$ 的光滑同胚, 则称 f 是从 M 到 N 的**局部光滑同胚**.

显然, 如果 f 是从 M 到 N 的光滑同胚, 则 f^{-1} 是从 N 到 M 的光滑同胚.

例 2.3　在例 1.1 和 1.3 中给出的两个光滑流形 $(\mathbb{R}, \mathscr{A})$ 和 $(\mathbb{R}, \mathscr{A}_1)$ 之间存在光滑同胚, 其中 $\mathscr{A}$ 与 $\mathscr{A}_1$ 分别由局部坐标卡覆盖 $\{(U, \varphi)\}$ 和 $\{(V, \psi)\}$ 确定.

事实上, 可以取映射 $f : (\mathbb{R}, \mathscr{A}) \to (\mathbb{R}, \mathscr{A}_1)$, 其定义如下: $\forall x \in \mathbb{R}$, $f(x) = \sqrt[3]{x}$. f 的逆映射 f^{-1} 存在并且 $f^{-1}(x) = x^3$.

由于 $\varphi = \mathrm{id}$, $\psi = f^{-1}$, 所以 f 与 f^{-1} 关于坐标卡 (U, φ) 和 (V, ψ) 的表达式分别是

$$\tilde{f} = \psi \circ f \circ \varphi^{-1} = \mathrm{id}, \qquad \tilde{f}^{-1} = \varphi \circ f^{-1} \circ \psi^{-1} = \mathrm{id}.$$

它们都是 $\mathbb{R}$ 到自身的恒等映射, 自然是光滑的. 由定义, f 和 f^{-1} 均为光滑映射, 因而是光滑同胚.

下面, 要定义光滑映射的秩. 为此, 先做一点准备工作.

设 M 和 N 分别是 m 维和 n 维的光滑流形, $f : M \to N$ 为光滑映射. 对于 $p \in M$, 记 $q = f(p) \in N$. 则 p 和 q 两点分别在 M, N 中有局部坐标系 $(U; x^i)$ 和 $(V; y^\alpha)$, 使得 $f(U) \subset V$. 相应地, 映射 f 在 U

上的限制可以表示为

$$y^\alpha = f^\alpha(x^1, \cdots, x^m), \qquad 1 \leqslant \alpha \leqslant n.$$

令

$$J_{x;y}(f) = \left(\frac{\partial f^\alpha}{\partial x^i} \right),$$

则 $J_{x;y}(f)$ 是定义在 U 内的一个 $n \times m$ 阶矩阵函数, 它与局部坐标系 $(U; x^i)$ 和 $(V; y^\alpha)$ 的选取有关. 通常把 $J_{x;y}(f)$ 称为映射 f 关于局部坐标系 $(U; x^i)$, $(V; y^\alpha)$ 的 **Jacobi 矩阵**.

现假定 $(\tilde{U}; \tilde{x}^i)$ 和 $(\tilde{V}; \tilde{y}^\alpha)$ 分别是 p, q 在 M, N 中的另外一个相容局部坐标系, 它们满足 $f(\tilde{U}) \subset \tilde{V}$. 如果映射 f 关于局部坐标系 $(\tilde{U}; \tilde{x}^i)$ 和 $(\tilde{V}; \tilde{y}^\alpha)$ 的局部表达式为

$$\tilde{y}^\alpha = \tilde{f}^\alpha(\tilde{x}^1, \cdots, \tilde{x}^m), \quad 1 \leqslant \alpha \leqslant m,$$

则由链式法则, 在 p 点的一个开邻域 $U_0 \subset U \cap \tilde{U}$ 内成立如下的变换公式:

$$\begin{aligned} J_{\tilde{x};\tilde{y}}(f) &= \left(\frac{\partial \tilde{f}^\alpha}{\partial \tilde{x}^i} \right) = \left(\frac{\partial \tilde{y}^\alpha}{\partial y^\beta} \right) \left(\frac{\partial f^\beta}{\partial x^j} \right) \left(\frac{\partial x^j}{\partial \tilde{x}^i} \right) \\ &= \left(\frac{\partial \tilde{y}^\alpha}{\partial y^\beta} \right) J_{x;y}(f) \left(\frac{\partial x^j}{\partial \tilde{x}^i} \right), \end{aligned} \tag{2.1}$$

其中

$$\left(\frac{\partial x^j}{\partial \tilde{x}^i} \right) \quad \text{和} \quad \left(\frac{\partial \tilde{y}^\alpha}{\partial y^\beta} \right)$$

分别是 M, N 上局部坐标变换的 Jacobi 矩阵. 由 (2.1) 式立即可知, 矩阵函数 $J_{x;y}(f)$ 在 p 点的秩

$$\mathrm{rank}\, J_{x;y}(f)(p) = \mathrm{rank}\, \left(\frac{\partial f^\alpha}{\partial x^i}(p) \right)$$

与局部坐标 x^i 与 y^α 的选取无关, 它是映射 f 的不变量, 称为 f 在 p 点的**秩**, 并记为 $\mathrm{rank}_p(f)$.

关于光滑映射的秩, 有如下的定理:

定理 2.1(映射秩定理) 设 M, N 分别是 m, n 维光滑流形, $f : M \to N$ 是光滑映射, $p \in M$. 如果 f 在 p 点的一个开邻域上具有常秩 r, 则存在点 p 在 M 中的局部坐标系 $(U, \varphi; x^i)$ 和 $f(p)$ 在 N 中的局部坐标系 $(V, \psi; y^\alpha)$, 使得

$$f(U) \subset V, \quad x^i(p) = 0, \quad y^\alpha(f(p)) = 0,$$

并且

$$(y^1, \cdots, y^n) = \psi \circ f \circ \varphi^{-1}(x^1, \cdots, x^m) = (x^1, \cdots, x^r, 0, \cdots, 0).$$

定理 2.1 的证明要用到欧氏空间之间映射的反函数定理 (见本章习题第 8 题), 留给读者作为练习.

在很长一段时间内, 人们相信, 在光滑同胚的意义下, 拓扑流形上至多只有一种光滑结构. 然而在 1956 年, J. Milnor 构造了一个与 7 维球面 S^7 同胚的拓扑空间 Σ^7, 并且在 Σ^7 上造出了一种新的光滑结构 $\mathscr{A}'$, 从而得到一个与通常的微分流形 $(S^7, \mathscr{A})$ (参看例 1.4) 不同的光滑流形 $(\Sigma, \mathscr{A}')$, 这就是所谓的 7 维 "怪球". Milnor 同时证明了在 S^7 与 Σ^7 之间不存在任何光滑同胚. 由此可见, 一个流形的光滑结构并非是其拓扑结构的衍生物. 另一方面, Kervaire 在 1961 年构造了一个 10 维拓扑流形的例子, 它没有任何的微分结构. 直到 1982 年, 由于 Freedman 和 Donaldson 等人的工作, 人们终于知道, 当 $n \neq 4$ 时, $\mathbb{R}^n$ 在任意两个光滑结构下都是光滑同胚的, 而在 $\mathbb{R}^4$ 上却有许多互不等价的光滑结构.

§1.3   单位分解定理

设 U 是光滑流形 M 的一个开子流形, 并且 $U \neq M$. 一般而言, 定义在 U 上的光滑函数和定义在 M 上的光滑函数是两个不同的对象; 因而 $C^\infty(U)$ 和 $C^\infty(M)$ 是两个不同的集合. 一个局部上有定义的光滑函数是否能够 (或者如何) 扩充为定义在整个流形上的光滑函数在

微分流形理论中具有十分重要的实际意义. 处理这种问题, 常常要依赖定义在整个流形上的所谓截断函数. 另一方面, 如果在流形每一点的某个邻域内都能以一种确定的方式定义一个数学对象, 如何将这些局部定义的对象拼接为定义在整个流形上的数学对象, 也是微分流形理论中经常要解决的问题. 在这一方面, 最为基本而有效的工具就是单位分解定理. 本节仅扼要地叙述一下有关的事实, 详细的讨论可参看参考文献 [3].

引理 3.1 设 $B_p(r_1)$ 和 $B_p(r_2)$, $0 < r_1 < r_2$, 是 $\mathbb{R}^n$ 中的两个以点 p 为球心的同心球, 则存在 $f \in C^\infty(\mathbb{R}^n)$, 使得 $0 \leqslant f \leqslant 1$, 并且

$$f|_{B_p(r_1)} \equiv 1, \quad f|_{\mathbb{R}^n \setminus B_p(r_2)} \equiv 0.$$

借助于流形的坐标卡, 并利用引理 3.1 容易得到下面更一般的结论:

引理 3.2 设 U, V 是光滑流形 M 中的两个开子集, 其中 $\overline{U}$ 是紧子集, 并且满足 $\overline{U} \subset V$. 则存在 $f \in C^\infty(M)$, 使得 $0 \leqslant f \leqslant 1$, 并且

$$f|_U \equiv 1, \quad f|_{M \setminus V} \equiv 0.$$

引理 3.2 中的光滑函数 f 常常称为 M 上的**截断函数**. 通过与这样的函数相乘, 任意的 $h \in C^\infty(M)$ 都可以被 "光滑地截断", 即有

$$(f \cdot h)|_U \equiv h_U, \quad (f \cdot h)|_{M \setminus V} \equiv 0.$$

换句话说, 通过 f 把 h 在 U 上的限制突现出来了, 而把 h 在 V 之外的部分都变成了零.

定理 3.3 设 U 是光滑流形上的一个开子集, $g \in C^\infty(U)$, 则对于任意的 $p \in U$, 必存在 p 点的一个邻域 $W \subset U$, 以及函数 $\tilde{g} \in C^\infty(M)$, 使得

$$\tilde{g}|_W = g|_W.$$

证明 取 p 点的开邻域 W, V, 使得 $\overline{W}$ 是紧致的, 并且 $\overline{W} \subset V \subset \overline{V} \subset U$. 根据引理 3.2, 存在函数 $f \in C^\infty(M)$, 使得 $f|_W \equiv 1, f|_{M \setminus V} \equiv$

0. 对于任意的 $q \in M$, 令

$$
\tilde{g}(q) = \begin{cases} g(q)f(q), & \text{如果 } q \in U, \\ 0, & \text{如果 } q \notin U. \end{cases}
$$

不难看出, $f \cdot g$ 在 U 上是光滑的, 并且在开集 $U \cap (M \setminus \overline{V})$ 上恒为零. 由此可见, $\tilde{g}$ 在 U 上是光滑的, 且它在 $M \setminus \overline{V}$ 上恒为零, 因而也是光滑的. 注意到

$$
M = U \cup (M \setminus \overline{V}).
$$

所以, $\tilde{g}$ 在 M 上是光滑的. 另外, 对于任意的 $q \in W$,

$$
\tilde{g}(q) = f(q) \cdot g(q) = g(q).
$$

故有 $\tilde{g}|_W = g|_W$. 证毕.

定理 3.3 的意思是: 设 g 是定义在光滑流形 M 的开子集 U 上的任意一个光滑函数, 则它在每一点 $p \in U$ 的一个邻域上的限制能够扩充为整体地定义在 M 上的光滑函数. 后面要介绍的光滑切向量场、光滑张量场都有这个类似的性质, 其证明方法也是类似的.

定义 3.1 设 M 是一个拓扑空间, $\Sigma_1 = \{U_\alpha\}$ 和 $\Sigma_2 = \{V_i\}$ 是 M 的两个开覆盖. 如果对于 Σ_2 中的每一个成员 V_i, 都存在 $U_{\alpha_i} \in \Sigma_1$, 使得 $V_i \subset U_{\alpha_i}$, 则称 Σ_2 为覆盖 Σ_1 的一个**加细**.

定义 3.2 设 M 是一个拓扑空间, $\Sigma = \{W_\alpha\}$ 是 M 的一个子集族. 如果对于任意一点 $p \in M$, 都存在 p 点的一个邻域 $U \subset M$, 使得 U 仅与 Σ 中有限多个成员有非空的交集, 则称子集族 Σ 是**局部有限的**.

定理 3.4 设 M 是满足第二可数公理 (即 A_2 公理) 的 m 维光滑流形, 则对于 M 的任意一个开覆盖 Σ, 必有 Σ 的一个局部有限的加细

$$
\Sigma_1 = \{U_\alpha;\ \alpha \in \mathbb{N}\},
$$

其中 $\mathbb{N}$ 是自然数集, 以及一族函数 $f_\alpha \in \mathcal{C}^\infty(M)$, 满足下述条件:

(1) $\forall \alpha \in \mathbb{N},\ 0 \leqslant f_\alpha \leqslant 1$;

(2) $\forall \alpha \in \mathbb{N}$, 函数 f 的支撑集

$$\operatorname{Supp} f_\alpha = \overline{\{p \in M;\ f_\alpha(p) \neq 0\}} \subset U_\alpha;$$

(3) $\sum\limits_{\alpha \in \mathbb{N}} f_\alpha = 1.$

满足定理中条件的光滑函数族 $\{f_\alpha;\ \alpha \in \mathbb{N}\}$ 称为从属于开覆盖 Σ 的一个 **单位分解**.

证明 根据拓扑学的一个定理 (参看参考文献 [3], 第二章的引理 2.6), 作为 A_2 空间的光滑流形 M, 它的任意一个开覆盖 $\Sigma = \{W_\lambda;\ \lambda \in I\}$, 都有一个局部有限的可数加细开覆盖

$$\Sigma_1 = \{U_\alpha;\ \alpha \in \mathbb{N}\},$$

使得对于任意的 $\alpha \in \mathbb{N}$, $\overline{U}_\alpha$ 是包含在某个 W_λ 之内的紧子集. 同时, 适当地缩小 U_α, 可以得到 M 的新的开覆盖 $\{Z_\alpha\}$ 和 $\{V_\alpha\}$, 满足

$$\overline{V}_\alpha \subset Z_\alpha \subset \overline{Z}_\alpha \subset U_\alpha.$$

由引理 3.2, 对每一个 $\alpha \in \mathbb{N}$, 存在函数 $\tilde{f}_\alpha \in C^\infty(M)$, 使得 $0 \leqslant \tilde{f}_\alpha \leqslant 1$, 并且

$$\tilde{f}_\alpha \Big|_{V_\alpha} \equiv 1,$$

$\tilde{f}_\alpha \Big|_{M \setminus Z_\alpha} \equiv 0.$ 由于 $\{U_\alpha;\ \alpha \in \mathbb{N}\}$ 是局部有限的开覆盖,

$$\tilde{f} = \sum_{\alpha \in \mathbb{N}} \tilde{f}_\alpha$$

在每一点 $p \in M$ 的一个邻域上都是有限多个光滑函数的和, 因而 $\tilde{f} \in C^\infty(M)$. 注意到 $\{V_\alpha\}$ 也是 M 的一个开覆盖, 易知 $\tilde{f}$ 处处大于零. 因此, 如果对于任意的 $\alpha \in \mathbb{N}$, 令 $f_\alpha = \tilde{f}_\alpha / \tilde{f}$, 则

$$f_\alpha \in C^\infty(M),$$

并且函数族 $\{f_\alpha;\ \alpha \in \mathbb{N}\}$ 满足定理的要求. 证毕.

§1.4 切向量和切空间

本节将借用方向导数的模型在光滑流形上引入切向量的概念, 并对一些相关的内容进行必要的讨论.

假定 M 是一个 m 维光滑流形, $p \in M$, C_p^∞ 表示在 p 点的光滑函数的集合.

定义 4.1 所谓光滑流形 M 在点 $p \in M$ 的一个**切向量** v 指的是满足下列两个条件的映射 $v: C_p^\infty \to \mathbb{R}$:

(1) $\forall f, g \in C_p^\infty, \forall \lambda \in \mathbb{R}, v(f + \lambda g) = v(f) + \lambda v(g)$;

(2) $\forall f, g \in C_p^\infty, v(fg) = v(f)g(p) + f(p)v(g)$.

在给出切向量的具体例子并说明定义 4.1 的背景之前, 先证明一个虽然初等却很有用的引理.

设 $(U, \varphi; x^i)$ 是 p 点的一个局部坐标系. 对于任意的 $f \in C_p^\infty$, 记

$$\frac{\partial f}{\partial x^i}(p) = \frac{\partial(f \circ \varphi^{-1})}{\partial x^i}(\varphi(p)).$$

引理 4.1 设 $(U; x^i)$ 是 m 维光滑流形 M 在一点 p 的容许局部坐标系, 记 $x_0^i = x^i(p)$. 则对于任意的 $f \in C_p^\infty$, 存在 m 个光滑函数 $g_i \in C_p^\infty$, 满足

$$g_i(p) = \frac{\partial f}{\partial x^i}(p), \quad 1 \leqslant i \leqslant m,$$

并且对于点 p 附近的任意一点 q, 有

$$f(q) = f(p) + \sum_{i=1}^m (x^i(q) - x_0^i)g_i(q).$$

证明 假设 $(U; x^i)$ 由容许坐标卡 (U, φ) 确定. 由定义 2.2 可知,

$$\tilde{f} = f \circ \varphi^{-1} \in C_{\varphi(p)}^\infty.$$

由微积分基本定理, 在点 $x_0 = \varphi(p)$ 的某个球状邻域 $\tilde{W}$ 上, 有

$$\tilde{f}(x) - \tilde{f}(x_0) = \int_0^1 \frac{\mathrm{d}}{\mathrm{d}t} \tilde{f}(x_0 + t(x - x_0))\mathrm{d}t$$
$$= \sum_{i=1}^m (x^i - x_0^i) \int_0^1 \frac{\partial \tilde{f}}{\partial x^i}(x_0 + t(x - x_0))\mathrm{d}t.$$

对于点 $x \in \tilde{W}$, 定义

$$\tilde{g}_i(x) = \int_0^1 \frac{\partial \tilde{f}}{\partial x^i}(x_0 + t(x - x_0))\mathrm{d}t, \quad g_i = \tilde{g}_i \circ \varphi,$$

则有

$$g_i(p) = \tilde{g}_i(x_0) = \frac{\partial \tilde{f}}{\partial x^i}(x_0) = \frac{\partial(f \circ \varphi^{-1})}{\partial x^i}(\varphi(p)) = \frac{\partial f}{\partial x^i}(p),$$

并且在 p 点的邻域 $W = \phi^{-1}(\tilde{W})$ 内有

$$f(q) = f(p) + \sum_{i=1}^m (x^i(q) - x_0^i)g_i(q).$$

引理得证.

现在来介绍欧氏空间的切向量.

例 4.1 设 $M = \mathbb{R}^m$, $x_0 \in \mathbb{R}^m$. 对于向量 $v \in \mathbb{R}^m$, 我们定义映射 $\mathrm{D}_v : C_{x_0}^\infty \to \mathbb{R}$ 如下: 对于任意的函数 $f \in C_{x_0}^\infty$, 令

$$\mathrm{D}_v f = \frac{\mathrm{d}f(x_0 + tv)}{\mathrm{d}t}\bigg|_{t=0}, \tag{4.1}$$

则 $\mathrm{D}_v f$ 是函数 f 在点 x_0 沿向量 v 的方向导数. 容易验证, 方向导数算子 D_v 满足定义 4.1 中的条件, 所以它是 $\mathbb{R}^m$ 在 x_0 点的一个切向量. 假定 $v = (v^1, \cdots, v^m)$, 那么由 (4.1) 式可知

$$\mathrm{D}_v f = \sum_{i=1}^m \frac{\partial f}{\partial x^i}(x_0) \cdot v^i.$$

因此, 算子 D_v 是由向量 v 决定的.

反之, 可以证明: 如果映射 $\sigma : C_{x_0}^\infty \to \mathbb{R}$ 满足定义 4.1 的条件, 则必有唯一的一个向量 $v \in \mathbb{R}^m$, 使得相应的方向导数算子 $D_v = \sigma$. 事实上, 根据引理 4.1, 对于任意的 $f \in C_{x_0}^\infty$, 存在 m 个 $g_i \in C_{x_0}^\infty$, 使得

$$f(x) = f(x_0) + \sum_{i=1}^{m} (x^i - x_0^i) g_i(x), \tag{4.2}$$

其中 $g_i(x_0) = \dfrac{\partial f}{\partial x^i}(x_0)$. 由条件 (2),

$$\sigma(1) = \sigma(1 \cdot 1) = 1 \cdot \sigma(1) + 1 \cdot \sigma(1) = 2\sigma(1).$$

所以 $\sigma(1) = 0$. 对于任意的常值函数 λ, 再次使用条件 (1), 有

$$\sigma(\lambda) = \sigma(\lambda \cdot 1) = \lambda \cdot \sigma(1) = 0.$$

通过 (4.2) 式, 把 σ 作用于函数 f 得到

$$\sigma(f) = \sum_{i=1}^{n} \frac{\partial f}{\partial x^i}(x_0) \cdot \sigma(x^i).$$

由此可见, 若令 $v = (\sigma(x^1), \cdots, \sigma(x^n))$, 便有

$$\sigma(f) = D_v(f), \quad \forall f \in C_{x_0}^\infty.$$

另外, 容易验证满足上述条件的向量 v 是由算子 σ 唯一确定的. 所以, 向量 v 与方向导数算子 D_v 是一一对应的; 这就是说, 可以把 v 和 D_v 等同起来.

例 4.2 设 M 是一个 m 维光滑流形, $\gamma : (-\varepsilon, \varepsilon) \to M$ 是 M 上的一条光滑曲线, 记 $p = \gamma(0)$. 利用 γ 可以定义一个映射 $v : C_p^\infty \to \mathbb{R}$ 如下: 对于任意的 $f \in C_p^\infty$, 令

$$v(f) = \frac{d}{dt}\bigg|_{t=0} f \circ \gamma(t) = \frac{df(\gamma(t))}{dt}\bigg|_{t=0}.$$

容易验证, 映射 $v : C_p^\infty \to \mathbb{R}$ 满足定义 4.1 的条件. 因此, v 是光滑流形 M 在 p 点的一个切向量, 称为**曲线 γ 在 $t = 0$ 点处的切向量**, 记为 $\gamma'(0)$. 这样, 上式成为

$$\gamma'(0)(f) = \frac{df(\gamma(t))}{dt}\bigg|_{t=0}. \tag{4.3}$$

下面建立光滑流形在一点的切空间的概念, 并做一些相关的讨论.

首先, 把光滑流形 M 在点 p 处的切向量构成的集合记为 T_pM. 在 T_pM 中, 引入加法和数乘运算如下: 对于任意的 $u,v \in T_pM, \lambda \in \mathbb{R}$, 以及 $f \in C_p^\infty$, 定义

$$(u+v)(f) = u(f) + v(f), \quad (\lambda u)(f) = \lambda \cdot u(f).$$

显然, 这样定义的 $u+v$ 和 λu 仍然是 M 在 p 点的切向量, 即 T_pM 关于这样的加法和数乘运算是封闭的. 进一步可以验证, T_pM 关于上述的加法和数乘运算构成一个实向量空间.

定义 4.2 向量空间 T_pM 称为光滑流形 M 在点 p 的**切空间**.

为了求得切空间 T_pM 的维数, 首先利用局部坐标系导出它的一个基底.

设 $(U, \varphi; x^i)$ 是 M 在 p 点的一个局部坐标系,

$$x^i(p) = x_0^i, \quad 1 \leqslant i \leqslant m.$$

对于每一个 i, 设 $\gamma_i : (-\varepsilon, \varepsilon) \to M$ 是通过点 p 的第 i 条坐标曲线 (称为 x^i-曲线), 即对于任意的 $t \in (-\varepsilon, \varepsilon)$,

$$\gamma_i(t) = \varphi^{-1}(x_0^1, \cdots, x_0^i + t, \cdots, x_0^m).$$

由例 4.2 知, $\gamma_i'(0)$ 是 M 在 p 点的一个切向量, 以后记为 $\left.\dfrac{\partial}{\partial x^i}\right|_p$. 由定义, 对于任意的 $f \in C_p^\infty$,

$$\begin{aligned}
\left.\frac{\partial}{\partial x^i}\right|_p (f) &= \left.\frac{\mathrm{d}f(\gamma_i(t))}{\mathrm{d}t}\right|_{t=0} = \left.\frac{\mathrm{d}}{\mathrm{d}t}\right|_{t=0} f \circ \varphi^{-1}(x_0^1, \cdots, x_0^i + t, \cdots, x_0^m) \\
&= \frac{\partial(f \circ \varphi^{-1})}{\partial x^i}(\varphi(p)) = \frac{\partial f}{\partial x^i}(p).
\end{aligned} \tag{4.4}$$

定理 4.2 设 M 是一个 m 维光滑流形, $p \in M$, $(U; x^i)$ 是包含 p 点的任意一个容许局部坐标系. 则 M 在 p 点的 m 个切向量

$$\left.\frac{\partial}{\partial x^i}\right|_p, \quad 1 \leqslant i \leqslant m$$

构成了切空间 T_pM 的一个基底; 特别地, $\dim T_pM = m$.

通常把基底

$$\left\{\left.\frac{\partial}{\partial x^i}\right|_p,\ 1 \leqslant i \leqslant m\right\}$$

称为在 p 点处由局部坐标系 $(U; x^i)$ 给出的**自然基底**.

证明　首先说明, 任意一个切向量 $v \in T_pM$ 都可以表示为

$$\left.\frac{\partial}{\partial x^i}\right|_p,\quad 1 \leqslant i \leqslant m$$

的线性组合. 根据例 4.1, 对于任意的常值函数 λ 有 $v(\lambda) = 0$. 在另一方面, 由引理 4.1, 对于任意的 $f \in C_p^\infty$, 存在 $g_i \in C_p^\infty$, 使得

$$f = f(p) + \sum_{i=1}^m (x^i - x_0^i)g_i,\ \text{并且}\quad g_i(p) = \frac{\partial f}{\partial x^i}(p).$$

其中 $x_0^i = x^i(p)(1 \leqslant i \leqslant m)$. 于是由定义 4.1,

$$v(f) = v\left(f(p) + \sum_{i=1}^m (x^i - x_0^i)g_i\right) = v(f(p)) + \sum_{i=1}^m v((x^i - x_0^i)g_i)$$

$$= \sum_{i=1}^m (g_i(p) \cdot v(x^i - x_0^i) + (x^i(p) - x_0^i) \cdot v(g_i))$$

$$= \sum_{i=1}^m \frac{\partial f}{\partial x^i}(p) \cdot v(x^i) = \sum_{i=1}^m v(x^i)\left.\frac{\partial}{\partial x^i}\right|_p(f),$$

因而

$$v = \sum_{i=1}^m v(x^i)\left.\frac{\partial}{\partial x^i}\right|_p. \tag{4.5}$$

其次, 对于任意的 $a^1, \cdots, a^m \in \mathbb{R}$, 如果

$$\sum_i a^i \left.\frac{\partial}{\partial x^i}\right|_p = 0,$$

则对于每一个指标 $j, 1 \leqslant j \leqslant m$, 有

$$0 = \left(\sum_{i=1}^m a^i \left.\frac{\partial}{\partial x^i}\right|_p\right)(x^j) = \sum_{i=1}^m a^i \frac{\partial x^i}{\partial x^i}(p) = a^j.$$

因此, $\left\{ \left. \dfrac{\partial}{\partial x^i} \right|_p ;\ 1 \leqslant i \leqslant m \right\}$ 是线性无关的. 这就证明了 $\left\{ \left. \dfrac{\partial}{\partial x^i} \right|_p \right\}$ 是 T_pM 的基底. 证毕.

上面的 (4.5) 式有重要的意义, 它说明: 任何一个切向量 v 在自然基底

$$\left\{ \left. \frac{\partial}{\partial x^j} \right|_p ;\ 1 \leqslant j \leqslant m \right\}$$

下的分量 v^i 恰好是该切向量在第 i 个局部坐标函数 x^i 上作用所得的值 $v(x^i)$.

定义 4.3 切空间 T_pM 的对偶空间称为光滑流形 M 在 p 点的**余切空间**, 记为 T_p^*M; 其中的元素, 即线性函数 $\alpha : T_pM \to \mathbb{R}$, 称为 M 在 p 点的**余切向量**.

为了强调切空间与余切空间的对偶性, 常常把一个余切向量 $\alpha \in T_p^*M$ 在切向量 $v \in T_pM$ 上的作用记为 $\alpha(v) = \langle v, \alpha \rangle$. 由 $(v, \alpha) \mapsto \langle v, \alpha \rangle$ 确定的映射

$$\langle \cdot, \cdot \rangle : T_pM \times T_p^*M \to \mathbb{R}$$

称为 T_pM 与 T_p^*M 之间的**配合**.

例 4.3 设 $f \in C_p^\infty$. 定义映射 $\mathrm{d}f : T_pM \to \mathbb{R}$ 如下: 对于任意的 $v \in T_pM$,

$$\langle v, \mathrm{d}f \rangle = \mathrm{d}f(v) = v(f) \in \mathbb{R}.$$

显然, $\mathrm{d}f$ 是 T_pM 上的线性函数, 即 $\mathrm{d}f \in T_p^*M$. 有时, 为了强调 $\mathrm{d}f$ 是在 p 点的一个余切向量, 也把 $\mathrm{d}f$ 记为 $\mathrm{d}f|_p$ 或 $\mathrm{d}f(p)$.

设 $(U; x^i)$ 是光滑流形 M 的一个容许局部坐标系, $p \in U$. 由于每个坐标函数都是 U 上的光滑函数, 因而 $\mathrm{d}x^i|_p \in T_p^*M$, 并且

$$\left\langle \left. \frac{\partial}{\partial x^j} \right|_p, \mathrm{d}x^i|_p \right\rangle = \left. \frac{\partial x^i}{\partial x^j} \right|_p = \delta_j^i.$$

由此可见, $\{\mathrm{d}x^i|_p;\ 1 \leqslant i \leqslant m\}$ 是 T_p^*M 中与自然基底

$$\left\{ \left. \frac{\partial}{\partial x^i} \right|_p ;\ 1 \leqslant i \leqslant m \right\}$$

对偶的基底. 一般地, 对于任意的 $\alpha \in T_p^*M$, 有

$$\alpha = \sum_{i=1}^m \alpha_i \mathrm{d}x^i|_p = \sum_{i=1}^m \left\langle \left.\frac{\partial}{\partial x^i}\right|_p, \alpha \right\rangle \mathrm{d}x^i|_p.$$

特别地, 对于任意的 $f \in C_p^\infty$,

$$\mathrm{d}f|_p = \sum_{i=1}^m \frac{\partial f}{\partial x^i}(p)\mathrm{d}x^i|_p.$$

因此, 余切向量 $\mathrm{d}f|_p = \mathrm{d}f(p)$ 也称为函数 f 在 p 点的**微分**.

下面要定义光滑映射的两种重要的诱导映射 —— 切映射和余切映射.

设 M, N 分别是 m, n 维光滑流形, $F : M \to N$ 是光滑映射, $p \in M$. 对于任意的 $v \in T_pM$, 我们可以通过映射 F 得到切向量 $F_*(v) \in T_{F(p)}N$, 其定义为

$$F_*(v)(f) = v(f \circ F), \quad \forall f \in C_{F(p)}^\infty.$$

这样, 就得到一个映射 $F_* : T_pM \to T_{F(p)}N$. 易知, F_* 是线性映射.

定义 4.4   线性映射 $F_* : T_pM \to T_{F(p)}N$ 称为光滑映射 F 在 p 点的**切映射**或**微分**; 它的对偶映射 $F^* : T_{F(p)}^*N \to T_p^*M$ 称为光滑映射 F 在 p 点的**余切映射**或**拉回映射**.

由对偶映射的定义, 余切映射 $F^* : T_{F(p)}^*N \to T_p^*M$ 也是线性映射, 并且对于任意的 $\omega \in T_{F(p)}^*N$, $F^*\omega$ 由下式确定:

$$(F^*\omega)(v) = \omega(F_*(v)), \quad \forall v \in T_pM.$$

为了强调对于点 p 的依赖性, 常常用 F_{*p} 和 F_p^* 来表示映射 F 在 p 点的切映射和余切映射.

利用光滑映射的切映射, 可以引入浸入、淹没和嵌入等概念.

定义 4.5   设 $F : M \to N$ 是光滑流形间的光滑映射, $p \in M$.

(1) 如果切映射 $F_{*p} : T_pM \to T_{F(p)}N$ 是单射, 则称映射 F 在 p 点是浸入. 如果 F 在 M 的每一点都是浸入, 则称映射 F 为**浸入映射**,

简称为**浸入**; 此时, 称映射 $F : M \to N$ 为 N 的**(浸入) 子流形**, 并记为 (F, M). 如果浸入本身是单射, 则称它为**单浸入**.

(2) 如果切映射 $F_{*p} : T_p M \to T_{F(p)} N$ 是满射, 则称映射 F 在 p 点是淹没; 如果 F 为满射并且在 M 的每一点都是淹没, 则称映射 F 为**淹没映射**, 简称为**淹没**.

(3) 设 $F : M \to N$ 是单浸入, 于是 F 是从 M 到它的像集 $F(M) \subset N$ 的一一对应. 如果对于 N 在 $F(M)$ 上诱导的拓扑, $F : M \to F(M)$ 是同胚, 则称映射 F 是**嵌入映射**, 简称为**嵌入**; 此时, 称 (F, M) 为 N 的**嵌入子流形**或**正则子流形**.

假定 $(U; x^i)$ 和 $(V; y^\alpha)$ 分别是点 p 和 $F(p)$ 附近的局部坐标系, 并且 $F(U) \subset V$, 则根据切映射的定义容易看出, 切映射 F_{*p} 关于自然基底

$$\left\{ \frac{\partial}{\partial x^i} \right\} \text{ 和 } \left\{ \frac{\partial}{\partial y^\alpha} \right\}$$

的矩阵恰好是 F 在 p 点的 Jacobi 矩阵 $J_{x;y}(F)(p)$. 于是由定义 4.5, 有

定理 4.3 设 $F : M \to N$ 是光滑映射, $p \in M$. 则

(1) F 在 p 点为浸入当且仅当 F 在 p 点的秩

$$\operatorname{rank}_p(F) = \dim M;$$

(2) F 在 p 点为淹没当且仅当 F 在 p 点的秩

$$\operatorname{rank}_p(F) = \dim N.$$

下面的定理说明了浸入与嵌入之间的关系:

定理 4.4 如果光滑映射 $F : M \to N$ 在一点 $p \in M$ 是浸入, 则存在 p 点的开邻域 U, 使得 F 在 U 上的限制 $F|_U : U \to N$ 为嵌入.

此定理的证明要用到 §1.2 的映射秩定理, 留给读者作为练习.

§1.5 光滑切向量场

设 M 是一个 m 维光滑流形. 如 §1.4 所述, M 在每一点 p 处都有

切空间 T_pM, 记

$$TM = \bigcup_{p \in M} T_pM.$$

通俗地讲, M 上的一个切向量场 X 是指在 M 的每一个点 p 处指定了 M 在该点的一个切向量 $X(p)$. 换句话说, M 上的切向量场是一个映射 $X : M \to TM$, 使得对于任意一点 $p \in M$, $X(p) \in T_pM$.

比如, 在 M 的任意一个容许局部坐标系 $(U; x^i)$ 下, $\dfrac{\partial}{\partial x^i}$ 是 U 上的切向量场. 特别是, 这样一组切向量场在 U 中每一点 p 处的值, 构成该点的切空间 T_pM 的一个基底; 通常称这样一组切向量场为 U 上的一个**标架场**. 为了叙述的方便, 以后把 $\left\{ \dfrac{\partial}{\partial x^i}\Big|_p \right\}$ 称为 M 在局部坐标系 $(U; x^i)$ 下的**自然标架场**.

定义 5.1 设 $X : M \to TM$ 是 m 维光滑流形 M 上的切向量场. 如果对于每一点 $p \in M$, 存在 p 点的容许局部坐标系 $(U; x^i)$, 使得 X 限制在 U 上的局部坐标表达式

$$X|_U = \sum_{i=1}^{m} X^i \frac{\partial}{\partial x^i}$$

中的分量 X^i 都是 U 上的光滑函数 $(1 \leqslant i \leqslant m)$, 则称 X 是 M 上的**光滑切向量场**.

由定义和局部坐标系的 C^∞ 相关性立即可得, M 上的一个切向量场 X 为光滑切向量场 $\Longleftrightarrow X$ 关于每一个自然标架场的分量是光滑函数 $\Longleftrightarrow X$ 在每一个容许坐标系 (U, x^i) 上的限制 $X|_U$ 是 U 上的光滑切向量场.

例 5.1 设 $(U; x^i)$ 是 m 维光滑流形 M 的容许局部坐标系, 则相应的坐标切向量场 $\dfrac{\partial}{\partial x^i}\Big|_p$ $(\forall p \in U)$ 是定义在 U 上的光滑切向量场.

M 上光滑切向量场的集合记为 $\mathfrak{X}(M)$. 显然, $\mathfrak{X}(M)$ 关于加法和数乘是封闭的, 因而它是一个向量空间. 还可以进一步定义光滑函数与光滑切向量场的乘法如下: 对于任意的 $f \in C^\infty(M)$, $X \in \mathfrak{X}(M)$, M

上的切向量场 fX 定义为

$$(fX)(p) = f(p) \cdot X(p), \quad \forall p \in M.$$

在任意的容许局部坐标 $(U; x^i)$ 下, 如果

$$X|_U = \sum_{i=1}^{m} X^i \frac{\partial}{\partial x^i},$$

则有

$$(fX)|_U = \sum_{i=1}^{m} (f|_U \cdot X^i) \frac{\partial}{\partial x^i}.$$

由此得知, $fX \in \mathfrak{X}(M)$. 所以, $\mathfrak{X}(M)$ 实际上是一个 $C^\infty(M)$-模, 即 $C^\infty(M)$ 上的向量空间.

定理 5.1 设 X 是 m 维光滑流形 M 上的一个光滑切向量场, 则 X 可以视为映射

$$X: C^\infty(M) \to C^\infty(M),$$

其定义如下: 对于任意的 $f \in C^\infty(M)$,

$$(X(f))(p) = (X(p))(f), \quad \forall p \in M; \tag{5.1}$$

并且映射 $X: C^\infty(M) \to C^\infty(M)$ 满足下面的两个条件: 对于任意的 $f, g \in C^\infty(M)$ 以及 $\lambda \in \mathbb{R}$,

(1) $X(f + \lambda g) = X(f) + \lambda X(g)$;

(2) $X(fg) = gX(f) + fX(g)$.

反之, 任意一个满足上述两个条件的映射

$$X: C^\infty(M) \to C^\infty(M)$$

都是由 M 上的一个光滑切向量场通过 (5.1) 式确定的.

证明 设 $X \in \mathfrak{X}(M)$. 首先证明: 对于任意的 $f \in C^\infty(M)$, 由 (5.1) 式确定的函数 $X(f): M \to \mathbb{R}$ 是光滑的. $\forall p \in M$, 设 $(U; x^i)$ 是 p 点的一个容许局部坐标系, 则 X 有局部表达式

$$X|_U = \sum_{i=1}^{m} X^i \frac{\partial}{\partial x^i},$$

其中 $X^i \in C^\infty(U)$. 根据 (5.1) 式, 对于 $q \in U$ 有

$$(X(f))(q) = (X(q))(f) = \sum_{i=1}^m X^i(q) \left.\frac{\partial}{\partial x^i}\right|_q (f) = \sum_{i=1}^m X^i(q) \frac{\partial f}{\partial x^i}(q)$$

$$= \left(\sum_{i=1}^m X^i \frac{\partial f}{\partial x^i}\right)(q),$$

即

$$(X(f))|_U = \sum_{i=1}^m X^i \frac{\partial f}{\partial x^i}.$$

由此可见, $X(f) \in C_p^\infty$. 再由 p 的任意性, $X(f) \in C^\infty(M)$. 另外, 由于 X 是切向量场, 它处处满足定义 4.1 中的两个条件. 于是根据 (5.1) 式, 映射

$$X : C^\infty(M) \to C^\infty(M)$$

满足本定理中的条件 (1) 和 (2).

反之, 如果映射 $X : C^\infty(M) \to C^\infty(M)$ 满足定理中的两个条件, 我们要通过 X 构造出 M 上的一个切向量场, 即在 M 的每一个点 p 处定义一个切向量 $\tilde{X}(p) \in T_p M$, 然后再证明这个切向量场是光滑的. 作为准备, 首先说明满足上述两个条件的映射 X 具有局部性, 即对于任意的 $f, g \in C^\infty(M)$, 如果存在 M 的开子集 U, 使得 $f|_U = g|_U$, 则必有

$$X(f)|_U = X(g)|_U.$$

事实上, 由条件 (1) 和 (2) 可知, X 在常值函数上的作用必为零, 其推理过程与例 4.1 中的有关推理是相同的. 根据引理 3.2, 对于任意的 $p \in U$, 存在 p 点的开邻域 V 以及光滑函数 $h \in C^\infty(M)$, 使得 $\overline{V}$ 是包含在 U 内的紧子集, 并且

$$h|_V \equiv 1, \quad h|_{M \setminus U} \equiv 0.$$

显然, 光滑函数 $(f - g) \cdot h \equiv 0$. 于是,

$$0 = X((f - g) \cdot h) = (f - g) \cdot X(h) + h \cdot (X(f) - X(g)).$$

将两端在 p 点取值, 并注意到 $f(p) = g(p)$, $h(p) = 1$, 便得 $(X(f))(p) = (X(g))(p)$. 再由 $p \in U$ 的任意性, $X(f)|_U = X(g)|_U$.

现在利用映射 X 的局部性来构造我们所需要的向量场. $\forall p \in M$, 定义映射 $X_p : C_p^\infty \to \mathbb{R}$ 如下: $\forall f \in C_p^\infty$, 它在 p 的一个开邻域 V 上是光滑的. 根据定理 3.3, 存在 p 点的开邻域 $U \subset V$, 以及函数 $\tilde{f} \in C^\infty(M)$, 满足 $\tilde{f}|_U = f|_U$. 令

$$X_p(f) = (X(\tilde{f}))(p). \tag{5.2}$$

上述定义是合理的. 如果有另一个 $\tilde{g} \in C^\infty(M)$, 以及 p 点的开邻域 W, 使得 $\tilde{g}|_W = f|_W$. 不失一般性, 可以假定 $W = U$, 不然的话可以用 $W \cap U$ 来代替. 于是

$$\tilde{f}|_U = \tilde{g}|_U.$$

由刚刚证明的局部性, $X(\tilde{g})|_U = X(\tilde{f})|_U$; 特别地,

$$(X(\tilde{g}))(p) = (X(\tilde{f}))(p).$$

上式说明了用 (5.2) 式定义的 $X_p(f)$ 与 $\tilde{f}$ 的选取无关, 因而映射 $X_p : C_p^\infty \to \mathbb{R}$ 是完全确定的. 此外, 由于 X 满足本定理中的条件 (1) 和 (2), 易知 X_p 满足定义 4.1 的条件. 所以 $X_p \in T_pM$. 这样, 就得到了定义在 M 上的切向量场 $\tilde{X}$, 使得

$$\tilde{X}(p) = X_p, \quad \forall p \in M.$$

如此构造的切向量场 $\tilde{X}$ 一定是光滑的. 事实上, 设 $(U; x^i)$ 是 M 的一个容许局部坐标系, 令

$$\tilde{X}|_U = \sum_{i=1}^m \tilde{X}^i \frac{\partial}{\partial x^i}.$$

对于任意的 $p \in U$, 由定理 3.3, 存在 p 点的开邻域 $V \subset U$ 以及 m 个光滑函数 $\tilde{x}^i \in C^\infty(M)$, 满足

$$\tilde{x}^i|_V = x^i|_V, \quad 1 \leqslant i \leqslant m.$$

根据 $\tilde{X}$ 的定义, 特别是 (5.2) 式,

$$\tilde{X}^i|_V = \tilde{X}|_V(x^i) = \tilde{X}|_V(\tilde{x}^i) = (X(\tilde{x}^i))|_V, \quad 1 \leqslant i \leqslant m.$$

由于 $X(\tilde{x}^i) \in C^\infty(M)$, $\tilde{X}^i|_V \in C^\infty(V)$. 所以 $\tilde{X}^i$ 在 p 点附近是光滑的. 再由 p 的任意性得知 $\tilde{X}^i \in C^\infty(U)$, 这就证明了 $\tilde{X}$ 的光滑性.

最后, (5.2) 式和 $\tilde{X}$ 的构造告诉我们, 由 $\tilde{X}$ 借助于 (5.1) 式所确定的映射 $\tilde{X} : C^\infty(M) \to C^\infty(M)$ 正是 X. 定理证毕.

设 $X, Y \in \mathfrak{X}(M)$. 将 X, Y 视为定理 5.1 中所描述的从 $C^\infty(M)$ 到它自身的映射. 直接可以验证, 由

$$[X, Y] = X \circ Y - Y \circ X \tag{5.3}$$

定义的映射 $[X, Y] : C^\infty(M) \to C^\infty(M)$ 仍然满足定理 5.1 的条件 (1) 和 (2). 所以, $[X, Y] \in \mathfrak{X}(M)$.

定义 5.2　由 $X, Y \in \mathfrak{X}(M)$ 通过 (5.3) 式确定的光滑切向量场 $[X, Y]$ 称为 X 和 Y 的 **Poisson 括号积**.

定理 5.2　Poisson 括号积 $[\cdot, \cdot] : \mathfrak{X}(M) \times \mathfrak{X}(M) \to \mathfrak{X}(M)$ 服从下述运算规律: $\forall X, Y, Z \in \mathfrak{X}(M), \forall \lambda \in \mathbb{R}, \forall f, g \in C^\infty(M)$,

(1) 分配律: $[X + Y, Z] = [X, Z] + [Y, Z]$;

(2) $[\lambda X, Y] = \lambda[X, Y]$;

(3) 反交换律: $[X, Y] = -[Y, X]$;

(4) Jacobi 恒等式:

$$[[X, Y], Z] + [[Y, Z], X] + [[Z, X], Y] = 0;$$

(5) $[fX, gY] = fX(g)Y - gY(f)X + fg[X, Y]$.

证明留给读者作为练习.

注记 5.1　一般地, 设 $[\cdot, \cdot]$ 是在向量空间 V 中满足条件 (1) $\sim$ (4) 的乘法, 则称 $(V, [\cdot, \cdot])$ 是一个**李代数**. 因此, $\mathfrak{X}(M)$ 关于 Poisson 括号积是李代数.

§1.6 光滑张量场

已经知道, 在 m 维光滑流形 M 的每一点 p 都有切空间 T_pM 以及与之对偶的余切空间 T_p^*M. 由此出发就可以在 M 的每一点 p 处定义一般的 (r,s) 型张量以及这些张量所构成的张量空间 $T_s^r(p)$; 类似于光滑的切向量场, 也可以引入光滑张量场的概念.

按照定义, 所谓 M 在点 p 处的一个 (r,s) 型张量 τ 是指一个 $r+s$ 重线性映射

$$\tau : \underbrace{T_p^*M \times \cdots \times T_p^*M}_{r \text{ 个}} \times \underbrace{T_pM \times \cdots \times T_pM}_{s \text{ 个}} \to \mathbb{R},$$

其中 r 称为 τ 的**反变阶数**, s 称为 τ 的**协变阶数**. 若以 $T_s^r(p)$ 表示 M 在 p 点的所有 (r,s) 型张量构成的集合, 则有

$$T_s^r(p) = \mathscr{L}(\underbrace{T_p^*M, \cdots, T_p^*M}_{r \text{ 个}}, \underbrace{T_pM, \cdots, T_pM}_{s \text{ 个}}; \mathbb{R}).$$

不难看出, $T_s^r(p)$ 是一个 m^{r+s} 维的向量空间; 并且, 在 p 点的容许局部坐标系 $(U; x^i)$ 下, $T_s^r(p)$ 有一个自然的基底, 即

$$\frac{\partial}{\partial x^{i_1}}\bigg|_p \otimes \cdots \otimes \frac{\partial}{\partial x^{i_r}}\bigg|_p \otimes \mathrm{d}x^{j_1}|_p \otimes \cdots \otimes \mathrm{d}x^{j_s}|_p,$$

$$1 \leqslant i_1, \cdots, i_r, j_1, \cdots, j_s \leqslant m.$$

由此可见,

$$T_s^r(p) = \underbrace{T_pM \otimes \cdots \otimes T_pM}_{r \text{ 个}} \otimes \underbrace{T_p^*M \otimes \cdots \otimes T_p^*M}_{s \text{ 个}}.$$

令

$$T_s^r(M) = \bigcup_{p \in M} T_s^r(p).$$

所谓光滑流形 M 上的一个 (r,s) **型张量场** τ 是指从 M 到 $T_s^r(M)$ 的一个映射 $\tau: M \to T_s^r(M)$, 使得对于任意的 $p \in M$, 都有 $\tau(p) \in T_s^r(p)$.

M 上的 $(r,0)$ 型和 $(0,r)$ 型张量场分别称为 r 阶反变张量场和 r 阶协变张量场.

定义 6.1 光滑流形 M 上的一个 (r,s) 型张量场 $\tau: M \to T_s^r(M)$ 称为是**光滑的**, 如果对于任意的 $p \in M$, 存在 p 点的容许局部坐标系 $(U; x^i)$, 使得 τ 在 U 上的限制具有如下的局部表达式:

$$\tau|_U = \tau_{j_1 \cdots j_s}^{i_1 \cdots i_r} \frac{\partial}{\partial x^{i_1}} \otimes \cdots \otimes \frac{\partial}{\partial x^{i_r}} \otimes \mathrm{d}x^{j_1} \otimes \cdots \otimes \mathrm{d}x^{j_s},$$

其中 $\tau_{j_1 \cdots j_s}^{i_1 \cdots i_r}$ 是 U 上的光滑函数. M 上光滑的 (r,s) 型张量场构成的集合记作 $\mathscr{T}_s^r(M)$. 特别地,

$$\mathscr{T}_0^1(M) = \mathfrak{X}(M), \quad \mathscr{T}_0^0(M) = C^\infty(M).$$

在集合 $\mathscr{T}_s^r(M)$ 中有自然的加法、数乘等运算; 任意两个光滑张量场能够逐点作张量积运算. 另外, 张量场还可以与光滑函数相乘, 使得 $\mathscr{T}_s^r(M)$ 成为一个 $C^\infty(M)$-模.

例 6.1 设 $f \in C^\infty(M)$, 则 $\mathrm{d}f$ 是 M 上的一个光滑的 $(0,1)$ 型张量场, 即光滑的一阶协变张量场, 称为 f 的微分. 事实上, 由例 4.3 可知, 对于任意的 $p \in M$, $\mathrm{d}f(p) \in T_p^*M$. 在 p 点的容许坐标系 $(U; x^i)$ 下, $\mathrm{d}f$ 有如下的局部表示:

$$\mathrm{d}f|_U = \sum_{i=1}^m \frac{\partial f}{\partial x^i} \mathrm{d}x^i,$$

其中 $\frac{\partial f}{\partial x^i} \in C^\infty(U)$.

定义 6.2 光滑的一阶协变张量场 (即余切向量场) 又称为 **1 次微分式**.

把光滑流形 M 上的 1 次微分式的集合记为 $A^1(M)$, 即

$$A^1(M) = \mathscr{T}_1^0(M).$$

例 6.2 设 $\tau \in \mathscr{T}_1^1(M)$. 则对于任意的 $p \in M$, 利用 p 点的一个容许局部坐标系 $(U; x^i)$, $\tau(p)$ 给出了 T_pM 上的线性变换 $\tilde{\tau}: T_pM \to T_pM$, 它的定义是:

$$(\tilde{\tau}(p))(v) = \tau(p)(\mathrm{d}x^i, v)\frac{\partial}{\partial x^i}(p), \quad \forall v \in T_pM. \tag{6.1}$$

上式的右端与局部坐标系 $(U; x^i)$ 的选取无关.

反过来, 如果在 M 的每一点 p 处都指定了一个线性变换 $\tilde{\tau}(p): T_pM \to T_pM$, 即给出了 M 上的一个线性变换场 $\tilde{\tau}$, 则 $\tilde{\tau}$ 在 M 上确定一个 $(1,1)$ 型张量场 τ, 使得在每一点 $p \in M$, 以及 $\forall \alpha \in T_p^*M$, $\forall v \in T_pM$, 有

$$\tau(p)(\alpha, v) = \alpha(\tilde{\tau}(p)(v)).$$

容易证明, τ 是 M 上光滑的 $(1,1)$ 型张量场 $\iff$ 对于任意的 $X \in \mathfrak{X}(M)$, 都有 $\tilde{\tau}(X) \in \mathfrak{X}(M)$, 其中 $\tilde{\tau}(X)$ 的定义如下:

$$(\tilde{\tau}(X))(p) = (\tilde{\tau}(p))(X(p)), \quad \forall p \in M.$$

作为特例, 对每一点 $p \in M$, 令 $\tilde{\tau}(p)$ 为 T_pM 上的恒等变换 id. 此时, $\tilde{\tau}$ 所确定的 $(1,1)$ 型光滑张量场 τ 在任意一个局部坐标系 $(U; x^i)$ 下有如下表示:

$$\tau|_U = \frac{\partial}{\partial x^i} \otimes \mathrm{d}x^i.$$

事实上, 对于任意的 $p \in U$, $\alpha \in T_p^*M$ 以及 $v \in T_pM$, 可设

$$\alpha = \alpha_i \mathrm{d}x^i|_p, \quad v = v^i \left.\frac{\partial}{\partial x^i}\right|_p,$$

则有

$$\tau(p)(\alpha, v) = \alpha(\mathrm{id}(v)) = \alpha(v) = \left\langle v^j \left.\frac{\partial}{\partial x^j}\right|_p, \alpha_i \mathrm{d}x^i|_p \right\rangle$$

$$= \alpha_i v^i = \left(\left.\frac{\partial}{\partial x^i}\right|_p \otimes \mathrm{d}x^i|_p\right)(\alpha, v).$$

定理 6.1 设 τ 是光滑流形 M 上的一个光滑的 (r,s) 型张量场, 则由 τ 可以给出下述 $r+s$ 重线性映射

$$\tilde{\tau}: \underbrace{A^1(M) \times \cdots \times A^1(M)}_{r \text{ 个}} \times \underbrace{\mathfrak{X}(M) \times \cdots \times \mathfrak{X}(M)}_{s \text{ 个}} \to C^\infty(M), \quad (6.2)$$

其定义为: 对于任意的 $\alpha^1, \cdots, \alpha^r \in A^1(M)$, $X_1, \cdots, X_s \in \mathfrak{X}(M)$ 以及 $\forall p \in M$,

$$\begin{aligned}
(\tilde{\tau}(\alpha^1, &\cdots, \alpha^r, X_1, \cdots, X_s))(p) \\
&= \tau(p)(\alpha^1(p), \cdots, \alpha^r(p), X_1(p), \cdots, X_s(p)). \quad (6.3)
\end{aligned}$$

并且这样确定的映射 $\tilde{\tau}$ 关于每一个自变量都是 $C^\infty(M)$-线性的, 即有

$$\begin{aligned}
\tilde{\tau}(\alpha^1, &\cdots, \alpha^\lambda + f\alpha, \cdots, \alpha^r, X_1, \cdots, X_s) \\
&= \tilde{\tau}(\alpha^1, \cdots, \alpha^r, X_1, \cdots, X_s) \\
&\quad + f \cdot \tilde{\tau}(\alpha^1, \cdots, \alpha^{\lambda-1}, \alpha, \alpha^{\lambda+1}, \cdots, \alpha^r, X_1, \cdots, X_s) \\
&\qquad (\forall \alpha \in A^1(M),\ f \in C^\infty(M),\ 1 \leqslant \lambda \leqslant r); \quad (6.4) \\
\tilde{\tau}(\alpha^1, &\cdots, \alpha^r, X_1, \cdots, X_\mu + fX, \cdots, X_s) \\
&= \tilde{\tau}(\alpha^1, \cdots, \alpha^r, X_1, \cdots, X_s) \\
&\quad + f \cdot \tilde{\tau}(\alpha^1, \cdots, \alpha^r, X_1, \cdots, X_{\mu-1}, X, X_{\mu+1}, \cdots, X_s) \\
&\qquad (\forall X \in \mathfrak{X}(M),\ f \in C^\infty(M),\ 1 \leqslant \mu \leqslant s). \quad (6.5)
\end{aligned}$$

特别地, $\tilde{\tau}$ 也是 $\mathbb{R}$-线性的.

反过来, 任意给定一个 $r+s$ 重线性映射

$$\tilde{\tau}: \underbrace{A^1(M) \times \cdots \times A^1(M)}_{r \text{ 个}} \times \underbrace{\mathfrak{X}(M) \times \cdots \times \mathfrak{X}(M)}_{s \text{ 个}} \to C^\infty(M),$$

如果它关于每一个自变量都是 $C^\infty(M)$-线性的, 则在 M 上存在唯一的一个 (r,s) 型光滑张量场 τ 满足 (6.3) 式.

因此, 以后可以把多重 $C^\infty(M)$-线性映射 $\tilde{\tau}$ 和相应的 (r,s) 型光滑张量场 τ 不加区别地等同起来.

证明留给读者自己考虑, 有关的详细讨论可以参看参考文献 [3].

定理 6.1 说明, 一个多重线性映射

$$\tilde{\tau} : A^1(M) \times \cdots \times A^1(M) \times \mathfrak{X}(M) \times \cdots \times \mathfrak{X}(M) \to C^\infty(M)$$

是否为光滑张量场, 关键在于它对于每一个自变量是否是 $C^\infty(M)$-线性的. 因此, 人们常常把这种多重 $C^\infty(M)$-线性性质称为**张量性质**.

例 6.3 定义映射 $\tau : A^1(M) \times \mathfrak{X}(M) \times \mathfrak{X}(M) \to C^\infty(M)$ 如下:

$$\tau(\alpha, X, Y) = \alpha([X, Y]), \quad \forall \alpha \in A^1(M), \ X, Y \in \mathfrak{X}(M).$$

很明显, 映射 τ 关于每一个自变量都是 $\mathbb{R}$-线性的, 并且关于自变量 α 还是 $C^\infty(M)$-线性的. 但是, τ 关于另外两个自变量 X, Y 却不具有 $C^\infty(M)$-线性性质. 实际上, 对于 $f \in C^\infty(M)$,

$$\begin{aligned}
\tau(\alpha, fX, Y) &= \alpha([fX, Y]) = \alpha(f[X, Y] - Y(f)X) \\
&= f \cdot \tau(\alpha, X, Y) - Y(f) \cdot \alpha(X).
\end{aligned}$$

由此可见, 映射 τ 不是 M 上的 $(1, 2)$ 型光滑张量场.

§1.7 外 微 分 式

光滑流形 M 上的一个光滑的 r 阶协变张量场 φ 称为是**反对称的**, 如果它作为映射

$$\varphi : \underbrace{\mathfrak{X}(M) \times \cdots \times \mathfrak{X}(M)}_{r \ \text{个}} \to C^\infty(M),$$

关于所有的自变量是反对称的, 即交换任意两个自变量的位置, 所得的值反号; 或等价地说, 在任意的局部坐标系下, φ 的分量关于下指标是反对称的.

定义 7.1 光滑流形 M 上的一个光滑的 r 阶反对称协变张量场 φ 称为 M 上的一个 r **次外微分式**.

同时, 还约定: M 上的 1 次外微分式就是 M 上的 1 次微分式, 即光滑的一阶协变张量场; M 上的 0 次外微分式指的是 M 上的光滑函数.

M 上 r 次外微分式的集合记作 $A^r(M)$. 特别地,

$$A^1(M) = \mathscr{T}_1^0(M), \quad A^0(M) = C^\infty(M).$$

由定义可知, 若 $\varphi \in A^r(M)$, 则在每一点 $p \in M$, $\varphi(p)$ 是 T_pM 上的一个 r 次外形式, 即

$$\varphi(p) : \underbrace{T_pM \times \cdots \times T_pM}_{r\ \uparrow} \to \mathbb{R}$$

是一个反对称的 r 重线性函数. 在另一方面, 由定理 6.1 可知, 每一个 r 次外微分式 φ 可以等同于反对称的 r 重 $C^\infty(M)$-线性映射

$$\varphi : \underbrace{\mathfrak{X}(M) \times \cdots \times \mathfrak{X}(M)}_{r\ \uparrow} \to C^\infty(M).$$

通过逐点定义的方式, 可以引入外微分式的加法、数乘和外积等运算. 比如, 外积的定义如下: $\forall \varphi \in A^r(M), \psi \in A^s(M)$,

$$\begin{aligned}
(\varphi \wedge \psi)(p) &= \varphi(p) \wedge \psi(p) = \frac{(r+s)!}{r!s!} A_{r+s}(\varphi(p) \otimes \psi(p)) \\
&= \frac{(r+s)!}{r!s!} A_{r+s}(\varphi \otimes \psi)(p), \quad \forall p \in M,
\end{aligned}$$

即有

$$\varphi \wedge \psi = \frac{(r+s)!}{r!s!} A_{r+s}(\varphi \otimes \psi).$$

这里的 A_{r+s} 是反对称化算子 (参看参考文献 [3], 第一章, §5).

进而, 若命

$$A(M) = \bigoplus_{r=0}^{m} A^r(M), \quad m = \dim M,$$

则在 $A(M)$ 上可以引入外微分运算.

定理 7.1 设 M 是 m 维光滑流形, 则存在唯一的一个映射

$$\mathrm{d}: A(M) \to A(M),$$

使得对于任意的非负整数 r, 有 $\mathrm{d}(A^r(M)) \subset A^{r+1}(M)$, 并且满足以下条件:

(1) d 是线性的, 即对于任意的 $\varphi, \psi \in A(M)$, $\lambda \in \mathbb{R}$, 有

$$\mathrm{d}(\varphi + \lambda \cdot \psi) = \mathrm{d}\varphi + \lambda \mathrm{d}\psi;$$

(2) $\forall \varphi \in A^r(M)$, $\psi \in A(M)$, 有

$$\mathrm{d}(\varphi \wedge \psi) = \mathrm{d}\varphi \wedge \psi + (-1)^r \varphi \wedge \mathrm{d}\psi;$$

(3) $\forall f \in A^0(M)$, $\mathrm{d}f$ 是 f 的微分;

(4) $\mathrm{d}^2 = \mathrm{d} \circ \mathrm{d} = 0$.

这样的映射 d 称为**外微分 (算子)**.

定理的证明可参看参考文献 [3] 的第四章. 在其证明过程中, 首先指出外微分算子 d 的局部性: 若 φ, ψ 是 M 上的两个外微分式, 且在 M 的一个开子集 U 上有 $\varphi|_U = \psi|_U$, 则

$$\mathrm{d}\varphi|_U = \mathrm{d}\psi|_U.$$

由此可见, 如果 d 是定理所述的映射, 则在 M 的任意一个开子集 U 上可以诱导出映射 $\mathrm{d}: A(U) \to A(U)$, 它仍然满足定理所述的条件; 并且对于 $\varphi \in A^r(M)$, 有

$$\mathrm{d}(\varphi|_U) = (\mathrm{d}\varphi)|_U.$$

这样, 对于任意的 $\varphi \in A^r(M)$, 如果它在 M 的一个容许局部坐标系 $(U; x^i)$ 下有局部表达式

$$\varphi|_U = \frac{1}{r!} \varphi_{i_1 \cdots i_r} \mathrm{d}x^{i_1} \wedge \cdots \wedge \mathrm{d}x^{i_r},$$

则根据 d 所满足的条件将算子 d 作用在 $\varphi|_U$ 上得到

$$\mathrm{d}(\varphi|_U) = \frac{1}{r!} \mathrm{d}\varphi_{i_1 \cdots i_r} \wedge \mathrm{d}x^{i_1} \wedge \cdots \wedge \mathrm{d}x^{i_r}$$

$$= \frac{1}{r!} \frac{\partial \varphi_{i_1 \cdots i_r}}{\partial x^i} \mathrm{d}x^i \wedge \mathrm{d}x^{i_1} \wedge \cdots \wedge \mathrm{d}x^{i_r}. \tag{7.1}$$

容易验证, (7.1) 式中最后的表达式与局部坐标系 $(U; x^i)$ 的选取无关. 因此, 实际上我们是用 (7.1) 式来定义 $(\mathrm{d}\varphi)|_U$ 的.

定理 7.2 设 $\omega \in A^1(M)$, 则对于任意的 $X, Y \in \mathfrak{X}(M)$, 有

$$\mathrm{d}\omega(X, Y) = X(\omega(Y)) - Y(\omega(X)) - \omega([X, Y]).$$

证明 将上式右端记为 $\alpha(X, Y)$, 便得映射

$$\alpha : \mathfrak{X}(M) \times \mathfrak{X}(M) \to C^\infty(M).$$

显然, α 是反对称的双线性映射. 另外, 对于任意的 $X, Y \in \mathfrak{X}(M)$, $f \in C^\infty(M)$, 有

$$
\begin{aligned}
\alpha(fX, Y) &= fX(\omega(Y)) - Y(\omega(fX)) - \omega([fX, Y]) \\
&= fX(\omega(Y)) - Y(f\omega(X)) - \omega(f[X, Y] - Y(f) \cdot X) \\
&= f\alpha(X, Y),
\end{aligned}
$$

并且

$$\alpha(X, fY) = -\alpha(fY, X) = -f \cdot \alpha(Y, X) = f \cdot \alpha(X, Y),$$

故 α 是 M 上的一个 2 次外微分式. 因此要证明 α 和 $\mathrm{d}\omega$ 相等, 只需说明它们的局部表达式相同即可.

设在局部坐标系 $(U; x^i)$ 下, ω 的局部表示为 $\omega|_U = \omega_i \mathrm{d}x^i$, 则

$$
\begin{aligned}
(\mathrm{d}\omega)|_U = \mathrm{d}(\omega|_U) &= \frac{\partial \omega_i}{\partial x^j} \mathrm{d}x^j \wedge \mathrm{d}x^i \\
&= \frac{1}{2} \left(\frac{\partial \omega_i}{\partial x^j} - \frac{\partial \omega_j}{\partial x^i} \right) \mathrm{d}x^j \wedge \mathrm{d}x^i.
\end{aligned}
$$

另一方面, $\alpha|_U = \dfrac{1}{2} \alpha \left(\dfrac{\partial}{\partial x^j}, \dfrac{\partial}{\partial x^i} \right) \mathrm{d}x^j \wedge \mathrm{d}x^i$, 其中

$$
\begin{aligned}
\alpha \left(\frac{\partial}{\partial x^j}, \frac{\partial}{\partial x^i} \right) &= \frac{\partial}{\partial x^j} \left(\omega \left(\frac{\partial}{\partial x^i} \right) \right) - \frac{\partial}{\partial x^i} \left(\omega \left(\frac{\partial}{\partial x^j} \right) \right) \\
&\quad - \omega \left(\left[\frac{\partial}{\partial x^j}, \frac{\partial}{\partial x^i} \right] \right) \\
&= \frac{\partial \omega_i}{\partial x^j} - \frac{\partial \omega_j}{\partial x^i}.
\end{aligned}
$$

因此, $\mathrm{d}\omega|_U = \alpha|_U$.

一般地, 对于任意的 r 次外微分式, 有如下的外微分求值公式:

定理 7.3 设 $\omega \in A^r(M)$. 则对于任意的 $X_1, \cdots, X_{r+1} \in \mathfrak{X}(M)$, 有

$$\mathrm{d}\omega(X_1, \cdots, X_{r+1}) = \sum_{\alpha=1}^{r+1} (-1)^{\alpha+1} X_\alpha(\omega(X_1, \cdots, \hat{X}_\alpha, \cdots, X_{r+1}))$$

$$+ \sum_{\alpha<\beta} (-1)^{\alpha+\beta} \omega([X_\alpha, X_\beta], X_1, \cdots, \hat{X}_\alpha, \cdots, \hat{X}_\beta, \cdots, X_{r+1}).$$

此定理的证明和定理 7.2 的证明是类似的, 留给读者作为练习.

从定理 7.1(4) 得知, 外微分算子 d 满足 $\mathrm{d} \circ \mathrm{d} = 0$. 这意味着 $\mathrm{d} : A^r(M) \to A^{r+1}(M)$ 可以看作拓扑学中的上边缘算子. 在这里, $A^r(M)$ 被看作加法群.

定义 7.2 命

$$Z^r(M) = \{\alpha \in A^r(M) : \mathrm{d}\alpha = 0\},$$

$$B^r(M) = \mathrm{d}(A^{r-1}(M))$$

$$= \{\alpha \in A^r(M) : \text{存在 } \beta \in A^{r-1}(M), \text{使得 } \alpha = \mathrm{d}\beta\}.$$

$Z^r(M)$ 中的元素称为 M 上的 r 次**闭微分式**; $B^r(M)$ 中的元素称为 M 上的**恰当微分式**.

这样, 性质 $\mathrm{d} \circ \mathrm{d} = 0$ 表明 $B^r(M)$ 是 $Z^r(M)$ 的子群.

定义 7.3 商群 $H^r(M) = Z^r(M)/B^r(M)$ 称为光滑流形 M 上的第 r 个 **de Rham 上同调群**.

应该注意的是, de Rham 上同调群 $H^r(M)$ 是光滑流形的光滑结构的产物. 但是, 著名的 de Rham 定理说: 当 M 是紧致光滑流形时,de Rham 上同调群 $H^r(M)$ 与 M 的第 r 个实系数上同调群是同构的. 由此可见, de Rham 上同调群 $H^r(M)$ 是流形 M 的拓扑不变量.

§1.8 外微分式的积分和 Stokes 定理

在 m 维有向光滑流形 M 上可以定义 m 次外微分式的积分. 实

质上, 这是 m 重黎曼积分的推广.

假定 M 是满足第二可数公理的 m 维有向光滑流形. 设 $\omega \in A^r(M)$, ω 的**支撑集**定义为

$$\operatorname{Supp}\omega = \overline{\{p \in M; \omega(p) \neq 0\}}. \tag{8.1}$$

在 M 上有紧致支撑集的 r 次外微分式的集合记作 $A_0^r(M)$. 要定义的积分 $\displaystyle\int_M$ 是一个线性映射 $\displaystyle\int_M : A_0^r \to \mathbb{R}$.

先假定 (U, φ) 是 M 的一个定向相符的坐标卡, $\omega \in A_0^r(M)$, 且 $\operatorname{Supp}\omega \subset U$. 这样, $\omega|_{M \setminus U} = 0$, 且

$$\omega|_U = a\,\mathrm{d}x^1 \wedge \cdots \wedge \mathrm{d}x^m, \tag{8.2}$$

其中 $a \in C^\infty(U)$, (x^i) 是在 U 上由坐标映射 φ 给出的局部坐标系. 因为 $\operatorname{Supp}a \subset \operatorname{Supp}\omega \subset U$ 是紧致的, 故 m 重黎曼积分

$$\int_{\varphi(U)} (a \circ \varphi^{-1})\mathrm{d}x^1 \cdots \mathrm{d}x^m$$

是一个有限的数值. 因此, 可以规定

$$\int_M \omega = \int_{\varphi(U)} (a \circ \varphi^{-1})\mathrm{d}x^1 \cdots \mathrm{d}x^m. \tag{8.3}$$

需要指出的是, 上式右端与定向相符的局部坐标卡 (U, φ) 的选取无关. 事实上, 如果有另一个坐标卡 (V, ψ), 对应的局部坐标系是 $(V; y^i)$, 并且 $\operatorname{Supp}\omega \subset V$. 那么 $\omega|_{M \setminus V} = 0$, 并且

$$\omega|_V = b\,\mathrm{d}y^1 \wedge \cdots \wedge \mathrm{d}y^m,$$

其中 $b \in C^\infty(V)$. 因此, 在 $U \cap V$ 上有

$$\begin{aligned}
a\,\mathrm{d}x^1 \wedge \cdots \wedge \mathrm{d}x^m &= b\,\mathrm{d}y^1 \wedge \cdots \wedge \mathrm{d}y^m \\
&= b\frac{\partial(y^1, \cdots, y^m)}{\partial(x^1, \cdots, x^m)}\mathrm{d}x^1 \wedge \cdots \wedge \mathrm{d}x^m,
\end{aligned}$$

即

$$a \circ \varphi^{-1} = \frac{\partial(y^1, \cdots, y^m)}{\partial(x^1, \cdots, x^m)} \cdot (b \circ \psi^{-1}) \circ (\psi \circ \varphi^{-1}). \tag{8.4}$$

由于 (U, φ), (V, ψ) 是与 M 的定向相符的坐标卡, 故坐标变换 $\psi \circ \varphi^{-1}$ 的 Jacobi 行列式

$$\frac{\partial(y^1, \cdots, y^m)}{\partial(x^1, \cdots, x^m)} > 0. \tag{8.5}$$

根据重积分的变量替换公式, 有

$$\begin{aligned}
\int_{\psi(V)} (b \circ \psi^{-1}) \mathrm{d}y^1 \cdots \mathrm{d}y^m &= \int_{\psi(V \cap U)} (b \circ \psi^{-1}) \mathrm{d}y^1 \cdots \mathrm{d}y^m \\
&= \int_{\varphi(U \cap V)} (b \circ \psi^{-1}) \circ (\psi \circ \varphi^{-1}) \cdot \frac{\partial(y^1, \cdots, y^m)}{\partial(x^1, \cdots, x^m)} \mathrm{d}x^1 \cdots \mathrm{d}x^m \\
&= \int_{\varphi(U \cap V)} (a \circ \varphi^{-1}) \mathrm{d}x^1 \cdots \mathrm{d}x^m \\
&= \int_{\varphi(U)} (a \circ \varphi^{-1}) \mathrm{d}x^1 \cdots \mathrm{d}x^m. \tag{8.6}
\end{aligned}$$

现在考虑一般情形. 设 $\{(U_\alpha, \varphi_\alpha); \alpha \in I\}$ 是 M 的一个定向相符的坐标卡集, 使得 $\{U_\alpha; \alpha \in I\}$ 是 M 的局部有限开覆盖, 并且 $\{h_\alpha\}$ 是从属于 $\{U_\alpha\}$ 的单位分解. 对于任意的 $\omega \in A_0^m(M)$, 有

$$\omega = \omega \cdot \sum_\alpha h_\alpha = \sum_\alpha (h_\alpha \cdot \omega), \tag{8.7}$$

其中 $h_\alpha \cdot \omega \in A_0^m(M)$, 并且

$$\mathrm{Supp}\,(h_\alpha \cdot \omega) \subset \mathrm{Supp}\,h_\alpha \cap \mathrm{Supp}\,\omega \subset U_\alpha.$$

由于 $\mathrm{Supp}\,\omega$ 是紧致的, 故 (8.7) 式的右端只是有限多项之和. 每一项 $h_\alpha \cdot \omega$ 在 M 上的积分已经有定义, 所以

$$\int_M \omega = \sum_\alpha \int_M h_\alpha \cdot \omega = \sum_\alpha \int_{\varphi_\alpha(U_\alpha)} ((h_\alpha \cdot a_\alpha) \circ \varphi_\alpha^{-1}) \mathrm{d}x_\alpha^1 \cdots \mathrm{d}x_\alpha^m, \tag{8.8}$$

其中 $\omega|_{U_\alpha} = a_\alpha \mathrm{d}x_\alpha^1 \wedge \cdots \wedge \mathrm{d}x_\alpha^m$, $a_\alpha \in C^\infty(U_\alpha)$.

不难证明, 上面所定义的数值 $\int_M \omega$ 与光滑流形 M 的定向相符的局部有限坐标覆盖 $\{(U_\alpha, \varphi_\alpha); \alpha \in I\}$ 的选取无关, 也与从属于 $\{U_\alpha\}$ 的单位分解 $\{h_\alpha\}$ 的选取无关.

定义 8.1 数值 $\int_M \omega$ 称为 m 次外微分式 $\omega \in A_0^m(M)$ 在 M 上的**积分**.

若 $\omega \in A_0^r(M)(r < m)$, 则能定义 ω 在 M 的 r 维有向子流形上的积分. 确切地说, 设 N 是满足第二可数公理的 r 维有向光滑流形, $f: N \to M$ 是 N 在 M 中的光滑嵌入子流形, 则 $f^*\omega \in A_0^r(N)$, 于是可以令

$$\int_{f(N)} \omega = \int_N f^*\omega. \tag{8.9}$$

当 (f, N) 是 M 的浸入子流形时, 上式右端仍然是有意义的.

定义 8.2 设 M 是一个 m 维光滑流形. 所谓的**带边区域** D 是指流形 M 的一个子集, 其中的点分为两类:

(1) 内点 $p \in D$, 即在 M 中有点 p 的一个邻域 U, 使得 U 整个地包含在 D 内;

(2) 边界点 $p \in D$, 即在 M 中有点 p 的一个局部坐标系 $(U; x^i)$, 使得

$$x^i(p) = 0, \quad \forall i,$$

并且

$$U \cap D = \{q \in U; x^m(q) \geqslant 0\}. \tag{8.10}$$

这样的坐标系称为边界点 p 的适用坐标系.

带边区域 D 的边界点的集合记为 ∂D. 可以证明: ∂D 是 M 的 $m-1$ 维闭的嵌入子流形, 并且当 M 是可定向流形时, ∂D 也是可定向的. 特别地, 设在点 $p \in \partial D$ 的适用坐标系 $(U; x^i)$ 与 M 的定向相符, 那么

$$(U \cap \partial D; x^\alpha, 1 \leqslant \alpha \leqslant m-1)$$

是 ∂D 的局部坐标系, 并且 M 在 ∂D 上的诱导定向是由

$$(-1)^m \mathrm{d}x^1 \wedge \cdots \wedge \mathrm{d}x^{m-1} \tag{8.11}$$

给出的, 使得 ∂D 成为有诱导定向的光滑流形. 上述规定与微积分学中 $\mathbb{R}^2$ 或 $\mathbb{R}^3$ 在带边区域的边界上的诱导定向是一致的.

定理 8.1(Stokes 定理) 设 M 是满足第二可数公理的 m 维有向光滑流形, D 是 M 的一个带边区域, 则对于任意的 $\omega \in A_0^{m-1}(M)$ 有

$$\int_D \mathrm{d}\omega = \int_{\partial D} i^*\omega, \tag{8.12}$$

其中 $i : \partial D \to M$ 是包含映射,∂D 具有从 M 诱导的定向.

定理的证明请看参考文献 [3], 第四章, §5.

例 8.1 假定 D 是 $\mathbb{R}^2$ 中的一个有界闭区域. 设 $\omega \in A_0^1(\mathbb{R}^2)$ 是

$$\omega = P\,\mathrm{d}x + Q\,\mathrm{d}y, \tag{8.13}$$

则

$$\mathrm{d}\omega = \left(\frac{\partial Q}{\partial x} - \frac{\partial P}{\partial y}\right)\mathrm{d}x \wedge \mathrm{d}y, \tag{8.14}$$

因此由定理 8.1 得到

$$\int_D \left(\frac{\partial Q}{\partial x} - \frac{\partial P}{\partial y}\right)\mathrm{d}x\mathrm{d}y = \int_{\partial D} P\,\mathrm{d}x + Q\,\mathrm{d}y. \tag{8.15}$$

这正是经典的 Green 公式, 其中 ∂D 具有从 D 诱导的定向, 即沿曲线 ∂D 的正向行进时区域 D 落在行进者的左侧.

例 8.2 设 D 是 $\mathbb{R}^3$ 中的一个有界闭区域, 在 ∂D 上取从 D 诱导的定向, 即以外法向量作为 ∂D 的正定向. 设 $\varphi \in A_0^2(\mathbb{R}^3)$, 置

$$\varphi = P\mathrm{d}y \wedge \mathrm{d}z + Q\mathrm{d}z \wedge \mathrm{d}x + R\mathrm{d}x \wedge \mathrm{d}y, \tag{8.16}$$

则

$$\mathrm{d}\varphi = \left(\frac{\partial P}{\partial x} + \frac{\partial Q}{\partial y} + \frac{\partial R}{\partial z}\right)\mathrm{d}x \wedge \mathrm{d}y \wedge \mathrm{d}z. \tag{8.17}$$

定理 8.1 断言

$$\int_{\partial D} P\mathrm{d}y\mathrm{d}z + Q\mathrm{d}z\mathrm{d}x + R\mathrm{d}x\mathrm{d}y = \int_D \left(\frac{\partial P}{\partial x} + \frac{\partial Q}{\partial y} + \frac{\partial R}{\partial z}\right)\mathrm{d}x\mathrm{d}y\mathrm{d}z. \tag{8.18}$$

这是经典的 Gauss 公式, 左端是第二型曲面积分.

例 8.3 设 S 是 $\mathbb{R}^3$ 中的一块有向曲面, ∂S 是具有从 S 诱导的定向的光滑简单闭曲线. 设

$$\omega = P\mathrm{d}x + Q\mathrm{d}y + R\mathrm{d}z \in A_0^1(\mathbb{R}^3), \tag{8.19}$$

则

$$\mathrm{d}\omega = \left(\frac{\partial R}{\partial y} - \frac{\partial Q}{\partial z}\right)\mathrm{d}y \wedge \mathrm{d}z + \left(\frac{\partial P}{\partial z} - \frac{\partial R}{\partial x}\right)\mathrm{d}z \wedge \mathrm{d}x$$
$$+ \left(\frac{\partial Q}{\partial x} - \frac{\partial P}{\partial y}\right)\mathrm{d}x \wedge \mathrm{d}y. \tag{8.20}$$

由定理 8.1 得到

$$\int_{\partial S} P\mathrm{d}x + Q\mathrm{d}y + R\mathrm{d}z$$
$$= \int_S \left(\frac{\partial R}{\partial y} - \frac{\partial Q}{\partial z}\right)\mathrm{d}y\mathrm{d}z + \left(\frac{\partial P}{\partial z} - \frac{\partial R}{\partial x}\right)\mathrm{d}z\mathrm{d}x$$
$$+ \left(\frac{\partial Q}{\partial x} - \frac{\partial P}{\partial y}\right)\mathrm{d}x\mathrm{d}y. \tag{8.21}$$

这是经典的 Stokes 公式, 左端是第二型曲线积分, 右端是第二型曲面积分.

§1.9 切丛和向量丛

设 M 是一个 m 维光滑流形, 则在每一点 $p \in M$ 有切空间 T_pM. 令

$$TM = \bigcup_{p \in M} T_pM.$$

在本节, 要在集合 TM 上给出拓扑结构和光滑结构, 使它成为一个 $2m$ 维的光滑流形. 这样, 从光滑流形 M 出发构造出一个新的光滑流形 TM. 对这个新的光滑流形的结构进行分析, 便可抽象出 M 上的向量丛的概念. 向量丛是许多数学分支的研究对象和工具, 在本书中会广泛地用到切丛和向量丛的概念.

首先定义映射 $\pi : TM \to M$ 如下: $\forall p \in M$, $\forall v \in T_pM$, 令

$$\pi(v) = p. \tag{9.1}$$

换言之, 映射 π 把每一个切向量 $v \in TM$, 映到它的起点 p. 于是,

$$\pi^{-1}(p) = T_pM, \quad \pi(T_pM) = \{p\}.$$

假定 $\{(U_\alpha, \varphi_\alpha);\ \alpha \in I\}$ 是 m 维光滑流形 M 上的光滑结构. 令

$$u^i_\alpha(p) = (\varphi_\alpha(p))^i, \quad \forall p \in U_\alpha,$$

则 $(U_\alpha; u^i_\alpha)$ 是 M 的局部坐标系. 很明显,

$$\bigcup_{\alpha \in I} \pi^{-1}(U_\alpha) = TM.$$

对于每一个 $\alpha \in I$, 定义映射 $\psi_\alpha : U_\alpha \times \mathbb{R}^m \to \pi^{-1}(U_\alpha)$ 如下: 设

$$p \in U_\alpha, \quad y = (y^1, \cdots, y^m) \in \mathbb{R}^m,$$

令

$$\psi_\alpha(p, y) = \sum_{i=1}^m y^i \left. \frac{\partial}{\partial u^i_\alpha} \right|_p. \tag{9.2}$$

由于 $\left\{ \left. \dfrac{\partial}{\partial u^i_\alpha} \right|_p \right\}$ 是 U_α 上的自然标架场, 每一个切向量 $v \in T_pM (p \in U_\alpha)$ 有唯一的线性表示

$$v = y^i \left. \frac{\partial}{\partial u^i_\alpha} \right|_p,$$

所以映射 ψ_α 是一一对应. 这样, 借助于映射 ψ_α 可以把 $U_\alpha \times \mathbb{R}^m$ 的拓扑移植到 $\pi^{-1}(U_\alpha)$ 上来. 如果在 $\pi^{-1}(U_\alpha)(\alpha \in I)$ 上如此获得的拓扑是彼此相容的, 则在 TM 上定义了一个拓扑结构.

为了使叙述简单起见, 先来考察 $\pi^{-1}(U_\alpha)$ 上的局部坐标系和坐标变换公式, 借此在 TM 上便同时建立起拓扑结构和光滑结构. 对于每一个 $\alpha \in I$, 定义映射 $\Phi_\alpha : \pi^{-1}(U_\alpha) \to \mathbb{R}^{2m}$ 如下:

$$\Phi_\alpha \left(\sum_{i=1}^m y^i \left. \frac{\partial}{\partial u^i_\alpha} \right|_p \right) = (u^1_\alpha(p), \cdots, u^m_\alpha(p), y^1, \cdots, y^m). \tag{9.3}$$

很明显, Φ_α 把 $\pi^{-1}(U_\alpha)$ 一对一地映为 $\mathbb{R}^{2m}$ 中的开集 $\varphi_\alpha(U_\alpha) \times \mathbb{R}^m$. 因此, Φ_α 可以看作集合 $\pi^{-1}(U_\alpha)$ 上的坐标映射, 因而 $(\pi^{-1}(U_\alpha), \Phi_\alpha)$ 是 TM 的一个坐标卡.

当 $U_\alpha \cap U_\beta \neq \emptyset$, 且 $p \in U_\alpha \cap U_\beta$ 时, 设切向量 $v \in T_pM$ 有两个表达式:

$$v = \sum_{i=1}^{m} \tilde{y}^i \left. \frac{\partial}{\partial u_\beta^i} \right|_p = \sum_{j=1}^{m} y^j \left. \frac{\partial}{\partial u_\alpha^j} \right|_p, \qquad (9.4)$$

因此, v 的分量 $\tilde{y}^i$ 和 y^j 满足关系式

$$\tilde{y}^i = y^j \frac{\partial u_\beta^i}{\partial u_\alpha^j}. \qquad (9.5)$$

由于 $(U_\alpha, \varphi_\alpha)$ 和 (U_β, φ_β) 是 C^∞ 相关的,

$$\varphi_\beta \circ \varphi_\alpha^{-1} : \varphi_\alpha(U_\alpha \cap U_\beta) \to \varphi_\beta(U_\alpha \cap U_\beta)$$

是 C^∞ 映射, 即

$$u_\beta^i = (\varphi_\beta \circ \varphi_\alpha^{-1})^i (u_\alpha^1, \cdots, u_\alpha^m) \qquad (9.6)$$

是 $u_\alpha^1, \cdots, u_\alpha^m$ 的 C^∞ 函数. (9.5) 式说明 $\tilde{y}^i$ 是 $u_\alpha^1, \cdots, u_\alpha^m, y^1, \cdots, y^m$ 的 C^∞ 函数, 即坐标变换

$$\Phi_\beta \circ \Phi_\alpha^{-1}(u_\alpha^1, \cdots, u_\alpha^m, y^1, \cdots, y^m) = (u_\beta^1, \cdots, u_\beta^m, \tilde{y}^1, \cdots, \tilde{y}^m)$$

是从 $\varphi_\alpha(U_\alpha \cap U_\beta) \times \mathbb{R}^m$ 到 $\varphi_\beta(U_\alpha \cap U_\beta) \times \mathbb{R}^m$ 的光滑映射.

特别地, 映射

$$\Phi_\beta \circ \Phi_\alpha^{-1} : \varphi_\alpha(U_\alpha \cap U_\beta) \times \mathbb{R}^m \to \varphi_\beta(U_\alpha \cap U_\beta) \times \mathbb{R}^m$$

是连续的. 这意味着映射

$$\psi_\beta^{-1} \circ \psi_\alpha(p, y^1, \cdots, y^m) = (p, \tilde{y}^1, \cdots, \tilde{y}^m)$$

是从 $(U_\alpha \cap U_\beta) \times \mathbb{R}^m$ 到它自身的连续映射, 因而是同胚 (因为它的逆映射 $(\psi_\beta^{-1} \circ \psi_\alpha)^{-1} = \psi_\alpha^{-1} \circ \psi_\beta$ 也是连续的). 所以, 对于每一个 $\alpha \in I$,

当 $U_\alpha \times \mathbb{R}^m$ 的拓扑通过映射 ψ_α 移植到 $\pi^{-1}(U_\alpha)$ 上时, 所得到的拓扑是彼此相容的. 事实上, 当 $U_\alpha \cap U_\beta \neq \emptyset$ 时,

$$\psi_\alpha = \psi_\beta \circ (\psi_\beta^{-1} \circ \psi_\alpha) : (U_\alpha \cap U_\beta) \times \mathbb{R}^m \to \pi^{-1}(U_\alpha \cap U_\beta).$$

由于 $\psi_\beta^{-1} \circ \psi_\alpha$ 是同胚, 在 $\pi^{-1}(U_\alpha \cap U_\beta) = \pi^{-1}(U_\alpha) \cap \pi^{-1}(U_\beta)$ 上通过映射 ψ_α 移植的拓扑与通过 ψ_β 移植的拓扑是一致的, 因而在 TM 上确定了一个拓扑结构. 显然, 在 TM 的这个拓扑下, 映射

$$\Phi_\alpha = (\varphi_\alpha \times \mathrm{id}) \circ \psi_\alpha^{-1} : \pi^{-1}(U_\alpha) \to \varphi_\alpha(U_\alpha) \times \mathbb{R}^m \subset \mathbb{R}^{2m}$$

是同胚. 所以 $\{(\pi^{-1}(U_\alpha), \Phi_\alpha); \ \alpha \in I\}$ 给出了 TM 的一个 C^∞-相关的坐标覆盖, 它在 TM 上确定了一个光滑结构, 使得 TM 成为 $2m$ 维光滑流形.

另一方面, 在 TM 的上述光滑结构下, 映射 $\pi : TM \to M$ 在局部坐标邻域 $\pi^{-1}(U_\alpha)$ 上的表达式是

$$\varphi_\alpha \circ \pi \circ \Phi_\alpha^{-1} : (u_\alpha^1, \cdots, u_\alpha^m, y^1, \cdots, y^m) \mapsto (u_\alpha^1, \cdots, u_\alpha^m).$$

由此得知, π 是光滑的开映射. 此外,

$$\Phi_\alpha \circ \psi_\alpha(p, y) = \Phi_\alpha \left(\sum_{i=1}^m y^i \left. \frac{\partial}{\partial u_\alpha^i} \right|_p \right) = (u_\alpha^1, \cdots, u_\alpha^m, y^1, \cdots, y^m),$$

故映射 $\psi_\alpha : U_\alpha \times \mathbb{R}^m \to \pi^{-1}(U_\alpha)$ 是光滑同胚.

通过上面的讨论, 不难看出光滑流形 TM 具有如下的特点:

(1) 存在光滑映射 $\pi : TM \to M$, 使得在每一点 $p \in M$,

$$\pi^{-1}(p) = T_p M$$

是一个与 $\mathbb{R}^m$ 同构的 m 维向量空间;

(2) 在流形 M 上有一个开覆盖 $\{U_\alpha; \ \alpha \in I\}$, 使得对于每一个 $\alpha \in I$, 存在光滑同胚

$$\psi_\alpha : U_\alpha \times \mathbb{R}^m \to \pi^{-1}(U_\alpha),$$

满足

$$\pi \circ \psi_\alpha(p, y) = p, \quad \forall (p, y) \in U_\alpha \times \mathbb{R}^m.$$

换言之, 光滑流形 TM 在局部上与乘积流形 $U_\alpha \times \mathbb{R}^m$ 光滑同胚, 并且保持 "纤维" $\pi^{-1}(p)$ 与 $\{p\} \times \mathbb{R}^m$ 相对应;

(3) 对于任意固定的 $p \in U_\alpha$, 如果定义映射

$$\psi_{\alpha,p} : \mathbb{R}^m \to \pi^{-1}(p) = T_pM$$

如下:

$$\psi_{\alpha,p}(y) = \psi_\alpha(p, y), \quad \forall y \in \mathbb{R}^m,$$

则 $\psi_{\alpha,p}$ 是线性同构;

(4) 当 $p \in U_\alpha \cap U_\beta$ 时, $\psi_{\alpha,p}, \psi_{\beta,p} : \mathbb{R}^m \to T_pM$ 都是线性同构, 因而映射

$$g_{\beta\alpha}(p) = \psi_{\beta,p}^{-1} \circ \psi_{\alpha,p} : \mathbb{R}^m \to \mathbb{R}^m$$

是线性同构, 即 $g_{\beta\alpha}(p) \in \mathrm{GL}(m)$.

从 (9.4) 式可知, 映射 $g_{\beta\alpha}(p)$ 恰好是由 M 的局部坐标变换 $\varphi_\beta \circ \varphi_\alpha^{-1}$ 在点 $\varphi_\alpha(p)$ 处的 Jacobi 矩阵

$$g_{\beta\alpha}(p) = \left. \left(\frac{\partial u_\beta^i}{\partial u_\alpha^j} \right) \right|_{\varphi_\alpha(p)}$$

给出的线性变换. 显然, 由 $p \mapsto g_{\beta\alpha}(p)$ 给出的映射 $g_{\beta\alpha} : U_\alpha \cap U_\beta \to \mathrm{GL}(m)$ 是光滑的.

从光滑流形 TM 所具有的特殊构造可以抽象出下面的定义:

定义 9.1   设 E, M 是两个光滑流形, $\pi : E \to M$ 是一个光滑的满映射, $V = \mathbb{R}^q$ 是 q 维向量空间. 如果在 M 上存在一个开覆盖 $\{U_\alpha; \alpha \in I\}$ 以及一组映射 $\{\psi_\alpha; \alpha \in I\}$, 它们满足下列条件:

(1) $\forall \alpha \in I$, 映射 ψ_α 是从 $U_\alpha \times \mathbb{R}^q$ 到 $\pi^{-1}(U)$ 的光滑同胚, 并且对于任意的 $p \in U_\alpha, y \in \mathbb{R}^q$, 有

$$\pi \circ \psi_\alpha(p, y) = p;$$

(2) 对于任意固定的 $p \in U_\alpha$, 令

$$\psi_{\alpha,p}(y) = \psi_\alpha(p,y), \quad \forall y \in \mathbb{R}^q,$$

则映射 $\psi_{\alpha,p} : \mathbb{R}^q \to \pi^{-1}(p)$ 是同胚, 而当 $p \in U_\alpha \cap U_\beta \neq \emptyset$ 时, 映射

$$g_{\beta\alpha}(p) = \psi_{\beta,p}^{-1} \circ \psi_{\alpha,p} : \mathbb{R}^q \to \mathbb{R}^q$$

是线性同构, 即 $g_{\beta\alpha}(p) \subset \mathrm{GL}(q)$;

(3) 当 $U_\alpha \cap U_\beta \neq \emptyset$ 时, 映射 $g_{\beta\alpha} : U_\alpha \cap U_\beta \to \mathrm{GL}(q)$ 是光滑的,
则称 (E, M, π) 为光滑流形 M 上秩为 q 的**向量丛**, 其中 E 称为**丛空间**, M 称为**底流形**, 映射 $\pi : E \to M$ 称为**丛投影**. 为了方便, 以后也把向量丛 (E, M, π) 记为 $\pi : E \to M$ 或 E.

易证, 对于任意的 $p \in M$, 在 $\pi^{-1}(p)$ 上具有自然的线性结构, 使得映射 $\psi_{\alpha,p} : \mathbb{R}^q \to \pi^{-1}(p)$ 为线性同构. 以后把 $\pi^{-1}(p)$ 称为向量丛 E 在点 $p \in M$ 的**纤维**, 也记为 E_p. 由此可见, 向量丛

$$\pi : E \to M$$

是一簇 "栽种在" 光滑流形 M 上的 q 维向量空间. 定义 9.1 中的映射

$$\psi_\alpha : U_\alpha \times \mathbb{R}^q \to \pi^{-1}(U_\alpha)$$

称为向量丛 E 的**局部平凡化**.

根据定义 9.1, $\pi : TM \to M$ 是 M 上秩为 m 的向量丛, 称为光滑流形 M 上的**切向量丛**, 简称为 M 的**切丛**.

例 9.1 设 $\pi : E \to M$ 是一个秩为 q 的向量丛, $U \subset M$ 为非空开集. 显然

$$\pi^{-1}(U) = \bigcup_{p \in U} \pi^{-1}(p), \tag{9.7}$$

如果用 $\tilde{\pi}$ 表示 π 在 $\pi^{-1}(U)$ 上的限制, 则

$$\pi^{-1}(U) = (\pi^{-1}(U), U, \tilde{\pi})$$

是开了流形 U 上的 一个秩为 q 的向量丛 (证明留作练习), 称为向量丛 E 在开集 U 上的限制, 并记作 $E|_U$.

定义 9.2 设 $\pi : E \to M$ 是光滑流形 M 上的向量丛, $U \subset M$ 为开集. 若有光滑映射 $s : U \to E$, 使得

$$\pi \circ s = \mathrm{id} : U \to U, \tag{9.8}$$

则称 s 为向量丛 (E, M, π) 的定义在 U 上的一个**光滑截面**; 特别地, 当 $U = M$ 时, 则称 s 为向量丛 E 的一个光滑截面.

向量丛 $\pi : E \to M$ 的光滑截面的集合记为 $\Gamma(E)$. 不难验证, 集合 $\Gamma(E)$ 是一个 $C^\infty(M)$-模, 因而也是 $\mathbb{R}$ 上的向量空间 (证明留给读者作为练习). 一般而言, $\Gamma(E)$ 作为实向量空间是无限维的.

根据定义, 流形 M 上的光滑切向量场是切丛 TM 的光滑截面, 反之亦然. 因此, $\mathfrak{X}(M) = \Gamma(TM)$.

设 $\pi : E \to M$ 是光滑流形 M 上秩为 q 的向量丛, $U \subset M$. 如果存在 q 个局部光滑截面

$$s_a \in \Gamma(U), \quad 1 \leqslant a \leqslant q,$$

使得 $\{s_a\}$ 是处处线性无关的, 即对于任意的 $p \in U$, $\{s_a(p)\}$ 构成向量空间 $\pi^{-1}(p)$ 的一个基底, 则称 $\{s_a\}$ 是向量丛 E 的 (定义在 U 上的) 一个**局部标架场**; 特别地, 当 $U = M$ 时, 称 $\{s_a\}$ 是大范围地定义在 M 上的标架场. 一般来说, 向量丛的定义在整个底流形上的标架场未必是存在的; 而局部标架场总是存在的. 事实上, 先取 E 的一个局部平凡化

$$\psi : U \times \mathbb{R}^q \to \pi^{-1}(U),$$

用 $\{\delta_a\}$ 表示 $\mathbb{R}^q$ 的一个基底. 再令

$$s_a(p) = \psi(p, \delta_a), \quad 1 \leqslant a \leqslant q, \quad \forall p \in U, \tag{9.9}$$

便可得到 q 个映射 $s_a : U \to E$. 显然有,

$$\pi \circ s_a = \mathrm{id} : U \to U, \quad 1 \leqslant a \leqslant q,$$

即每一个 s_a 都是向量丛 E 的局部截面; 并且 $\{s_a\}$ 是定义在 U 上的一个局部标架场.

例 9.2 设 M, N 是光滑流形, $f : M \to N$ 是光滑映射. 令

$$f^*TN = \bigcup_{p \in M} \{p\} \times T_{f(p)}N.$$

则 f^*TN 是 M 上秩为 $n = \dim N$ 的向量丛 (证明留作练习), 称为切丛 TN 通过映射 f 拉回到 M 上的向量丛. 拉回丛 f^*TN 的光滑截面称为在 N 中**沿映射 f 定义的切向量场**.

例 9.3 向量丛的对偶丛.

设 $\pi : E \to M$ 是光滑流形 M 上秩为 q 的向量丛. 对于任意的 $p \in M$, 用 $E_p^* = (E_p)^*$ 表示 q 维实向量空间 E_p 的对偶空间, 并记

$$E^* = \bigcup_{p \in M} E_p^*.$$

再定义映射 $\tilde\pi : E^* \to M$, 使得 $\tilde\pi(\omega) = p\,(\forall \omega \in E_p^*)$, 于是

$$\tilde\pi^{-1}(p) = E_p^*.$$

假定 $\psi_\alpha : U_\alpha \times \mathbb{R}^q \to \pi^{-1}(U_\alpha)\,(\alpha \in I)$ 是向量丛 (E, M, π) 的局部平凡化, 且 $\{U_\alpha;\ \alpha \in I\}$ 是 M 的一个开覆盖. 取定 $\mathbb{R}^q$ 的一个标准基底 $\delta = \{\delta_a;\ a = 1, \cdots, q\}$, 它的对偶基底记作 $\delta^* = \{\delta^a\}$. 对于任意的 $\alpha \in I$, 设 E 在 U_α 上的局部截面 $e_{\alpha,a}$ 由 $e_{\alpha,a} = \psi_\alpha(p, \delta_a)$ 确定. $\forall p \in U_\alpha$, 用 $\{e_\alpha^a(p)\}$ 表示 $\{e_{\alpha,a}(p)\}$ 在纤维 $\tilde\pi^{-1}(p)$ 中的对偶基底. 于是, 可以定义映射

$$\tilde\psi_\alpha : U_\alpha \times \mathbb{R}^q \to \tilde\pi^{-1}(U_\alpha),$$

使得

$$\tilde\psi_\alpha(p, y) = \sum_a y_a e_\alpha^a(p), \quad \forall p \in U_\alpha, \quad y = y_a \delta^a \in (\mathbb{R}^q)^* = \mathbb{R}^q.$$

类似于切丛的构造方法, 在 E^* 中可以引入微分结构, 使得 $E^* = (E^*, M, \tilde\pi)$ 成为秩是 q 的向量丛, 而 $\{\tilde\psi_\alpha\}$ 就是它的局部平凡化. 具体的做法及相应的验证过程, 请读者自己来完成. 新构造出的向量丛 E^* 称为已知向量丛 E 的**对偶丛**.

特别地, 光滑流形 M 的切丛 TM 的对偶丛 $(TM)^*$ 就是 M 上的所有余切向量构成的向量丛 (见本章习题第 72 题), 称为 M 的**余切向量丛**或**余切丛**, 并记为 T^*M. T^*M 的 (局部) 标架场称为 **(局部) 余切标架场**.

显然, 对于任意的 $\sigma \in \Gamma(E)$ 和 $\omega \in \Gamma(E^*)$, 有光滑函数 $\langle \sigma, \omega \rangle \in C^\infty(M)$, 使得

$$\langle \sigma, \omega \rangle(p) = \langle \sigma(p), \omega(p) \rangle = \omega(p)(\sigma(p)), \quad \forall p \in M.$$

如此得到的映射 $\langle \cdot, \cdot \rangle : \Gamma(E) \times \Gamma(E^*) \to C^\infty(M)$ 称为向量丛 E 与其对偶丛 E^* 之间的配合.

设 U 是 M 的开子集, $\{e_a\}$ 和 $\{\omega^a\}$ 分别是秩为 q 的向量丛 E 及其对偶丛 E^* 的定义在 U 上的局部标架场, 如果

$$\langle e_a, \omega^b \rangle \equiv \delta_a^b = \begin{cases} 1, & a = b, \\ 0, & a \neq b, \end{cases} \quad 1 \leqslant a, b \leqslant q,$$

则称 $\{\omega^a\}$ 是局部标架场 $\{e_a\}$ 在 E^* 上的**对偶标架场**, 通常记为 $\{e^a\}$.

易知, 在例 9.3 中, 对于任意的 $\alpha \in I$, $\{e_\alpha^a\}$ 就是 E 上的局部标架场 $\{e_{\alpha,a}\}$ 的对偶标架场.

例 9.4 设 $\pi : E \to M$ 和 $\tilde{\pi} : \tilde{E} \to M$ 是光滑流形 M 上的两个向量丛, 它们的秩分别为 q 和 $\tilde{q}$. 则由 E 和 $\tilde{E}$ 可以构造**向量丛的直和** $E \oplus \tilde{E}$ 和**张量积** $E \otimes \tilde{E}$. 具体做法如下:

$\forall p \in M$, 向量丛 E 和 $\tilde{E}$ 在 p 点的纤维分别记为 E_p 和 $\tilde{E}_p$, 它们是两个实向量空间并且 $\dim E_p = q, \dim \tilde{E}_p = \tilde{q}$. 令

$$E \oplus \tilde{E} = \bigcup_{p \in M} E_p \oplus \tilde{E}_p; \quad E \otimes \tilde{E} = \bigcup_{p \in M} E_p \otimes \tilde{E}_p.$$

可以自然地引入投影映射

$$\pi_1 : E \oplus \tilde{E} \to M \quad \text{和} \quad \pi_2 : E \otimes \tilde{E} \to M,$$

以及相应的微分构造, 使得

$$(E \oplus \tilde{E}, M, \pi_1) \quad \text{和} \quad (E \otimes \tilde{E}, M, \pi_2)$$

分别成为秩是 $q+\tilde{q}$ 和 $q\tilde{q}$ 的向量丛, 称为向量丛 E 和 $\tilde{E}$ 的直和及张量积. 细节留给读者作为练习.

特别地, 光滑流形 M 的 r 个切丛 TM 和 s 个余切丛 T^*M 的张量积
$$T_s^r(M) = \underbrace{TM \otimes \cdots \otimes TM}_{r \text{ 个}} \otimes \underbrace{T^*M \otimes \cdots \otimes T^*M}_{s \text{ 个}}$$
是由 M 上在各点处的 (r,s) 型张量构成的集合, 它是秩为 m^{r+s} 的向量丛, 即有
$$T_s^r(M) = \bigcup_{p \in M} T_s^r(p),$$
其中
$$T_s^r(p) = \underbrace{T_pM \otimes \cdots \otimes T_pM}_{r \text{ 个}} \otimes \underbrace{T_p^*M \otimes \cdots \otimes T_p^*M}_{s \text{ 个}}$$
是流形 M 在一点 p 处的 (r,s) 型张量空间. 向量丛 $T_s^r(M)$ 称为光滑流形 M 上的 (r,s) 型**张量丛**, 它的光滑截面就是 M 上的光滑张量场.

类似地, 对于任意的 $p \in M$, 若以 $\bigwedge^r T_p^*M$ 表示 M 在点 p 的 r 次外形式空间, 并设
$$\bigwedge^r T^*M = \bigcup_{p \in M} \bigwedge^r T_p^*M,$$
则 $\bigwedge^r T^*M$ 也是一个向量丛, 称为 M 上的 r 次**外形式丛**. 外形式丛的光滑截面是 M 上的外微分式, 于是有 $\Gamma(\bigwedge^r T^*M) = A^r(M)$.

例 9.5 设 $\pi: E \to M, \tilde{\pi}: \tilde{E} \to M$ 是光滑流形 M 上的两个向量丛, 秩分别是 $q, \tilde{q}$. 对于每一点 $p \in M$, 用 $\mathscr{L}(E_p; \tilde{E}_p)$ 表示从向量空间 $E_p = \pi^{-1}(p)$ 到 $\tilde{E}_p = \tilde{\pi}^{-1}(p)$ 的线性映射的集合, 它是 $q\tilde{q}$ 维向量空间. 则
$$\mathrm{Hom}(E, \tilde{E}) = \bigcup_{p \in M} \mathscr{L}(E_p; \tilde{E}_p)$$
是光滑流形 M 上秩 $q\tilde{q}$ 为的向量丛.

设 U 是 M 的开子集,
$$\psi: U \times \mathbb{R}^q \to \pi^{-1}(U) \quad \text{和} \quad \tilde{\psi}: U \times \mathbb{R}^{\tilde{q}} \to \tilde{\pi}^{-1}(U)$$

分别是向量丛 $E, \tilde{E}$ 的局部平凡化. 用 $\{\delta_i\}$ 和 $\{\tilde{\delta}_a\}$ 分别记 $\mathbb{R}^q$ 和 $\mathbb{R}^{\tilde{q}}$ 的标准基底. 命

$$s_i(p) = \psi(p, \delta_i), \quad \tilde{s}_a(p) = \tilde{\psi}(p, \tilde{\delta}_a), \quad \forall p \in U,$$

则 $\{s_i\}, \{\tilde{s}_a\}$ 分别是向量丛 $E, \tilde{E}$ 的定义在 U 上的标架场. 如果用 $M(q, \tilde{q}) = \mathbb{R}^{q\tilde{q}}$ 表示 $q \times \tilde{q}$-矩阵的集合, 并且设 $\pi^* : \mathrm{Hom}(E, \tilde{E}) \to M$ 是向量丛 $\mathrm{Hom}(E, \tilde{E})$ 的丛投影, 则向量丛 $\mathrm{Hom}(E, \tilde{E})$ 的局部平凡化

$$\Psi : U \times M(q, \tilde{q}) \to \pi^{*-1}(U)$$

由下式给出:

$$\Psi(p, A)(s_i(p)) = \sum_{a=1}^{\tilde{q}} A_i^a \tilde{s}_a(p), \quad \forall (p, A) \in U \times M(q, \tilde{q}).$$

请读者自己把向量丛 $\mathrm{Hom}(E, \tilde{E})$ 的转移函数族用向量丛 $E, \tilde{E}$ 的转移函数族表示出来.

作为本节的结尾, 下面来定义向量丛上的度量结构.

定义 9.3 设 $\pi : E \to M$ 是光滑流形 M 上的一个向量丛. 如果对于每一点 $p \in M$, 在纤维 $\pi^{-1}(p)$ 上指定了一个欧氏内积 $\langle \cdot, \cdot \rangle_p$, 并且 $\langle \cdot, \cdot \rangle_p$ 光滑地依赖于点 p, 则称 $\langle \cdot, \cdot \rangle$ 是向量丛 (E, M, π) 上的一个**黎曼结构**. 指定了一个黎曼结构的向量丛称为**黎曼向量丛**.

在上述定义中, 所谓内积 $\langle \cdot, \cdot \rangle_p$ "光滑地依赖于点 p" 是指: 对于任意的局部光滑截面 $X, Y \in \Gamma(E|_U), U \subset M$, 由

$$\langle X, Y \rangle(p) = \langle X(p), Y(p) \rangle_p$$

确定的函数 $\langle X, Y \rangle$ 是 U 上的光滑函数. 特别地, 如果 $\{s_a\}$ 是向量丛 E 定义在开子集 $U \subset M$ 上的一个局部标架场, 并设

$$h_{ab}(p) = \langle s_a, s_b \rangle, \quad \forall p \in U, \ 1 \leqslant a, b \leqslant q,$$

则 $h_{ab} \in C^\infty(U)$, 而且 $q \times q$ 矩阵 (h_{ab}) 在 U 上是处处正定的对称矩阵.

习　题　一

1. 假定 $\mathscr{A}_0 = \{(U_\alpha, \varphi_\alpha);\ \alpha \in I\}$ 是 m 维流形 M 上的一个 C^r 相关的坐标覆盖, 即

(1) $\{U_\alpha;\ \alpha \in I\}$ 构成 M 的一个开覆盖;

(2) 属于 $\mathscr{A}_0$ 的任意两个坐标卡都是 C^r 相关的. 令

$$\mathscr{A} = \{(U, \varphi) : M\text{的坐标卡, 且 } \forall (V, \psi) \in \mathscr{A}_0,$$
$$(U, \varphi) \text{ 与 } (V, \psi) \text{ 是 } C^r \text{ 相关的}\}.$$

证明: $\mathscr{A}$ 是 M 上包含 $\mathscr{A}_0$ 的唯一的一个 C^r 微分结构.

2. 设 $(U, \varphi; x^i)$, $(V, \psi; y^i)$ 和 $(W, \chi; z^i)$ 是 m 维光滑流形 M 上的三个局部坐标系, 并且 $U \cap V \cap W \neq \varnothing$. 证明: 在 $\varphi(U \cap V \cap W)$ 上成立如下的链式法则:

$$\left(\frac{\partial z^i}{\partial x^j}\right) = \left(\frac{\partial z^i}{\partial y^k}\right)\left(\frac{\partial y^k}{\partial x^j}\right);$$
$$\frac{\partial(z^1, \cdots, z^m)}{\partial(x^1, \cdots, x^m)} = \frac{\partial(z^1, \cdots, z^m)}{\partial(y^1, \cdots, y^m)} \cdot \frac{\partial(y^1, \cdots, y^m)}{\partial(x^1, \cdots, x^m)}.$$

由此说明, 局部坐标变换的 Jacobi 行列式恒不为零.

3. 设 M 是一个可定向的微分流形. 证明: 如果 M 是连通的, 则 M 恰有两个不同的定向.

4. 设 $a > 0$, $S^n(a) = \{(x^1, \cdots, x^{n+1}) \in \mathbb{R}^{n+1};\ \sum\limits_{i=1}^{n+1}(x^i)^2 = a^2\}$, $N = (0, \cdots, 0, a)$, $S = (0, \cdots, 0, -a)$ 分别为 $S^n(a)$ 的北极和南极. 令

$$U_+ = S^n(a)\backslash\{S\}, \quad U_- = S^n(a)\backslash\{N\}.$$

再分别定义映射 $\varphi_\pm : U_\pm \to \mathbb{R}^n$ 如下:

$$(\xi^1, \cdots, \xi^n) = \varphi_+(x^1, \cdots, x^{n+1}) = \left(\frac{ax^1}{a + x^{n+1}}, \cdots, \frac{ax^n}{a + x^{n+1}}\right),$$
$$(\eta^1, \cdots, \eta^n) = \varphi_-(x^1, \cdots, x^{n+1}) = \left(\frac{ax^1}{a - x^{n+1}}, \cdots, \frac{ax^n}{a - x^{n+1}}\right).$$

证明: φ_+ 和 φ_- 的逆映射分别由下式给出:

$$(x^1, \cdots, x^n, x^{n+1}) = \varphi_+^{-1}(\xi^1, \cdots, \xi^n)$$

$$= \left(\frac{2a^2\xi^1}{a^2 + \sum_j (\xi^j)^2}, \cdots, \frac{2a^2\xi^n}{a^2 + \sum_j (\xi^j)^2}, \frac{a(a^2 - \sum_j (\xi^j)^2)}{a^2 + \sum_j (\xi^j)^2} \right),$$

$$(x^1, \cdots, x^n, x^{n+1}) = \varphi_-^{-1}(\eta^1, \cdots, \eta^n)$$

$$= \left(\frac{2a^2\eta^1}{a^2 + \sum_j (\eta^j)^2}, \cdots, \frac{2a^2\eta^n}{a^2 + \sum_j (\eta^j)^2}, \frac{a(\sum_j (\eta^j)^2 - a^2)}{a^2 + \sum_j (\eta^j)^2} \right).$$

并由此说明, $\{(U_+, \varphi_+), (U_-, \varphi_-)\}$ 给出了 $S^n(a)$ 的一个光滑结构.

5. 设 S 是 $\mathbb{R}^3$ 的一个非空子集. 如果对于任意的点 $p \in S$, 都有 p 在 $\mathbb{R}^3$ 中的一个邻域 U, 使得 $U \cap S$ 是某个光滑的正则参数曲面 $\boldsymbol{r} : D \to \mathbb{R}^3$ 的像集, 其中 D 是平面 $\mathbb{R}^2$ 的一个连通开集, 则称 S 是 $\mathbb{R}^3$ 中的一个**光滑曲面**.

(1) 证明: $\mathbb{R}^3$ 中每一个光滑曲面都是二维光滑流形;

(2) 利用 (1) 的结论证明: $\mathbb{R}^3$ 中的圆环面 T:

$$\left(\sqrt{x^2 + y^2} - R \right)^2 + z^2 = r^2, \quad 0 < r < R$$

是一个二维光滑流形, 并且给出 T 的一个 C^∞-坐标覆盖.

6. 设 $\mathbb{C}^{n+1} = \{(z^1, \cdots, z^{n+1}); z^i \in \mathbb{C}, 1 \leqslant i \leqslant n+1\}$, $\mathbb{C}_*^{n+1} = \mathbb{C}^{n+1} \backslash \{0\}$. 在 $\mathbb{C}_*^{n+1}$ 上引入等价关系 $\sim$ 如下: $\forall z = (z^1, \cdots, z^{n+1})$, $w = (w^1, \cdots, w^{n+1}) \in \mathbb{C}_*^{n+1}$, $z \sim w$ 当且仅当存在一个非零复数 λ, 使得 $w = \lambda z$, 即 $w^i = \lambda z^i (1 \leqslant i \leqslant n+1)$; 用 $[z]$ 表示 $z \in \mathbb{C}_*^{n+1}$ 所在的等价类. 类似于实射影空间, 令

$$\mathbb{C}P^n = \mathbb{C}_*^{n+1} / \sim = \{[z]; z \in \mathbb{C}_*^{n+1}\}.$$

显然, $\mathbb{C}P^n$ 可以视为复向量空间 $\mathbb{C}^{n+1}$ 的一维复子空间构成的集合, 称为 n 维**复射影空间**; 由 $z \mapsto \pi(z) = [z]$ 定义的映射 $\pi : \mathbb{C}_*^{n+1} \to \mathbb{C}P^n$ 称为自然投影.

(1) 试在 $\mathbb{C}P^n$ 上定义拓扑和微分结构, 使之成为 $2n$ 维光滑流形, 并且使得自然投影 $\pi : \mathbb{C}_*^{n+1} \to \mathbb{C}P^n$ 是光滑映射;

(2) 设 $S^{2n+1} = \{z \in \mathbb{C}_*^{n+1}; \ |z|^2 = \sum\limits_i |z^i|^2 = 1\}$, 则 S^{2n+1} 是 $\mathbb{C}^{n+1} = \mathbb{R}^{2n+2}$ 中的单位球面. 定义映射 $\tilde{\pi} = \pi|_{S^{2n+1}} : S^{2n+1} \to \mathbb{C}P^n$. 证明: 映射 $\tilde{\pi}$ 是一个淹没, 并且

$$\tilde{\pi}^{-1}([z]) = S^{2n+1} \cap [z] = \{\mathrm{e}^{\sqrt{-1}\,\theta} z; \ \theta \in [0, 2\pi]\}$$

是 S^{2n+1} 中的大圆. 映射 $\tilde{\pi} : S^{2n+1} \to \mathbb{C}P^n$ 也称为自然投影.

7. 假设映射 $\sigma : \mathbb{R}^3 \to \mathbb{R}^3$ 的定义为:

$$\sigma(x^1, x^2, x^3) = (x^1 \sin x^3 + x^2 \cos x^3, x^1 \cos x^3 - x^2 \sin x^3, x^3).$$

证明: σ 在单位球面 S^2 上的限制给出了 S^2 到其自身的一个光滑同胚.

8. 试证明如下的**反函数定理**: 设 $U \subset \mathbb{R}^m$ 是欧氏空间 $\mathbb{R}^m$ 的开子集, $f : U \to \mathbb{R}^m$ 是光滑映射, $a \in U$. 如果 $\mathrm{rank}_a(f) = m$, 则有 $\mathbb{R}^m$ 在 a 点的开邻域 $V \subset U$, 使得 f 在 V 上的限制 $f|_V$ 是从 V 到 $f(V) \subset \mathbb{R}^m$ 的光滑同胚, 并且其逆映射 $g = (f|_V)^{-1} : f(V) \to V$ 的 Jacobi 矩阵 $J(g)$ 由下式确定:

$$J(g)(y) = (J(f|_V)(x))^{-1}, \quad \forall x \in V,$$

其中 $y = f(x) \in f(V)$, $J(f|_V)$ 是映射 $f|_V$ 的 Jacobi 矩阵.

9. 试把上述反函数定理推广到光滑流形上去, 即证明:

流形上的反函数定理 设 M, N 是 m 维光滑流形, $f : M \to N$ 是光滑映射, $p \in M$. 如果 f 在 p 点的秩 $\mathrm{rank}_p(f) = m$, 则存在点 p 在 M 中的开邻域 U, 使得

$$f|_U : U \to f(U) \subset N$$

是光滑同胚.

10. 利用反函数定理证明映射的秩定理 (即定理 2.1).

11. 证明: 对于任意两个给定点 $x, y \in \mathbb{R}$, 必有开区间 (a, b) 及光滑同胚 $f : \mathbb{R} \to \mathbb{R}$, 使得 $x, y \in (a, b)$, $f(x) = y$, 并且 f 在 $\mathbb{R} \backslash (a, b)$ 上的限制为恒同映射. 试把上述结论推广到一般的欧氏空间 $\mathbb{R}^m (m \geqslant 1)$.

12. 设 M 是一个连通的 m 维光滑流形. 证明: 对于任意给定的两个点 $p, q \in M$, 存在光滑同胚 $f : M \to M$, 使得 $f(p) = q$.

13. 证明: 一维复射影空间 $\mathbb{C}P^1$ 微分同胚于二维球面, 即 $\mathbb{C}P^1 = S^2$.

14. 设 U 是光滑流形 M 的非空开子集, $\delta > 0$, $f : (-\delta, \delta) \times U \to \mathbb{R}$ 是光滑映射, 满足条件

$$f(0, p) = 0, \quad \forall p \in U.$$

证明: 存在光滑映射 $g : (-\delta, \delta) \times U \to \mathbb{R}$, 使得

$$f(t, p) = tg(t, p), \quad g(0, p) = \left. \frac{\partial f(t, p)}{\partial t} \right|_{t=0}, \quad \forall (t, p) \in (-\delta, \delta) \times U.$$

15. 设 $\mathscr{A}$ 和 $\mathscr{A}'$ 是 Hausdorff 空间 M 上的两个 C^∞ 结构, $C^\infty(M)$ 和 $C'^\infty(M)$ 分别是 $(M, \mathscr{A})$ 和 $(M, \mathscr{A}')$ 上光滑函数的集合. 证明: $\mathscr{A} = \mathscr{A}'$ 当且仅当 $C^\infty(M) = C'^\infty(M)$.

16. 证明引理 3.1 和引理 3.2.

17. 设 M 是满足第二可数公理的微分流形, A, B 是 M 的两个不相交的闭子集. 证明: 存在 $F \in C^\infty(M)$, 使得 $F|_A \equiv 1$, $F|_B \equiv 0$.

18. 设 M_1, M_2 是光滑流形, $M = M_1 \times M_2$, $(p, q) \in M$. 设 $\pi_i : M \to M_i (i = 1, 2)$ 是自然投影, 定义映射 $\alpha_i : M_i \to M (i = 1, 2)$, 使得

$$\alpha_1(x) = (x, q), \ \forall x \in M_1; \quad \alpha_2(y) = (p, y), \ \forall y \in M_2.$$

显然有 $\pi_i \circ \alpha_i = \mathrm{id}_{M_i} : M_i \to M_i$, $i = 1, 2$. 证明: α_1 和 α_2 都是嵌入, 并且 $T_{(p,q)}M = (\alpha_1)_{*p}(T_p M_1) \oplus (\alpha_2)_{*q}(T_q M_2)$. 后者同构于直和 $T_p M_1 \oplus T_q M_2$.

19. 设 M, N 是光滑流形, 并且 M 是连通的; $f : M \to N$ 是光滑映射. 证明: 如果对于任意的点 $p \in M$, 都有 $f_{*p} = 0$, 则 f 是常值映射.

20. 设映射 $f : \mathbb{R}^2 \to \mathbb{R}^2$ 的定义是

$$y_1 = x_1 \mathrm{e}^{x_2} + x_2, \quad y_2 = x_1 \mathrm{e}^{x_2} - x_2, \quad \forall (x_1, x_2) \in \mathbb{R}^2.$$

证明 f 是光滑同胚, 并求切映射 f_* 和余切映射 f^* 在自然标架场下的矩阵.

21. 设 $f : S \to M$, $g : M \to N$ 是光滑流形 S, M, N 之间的光滑映射, 证明:

(1) $(g \circ f)_{*p} = g_{*f(p)} \circ f_{*p} : T_p S \to T_{g \circ f(p)} N$, $\forall p \in S$;

(2) $(g \circ f)_p^* = f_p^* \circ g_{f(p)}^* : T_{g \circ f(p)}^* N \to T_p^* S$, $\forall p \in S$.

22. 设映射 $f : \mathbb{R}^2 \to \mathbb{R}^3$ 和 $g : \mathbb{R}^3 \to \mathbb{R}^2$ 的定义分别为

$$f(x_1, x_2) = (\mathrm{e}^{2x_1 + x_2}, 3x_2 - \cos x_1, x_1^2 + x_2 + 2), \quad \forall (x_1, x_2) \in \mathbb{R}^2,$$

$$g(y_1, y_2, y_3) = (3y_1 + 2y_2 + y_3^2, y_1^2 - y_3 + 1), \quad \forall (y_1, y_2, y_3) \in \mathbb{R}^3.$$

令 $F = g \circ f$, $G = f \circ g$, 求 F_{*0} 和 G_{*0}.

23. 设 $f : M \to N$ 是淹没, 证明 f 是开映射.

24. 设 M 是 m 维紧致光滑流形, $f : M \to \mathbb{R}^m$ 是光滑映射. 证明: 在 M 上至少存在一点 p, 使得 f 在 p 点的秩小于 m.

25. 证明: 一个浸入子流形 $M \subset N$ 是嵌入子流形的充要条件是对于任意一点 $p \in M$, 存在 p 在 N 中的局部坐标系 $(\tilde{U}; \tilde{x}^A)$, 满足 $\tilde{x}^A(p) = 0 (1 \leqslant A \leqslant n)$, 并且

$$\tilde{U} \cap M = \{ q \in \tilde{U}; \ \tilde{x}^\alpha(q) = 0, \ m + 1 \leqslant \alpha \leqslant n \},$$

其中 $m = \dim M$, $n = \dim N$. 显然, 如果令 $U = \tilde{U} \cap M$, $x^i = \tilde{x}^i |_U (1 \leqslant i \leqslant m)$, 则 $(U; x^i)$ 是 p 在 M 中的局部坐标系. 我们把局部坐标系 $(\tilde{U}; \tilde{x}^A)$ 或 $(U; x^i)$ 称为嵌入子流形 M 在点 p 的**典型 (局部) 坐标系**.

26. 设 M_1 和 M_2 分别是 m_1, m_2 维光滑流形, 对应的微分结构分别为 $\mathscr{A}_1$ 和 $\mathscr{A}_2$. 令 $M = M_1 \times M_2$, $m = m_1 + m_2$.

(1) 假设 $\mathscr{A}_0 = \{ (U \times V, \varphi \times \psi); \ (U, \varphi) \in \mathscr{A}_1, (V, \psi) \in \mathscr{A}_2 \}$, 其中 $\varphi \times \psi : U \times V \to \mathbb{R}^m = \mathbb{R}^{m_1} \times \mathbb{R}^{m_2}$ 的定义为

$$(\varphi \times \psi)(p_1, p_2) = (\varphi(p_1), \psi(p_2)), \quad \forall (p_1, p_2) \in U \times V.$$

证明: $\mathscr{A}_0$ 在 M 上确定了一个光滑结构, 使得 M 成为 m 维光滑流形. 此时称 M 为光滑流形 M_1 和 M_2 的**乘积流形**, 简称为 M_1, M_2 的**直积**;

(2) 设 $\pi_\alpha : M_1 \times M_2 \to M_\alpha$, $\alpha = 1, 2$, 为自然投影, 证明 π_1 和 π_2 都是光滑映射;

(3) 仿照 (1) 的做法引入 n 个光滑流形的乘积流形. 设

$$T^n = \{(z_1, \cdots, z_n) \in \mathbb{C}^n;\ |z_i| = 1,\ 1 \leqslant i \leqslant n\}.$$

试在 T^n 上引入一个微分结构, 使得 T^n 成为 $\mathbb{C}^n = \mathbb{R}^{2n}$ 的 n 维嵌入子流形并且微分同胚于 n 个圆周的直积, 即

$$T^n = \underbrace{S^1 \times \cdots \times S^1}_{n\text{个}}.$$

此时, 称光滑流形 T^n 为 n 维**环面**.

27. 设 $f : M \to N$ 是光滑流形之间的光滑映射, A, B 分别是 M 和 N 的嵌入子流形. 证明: 如果 $f(A) \subset B$, 则 $f|_A : A \to B$ 也是光滑映射.

28. 设 $F : M \to N$ 是光滑流形之间的光滑映射. 证明: 如果 F 的秩 $\mathrm{rank}\,(F)$ 为常值, 则对于任意的点 $q \in N$, $F^{-1}(q)$ 是 M 的嵌入子流形, 并且

$$\dim F^{-1}(q) = \dim M - \mathrm{rank}\,(F).$$

29. 试利用映射秩定理证明定理 4.4.

30. 设 $\varphi : M \to N$ 是嵌入子流形, 并且 $\varphi(M)$ 是 N 中的闭集. 证明: 对于任意的 $g \in C^\infty(M)$, 必存在 $f \in C^\infty(N)$, 使得 $f \circ \varphi = g$.

31. 设 $\varphi : M \to N$ 是单浸入, 并且 $\dim M = \dim N$. 证明: 将 M 的微分结构通过 φ 移植到 $\varphi(M)$ 之后, $\varphi(M)$ 是 N 的开子流形.

32. 设 $f : M \to N$ 是光滑映射, $p \in M, v \in T_p M$. 假定

$$\gamma : (-\varepsilon, \varepsilon) \to M$$

是 M 中的光滑曲线, 满足条件 $\gamma(0) = p$, $\gamma'(0) = v$. 证明: 切向量 $(f \circ \gamma)'(0) \in T_{f(p)} N$ 与曲线 γ 的选取无关, 且有 $f_{*p}(v) = (f \circ \gamma)'(0)$ (见图). 这个习题给出了光滑映射的切映射的一种直观解释.

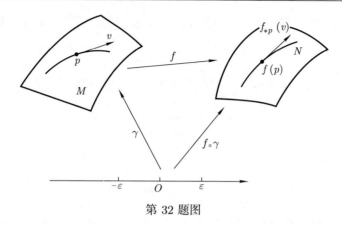

第 32 题图

33. 设映射 $\alpha : \mathbb{R} \to \mathbb{R}^2$ 由 $\alpha(t) = (t, |t|)$ 定义. 试说明 α 在 $t = 0$ 点处不可微 (见图).

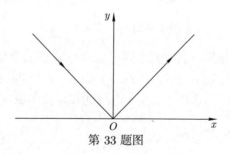

第 33 题图

34. 试说明: 由 $\alpha(t) = (t^3, t^2)$ 给出的映射 $\alpha : \mathbb{R} \to \mathbb{R}^2$ 是光滑映射, 但不是浸入 (见图).

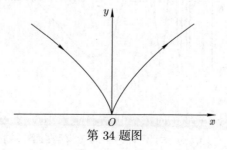

第 34 题图

35. 证明: 曲线 $\alpha(t) = (t^3 - 4t, t^2 - 4)$ (见图) 是浸入但不是嵌入.

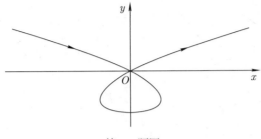

第 35 题图

36. 设 ε 充分小, 定义映射 $\alpha : (0,3) \to \mathbb{R}^2$ 如下 (见图):

$$\alpha(t) = \begin{cases} \left(t, \sin\dfrac{1}{t}\right), & 0 < t \leqslant \dfrac{1}{\pi}; \\ \beta(t), & \dfrac{1}{\pi} - \varepsilon < t < 1 + \varepsilon, \\ (0, t - 2), & 1 \leqslant t < 3, \end{cases}$$

其中 $\beta(t)$ 是一条没有自交点、同时也不与 α 的其余部分相交的正则曲线 (即 $\beta'(t)$ 处处不为零), 并且当 $t \in (\frac{1}{\pi} - \varepsilon, \frac{1}{\pi})$ 时, $\beta(t) = (t, \sin\frac{1}{t})$, 当 $t \in (1, 1 + \varepsilon)$ 时, $\beta(t) = (0, t - 2)$. 证明: α 是单浸入, 但不是嵌入.

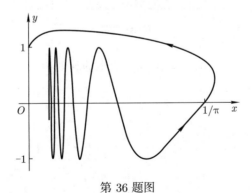

第 36 题图

37 设 V 是 m 维实向量空间, $L(V)$ 表示 V 的基底构成的集合. 对于任意的 $\delta = \{\delta_i\}, \tilde{\delta} = \{\tilde{\delta}_i\} \in L(V)$, 存在唯一的一个 m 阶方阵

$a = (a_j^i) \in \mathrm{GL}(m, \mathbb{R})$, 使得 $\tilde{\delta}_i = \sum_j a_i^j \delta_j$, 即 $\tilde{\delta} = \delta \cdot a$. 矩阵 a 称为从基底 δ 到基底 $\tilde{\delta}$ 的**过渡矩阵**. 在 $L(V)$ 中可以引入等价关系 $\sim$, 使得

$$\tilde{\delta} \sim \delta \iff \text{从 } \delta \text{ 到 } \tilde{\delta} \text{ 的过渡矩阵 } a \text{ 满足 } \det(a) > 0.$$

把基底 δ 所在的等价类记为 $[\delta]$. 把商集 $QL(V) = L(V)/\sim$ 中的元素称为向量空间 V 的**定向**. 证明: V 有且只有两个定向.

38. m 维光滑流形 M 上的一个**定向分布**指的是一个映射

$$\mu : M \to QL(M) = \bigcup_{p \in M} QL(T_pM),$$

使得对于任意的 $p \in M$, $\mu(p) \in QL(T_pM)$. M 上的一个定向分布 μ 称为**连续的**, 如果对于任意的点 $p \in M$, 存在 p 点的局部坐标系 $(U; x^i)$, 使得

$$\mu(q) = \left[\left. \frac{\partial}{\partial x^1} \right|_q, \cdots, \left. \frac{\partial}{\partial x^m} \right|_q \right], \quad \forall q \in U.$$

证明: 光滑流形 M 是可定向的当且仅当在 M 上存在一个连续的定向分布.

39. 设 U 是 m 维光滑流形 M 的一个开子集, $X \in \mathfrak{X}(U)$. 证明: 在任意一点 $p \in U$, 必有 p 的一个开邻域 $V \subset U$, 以及光滑向量场 $\tilde{X} \in \mathfrak{X}(M)$, 使得 $\tilde{X}|_V = X|_V$.

40. 设 X 是光滑流形 M 上的一个切向量场. 证明: $X \in \mathfrak{X}(M)$ 是光滑切向量场的充要条件是对于任意的 $f \in C^\infty(M)$, 由

$$(X(f))(p) = X(p)f, \quad \forall p \in M$$

定义的函数 $X(f)$ 是 M 上的光滑函数.

41. 设 $f : M \to N$ 是光滑同胚. 对于任意的 $X \in \mathfrak{X}(M)$, 定义映射 $f_*X : C^\infty(N) \to C^\infty(N)$ 如下:

$$(f_*X)(g) = X(g \circ f) \circ f^{-1}, \quad \forall g \in C^\infty(N).$$

证明:

(1) f_*X 是 N 上的光滑切向量场, 并且 f_*X 与 X 是 f-相关的, 即对于任意的 $p \in M$,

$$f_{*p}(X(p)) = (f_*X)(f(p));$$

(2) 对于任意的 $X, Y \in \mathfrak{X}(M)$, $f_*([X, Y]) = [f_*X, f_*Y]$.

42. 证明定理 5.2.

43. 设 $\mathrm{GL}(n, \mathbb{R})$ 是一般线性群 (参见例 1.2). 定义

$$\mathrm{SL}(n, \mathbb{R}) = \{A \in \mathrm{GL}(n.\mathbb{R}); \ \det A = 1\};$$
$$\mathrm{O}(n) = \{A \in \mathrm{GL}(n, \mathbb{R}); \ A \cdot A^{\mathrm{t}} = I_n\};$$
$$\mathrm{SO}(n) = \mathrm{SL}(n, \mathbb{R}) \cap \mathrm{O}(n),$$

其中 A^{t} 表示矩阵的转置, I_n 是 n 阶单位矩阵. 利用本章习题第 27 和第 28 题的结论证明: $\mathrm{SL}(n, \mathbb{R})$, $\mathrm{O}(n)$ 和 $\mathrm{SO}(n)$ 都是 $\mathrm{GL}(n, \mathbb{R})$ 的嵌入子流形; 它们分别称为**特殊线性群**、**正交群**和**特殊正交群**.

44. 设 G 是一个抽象群, 并且是 m 维光滑流形. 如果 G 的乘法运算和求逆运算分别作为 $G \times G$ 和 G 到 G 的映射是光滑的, 则称 G 是一个 m 维**李群** (**Lie 群**).

(1) 对于任意的 $a \in G$, 定义 G 到自身的映射 L_a, R_a 如下:

$$L_a(g) = a \cdot g, \quad R_a(g) = g \cdot a, \quad \forall g \in G.$$

证明: L_a 和 R_a 都是光滑同胚, 并且对于任意的 $a, b \in G$,

$$L_a \circ R_b = R_b \circ L_a.$$

映射 L_a, R_a 以及 $\mathrm{ad}(a) = L_a \circ R_{a^{-1}} (\forall a \in G)$ 分别称为李群 G 上的**左移动**、**右移动**和**内自同构**;

(2) 设 $X \in \mathfrak{X}(G)$. 如果对于任意的 $a \in G$, 都有 $(L_a)_*X = X$, 则称 X 是 G 上的**左不变向量场**. 证明: G 上的左不变向量场的集合 $\mathfrak{g}$ 关于通常的线性运算以及 Poisson 括号积 $[\cdot, \cdot]$ 构成一个李代数 (参看定理 5.2 后面的注记), 它称为李群 G 的**李代数** (**Lie 代数**);

(3) 假定 e 是 G 的单位元素, 试在 T_eG 上引入一种乘法 (也记为 $[\cdot,\cdot]$), 使得 $(T_eG,[\cdot,\cdot])$ 成为一个李代数, 即满足定理 5.2 中的条件 (1)~(4), 并且同构于 $\mathfrak{g}$. 由此可见,

$$\dim \mathfrak{g} = \dim T_eG = \dim G;$$

(4) 证明: 例 1.2 和本章习题第 43 题中定义的 $\mathrm{GL}(n,\mathbb{R})$, $\mathrm{SL}(n,\mathbb{R})$, $\mathrm{O}(n)$ 和 $\mathrm{SO}(n)$ 都是李群; 分别求出它们的李代数和维数.

45. 设 H, G 都是李群, $f: H \to G$ 是光滑映射. 如果 f 同时还是抽象群 H 到 G 的同态, 则称 $f: H \to G$ 是一个**李群同态**; 特别地, 如果进一步要求映射 $f: H \to G$ 是光滑同胚, 则称 f 是从 H 到 G 的**李群同构**. 设 $H = \mathbb{R}$ 是实数加法群, 则称李群同态 $f: \mathbb{R} \to G$ 是 G 上的一个**单参数子群**. 设 $\mathfrak{g}$ 是李群 G 的李代数 (参看本章习题第 44 题), 它也可以等同于 G 在单位元 e 处的切空间 T_eG.

(1) 设 $X \in \mathfrak{g}$, 证明: 存在唯一的一个单参数子群 $\sigma_X: \mathbb{R} \to G$, 使得对于任意的 $t \in \mathbb{R}$,

$$(\sigma_X)_* \left(\frac{\mathrm{d}}{\mathrm{d}t} \right) = X_{\sigma_X(t)}.$$

显然, 此时 σ_X 是切向量场 X 在 G 上通过单位元 e 的积分曲线;

(2) 对于任意的 $g \in G$, 用 $\varphi_g(t)$ 表示 X 的通过 g 点的积分曲线, 即 $\varphi(0) = g$, $\varphi'_g(0) = X_g$, 证明:

$$\varphi_g(t) = R_{\sigma_X(t)}(g) = g \cdot \sigma_X(t);$$

(3) 设 $X \in \mathfrak{g}$, a_t 是 $\sigma_X(t)$ 确定的内自同构, 即

$$a_t = L_{\sigma_X(t)} \circ R_{\sigma_X(-t)}.$$

由 X 可以定义一个映射 $\mathrm{ad}(X): \mathfrak{g} \to T_eG = \mathfrak{g}$, 使得

$$\mathrm{ad}(X)(Y) = \frac{\mathrm{d}}{\mathrm{d}t}\bigg|_{t=0} ((a_t)_*(Y)) = \frac{\mathrm{d}}{\mathrm{d}t}\bigg|_{t=0} ((L_{\sigma(t)})_*(R_{\sigma(-t)})_*(Y)).$$

证明: 上面定义的映射 $\mathrm{ad}(X)$ 是李代数 $\mathfrak{g}$ 到其自身的同态, 称为李代数 $\mathfrak{g}$ 的**伴随表示**;

(4) 证明: 对于任意的 $X, Y \in \mathfrak{g}$, $\mathrm{ad}(X)(Y) = [X, Y]$.

46. 设 H, G 都是李群, $H \subset G$. 如果 H 是 G 的子群, 并且包含映射 $i : H \to G$ 是光滑浸入, 则称 H 是李群 G 的**李子群** (**Lie 子群**). 证明: 本章习题第 43 题中定义的 $\mathrm{SL}(n, \mathbb{R})$, $\mathrm{O}(n)$ 和 $\mathrm{SL}(n)$ 都是一般线性群 $\mathrm{GL}(n, \mathbb{R})$ 的李子群.

47. 在 $\mathbb{R}^3$ 中定义三个光滑向量场如下:

$$X = y\frac{\partial}{\partial x} - x\frac{\partial}{\partial y}, \quad Y = z\frac{\partial}{\partial y} - y\frac{\partial}{\partial z}, \quad Z = \frac{\partial}{\partial x} + \frac{\partial}{\partial y} + \frac{\partial}{\partial z}.$$

求 $[X, Y]$, $[Y, Z]$ 和 $[Z, X]$.

48. 设 M 是光滑流形, $p \in M$, $X \in \mathfrak{X}(M)$ 并且满足 $X_p \neq 0$. 证明: 存在点 p 的局部坐标系 $(U; x^i)$, 使得 $X|_U = \dfrac{\partial}{\partial x^1}$. 由此说明, 对于任意的 $f \in C^\infty(M)$, 微分方程 $Xu = f$ 在 p 点附近有解 u. 写出 u 的表达式.

49. 设 X, Y 是光滑流形 M 上的两个光滑切向量场, $p_0 \in M$, $X_{p_0} \neq 0$, $Y_{p_0} \neq 0$. 假设 p 是 M 上靠近 p_0 的点, $s, t \in \mathbb{R}$ 充分小, $\varphi(s, p)$ 和 $\psi(t, p)$ 分别表示 X, Y 的通过点 p 的积分曲线, 即有

$$\varphi(0, p) = p, \qquad \varphi'(s, p) = X(\varphi(s, p));$$
$$\psi(0, p) = p, \qquad \psi'(t, p) = Y(\psi(t, p)).$$

令

$$\gamma(t) = \psi(-\sqrt{t}, \varphi(-\sqrt{t}, \psi(\sqrt{t}, \varphi(\sqrt{t}, p_0)))).$$

证明: $[X, Y]_{p_0} = \lim\limits_{t \to 0} \gamma'(t)$.

50. 设 τ 是 m 维光滑流形 M 上的一个 (r, s) 型光滑张量场, 试详细证明:

(1) 对于任意的 $\alpha^\lambda \in A^1(M), 1 \leqslant \lambda \leqslant r$, 与 $X_\mu \in \mathfrak{X}(M), 1 \leqslant \mu \leqslant s$, 由 (6.3) 式定义的函数 $\tilde{\tau}(\alpha^1, \cdots, \alpha^r, X_1, \cdots, X_s) : M \to \mathbb{R}$ 是光滑的;

(2) 由 (6.3) 式定义的映射 (6.2) 是多重 $C^\infty(M)$-线性的, 即 (6.4) 与 (6.5) 式成立.

51. 设 M 是光滑流形, $\varphi : \mathfrak{X}(M) \to \mathfrak{X}(M)$ 是 $C^\infty(M)$-线性映射. 证明: 在 M 上存在唯一的一个 $(1,1)$ 型光滑张量场 $\tilde{\varphi}$, 使得

$$\tilde{\varphi}(\alpha, X) = \alpha(\varphi(X)), \quad \forall \alpha \in A^1(M), \quad X \in \mathfrak{X}(M).$$

(本题可以作为定理 6.1 的推论. 不要套用定理 6.1, 请按照定理 5.1 的证法直接证明.)

52. 设 M 与映射 φ 同本章习题第 51 题. 对于任意的 $X \in \mathfrak{X}(M)$, 定义

$$(\mathscr{L}_X \varphi)(Y) = [X, \varphi(Y)] - \varphi([X, Y]), \quad \forall Y \in \mathfrak{X}(M).$$

证明: 映射 $\mathscr{L}_X \varphi : \mathfrak{X}(M) \to \mathfrak{X}(M)$ 是 $C^\infty(M)$-线性的, 即 $\mathscr{L}_X \varphi$ 是一个 $(1,1)$ 型的光滑张量场.

53. 证明定理 7.3.

54. 设 M 是光滑流形, $X \in \mathfrak{X}(M)$. 对于任意的 $\varphi \in A^r(M)$, 定义映射

$$i(X)\varphi : \underbrace{\mathfrak{X}(M) \times \cdots \times \mathfrak{X}(M)}_{r-1个} \to C^\infty(M)$$

如下:

$$(i(X)\varphi)(X_1, \cdots, X_{r-1}) = \varphi(X, X_1, \cdots, X_{r-1}),$$

$$\forall X_1, \cdots, X_{r-1} \in \mathfrak{X}(M).$$

证明:

(1) 对于每一个 $\varphi \in A^r(M)$, $i(X)\varphi \in A^{r-1}(M)$;

(2) 映射 $i(X) : A^r(M) \to A^{r-1}(M)$ 是 $C^\infty(M)$-线性的;

(3) $i(X)(\varphi \wedge \psi) = (i(X)\varphi) \wedge \psi + (-1)^r \varphi \wedge (i(X)\psi)$, 其中 $\varphi \in A^r(M)$, $\psi \in A^s(M)$. $i(X)\varphi$ 称为 X 与 φ 的**内乘**.

55. 设 $f : M \to N$ 是光滑映射, d_M 和 d_N 分别是 M 和 N 上的外微分算子, $r \geqslant 0$, $\varphi \in A^r(N)$. 当 $r = 0$ 时, 即当 $\varphi \in C^\infty(N)$ 时, 令 $f^*\varphi = \varphi \circ f$; 当 $r > 0$ 时, 定义映射

$$f^*\varphi : \underbrace{\mathfrak{X}(M) \times \cdots \times \mathfrak{X}(M)}_{r个} \to C^\infty(M),$$

使得

$$(f^*\varphi)(X_1, \cdots, X_r) = \varphi(f_*(X_1), \cdots, f_*(X_r)),$$

$$\forall X_1, \cdots, X_r \in \mathfrak{X}(M).$$

证明:

(1) 对于任意的 $\varphi \in A^r(N)$, $f^*\varphi \in A^r(M)$. 由此确定的映射 f^*: $A^r(N) \to A^r(M)$ 是线性的, 称为光滑映射 f 的**诱导映射**或**拉回映射**;

(2) 对于任意的 $\varphi, \psi \in A^r(N)$, $f^*(\varphi \wedge \psi) = f^*\varphi \wedge f^*\psi$;

(3) $f^* \circ \mathrm{d}_N = \mathrm{d}_M \circ f^*$.

56. 设 $\omega = xy\mathrm{d}x + z\mathrm{d}y - yz\mathrm{d}z$, $\eta = x\mathrm{d}x - yz^2\mathrm{d}y - 2x\mathrm{d}z$, 并且设映射 $f : \mathbb{R}^2 \to \mathbb{R}^3$ 的定义如下:

$$f(u, v) = (uv, u^2, 3u + v), \quad \forall (u, v) \in \mathbb{R}^2.$$

试求: (1) $\mathrm{d}\omega$; (2) $\mathrm{d}\eta$; (3) $\mathrm{d}\omega \wedge \eta - \omega \wedge \mathrm{d}\eta$; (4) $f^*\omega$ 和 $f^*(\mathrm{d}\omega)$.

57. 设 M 是满足第二可数公理的 m 维光滑流形.

(1) 证明: M 是可定向的当且仅当在 M 上存在一个处处不为零的 m 次外微分形式.

(2) 利用 (1) 的结论说明, 每一个连通的李群都是可定向的.

58. 设 U 是 m 维光滑流形 M 的非空开子集, $\omega \in A^r(U)$. 证明: 对于任意的 $p \in U$, 存在 p 点的开邻域 $V \subset U$, 以及 r 次外微分式 $\tilde{\omega} \in A^r(M)$, 使得 $\tilde{\omega}|_V = \omega|_V$.

59. 设 p 是光滑流形 M 上的一点, 试举例说明: 在 M 上存在 r 次外微分式 ω 满足 $\omega(p) = 0$, 但是 $\mathrm{d}\omega(p) \neq 0$, 其中 $0 \leqslant r < \dim M$.

60. 设 $U = \mathbb{R}^2 \backslash \{0\}$, $\omega = (x\mathrm{d}x + y\mathrm{d}y)/(x^2 + y^2)$. 证明: ω 是定义在 U 上的恰当微分式, 因而也是 U 上的闭微分式.

61. 设 $\omega = A\mathrm{d}y \wedge \mathrm{d}z + B\mathrm{d}z \wedge \mathrm{d}x + C\mathrm{d}x \wedge \mathrm{d}y$ 是 $\mathbb{R}^3$ 上的外微分式, 且 $\mathrm{d}\omega = 0$. 令

$$\alpha = (y\mathrm{d}z - z\mathrm{d}y)\int_0^1 tA(tx, ty, tz)\mathrm{d}t + (z\mathrm{d}x - x\mathrm{d}z)\int_0^1 tB(tx, ty, tz)\mathrm{d}t$$

$$+ (x\mathrm{d}y - y\mathrm{d}x)\int_0^1 tC(tx, ty, tz)\mathrm{d}t.$$

直接验证: $\mathrm{d}\alpha = \omega$, 因而 ω 是恰当微分式.

62. 在 $\mathbb{R}^2 \backslash \{0\}$ 上设

$$\omega = \frac{x}{r^3}\mathrm{d}y \wedge \mathrm{d}z + \frac{y}{r^3}\mathrm{d}z \wedge \mathrm{d}x + \frac{z}{r^3}\mathrm{d}x \wedge \mathrm{d}y,$$

其中 $r = \sqrt{x^2 + y^2 + z^2}$. 设 $r_0 > 0$, 证明:

$$\int_{S^2(r_0)} \omega = 4\pi.$$

63. 设 $U = \mathbb{R}^n \backslash \{0\}$, m 是正整数. 考虑 U 上的 $n-1$ 次外微分式

$$\omega = \sum_{i=1}^{n} (-1)^{i+1} f_i \mathrm{d}x^1 \wedge \cdots \wedge \widehat{\mathrm{d}x^i} \wedge \cdots \wedge \mathrm{d}x^n,$$

其中 $f_i = x^i / \|x\|^m$, $\|x\|^m = \left(\sum_{i=1}^{n} (x^i)^2 \right)^{m/2}$.

(1) 求 $\mathrm{d}\omega$;

(2) 确定 m 的值, 使得 ω 成为闭微分式;

(3) 在 ω 是闭微分式的情况下, 证明它不是恰当微分式.

64. 证明:

(1) 若 α, β 是闭微分式, 则 $\alpha \wedge \beta$ 也是闭微分式;

(2) 若 α 是闭微分式, β 是恰当微分式, 则 $\alpha \wedge \beta$ 是恰当微分式.

65. 设 ω 是光滑流形 M 上的一个 2 次外微分式. 如果对于任意的 $p \in M$, 以及任意的 $v \in T_p M$, $\omega(v, w)$ 关于所有的 $w \in T_p M$ 恒等于零当且仅当 $v = 0$, 则称 ω 是**非退化的**. 证明: 如果 ω 是非退化的, 则在每一点 $p \in M$, 都存在自然同构 $I : T_p M \to T_p^* M$, 使得对于任意的 $v \in T_p M$, 成立

$$(I(v))(w) = \omega(v, w), \quad \forall w \in T_p M.$$

66. 如果在一个 $2n$ 维光滑流形 M 上指定一个非退化的 2 次闭微分式 ω, 则称 (M, ω) 为**辛流形**; 此时, ω 称为 M 上的**辛结构**. 在 $\mathbb{R}^{2n}$ 中取直角坐标系为 $(x^1, \cdots, x^n, y^1, \cdots, y^n)$, 并设

$$\omega = \sum_{i=1}^{n} \mathrm{d}x^i \wedge \mathrm{d}y^i.$$

验证 $(\mathbb{R}^{2n}, \omega)$ 是一个辛流形.

67. 设 M 是 m 维光滑流形, TM 是 M 上的切丛. 证明: TM 是可定向的光滑流形.

68. 设 $\pi : E \to M$ 是光滑流形 M 上的一个向量丛, 证明: 光滑截面的集合 $\Gamma(E)$ 是一个 $C^\infty(M)$-模 (即环 $C^\infty(M)$ 上的向量空间), 因而也是 $\mathbb{R}$ 上的向量空间.

69. 设 TM 为光滑流形 M 的切丛. 证明: TM 的光滑截面是 M 上的光滑切向量场, 反之亦然.

70. 证明例 9.2 的结论, 即对于光滑映射 $f : M \to N$, 拉回丛 f^*TN 是 M 上秩为 $\dim N$ 的向量丛.

71. 证明: 在例 9.3 中构造的集合 E^* 上具有自然的微分结构, 使得 $\tilde{\pi} : E^* \to M$ 是光滑映射, 并且 $\{\tilde{\psi}_\alpha; \ \alpha \in I\}$ 满足向量丛的局部平凡化条件, 因而 E^* 是一个秩为 q 的向量丛.

72. 设 M 是 m 维光滑流形, 令 $T^*M = \bigcup\limits_{p \in M} T_p^*M$. 定义映射 $\tilde{\pi} : T^*M \to M$, 使得对于任意的 $\alpha \in T_p^*M$, $\tilde{\pi}(\alpha) = p$. 试给出 T^*M 的光滑结构, 使得 $\tilde{\pi} : T^*M \to M$ 成为 M 上的向量丛 (即 M 上的余切丛). 证明: 余切丛 $\tilde{\pi} : T^*M \to M$ 与切丛 $\pi : TM \to M$ 是互为对偶的向量丛.

73. 验证例 9.4 中所引入的直和 $E \oplus \tilde{E}$ 和张量积 $E \otimes \tilde{E}$ 分别是秩为 $q + \tilde{q}$ 和 $q\tilde{q}$ 的向量丛.

74. 具体地构造流形 M 上的 r 次外形式丛 $\bigwedge^r T^*M$.

75. 设 M_1 和 M_2 是光滑流形, $M = M_1 \times M_2$, $\pi_i : M \to M_i$ 是从 M 到 M_i 的投影. 证明: 向量丛 TM 和 $\pi_1^*(TM_1) \oplus \pi_2^*(TM_2)$ 同构, 即存在光滑同胚 $\Phi : TM \to \pi_1^*(TM_1) \oplus \pi_2^*(TM_2)$, 使得 $\tilde{\pi} \circ \Phi = \pi$, 同时对于任意的 $(p, q) \in M$, $\Phi|_{\pi^{-1}(p)} : \pi^{-1}(p) \to \tilde{\pi}^{-1}(f(p))$ 是线性同构, 其中 $\pi : TM \to M$ 和 $\tilde{\pi} : \pi_1^*(TM_1) \oplus \pi_2^*(TM_2) \to M$ 是丛投影.

76. 证明: 在光滑流形 M 的余切丛 T^*M 上存在一个处处非退化的 2 次闭微分式 ω, 因而 (T^*M, ω) 是一个辛流形.

77. 设 M 是 m 维光滑流形, $\forall p \in M$, 用 $L(p)$ 表示切空间 T_pM

上全体线性变换的集合. 令

$$L(M) = \bigcup_{p \in M} L(p),$$

并且定义映射 $\pi : L(M) \to M$, 使得 $\forall \sigma \in L(p)$, 有 $\pi(\sigma) = p$. 试在 $L(M)$ 上给出一个光滑结构, 使得 $\pi : L(M) \to M$ 成为 M 上的 $(1,1)$ 型张量丛, 因而由例 9.4,

$$L(M) = TM \otimes T^*M.$$

78. n 维实射影空间 $\mathbb{R}P^n$ 是在 $\mathbb{R}^{n+1}$ 中所有一维线性子空间所构成的 n 维光滑流形 (参看例 1.6). 因此, 对于任意一点 $p \in \mathbb{R}P^n$, 用 E_p 表示 $\mathbb{R}^{n+1}$ 中由 p 所代表的一维子空间. 令

$$E = \bigcup_{p \in \mathbb{R}P^n} E_p,$$

并且定义映射 $\pi : E \to \mathbb{R}P^n$, 使得对于任意的 $v \in E_p$, 有 $\pi(v) = p$. 试给出 E 的光滑结构, 使得 $\pi : E \to \mathbb{R}P^n$ 成为 $\mathbb{R}P^n$ 上秩为 1 的向量丛; 如此确定的向量丛 $\pi : E \to \mathbb{R}P^n$ 称为实射影空间 $\mathbb{R}P^n$ 上的**典型线丛**. 类似地, 可以引入复射影空间 $\mathbb{C}P^n$ 上典型线丛的概念 (将在下册的第八章介绍).

第二章 黎 曼 流 形

在 Gauss 关于曲面的内蕴微分几何研究的启示下, Riemann 认识到, 作为几何学的基本假设, 应该把空间的度量性质和拓扑性质区分开来, 在构成空间的三重可延展量 (即现在的三维流形) 上可以给予不同的度量结构; 因此, 欧几里得的平行公设不可能仅从拓扑上的考虑推导出来. Riemann 提出一种为流形上每一条曲线指定长度的统一方法: 首先为流形上的切向量指定长度, 然后把曲线的长度定义为其切向量之长度沿曲线的积分. 同时, Riemann 认为, 定义在切空间上的 "长度" 函数 f 应该是连续的, 并具有正齐性, 即切向量 λv 的长度 $f(\lambda v)$ 应是 v 的长度 $f(v)$ 的 $|\lambda|$ 倍. 特别地, 他提议长度函数 f 可以取 $\sqrt{\sum_{i,j} g_{ij}(p)\mathrm{d}x^i \mathrm{d}x^j}$ 的形式, 这就是现在所称的 "黎曼度量".

在黎曼几何的发展过程中, 最重要的一个进展是 Levi-Civita 平行移动概念的发现, 它后来发展成为光滑流形上的联络以及向量丛上的联络等概念.

在本章, 我们要介绍黎曼流形的基本概念和常见的例子, 特别是黎曼联络的概念及其性质; 后者是本章的重点.

§2.1 黎 曼 度 量

在 n 维向量空间 V 上, 所谓的**内积**是指满足下列条件的双线性形式 $\langle \cdot, \cdot \rangle : V \times V \to \mathbb{R}$:

(1) 对称性. $\langle u, v \rangle = \langle v, u \rangle$, $\forall u, v \in V$;

(2) 正定性. $\forall u \in V, \langle u, u \rangle \geqslant 0$, 其中等号成立当且仅当 $u = 0$.

换句话说, V 上的一个内积就是 V 上的一个对称、正定的二阶协变张量. 指定了一个内积的向量空间 V 称为**欧氏向量空间**. 在这样的空间中, 能够定义向量的长度以及向量之间的夹角.

定义 1.1 设 M 是一个 m 维光滑流形, g 是 M 上的一个光滑的二阶协变张量场. 如果 g 是对称、正定的, 即对于每一点 $p \in M$, $g(p)$ 是切空间 T_pM 上的一个对称、正定的二阶协变张量, 则称 g 是 M 上的一个**黎曼度量**. 指定了一个黎曼度量 g 的光滑流形 M 称为**黎曼流形**, 记为 (M, g), 或简记为 M.

根据定义, $g(p)$ 是 T_pM 上的内积 ($\forall p \in M$). 所以光滑流形 M 上的黎曼度量就是以光滑地依赖于点 p 的方式在每一点 $p \in M$ 的切空间 T_pM 上指定一个内积使之成为欧氏向量空间. 特别地, 每一个欧氏 (向量) 空间都是黎曼流形.

此外, 对照定义 1.1 和第一章的定义 9.3 可知, 黎曼流形的切丛是黎曼向量丛.

有时, 也用 $\langle \cdot, \cdot \rangle$ 来表示在光滑流形上指定的黎曼度量 g.

设 $(U; x^i)$ 是 M 的一个容许的局部坐标系, 则黎曼度量 g 有局部坐标表达式:

$$g|_U = g_{ij} \mathrm{d}x^i \otimes \mathrm{d}x^j, \tag{1.1}$$

其中 $g_{ij} = g\left(\dfrac{\partial}{\partial x^i}, \dfrac{\partial}{\partial x^j}\right) \in C^\infty(U)$, $g_{ij} = g_{ji}$. 由定义, 在每一点 $p \in U$, $(g_{ij}(p))$ 是 m 阶正定矩阵. 如果引入对称化的乘积 (对称张量积)

$$\mathrm{d}x^i \mathrm{d}x^j = \frac{1}{2}(\mathrm{d}x^i \otimes \mathrm{d}x^j + \mathrm{d}x^j \otimes \mathrm{d}x^i),$$

则 (1.1) 式可以写成二次微分形式 $g|_U = g_{ij} \mathrm{d}x^i \mathrm{d}x^j$.

设 $\gamma : [a, b] \to M$ 是 M 中一条光滑曲线, 令

$$L(\gamma) = \int_a^b |\gamma'(t)| \mathrm{d}t = \int_a^b \sqrt{\langle \gamma'(t), \gamma'(t) \rangle} \mathrm{d}t, \tag{1.2}$$

并称之为曲线 γ 的**弧长 (长度)**. 如果 $\gamma([a, b])$ 落在坐标域 U 内, 则它可用局部坐标表示为

$$x^i(t) = x^i(\gamma(t)), \quad 1 \leqslant i \leqslant m. \tag{1.3}$$

因而,

$$L(\gamma) = \int_a^b \sqrt{g_{ij}(\gamma(t)) \frac{\mathrm{d}x^i}{\mathrm{d}t} \frac{\mathrm{d}x^j}{\mathrm{d}t}} \mathrm{d}t. \tag{1.4}$$

曲线的弧长与曲线的正则参数变换无关, 也与光滑流形的局部坐标系的取法无关.

假定 M 是一个 m 维的有向黎曼流形, $\{(U_\alpha, x^i_\alpha): \ \alpha \in I\}$ 是 M 的一个与其定向相符的坐标覆盖. 设

$$g|_{U_\alpha} = \sum_{i,j=1}^{m} g^\alpha_{ij} \mathrm{d}x^i_\alpha \mathrm{d}x^j_\alpha.$$

令

$$(\mathrm{d}V_M)|_{U_\alpha} = \sqrt{\det(g^\alpha_{ij})} \mathrm{d}x^1_\alpha \wedge \cdots \wedge \mathrm{d}x^m_\alpha,$$

则 $\mathrm{d}V_M$ 是大范围地定义在流形 M 上的一个 m 次外微分式 (参看本章习题第 2 题), 称为黎曼流形 M 的**体积元素**或**体积元**. 必要时, 也用 $\mathrm{d}V_g$ 来表示体积元 $\mathrm{d}V_M$, 以强调它对于度量 g 的依赖性.

在一个局部坐标系 $(U; x^i)$ 下, 黎曼度量的指定有相当大的随意性, 只要任意指定一组 m^2 个光滑函数 $g_{ij} \in C^\infty(U)$, 使得 $g_{ij} = g_{ji}$, 并且要求矩阵 (g_{ij}) 在 U 上处处正定就够了. 但是, 在光滑流形 M 上黎曼度量的存在性却不是显而易见的. 下面的定理说明黎曼度量的存在性成立.

定理 1.1 设 M 是一个满足第二可数公理的光滑流形, 则在 M 上必存在黎曼度量.

证明 由于在每一个局部坐标邻域上都可以指定一个黎曼度量, 自然的想法就是利用单位分解定理, 把这些局部定义的黎曼度量拼装成为在流形 M 上大范围定义的黎曼度量.

假设 M 的维数 $\dim M = m$. 由于 M 满足第二可数公理, 可以取 M 的一个局部有限的坐标覆盖 $\{(U_\alpha; x^i_\alpha); \ \alpha \in I\}$, 其中 I 是自然数集; 又由单位分解定理, 存在一族光滑函数 $f_\alpha \in C^\infty(M)$, 使得对于任意的 $\alpha \in I$,

$$\mathrm{Supp}\, f_\alpha \subset U_\alpha, \ \ 0 \leqslant f_\alpha \leqslant 1,$$

并满足 $\sum\limits_{\alpha \in I} f_\alpha = 1$. 对于每一个 $\alpha \in I$, 在 U_α 上取黎曼度量

$$g^{(\alpha)} = \sum_{i=1}^{m} \mathrm{d}x_\alpha^i \otimes \mathrm{d}x_\alpha^i. \tag{1.5}$$

再利用 $g^{(\alpha)}$, 可以在 M 上引入对称的二阶协变张量场 g_α, 定义为:
$\forall p \in M$,

$$g_\alpha(p) = \begin{cases} f_\alpha(p) \cdot g^{(\alpha)}(p), & \text{如果 } p \in U_\alpha, \\ 0, & \text{如果 } p \notin U_\alpha. \end{cases}$$

由 $f_\alpha g^{(\alpha)}$ 在 U_α 上的光滑性以及

$$\operatorname{Supp} g_\alpha \subset \operatorname{Supp} f_\alpha \subset U_\alpha,$$

不难看出, g_α 是大范围地定义在 M 上的光滑的对称的二阶协变张量场. 注意: 一般说来, g_α 是半正定的, 不是正定的. 再令

$$g = \sum_\alpha g_\alpha. \tag{1.6}$$

根据覆盖 $\{U_\alpha;\ \alpha \in I\}$ 的局部有限性, (1.6) 式右端在每一点 $p \in M$ 的某个邻域上只是有限多项之和. 所以, g 是大范围地定义在 M 上的一个光滑、对称的二阶协变张量场.

下面说明 g 的正定性. 任意固定一点 $p \in M$, 由于

$$\sum_\alpha f_\alpha(p) = 1 \quad \text{以及} \quad 0 \leqslant f_\alpha \leqslant 1,$$

必有 $\beta \in I$, 使得 $f_\beta(p) > 0$. 于是, 对于任意的 $v \in T_p M$,

$$(g(p))(v, v) = \sum_\alpha f_\alpha(p) \cdot g^{(\alpha)}(v, v) \geqslant f_\beta(p) \cdot \sum_{i=1}^{m} (\mathrm{d}x_\beta^i(v))^2 \geqslant 0;$$

当 $(g(p))(v, v) = 0$ 时, 因为 $f_\beta(p) > 0$, 所以

$$\mathrm{d}x_\beta^i(v) = 0, \quad 1 \leqslant i \leqslant m,$$

即 $v = 0$. 因此, g 是正定的. 依照定义, g 是 M 上的一个黎曼度量. 证毕.

从定理 1.1 的证明过程来看, 由于在局部上指定黎曼度量的随意性, 似乎在 M 上指定黎曼度量也有相当大的随意性. 其实不然. 实际上, 大范围定义的黎曼度量要受到流形 M 本身的拓扑的强烈限制. 比如在二维球面 S^2 上就没有 "平坦" 的 (即 Gauss 曲率恒为零的) 黎曼度量. 事实上, 如果 S^2 具有某个度量 g, 使其 Gauss 曲率 K 恒为零, 则由 Gauss-Bonnet 定理可知,

$$4\pi = \int\limits_{S^2} K \mathrm{d}V_g = 0,$$

这当然是不可能的. 黎曼度量与流形的拓扑性质之间的相互制约关系是大范围黎曼几何的中心研究课题, 将在第五章做进一步的讨论.

在曲面论中已经知道, 对于曲面 (即二维黎曼流形) 而言, 在局部上总是能够取到正交的曲纹坐标网 (相当于局部坐标系)(u, v), 使得它的第一基本形式 (即黎曼度量 g) 可以表示为 $I = E\mathrm{d}u^2 + G\mathrm{d}v^2$ (等价于在 $i \neq j$ 时, $g_{ij} = 0$). 然而当流形的维数 $m \geqslant 3$ 时, 情况就大不相同了. 在 $m(\geqslant 3)$ 维黎曼流形 M 上, 是否存在局部坐标系 $(U; x^i)$, 使得坐标曲线处处彼此正交, 或等价地说, 使得度量 g 的分量 g_{ij} 满足 $g_{ij} = 0 (i \neq j)$, 这是一个十分深刻的问题. 研究该问题的一种方法是 Cartan-Kähler 关于外微分方程的理论 (参看参考文献 [35]); 受课程的限制, 不再就此展开进一步的讨论. 另一方面, 因为标架场和局部坐标系的关系较为松弛, 并且在每一个黎曼流形上, 局部定义的单位正交标架场总是存在的, 所以 Cartan 的活动标架法被有效地用于黎曼几何的研究, 并且已经成为一种重要而基本的研究方法. 在本书, 在用局部坐标系研究黎曼几何的同时, 也常常采用活动标架和外微分法进行讨论, 下面先作一些简要的说明.

设 $(U; x^i)$ 是 M 的一个局部坐标系, 黎曼度量 g 在该坐标系下的分量是

$$g_{ij} = g\left(\frac{\partial}{\partial x^i}, \frac{\partial}{\partial x^j}\right) = \left\langle \frac{\partial}{\partial x^i}, \frac{\partial}{\partial x^j} \right\rangle.$$

要得到定义在 U 上的单位正交标架场, 只要将自然标架场 $\left\{ \dfrac{\partial}{\partial x^i} \right\}$ 做 Schmidt 正交化就行了. 首先令

$$e_1 = \frac{\partial}{\partial x^1} \bigg/ \left| \frac{\partial}{\partial x^1} \right| = \frac{1}{\sqrt{g_{11}}} \cdot \frac{\partial}{\partial x^1}.$$

假设切向量

$$a_2 = \frac{\partial}{\partial x^2} + \lambda e_1$$

垂直于 e_1, 则有 $\langle a_2, e_1 \rangle = 0$. 由此可知,

$$\lambda = -\left\langle \frac{\partial}{\partial x^2}, e_1 \right\rangle = -\frac{g_{12}}{\sqrt{g_{11}}}.$$

所以

$$a_2 = \frac{\partial}{\partial x^2} - \frac{g_{12}}{g_{11}} \cdot \frac{\partial}{\partial x^1}.$$

很明显,

$$|a_2|^2 = \langle a_2, a_2 \rangle = g_{22} - \frac{2g_{12}^2}{g_{11}} + \frac{g_{12}^2}{g_{11}^2} \cdot g_{11} = \frac{g_{11}g_{22} - g_{12}^2}{g_{11}} > 0.$$

令

$$e_2 = \frac{a_2}{|a_2|} = \sqrt{\frac{g_{11}}{g_{11}g_{22} - g_{12}^2}} \left(\frac{\partial}{\partial x^2} - \frac{g_{12}}{g_{11}} \frac{\partial}{\partial x^1} \right),$$

则 e_1, e_2 是两个彼此正交的单位切向量, 并且

$$\mathrm{Span}\,\{e_1, e_2\} = \mathrm{Span}\,\left\{ \frac{\partial}{\partial x^1}, \frac{\partial}{\partial x^2} \right\}.$$

继续上面的过程, 最终得到一个定义在 U 上的单位正交标架场 $\{e_i\}$.

假设 $\{\omega^i(p)\}$ 是 $\{e_i(p)\}$ 在 $T_p^* M$ 中的对偶基底, 则 $\{\omega^i\}$ 是定义在 U 上的余切标架场, 称为与 $\{e_i\}$ 对偶的**单位正交余标架场**. 此时, 由恒同映射

$$\mathrm{id} : T_p M \to T_p M, \quad \forall p \in M$$

给出的 $(1,1)$ 型张量场 id 可以表示为

$$\mathrm{id} = \mathrm{d}x^i \otimes \frac{\partial}{\partial x^i} = \omega^i \otimes e_i.$$

若用 dp 表示光滑流形 M 在点 p 的任意一个切向量场, 则上式可以改写为下述更具有直观意义的表达式:

$$dp = \omega^i(dp) \cdot e_i, \quad \text{或简记为} \quad dp = \omega^i e_i.$$

这样, M 的黎曼度量 g 就可以写为

$$g = \langle dp, dp \rangle = \sum_{i=1}^{m} (\omega^i)^2. \tag{1.7}$$

由此可见, 前面所说的 Schmidt 正交化过程等价于对二次微分形式

$$\sum_{i,j=1}^{m} g_{ij} \mathrm{d}x^i \mathrm{d}x^j$$

逐步进行配方的过程. 事实上,

$$
\begin{aligned}
\sum_{i,j=1}^{m} g_{ij}\mathrm{d}x^i\mathrm{d}x^j =& g_{11}(\mathrm{d}x^1)^2 + 2\sum_{i=2}^{m} g_{1i}\mathrm{d}x^1\mathrm{d}x^i + \sum_{i,j \geqslant 2} g_{ij}\mathrm{d}x^i\mathrm{d}x^j \\
=& g_{11}\left(\mathrm{d}x^1 + \sum_{i=2}^{m} \frac{g_{1i}}{g_{11}}\mathrm{d}x^i\right)^2 \\
& + \sum_{i,j \geqslant 2}\left(g_{ij} - \frac{g_{1i}g_{1j}}{g_{11}}\right)\mathrm{d}x^i\mathrm{d}x^j \\
=& \left(\sqrt{g_{11}}\mathrm{d}x^1 + \sum_{i=2}^{m} \frac{g_{1i}}{\sqrt{g_{11}}}\mathrm{d}x^i\right)^2 \\
& + \sum_{i,j \geqslant 2}\left(g_{ij} - \frac{g_{1i}g_{1j}}{g_{11}}\right)\mathrm{d}x^i\mathrm{d}x^j.
\end{aligned}
$$

令

$$\omega^1 = \sqrt{g_{11}}\mathrm{d}x^1 + \sum_{i=2}^{m} \frac{g_{1i}}{\sqrt{g_{11}}}\mathrm{d}x^i,$$

则有

$$\sum_{i,j=1}^{m} g_{ij}\mathrm{d}x^i\mathrm{d}x^j = (\omega^1)^2 + \sum_{i,j \geqslant 2} g'_{ij}\mathrm{d}x^i\mathrm{d}x^j, \tag{1.8}$$

其中

$$g'_{ij} = g_{ij} - \frac{g_{1i}g_{1j}}{g_{11}}.$$

(1.8) 式右端的和式不再含有微分 $\mathrm{d}x^1$, 并且 $m-1$ 阶矩阵 (g'_{ij}) 仍是正定矩阵. 继续上述过程, 最终便可得到 (1.7) 式. 如此得到的 1 次微分式组 $\{\omega^i\}$ 恰好与前面经过 Schmidt 正交化得到的单位正交标架场 $\{e_i\}$ 是彼此对偶的.

§2.2   黎曼流形的例子

在本节, 要介绍若干常见的黎曼流形的例子. 定理 1.1 的证明过程实际上给出了在光滑流形上构造黎曼度量的方法, 这在理论上是重要的, 但在实际上是不可操作的, 或者说是不实用的, 因为单位分解并不是容易构作的. 在实际应用中, 往往是通过已知黎曼流形 (比如欧氏空间) 的黎曼度量诱导出所讨论的流形上的黎曼度量. 本节的例子主要是用这种方法得到的.

命题 2.1   设 M, N 是两个光滑流形, $f : M \to N$ 是光滑映射.

(1) 如果 φ 是 N 上的一个光滑的 $r(\geqslant 1)$ 阶协变张量场, 则在 M 上有 r 阶光滑协变张量场 $f^*\varphi$, 其定义如下: 对于任意的 $p \in M$, 以及 $\forall v_1, \cdots, v_r \in T_pM$,

$$((f^*\varphi)(p))(v_1, \cdots, v_r) = (\varphi(p))(f_{*p}(v_1), \cdots, f_{*p}(v_r)). \tag{2.1}$$

特别地, 如果 φ 是对称的, 则 $f^*\varphi$ 也是对称的; 如果 φ 是反对称的, 则 $f^*\varphi$ 也是反对称的.

(2) 如果 f 是浸入, 并且 h 是 N 上的一个黎曼度量, 则 $g = f^*h$ 是 M 上的黎曼度量.

此时, 把 g 称为黎曼度量 h 通过 f 在 M 上的**诱导度量**.

证明   (1) 显而易见, $f^*\varphi$ 是 M 上的张量场, 只需证明它的光滑性. 不失一般性, 设 $r = 2$. $\forall p \in M$, 取 p 在 M 中的容许坐标系 $(U; x^i)$

以及 $f(p)$ 在 N 中的容许局部坐标系 $(V; y^\alpha)$, 使得 $f(U) \subset V$. 令

$$\varphi|_V = \sum_{\alpha, \beta=1}^n \varphi_{\alpha\beta} \mathrm{d}y^\alpha \otimes \mathrm{d}y^\beta, \quad f^\alpha = y^\alpha \circ f, \quad 1 \leqslant \alpha \leqslant n,$$

其中

$$\varphi_{\alpha\beta} = \varphi\left(\frac{\partial}{\partial y^\alpha}, \frac{\partial}{\partial y^\beta}\right), \quad 1 \leqslant \alpha, \beta \leqslant n.$$

则 $f^*\varphi$ 有如下的局部表示:

$$\begin{aligned}
(f^*\varphi)|_U &= \sum_{i,j=1}^m (f^*\varphi)\left(\frac{\partial}{\partial x^i}, \frac{\partial}{\partial x^j}\right) \mathrm{d}x^i \otimes \mathrm{d}x^j \\
&= \sum_{i,j} \varphi\left(f_*\left(\frac{\partial}{\partial x^i}\right), f_*\left(\frac{\partial}{\partial x^j}\right)\right) \mathrm{d}x^i \otimes \mathrm{d}x^j \\
&= \sum_{i,j} \varphi\left(\sum_{\alpha=1}^n \frac{\partial f^\alpha}{\partial x^i}\frac{\partial}{\partial y^\alpha}, \sum_{\beta=1}^n \frac{\partial f^\beta}{\partial x^j}\frac{\partial}{\partial y^\beta}\right) \circ f \mathrm{d}x^i \otimes \mathrm{d}x^j \\
&= \sum_{i,j}\sum_{\alpha,\beta} \frac{\partial f^\alpha}{\partial x^i}\frac{\partial f^\beta}{\partial x^j} \varphi\left(\frac{\partial}{\partial y^\alpha}, \frac{\partial}{\partial y^\beta}\right) \circ f \mathrm{d}x^i \otimes \mathrm{d}x^j \\
&= \sum_{i,j}\sum_{\alpha,\beta} \frac{\partial f^\alpha}{\partial x^i}\frac{\partial f^\beta}{\partial x^j}(\varphi_{\alpha\beta} \circ f) \mathrm{d}x^i \otimes \mathrm{d}x^j.
\end{aligned}$$

由 f 和 φ 的光滑性, 容易看出 $f^*\varphi$ 也是光滑的.

(2) 由 (1), 只需要说明二阶协变张量场 $g = f^*h$ 是正定的即可. $\forall p \in M$, 以及 $\forall u \in T_pM$, 根据 h 的正定性,

$$(g(p))(u, u) = h(f_*(u), f_*(u)) \geqslant 0,$$

其中等号成立当且仅当 $f_*(u) = 0$. 由于 f 是浸入, 后者等价于 $u = 0$. 证毕.

利用命题 2.1, 可以得到许多黎曼流形的例子.

例 2.1　$\mathbb{R}^{n+1}$ 中的超曲面.

设 $f: N \to \mathbb{R}^{n+1}$ 是 n 维光滑流形 N 在 $\mathbb{R}^{n+1}$ 中的浸入, 通常把 (f, N) 称为 $\mathbb{R}^{n+1}$ 中的浸入超曲面. 假定 $\mathbb{R}^{n+1}$ 中的标准内积 (黎曼度

量) 记为 $h = \langle \cdot, \cdot \rangle$, 则由命题 2.1, $g = f^*h$ 是 N 上的一个黎曼度量. 所以, (N, g) 是黎曼流形. 若设 $(x^1, \cdots, x^{n+1})$ 是 $\mathbb{R}^{n+1}$ 中的笛卡儿直角坐标系, 则

$$h = \sum_{\alpha=1}^{n+1} (\mathrm{d}x^\alpha)^2.$$

如果映射 $f : N \to \mathbb{R}^{n+1}$ 在 N 的局部坐标系 $(U; u^i)$ 下有局部表达式

$$x^\alpha = f^\alpha(u^1, \cdots, u^n), \quad 1 \leqslant \alpha \leqslant n + 1,$$

则有

$$g|_U = \sum_{\alpha, i, j} \frac{\partial f^\alpha}{\partial u^i} \frac{\partial f^\alpha}{\partial u^j} \mathrm{d}u^i \mathrm{d}u^j.$$

例 2.2 $\mathbb{R}^{n+1}$ 中的标准球面 $S^n(a)$, $a > 0$.

设 $a > 0$,

$$S^n(a) = \left\{ (x^1, \cdots, x^{n+1}) \in \mathbb{R}^{n+1}; \sum_{\alpha=1}^{n+1} (x^\alpha)^2 = a^2 \right\}.$$

则包含映射 $i : S^n(a) \to \mathbb{R}^{n+1}$ 是一个嵌入映射, 自然是浸入. 因而 $S^n(a)$ 是 $\mathbb{R}^{n+1}$ 中的浸入超曲面. 根据例 2.1, $\mathbb{R}^{n+1}$ 上的标准度量 h 在 $S^n(a)$ 上的限制 $g = i^*h$ 是 $S^n(a)$ 的黎曼度量. 所以 $(S^n(a), g)$ 是一个黎曼流形.

在另一方面, 通过球极投影可以得到 $S^n(a)$ 的一个局部坐标覆盖. 下面给出度量 g 的局部坐标表达式. 这也可以视为在 $S^n(a)$ 上引入度量 g 的一种途径.

设 $N = (0, \cdots, 0, a)$, $S = (0, \cdots, 0, -a)$ 分别为 $S^n(a)$ 的北极和南极. 令

$$U_+ = S^n(a) \backslash \{S\}, \quad U_- = S^n(a) \backslash \{N\}.$$

分别定义映射 $\varphi_\pm : U_\pm \to \mathbb{R}^n$ 如下:

$$(\xi^1, \cdots, \xi^n) = \varphi_+(x^1, \cdots, x^{n+1}) = \left(\frac{ax^1}{a + x^{n+1}}, \cdots, \frac{ax^n}{a + x^{n+1}} \right),$$

$$(\eta^1, \cdots, \eta^n) = \varphi_-(x^1, \cdots, x^{n+1}) = \left(\frac{ax^1}{a - x^{n+1}}, \cdots, \frac{ax^n}{a - x^{n+1}} \right).$$

不难看出 (参看第一章习题第 4 题), $\varphi_\pm$ 的逆映射由下面的式子确定:

$$(x^1,\cdots,x^n,x^{n+1}) = \varphi_+^{-1}(\xi^1,\cdots,\xi^n)$$

$$= \left(\frac{2a^2\xi^1}{a^2+\sum_j(\xi^j)^2}, \cdots, \frac{2a^2\xi^n}{a^2+\sum_j(\xi^j)^2}, \frac{a\left(a^2-\sum_j(\xi^j)^2\right)}{a^2+\sum_j(\xi^j)^2} \right),$$

$$(x^1,\cdots,x^n,x^{n+1}) = \varphi_-^{-1}(\eta^1,\cdots,\eta^n)$$

$$= \left(\frac{2a^2\eta^1}{a^2+\sum_j(\eta^j)^2}, \cdots, \frac{2a^2\eta^n}{a^2+\sum_j(\eta^j)^2}, \frac{a\left(\sum_j(\eta^j)^2-a^2\right)}{a^2+\sum_j(\eta^j)^2} \right).$$

于是在 $U_+ \cap U_-$ 上有局部坐标变换

$$(\eta^1,\cdots,\eta^n) = \varphi_- \circ \varphi_+^{-1}(\xi^1,\cdots,\xi^n) = \left(\frac{a^2\xi^1}{\sum_j(\xi^i)^2}, \cdots, \frac{a^2\xi^n}{\sum_j(\xi^i)^2} \right),$$

$$(\xi^1,\cdots,\xi^n) = \varphi_+ \circ \varphi_-^{-1}(\eta^1,\cdots,\eta^n) = \left(\frac{a^2\eta^1}{\sum_j(\eta^i)^2}, \cdots, \frac{a^2\eta^n}{\sum_j(\eta^i)^2} \right).$$

显然, $(U_+,\varphi_+;\xi^i)$ 与 $(U_-,\varphi_-;\eta^i)$ 构成了 $S^n(a)$ 的容许的局部坐标覆盖. 由于 $\mathbb{R}^{n+1}$ 上的标准度量是

$$h = \sum_{\alpha=1}^{n+1}(\mathrm{d}x^\alpha)^2,$$

它在 U_+ 和 U_- 上的诱导度量分别是

$$g^+ = \sum_{ij} g_{ij}^+ \mathrm{d}\xi^i \mathrm{d}\xi^j, \quad g^- = \sum_{ij} g_{ij}^- \mathrm{d}\eta^i \mathrm{d}\eta^j,$$

其中

$$g_{ij}^+ = \sum_{\alpha=1}^{n+1} \frac{\partial x^\alpha}{\partial \xi^i} \frac{\partial x^\alpha}{\partial \xi^j} = \frac{4a^4\delta_{ij}}{\left(a^2+\sum_k(\xi^k)^2\right)^2} = \frac{4\delta_{ij}}{\left(1+c\sum_k(\xi^k)^2\right)^2},$$

$$g_{ij}^- = \sum_{\alpha=1}^{n+1} \frac{\partial x^\alpha}{\partial \eta^i} \frac{\partial x^\alpha}{\partial \eta^j} = \frac{4a^4\delta_{ij}}{\left(a^2+\sum_k(\eta^k)^2\right)^2} = \frac{4\delta_{ij}}{\left(1+c\sum_k(\eta^k)^2\right)^2},$$

这里 $c = 1/a^2$. 直接验证可知, 在 $U_+ \cap U_-$ 上, $g^+ = g^-$. 所以 g^+ 和 g^- 给出了球面 $S^n(a)$ 的一个黎曼度量, 它正好是上面给出的诱导度量 $g = i^* h$.

例 2.3　双曲空间 $H^n(c)$, $c < 0$.

首先在 $\mathbb{R}^{n+1}$ 上定义 Lorentz 内积 $h = \langle \cdot, \cdot \rangle_1$ 如下:

$$h(x, y) = \langle x, y \rangle_1 = \sum_{i=1}^{n} x^i y^i - x^{n+1} y^{n+1}, \quad \forall x, y \in \mathbb{R}^{n+1}.$$

以后把具有 Lorentz 内积的空间 $(\mathbb{R}^{n+1}, h)$ 记为 $\mathbb{R}_1^{n+1}$. h 显然可以看作是 $\mathbb{R}^{n+1}$ 上的一个非退化的、对称的二阶协变张量场. 令 $a = 1/\sqrt{-c}$, 并考虑 $\mathbb{R}^{n+1}$ 中双叶双曲面的上半叶

$$H^n = \{x = (x^1, \cdots, x^{n+1}) \in \mathbb{R}^{n+1}; \langle x, x \rangle_1 = -a^2 \text{ 且 } x^{n+1} > 0\},$$

则 H^n 与 $\mathbb{R}^n$ 中的开球

$$B^n(a) = \left\{ (\xi^1, \cdots, \xi^n) \in \mathbb{R}^n; \sum_{i=1}^{n} (\xi^i)^2 < a^2 \right\}$$

光滑同胚.

为了阐明这个事实, 首先定义映射 $\varphi: H^n \to B^n(a)$, 使得对于任意的 $(x^1, \cdots, x^{n+1}) \in H^n$,

$$(\xi^1, \cdots, \xi^n) = \varphi(x^1, \cdots, x^{n+1}) = \left(\frac{ax^1}{a + x^{n+1}}, \cdots, \frac{ax^n}{a + x^{n+1}} \right).$$

则映射 φ 的各个分量是光滑函数, 因而是光滑映射. 可以直接验证, φ 还具有光滑的逆映射 φ^{-1}, 使得对于任意的 $(\xi^1, \cdots, \xi^n) \in B^n(a)$ 有

$$
\begin{aligned}
(x^1, \cdots, x^n, x^{n+1}) &= \varphi^{-1}(\xi^1, \cdots, \xi^n) \\
&= \left(\frac{2a^2 \xi^1}{a^2 - \sum_j (\xi^j)^2}, \cdots, \frac{2a^2 \xi^n}{a^2 - \sum_j (\xi^j)^2}, \frac{a(a^2 + \sum_j (\xi^j)^2)}{a^2 - \sum_j (\xi^j)^2} \right).
\end{aligned}
$$

因此 φ 是从 H^n 到 $B^n(a)$ 的光滑同胚. 有时, 映射 φ 也称为从 H^n 到 $B^n(a)$ 上的 **"球极投影"** (参看本章习题第 10 题).

在另一方面, 假设 $i: H^n \to \mathbb{R}^{n+1}$ 是包含映射, 令 $\psi = i \circ \varphi^{-1}$, 则上面的推导也说明 $\psi: B^n(a) \to \mathbb{R}^{n+1}$ 是一个光滑嵌入. 根据命题 2.1, $g = \psi^* h$ 是 $B^n(a)$ 上的一个光滑对称的二阶协变张量场; 它的局部坐标表示为 $g = \sum_{i,j} g_{ij} \mathrm{d}\xi^i \mathrm{d}\xi^j$, 其中的分量

$$
\begin{aligned}
g_{ij} &= \sum_{k=1}^{n} \frac{\partial x^k}{\partial \xi^i} \frac{\partial x^k}{\partial \xi^j} - \frac{\partial x^{n+1}}{\partial \xi^i} \frac{\partial x^{n+1}}{\partial \xi^j} \\
&= \frac{4a^4 \delta_{ij}}{\left(a^2 - \sum_k (\xi^k)^2\right)^2} = \frac{4\delta_{ij}}{\left(1 + c \sum_k (\xi^k)^2\right)^2}.
\end{aligned}
$$

由此可知, $g = \psi^* h$ 是处处正定的, 因而是 $B^n(a)$ 上的一个黎曼度量. 另外, 由于 φ 是光滑同胚, $(H^n, \varphi; \xi^i)$ 可以视为 H^n 的一个整体坐标系. 易知, $i^* h = \varphi^* g$ 是 H^n 上的黎曼度量, 并且 g_{ij} 是黎曼度量 $i^* h$ 关于坐标系 $(H^n; \xi^i)$ 的分量. 因此, 作为黎曼流形, $(H^n, i^* h)$ 与 $(B^n(a), g)$ 具有完全相同的结构, 它们是同一个空间的两个具体模型. 通常把黎曼流形 $(B^n(a), g)$ 和 $(H^n, i^* h)$ 都称为 n 维双曲空间, 并用 $H^n(c)$ 来表示.

例 2.4 n 维实射影空间 $\mathbb{R}P^n$.

$\mathbb{R}P^n$ 是指 $n + 1$ 维向量空间 $\mathbb{R}^{n+1}$ 中一维子空间所组成的集合 (参看第一章的例 1.6). 如果在 $\mathbb{R}^{n+1} \backslash \{0\}$ 中引进如下的等价关系 $\sim$: $\forall x, y \in \mathbb{R}^{n+1} \backslash \{0\}$, $x \sim y$ 当且仅当存在非零实数 λ, 使得 $x = \lambda \cdot y$, 那么

$$
\mathbb{R}P^n = (\mathbb{R}^{n+1} \backslash \{0\}) / \sim.
$$

对于任意的 $x \in \mathbb{R}^{n+1} \backslash \{0\}$, 用 $[x]$ 表示 x 所在的等价类; 同时把 $x \in \mathbb{R}^{n+1}$ 的坐标 $(x^1, \cdots, x^{n+1})$ 称为点 $[x] \in \mathbb{R}P^n$ 的齐次坐标.

$\mathbb{R}P^n$ 的一个 C^∞ 相关的坐标覆盖是 $\{(U_\alpha, \varphi_\alpha); 1 \leqslant \alpha \leqslant n + 1\}$, 其中

$$
U_\alpha = \{[(x^1, \cdots, x^{n+1})]; (x^1, \cdots, x^{n+1}) \in \mathbb{R}^{n+1}, x^\alpha \neq 0\},
$$
$$
1 \leqslant \alpha \leqslant n + 1;
$$

映射 $\varphi_\alpha : U_\alpha \to \mathbb{R}^n$ 的定义为

$$\varphi_\alpha([(x^1, \cdots . x^{n+1})]) = \left(\frac{x^1}{x^\alpha}, \cdots, \frac{x^{\alpha-1}}{x^\alpha}, \frac{x^{\alpha+1}}{x^\alpha}, \cdots, \frac{x^{n+1}}{x^\alpha}\right).$$

另一方面, 可以考虑单位球面 $S^n \subset \mathbb{R}^{n+1}$ 的开半球面

$$V_\alpha = \left\{(x^1, \cdots, x^{n+1}) \in \mathbb{R}^{n+1}; \sum_{\beta=1}^{n+1}(x^\beta)^2 = 1, \text{ 并且 } x^\alpha > 0\right\},$$
$$1 \leqslant \alpha \leqslant n+1.$$

很明显, 在 U_α 和 V_α 之间存在一一对应 $\psi_\alpha : U_\alpha \to V_\alpha$, 其定义是

$$\psi_\alpha([(x^1, \cdots, x^{n+1})]) = \frac{\text{Sgn}\,(x^\alpha)}{\sqrt{\sum_\beta (x^\beta)^2}} \cdot (x^1, \cdots, x^{n+1}),$$

其中 $\text{Sgn}\,(x^\alpha)$ 表示 x^α 的符号.

在例 2.2 中已经给出了 $\mathbb{R}^{n+1}$ 在 S^n 上的诱导度量

$$i^* h = \sum_{\beta=1}^{n+1}(i^* \mathrm{d} x^\beta)^2, \tag{2.2}$$

其中 $i : S^n \to \mathbb{R}^{n+1}$ 是包含映射, h 是 $\mathbb{R}^{n+1}$ 上的标准度量. 通过 ψ_α 便在 U_α 上诱导出一个黎曼度量 $g_\alpha = \psi_\alpha^*(i^* h)$.

固定一个指标 $\alpha, 1 \leqslant \alpha \leqslant n+1$, 则

$$\begin{aligned}
(x^1, \cdots, x^{n+1}) &= \psi_\alpha \circ \varphi_\alpha^{-1}(\xi^1, \cdots, \xi^n) \\
&= \psi_\alpha([(\xi^1, \cdots, \xi^{\alpha-1}, 1, \xi^\alpha, \cdots, \xi^n)]) \\
&= \left(1 + \sum_{i=1}^n (\xi^i)^2\right)^{-\frac{1}{2}} \cdot (\xi^1, \cdots, \xi^{\alpha-1}, 1, \xi^\alpha, \cdots, \xi^n),
\end{aligned}$$

即有

$$
x^\beta = \begin{cases}
\dfrac{\xi^\beta}{\sqrt{1 + \sum_j (\xi^j)^2}}, & 1 \leqslant \beta \leqslant \alpha - 1; \\[4mm]
\dfrac{1}{\sqrt{1 + \sum_j (\xi^j)^2}}, & \beta = \alpha; \\[4mm]
\dfrac{\xi^{\beta-1}}{\sqrt{1 + \sum_j (\xi^j)^2}}, & \alpha + 1 \leqslant \beta \leqslant n + 1.
\end{cases}
$$

代入 (2.2) 式就得到度量 g_α 的局部坐标表达式:

$$
g_\alpha = \frac{\sum_i (\mathrm{d}\xi^i)^2 + \sum_{i<j} (\xi^i \mathrm{d}\xi^j - \xi^j \mathrm{d}\xi^i)^2}{(1 + \sum_i (\xi^i)^2)^2}.
$$

若用齐次坐标 $x^1, \cdots, x^{n+1}$ 表示, 则上式可以改写为

$$
g_\alpha = \frac{\sum_{\beta<\gamma} (x^\beta \mathrm{d}x^\gamma - x^\gamma \mathrm{d}x^\beta)^2}{\left(\sum_\beta (x^\beta)^2 \right)^2}.
$$

它与指标 α 的取法无关, 因而是定义在整个光滑流形 $\mathbb{R}P^n$ 上的黎曼度量.

例 2.5 黎曼流形的乘积.

设 (M_1, g_1) 和 (M_2, g_2) 是两个黎曼流形, 令 $M = M_1 \times M_2$, 则对于任意的 $(p, q) \in M$,

$$
T_{(p,q)}M = (\alpha_1)_{*p}(T_p M_1) \oplus (\alpha_2)_{*q}(T_q M_2)
$$

(见第一章习题第 18 题). 于是可以在 M 上引入黎曼度量 g, 使得对于任意的 $(p, q) \in M$,

$$
g(X, Y) = g_1(X_1, Y_1) + g_2(X_2, Y_2),
$$
$$
\forall X_1, Y_1 \in T_p M_1, \quad X_2, Y_2 \in T_q M_2,
$$

其中

$$
X = (\alpha_1)_{*p}(X_1) \oplus (\alpha_2)_{*q}(X_2), \quad Y = (\alpha_1)_{*p}(Y_1) \oplus (\alpha_2)_{*q}(Y_2).
$$

不难证明: g 是 M 上的一个黎曼度量, 称为度量 g_1 和 g_2 的**乘积度量**; 相应的黎曼流形 (M, g) 称为黎曼流形 (M_1, g_1) 和 (M_2, g_2) 的积, 或称为 M_1 和 M_2 的**黎曼直积**.

特别地, 单位圆周 S^1 是嵌入在 $\mathbb{R}^2$ 中的一维黎曼流形, 于是 n 个单位圆周的积

$$T^n = \underbrace{S^1 \times \cdots \times S^1}_{n \text{ 个}}$$

关于乘积度量是一个 n 维黎曼流形, 称为 n 维**平坦环面**.

作为本节的结束, 引入黎曼流形之间的等距映射与等距的概念.

根据命题 2.1(1), 对于黎曼流形之间任意的光滑映射 $f : (M, g) \to (N, h)$, f^*h 是 M 上的一个对称的二阶协变张量场. 据此, 有下述定义:

定义 2.1　设 $f : (M, g) \to (N, h)$ 是黎曼流形之间的光滑映射, 如果 $g = f^*h$, 即对于任意的 $x \in M$, 以及任意的 $v, w \in T_x M$, 都有

$$h(f_*(v), f_*(w)) = g(v, w),$$

则称 f 是从黎曼流形 (M, g) 到 (N, h) 内的一个**等距映射**.

简言之, 等距映射就是处处保持黎曼度量 (内积) 不变的映射, 也就是使 M 上的切向量的长度与其在切映射 f_* 下的像的长度保持不变的映射. 不难看出, 等距映射必为浸入. 因此, 常常把等距映射称为**等距浸入**; 此时, 称映射 $f : (M, g) \to (N, h)$ 为 (N, h) 的**黎曼 (浸入) 子流形**.

定义 2.2　如果 $f : (M, g) \to (N, h)$ 是从光滑流形 M 到 N 的局部光滑同胚, 并且 $g = f^*h$, 则称 f 是**局部等距**. 如果 $f : (M, g) \to (N, h)$ 是从光滑流形 M 到 N 的光滑同胚, 并且 $g = f^*h$, 则称 f 是**等距**. 此时, 称黎曼流形 (M, g) 与 (N, h) 是互相等距的.

黎曼流形 (M, g) 到它自身的一个等距称为 (M, g) 的一个**等距变换**.

命题 2.2　设 $f : (M, g) \to (N, h)$ 是从黎曼流形 (M, g) 到 (N, h) 的等距映射. 如果在每一点 $p \in M$, 切映射 $f_{*p} : T_p M \to T_{f(p)} N$ 是线性同构, 则 $f : (M, g) \to (N, h)$ 必是局部等距.

证明留作练习.

等距变换概念的推广是如下定义的共形变换.

定义 2.3　设 Φ 是从黎曼流形 (M, g) 到它自身的光滑同胚. 如果存在正值光滑函数 $\lambda \in C^\infty(M)$, 使得 $\Phi^* g = \lambda^2 g$, 则称映射 Φ 是从黎曼流形 M 到它自身的一个**共形变换**. 黎曼流形 (M, g) 在到它自身的所有共形变换下保持不变的性质 (量) 称为该黎曼流形的**共形不变性质 (共形不变量)**.

§2.3   切向量场的协变微分

光滑结构使我们能够在微分流形上定义光滑函数, 进而建立相应的微积分理论, 并使之成为有效的研究工具. 特别地, 对于光滑流形 M 上的任意一个光滑函数 f, 其微分 $\mathrm{d}f$ 是有意义的. 按定义, 在 M 的任意一点 p, $\mathrm{d}f(p)$ 是切空间 $T_p M$ 上的一个线性函数, 使得

$$(\mathrm{d}f(p))(v) = v(f), \quad \forall v \in T_p M.$$

在直观上, 微分 $\mathrm{d}f$ 仍然是函数 f 在 "无限接近的" 两点的函数值之差. 实际上, 若设光滑曲线 $\gamma : (-\varepsilon, \varepsilon) \to M$ 满足条件

$$\gamma(0) = p, \quad \gamma'(0) = v,$$

则有

$$(\mathrm{d}f(p))(v) = v(f) = \left. \frac{\mathrm{d}(f \circ \gamma)}{\mathrm{d}t} \right|_{t=0} = \lim_{t \to 0} \frac{f(\gamma(t)) - f(p)}{t}.$$

由此可见, 当 $|t|$ 充分小时,

$$f(\gamma(t)) - f(p) = t \cdot (\mathrm{d}f(p))(v) + o(t^2),$$

其中 $o(t^2)$ 是指 t 的二阶无穷小量.

假定 X 是光滑流形 M 上的一个光滑切向量场, 一个自然的问题是: 对切向量场 X 能否进行微分? 如何求它们的微分? 我们知道, 如

果 M 是欧氏空间 $\mathbb{R}^n$, 那么, 沿光滑曲线 $\gamma(t)$ 定义的切向量场 $X(t)$ 可以表示为 n 个分量函数

$$X(t) = (X^1(t), \cdots, X^n(t)),$$

它的导数 $\dfrac{\mathrm{d}X(t)}{\mathrm{d}t}$ 是

$$\frac{\mathrm{d}X(t)}{\mathrm{d}t} = \lim_{\Delta t \to 0} \frac{X(t + \Delta t) - X(t)}{\Delta t} = \left(\frac{\mathrm{d}X^1(t)}{\mathrm{d}t}, \cdots, \frac{\mathrm{d}X^n(t)}{\mathrm{d}t} \right).$$

换言之, $X(t + \Delta t) - X(t) \approx X'(t)\Delta t$. 由于在欧氏空间 $\mathbb{R}^n$ 中, 向量能够做平行移动, 所以尽管 $X(t + \Delta t)$ 和 $X(t)$ 分别是在两个不同点 $\gamma(t + \Delta t)$ 和 $\gamma(t)$ 的切向量, 它们的差 $X(t + \Delta t) - X(t)$ 仍然是有意义的. 然而, 对于一般的光滑流形 M 来说, 由于 $X(t+\Delta t)$ 与 $X(t)$ 分别属于两个不同点处的切空间 $T_{\gamma(t+\Delta t)}M$ 和 $T_{\gamma(t)}M$, 而切空间 $T_{\gamma(t+\Delta t)}M$ 和 $T_{\gamma(t)}M$ 尚未有确定的方式等同起来, 故它们不能相减, 因此上式是没有意义的. 有鉴于此, 若要引入切向量场 X 的某种 "微分", 必须有一种确定的方式在 $T_{\gamma(t+\Delta t)}M$ 和 $T_{\gamma(t)}M$ 之间建立同构. 一般而言, 这相当于除了光滑结构以外在 M 上还需要再附加一种结构 (即所谓的 "联络", 参看 §2.4 和 §2.6). 不过, 对于黎曼流形来说, 这种称为联络的附加结构是由其黎曼度量诱导并唯一地确定的. 下面, 从 $\mathbb{R}^{m+1}$ 中的浸入超曲面着手来讨论这个问题.

2.3.1 $\mathbb{R}^{m+1}$ 中超曲面上光滑切向量场的协变微分

设 M 是一个 m 维光滑流形, $X \in \mathfrak{X}(M)$, $f: M \to \mathbb{R}^{m+1}$ 是光滑浸入, 即 M 是 $\mathbb{R}^{m+1}$ 中的浸入超曲面. 根据例 2.1, $\mathbb{R}^{m+1}$ 上的内积在 M 上诱导出一个黎曼度量, 仍记为 $\langle \cdot, \cdot \rangle$. 对于任意的 $p \in M$, 存在点 p 的局部坐标系 $(U; x^i)$, 使得 $f|_U : U \to \mathbb{R}^{m+1}$ 是一个嵌入, 其局部坐标表示设为

$$y^\alpha = f^\alpha(x^1, \cdots, x^m), \quad 1 \leqslant \alpha \leqslant m+1.$$

于是, 可以把 U 和 $f(U)$ 等同起来, 同时把切向量场 $X|_U$ 和 $f_*(X|_U)$ 等同起来. 如果

$$X|_U = X^i \frac{\partial}{\partial x^i},$$

则有

$$f_*(X|_U) = X^i f_* \left(\frac{\partial}{\partial x^i} \right) = X^i \frac{\partial f^\alpha}{\partial x^i} \frac{\partial}{\partial y^\alpha}.$$

注意到 $f_*(X|_U)$ 是在 $\mathbb{R}^{m+1}$ 中定义在 $f(U)$ 上的切向量场, 故微分 $\mathrm{d}(f_*(X|_U))$ 是有意义的. 但是, 如果用 $\boldsymbol{n}$ 表示 $f(U)$ 在 $\mathbb{R}^{m+1}$ 中的单位法向量场, 则在一般情况下, $\mathrm{d}(f_*(X|_U))$ 不一定与 $\boldsymbol{n}$ 处处正交, 换言之, 它未必与 $f(U)$ 相切. 为了从 $\mathrm{d}(f_*(X|_U))$ 得到与 $f(U)$ 相切的分量, 令

$$\mathrm{D}(f_*(X|_U)) = (\mathrm{d}(f_*(X|_U)))^\top = \mathrm{d}(f_*(X|_U)) - \langle \mathrm{d}(f_*(X|_U)), \boldsymbol{n} \rangle \boldsymbol{n}, \quad (3.1)$$

其中的上指标 "⊤" 表示从 R^{m+1} 到 $f(U)$ 在各个点处的切空间上的正交投影. 直接计算可以得到

$$\begin{aligned}
\mathrm{d}(f_*(X|_U)) &= \mathrm{d}X^i f_* \left(\frac{\partial}{\partial x^i} \right) + X^i \mathrm{d} \left(f_* \left(\frac{\partial}{\partial x^i} \right) \right) \\
&= \mathrm{d}X^i f_* \left(\frac{\partial}{\partial x^i} \right) + X^i \mathrm{d}x^j \frac{\partial^2 f^\alpha}{\partial x^i \partial x^j} \frac{\partial}{\partial y^\alpha}.
\end{aligned} \quad (3.2)$$

由于 $\dfrac{\partial^2 f^\alpha}{\partial x^i \partial x^j} \cdot \dfrac{\partial}{\partial y^\alpha}$ 是在 $\mathbb{R}^{m+1}$ 中沿 $f(U)$ 定义的向量场, 故可设

$$\frac{\partial^2 f^\alpha}{\partial x^i \partial x^j} \frac{\partial}{\partial y^\alpha} = \Gamma_{ij}^k f_* \left(\frac{\partial}{\partial x^k} \right) + b_{ij} \boldsymbol{n}, \quad (3.3)$$

其中右端的第一项是该向量场的切分量. 为了求出系数 Γ_{ij}^k, 将上式两端与 $f_* \left(\dfrac{\partial}{\partial x^l} \right)$ 做内积, 得到

$$\begin{aligned}
\sum_{\alpha=1}^{m+1} \frac{\partial^2 f^\alpha}{\partial x^i \partial x^j} \frac{\partial f^\alpha}{\partial x^l} &= \left\langle \frac{\partial^2 f^\alpha}{\partial x^i \partial x^j} \frac{\partial}{\partial y^\alpha}, \frac{\partial f^\beta}{\partial x^l} \frac{\partial}{\partial y^\beta} \right\rangle \\
&= \Gamma_{ij}^k \left\langle f_* \left(\frac{\partial}{\partial x^k} \right), f_* \left(\frac{\partial}{\partial x^l} \right) \right\rangle = \Gamma_{ij}^k g_{kl}, \quad (3.4)
\end{aligned}$$

其中

$$g_{ij} = \left\langle f_* \left(\frac{\partial}{\partial x^i} \right), f_* \left(\frac{\partial}{\partial x^j} \right) \right\rangle = \sum_{\alpha=1}^{m+1} \frac{\partial f^\alpha}{\partial x^i} \frac{\partial f^\alpha}{\partial x^j} \quad (3.5)$$

是 $\mathbb{R}^{m+1}$ 的内积通过浸入 f 在 U 上诱导的黎曼度量的分量.

对 (3.5) 式求偏导数, 同时利用 (3.4) 式可以得到

$$\frac{\partial g_{ij}}{\partial x^k} = \sum_{\alpha=1}^{m+1} \left(\frac{\partial^2 f^\alpha}{\partial x^i \partial x^k} \frac{\partial f^\alpha}{\partial x^j} + \frac{\partial f^\alpha}{\partial x^i} \frac{\partial^2 f^\alpha}{\partial x^j \partial x^k} \right) = \Gamma_{ik}^l g_{lj} + \Gamma_{jk}^l g_{il}.$$

由于 $\dfrac{\partial^2 f^\alpha}{\partial x^i \partial x^j} = \dfrac{\partial^2 f^\alpha}{\partial x^j \partial x^i}$, 故 $\Gamma_{ij}^k = \Gamma_{ji}^k$, 从上式可求出

$$\Gamma_{ij}^k = \frac{1}{2} g^{kl} \left(\frac{\partial g_{il}}{\partial x^j} + \frac{\partial g_{lj}}{\partial x^i} - \frac{\partial g_{ij}}{\partial x^l} \right), \tag{3.6}$$

这里 g^{kl} 是度量矩阵 (g_{ij}) 的逆矩阵的元素. 由此可见, 函数 Γ_{ij}^k 由诱导度量的分量 g_{ij} 完全确定, 叫作黎曼度量 g 在局部坐标系 $(U; x^i)$ 下 (或关于自然标架场 $\{\frac{\partial}{\partial x^i}\}$) 的 **Christoffel 记号**; 为了方便起见, 通常也称 Γ_{ij}^k 为度量矩阵 (g_{ij}) 的 Christoffel 记号.

将 (3.6) 式通过 (3.3) 及 (3.2) 代回 (3.1) 式便得到

$$\mathrm{D}(f_*(X|_U)) = (\mathrm{d}X^i + X^j \Gamma_{jk}^i \mathrm{d}x^k) f_* \left(\frac{\partial}{\partial x^i} \right). \tag{3.7}$$

因此, 可以定义

$$\begin{aligned} \mathrm{D}(X|_U) &= (\mathrm{d}X^i + X^j \Gamma_{jk}^i \mathrm{d}x^k) \otimes \frac{\partial}{\partial x^i} \\ &= \left(\frac{\partial X^i}{\partial x^k} + X^j \Gamma_{jk}^i \right) \mathrm{d}x^k \otimes \frac{\partial}{\partial x^i}. \end{aligned} \tag{3.8}$$

不难验证, 由向量场 X 通过 (3.7) 式定义的切向量场 $\mathrm{D}(f_*(X|_U))$ 与局部坐标系的选取无关 (参看定理 3.2 及其证明), 因而 (3.8) 的右端不依赖于局部坐标系的选取. 所以, 如果令 $(\mathrm{D}X)|_U = \mathrm{D}(X|_U)$, 则 $\mathrm{D}X$ 在 M 上处处有定义, 因而是大范围地定义在 M 上的量. 对于 $X \in \mathfrak{X}(M)$, $\mathrm{D}X$ 是光滑流形 M 上以 1 次微分式为系数的切向量场, 也是以切向量为值的 1 次微分式, 即它是光滑的 (1,1) 型张量场.

对于欧氏空间 $\mathbb{R}^{n+1}$ 中的超曲面 M 而言, 上面所描述的从 $X \in \mathfrak{X}(M)$ 得到定义在 M 上的 (1,1) 型光滑张量场 $\mathrm{D}X$ 的过程是 Levi-Civita 首先发现的; 历史上称 $\mathrm{D}X$ 为切向量场 X 的绝对微分, 或协变微分.

2.3.2 m 维黎曼流形上光滑切向量场的协变微分

从 Christoffel 记号 Γ_{ij}^k 的表达式 (3.6) 可以看出, (3.8) 式所引入的切向量场的协变微分 DX 对于任意的黎曼流形 M 是有意义的。

事实上, 假定 (M,g) 是一个黎曼流形, 其度量 g 在容许局部坐标系 $(U; x^i)$ 下可以表示为

$$g = g_{ij}\mathrm{d}x^i\mathrm{d}x^j, \quad g_{ij} = g\left(\frac{\partial}{\partial x^i}, \frac{\partial}{\partial x^j}\right).$$

令 $(g^{kl}) = (g_{ij})^{-1}$, 则由 (3.6) 式可以得到度量矩阵 (g_{ij}) 的 Christoffel 记号 Γ_{ij}^k. 先证明下面两个引理:

引理 3.1 设黎曼流形 (M,g) 的度量 g 在另一个容许的局部坐标系 $(\tilde{U}; \tilde{x}^i)$ 下的分量是

$$\tilde{g}_{ij} = g\left(\frac{\partial}{\partial \tilde{x}^i}, \frac{\partial}{\partial \tilde{x}^j}\right),$$

而 $(\tilde{g}^{kl}) = (\tilde{g}_{ij})^{-1}$, 则当 $U \cap \tilde{U} \neq \emptyset$ 时, 在 $U \cap \tilde{U}$ 上 $\tilde{g}^{kl}$ 和 g^{kl} 满足下列关系式:

$$\tilde{g}^{pq} = g^{ij}\frac{\partial \tilde{x}^p}{\partial x^i}\frac{\partial \tilde{x}^q}{\partial x^j}, \tag{3.9}$$

即 g^{ij} 在局部坐标系变换时遵循2阶反变张量的变换规律.

证明 因为 g 是 M 上的2阶协变张量场, 故在 $U \cap \tilde{U}$ 上有关系式

$$g_{ij} = \tilde{g}_{pq}\frac{\partial \tilde{x}^p}{\partial x^i}\frac{\partial \tilde{x}^q}{\partial x^j},$$

两边乘以 $\dfrac{\partial x^j}{\partial \tilde{x}^r}$, 并对 j 求和得到

$$g_{ij}\frac{\partial x^j}{\partial \tilde{x}^r} = \tilde{g}_{pq}\frac{\partial \tilde{x}^p}{\partial x^i}\frac{\partial \tilde{x}^q}{\partial x^j}\frac{\partial x^j}{\partial \tilde{x}^r} = \tilde{g}_{pr}\frac{\partial \tilde{x}^p}{\partial x^i}.$$

两边乘以 $\tilde{g}^{rq}g^{ki}$, 并对 i, r 求和得到

$$\tilde{g}^{rq}g^{ki}g_{ij}\frac{\partial x^j}{\partial \tilde{x}^r} = \tilde{g}^{rq}g^{ki}\tilde{g}_{pr}\frac{\partial \tilde{x}^p}{\partial x^i},$$

$$\tilde{g}^{rq}\frac{\partial x^k}{\partial \tilde{x}^r} = g^{ki}\frac{\partial \tilde{x}^q}{\partial x^i}. \tag{3.10}$$

两边再乘以 $\dfrac{\partial \tilde{x}^p}{\partial x^k}$, 并对 k 求和得到

$$\tilde{g}^{rq} \frac{\partial x^k}{\partial \tilde{x}^r} \frac{\partial \tilde{x}^p}{\partial x^k} = \tilde{g}^{pq} = g^{ki} \frac{\partial \tilde{x}^p}{\partial x^k} \frac{\partial \tilde{x}^q}{\partial x^i}.$$

引理 3.2 若 $(\tilde{U}; \tilde{x}^i)$ 是黎曼流形 M 的另一个容许的局部坐标系, 相应的 Christoffel 记号为 $\tilde{\Gamma}_{ij}^k$, 则当 $U \cap \tilde{U} \neq \emptyset$ 时, 在 $U \cap \tilde{U}$ 上 $\tilde{\Gamma}_{ij}^k$ 和 Γ_{ij}^k 满足下列关系式:

$$\Gamma_{ij}^k = \tilde{\Gamma}_{pq}^r \frac{\partial \tilde{x}^p}{\partial x^i} \frac{\partial \tilde{x}^q}{\partial x^j} \frac{\partial x^k}{\partial \tilde{x}^r} + \frac{\partial^2 \tilde{x}^r}{\partial x^i \partial x^j} \frac{\partial x^k}{\partial \tilde{x}^r}. \tag{3.11}$$

证明 用 $\tilde{g}_{ij}$ 表示度量张量 g 在局部坐标系 $(\tilde{U}; \tilde{x}^i)$ 下的分量, 则在 $U \cap \tilde{U}$ 上有

$$g_{ij} = \tilde{g}_{pq} \frac{\partial \tilde{x}^p}{\partial x^i} \frac{\partial \tilde{x}^q}{\partial x^j}.$$

将上式两边对 x^k 求偏微商得到

$$\frac{\partial g_{ij}}{\partial x^k} = \frac{\partial \tilde{g}_{pq}}{\partial \tilde{x}^r} \frac{\partial \tilde{x}^r}{\partial x^k} \frac{\partial \tilde{x}^p}{\partial x^i} \frac{\partial \tilde{x}^q}{\partial x^j} + \tilde{g}_{pq} \left(\frac{\partial^2 \tilde{x}^p}{\partial x^i \partial x^k} \frac{\partial \tilde{x}^q}{\partial x^j} + \frac{\partial \tilde{x}^p}{\partial x^i} \frac{\partial^2 \tilde{x}^q}{\partial x^j \partial x^k} \right).$$

对上式中的指标进行轮换并做适当的加减运算, 可得

$$\frac{\partial g_{ik}}{\partial x^j} + \frac{\partial g_{kj}}{\partial x^i} - \frac{\partial g_{ij}}{\partial x^k}$$
$$= \left(\frac{\partial \tilde{g}_{pr}}{\partial \tilde{x}^q} + \frac{\partial \tilde{g}_{rq}}{\partial \tilde{x}^p} - \frac{\partial \tilde{g}_{pq}}{\partial \tilde{x}^r} \right) \frac{\partial \tilde{x}^p}{\partial x^i} \frac{\partial \tilde{x}^q}{\partial x^j} \frac{\partial \tilde{x}^r}{\partial x^k} + 2\tilde{g}_{pq} \frac{\partial^2 \tilde{x}^p}{\partial x^i \partial x^j} \frac{\partial \tilde{x}^q}{\partial x^k}.$$

因而

$$\Gamma_{ij}^k = \frac{1}{2} g^{kl} \left(\frac{\partial g_{il}}{\partial x^j} + \frac{\partial g_{lj}}{\partial x^i} - \frac{\partial g_{ij}}{\partial x^l} \right)$$
$$= \frac{1}{2} \left(\frac{\partial \tilde{g}_{pr}}{\partial \tilde{x}^q} + \frac{\partial \tilde{g}_{rq}}{\partial \tilde{x}^p} - \frac{\partial \tilde{g}_{pq}}{\partial \tilde{x}^r} \right) \frac{\partial \tilde{x}^p}{\partial x^i} \frac{\partial \tilde{x}^q}{\partial x^j} \frac{\partial \tilde{x}^r}{\partial x^l} g^{kl} + \tilde{g}_{pq} \frac{\partial^2 \tilde{x}^p}{\partial x^i \partial x^j} \frac{\partial \tilde{x}^q}{\partial x^l} g^{kl}$$
$$= \frac{1}{2} \left(\frac{\partial \tilde{g}_{pr}}{\partial \tilde{x}^q} + \frac{\partial \tilde{g}_{rq}}{\partial \tilde{x}^p} - \frac{\partial \tilde{g}_{pq}}{\partial \tilde{x}^r} \right) \frac{\partial \tilde{x}^p}{\partial x^i} \frac{\partial \tilde{x}^q}{\partial x^j} \frac{\partial x^k}{\partial \tilde{x}^s} \tilde{g}^{sr} + \tilde{g}_{pq} \frac{\partial^2 \tilde{x}^p}{\partial x^i \partial x^j} \frac{\partial x^k}{\partial \tilde{x}^s} \tilde{g}^{sq}$$
$$= \tilde{\Gamma}_{pq}^s \frac{\partial \tilde{x}^p}{\partial x^i} \frac{\partial \tilde{x}^q}{\partial x^j} \frac{\partial x^k}{\partial \tilde{x}^s} + \frac{\partial^2 \tilde{x}^p}{\partial x^i \partial x^j} \frac{\partial x^k}{\partial \tilde{x}^p}.$$

定理 3.3 设 (M,g) 是一个 m 维黎曼流形, $X \in \mathfrak{X}(M)$. 如果 $(U; x^i)$ 是 M 的一个容许坐标系, 并且 $X|_U = X^i \dfrac{\partial}{\partial x^i}$, 则

$$\mathrm{D}(X|_U) = (\mathrm{d}X^i + X^j \Gamma^i_{jk} \mathrm{d}x^k) \otimes \frac{\partial}{\partial x^i}$$
$$= \left(\frac{\partial X^i}{\partial x^k} + X^j \Gamma^i_{jk} \right) \mathrm{d}x^k \otimes \frac{\partial}{\partial x^i}$$

是与局部坐标系的选取无关的 (1,1) 型光滑张量场. 于是, 如果令

$$(\mathrm{D}X)|_U = \mathrm{D}(X|_U),$$

则 $\mathrm{D}X$ 是大范围地定义在 M 上的 (1,1) 型光滑张量场.

证明 假定 $(\tilde{U}; \tilde{x}^i)$ 是 M 的另一个容许局部坐标系, 并且

$$X = \tilde{X}^p \frac{\partial}{\partial \tilde{x}^p}.$$

则当 $U \cap \tilde{U} \neq \emptyset$ 时在 $U \cap \tilde{U}$ 上有

$$\frac{\partial}{\partial x^i} = \frac{\partial \tilde{x}^p}{\partial x^i} \frac{\partial}{\partial \tilde{x}^p}, \quad \tilde{X}^p = X^i \frac{\partial \tilde{x}^p}{\partial x^i}. \tag{3.12}$$

求微分 $\mathrm{d}\tilde{X}^p$, 并将 (3.9) 式代入得到

$$\begin{aligned}
\mathrm{d}\tilde{X}^p &= \mathrm{d}X^i \frac{\partial \tilde{x}^p}{\partial x^i} + X^j \frac{\partial^2 \tilde{x}^p}{\partial x^j \partial x^k} \mathrm{d}x^k \\
&= \mathrm{d}X^i \frac{\partial \tilde{x}^p}{\partial x^i} + X^j \left(\Gamma^i_{jk} \frac{\partial \tilde{x}^p}{\partial x^i} - \tilde{\Gamma}^p_{qr} \frac{\partial \tilde{x}^q}{\partial x^j} \frac{\partial \tilde{x}^r}{\partial x^k} \right) \mathrm{d}x^k \\
&= (\mathrm{d}X^i + X^j \Gamma^i_{jk} \mathrm{d}x^k) \frac{\partial \tilde{x}^p}{\partial x^i} - \tilde{X}^q \tilde{\Gamma}^p_{qr} \mathrm{d}\tilde{x}^r,
\end{aligned}$$

故有

$$(\mathrm{d}\tilde{X}^p + \tilde{X}^q \tilde{\Gamma}^p_{qr} \mathrm{d}\tilde{x}^r) \otimes \frac{\partial}{\partial \tilde{x}^p} = (\mathrm{d}X^i + X^j \Gamma^i_{jk} \mathrm{d}x^k) \otimes \frac{\partial}{\partial x^i}.$$

证毕.

定义 3.1 设 (M,g) 是 m 维黎曼流形, $X \in \mathfrak{X}(M)$. 由定理 3.3 在 M 上确定的 (1,1) 型光滑张量场 $\mathrm{D}X$ 称为光滑向量场 X 的**协变微分**

或**绝对微分**; 相应的映射 $D : \mathfrak{X}(M) \to \mathscr{T}_1^1(M)$ 称为黎曼流形 (M, g) 上的**协变微分** (或**绝对微分**) 算子.

定义 3.2 设 (M, g) 同上, $X, Y \in \mathfrak{X}(M)$. $D_Y X = C_1^1(Y \otimes DX)$ 称为光滑切向量场 X 沿 Y 的**协变导数** 或**协变微商**, 其中 C_1^1 是指张量场关于第一个反变指标和第一个协变指标的缩并运算.

在局部坐标系 $(U; x^i)$ 下,

$$
\begin{aligned}
Y \otimes DX|_U &= \left(Y^l \frac{\partial}{\partial x^l} \right) \otimes \left(\mathrm{d}X^i + X^j \Gamma_{jk}^i \mathrm{d}x^k \right) \otimes \frac{\partial}{\partial x^i} \\
&= Y^l \left(\frac{\partial X^i}{\partial x^k} + X^j \Gamma_{jk}^i \right) \frac{\partial}{\partial x^l} \otimes \mathrm{d}x^k \otimes \frac{\partial}{\partial x^i},
\end{aligned}
$$

故 $(D_Y X)|_U$ 有如下的局部坐标表达式:

$$
\begin{aligned}
(D_Y X)|_U &= C_1^1(Y \otimes DX|_U) = Y^l \left(\frac{\partial X^i}{\partial x^k} + X^j \Gamma_{jk}^i \right) \delta_l^k \frac{\partial}{\partial x^i} \\
&= Y^k \left(\frac{\partial X^i}{\partial x^k} + X^j \Gamma_{jk}^i \right) \frac{\partial}{\partial x^i}, \\
(D_Y X)^i &= Y^k \left(\frac{\partial X^i}{\partial x^k} + X^j \Gamma_{jk}^i \right).
\end{aligned}
\tag{3.13}
$$

由此可见, 协变微分算子 D 又可以视为映射 $D : \mathfrak{X}(M) \times \mathfrak{X}(M) \to \mathfrak{X}(M)$, 其定义是: 对于任意的 $X, Y \in \mathfrak{X}(M), D(X, Y) = D_Y X \in \mathfrak{X}(M)$.

定理 3.4 映射 $D : \mathfrak{X}(M) \times \mathfrak{X}(M) \to \mathfrak{X}(M)$ 具有如下的性质: 对于任意的 $X, Y, Z \in \mathfrak{X}(M), \lambda \in \mathbb{R}, f \in C^\infty(M)$,

(1) $D_{Y+fZ} X = D_Y X + f D_Z X$;

(2) $D_Y(X + \lambda Z) = D_Y X + \lambda D_Y Z$;

(3) $D_Y(fX) = Y(f)X + f D_Y X$;

(4) $D_X Y - D_Y X = [X, Y]$;

(5) $Z(\langle X, Y \rangle) = \langle D_Z X, Y \rangle + \langle X, D_Z Y \rangle$.

证明 性质 (1), (2) 和 (3) 是局部坐标表达式 (3.13) 的直接推论.

对于 (4), 注意到 Christoffel 记号 Γ_{ij}^k 关于下指标是对称的, 所以

从 (3.13) 式可得

$$
(\mathrm{D}_X Y - \mathrm{D}_Y X)|_U
$$
$$
= \left(X^k \left(\frac{\partial Y^i}{\partial x^k} + Y^j \Gamma_{jk}^i \right) - Y^k \left(\frac{\partial X^i}{\partial x^k} + X^j \Gamma_{jk}^i \right) \right) \frac{\partial}{\partial x^i}
$$
$$
= \left(X^k \frac{\partial Y^i}{\partial x^k} - Y^k \frac{\partial X^i}{\partial x^k} \right) \frac{\partial}{\partial x^i}
$$
$$
= [X, Y]|_U.
$$

这就证明了性质 (4).

为了证明性质 (5), 首先, 由定义式(3.6)得到

$$
\Gamma_{ij}^l g_{lk} = \frac{1}{2} \left(\frac{\partial g_{ik}}{\partial x^j} + \frac{\partial g_{kj}}{\partial x^i} - \frac{\partial g_{ij}}{\partial x^k} \right),
$$

交换指标 i, k 得到

$$
\Gamma_{kj}^l g_{li} = \frac{1}{2} \left(\frac{\partial g_{ki}}{\partial x^j} + \frac{\partial g_{ij}}{\partial x^k} - \frac{\partial g_{kj}}{\partial x^i} \right),
$$

将两式相加得到

$$
\Gamma_{ij}^l g_{lk} + \Gamma_{kj}^l g_{li} = \frac{\partial g_{ik}}{\partial x^j}. \tag{3.14}
$$

从而有

$$
Z(\langle X, Y \rangle)|_U = Z^k \frac{\partial}{\partial x^k} (g_{ij} X^i Y^j)
$$
$$
= Z^k \left(\frac{\partial g_{ij}}{\partial x^k} X^i Y^j + g_{ij} \frac{\partial X^i}{\partial x^k} Y^j + g_{ij} X^i \frac{\partial Y^j}{\partial x^k} \right)
$$
$$
= Z^k \left((\Gamma_{ik}^l g_{lj} + \Gamma_{jk}^l g_{li}) X^i Y^j + g_{ij} \frac{\partial X^i}{\partial x^k} Y^j + g_{ij} X^i \frac{\partial Y^j}{\partial x^k} \right)
$$
$$
= Z^k \left(g_{ij} \left(\frac{\partial X^i}{\partial x^k} + X^l \Gamma_{lk}^i \right) Y^j + g_{ij} X^i \left(\frac{\partial Y^j}{\partial x^k} + Y^l \Gamma_{lk}^i \right) \right)
$$
$$
= g_{ij} (\mathrm{D}_Z X)^i Y^j + g_{ij} X^i (\mathrm{D}_Z Y)^j
$$
$$
= \langle \mathrm{D}_Z X, Y \rangle|_U + \langle X, \mathrm{D}_Z Y \rangle|_U.
$$

注记 3.1 上述定理中的 (1) 说明 $D_Y X$ 关于自变量 Y 具有 $C^\infty(M)$ 线性性质, 即 $DX : \mathfrak{X}(M) \to \mathfrak{X}(M)$ 是 (1,1) 型的张量场; 而 (3) 和 (4) 则意味着, 对于任意的 $Y \in \mathfrak{X}(M)$, 映射 $D_Y : \mathfrak{X}(M) \to \mathfrak{X}(M)$ 具有导算子性质.

§2.4 联络和黎曼联络

§2.3 所引入的黎曼流形 (M,g) 上光滑切向量场的协变微分和协变导数的定义, 实际上启示我们: 在光滑流形 M 上可以给出联络的概念, 它不必依赖光滑流形 M 上的黎曼度量而独立地定义, 因而它是比黎曼度量更加基本的概念. 它是 J.L.Koszul 首先引进的.

2.4.1 光滑流形 M 上的联络

定义 4.1 设 M 是 m 维光滑流形, 所谓 M 上的一个**联络** D 是指满足下列条件的映射 $D : \mathfrak{X}(M) \times \mathfrak{X}(M) \to \mathfrak{X}(M)$:

(1) $D_{Y+fZ}X = D_Y X + f D_Z X$;

(2) $D_Y(X + \lambda Z) = D_Y X + \lambda D_Y Z$;

(3) $D_Y(fX) = Y(f)X + f D_Y X$,

其中 $D_Y X = D(X,Y), X, Y, Z \in \mathfrak{X}(M), \lambda \in \mathbb{R}, f \in C^\infty(M)$.

简单地说, 在给定了 $X \in \mathfrak{X}(M)$ 之后, 映射 $DX = D(X, \cdot) : \mathfrak{X}(M) \to \mathfrak{X}(M)$ 是 (1,1) 型张量. 在给定了 $Y \in \mathfrak{X}(M)$ 之后, 映射 $D_Y = D(\cdot, Y) : \mathfrak{X}(M) \to \mathfrak{X}(M)$ 是导算子.

根据定理 3.4, 黎曼流形 (M,g) 上的协变微分算子 D 是光滑流形 M 上的一个联络. 由于在满足第二可数公理的光滑流形 M 上黎曼度量总是存在的, 因而 M 上的联络也是存在的. 不过, 一般说来, 光滑流形上的联络不是唯一的.

下面来求联络的局部坐标表达式.

引理 4.1 设 D 是光滑流形 M 上的一个联络, $X, Y, \tilde{X}, \tilde{Y} \in \mathfrak{X}(M)$. 如果 U 是 M 的一个非空开子集, 并且 $X|_U = \tilde{X}|_U, Y|_U = \tilde{Y}|_U$, 则

$$(D_Y X)|_U = (D_{\tilde{Y}} \tilde{X})|_U.$$

证明 引理的结论等价于 $(D_Y \tilde{X})|_U = (D_Y X)|_U$ 和 $(D_Y X)|_U = (D_{\tilde{Y}} X)|_U$ 两式. 由于这两个式子的证明在本质上是一样的, 只需证明其中的一个即可, 比如证明: $(D_Y X)|_U = (D_Y \tilde{X})|_U$.

首先, 当 $X = 0$ 时有 $X = X - X$; 再根据联络的定义,

$$D_Y X = D_Y(X - X) = D_Y X - D_Y X = 0,$$

即 $D_Y X = 0$.

其次, 任意取定一点 $p \in U$, 都有点 p 的开邻域 V, 使得 $\overline{V}$ 是紧的, 并且 $\overline{V} \subset U$. 根据 §1.3 的引理 3.2, 存在 $f \in C^\infty(M)$, 使得

$$f|_V \equiv 1, \quad f|_{M \setminus U} \equiv 0.$$

显然, $f \cdot (\tilde{X} - X) = 0$. 因此,

$$0 = D_Y(f \cdot (\tilde{X} - X)) = Y(f)(\tilde{X} - X) + f(D_Y \tilde{X} - D_Y X).$$

将上式限制在 V 上, 则得 $(D_Y \tilde{X})|_V = (D_Y X)|_V$. 特别地,

$$(D_Y \tilde{X})(p) = (D_Y X)(p).$$

由 p 点的任意性, 引理得证.

引理 4.1 刻画了联络 D 的局部性.

推论 4.2 设 D 是光滑流形 M 上的一个联络, $U \subset M$ 为非空开集, 则 D 在 U 上有诱导联络 $D^U : \mathfrak{X}(U) \times \mathfrak{X}(U) \to \mathfrak{X}(U)$, 使得对于任意的 $X, Y \in \mathfrak{X}(M)$ 有

$$D^U_{(X|_U)}(Y|_U) = (D_X Y)|_U.$$

证明 设 $X, Y \in \mathfrak{X}(U)$. 对于任意的 $p \in U$, 则由 §1.3 的定理 3.3, 存在点 p 的开邻域 V, 以及 $\tilde{X}, \tilde{Y} \in \mathfrak{X}(M)$, 使得 $\tilde{X}|_V = X|_V$, $\tilde{Y}|_V = Y|_V$. 令

$$(D^U_Y X)|_V = (D_{\tilde{Y}} \tilde{X})|_V.$$

由引理 4.1 可知, 上式右端与 X, Y 在 M 上的扩张 $\tilde{X}, \tilde{Y}$ 的取法无关, 因而 $D^U_Y X$ 在 V 上是完全确定的, 且处处是光滑的. 再由 p 的任意性, $D^U_Y X$ 是在 U 上完全确定的光滑切向量场.

根据 D 作为 M 上的联络所满足的条件, 不难验证映射

$$\mathrm{D}^U : \mathfrak{X}(U) \times \mathfrak{X}(U) \to \mathfrak{X}(U)$$

是 U 上的一个联络, 并且满足推论的要求. 证毕.

为方便起见, 以后仍然把 D^U 记为 D.

假定 D 是光滑流形 M 上的一个联络. 设 $(U; x^i)$ 是 M 的一个容许局部坐标系, 则由推论 4.2, 可以令

$$\mathrm{D}_{\frac{\partial}{\partial x^i}} \frac{\partial}{\partial x^j} = \Gamma_{ji}^k \frac{\partial}{\partial x^k}, \tag{4.1}$$

其中定义在 U 上的函数 Γ_{ji}^k 称为联络 D 在局部坐标系 $(U; x^i)$ 下 $\left(\text{或关于自然标架场} \left\{ \dfrac{\partial}{\partial x^i} \right\} \right)$ 的 (**联络**) **系数**. 需要指出的是, 在一般情况下 Γ_{ji}^k 关于下指标未必是对称的. 因此, 必须时时注意下指标的书写次序. 对于任意的 $X, Y \in \mathfrak{X}(M)$, 如果

$$X|_U = X^i \frac{\partial}{\partial x^i}, \quad Y|_U = Y^j \frac{\partial}{\partial x^j},$$

则由联络所满足的条件得到

$$
\begin{aligned}
(\mathrm{D}_Y X)|_U &= \mathrm{D}_{Y^j \frac{\partial}{\partial x^j}} \left(X^i \frac{\partial}{\partial x^i} \right) = Y^j \left(\frac{\partial X^i}{\partial x^j} \frac{\partial}{\partial x^i} + X^i \Gamma_{ij}^k \frac{\partial}{\partial x^k} \right) \\
&= Y^j \left(\frac{\partial X^i}{\partial x^j} + X^k \Gamma_{kj}^i \right) \frac{\partial}{\partial x^i},
\end{aligned}
\tag{4.2}
$$

这就是联络 D 在 $(U; x^i)$ 下的局部坐标表达式.

联络系数 Γ_{ij}^k 的坐标变换公式如下: 设 $(\tilde{U}; \tilde{x}^i)$ 是 M 的另一个局部坐标系, 相应的联络系数记为 $\tilde{\Gamma}_{qp}^r$, 即

$$\mathrm{D}_{\frac{\partial}{\partial \tilde{x}^p}} \frac{\partial}{\partial \tilde{x}^q} = \tilde{\Gamma}_{qp}^r \frac{\partial}{\partial \tilde{x}^r}.$$

由于在 $U \cap \tilde{U}$ 上

$$\frac{\partial}{\partial x^i} = \frac{\partial \tilde{x}^p}{\partial x^i} \frac{\partial}{\partial \tilde{x}^p},$$

因此由 (4.2) 式得到

$$\mathrm{D}_{\frac{\partial}{\partial x^i}} \frac{\partial}{\partial x^j} = \left(\frac{\partial^2 \tilde{x}^r}{\partial x^j \partial x^i} + \frac{\partial \tilde{x}^q}{\partial x^j} \frac{\partial \tilde{x}^p}{\partial x^i} \tilde{\Gamma}^r_{qp} \right) \frac{\partial}{\partial \tilde{x}^r}.$$

另一方面

$$\mathrm{D}_{\frac{\partial}{\partial x^i}} \frac{\partial}{\partial x^j} = \Gamma^k_{ji} \frac{\partial}{\partial x^k} = \Gamma^k_{ji} \frac{\partial \tilde{x}^r}{\partial x^k} \frac{\partial}{\partial \tilde{x}^r}.$$

所以

$$\Gamma^k_{ji} \frac{\partial \tilde{x}^r}{\partial x^k} = \tilde{\Gamma}^r_{qp} \frac{\partial \tilde{x}^q}{\partial x^j} \frac{\partial \tilde{x}^p}{\partial x^i} + \frac{\partial^2 \tilde{x}^r}{\partial x^j \partial x^i}. \tag{4.3}$$

这与 §2.3 中度量 g_{ij} 的 Christoffel 记号 Γ^k_{ij} 在局部坐标变换时所满足的变换公式 (3.11) 是一致的。

由联络的局部坐标表达式 (4.2) 可知下面的推论：

推论 4.3 设 D 是光滑流形 M 上的一个联络.

(1) 设 $X, Y, Z \in \mathfrak{X}(M)$, $p \in M$, 如果 $Y(p) = Z(p)$, 则 $(\mathrm{D}_Y X)(p) = (\mathrm{D}_Z X)(p)$.

(2) 设 $X, Y, Z \in \mathfrak{X}(M)$, $p \in M$, $\gamma(t)(t \in (-\epsilon, \epsilon))$ 是 M 中的一条光滑曲线, 使得 $\gamma(0) = p$, $\gamma'(0) = Z(p)$. 如果 $X|_{\gamma(t)} = Y|_{\gamma(t)}$, 则 $(\mathrm{D}_Z X)(p) = (\mathrm{D}_Z Y)(p)$.

证明 (1) 是 (4.2) 式的直接推论. 关于 (2), 取点 p 的局部坐标系 $(U; x^i)$, 则 $\gamma|_U$ 的局部坐标表示是 $x^i(\gamma(t)) = x^i(t)$, $1 \leqslant i \leqslant m$, $t \in (-\epsilon, \epsilon)$, 故

$$\gamma'(t) = \frac{\mathrm{d}x^i(t)}{\mathrm{d}t} \cdot \frac{\partial}{\partial x^i}\Big|_{\gamma(t)}, \qquad Z(p) = \frac{\mathrm{d}x^i(t)}{\mathrm{d}t}\Big|_{t=0} \cdot \frac{\partial}{\partial x^i}\Big|_p,$$

$$X(\gamma(t)) = X^j(\gamma(t)) \cdot \frac{\partial}{\partial x^j}\Big|_{\gamma(t)} = Y(\gamma(t)).$$

这样,

$$
\begin{aligned}
(\mathrm{D}_Z X)(p) &= Z^i(p) \left(\frac{\partial X^j}{\partial x^i} + X^l \Gamma^j_{li} \right)\Big|_p \cdot \frac{\partial}{\partial x^i}\Big|_p \\
&= \frac{\mathrm{d}x^i(t)}{\mathrm{d}t}\Big|_{t=0} \left(\frac{\partial X^j}{\partial x^i} + X^l \Gamma^j_{li} \right)\Big|_p \cdot \frac{\partial}{\partial x^i}\Big|_p \\
&= \left(\frac{\mathrm{d}X^j(\gamma(t))}{\mathrm{d}t} + X^l(\gamma(t)) \frac{\mathrm{d}x^i(t)}{\mathrm{d}t} \Gamma^j_{li}(\gamma(t)) \right)\Big|_{t=0} \cdot \frac{\partial}{\partial x^i}\Big|_{\gamma(0)} \\
&= (\mathrm{D}_Z Y)(p).
\end{aligned}
$$

从前面的讨论可以看出, 在 M 上给定一个联络 D, 就是要在每一个局部坐标系 $(U; x^i)$ 下给出一组函数, 即一组联络系数 $\Gamma_{ij}^k \in C^\infty(U)$ $(1 \leqslant i, j, k \leqslant m)$. 对于单个局部坐标系 $(U; x^i)$ 而言, 联络系数 Γ_{ij}^k 的指定可以是相当任意的; 而对于相互重叠的局部坐标系 $(U; x^i), (\tilde{U}; \tilde{x}^i), U \cap \tilde{U} \neq \emptyset$ 而言, 相应的联络系数 $\Gamma_{ij}^k, \tilde{\Gamma}_{ij}^k$ 必须满足它们在坐标变换下的变换公式 (4.3). 然而, 定理 3.3 的证明只依据和 (4.3) 式一致的 (3.11) 式. 由此可见, 定理 3.3 说明: 若在每一个局部坐标系 $(U; x^i)$ 下指定了一组联络系数 Γ_{ij}^k, 而在局部坐标系相重叠的部分, 相应的联络系数满足变换公式 (4.3), 则在 M 上就给定了一个联络 $D : \mathfrak{X}(M) \times \mathfrak{X}(M) \to \mathfrak{X}(M)$. 当然, 要在每一个局部坐标系下给出满足关系式 (4.3) 的联络系数是相当困难的. 对于黎曼流形 (M, g) 来说, 由黎曼度量 g_{ij} 构造出来的 Christoffel 记号 Γ_{ij}^k 给出了一个解, 因而它们给出了流形 M 上的一个联络. 下面要证明: 对于任意的、具有第二可数公理的 m 维光滑流形 M 而言, 采取构造黎曼度量一样的方法 (定理1.1), 利用单位分解定理, 在 M 上总是可以构造出一个联络的.

定理 4.4 设 M 是具有第二可数公理的 m 维光滑流形, 则在 M 上必存在联络.

证明 由于 M 满足第二可数公理, 故可以取 M 的一个局部有限的坐标覆盖 $\{(U_\alpha; x_\alpha^i) : \alpha = 1, 2, 3, \cdots\}$. 又由单位分解定理, 存在一组光滑函数 $f_\alpha \in C^\infty(M)$, 使得 $0 \leqslant f_\alpha \leqslant 1$, $\mathrm{Supp}\, f_\alpha \subset U_\alpha$, 且满足 $\sum\limits_{\alpha=1}^{\infty} f_\alpha \equiv 1$. 对每一个正整数 α, 取 m^3 个函数 $\Gamma_{ij}^{(\alpha)k} \in C^\infty(U_\alpha)$ (比如, 命 $\Gamma_{ij}^{(\alpha)k} = 0, \forall \alpha, i, j, k$).

在 U_α 上定义联络 $D^{(\alpha)} : \mathfrak{X}(U_\alpha) \times \mathfrak{X}(U_\alpha) \to \mathfrak{X}(U_\alpha)$, 使得对于任意的 $X, Y \in \mathfrak{X}(M)$ 有

$$D_{Y|_{U_\alpha}}^{(\alpha)} (X|_{U_\alpha}) = Y_\alpha^k \left(\frac{\partial X_\alpha^i}{\partial x_\alpha^k} + X_\alpha^j \Gamma_{jk}^{(\alpha)i} \right) \frac{\partial}{\partial x_\alpha^i},$$

其中 $X|_{U_\alpha} = X_\alpha^i \dfrac{\partial}{\partial x_\alpha^i}, Y|_{U_\alpha} = Y_\alpha^k \dfrac{\partial}{\partial x_\alpha^k}$, 注意到上式右端是定义在 U_α 上的光滑切向量场, 可以通过单位分解函数 f_α 扩张为定义在整个流

形 M 上的光滑切向量场

$$(f_\alpha * D_{Y|_{U_\alpha}}^{(\alpha)}(X|_{U_\alpha}))(p) = \begin{cases} f_\alpha(p) \cdot (D_{Y|_{U_\alpha}}^{(\alpha)}(X|_{U_\alpha}))(p), & \forall p \in U_\alpha, \\ 0, & \forall p \in M \setminus U_\alpha, \end{cases}$$

则

$$D_Y X = \sum_{\alpha=1}^{\infty} f_\alpha * D_{Y|_{U_\alpha}}^{(\alpha)}(X|_{U_\alpha})), \quad \forall X, Y \in \mathfrak{X}(M)$$

给出的映射 $D : \mathfrak{X}(M) \times \mathfrak{X}(M) \to \mathfrak{X}(M)$ 是 M 上的一个联络, 证明的细节留给读者自己完成.

2.4.2 仿射联络空间

设 M 是一个 m 维光滑流形, D 是在 M 上给定的一个联络, 则称 (M, D) 是一个 m 维**仿射联络空间**. 设 $X \in \mathfrak{X}(M)$, 则称 DX 是 X 的协变微分. 另外, 由推论 4.3 可知, 若 $X \in \mathfrak{X}(M), Y \in T_p M$, 则 $D_Y X \in T_p M$ 是有意义的, 即对于点 p 的任意一个局部坐标系 $(U; x^i)$,

$$D_Y X = Y^i \left(\frac{\partial X^j}{\partial x^i} + X^l \Gamma_{li}^j \right) \bigg|_p \frac{\partial}{\partial x^j} \bigg|_p,$$

其中 $Y = Y^i \dfrac{\partial}{\partial x^i}\bigg|_p, X|_U = X^j \dfrac{\partial}{\partial x^j}\bigg|_p$. 特别地, 若 $\gamma : (-\varepsilon, \varepsilon) \to M$ 是 M 中一条光滑曲线, 而 X 是 M 中沿光滑曲线 γ 定义的光滑切向量场, 则 $\dfrac{DX(t)}{dt}$ 也是有意义的, 即

$$\frac{DX(t)}{dt} = D_{\gamma'(t)} X = \left(\frac{dX^j(t)}{dt} + X^l(t) \frac{dx^i(t)}{dt} \Gamma_{li}^j(\gamma(t)) \right) \frac{\partial}{\partial x^j} \bigg|_{\gamma(t)}.$$

仿射联络空间 (M, D) 的特性体现在由联络 D 在 M 上引进的两个光滑张量场: 挠率张量和曲率张量, 其中曲率张量将在 §4.1 中介绍.

定理 4.5 设 (M, D) 是一个仿射联络空间, 对于任意的 $X, Y \in \mathfrak{X}(M)$, 令

$$T(X, Y) = D_X Y - D_Y X - [X, Y],$$

则 T 是 M 上的一个光滑的 (1,2) 型张量场. 这样得到的张量场 T 称为联络 D 或仿射联络空间 (M, D) 的**挠率张量**.

证明 显然, 映射 $T: \mathfrak{X}(M) \times \mathfrak{X}(M) \to \mathfrak{X}(M)$ 是反对称的双线性映射. 要证明 T 是张量场, 只要证明 T 关于每一个自变量具有 $C^\infty(M)$-线性性质. 对于任意的 $f \in C^\infty(M)$, 显然有

$$
\begin{aligned}
T(fX, Y) &= \mathrm{D}_{fX} Y - \mathrm{D}_Y(fX) - [fX, Y] \\
&= f\mathrm{D}_X Y - Y(f)X - f\mathrm{D}_Y X - f[X, Y] + Y(f)X \\
&= fT(X, Y).
\end{aligned}
$$

由于 T 的反对称性, 又有 $T(X, fY) = fT(X, Y)$. 证毕.

定义 4.2 设 (M, D) 是一个仿射联络空间, 若其挠率张量 T 为零, 则称 D 为**无挠的**, 且称 (M, D) 为**无挠仿射联络空间**.

在 M 的局部坐标系 $(U; x^i)$ 下, 有

$$
T\left(\frac{\partial}{\partial x^i}, \frac{\partial}{\partial x^j}\right) = \mathrm{D}_{\frac{\partial}{\partial x^i}} \frac{\partial}{\partial x^j} - \mathrm{D}_{\frac{\partial}{\partial x^j}} \frac{\partial}{\partial x^i} = (\Gamma_{ji}^k - \Gamma_{ij}^k)\frac{\partial}{\partial x^k},
$$

因而, $T = (\Gamma_{ji}^k - \Gamma_{ij}^k)\dfrac{\partial}{\partial x^k} \otimes \mathrm{d}x^i \otimes \mathrm{d}x^j$. 于是得到下面的命题:

命题 4.6 联络 D 是无挠联络, 当且仅当它在任意一个局部坐标系 $(U; x^i)$ 下的联络系数 Γ_{ji}^k 关于下指标 j, i 是对称的.

在仿射联络空间 (M, D) 中, 联络 D 不仅可以用于求光滑切向量场的协变导数, 而且能够用来定义 M 上任意一个光滑张量场的协变导数. 事实上, 对于 $X \in \mathfrak{X}(M)$, 已有映射

$$
X: C^\infty(M) \to C^\infty(M) \quad \text{和} \quad \mathrm{D}_X: \mathfrak{X}(M) \to \mathfrak{X}(M).
$$

为了叙述的方便起见, 把前一个映射 X 也记为

$$
\mathrm{D}_X: C^\infty(M) \to C^\infty(M).
$$

要把 D_X 的作用扩充到 M 上的任意一个光滑张量场, 只要规定:

(1) D_X 在任意一个 (r, s) 型张量场上的作用得到的仍然是一个 (r, s) 型张量场, 即 D_X 在张量场上的作用保持张量的类型不变;

(2) D_X 对于张量积的作用遵循 Leibniz 法则, 即对于 M 上任意两个光滑张量场 K, L 有

$$D_X(K \otimes L) = D_X K \otimes L + K \otimes D_X L;$$

(3) D_X 与张量的缩并运算 C 可交换. 即对于 M 上的张量场 K, 有

$$D_X(C(K)) = C(D_X K).$$

首先, 把上述原则用于 1 次微分式. 设 $\alpha \in A^1(M) = \mathscr{T}_1^0(M)$, 则 $D_X \alpha$ 仍然是一个 1 次微分式, 因而是从 $\mathfrak{X}(M)$ 到 $C^\infty(M)$ 的线性映射; 事实上, 对于任意的 $Y \in \mathfrak{X}(M)$,

$$
\begin{aligned}
(D_X \alpha)(Y) &= C_1^1(Y \otimes D_X \alpha) = C_1^1(D_X(Y \otimes \alpha) - (D_X Y) \otimes \alpha) \\
&= D_X(C_1^1(Y \otimes \alpha)) - \alpha(D_X Y) = X(\alpha(Y)) - \alpha(D_X Y).
\end{aligned}
$$

容易验证, 上式右端的表达式关于自变量 Y 确实是 $C^\infty(M)$-线性的, 所以 $D_X \alpha \in A^1(M)$.

一般地, 设 τ 是 M 上的 (r, s) 型光滑张量场, 则 τ 是一个 $(r+s)$ 重线性映射

$$\tau : \underbrace{A^1(M) \times \cdots \times A^1(M)}_{r \text{ 个}} \times \underbrace{\mathfrak{X}(M) \times \cdots \times \mathfrak{X}(M)}_{s \text{ 个}} \to C^\infty(M),$$

并且对每一个自变量都是 $C^\infty(M)$ 线性的. 按规定 $D_X \tau$ 仍然是从

$$\underbrace{A^1(M) \times \cdots \times A^1(M)}_{r \text{ 个}} \times \underbrace{\mathfrak{X}(M) \times \cdots \times \mathfrak{X}(M)}_{s \text{ 个}}$$

到 $C^\infty(M)$ 的线性映射, 它的定义是: 对于任意的 $\alpha^1, \cdots, \alpha^r \in A^1(M)$ 和任意的 $X_1, \cdots, X_s \in \mathfrak{X}(M)$,

$$(D_X \tau)(\alpha^1, \cdots, \alpha^r, X_1, \cdots, X_s)$$

$$=X(\tau(\alpha^1, \cdots, \alpha^r, X_1, \cdots, X_s))$$

$$-\sum_{a=1}^{r} \tau(\cdots, D_X \alpha^a, \cdots, X_1, \cdots, X_s)$$

$$-\sum_{b=1}^{s} \tau(\alpha^1, \cdots, \alpha^r, \cdots, D_X X_b, \cdots). \tag{4.4}$$

容易验证, 如此定义的 $D_X\tau$ 对每一个自变量都是 $C^\infty(M)$ 线性的, 因而是 M 上的 (r,s) 型光滑张量场.

把对应 $(\tau, X) \in \mathscr{T}_s^r(M) \times \mathfrak{X}(M) \mapsto D_X\tau \in \mathscr{T}_s^r(M)$ 所确定的映射记为

$$D : \mathscr{T}_s^r(M) \times \mathfrak{X}(M) \to \mathscr{T}_s^r(M),$$

它具有下列性质:

(1) $D_{X+fY}\tau = D_X\tau + fD_Y\tau$;

(2) $D_X(\tau + \lambda\sigma) = D_X\tau + \lambda D_X\sigma$;

(3) $D_X(f\tau) = X(f)\tau + fD_X\tau$,

其中 $X, Y \in \mathfrak{X}(M)$, $\tau, \sigma \in \mathscr{T}_s^r(M)$, $\lambda \in \mathbb{R}$, $f \in C^\infty(M)$. 换言之, D 仍然满足联络的条件. $D_X\tau$ 称为张量场 τ 沿切向量场 X 的协变导数.

命 $(D\tau)(X) = D_X\tau$, 则性质 (1) 说明 $(D\tau)(X)$ 关于自变量 X 有张量性质, 因而, $D\tau$ 是光滑的 $(r, s+1)$ 型张量场, 使得对于任意的 $\alpha^1, \cdots, \alpha^r \in A^1(M)$ 和任意的 $X_1, \cdots, X_s, X \in \mathfrak{X}(M)$, 有

$$(D\tau)(\alpha^1, \cdots, \alpha^r, X_1, \cdots, X_s, X) = (D_X\tau)(\alpha^1, \cdots, \alpha^r, X_1, \cdots, X_s);$$

以后把 $D\tau$ 称为张量场 τ 的**协变微分**. 于是, D 是从 $\mathscr{T}_s^r(M)$ 到 $\mathscr{T}_{s+1}^r(M)$ 的映射, 是作用在 (r, s) 型光滑张量场上的协变微分算子.

现在来求 $D\tau$ 的分量表达式. 设 $(U; x^i)$ 是 M 的一个局部坐标系, 假定

$$D_{\frac{\partial}{\partial x^i}} \frac{\partial}{\partial x^j} = \Gamma_{ji}^k \frac{\partial}{\partial x^k}.$$

对于 $X \in \mathfrak{X}(M)$, 设 $X|_U = X^j \frac{\partial}{\partial x^j}$, 则有

$$D_{\frac{\partial}{\partial x^i}} X = \left(\frac{\partial X^j}{\partial x^i} + X^k \Gamma_{ki}^j \right) \frac{\partial}{\partial x^j}.$$

记

$$X^j_{,i} = \frac{\partial X^j}{\partial x^i} + X^k \Gamma^j_{ki},$$

则

$$\mathrm{D}_{\frac{\partial}{\partial x^i}} X = X^j_{,i} \frac{\partial}{\partial x^j}, \quad \mathrm{D}_Y X = Y^i X^j_{,i} \frac{\partial}{\partial x^j},$$

其中

$$Y \in \mathfrak{X}(M), \quad Y|_U = Y^i \frac{\partial}{\partial x^i}.$$

设 $\alpha \in A^1(M)$, 则有

$$\alpha|_U = \alpha_i \mathrm{d}x^i,$$

其中 $\alpha_i = \alpha\left(\dfrac{\partial}{\partial x^i}\right)$. 根据定义式 (4.4) 有

$$\begin{aligned}
\left(\mathrm{D}_{\frac{\partial}{\partial x^i}} \alpha\right)\left(\frac{\partial}{\partial x^j}\right) &= \frac{\partial}{\partial x^i}\left(\alpha\left(\frac{\partial}{\partial x^j}\right)\right) - \alpha\left(\mathrm{D}_{\frac{\partial}{\partial x^i}}\frac{\partial}{\partial x^j}\right) \\
&= \frac{\partial \alpha_j}{\partial x^i} - \alpha_k \Gamma^k_{ji} \equiv \alpha_{j,i},
\end{aligned}$$

特别地,

$$\left(\mathrm{D}_{\frac{\partial}{\partial x^i}} \mathrm{d}x^k\right)\left(\frac{\partial}{\partial x^j}\right) = -\Gamma^k_{ji}. \tag{4.5}$$

于是

$$\mathrm{D}_{\frac{\partial}{\partial x^i}} \mathrm{d}x^k = -\Gamma^k_{ji} \mathrm{d}x^j, \quad \mathrm{D}_{\frac{\partial}{\partial x^i}} \alpha = \alpha_{j,i} \mathrm{d}x^j, \quad \mathrm{D}_Y \alpha = Y^i \alpha_{j,i} \mathrm{d}x^j.$$

一般地, 对于 $\tau \in \mathscr{T}^r_s(M)$, 设它的局部坐标表达式是

$$\tau|_U = \tau^{i_1 \cdots i_r}_{j_1 \cdots j_s} \frac{\partial}{\partial x^{i_1}} \otimes \cdots \otimes \frac{\partial}{\partial x^{i_r}} \otimes \mathrm{d}x^{j_1} \otimes \cdots \otimes \mathrm{d}x^{j_s}.$$

则从 (4.4) 式得到

$$\mathrm{D}_{\frac{\partial}{\partial x^i}} \tau = \tau^{i_1 \cdots i_r}_{j_1 \cdots j_s, i} \frac{\partial}{\partial x^{i_1}} \otimes \cdots \otimes \frac{\partial}{\partial x^{i_r}} \otimes \mathrm{d}x^{j_1} \otimes \cdots \otimes \mathrm{d}x^{j_s},$$

其中

$$\begin{aligned}
\tau^{i_1 \cdots i_r}_{j_1 \cdots j_s, i} =&\ \frac{\partial \tau^{i_1 \cdots i_r}_{j_1 \cdots j_s}}{\partial x^i} + \sum_{a=1}^{r} \tau^{i_1 \cdots i_{a-1} k i_{a+1} \cdots i_r}_{j_1 \cdots j_s} \Gamma^{i_a}_{ki} \\
&- \sum_{b=1}^{s} \tau^{i_1 \cdots i_r}_{j_1 \cdots j_{b-1} k j_{b+1} \cdots j_s} \Gamma^k_{j_b i},
\end{aligned} \tag{4.6}$$

并且

$$D_Y\tau = Y^i\tau_{j_1\cdots j_s,i}^{i_1\cdots i_r}\frac{\partial}{\partial x^{i_1}}\otimes\cdots\otimes\frac{\partial}{\partial x^{i_r}}\otimes dx^{j_1}\otimes\cdots\otimes dx^{j_s}.$$

通常称 $\tau_{j_1\cdots j_s,i}^{i_1\cdots i_r}$ 为张量 τ 的分量 $\tau_{j_1\cdots j_s}^{i_1\cdots i_r}$ 关于 $\frac{\partial}{\partial x^i}$ 的协变导数. 实际上, $\tau_{j_1\cdots j_s,i}^{i_1\cdots i_r}$ 是张量 $D\tau$ 的分量, 即

$$D\tau = \tau_{j_1\cdots j_s,i}^{i_1\cdots i_r}\frac{\partial}{\partial x^{i_1}}\otimes\cdots\otimes\frac{\partial}{\partial x^{i_r}}\otimes dx^{j_1}\otimes\cdots\otimes dx^{j_s}\otimes dx^i.$$

2.4.3 黎曼联络

现在假定 (M,g) 是 m 维黎曼流形, D 是 M 上的一个联络. 根据前面的讨论, 对于任意的 $Z\in\mathfrak{X}(M)$, 协变导数 $D_Zg\in\mathscr{T}_2^0(M)$ 是有意义的, 并且

$$(D_Zg)(X,Y) = Z(g(X,Y)) - g(D_ZX,Y) - g(X,D_ZY). \tag{4.7}$$

若设

$$g = g_{ij}dx^i\otimes dx^j, \quad g_{ij} = g\left(\frac{\partial}{\partial x^i},\frac{\partial}{\partial x^j}\right),$$

则 $Dg = g_{ij,k}dx^i\otimes dx^j\otimes dx^k$, 其中

$$g_{ij,k} = \frac{\partial g_{ij}}{\partial x^k} - g_{lj}\Gamma_{ik}^l - g_{il}\Gamma_{jk}^l. \tag{4.8}$$

定义 4.3 设 (M,g) 是 m 维黎曼流形, D 是 M 上的一个联络. 如果 $Dg\equiv 0$, 即对于任意的 $Z\in\mathfrak{X}(M)$, 都有 $D_Zg = 0$, 则称**联络 D 与黎曼度量 g 是相容的**.

根据 (4.7) 式, (M,g) 上的联络 D 与度量 g 相容的充要条件是

$$Z(g(X,Y)) = g(D_ZX,Y) + g(X,D_ZY), \quad \forall X,Y,Z\in\mathfrak{X}(M). \tag{4.9}$$

若用分量来表示, 则 (4.9) 式等价于 $g_{ij,k}\equiv 0, \forall i,j,k$, 即 g_{ij} 的协变导数恒为零.

我们知道, 在黎曼流形 (M,g) 上, 光滑切向量场的协变微分和协变导数是用度量矩阵 (g_{ij}) 决定的 Christoffel 记号 Γ_{ij}^k (参看 (3.6) 式)

定义的. 根据定理 3.4 中叙述的性质 (1)~(3) 可知, 由协变微分算子
D 定义的映射 $D : \mathfrak{X}(M) \times \mathfrak{X}(M) \to \mathfrak{X}(M)$ 是 M 上的联络, 并且由性
质 (4) 得知该联络 D 是无挠的. 此外, 由性质 (5) 可知, 该联络 D 与
黎曼流形的度量张量 g 是相容的. 换言之, 由黎曼流形 (M, g) 的度量
张量 g 决定的联络 D 是光滑流形 M 上与度量张量 g 相容的无挠联
络. 重要的是, 在 (M, g) 上具有这两条性质的联络只能是由 g 决定的
Christoffel 记号 Γ_{ij}^k 所定义的联络.

定理 4.7 (黎曼几何的基本定理) 设 (M, g) 是 m 维黎曼流形, 则
在 M 上存在唯一的一个与度量 g 相容的无挠联络 D, 称为 (M, g) 的
黎曼联络或 **Levi-Civita 联络**.

证明 §2.3 的讨论, 特别是定理 3.4 说明在 (M, g) 上存在与 g 相
容的无挠联络 D, 它是由 g 的 Christoffel 记号 Γ_{ji}^k 通过 (3.8) 式确定
的, 而 Γ_{ij}^k 则由 (3.6) 式给出. 下面证明定理的唯一性部分.

假定 $\tilde{D}$ 是 M 上另一个与度量 g 相容的无挠联络. 在局部坐标系
$(U; x^i)$ 下, 设

$$\tilde{D}_{\frac{\partial}{\partial x^i}} \frac{\partial}{\partial x^j} = \tilde{\Gamma}_{ji}^k \frac{\partial}{\partial x^k}.$$

由 $\tilde{D}$ 的无挠性以及命题 4.4, $\tilde{\Gamma}_{ji}^k = \tilde{\Gamma}_{ij}^k$. 再由 D 与度量 g 的相容性及
(4.8) 式得到

$$\frac{\partial g_{ij}}{\partial x^k} = g_{lj} \tilde{\Gamma}_{ik}^l + g_{il} \tilde{\Gamma}_{jk}^l.$$

由此可以求得

$$\tilde{\Gamma}_{ij}^k = \frac{1}{2} g^{kl} \left(\frac{\partial g_{il}}{\partial x^j} + \frac{\partial g_{lj}}{\partial x^i} - \frac{\partial g_{ij}}{\partial x^l} \right).$$

这说明, $\tilde{\Gamma}_{ij}^k$ 恰好是 (g_{ij}) 的 Christoffel 记号 Γ_{ij}^k. 所以 $\tilde{D} = D$, 唯一性
得证.

定理 4.8 设 $D, \tilde{D}$ 分别是黎曼流形 $M, \tilde{M}$ 上的黎曼联络, $\varphi : M \to$
$\tilde{M}$ 是等距, $p \in M$, $\tilde{p} = \varphi(p)$. 则对于任意的 $v \in T_p M$, 以及任意的
$X \in \mathfrak{X}(M)$, 都有

$$\varphi_*(D_v X) = \tilde{D}_{\varphi_*(v)} \varphi_*(X).$$

换句话说, 黎曼联络在等距下是不变的.

证明留作练习. 如果把 $\varphi_*(X)$ 看作定义在 $\varphi(p) \in \tilde{M}$ 附近的切向量场, 则上面的定理对于局部等距 φ 也是成立的.

§2.5　黎曼流形上的微分算子

在本节, 假定 (M, g) 是 m 维有向黎曼流形. 我们将借助于黎曼联络 D 在 M 上引进若干微分算子, 它们在数学的许多分支学科中扮演着重要的角色.

设 $X \in \mathfrak{X}(M)$, 则 $\mathrm{D}X$ 是 M 上的 $(1,1)$ 型光滑张量场. 将 $\mathrm{D}X$ 进行缩并, 便得到 M 上的光滑函数, 称它为光滑切向量场 X 的**散度**, 并记作 $\mathrm{div}\, X$, 即有 $\mathrm{div}\, X = C_1^1(\mathrm{D}X)$.

定义 5.1　由 $X \mapsto \mathrm{div}\, X$ 所确定的线性映射 $\mathrm{div}\ : \mathfrak{X}(M) \to C^\infty(M)$ 称为黎曼流形 (M, g) 上的**散度算子**.

为求散度算子 div 的局部坐标表达式, 假定 $(U; x^i)$ 是 M 的一个局部坐标系, 并设 $X|_U = X^i \dfrac{\partial}{\partial x^i}$. 则有

$$\mathrm{D}X|_U = X^i_{,j} \frac{\partial}{\partial x^i} \otimes \mathrm{d}x^j = \left(\frac{\partial X^i}{\partial x^j} + X^k \Gamma^i_{kj} \right) \frac{\partial}{\partial x^i} \otimes \mathrm{d}x^j,$$

其中 Γ^i_{kj} 是 g_{ij} 的 Christoffel 记号. 于是

$$\mathrm{div}\, X = X^i_{,i} = \frac{\partial X^i}{\partial x^i} + X^k \Gamma^i_{ki}.$$

可见, 散度算子 div 是作用在切向量场 X 的分量上的一阶线性微分算子.

由 Christoffel 记号的表达式 (3.6) 易知,

$$\Gamma^i_{ki} = \frac{1}{2} g^{ij} \frac{\partial g_{ij}}{\partial x^k} = \frac{1}{2G} \frac{\partial G}{\partial x^k} = \frac{1}{\sqrt{G}} \frac{\partial \sqrt{G}}{\partial x^k},$$

其中 $G = \det(g_{ij})$. 于是

$$\mathrm{div}\, X = \frac{\partial X^i}{\partial x^i} + \frac{X^k}{\sqrt{G}} \frac{\partial \sqrt{G}}{\partial x^k} = \frac{1}{\sqrt{G}} \frac{\partial}{\partial x^i} (\sqrt{G} X^i). \tag{5.1}$$

现设 $f \in C^\infty(M)$, 则 $\mathrm{d}f \in A^1(M) = \mathscr{T}_1^0(M)$. 借助于黎曼度量 g, $\mathrm{d}f$ 对应着 M 上的一个光滑切向量场, 记为 ∇f, 使得对于任意的 $X \in \mathfrak{X}(M)$ 有

$$g(\nabla f, X) = \mathrm{d}f(X) = X(f). \tag{5.2}$$

切向量场 ∇f 称为光滑函数 f 在黎曼度量 g 下的**梯度**. 有时, 也用 $\mathrm{grad}\, f$ 或 $\mathrm{grad}_g f$ 表示光滑函数 f 的梯度.

显然, 由 $f \mapsto \nabla f$ 确定的映射 $\nabla : C^\infty(M) \to \mathfrak{X}(M)$ 是作用在光滑函数上的一阶线性微分算子.

定义 5.2 线性微分算子 $\nabla : C^\infty(M) \to \mathfrak{X}(M)$ 称为黎曼流形 (M, g) 上的**梯度算子**.

在局部坐标系 $(U; x^i)$ 下, 记 $f_i = f_{,i} = \dfrac{\partial f}{\partial x^i}$, 则有

$$\mathrm{d}f = \frac{\partial f}{\partial x^i}\mathrm{d}x^i = f_i \mathrm{d}x^i.$$

如果设 $(\nabla f)|_U = f^i \dfrac{\partial}{\partial x^i}$, 则由 (5.2) 式得到

$$f_i = \frac{\partial f}{\partial x^i} = \mathrm{d}f\left(\frac{\partial}{\partial x^i}\right) = g\left(\nabla f, \frac{\partial}{\partial x^i}\right) = f^j g\left(\frac{\partial}{\partial x^j}, \frac{\partial}{\partial x^i}\right) = f^j g_{ji}.$$

所以 $f^j = f_i g^{ij}$, 因而

$$(\nabla f)|_U = f_i g^{ij} \frac{\partial}{\partial x^j}. \tag{5.3}$$

把梯度算子 ∇ 与散度算子 div 复合起来, 便得到一个新的线性映射:

$$\Delta = \mathrm{div} \circ \nabla : C^\infty(M) \to C^\infty(M),$$

这是在黎曼流形上的一个非常重要的微分算子.

定义 5.3 线性映射 $\Delta : C^\infty(M) \to C^\infty(M)$ 称为在黎曼流形 (M, g) 上 (或关于黎曼度量 g) 的 **Beltrami-Laplace 算子**.

从定义可知, Δ 是作用在光滑函数上的二阶线性微分算子. 在下面将会看到, 它是欧氏空间中的 Laplace 算子在黎曼流形上的推广.

把 (5.1) 和 (5.3) 两式结合起来, 便可得到 Δ 的局部坐标表达式如下:

$$\Delta f|_U = \frac{1}{\sqrt{G}} \frac{\partial}{\partial x^i} \left(\sqrt{G} g^{ij} \frac{\partial f}{\partial x^j} \right). \tag{5.4}$$

例 5.1 求在平面 $\mathbb{R}^2$ 上关于欧氏度量 g 的 Beltrami-Laplace 算子 Δ.

用 (x, y) 和 (r, θ) 分别表示 $\mathbb{R}^2$ 的笛卡儿直角坐标系和极坐标系, 则有

$$x = r \cos\theta, \quad y = r \sin\theta,$$

$$\frac{\partial}{\partial r} = \frac{\partial x}{\partial r} \frac{\partial}{\partial x} + \frac{\partial y}{\partial r} \frac{\partial}{\partial y} = \cos\theta \frac{\partial}{\partial x} + \sin\theta \frac{\partial}{\partial y}, \tag{5.5}$$

$$\frac{\partial}{\partial \theta} = \frac{\partial x}{\partial \theta} \frac{\partial}{\partial x} + \frac{\partial y}{\partial \theta} \frac{\partial}{\partial y} = -r \sin\theta \frac{\partial}{\partial x} + r \cos\theta \frac{\partial}{\partial y}.$$

关于 $\mathbb{R}^2$ 上的标准欧氏度量 g 有

$$g_{11} = g\left(\frac{\partial}{\partial x}, \frac{\partial}{\partial x}\right) = 1, \quad g_{12} = g_{21} = g\left(\frac{\partial}{\partial x}, \frac{\partial}{\partial y}\right) = 0,$$

$$g_{22} = g\left(\frac{\partial}{\partial y}, \frac{\partial}{\partial y}\right) = 1, \quad G = \det(g_{ij}) = 1. \tag{5.6}$$

从 (5.5) 式又可得

$$\tilde{g}_{11} = g\left(\frac{\partial}{\partial r}, \frac{\partial}{\partial r}\right) = 1, \quad \tilde{g}_{12} = \tilde{g}_{21} = g\left(\frac{\partial}{\partial r}, \frac{\partial}{\partial \theta}\right) = 0,$$

$$\tilde{g}_{22} = g\left(\frac{\partial}{\partial \theta}, \frac{\partial}{\partial \theta}\right) = r^2, \quad \tilde{G} = \det(\tilde{g}_{ij}) = r^2. \tag{5.7}$$

从 (5.6) 和 (5.7) 式可以求出

$$g^{11} = g^{22} = 1, \quad g^{12} = g^{21} = 0$$

$$\tilde{g}^{11} = 1, \quad \tilde{g}^{22} = \frac{1}{r^2}, \quad \tilde{g}^{12} = \tilde{g}^{21} = 0.$$

于是, 对于任意的 $f \in C^\infty(\mathbb{R}^2)$ 有

$$\Delta f = \frac{1}{\sqrt{G}} \frac{\partial}{\partial x} \left(\sqrt{G} g^{11} \frac{\partial f}{\partial x} \right) + \frac{1}{\sqrt{G}} \frac{\partial}{\partial x} \left(\sqrt{G} g^{12} \frac{\partial f}{\partial y} \right)$$
$$+ \frac{1}{\sqrt{G}} \frac{\partial}{\partial y} \left(\sqrt{G} g^{21} \frac{\partial f}{\partial x} \right) + \frac{1}{\sqrt{G}} \frac{\partial}{\partial y} \left(\sqrt{G} g^{22} \frac{\partial f}{\partial y} \right)$$
$$= \frac{\partial^2 f}{\partial x^2} + \frac{\partial^2 f}{\partial y^2};$$

同时

$$\Delta f = \frac{1}{\sqrt{\tilde{G}}} \frac{\partial}{\partial r} \left(\sqrt{\tilde{G}} \tilde{g}^{11} \frac{\partial f}{\partial r} \right) + \frac{1}{\sqrt{\tilde{G}}} \frac{\partial}{\partial r} \left(\sqrt{\tilde{G}} \tilde{g}^{12} \frac{\partial f}{\partial \theta} \right)$$
$$+ \frac{1}{\sqrt{\tilde{G}}} \frac{\partial}{\partial \theta} \left(\sqrt{\tilde{G}} \tilde{g}^{21} \frac{\partial f}{\partial r} \right) + \frac{1}{\sqrt{\tilde{G}}} \frac{\partial}{\partial \theta} \left(\sqrt{\tilde{G}} \tilde{g}^{22} \frac{\partial f}{\partial \theta} \right)$$
$$= \frac{1}{r} \frac{\partial}{\partial r} \left(r \frac{\partial f}{\partial r} \right) + \frac{1}{r} \frac{\partial}{\partial \theta} \left(r \cdot \frac{1}{r^2} \frac{\partial f}{\partial \theta} \right)$$
$$= \frac{\partial^2 f}{\partial r^2} + \frac{1}{r} \frac{\partial f}{\partial r} + \frac{1}{r^2} \frac{\partial^2 f}{\partial \theta^2}.$$

于是, $\mathbb{R}^2$ 上的 Beltrami-Laplace 算子 Δ 在直角坐标系 (x, y) 和极坐标 (r, θ) 下的表达式分别为

$$\Delta = \frac{\partial^2}{\partial x^2} + \frac{\partial^2}{\partial y^2}, \quad \Delta = \frac{\partial^2}{\partial r^2} + \frac{1}{r} \frac{\partial}{\partial r} + \frac{1}{r^2} \frac{\partial^2}{\partial \theta^2}, \tag{5.8}$$

其中第一个式子可以推广到任意维数的欧氏空间 $\mathbb{R}^n$. 事实上, 在 $\mathbb{R}^n$ 上关于标准度量的 Beltrami-Laplace 算子在直角坐标系 (x^i) 下的表达式为

$$\Delta = \sum_{i=1}^{n} \frac{\partial^2}{\partial x^i \partial x^i}. \tag{5.9}$$

这正是通常的 Laplace 算子.

Beltrami-Laplace 算子还有另外一个来源. 设 $f \in C^\infty(M)$, 则

$$\mathrm{d}f \in A^1(M) = \mathscr{T}_1^0(M).$$

对 $\mathrm{d}f$ 求协变微分得到一个二阶协变张量场, 记为 $\mathrm{Hess}\,(f)$, 即

$$\mathrm{Hess}\,(f) = \mathrm{D}(\mathrm{d}f) \in \mathscr{T}_2^0(M).$$

Hess (f) 称为光滑函数 f 的 Hessian.

定义 5.4 线性映射 Hess : $C^\infty(M) \to \mathscr{T}_2^0(M)$ 称为黎曼流形 (M, g) 上的 **Hessian 算子**.

容易看出, Hess(f) 是光滑流形 M 上对称的二阶协变张量场. 事实上, 对于任意的 $X, Y \in \mathfrak{X}(M)$,

$$
\begin{aligned}
(\text{Hess}\,(f))(X, Y) &= (D(df))(X, Y) = (D_Y(df))(X) \\
&= Y(df(X)) - (df)(D_Y X) \\
&= Y(X(f)) - (D_Y X)(f) \\
&= (Y \circ X - D_Y X)(f) = (X \circ Y - D_X Y)(f) \\
&= (\text{Hess}\,(f))(Y, X),
\end{aligned}
$$

其中倒数第二个等号利用了黎曼联络 D 的无挠性, 即

$$
D_X Y - D_Y X - [X, Y] \equiv 0.
$$

张量场 Hess (f) 在局部坐标系 $(U; x^i)$ 下的分量为

$$
\begin{aligned}
(\text{Hess}\,(f))_{ij} &= (\text{Hess}\,(f))\left(\frac{\partial}{\partial x^i}, \frac{\partial}{\partial x^j}\right) = \frac{\partial}{\partial x^j}\left(\frac{\partial f}{\partial x^i}\right) - \Gamma_{ij}^k \frac{\partial f}{\partial x^k} \\
&= f_{i,j}.
\end{aligned}
\tag{5.10}
$$

命题 5.1 对于任意的 $f \in C^\infty(M)$, $\Delta f = g^{ij} f_{i,j}$.

证明 利用黎曼联络 D 与度量 g 的相容性, 易知

$$
g_{ij,k} = g^{ij}{}_{,k} \equiv 0.
$$

所以

$$
g^{ij} f_{i,j} = (g^{ij} f_i)_{,j} = f^j_{,j} = \Delta f.
$$

证毕.

上式中 $g^{ij} f_{i,j} = g^{ij}(\text{Hess}\,(f))_{ij}$ 称为对称二阶协变张量场 Hess (f) 关于度量 g 的迹, 记为 $\text{tr}_g(\text{Hess}\,(f))$, 或 $\text{tr}(\text{Hess}\,(f))$. 于是,

$$
\Delta f = \text{tr}_g(\text{Hess}\,(f)) = \text{tr}(\text{Hess}\,(f)).
$$

现在来证明黎曼流形上的散度定理及其重要推论. 众所周知, 有向黎曼流形 (M, g) 上的体积元素 $\mathrm{d}V_M$ 是大范围地定义在 M 上的 m 次外微分式, 它的局部坐标表达式是

$$(\mathrm{d}V_M)|_U = \sqrt{G}\mathrm{d}x^1 \wedge \cdots \wedge \mathrm{d}x^m,$$

其中 $(U; x^i)$ 是 M 的任意一个与其定向相符的局部坐标系, $G = \det(g_{ij})$.

下面的定理是散度定理在紧致无边情形下的一个特例:

定理 5.2 设 (M, g) 是有向紧致的 m 维无边黎曼流形, 则对于任意的 $X \in \mathfrak{X}(M)$ 有如下的积分公式:

$$\int_M (\operatorname{div} X)\mathrm{d}V_M = 0.$$

证明 对于与定向相符的局部坐标系 $(U; x^i)$, 设

$$X = X^i \frac{\partial}{\partial x^i}.$$

则由 $\operatorname{div} X$ 的局部表达式 (5.1) 得到

$$
\begin{aligned}
(\operatorname{div} X)\mathrm{d}V_M &= \frac{\partial}{\partial x^i}(\sqrt{G}X^i)\mathrm{d}x^1 \wedge \cdots \wedge \mathrm{d}x^m \\
&= \sum_{i=1}^m \mathrm{d}((-1)^{i+1}\sqrt{G}X^i) \wedge \mathrm{d}x^1 \cdots \wedge \widehat{\mathrm{d}x^i} \wedge \cdots \wedge \mathrm{d}x^m. \quad (5.11)
\end{aligned}
$$

令

$$\omega = \sum_{i=1}^m (-1)^{i+1}\sqrt{G}X^i\mathrm{d}x^1 \wedge \cdots \wedge \widehat{\mathrm{d}x^i} \wedge \cdots \wedge \mathrm{d}x^m. \quad (5.12)$$

容易验证: ω 的表达式 (5.12) 与定向相符的局部坐标系 $(U; x^i)$ 的选取无关, 因而是大范围地定义在 M 上的 $m-1$ 次外微分式. 再由 (5.11) 式得到

$$(\operatorname{div} X)\mathrm{d}V_M = \mathrm{d}\omega.$$

所以, 根据 Stokes 定理,

$$\int_M (\operatorname{div} X)\mathrm{d}V_M = \int_M \mathrm{d}\omega = \int_{\partial M} \omega = 0.$$

定理得证.

对于紧致带边的黎曼流形有更为精细的结果:

定理 5.3 (散度定理) 设 M 是 m 维紧致有向的带边黎曼流形, $\boldsymbol{n}$ 是 ∂M 上指向 M 内部的单位法向量, 则对于任意的 $X \in \mathfrak{X}(M)$, 下述积分公式成立:

$$\int_M (\operatorname{div} X) \mathrm{d}V_M = -\int_{\partial M} g(\boldsymbol{n}, X) \mathrm{d}V_{\partial M},$$

其中 ∂M 具有从 M 诱导的定向, $\mathrm{d}V_{\partial M}$ 为 ∂M 的体积元素.

证明 根据定理 5.2 的证明, 需要把 $\omega|_{\partial M}$ 求出来. 为此, 取与定向相符的局部坐标系 $(U; x^i)$, 使得 $U \cap \partial M \neq \varnothing$, $x^m \geqslant 0$, 并且

$$U \cap \partial M = \{p \in U; \; x^m(p) = 0\}.$$

这样, 在 $U \cap \partial M$ 上, $\{(-1)^m x^1, x^2, \cdots, x^{m-1}\}$ 给出了 ∂M 的与诱导定向相符的局部坐标系. 因此, ∂M 的体积元 $\mathrm{d}V_{\partial M}$ 在坐标域 $U \cap \partial M$ 上可以表示为

$$\mathrm{d}V_{\partial M} = (-1)^m \sqrt{\tilde{G}} \mathrm{d}x^1 \wedge \cdots \wedge \mathrm{d}x^{m-1}, \tag{5.13}$$

其中 $\tilde{G} = \det(g_{\alpha\beta})$, $1 \leqslant \alpha, \beta \leqslant m-1$.

由 ω 的局部表达式 (5.12) 可知

$$\omega|_{U \cap \partial M} = (-1)^{m+1} \sqrt{G} X^m \mathrm{d}x^1 \wedge \cdots \wedge \mathrm{d}x^{m-1}. \tag{5.14}$$

作为在 M 上沿 ∂M 定义, 并且指向 M 的内部的单位切向量场, $\boldsymbol{n}$ 可表示为

$$\boldsymbol{n} = a^i \frac{\partial}{\partial x^i}, \quad a^m > 0.$$

现在,

$$\left\{ (-1)^m \frac{\partial}{\partial x^1}, \frac{\partial}{\partial x^2}, \cdots, \frac{\partial}{\partial x^{m-1}} \right\}$$

是在 $U \cap \partial M$ 上与 ∂M 的诱导定向相符的自然标架场, 由假设得到

$$g\left(\boldsymbol{n}, \frac{\partial}{\partial x^\alpha}\right) = a^i g_{i\alpha} = 0, \quad 1 \leqslant \alpha \leqslant m-1,$$

$$g(\boldsymbol{n}, \boldsymbol{n}) = a^m a^i g_{im} = 1. \tag{5.15}$$

于是

$$0 = a^i g_{i\alpha} g^{\alpha j} = a^i (\delta_i^j - g_{im} g^{mj}) = a^j - \frac{1}{a^m} g^{mj},$$

即 $a^m a^j = g^{mj}$. 令 $j = m$, 得 $a^m = \sqrt{g^{mm}}$, 因而

$$a^j = \frac{g^{mj}}{\sqrt{g^{mm}}}.$$

将上式代回 (5.15) 的第一式便可得到

$$g_{m\alpha} = -\frac{a^\beta}{a^m} g_{\beta\alpha} = -\frac{g^{\beta m}}{g^{mm}} g_{\beta\alpha}.$$

所以

$$G = \det \begin{pmatrix} g_{11} & \cdots & g_{1\,m-1} & g_{1m} \\ \vdots & & \vdots & \vdots \\ g_{m-1\,1} & \cdots & g_{m-1\,m-1} & g_{m-1\,m} \\ g_{m1} & \cdots & g_{m\,m-1} & g_{mm} \end{pmatrix}$$

$$= \det \begin{pmatrix} g_{\alpha\beta} & * \\ 0 & g_{mm} + \dfrac{g^{\gamma m}}{g^{mm}} \cdot g_{\gamma m} \end{pmatrix}$$

$$= \tilde{G} \cdot \left(g_{mm} + \frac{g^{\gamma m}}{g^{mm}} g_{\gamma m} \right)$$

$$= \tilde{G} \cdot \frac{1}{g^{mm}} = \frac{\tilde{G}}{(a^m)^2},$$

$$\sqrt{G} = \frac{\sqrt{\tilde{G}}}{a^m}. \tag{5.16}$$

另一方面, 根据 (5.15) 式,

$$g(\boldsymbol{n}, X) = g\left(\boldsymbol{n}, X^m \frac{\partial}{\partial x^m} \right) = X^m a^i g_{im} = \frac{X^m}{a^m}.$$

结合 (5.13), (5.14) 以及 (5.16) 三式可得

$$
\begin{aligned}
\omega|_{U\cap\partial M} &= (-1)^{m+1}\sqrt{\tilde{G}}\frac{X^m}{a^m}\mathrm{d}x^1\wedge\cdots\wedge\mathrm{d}x^{m-1}\\
&= -g(\boldsymbol{n},X)\mathrm{d}V_{\partial M}.
\end{aligned}
$$

再由 Stokes 定理得到

$$
\int_M(\operatorname{div}X)\mathrm{d}V_M = \int_{\partial M}\omega = -\int_{\partial M}g(\boldsymbol{n},X)\mathrm{d}V_{\partial M}.
$$

证毕.

作为散度定理的一个直接应用, 有下面的重要结论:

定理 5.4　设 (M,g) 是紧致有向的 m 维带边黎曼流形, $\boldsymbol{n}$ 为 ∂M 的指向 M 内部的单位法向量. 则对于任意的 $f,h\in C^\infty(M)$ 有如下的积分公式:

$$
\int_M(h\Delta f - f\Delta h)\mathrm{d}V_M = \int_{\partial M}(f\boldsymbol{n}(h) - h\boldsymbol{n}(f))\mathrm{d}V_{\partial M}, \tag{5.17}
$$

其中 ∂M 具有从 M 诱导的定向.(5.17) 式称为 **Green 公式**.

证明　对于任意的 $f,h\in C^\infty(M)$, 令 $X = h\nabla f$, 则有

$$
\begin{aligned}
\operatorname{div}(X) &= g(\nabla h,\nabla f) + h\Delta f,\\
g(\boldsymbol{n},X) &= g(\boldsymbol{n},h\nabla f) = h\mathrm{d}f(\boldsymbol{n}) = h\boldsymbol{n}(f).
\end{aligned}
$$

由定理 5.3,

$$
\int_M g(\nabla h,\nabla f)\mathrm{d}V_M + \int_M h\Delta f\mathrm{d}V_M = -\int_{\partial M}h\boldsymbol{n}(f)\mathrm{d}V_{\partial M}.
$$

同理, 又有

$$
\int_M g(\nabla f,\nabla h)\mathrm{d}V_M + \int_M f\Delta h\mathrm{d}V_M = -\int_{\partial M}f\boldsymbol{n}(h)\mathrm{d}V_{\partial M}.
$$

把上面两式相减, 便得 (5.17) 式. 证毕.

特别地, 如果在 Green 公式中令 $h\equiv 1$, 则有下面的推论:

推论 5.5 假设同定理 5.4, 则对于任意的 $f \in C^\infty(M)$ 有如下的积分公式:

$$\int_M \Delta f \mathrm{d}V_M = -\int_{\partial M} \boldsymbol{n}(f)\mathrm{d}V_{\partial M}. \tag{5.18}$$

特别地, 当 $\partial M = \emptyset$ 时有

$$\int_M \Delta f \mathrm{d}V_M = 0. \tag{5.19}$$

除了上面讨论过的几个微分算子以外, 在黎曼流形 (M, g) 上还可以定义作用在外微分式上的 Hodge 星算子, 余微分算子和 Hodge-Laplace 算子, 它们在黎曼流形上的大范围分析理论中扮演着十分重要的角色. 下面对这三个算子做简要的介绍.

为此, 首先定义 M 上的外微分式的内积. 对于 $1 \leqslant r \leqslant m$, 设 $\varphi, \psi \in A^r(M)$. 在局部坐标系 $(U; x^i)$ 下, 它们可以表示为

$$\varphi|_U = \frac{1}{r!}\varphi_{i_1 \cdots i_r}\mathrm{d}x^{i_1} \wedge \cdots \wedge \mathrm{d}x^{i_r}, \tag{5.20}$$

$$\psi|_U = \frac{1}{r!}\psi_{j_1 \cdots j_r}\mathrm{d}x^{j_1} \wedge \cdots \wedge \mathrm{d}x^{j_r}. \tag{5.21}$$

记 $g_{ij} = g\left(\dfrac{\partial}{\partial x^i}, \dfrac{\partial}{\partial x^j}\right)$, 矩阵 $(g^{ij}) = (g_{ij})^{-1}$, 并设

$$\langle \varphi, \psi \rangle = \frac{1}{r!}\varphi^{i_1 \cdots i_r}\psi_{i_1 \cdots i_r} = \sum_{i_1 < \cdots < i_r} \varphi^{i_1 \cdots i_r}\psi_{i_1 \cdots i_r}, \tag{5.22}$$

其中 $\varphi^{i_1 \cdots i_r} = g^{i_1 j_1} \cdots g^{i_r j_r}\varphi_{j_1 \cdots j_r}$. 注意到 (5.22) 式的右端与局部坐标系 $(U; x^i)$ 的选取无关, 因此 $\langle \varphi, \psi \rangle$ 是大范围地定义在 M 上的光滑函数; 根据 g 的正定性, 不难证明

$$\langle \varphi, \varphi \rangle = \frac{1}{r!}\varphi^{i_1 \cdots i_1}\varphi_{i_1 \cdots i_r} \geqslant 0,$$

并且等号成立当且仅当 $\varphi = 0$. 于是, 在 M 是紧致有向的情况下, 可以在 $A^r(M)$ 上定义内积 $(\cdot, \cdot)$, 使得对于任意的 $\varphi, \psi \in A^r(M)$,

$$(\varphi, \psi) = \int_M \langle \varphi, \psi \rangle \mathrm{d}V_M. \tag{5.23}$$

以后, 用 $\|\varphi\|^2$ 表示 $\varphi \in A^r(M)$ 关于内积 $(\cdot, \cdot)$ 的模长, 即 $\|\varphi\|^2 = (\varphi, \varphi)$.

这样, 外微分算子 $\mathrm{d} : A^r(M) \to A^{r+1}(M)$ 成为内积空间之间的一个线性映射, 因而存在与之共轭的线性映射 $\mathrm{d}^* : A^{r+1}(M) \to A^r(M)$, 使得对于任意的 $\psi \in A^{r+1}(M)$, 有

$$(\mathrm{d}^*\psi, \varphi) = (\psi, \mathrm{d}\varphi), \quad \forall \varphi \in A^r(M).$$

为了求出线性算子 d^* 的表达式, 需要定义 Hodge 星算子 $* : A^r(M) \to A^{m-r}(M)$.

设 $\omega \in A^r(M)$, 则对于 M 上与其定向相符的局部坐标系 $(U; x^i)$, ω 有局部坐标表达式

$$\omega|_U = \frac{1}{r!}\omega_{i_1 \cdots i_r} \mathrm{d}x^{i_1} \wedge \cdots \wedge \mathrm{d}x^{i_r}.$$

命

$$(*\omega)|_U = \frac{\sqrt{G}}{r!(m-r)!} \delta^{1 \cdots m}_{i_1 \cdots i_m} \omega^{i_1 \cdots i_r} \mathrm{d}x^{i_{r+1}} \wedge \cdots \wedge \mathrm{d}x^{i_m}. \tag{5.24}$$

容易验证, 上式右端在保持定向的坐标变换下是不变的. 因此 $*\omega$ 是大范围地定义在 M 上的 $m-r$ 次微分式, 即 $*\omega \in A^{m-r}(M)$.

定义 5.5 线性映射 $* : A^r(M) \to A^{m-r}(M)$ 称为黎曼流形 (M, g) 上的 **Hodge 星算子**.

命题 5.6 在 m 维紧致有向黎曼流形 (M, g) 上, Hodge 星算子 $*$ 具有如下的性质: $\forall \varphi, \psi \in A^r(M)$,

(1) $\varphi \wedge *\psi = \langle \varphi, \psi \rangle \mathrm{d}V_M$;

(2) $*\mathrm{d}V_M = 1$, $*1 = \mathrm{d}V_M$;

(3) $*(*\varphi) = (-1)^{r(m+1)}\varphi$;

(4) $(*\varphi, *\psi) = (\varphi, \psi)$.

证明 设在局部坐标系 $(U; x^i)$ 下, φ 与 ψ 的局部坐标表达式为 (5.20) 和 (5.21).

先证 (1). 根据定义直接计算如下:

$$\varphi \wedge *\psi = \frac{1}{r!} \cdot \frac{\sqrt{G}}{r!(m-r)!} \varphi_{i_1 \cdots i_r} \psi^{j_1 \cdots j_r} \delta^{1 \cdots m}_{j_1 \cdots j_m} dx^{i_1} \wedge \cdots \wedge dx^{i_r} \wedge$$
$$\wedge dx^{j_{r+1}} \wedge \cdots \wedge dx^{j_m}$$
$$= \frac{\sqrt{G}}{r!r!(m-r)!} \varphi_{i_1 \cdots i_r} \psi^{j_1 \cdots j_r} \delta^{1 \cdots m}_{j_1 \cdots j_m} \delta^{i_1 \cdots i_r j_{r+1} \cdots j_m}_{1 \cdots r\, r+1 \cdots m}$$
$$\cdot dx^1 \wedge \cdots \wedge dx^m$$
$$= \frac{\sqrt{G}}{r!r!} \varphi_{i_1 \cdots i_r} \psi^{j_1 \cdots j_r} \delta^{i_1 \cdots i_r}_{j_1 \cdots j_r} dx^1 \wedge \cdots \wedge dx^m$$
$$= \frac{1}{r!} \varphi_{i_1 \cdots i_r} \psi^{i_1 \cdots i_r} \cdot \sqrt{G} dx^1 \wedge \cdots \wedge dx^m$$
$$= \langle \varphi, \psi \rangle dV_M.$$

这就证明了 (1).

结论 (2) 是显然的.

再证明 (3). 注意到

$$*\varphi = \frac{\sqrt{G}}{r!(m-r)!} \delta^{1 \cdots m}_{i_1 \cdots i_m} \varphi^{i_1 \cdots i_r} dx^{i_{r+1}} \wedge \cdots \wedge dx^{i_m},$$

即

$$(*\varphi)_{i_{r+1} \cdots i_m} = \frac{\sqrt{G}}{r!} \delta^{1 \cdots m}_{i_1 \cdots i_m} \varphi^{i_1 \cdots i_r}.$$

因此,

$$*(*\varphi) = \frac{\sqrt{G}}{r!(m-r)!} \delta^{1 \cdots m}_{j_1 \cdots j_m} (*\varphi)^{j_1 \cdots j_{m-r}} dx^{j_{m-r+1}} \wedge \cdots \wedge dx^{j_m}$$
$$= \frac{(-1)^{r(m-r)}}{r!} \cdot \frac{\sqrt{G}}{(m-r)!} \delta^{1 \cdots m}_{j_1 \cdots j_m} (*\varphi)^{j_{r+1} \cdots j_m} dx^{j_1} \wedge \cdots \wedge dx^{j_r}$$
$$= \frac{(-1)^{r(m-r)}}{r!} \cdot \frac{G}{r!(m-r)!} \delta^{1 \cdots m}_{j_1 \cdots j_m} g^{j_{r+1} i_{r+1}} \cdots g^{j_m i_m}$$
$$\cdot \delta^{1 \cdots m}_{i_1 \cdots i_m} \varphi^{i_1 \cdots i_r} dx^{j_1} \wedge \cdots \wedge dx^{j_r}$$
$$= \frac{(-1)^{r(m-r)}}{r!} \cdot \frac{G}{r!(m-r)!} \delta^{1 \cdots m}_{j_1 \cdots j_m} \delta^{1 \cdots m}_{i_1 \cdots i_m} g^{i_1 k_1} \cdots g^{i_r k_r}.$$

$$\cdot g^{i_{r+1}j_{r+1}} \cdots g^{i_m j_m} \varphi_{k_1 \cdots k_r} \mathrm{d}x^{j_1} \wedge \cdots \wedge \mathrm{d}x^{j_r}$$

$$= \frac{(-1)^{r(m-r)}}{r!} \cdot \frac{1}{r!(m-r)!} \cdot \delta_{j_1 \cdots j_m}^{1 \cdots m} \delta_{1 \cdots r \, r+1 \cdots m}^{k_1 \cdots k_r j_{r+1} \cdots j_m} \cdot$$

$$\cdot \varphi_{k_1 \cdots k_r} \mathrm{d}x^{j_1} \wedge \cdots \wedge \mathrm{d}x^{j_r}$$

$$= \frac{(-1)^{r(m-r)}}{r!} \cdot \frac{1}{r!} \delta_{j_1 \cdots j_r}^{k_1 \cdots k_r} \varphi_{k_1 \cdots k_r} \mathrm{d}x^{j_1} \wedge \cdots \wedge \mathrm{d}x^{j_r}$$

$$= (-1)^{r(m-r)} \cdot \frac{1}{r!} \varphi_{j_1 \cdots j_r} \mathrm{d}x^{j_1} \wedge \cdots \wedge \mathrm{d}x^{j_r} = (-1)^{mr+r} \varphi,$$

上面的第五个等号利用了行列式的计算公式 (其中 $k_1 \cdots k_r j_{r+1} \cdots j_m$ 是 $1 \cdots m$ 的一个固定的排列):

$$\delta_{i_1 \cdots i_m}^{1 \cdots m} g^{i_1 k_1} \cdots g^{i_r k_r} g^{i_{r+1} j_{r+1}} \cdots g^{i_m j_m} = G^{-1} \cdot \delta_{1 \cdots r \, r+1 \cdots m}^{k_1 \cdots k_r j_{r+1} \cdots j_m}.$$

现在证明 (4). 由性质 (1) 和 (3) 可得,

$$(*\varphi, *\psi) = \int_M \langle *\varphi, *\psi \rangle \mathrm{d}V_M = \int_M *\varphi \wedge *(*\psi)$$

$$= (-1)^{(m-r)r} \int_M *\varphi \wedge \psi = \int_M \psi \wedge *\varphi$$

$$= \int_M \langle \psi, \varphi \rangle \mathrm{d}V_M = (\psi, \varphi) = (\varphi, \psi).$$

命题得证.

例 5.2　求 Hodge 星算子 $*$ 在 $\mathrm{d}x^{i_1} \wedge \cdots \wedge \mathrm{d}x^{i_r}$ 上的作用.

解　由于

$$\mathrm{d}x^{i_1} \wedge \cdots \wedge \mathrm{d}x^{i_r} = \frac{1}{r!} \delta_{j_1 \cdots j_r}^{i_1 \cdots i_r} \mathrm{d}x^{j_1} \wedge \cdots \wedge \mathrm{d}x^{j_r},$$

按照 (5.24) 式则有

$$*(\mathrm{d}x^{i_1} \wedge \cdots \wedge \mathrm{d}x^{i_r}) = \frac{\sqrt{G}}{r!(m-r)!} \delta_{k_1 \cdots k_m}^{1 \cdots m} g^{k_1 j_1} \cdots g^{k_r j_r} \cdot$$

$$\cdot \delta_{j_1 \cdots j_r}^{i_1 \cdots i_r} \mathrm{d}x^{k_{r+1}} \wedge \cdots \wedge \mathrm{d}x^{k_m}$$

$$= \frac{\sqrt{G}}{r!(m-r)!} \sum_{k_1, \cdots, k_m} \delta_{k_1 \cdots k_m}^{1 \cdots m} \begin{vmatrix} g^{i_1 k_1} & \cdots & g^{i_1 k_r} \\ \vdots & & \vdots \\ g^{i_r k_1} & \cdots & g^{i_r k_r} \end{vmatrix}.$$

$$\cdot \mathrm{d}x^{k_{r+1}} \wedge \cdots \wedge \mathrm{d}x^{k_m}$$

$$= \sqrt{G} \cdot \sum_{\substack{k_1 < \cdots < k_r \\ k_{r+1} < \cdots < k_m}} \delta^{1 \cdots m}_{k_1 \cdots k_m} \begin{vmatrix} g^{i_1 k_1} & \cdots & g^{i_1 k_r} \\ \vdots & & \vdots \\ g^{i_r k_1} & \cdots & g^{i_r k_r} \end{vmatrix} \cdot$$

$$\cdot \mathrm{d}x^{k_{r+1}} \wedge \cdots \wedge \mathrm{d}x^{k_m}.$$

定义 5.6 设 (M, g) 是 m 维有向黎曼流形, 线性映射

$$\delta = (-1)^{mr+1} * \mathrm{o} \mathrm{d} \mathrm{o} * : A^{r+1}(M) \to A^r(M)$$

称为 M 上的**余微分算子**.

显然, $\delta \circ \delta = 0$.

定理 5.7 设 (M, g) 是 m 维紧致的有向黎曼流形, 则外微分算子 $\mathrm{d} : A^r(M) \to A^{r+1}(M)$ 与余微分算子 $\delta : A^{r+1}(M) \to A^r(M)$ 关于内积 $(\cdot, \cdot)$ 是互为共轭的线性映射, 即 $\delta = \mathrm{d}^*$.

证明 设 $\varphi \in A^r(M)$, $\psi \in A^{r+1}(M)$, 则

$$\begin{aligned} \mathrm{d}(\varphi \wedge *\psi) &= \mathrm{d}\varphi \wedge *\psi + (-1)^r \varphi \wedge \mathrm{d}(*\psi) \\ &= \mathrm{d}\varphi \wedge *\psi + (-1)^r \cdot (-1)^{mr+r} \varphi \wedge *(*\mathrm{d} * \psi) \\ &= \mathrm{d}\varphi \wedge *\psi - \varphi \wedge *(\delta\psi). \end{aligned}$$

由 Stokes 定理得到

$$(\mathrm{d}\varphi, \psi) = \int_M \mathrm{d}\varphi \wedge *\psi = \int_M \varphi \wedge *(\delta\psi) = (\varphi, \delta\psi).$$

证毕.

定义 5.7 设 (M, g) 是 m 维有向黎曼流形, 映射 $\tilde{\Delta} = \mathrm{d} \circ \delta + \delta \circ \mathrm{d} : A^r(M) \to A^r(M)$ 称为 M 上的 **Hodge-Laplace 算子**.

下面考虑 Hodge-Laplace 算子 $\tilde{\Delta}$ 在 $C^\infty(M) = A^0(M)$ 上的作用.

由 δ 的定义易知, 对于任意的 $f \in C^\infty(M)$, $\delta f = 0$, 所以

$$\tilde{\Delta} f = \delta(\mathrm{d}f) = - * \mathrm{d} * \mathrm{d}f, \quad \tilde{\Delta} f \mathrm{d}V_M = * \tilde{\Delta} f = -\mathrm{d} * \mathrm{d}f.$$

设 $(U; x^i)$ 是 M 上与其定向相符的局部坐标系, 则有

$$\mathrm{d}f|_U = \frac{\partial f}{\partial x^i}\mathrm{d}x^i,$$

$$*\mathrm{d}f|_U = \frac{\sqrt{G}}{(m-1)!}\delta^{1\cdots m}_{i_1\cdots i_m}g^{i_1 j}\frac{\partial f}{\partial x^j}\mathrm{d}x^{i_2}\wedge\cdots\wedge\mathrm{d}x^{i_m}$$

$$= \sqrt{G}\sum_{i=1}^m(-1)^{i+1}\frac{\partial f}{\partial x^j}g^{ji}\mathrm{d}x^1\wedge\cdots\wedge\widehat{\mathrm{d}x^i}\wedge\cdots\wedge\mathrm{d}x^m.$$

因而,

$$\tilde{\Delta}f\mathrm{d}V_M|_U = -\mathrm{d}(*\mathrm{d}f)|_U = -\frac{\partial}{\partial x^i}\left(\sqrt{G}g^{ij}\frac{\partial f}{\partial x^j}\right)\mathrm{d}x^1\wedge\cdots\wedge\mathrm{d}x^m$$

$$= -\Delta f\mathrm{d}V_M|_U.$$

所以 $\tilde{\Delta}f = -\Delta f$. 这说明 $-\tilde{\Delta}$ 在 $C^\infty(M)$ 上的作用恰好是前面所定义的 Beltrami-Laplace 算子 Δ.

§2.6　联　络　形　式

对于给定的 m 维光滑流形 M, 除了由局部坐标系 $(U; x^i)$ 确定的自然标架场 $\left\{\dfrac{\partial}{\partial x^i}\right\}$ 外, 人们还常常使用一般的局部标架场 $\{e_i\}$: 其中的每一个 e_i 都是定义在 M 的某个开集 U 上的光滑切向量场, 并且对于任意一点 $p \in U$, $\{e_i(p)\}$ 是切空间 T_pM 的基底. 用 $\{\omega^i\}$ 表示与 $\{e_i\}$ 对偶的余切标架场, 即 $dp = \omega^i e_i$, $p \in U$(参看 §2.1 的最后一段).

假定 D 是光滑流形 M 上的一个联络, 则存在 U 上的一组光滑函数 Γ^k_{ji}, 使得

$$\mathrm{D}_{e_i}e_j = \Gamma^k_{ji}e_k.$$

这组光滑函数 Γ^k_{ji} 称为联络 D 在局部标架场 $\{e_i\}$ 下的联络系数. 令

$$\omega^k_j = \Gamma^k_{ji}\omega^i,$$

则 ω^k_j 是定义在 U 上的一组 1 次微分式, 满足

$$\mathrm{D}e_j = \omega^k_j e_k.$$

这 m^2 个 1 次微分式 $\{\omega_j^k\}$ 称为联络 D 关于标架场 $\{e_i\}$ 的**联络形式**.

如果 $\{\tilde{e}_i\}$ 是 U 上的另一个局部标架场, 与其对偶的余切标架场记为 $\{\tilde{\omega}^i\}$, 则存在光滑函数 $a_i^j \in C^\infty(U)$, 使得

$$\tilde{e}_i = a_i^j e_j, \quad \tilde{\omega}^i = b_j^i \omega^j,$$

其中 (b_j^i) 是矩阵 $a = (a_i^j)$ 的逆矩阵.

设 D 在标架场 $\{\tilde{e}_i\}$ 下的联络系数及联络形式分别记为 $\tilde{\Gamma}_{ji}^k$ 和 $\tilde{\omega}_j^k$, 即

$$\mathrm{D}_{\tilde{e}_i}\tilde{e}_j = \tilde{\Gamma}_{ji}^k \tilde{e}_k, \quad \tilde{\omega}_j^k = \tilde{\Gamma}_{ji}^k \tilde{\omega}^i.$$

那么, 由联络满足的条件得到

$$\tilde{\omega}_i^k a_k^j e_j = \tilde{\omega}_i^k \tilde{e}_k = \mathrm{D}\tilde{e}_i = \mathrm{d}a_i^j e_j + a_i^j \omega_k^j e_k = (\mathrm{d}a_i^j + a_i^k \omega_k^j)e_j,$$

因此

$$a_k^j \tilde{\omega}_i^k = \mathrm{d}a_i^j + \omega_k^j a_i^k. \tag{6.1}$$

(6.1) 式又可改写为

$$\tilde{\omega}_j^i = b_k^i \mathrm{d}a_j^k + b_k^i \omega_l^k a_j^l. \tag{6.2}$$

(6.1) 和 (6.2) 式是联络形式在局部标架场的变换下所满足的变换公式. 还可以把上式改写成矩阵表达式: 设 $\omega = (\omega_j^i), \tilde{\omega} = (\tilde{\omega}_j^i)$ 是由 1 次微分式构成的 m 阶方阵 (规定上指标表示行数, 下指标表示列数), 则 (6.1) 与 (6.2) 式等价于

$$\tilde{\omega} = a^{-1}\mathrm{d}a + a^{-1}\omega a. \tag{6.3}$$

特别地, 如果 $\{e_i\}$ 和 $\{\tilde{e}_i\}$ 分别是局部坐标系 $(U; x^i)$ 与 $(U; \tilde{x}^i)$ 所对应的自然标架场, 即

$$e_i = \frac{\partial}{\partial x^i}, \quad \tilde{e}_i = \frac{\partial}{\partial \tilde{x}^i},$$

则矩阵 a 就是局部坐标变换的 Jacobi 矩阵, 即有

$$a = \left(\frac{\partial x^i}{\partial \tilde{x}^j}\right).$$

不难看出, 此时的 (6.1) 式和 §2.4 的 (4.3) 式是一致的.

定理 6.1 设 (M, D) 是一个 m 维仿射联络空间, $\{e_i\}$ 是定义在开子集 $U \subset M$ 上的局部标架场, 与之对偶的余切标架场记为 $\{\omega^i\}$. 如果 $\{\omega_j^i\}$ 是 D 关于 $\{e_i\}$ 的联络形式, 则

$$\mathrm{d}\omega^i - \omega^j \wedge \omega_j^i = \frac{1}{2} T_{jk}^i \omega^j \wedge \omega^k, \tag{6.4}$$

其中 T_{jk}^i 是 D 的挠率张量 T 的分量, 即 $T_{jk}^i = \omega^i(T(e_j, e_k))$.

证明 根据第一章的定理 7.2,

$$
\begin{aligned}
(\mathrm{d}\omega^i - \omega^l \wedge \omega_l^i)(e_j, e_k) &= e_j(\omega^i(e_k)) - e_k(\omega^i(e_j)) - \omega^i([e_j, e_k]) \\
&\quad - \omega^l(e_j)\omega_l^i(e_k) + \omega^l(e_k)\omega_l^i(e_j) \\
&= -\omega_j^i(e_k) + \omega_k^i(e_j) - \omega^i([e_j, e_k]) \\
&= -\Gamma_{jk}^i + \Gamma_{kj}^i - \omega^i([e_j, e_k]) \\
&= \omega^i(\mathrm{D}_{e_j} e_k - \mathrm{D}_{e_k} e_j - [e_j, e_k]) \\
&= \omega^i(T(e_j, e_k)) = T_{jk}^i.
\end{aligned}
$$

定理得证.

定义 6.1 2 次外微分式 $\Omega^i = \mathrm{d}\omega^i - \omega^j \wedge \omega_j^i$ 称为联络 D 在局部标架场 $\{e_i\}$ 下的**挠率形式**.

推论 6.2 设 (M, D) 是一个 m 维仿射联络空间, 则对于 M 上任意一个局部标架场 $\{e_i(p); p \in U\}$, 挠率张量 T 可以表示为

$$T|_U = \Omega^i \otimes e_i.$$

即对于任意的 $X, Y \in \mathfrak{X}(M)$, $T(X, Y)|_U = \Omega^i(X, Y)e_i$.

由此可见, 联络的无挠性等价于 $\Omega^i = 0$, $1 \leqslant i \leqslant m$, 也就是

$$\mathrm{d}\omega^i = \omega^j \wedge \omega_j^i.$$

当 (M, g) 为黎曼流形时, 令 $g_{ij} = g(e_i, e_j)$, 则联络 D 与度量 g 相容的条件成为

$$\mathrm{d}g_{ij} = \omega_i^k g_{kj} + \omega_j^k g_{ik}. \tag{6.5}$$

特别地, 如果 $\{e_i\}$ 是 U 上的单位正交标架场, 则 $g_{ij} = \delta_{ij}$, 于是相容条件 (6.5) 成为

$$\omega_j^i + \omega_i^j = 0.$$

这样, 黎曼联络的存在唯一性 (定理 4.7) 就成为下述定理的直接推论:

定理 6.3　设 U 是 m 维光滑流形 M 的开子集, $\{\omega^i\}$ 是定义在 U 上的一个余切标架场, 则在 U 上存在唯一的一组 1 次微分式 ω_j^i, $1 \leqslant i, j \leqslant m$, 满足条件

$$\mathrm{d}\omega^i = \omega^j \wedge \omega_j^i, \quad \omega_i^j + \omega_j^i = 0. \tag{6.6}$$

证明　首先证明满足定理要求的 ω_j^i 是唯一的. 注意到 $\mathrm{d}\omega^i$ 是 2 次外微分式, 不妨设

$$\mathrm{d}\omega^i = \frac{1}{2} a_{jk}^i \omega^j \wedge \omega^k, \quad a_{jk}^i = -a_{kj}^i.$$

由条件 (6.6),

$$\omega^j \wedge \left(\omega_j^i - \frac{1}{2} a_{jk}^i \omega^k \right) = 0.$$

根据 Cartan 引理, 在 U 上存在光滑函数 $b_{jk}^i = b_{kj}^i$, 使得

$$\omega_j^i - \frac{1}{2} a_{jk}^i \omega^k = b_{jk}^i \omega^k,$$

因而有

$$\omega_j^i = \frac{1}{2} a_{jk}^i \omega^k + b_{jk}^i \omega^k. \tag{6.7}$$

结合条件 $\omega_j^i + \omega_i^j = 0$ 可得到

$$b_{jk}^i + b_{ik}^j = -\frac{1}{2}(a_{jk}^i + a_{ik}^j),$$

$$b_{ki}^j + b_{ji}^k = -\frac{1}{2}(a_{ki}^j + a_{ji}^k),$$

$$b_{ij}^k + b_{kj}^i = -\frac{1}{2}(a_{ij}^k + a_{kj}^i).$$

把上面三个式子的前两个相加, 再减去第三式, 并利用 b_{jk}^i 关于下指标的对称性和 a_{jk}^i 关于下指标的反对称性, 不难得到

$$2b_{ik}^j = a_{kj}^i + a_{ij}^k. \tag{6.8}$$

因此, 光滑函数组 b^i_{jk} 是由 a^i_{jk} 唯一确定的. 代入 (6.7) 式, 则得

$$\omega^i_j = \frac{1}{2} \sum_k (a^i_{jk} - a^j_{ik} + a^k_{ji})\omega^k. \tag{6.9}$$

因而, 满足定理条件 (6.6) 的 1 次微分式 ω^i_j 至多有一组. 容易验证, 由 (6.9) 式定义的这组 1 次微分式确实满足条件 (6.6). 证毕.

定理 6.3 为我们提供了用活动标架和外微分法求黎曼联络的一条途径. 此方法既方便又有效, 具有十分重要的实际意义.

例 6.1 求单位球面 $S^n = S^n(1)$ 上黎曼联络的联络形式和联络系数.

解 设 S 是 S^n 上的南极, $U = S^n \backslash \{S\}$. 通过球极投影建立 U 上的局部坐标系 (U, ξ^i)(参看本章的例 2.2), 则 S^n 的度量 g 在 U 上的限制为

$$ds^2 \equiv g|_U = \frac{4 \sum_i (\mathrm{d}\xi^i)^2}{\left(1 + \sum_j (\xi^j)^2\right)^2}.$$

令

$$\omega^i = \frac{2\mathrm{d}\xi^i}{1 + \sum_j (\xi^j)^2},$$

则 $ds^2 = \sum_i (\omega^i)^2$. 所以, $\{\omega^i\}$ 是 U 上的单位正交余切标架场. 与其对偶的单位正交标架场 $\{e_i\}$ 是

$$e_i = \frac{1}{2}\left(1 + \sum_j (\xi^j)^2\right)\frac{\partial}{\partial \xi^i}, \quad 1 \leqslant i \leqslant n.$$

设 $\mathrm{D}e_i = \omega^j_i e_j$, 则 ω^j_i 必须满足条件

$$\mathrm{d}\omega^i = \omega^j \wedge \omega^i_j, \quad \omega^j_i + \omega^i_j = 0.$$

在另一方面, 直接计算得

$$\mathrm{d}\omega^i = -\frac{4 \sum_j \xi^j \mathrm{d}\xi^j \wedge \mathrm{d}\xi^i}{(1 + \sum_l (\xi^l)^2)^2} = \sum_j \omega^j \wedge \left(-\frac{2\xi^j \mathrm{d}\xi^i}{1 + \sum_l (\xi^l)^2}\right)$$

$$= \sum_j \omega^j \wedge \left(\frac{2\xi^i \mathrm{d}\xi^j}{1 + \sum_l (\xi^l)^2} - \frac{2\xi^j \mathrm{d}\xi^i}{1 + \sum_l (\xi^l)^2}\right).$$

由定理 6.3, 在单位正交标架 $\{e_i\}$ 下的联络形式是

$$\omega_j^i = \frac{2}{1 + \sum_l (\xi^l)^2}(\xi^i \mathrm{d}\xi^j - \xi^j \mathrm{d}\xi^i) = \xi^i \omega^j - \xi^j \omega^i.$$

若要求 D 在局部坐标系 $(U; \xi^i)$ 下的联络系数, 只要注意到

$$\frac{\partial}{\partial \xi^i} = \frac{2}{1 + \sum_l (\xi^l)^2} \cdot e_i,$$

并利用联络 D 所满足的条件, 便可得到

$$
\begin{aligned}
\mathrm{D}\frac{\partial}{\partial \xi^i} &= \mathrm{D}\left(\frac{2}{1 + \sum_l (\xi^l)^2} \cdot e_i\right) \\
&= \mathrm{d}\left(\frac{2}{1 + \sum_l (\xi^l)^2}\right) e_i + \frac{2}{1 + \sum_l (\xi^l)^2}\omega_i^j e_j \\
&= \frac{4}{(1 + \sum_l (\xi^l)^2)^2}\left(-\sum_j \xi^j \mathrm{d}\xi^j e_i + \sum_j (\xi^j \mathrm{d}\xi^i - \xi^i \mathrm{d}\xi^j)e_j\right) \\
&= \frac{2}{1 + \sum_l (\xi^l)^2}\sum_{j,k}(-\xi^j \delta_{ik} - \xi^i \delta_{jk} + \xi^k \delta_{ij})\mathrm{d}\xi^j \cdot \frac{\partial}{\partial \xi^k}.
\end{aligned}
$$

于是 D 在局部坐标系 $(U; \xi^i)$ 下的联络系数是

$$\Gamma_{ij}^k = \frac{2}{1 + \sum_l (\xi^l)^2}(-\xi^j \delta_{ik} - \xi^i \delta_{jk} + \xi^k \delta_{ij}).$$

§2.7　平 行 移 动

在前面各节, 已经详细地讨论了光滑流形上的联络的意义和功用; 这一节将给出联络的几何描述.

定义 7.1　设 (M, D) 是一个 m 维仿射联络空间, $\gamma : [a, b] \to M$ 是 M 中的一条光滑曲线, $X \in \mathfrak{X}(M)$. 如果沿曲线 γ 有

$$\mathrm{D}_{\gamma'(t)}X = 0, \quad \forall t \in [a, b],$$

则称切向量场 X 沿曲线 γ 是**平行**的, 或称 X 是沿曲线 γ 的**平行向量场**.

鉴于联络所具有的局部性质, 对于任意的光滑切向量场 X, 协变导数 $D_{\gamma'(t)}X$ 仅与 X 沿曲线 γ 上的值有关. 所以, 在讨论切向量场 X 沿光滑曲线 γ 的平行性时, 可以假定 X 只是沿 γ 定义的切向量场 $X = X(t)$.

如果 γ 落在某个局部坐标系 $(U; x^i)$ 内, 并且 $X = X(t)$ 是沿 γ 定义的光滑切向量场, 令

$$x^i(t) = x^i \circ \gamma(t), \ 1 \leqslant i \leqslant m; \quad X(t) = \sum X^i(t) \left.\frac{\partial}{\partial x^i}\right|_{\gamma(t)},$$

则 $\gamma'(t) = \sum\limits_i \dfrac{\mathrm{d}x^i(t)}{\mathrm{d}t}\dfrac{\partial}{\partial x^i}$, 从而

$$D_{\gamma'(t)}X = \sum_k \left(\frac{\mathrm{d}X^k(t)}{\mathrm{d}t} + \sum_{i,j}\Gamma_{ij}^k X^i(t)\frac{\mathrm{d}x^j(t)}{\mathrm{d}t}\right) \left.\frac{\partial}{\partial x^k}\right|_{\gamma(t)}. \tag{7.1}$$

因此, 切向量场 X 沿 $\gamma(t)$ 平行的充要条件是 X 的分量 $X^k(t)$ 满足一阶线性齐次微分方程组

$$\frac{\mathrm{d}X^k(t)}{\mathrm{d}t} + \sum_{i,j}\Gamma_{ij}^k X^i(t)\frac{\mathrm{d}x^j(t)}{\mathrm{d}t} = 0, \quad 1 \leqslant k \leqslant m. \tag{7.2}$$

为了以后应用的方便, 在此引入分段光滑曲线的概念.

定义 7.2 设 $\gamma : [a, b] \to M$ 是光滑流形 M 上的一条连续曲线, 如果存在区间 $[a, b]$ 的一个划分 $a = t_0 < t_1 < \cdots < t_{r-1} < t_r = b$, 使得对于每一个 $i, 1 \leqslant i \leqslant r, \gamma|_{[t_{i-1}, t_i]} : [t_{i-1}, t_i] \to M$ 是 M 上的光滑曲线, 则称 γ 是 M 上的一条**分段光滑曲线**. 此时 $\gamma(t_i)(1 \leqslant i \leqslant r - 1)$ 称为曲线 γ 的**角点**; 向量 $\lim\limits_{t \to t_i^-} \gamma'(t)$ 与 $\lim\limits_{t \to t_i^+} \gamma'(t)$ 之间的夹角称为曲线 γ 在角点 $\gamma(t_i)$ 处的**转角** (参看图 1).

上述定义中的划分称为分段光滑曲线 γ 的一个**光滑划分**.

现设 γ 是 M 上的一条分段光滑曲线, X 是 M 上沿曲线 γ 定义的连续切向量场. 如果存在 γ 的一个光滑划分:

$$a = t_0 < t_1 < \cdots < t_{N-1} < t_N = b,$$

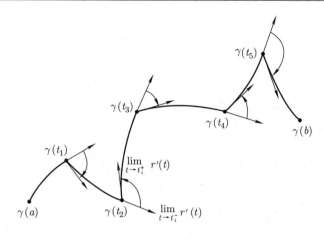

图 1 分段光滑曲线及其角点和转角

使得 X 在每一个小区间 $[t_{i-1}, t_i]$ 上的限制都光滑地依赖于自变量 t, 则称 X 是沿曲线 γ 定义的**分段光滑 (切) 向量场**; 如果对于任意的 i, X 沿光滑曲线段 $\gamma|_{[t_{i-1}, t_i]}$ 都是平行的, 则称切向量场 X 沿 γ 是平行的, 或称 X 是沿 γ 的 (分段光滑的) **平行向量场**.

定理 7.1 设 (M, D) 是一个 m 维仿射联络空间, $p \in M$, $\gamma : [0, b] \to M$ 是从点 $p = \gamma(0)$ 出发的一条分段光滑曲线, 则对于任意的 $X_0 \in T_p M$, 沿曲线 γ 存在唯一的一个分段光滑平行向量场 $X = X(t)$, 满足初始条件 $X(0) = X_0$.

证明 取定曲线 γ 的一个光滑划分:

$$0 = t_0 < t_1 < \cdots < t_N = b,$$

使得对于每一个 $a, 1 \leqslant a \leqslant N$, 曲线段 $\gamma|_{[t_{a-1}, t_a]}$ 是光滑的, 并且包含在点 $\gamma(t_{a-1})$ 的某个局部坐标系 $(U_a; x_a^i)$ 内.

为方便起见, 记 $(U; x^i) = (U_1; x_1^i)$. 假定

$$X_0 = \sum X_0^i \left. \frac{\partial}{\partial x^i} \right|_{\gamma(0)} \in T_{\gamma(0)} M,$$

并且 $\gamma|_{[t_0,t_1]}$ 在 $(U; x^i)$ 下的局部坐标表达式是

$$x^i = x^i(t), \quad 1 \leqslant i \leqslant m.$$

根据 (7.2) 式, 考虑如下的一阶线性齐次常微分方程组的初值问题:

$$\begin{cases} \dfrac{\mathrm{d}X^k}{\mathrm{d}t} + \displaystyle\sum_{i,j} \Gamma_{ij}^k X^i \dfrac{\mathrm{d}x^j}{\mathrm{d}t} = 0, \\ X^k(0) = X_0^k, \quad 1 \leqslant k \leqslant m. \end{cases} \tag{7.3}$$

由线性齐次常微分方程组解的存在唯一性定理, 得到满足方程组 (7.3) 的唯一的一组光滑函数

$$X^k = X^k(t), \quad 0 \leqslant t \leqslant t_1, \ 1 \leqslant k \leqslant m,$$

从而得到一个沿 $\gamma|_{[0,t_1]}$ 的平行向量场

$$X(t) = \sum X^k(t) \left.\frac{\partial}{\partial x^k}\right|_{\gamma(t)}, \quad 0 \leqslant t \leqslant t_1, \quad X(0) = X_0;$$

同时确定了切向量 $X_1 = X(t_1) \in T_{\gamma(t_1)}M$. 然后在曲线段 $\gamma|_{[t_1,t_2]}$ 上重复上述过程, 最终可以得到一个沿 γ 定义的, 并满足定理要求的分段光滑切向量场 X. 证毕.

根据定理 7.1 的证明知道, 沿曲线 γ 的平行向量场在 γ 的每一个光滑区间上是光滑的.

很明显, 一阶线性齐次常微分方程组 (7.3) 的解构成一个向量空间, 并且它的每一个解是由 T_pM 中的元素 X_0 唯一确定的. 因此, 沿分段光滑曲线 γ 的平行向量场的集合构成一个与 T_pM 同构的向量空间. 特别地, 对于任意取定的 t, $0 \leqslant t \leqslant b$, 沿 γ 的平行向量场给出了从 T_pM 到 $T_{\gamma(t)}M$ 的线性同构 $P_0^t : T_pM \to T_{\gamma(t)}M$, 称为沿曲线 γ 从 $t = 0$ 到 t 的**平行移动**. 这样, 由切向量 $X_0 \in T_pM$ 确定的沿曲线 γ 平行的向量场 X 可以表示为

$$X(t) = P_0^t(X_0), \quad 0 \leqslant t \leqslant b.$$

总之, 在光滑流形 M 上只要指定了联络 D, 任意给定了一条分段光滑曲线 $\gamma(t)$, 就可以建立切向量沿曲线 γ 平行移动的概念, 也就是建立了光滑流形 M 沿曲线 γ 各点的切空间之间的确定的线性同构关系. 这就是 "联络" 在字面上的含义. 反过来, 下面的定理说明, 切向量场的协变导数 (联络) 也可以借助于平行移动来得到.

定理 7.2　设 (M, D) 是一个 m 维仿射联络空间, $\gamma : [0, b] \to M$ 是 M 中任意一条光滑曲线. 则对于任意的 $X \in \mathfrak{X}(M)$,

$$\mathrm{D}_{\gamma'(t)}X = \lim_{\Delta t \to 0} \frac{P_{t+\Delta t}^{t}(X \circ \gamma(t+\Delta t)) - X \circ \gamma(t)}{\Delta t}. \tag{7.4}$$

证明　记 $p = \gamma(0)$. 在 $T_p M$ 中取定一个基底 $\{e_i\}$, 并且设

$$e_i(t) = P_0^t(e_i),$$

则 $e_i(0) = e_i$, 而且 $e_i(t)$ 是沿 γ 的平行向量场, 即有

$$\mathrm{D}_{\gamma'(t)}e_i(t) \equiv 0.$$

由于 $P_0^t : T_p M \to T_{\gamma(t)} M$ 是线性同构, 故 $\{e_i(t)\}$ 是 $T_{\gamma(t)} M$ 的基底. 于是, X 在 γ 上的限制可以表示为

$$X(\gamma(t)) = \sum_{i=1}^{m} X^i(t)e_i(t),$$

其中的 $X^i(t)$ 是 t 的光滑函数. 所以

$$\begin{aligned}\mathrm{D}_{\gamma'(t)}X(\gamma(t)) &= \gamma'(t)(X^i(t)) \cdot e_i(t) + X^i(t) \cdot \mathrm{D}_{\gamma'(t)}e_i(t) \\ &= \sum_{i=1}^{m} \frac{\mathrm{d}X^i(t)}{\mathrm{d}t} \cdot e_i(t).\end{aligned}$$

在另一方面, 因为 $P_{t+\Delta t}^{t} : T_{\gamma(t+\Delta t)} M \to T_{\gamma(t)} M$ 是线性同构, 所以

$$\begin{aligned}P_{t+\Delta t}^{t}(X(\gamma(t+\Delta t))) &= P_{t+\Delta t}^{t}(X^i(t+\Delta t)e_i(t+\Delta t)) \\ &= X^i(t+\Delta t)e_i(t).\end{aligned}$$

从而

$$\frac{P_{t+\Delta t}^t(X \circ \gamma(t+\Delta t)) - X \circ \gamma(t)}{\Delta t} = \frac{X^i(t+\Delta t) - X^i(t)}{\Delta t} e_i(t).$$

令 $\Delta t \to 0$, 则得

$$\lim_{\Delta t \to 0} \frac{P_{t+\Delta t}^t(X \circ \gamma(t+\Delta t)) - X \circ \gamma(t)}{\Delta t}$$
$$= \frac{\mathrm{d}X^i(t)}{\mathrm{d}t} e_i(t) = \mathrm{D}_{\gamma'(t)} X(\gamma(t)).$$

公式 (7.4) 告诉我们, $\mathrm{D}_{\gamma'(t)} X$ 是切向量场 X 在邻近两点 $\gamma(t)$, $\gamma(t+\Delta t)$ 的值之差与 Δt 的商的极限; 只不过 $X(\gamma(t+\Delta t))$ 是 M 在 $\gamma(t+\Delta t)$ 处的切向量, 必须借助于线性同构 $P_{t+\Delta t}^t$ 把它变为在 $\gamma(t)$ 处的切向量之后, 才能与 $X(\gamma(t))$ 相减, 而联络 D 保证了线性同构 $P_{t+\Delta t}^t$ 的存在性. (7.4) 式的另一个解释是: 固定 t 的值, 把 Δt 作为参数, 则当 Δt 变化时, $P_{t+\Delta t}^t(X \circ \gamma(t+\Delta t))$ 是 $T_{\gamma(t)}M$ 中经过 $X(\gamma(t))$ 的一条曲线, 而 $\mathrm{D}_{\gamma'(t)} X$ 恰好是该曲线在点 $X(\gamma(t))$ 处的切向量.

定理 7.3 设 (M, g) 是一个 m 维黎曼流形, D 是它的黎曼联络. 假定 X, Y 是沿光滑曲线 $\gamma: [a, b] \to M$ 平行的两个光滑切向量场, 则它们的内积 $g(X, Y)$ 沿曲线 γ 为常数.

证明 由于黎曼联络 D 与黎曼度量 g 是相容的, 利用 X, Y 的平行性有

$$\frac{\mathrm{d}}{\mathrm{d}t}(g(X(\gamma(t)), Y(\gamma(t)))) = g(\mathrm{D}_{\gamma'(t)} X(\gamma(t)), Y(\gamma(t)))$$
$$+ g(X(\gamma(t)), \mathrm{D}_{\gamma'(t)} Y(\gamma(t))) = 0,$$

最后一个等号是因为 X, Y 沿 γ 是平行的. 因此,

$$g(X(\gamma(t)), Y(\gamma(t))) = 常数.$$

定理得证.

作为定理 7.3 的推论, 沿曲线 γ 的平行移动保持切向量的长度和夹角不变; 换句话说, 对于黎曼流形 (M, g) 的黎曼联络而言, 平行移动 $P_{t_0}^{t_1}: T_{\gamma(t_0)}M \to T_{\gamma(t_1)}M$ 是欧氏向量空间 $T_{\gamma(t_0)}M$ 和 $T_{\gamma(t_1)}M$ 之间的等距线性同构.

§2.8   向量丛上的联络

联络的概念可以推广到任意的向量丛, 而光滑流形上的联络恰好是该流形的切丛上的联络. 向量丛上的联络提供了对向量丛的任意光滑截面求微分的手段; 同时, 平行移动的概念也可以移植到向量丛上来. 因此, 向量丛上的联络已经成为现代微分几何中最重要的基本概念之一, 有着十分广泛的应用. 本节将对向量丛上的联络理论作简要的介绍.

定义 8.1　设 $\pi : E \to M$ 是光滑流形 M 上的一个向量丛, $\Gamma(E)$ 是该向量丛的全体光滑截面的集合. 所谓向量丛 E 上的一个**联络** D 是指映射

$$D : \Gamma(E) \times \mathfrak{X}(M) \to \Gamma(E),$$
$$(\xi, X) \mapsto D(\xi, X) = D_X \xi,$$

并且满足以下条件: 对于任意的 $X, Y \in \mathfrak{X}(M)$, $\xi, \eta \in \Gamma(E)$, $\lambda \in \mathbb{R}$, 以及 $f \in C^\infty(M)$,

(1) $D_{X+fY}\xi = D_X\xi + f D_Y\xi$;

(2) $D_X(\xi + \lambda\eta) = D_X\xi + \lambda D_X\eta$;

(3) $D_X(f\xi) = X(f)\xi + f D_X\xi$.

条件 (2) 和 (3) 表明: 对于给定的 $X \in \mathfrak{X}(M)$, $D_X : \Gamma(E) \to \Gamma(E)$ 是一个导算子. $D_X\xi$ 称为光滑截面 ξ 关于 X 的协变导数. 条件 (1) 表明 $D_X\xi$ 关于自变量 X 有张量性质, 于是可以把联络 D 看作映射 $D : \Gamma(E) \to \Gamma(E \otimes T^*M)$, 使得

$$(D\xi)(X) = D_X\xi, \qquad \forall \xi \in \Gamma(E), \ X \in \mathfrak{X}(M).$$

$D\xi$ 称为光滑截面 ξ 的协变微分.

例 8.1　切丛和余切丛上的联络.

设 (M, D) 是一个仿射联络空间, 则由定义知道, D 是 M 的切丛 TM 上的联络.

在另一方面, 对于任意的 $\alpha \in \Gamma(T^*M) = A^1(M)$, α 是 M 上的一个 1 次外微分式, 根据 (4.4) 式的定义, 对于任意的 $X \in \mathfrak{X}(M)$, α 关于 X 的协变导数 $D_X\alpha$ 由

$$(D_X\alpha)(Y) = X(\alpha(Y)) - \alpha(D_X Y), \quad \forall Y \in \mathfrak{X}(M)$$

定义. 容易验证, 由 $(\alpha, X) \mapsto D_X\alpha$ 确定的映射 $D : \Gamma(T^*M) \times \mathfrak{X}(M) \to \Gamma(T^*M)$ 是余切丛 T^*M 上的一个联络, 称为切丛上的联络 D 在与其对偶的**余切丛上的诱导联络**.

引理 8.1 (联络的局部性) 设 D 是向量丛 $\pi : E \to M$ 上的一个联络, $\xi, \eta \in \Gamma(E)$, $X, Y \in \mathfrak{X}(M)$, U 是 M 的开集. 如果

$$\xi|_U = \eta|_U, \quad X|_U = Y|_U,$$

则 $(D_X\xi)|_U = (D_Y\eta)|_U$.

这个引理的证明与引理 4.1 类似, 留给读者作为练习.

设 $\pi : E \to M$ 是一个秩为 n 的向量丛, U 是 M 的任意一个非空开子集, $\tilde{\pi}$ 是 π 在 $\pi^{-1}(U)$ 上的限制, 则有向量丛

$$\tilde{\pi} : E|_U = \pi^{-1}(U) \to U,$$

它是向量丛 E 在 U 上的限制. 利用联络的局部性不难知道, 从 E 上的联络 D 可以诱导出 $E|_U$ 上的联络. 如果在 U 上存在 M 的局部切标架场 $\{e_i, 1 \leqslant i \leqslant m\}$, 以及向量丛 E 在 U 上的局部标架场 $\{s_\alpha, 1 \leqslant \alpha \leqslant n\}$, 那么对于 $X \in \mathfrak{X}(M), \xi \in \Gamma(E)$, 可以设

$$X|_U = X^i e_i, \quad \xi|_U = \xi^\alpha s_\alpha,$$

其中 $X^i, \xi^\alpha \in C^\infty(U)$. 根据联络的条件有

$$(D_X\xi)|_U = D_{X|_U}(\xi|_U) = X^i D_{e_i}(\xi^\alpha s_\alpha) = X^i(e_i(\xi^\alpha)s_\alpha + \xi^\alpha D_{e_i}s_\alpha).$$

假定 $D_{e_i}s_\alpha = \Gamma_{\alpha i}^\beta s_\beta$, 其中 $\Gamma_{\alpha i}^\beta \in C^\infty(U)$, 称为联络 D 在标架场 $\{e_i\}$ 及 $\{s_\alpha\}$ 下的联络系数, 则

$$(D_X\xi)|_U = X^i(e_i(\xi^\alpha) + \xi^\beta \Gamma_{\beta i}^\alpha)s_\alpha. \tag{8.1}$$

这就是协变导数 $D_X\xi$ 在局部标架场下的表达式. 若记

$$\omega_\beta^\alpha = \Gamma_{\beta i}^\alpha \omega^i,$$

则 $Ds_\alpha = \omega_\alpha^\beta s_\beta$, 并且由 (8.1) 式得

$$(D\xi)|_U = (d\xi^\beta + \xi^\alpha \omega_\alpha^\beta)s_\beta. \tag{8.2}$$

这是协变微分 $D\xi$ 在局部标架场 $\{s_\alpha\}$ 下的表达式. ω_β^α 称为联络 D 在局部标架场 $\{s_\alpha\}$ 下的**联络形式**.

若 $\{\tilde{s}_\alpha\}$ 是向量丛 E 在 U 上的另一个局部标架场, 设

$$\tilde{s}_\alpha = a_\alpha^\beta s_\beta, \quad D\tilde{s}_\alpha = \tilde{\omega}_\alpha^\beta \tilde{s}_\beta. \tag{8.3}$$

则 $a_\alpha^\beta \in C^\infty(U)$, 并且在 U 上的每一点处 $\det(a_\alpha^\beta) \neq 0$. 由联络的性质得到

$$D\tilde{s}_\alpha = da_\alpha^\beta s_\beta + a_\alpha^\beta Ds_\beta = (da_\alpha^\beta + a_\alpha^\gamma \omega_\gamma^\beta)s_\beta.$$

与 (8.3) 的第二式相比较, 可得 $\tilde{\omega}_\alpha^\gamma a_\gamma^\beta = da_\alpha^\beta + a_\alpha^\gamma \omega_\gamma^\beta$, 即

$$\tilde{\omega}_\alpha^\beta = b_\gamma^\beta da_\alpha^\gamma + b_\gamma^\beta \omega_\delta^\gamma a_\alpha^\delta, \tag{8.4}$$

其中 (b_γ^β) 是矩阵 $a = (a_\alpha^\beta)$ 的逆矩阵. (8.4) 式是联络形式在局部标架场变换下的变换公式. 与 §2.6 一样, 如果假定

$$\omega = (\omega_\alpha^\beta), \quad \tilde{\omega} = (\tilde{\omega}_\alpha^\beta),$$

则 (8.4) 式可表示为

$$\tilde{\omega} = a^{-1}da + a^{-1}\omega a. \tag{8.5}$$

一个自然的问题是: 在向量丛上, 如定义 8.1 所描述的联络是否存在? 下面的定理肯定地回答了这一个问题.

定理 8.2 设 M 是满足第二可数公理的 m 维光滑流形, 则在任意一个秩为 n 的向量丛 $\pi: E \to M$ 上必定能够指定一个联络.

证明 要在向量丛 E 上构造一个联络, 需要用到微分流形论中的单位分解定理. 流形 M 满足第二可数公理保证了在 M 上单位分解的存在性. 于是, 有 M 的局部有限的坐标覆盖

$$\mathscr{U} = \{(U_\lambda; x_\lambda^i); \ \lambda \in \mathbb{N}\},$$

以及从属于 $\mathscr{U}$ 的单位分解 $\{f_\lambda \in C^\infty(M)\}$. 根据定义,

$$\operatorname{Supp} f_\lambda \subset U_\lambda, \ \ 0 \leqslant f_\lambda \leqslant 1,$$

并且 $\sum\limits_\lambda f_\lambda \equiv 1$. 不失一般性, 还可以假定, 对于任意的 $\lambda \in \mathbb{N}$, 向量丛 E 有局部平凡化

$$\varphi_\lambda : U_\lambda \times \mathbb{R}^n \to \pi^{-1}(U_\lambda).$$

在 $\mathbb{R}^n$ 中取定一个基底 $\{\delta_\alpha\}$, 并且设

$$s_\alpha^\lambda(p) = \varphi_\lambda(p, \delta_\alpha), \quad \forall p \in U_\lambda, \ \ 1 \leqslant \alpha \leqslant n,$$

则 $\{s_\alpha^\lambda\}$ 是向量丛 E 在坐标域 $U_\lambda \subset M$ 上定义的局部标架场. 同时, 对于每一个固定的 $\lambda \in \mathbb{N}$, 设 D^λ 是限制丛 $E|_{U_\lambda}$ 上的平凡联络, 使得对于 U_λ 上的自然切标架场 $\left\{\dfrac{\partial}{\partial x_\lambda^i}\right\}$ 有

$$\mathrm{D}^\lambda_{\frac{\partial}{\partial x_\lambda^i}} s_\alpha^\lambda \equiv 0, \quad 1 \leqslant i \leqslant m; \ \ 1 \leqslant \alpha \leqslant n.$$

换言之, D^λ 是 $E|_{U_\lambda}$ 上使 $\{s_\alpha^\lambda\}$ 成为平行标架场的联络.

对于任意的 $\xi \in \Gamma(E)$, 设 $\xi|_{U_\lambda} = \sum\limits_\alpha \xi_\lambda^\alpha s_\alpha^\lambda$, 则有

$$\mathrm{D}^\lambda\left(\xi|_{U_\lambda}\right) = \mathrm{D}^\lambda\left(\sum_\alpha \xi_\lambda^\alpha s_\alpha^\lambda\right) = \sum_\alpha \mathrm{d}\xi_\lambda^\alpha \cdot s_\alpha^\lambda.$$

对每一个固定的 $\lambda \in \mathbb{N}$, 命

$$(f_\lambda \mathrm{D}^\lambda \xi)(p) = \begin{cases} f_\lambda(p) \cdot (\mathrm{D}^\lambda \xi|_{U_\lambda})(p), & \forall p \in U_\lambda, \\ 0, & \forall p \in M \backslash U_\lambda. \end{cases}$$

易见，

$$f_\lambda \mathrm{D}^\lambda \xi \in \Gamma(E \otimes T^*M),$$

并且

$$\mathrm{Supp}\,(f_\lambda \mathrm{D}^\lambda \xi) \subset U_\lambda.$$

令

$$\mathrm{D} = \sum_\lambda f_\lambda \mathrm{D}^\lambda,$$

则 $\mathrm{D} : \Gamma(E) \to \Gamma(E \otimes T^*M)$，或等价地，

$$\mathrm{D} : \Gamma(E) \times \mathfrak{X}(M) \to \Gamma(E)$$

是向量丛 E 上的一个联络. 事实上, 对于任意的 $f \in C^\infty(M), \xi \in \Gamma(E)$ 有

$$\mathrm{D}(f \cdot \xi) = \sum_\lambda f_\lambda \mathrm{D}^\lambda(f\xi) = \sum_\lambda f_\lambda(\mathrm{d}f \cdot \xi + f\mathrm{D}^\lambda\xi)$$

$$= \left(\sum_\lambda f_\lambda\right)(\mathrm{d}f \cdot \xi) + f\sum_\lambda (f_\lambda \mathrm{D}^\lambda)\xi = \mathrm{d}f \cdot \xi + f\mathrm{D}\xi.$$

关于联络的其余条件显然是满足的. 因此, 上面所定义映射 D 确实是 E 上的一个联络. 证毕.

设 D 是向量丛 $\pi : E \to M$ 上的一个联络, $p \in M$. 则由 D 的局部表达式 (8.2) 可知, 对于任意的 $\xi \in \Gamma(E), v \in T_pM, \mathrm{D}_v\xi \in \pi^{-1}(p)$ 是有定义的. $\mathrm{D}_v\xi$ 称为光滑截面 ξ 在 p 点沿切向量 X 的协变导数. 另外, 对于 M 中的光滑曲线 $\gamma : [0, b] \to M$, 如果 $\xi \in \Gamma(E)$ 满足

$$\mathrm{D}_{\gamma'(t)}\xi = 0, \quad \forall t \in [0, b],$$

则称光滑截面 ξ 沿曲线 γ 是**平行的**. 当然, 此时只需要 ξ 沿 γ 有定义即可. 类似于仿射联络空间, 对于任意的 $p \in M$, 还可以定义向量 $\xi \in \pi^{-1}(p)$ 沿底流形 M 上从 p 出发的光滑曲线 γ 的平行移动, 从而得到在两个不同点 $p, q \in M$ 处的纤维 $\pi^{-1}(p)$ 和 $\pi^{-1}(q)$ 之间的线性同

构, 该同构与连接 p, q 的光滑曲线 γ 有关. 这种推广是显而易见的, 在此不再赘述.

例 8.2 拉回丛上的诱导联络.

设 $(N, \overline{D})$ 是 n 维仿射联络空间, M 是 m 维光滑流形, $f : M \to N$ 是光滑映射, 则根据第一章的例 9.2, 可以构造所谓的拉回丛 $\pi : f^*TN \to M$, 它是 M 上的秩为 n 的向量丛, 其 (光滑) 截面称为 N 中沿 f 定义的 (光滑) 向量场. 借助于联络 $\overline{D}$ 能够在 f^*TN 上引入联络 D, 具体构造如下:

对于任意的 $\xi \in \Gamma(f^*TN)$ 和 $p \in M$, 取 N 在点 $f(p) \in N$ 的开邻域 V 以及 M 在点 p 的邻域 U 使得 $f(U) \subset V$, 并在 V 上取局部标架场 $\{e_\alpha\}$. 则在邻域 U 上 ξ 可以表示为

$$\xi|_U = \xi^\alpha \cdot e_\alpha,$$

其中 $\xi^\alpha \in C^\infty(U)(1 \leqslant \alpha \leqslant n)$. 对于任意的 $X \in T_pM$, 命

$$\mathrm{D}_X \xi = X(\xi^\alpha) e_\alpha(f(p)) + \xi^\alpha(p) \overline{\mathrm{D}}_{f_*(X(p))} e_\alpha \in \pi^{-1}(p). \tag{8.6}$$

则上式右端与局部标架场 $\{e_\alpha\}$ 的选取无关. 如果 $X \in \mathfrak{X}(M)$, 则上式给出的 $\mathrm{D}_X \xi$ 是拉回丛 $\pi : f^*TN \to M$ 的光滑截面. 于是, 得到映射 $\mathrm{D} : \Gamma(f^*TN) \times \mathfrak{X}(M) \to \Gamma(f^*TN)$. 不难看出, 映射 D 满足定义 8.1 的所有条件, 因而是向量丛 f^*TN 上的一个联络, 称为**在拉回丛上的诱导联络**.

注意到, 对于任意的 $X \in \mathfrak{X}(M)$, $f_*(X) \in \Gamma(f^*TN)$. 现在假定 N 是黎曼流形, $\overline{D}$ 是相应的黎曼联络. 则根据联络 D 的构造以及黎曼联络 $\overline{D}$ 的性质, 容易证明下面两个恒等式 (参看本章习题第 52 题):

$$\mathrm{D}_X f_*(Y) - \mathrm{D}_Y f_*(X) = f_*([X, Y]), \quad \forall X, Y \in \mathfrak{X}(M), \tag{8.7}$$

$$X\langle \xi, \eta \rangle = \langle \mathrm{D}_X \xi, \eta \rangle + \langle \xi, \mathrm{D}_X \eta \rangle, \quad \forall X \in \mathfrak{X}(M), \xi, \eta \in \Gamma(f^*TN). \tag{8.8}$$

注记 8.1 设 $\gamma : [a, b] \to M$ 是仿射联络空间 $(M, \overline{D})$ 上的正则光滑曲线, 即切向量 γ' 处处不为零, 则 γ 在局部上是嵌入. 因此, 对于任意的 $X \in \Gamma(\gamma^*TM)$, X 在局部上是 M 上的切向量在曲线 γ 上的限制,

因而协变导数 $\overline{D}_{\gamma'(t)}X$ 处处有意义 (参看本章的推论 4.3 以及 2.4.2 小节的第一段). 根据诱导联络 D 和 $\overline{D}_{\gamma'(t)}X$ 的定义不难知道

$$D_{\frac{\partial}{\partial t}}X = \overline{D}_{\gamma'(t)}X, \quad \forall X \in \Gamma(\gamma^*TM). \tag{8.9}$$

据此, X 沿曲线 γ 是平行向量场的条件可以改写为 $D_{\frac{\partial}{\partial t}}X = 0$. 特别地, γ 是测地线 $\Longleftrightarrow D_{\frac{\partial}{\partial t}}\gamma' = 0$.

例 8.3 联络的直和与张量积.

设 $D^{(i)}$ 是向量丛 $\pi_i: E_i \to M$ 上的联络, $i = 1, 2$. 由 E_1 和 E_2 可以构造向量丛的直和 $E_1 \oplus E_2$ 和张量积 $E_1 \otimes E_2$ (参看第一章的例 9.4). 现在要说明 $D^{(1)}$ 和 $D^{(2)}$ 在这两个向量丛上有自然的诱导联络.

对于任意的 $X \in \mathfrak{X}(M)$, 以及 $\forall \xi_i \in \Gamma(E_i)$, $i = 1, 2$, 定义

$$D_X(\xi_1 \oplus \xi_2) = D_X^{(1)}\xi_1 \oplus D_X^{(2)}\xi_2,$$
$$D_X(\xi_1 \otimes \xi_2) = D_X^{(1)}\xi_1 \otimes \xi_2 + \xi_1 \otimes D_X^{(2)}\xi_2.$$

直接验证可知, 上面定义的两个映射满足定义 8.1 的条件, 因而是向量丛 $E_1 \oplus E_2$ 和 $E_1 \otimes E_2$ 上的联络, 分别记为 $D^{(1)} \oplus D^{(2)}$ 和 $D^{(1)} \otimes D^{(2)}$.

例 8.4 设 (M, D) 是仿射联络空间, 则对于任意的非负整数 r, s, D 在张量丛 $T_s^r(M)$ 上有诱导联络.

事实上, D 给出了切丛 TM 和余切丛 T^*M 上联络, 而张量丛 $T_s^r(M)$ 是 r 个 TM 与 s 个 T^*M 构成的张量积向量丛 (参看第一章的例 9.4), 所以由例 8.3, D 在 $T_s^r(M)$ 上有自然的诱导联络 D; 此外, 对于任意的 $\tau \in \Gamma(T_s^r(M)) = \mathscr{T}_s^r(M)$, $\forall X \in \mathfrak{X}(M)$, 与上述诱导联络 D 相对应的协变导数 $D_X\tau$ 具有局部表达式 (4.6). 细节留给读者作为练习.

习 题 二

1. 设 $(M_1, g_1), (M_2, g_2)$ 是黎曼流形. 由第一章习题第 18 题, 对于任意的 $(p, q) \in M_1 \times M_2$,

$$T_{(p,q)}(M_1 \times M_2) = (\alpha_1)_{*p}(T_pM_1) \oplus (\alpha_2)_{*q}(T_qM_2).$$

M 上的乘积度量 $g = g_1 \times g_2$ 定义为

$$g((\alpha_1)_*X_1 + (\alpha_2)_*X_2, (\alpha_1)_*Y_1 + (\alpha_2)_*Y_2) = g_1(X_1, Y_1) + g_2(X_2, Y_2),$$

即

$$g((\alpha_1)_*X_1, (\alpha_1)_*Y_1) = g_1(X_1, Y_1),$$
$$g(((\alpha_2)_*X_2, (\alpha_2)_*Y_2) = g_2(X_2, Y_2),$$
$$g((\alpha_1)_*X_1, (\alpha_2)_*Y_2) = g(((\alpha_2)_*X_2, (\alpha_1)_*Y_1) = 0,$$
$$\forall X_1, Y_1 \in T_p M_1, \quad X_2, Y_2 \in T_q M_2.$$

证明: g 是流形 $M_1 \times M_2$ 上的黎曼度量.

2. 设 (M, g) 是 m 维有向黎曼流形, $(U; x^i)$ 是 M 的与其定向相符的局部坐标系. 令

$$g_{ij} = g\left(\frac{\partial}{\partial x^i}, \frac{\partial}{\partial x^j}\right), \quad G = \det(g_{ij}),$$

证明: m 次外微分式 $\mathrm{d}V_M = \sqrt{G}\,\mathrm{d}x^1 \wedge \cdots \wedge \mathrm{d}x^m$ 与局部坐标系 $(U; x^i)$ 的取法无关, 因而是大范围地定义在 M 上的 m 次外微分式.

3. 设 $M, \tilde{M}$ 是有向光滑流形, $f : M \to \tilde{M}$ 是光滑同胚. 如果 f 把 M 的定向映射为 $\tilde{M}$ 的定向, 即对于任意的 $p \in M$, 以及 $T_p M$ 上每一个与定向相符的基底 $\{e_i\}$, $\{f_*(e_i)\}$ 必定是与 $T_{f(p)}\tilde{M}$ 上的定向相符的基底, 则称 f 是**保持定向不变的**. 证明: f 保持定向不变当且仅当 f 在 M 和 $\tilde{M}$ 的任意两个与定向相符的局部坐标系下具有恒正的 Jacobi 行列式.

4. 设 $S^n \subset \mathbb{R}^{n+1}$ 是标准球面, $A : S^n \to S^n$ 是**对径点映射**, 即对于任意的 $p \in S^n$, $A(p) = -p$.

(1) 证明: A 是等距;

(2) 定义**自然投影** $\pi : S^n \to \mathbb{R}P^n$ 如下:

$$\forall p \in S^n \subset \mathbb{R}^{n+1}\setminus\{0\}, \quad \pi(p) = [p],$$

其中 $[p]$ 是点 p 在 $\mathbb{R}^{n+1}\setminus\{0\}$ 中的等价类 (参看本章的例 2.4). 试利用结论 (1) 在 $\mathbb{R}P^n$ 上引入黎曼度量, 使得映射 π 成为局部等距.

5. 例 2.4 给出了实射影空间 $\mathbb{R}P^n$ 上的一个黎曼度量, 试问: 在 $\mathbb{R}P^n$ 上体积元素是否有意义? 为什么?

6. 设 (M, g) 是 m 维有向黎曼流形, $X \in \mathfrak{X}(M)$. 对于与定向相符的局部坐标系 $(U; x^i)$, 令

$$\omega = \sum_{i=1}^{m} (-1)^{i+1} \sqrt{G} X^i \mathrm{d}x^1 \wedge \cdots \wedge \widehat{\mathrm{d}x^i} \wedge \cdots \wedge \mathrm{d}x^m,$$

其中 $G = \det(g_{ij})$, $g_{ij} = g\left(\dfrac{\partial}{\partial x^i}, \dfrac{\partial}{\partial x^j}\right)$, $X^i = \mathrm{d}x^i(X)$. 证明:

(1) ω 与局部坐标系 $(U; x^i)$ 的取法无关, 因而是在 M 上整体定义的 $m-1$ 次外微分式;

(2) 如果 $\mathrm{d}V_M$ 是 M 的体积元素, 则有 $i(X)\mathrm{d}V_M = \omega$, 其中 $i(X)$ 的定义可参看第一章习题第 54 题.

7. 设 $f, g : (a, b) \to \mathbb{R}$ 是光滑函数, $(f')^2 + (g')^2 \neq 0$, $f \neq 0$. 令

$$U = \{(u, v) \in \mathbb{R}^2;\ 0 < u < 2\pi + \varepsilon, v \in (a, b)\},$$

其中 $\varepsilon > 0$. 定义映射 $\varphi : U \to \mathbb{R}^3$ 如下:

$$\varphi(u, v) = (f(v) \cos u, f(v) \sin u, g(v)), \quad (u, v) \in U.$$

$S = \varphi(U)$ 是由 Oxz 平面上的曲线 $t \mapsto (f(t), 0, g(t))$ 绕 Oz 轴旋转一周所得到的旋转曲面. 试证明:

(1) φ 是浸入;

(2) $\mathbb{R}^3$ 在 S 上诱导的度量 g 关于局部坐标系 (u, v) 的分量为

$$g_{11} = f^2, \quad g_{12} = g_{21} = 0, \quad g_{22} = (f')^2 + (g')^2.$$

8. 设 $\tilde{M}, M$ 是黎曼流形, $f : \tilde{M} \to M$ 是淹没 (参看第一章的定义 4.5). 对于任意的 $\tilde{p} \in \tilde{M}$, 记 $p = \pi(\tilde{p})$, $F_p = f^{-1}(p)$ 称为淹没 f 在点 $p \in M$(或通过点 $\tilde{p}$) 的**纤维**.

(1) 证明: 对于任意 $p \in M$, 纤维 F_p 是 $\tilde{M}$ 的嵌入子流形. 对于任意的 $\tilde{p} \in F_p$, 我们把 $V_{\tilde{p}}(f) = T_{\tilde{p}}(F_p)$ 称为淹没 f 在点 $\tilde{p}$ 的**铅垂切空间**,

它在 $T_{\tilde{p}}\tilde{M}$ 中的正交补空间 $H_{\tilde{p}}(f) = (T_{\tilde{p}}F_p)^{\perp}$ 称为淹没 f 在点 $\tilde{p}$ 的**水平切空间**; $V_{\tilde{p}}(f)$ 和 $H_{\tilde{p}}(f)$ 中的向量分别称为淹没 f 在点 $\tilde{p}$ 的**铅垂切向量**和**水平切向量**;

(2) 如果对于任意的 $\tilde{p} \in \tilde{M}$, 以及任意的水平切向量 $\tilde{v} \in T_{\tilde{p}}\tilde{M}$, $v = f_*(\tilde{v})$ 与 $\tilde{v}$ 的长度相等, 则称 $f : \tilde{M} \to M$ 为**黎曼淹没**. 证明: M_1 和 M_2 的黎曼乘积 $M_1 \times M_2$(参看例 2.5) 到 M_1, M_2 的自然投影

$$\pi_1 : M_1 \times M_2 \to M_1, \quad \pi_2 : M_1 \times M_2 \to M_2$$

都是黎曼淹没.

9. 设 K 是 $\mathbb{R}^m$ 的子集, $\{g_{ij}, 1 \leqslant i, j \leqslant m\}$ 是定义在 K 上的 m^2 个连续函数, 使得对于任意的 $x \in K$, 矩阵 $(g_{ij}(x))$ 是对称的. 证明:

(1) 如果 $\lambda(x)$ 和 $\Lambda(x)$ 分别是矩阵 $(g_{ij}(x))$ 的最小和最大特征值, 则 λ 和 Λ 都是 K 上的连续函数;

(2) 如果 K 是紧致的, 并且对于任意的 $x \in K$, $(g_{ij}(x))$ 是正定的, 则存在正数 ε 和 δ, 使得对于任意的 $x \in K$ 和任意的 $(v^1, \cdots, v^m) \in \mathbb{R}^m$ 都有

$$\varepsilon \sum_i (v^i)^2 \leqslant \sum_{i,j} g_{ij}(x) v^i v^j \leqslant \delta \sum_i (v^i)^2.$$

10. (**双曲空间的 "球极投影"**) 设 $a > 0$, $N = (0, \cdots, 0, -a) \in \mathbb{R}^{n+1}$. 令

$$H^n = \{(x^1, \cdots, x^{n+1}) \in \mathbb{R}^{n+1}; \ (x^1)^2 + \cdots + (x^n)^2 - (x^{n+1})^2$$
$$= -a^2, \quad x^{n+1} > 0\},$$

$$B^n(a) = \{(\xi^1, \cdots, \xi^n, 0) \in \mathbb{R}^{n+1}; \ (\xi^1)^2 + \cdots + (\xi^n)^2 < a^2\}.$$

对于任意的 $p = (x^1, \cdots, x^{n+1}) \in H^n$, p 和 N 两点确定一条直线 l_p. 以 $\varphi(p) = (\xi^1, \cdots, \xi^n, 0)$ 记 l_p 与超平面 $x^{n+1} = 0$ 的交点; 显然, 该交点落在 $B^n(a)$ 内, 于是有可逆映射 $\varphi : H^n \to B^n(a)$(见图, 取 $a = 1$).

对任意的 $(x^1, \cdots, x^{n+1}) \in H^n$, 令 $(\xi^1, \cdots, \xi^n) = \varphi(x^1, \cdots, x^{n+1})$.

证明:

$$\xi^1 = \frac{ax^1}{a + x^{n+1}}, \quad \cdots, \quad \xi^n = \frac{ax^n}{a + x^{n+1}};$$

$$x^1 = \frac{2a^2\xi^1}{a^2 - \sum_j (\xi^j)^2}, \quad \cdots, \quad x^n = \frac{2a^2\xi^n}{a^2 - \sum_j (\xi^j)^2},$$

$$x^{n+1} = \frac{a(a^2 + \sum_j (\xi^j)^2)}{a^2 - \sum_j (\xi^j)^2}.$$

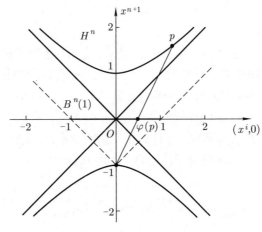

第 10 题图 (取 $a = 1$)

11. 证明命题 2.2.

12. 设 M 是嵌入在 $\mathbb{R}^{m+1}$ 中的超曲面,(x^A) 是 $\mathbb{R}^{m+1}$ 中的直角坐标系. 对于任意的点 $p \in M$, 存在 p 在 $\mathbb{R}^{m+1}$ 中的开邻域 U, 使得 $M \cap U$ 有参数表示:

$$x^A = f^A(u^1, \cdots, u^m), \quad 1 \leqslant A \leqslant m+1, \quad (u^1, \cdots, u^m) \in D \subset \mathbb{R}^m,$$

其中 D 是 R^m 中的开区域.

(1) 证明: M 上的单位法向量场 ξ 的分量是 $\xi^A = W^A / W$, 其中

$$W^A = (-1)^{A+1} \frac{\partial(f^1, \cdots, \widehat{f^A}, \cdots, f^{m+1})}{\partial(u^1, \cdots, u^m)}, \quad W = \left(\sum_A (W^A)^2 \right)^{\frac{1}{2}};$$

(2) 求 $\mathbb{R}^{m+1}$ 在 M 上的诱导黎曼度量 $g = \sum g_{ij}\mathrm{d}u^i\mathrm{d}u^j$, 并证明: $G = \det(g_{ij}) = W^2$;

(3) 证明: M 的体积元素是

$$\mathrm{d}V_M = i(\xi)(\mathrm{d}x^1 \wedge \cdots \wedge \mathrm{d}x^{m+1})|_M.$$

13. 在 $\mathbb{R}^n$ 中引进等价关系如下: 设 $(u^1, \cdots, u^n), (v^1, \cdots, v^n) \in \mathbb{R}^n$, 则 $(u^1, \cdots, u^n) \sim (v^1, \cdots, v^n)$ 当且仅当存在 n 个整数 $a^1, \cdots, a^n$ 使得

$$u^i - v^i = 2\pi a^i, \qquad 1 \leqslant i \leqslant n.$$

命 $T^n = \mathbb{R}^n / \sim$, 记 $\pi : \mathbb{R}^n \to T^n$ 为自然投影, 并且把 $(u^1, \cdots, u^n) \in \mathbb{R}^n$ 的 $\sim$ 等价类记为 $[u^i, \cdots, u^n]$.

(1) 给出 T^n 的光滑结构, 并且在 T^n 上定义黎曼度量 g 使得 $\pi : \mathbb{R}^n \to T^n$ 是局部等距;

(2) 定义映射 $\varphi : T^n \to \mathbb{C}^n$, 使得

$$\varphi([u^1, \cdots, u^n]) = (\mathrm{e}^{\sqrt{-1}\, u^1}, \cdots, \mathrm{e}^{\sqrt{-1}\, u^n}), \quad \forall [u^1, \cdots u^n] \in T^n.$$

将 $\mathbb{C}^n$ 看成 $\mathbb{R}^{2n}$. 证明: φ 是等距映射. 由此可见, 本题所定义的黎曼流形 (T^n, g) 就是例 2.5 中所定义的 n 维平坦环面.

14. 设 $\mathbb{R}^2_+$ 是 $\mathbb{R}^2$ 中的上半平面, 即

$$\mathbb{R}^2_+ = \{(x, y) \in \mathbb{R}^2;\ y > 0\}.$$

对于任意的 $(x, y) \in \mathbb{R}^2_+$, 定义 $f_{x,y} \in \mathrm{Diff}(\mathbb{R})$, 使得

$$f_{x,y}(t) = yt + x, \quad \forall t \in \mathbb{R}.$$

令

$$G = \{f_{x,y};\ (x, y) \in \mathbb{R}^2_+\},$$

它关于从 $\mathbb{R}^2_+$ 诱导的光滑结构和复合运算构成一个 2 维李群. 如果把 G 和 $\mathbb{R}^2_+$ 等同起来, 其单位元素是 $e = (0, 1)$.

(1) 设 g 是 G 上的**左不变黎曼度量**, 即有

$$(L_a)^* g = g, \quad \forall a \in G,$$

其中 L_a 是在 G 上的左移动 (参看第一章习题第 44 题). 记

$$g_{11} = g\left(\frac{\partial}{\partial x}, \frac{\partial}{\partial x}\right), \quad g_{12} = g_{21} = g\left(\frac{\partial}{\partial x}, \frac{\partial}{\partial y}\right),$$
$$g_{22} = g\left(\frac{\partial}{\partial y}, \frac{\partial}{\partial y}\right).$$

证明: 若在单位元 e 处设 $g_{11} = g_{22} = 1$, $g_{12} = g_{21} = 0$, 那么在任意一点 $(x, y) \in G$, $g_{11} = g_{22} = 1/y^2$, $g_{12} = g_{21} = 0$. 上述黎曼度量 g 就是所谓的罗氏几何中的度量;

(2) 令 $z = (x, y) = x + \sqrt{-1}\, y$, 并设 $a, b, c, d \in \mathbb{R}$, $ad - bc = 1$, 证明: 由

$$z \mapsto z' = \frac{az + b}{cz + d}$$

给出的变换是从 G 到自身的等距.

15. 举例说明: 黎曼流形之间的局部等距不是等价关系.

16. 设 G 是紧致的 n 维连通李群.

(1) 证明: 在 G 上存在非零的 n 次**左不变外微分式**, 即存在 $\omega \in A^n(G)$, $\omega \neq 0$, 使得对于任意的 $a \in G$, $(L_a)^*(\omega) = \omega$, 这里 L_a 是 G 上的左移动 (参看第一章习题第 44 题);

(2) 假设 ω 是 G 上的 n 次左不变外微分式, 证明: ω 也是右不变外微分式, 即对于任意的 $a \in G$, 有 $(R_a)^* \omega = \omega$, 其中 R_a 是 G 上的右移动 (参看第一章习题第 44 题);

(3) 设 $\langle \cdot, \cdot \rangle$ 是 G 上的一个左不变黎曼度量, ω 是 G 上的一个非零的 n 次左不变外微分式, 它给出了 G 的定向. 定义 (其中的 x 是积分变量)

$$(u, v)|_y = \int_G \langle (R_x)_* y(u), (R_x)_* y(v) \rangle|_{yx}\, \omega(x),$$
$$\forall u, v \in T_y G; \quad \forall y \in G.$$

证明: 上面定义的 $(\cdot,\cdot)$ 是 G 上的**双不变黎曼度量**, 即 $g = (\cdot,\cdot)$ 是 G 上的对称正定的二阶协变张量场, 并且满足

$$L_x^* g = g, \quad R_x^* g = g, \quad \forall x \in G.$$

(双不变黎曼度量的存在性的另一个证明方法可以参看参考文献 [14], 第 246 页.)

17. 设 D 是黎曼流形 M 上的黎曼联络, 证明: 对于任意的 $X, Y, Z \in \mathfrak{X}(M)$,

$$\begin{aligned}
2\langle \mathrm{D}_X Y, Z \rangle = {}& X\langle Y, Z \rangle + Y\langle Z, X \rangle - Z\langle X, Y \rangle \\
& + \langle [X, Y], Z \rangle + \langle [Z, X], Y \rangle - \langle [Y, Z], X \rangle.
\end{aligned}$$

反过来, 由上式确定的映射 $\mathrm{D}: \mathfrak{X}(M) \times \mathfrak{X}(M) \to \mathfrak{X}(M)$ 是 M 上的无挠联络并与度量 $\langle \cdot, \cdot \rangle$ 相容. 这个习题给出了黎曼联络的存在唯一性定理的另一个证明.

18. 设 D 是李群 G 上关于双不变黎曼度量 g (参看本章习题第 16 题) 的黎曼联络, 证明:

(1) 对于 G 上的每一个左不变向量场 X, 有 $\mathrm{D}_X X = 0$;

(2) 对于 G 上的任意两个左不变向量场 X, Y,

$$\mathrm{D}_X Y = \frac{1}{2}[X, Y].$$

19. 设 $\mathrm{D}, \tilde{\mathrm{D}}$ 分别是黎曼流形 $M, \tilde{M}$ 上的黎曼联络, $\varphi: M \to \tilde{M}$ 是局部等距, $p \in M$, $\tilde{p} = \varphi(p)$. 证明: 对于任意的 $v \in T_p M$, 以及任意的 $X \in \mathfrak{X}(M)$, 有

$$\varphi_*(\mathrm{D}_v X) = \tilde{\mathrm{D}}_{\varphi_*(v)} \varphi_*(X).$$

因此, 局部等距保持黎曼流形的黎曼联络 (即 Levi-Civita 联络) 不变.

如果把题目中的条件 "局部等距" 换为 "等距浸入", 结论是否成立? 为什么?

20. 设 M 是 m 维光滑流形, g 和 $\tilde{g}$ 是 M 上的两个黎曼度量. 如果存在光滑的正函数 $\lambda \in C^\infty(M)$, 使得 $\tilde{g} = \lambda^2 g$, 则 g 和 $\tilde{g}$ 互称为**共形的黎曼度量**, 简称为**共形度量**.

(1) 假定 $(U; x^i)$ 是 M 的容许局部坐标系, 证明: 共形的黎曼度量 g 和 $\tilde{g}$ 的 Christoffel 记号 Γ_{ij}^k, $\tilde{\Gamma}_{ij}^k$ 满足如下的关系式:

$$\tilde{\Gamma}_{ij}^k = \Gamma_{ij}^k + \delta_i^k \frac{\partial}{\partial x^j}(\ln \lambda) + \delta_j^k \frac{\partial}{\partial x^i}(\ln \lambda) - g_{ij}g^{kl}\frac{\partial}{\partial x^l}(\ln \lambda).$$

特别地, 如果 $\lambda = \mathrm{e}^\rho$, $\rho \in C^\infty(M)$, 则上式成为

$$\tilde{\Gamma}_{ij}^k = \Gamma_{ij}^k + \delta_i^k \frac{\partial \rho}{\partial x^j} + \delta_j^k \frac{\partial \rho}{\partial x^i} - g_{ij}g^{kl}\frac{\partial \rho}{\partial x^l};$$

(2) 设 Δ_g 和 $\Delta_{\tilde{g}}$ 分别是黎曼度量 g 和 $\tilde{g} = \lambda^2 g$ 的 Beltrami-Laplace 算子, 利用 (1) 的结论证明:

$$\Delta_{\tilde{g}}(f) = \lambda^{-2}\left(\Delta_g(f) + (m-2)g(\nabla(\ln \lambda), \nabla f)\right), \quad \forall f \in C^\infty(M).$$

21. (**共形度量的联络**) 设 M 是微分流形, g 与 $\tilde{g}$ 是 M 上的两个互为共形的黎曼度量, 即有光滑函数 $\rho \in C^\infty(M)$, 使得 $\tilde{g} = \mathrm{e}^{2\rho}g$. 假设 D 和 $\tilde{\mathrm{D}}$ 分别是 M 上关于 g 和 $\tilde{g}$ 的黎曼联络. 证明:

$$\tilde{\mathrm{D}}_X Y = \mathrm{D}_X Y + S(X, Y), \quad \forall X, Y \in \mathfrak{X}(M),$$

其中

$$S(X, Y) = X(\rho)Y + Y(\rho)X - g(X, Y)\mathrm{grad}_g(\rho);$$

利用本题重新证明上面第 20 题的结论 (2).

22. 设 g 是光滑流形 M 上的一个光滑、对称的二阶协变张量场 g. 如果 g 是非退化的, 则称 g 为**伪黎曼度量**; 特别地, 正定的伪黎曼度量就是通常的黎曼度量. 具有指定的伪黎曼度量 g 的光滑流形 M 称为**伪黎曼流形**, 并记为 (M, g); 如果 M 上的联络 D 和伪黎曼度量 g 满足 (4.9) 式, 则称 D 是伪黎曼度量 g 的**相容联络**.

(1) 证明: 在伪黎曼流形 (M, g) 上存在唯一的一个与 g 相容的无挠联络, 称为 M 上的**伪黎曼联络**;

(2) 在 $\mathbb{R}^{n+1}$ 上定义

$$g(x, y) = \langle x, y \rangle_1 = x^1 y^1 + \cdots + x^n y^n - x^{n+1}y^{n+1},$$
$$\forall x = (x^1, \cdots, x^{n+1}), \ y = (y^1, \cdots, y^{n+1}) \in \mathbb{R}^{n+1}.$$

则 g 是 $\mathbb{R}^{n+1}$ 上的伪黎曼度量 (称为 **Lorentz 度量**), 因而 $(\mathbb{R}^{n+1}, g)$ 是一个伪黎曼流形, 称为 $n+1$ 维 **Lorentz 空间**, 记为 $\mathbb{R}_1^{n+1}$ 或 L^{n+1}. 证明: $\mathbb{R}_1^{n+1}$ 上的平行移动与 $\mathbb{R}^{n+1}$ 上关于标准黎曼度量的平行移动是一致的.

23. 设 U 是 m 维黎曼流形 M 的一个非空开子集, $X \in \mathfrak{X}(U)$, $\varphi(t, p)$ 是由 X 确定的**局部单参数变换群** (参看参考文献 [3] 定义 3.3, 第 140 页, 或 [14] 第 134~135 页.), 即对于任意的 $p \in M$, $\varphi(t, q)$ 是初值问题

$$\frac{\partial \varphi(t, p)}{\partial t} = X\big|_{\varphi(t, p)}, \quad \varphi(0, p) = p$$

的解. 如果对于任意的 t, 由 $p \mapsto \varphi_t(p) = \varphi(t, p)$ 给出的映射 φ_t 都是等距, 则称 X 是 M 上的一个**Killing 向量场** (或无穷小等距).

(1) 设 $X \in \mathfrak{X}(M)$, 证明: X 是 Killing 向量场的充要条件是

$$\langle \mathrm{D}_Y X, Z \rangle + \langle \mathrm{D}_Z X, Y \rangle = 0, \quad \forall Y, Z \in \mathfrak{X}(M).$$

上述方程称为 **Killing 方程**;

(2) 设 M, N 是黎曼流形, $f : M \to N$ 为等距, $X \in \mathfrak{X}(M)$; 证明: $f_*(X)$ 是 N 上的 Killing 向量场当且仅当 X 是 M 上的 Killing 向量场;

(3) 设 $p \in M$, X 是 M 上的一个 Killing 向量场, 并且 $X(p) \neq 0$. 证明: 存在点 p 的一个局部坐标系 $(U; x^i)$, 使得黎曼度量 g 在 $(U; x^i)$ 下的系数 g_{ij} 与 x^m 无关;

(4) 求 $\mathbb{R}^n$ 上的 Killing 向量场.

24. 设 M_1 和 M_2 是两个黎曼流形, $\mathrm{D}^{(1)}$ 和 $\mathrm{D}^{(2)}$ 分别是 M_1 和 M_2 上的黎曼联络. 令 $M = M_1 \times M_2$ 是黎曼积流形 (参看本章的例 2.5). 设 $(U; u^i)$ 是 M_1 的局部坐标系, $(V; v^\alpha)$ 是 M_2 的局部坐标系, 命

$$\mathrm{D}^{(1)}_{\frac{\partial}{\partial u^i}} \frac{\partial}{\partial u^j} = \Gamma^{(1)k}_{ji} \frac{\partial}{\partial u^k}, \qquad \mathrm{D}^{(2)}_{\frac{\partial}{\partial v^\alpha}} \frac{\partial}{\partial v^\beta} = \Gamma^{(2)\gamma}_{\beta\alpha} \frac{\partial}{\partial v^\gamma}.$$

于是 $(U \times V; u^i, v^\alpha)$ 是 M 上的一个局部坐标系, 自然标架为

$$\left\{ (p, q); \frac{\partial}{\partial u^i}\bigg|_{(p,q)}, \frac{\partial}{\partial v^\alpha}\bigg|_{(p,q)} \right\},$$

其中对于任意固定的 $q \in V$,

$$\left. \frac{\partial}{\partial u^i} \right|_{(p,q)} = (\alpha_1)_{*p} \left(\left. \frac{\partial}{\partial u^i} \right|_p \right),$$

对于任意固定的 $p \in U$,

$$\left. \frac{\partial}{\partial v^\alpha} \right|_{(p,q)} = (\alpha_2)_{*q} \left(\left. \frac{\partial}{\partial v^\alpha} \right|_q \right).$$

上面所用的记号可以参看第一章习题第 18 题. 证明: M 上的黎曼联络 D 由下列各式给出:

$$D_{\frac{\partial}{\partial u^i}} \frac{\partial}{\partial u^j} = (\Gamma^{(1)k}_{ji} \circ \pi_1) \frac{\partial}{\partial u^k},$$

$$D_{\frac{\partial}{\partial v^\alpha}} \frac{\partial}{\partial v^\beta} = (\Gamma^{(2)\gamma}_{\beta\alpha} \circ \pi_2) \frac{\partial}{\partial v^\gamma},$$

$$D_{\frac{\partial}{\partial v^\alpha}} \frac{\partial}{\partial u^i} = D_{\frac{\partial}{\partial u^i}} \frac{\partial}{\partial v^\alpha} = 0.$$

25. (**黎曼淹没的联络**) 设 $f: \tilde{M} \to M$ 是黎曼淹没 (参看本章习题第 8 题), $\tilde{p} \in \tilde{M}$. 易知, 切空间 $T_{\tilde{p}}\tilde{M}$ 有如下的直和分解:

$$T_{\tilde{p}}\tilde{M} = (T_{\tilde{p}}\tilde{M})^h \oplus (T_{\tilde{p}}\tilde{M})^v,$$

其中的 $(T_{\tilde{p}}\tilde{M})^h$ 和 $(T_{\tilde{p}}\tilde{M})^v$ 分别是 $\tilde{M}$ 在 $\tilde{p}$ 点的水平切空间和铅垂切空间. 设 $X \in \mathfrak{X}(M)$, 则 X 在 $\tilde{M}$ 中的**水平提升**指的是 $\tilde{M}$ 上的水平切向量场 $\overline{X}$, 满足条件

$$f_{*\tilde{p}}(\overline{X}(\tilde{p})) = X_{f(\tilde{p})}, \quad \forall \tilde{p} \in \tilde{M}.$$

(1) 证明: 每一个光滑向量场 $X \in \mathfrak{X}(M)$ 有唯一的水平提升 $\overline{X} \in \mathfrak{X}(\tilde{M})$;

(2) 设 D 和 $\tilde{D}$ 分别为 M 和 $\tilde{M}$ 上的黎曼联络, 证明:

$$\tilde{D}_{\overline{X}}\overline{Y} = \overline{D_X Y} + \frac{1}{2}[\overline{X}, \overline{Y}]^v, \quad \forall X, Y \in \mathfrak{X}(M),$$

其中 $(\cdots)^v$ 是指向量 $(\cdots)$ 的铅垂分量;

(3) $[\overline{X},\overline{Y}]^v(\tilde{p})$ 仅与 X, Y 以及 $\overline{X}(\tilde{p})$ 和 $\overline{Y}(\tilde{p})$ 有关.

26. 设 (M,D) 是仿射联络空间, φ 是 M 到自身的微分同胚. 如果对于任意的 $X,Y \in \mathfrak{X}(M)$ 有 $\mathrm{D}_{\varphi_*(X)}\varphi_*(Y) = \varphi_*(\mathrm{D}_X Y)$, 则称 φ 是 M 上的一个**仿射变换**. 假设 D 是欧氏空间 $\mathbb{R}^m$ 关于标准度量的黎曼联络, 试求 $(\mathbb{R}^m,\mathrm{D})$ 上的仿射变换.

27. 设 (M,D) 是仿射联络空间, $\{e_i\}$ 是 M 上的局部切标架场, $\{\omega^i\}$ 是与之对偶的余切标架场, 即 $\omega^i(e_j) = \delta^i_j$. 证明: 如果 D 是无挠联络, 则对于 M 上任意的 r 次外微分式 θ 有

$$\mathrm{d}\theta = \sum_i \omega^i \wedge \mathrm{D}_{e_i}\theta.$$

28. 设 (M,D) 是仿射联络空间, $\theta \in A^r(M)$. 证明: 如果 D 是无挠联络, 则对于任意的 $X_1,\cdots,X_{r+1} \in \mathfrak{X}(M)$,

$$(\mathrm{d}\theta)(X_1,\cdots,X_{r+1}) = \sum_{i=1}^{r+1}(-1)^{i+1}(\mathrm{D}_{X_i}\theta)(X_1,\cdots,\widehat{X_i},\cdots,X_{r+1}).$$

29. 设 $S^3 \subset \mathbb{R}^4$ 是单位球面, $(x^1,\cdots,x^4)$ 是 $\mathbb{R}^4$ 中的直角坐标系, 在 $\mathbb{R}^4$ 上定义三个的光滑切向量场如下:

$$X_1 = (-x^2,x^1,x^4,-x^3), \quad X_2 = (-x^3,-x^4,x^1,x^2),$$
$$X_3 = (-x^4,x^3,-x^2,x^1).$$

(1) 证明: $[X_1,X_2] = 2X_3$, $[X_2,X_3] = 2X_1$, $[X_3,X_1] = 2X_2$.

(2) 令

$$e_1 = \frac{1}{2}X_1|_{S^3}, \quad e_2 = \frac{1}{2}X_2|_{S^3}, \quad e_3 = \frac{1}{2}X_3|_{S^3}.$$

证明: $\{e_1,e_2,e_3\}$ 是大范围地定义在 S^3 上的光滑标架场, 并且有

$$[e_1,e_2] = e_3, \quad [e_2,e_3] = e_1, \quad [e_3,e_1] = e_2.$$

(3) 把 $\{e_1,e_2,e_3\}$ 看作单位正交标架场便在 S^3 上确定了一个黎曼度量 g. 试求 g 的 Levi-Civita 联络.

30. 设 (M,g) 是 m 维有向黎曼流形, $\omega \in A^r(M)$. 假定在与定向相符的局部坐标系 $(U;x^i)$ 下, ω 具有如下的表达式

$$\omega|_U = \frac{1}{r!}\omega_{i_1 \cdots i_r} \mathrm{d}x^{i_1} \wedge \cdots \wedge \mathrm{d}x^{i_r}.$$

证明: $*\omega$ 的定义式 (5.24) 的右端与局部坐标系 $(U;x^i)$ 的选取无关.

31. $\mathbb{R}^3$ 上的直角坐标系 (x,y,z) 与球坐标系 (r,φ,θ) 之间有如下的变换公式:

$$x = r\cos\varphi\cos\theta, \quad y = r\cos\varphi\sin\theta, \quad z = r\sin\varphi.$$

试求 Beltrami-Laplace 算子 Δ 在球坐标系下的表达式.

32. 设 Δ 和 Δ_1 分别是 $\mathbb{R}^{m+1}$ 和 S^m 关于标准度量的 Beltrami-Laplace 算子, 如果 $(x^1, \cdots, x^{m+1})$ 是 $\mathbb{R}^{m+1}$ 上的笛卡儿直角坐标系, 命

$$r = \sqrt{(x^1)^2 + \cdots + (x^{m+1})^2},$$

则 $\mathbb{R}^{m+1}$ 上的光滑函数 $f(x^1, \cdots, x^{m+1})$ 可以表示为 $f(r \cdot p)$, 其中 $p \in S^m$. 证明: 当 $r > 0$ 时, 下述关系式成立:

$$\Delta f = \frac{\partial^2 f}{\partial r^2} + \frac{m}{r}\frac{\partial f}{\partial r} + \frac{1}{r^2}\Delta_1 f,$$

在这里 $\Delta_1 f$ 是把 $f(r \cdot p)$ 作为 $p \in S^m$ 的函数所求的 Laplacian.

33. 在 $\mathbb{R}^n \backslash \{0\}$ 中令

$$\alpha = \frac{x^1 \mathrm{d}x^1 + \cdots + x^n \mathrm{d}x^n}{((x^1)^2 + \cdots + (x^n)^2)^{\frac{n}{2}}}.$$

求 $*\alpha$ 并证明 $*\alpha$ 是闭微分式 (参看第一章习题第 63 题).

34. 设 M 是 m 维有向黎曼流形, $\mathrm{d}V_M$ 是 M 的体积元, $X \in \mathfrak{X}(M)$, $i(X)\mathrm{d}V_M \in A^{m-1}(M)$ 是 X 与 m 次外微分式 $\mathrm{d}V_M$ 的内乘 (参看第一章习题第 54 题), 即

$$(i(X)\mathrm{d}V_M)(X_1, \cdots, X_{m-1}) = \mathrm{d}V_M(X, X_1, \cdots, X_{m-1}),$$

$$\forall X_1, \cdots, X_{m-1} \in \mathfrak{X}(M).$$

证明: $\mathrm{d}(i(X)\mathrm{d}V_M) = \mathrm{div}\,(X) \cdot \mathrm{d}V_M$.

35. 设 (M,g) 是有向黎曼流形, D 是 M 上的黎曼联络.

(1) 如果 $\{e_i\}$ 是 M 上的一个与定向相符的局部光滑切标架场, 并设 $g_{ij} = g(e_i, e_j)$, 矩阵 $(g^{ij}) = (g_{ij})^{-1}$, 证明: 余微分算子 δ 可以表示为

$$\delta\alpha = -g^{ij}(i(e_j)\mathrm{D}_{e_i}\alpha), \quad \forall \alpha \in A^{r+1}(M),$$

即对于任意的 $X_1, \cdots, X_r \in \mathfrak{X}(M)$,

$$(\delta\alpha)(X_1, \cdots, X_r) = -g^{ij}(\mathrm{D}_{e_i}\alpha)(e_j, X_1, \cdots, X_r);$$

(2) 对于任意的 $\alpha \in A^{r+1}(M)$, 利用上面的表达式进一步写出 $\delta\alpha$ 关于对偶余切标架场 $\{\omega^i\}$ 的表达式;

(3) 对于任意的 $X \in \mathfrak{X}(M)$, 设 α_X 是由下式确定的 1 次微分式:

$$\alpha_X(Y) = g(X, Y), \quad \forall Y \in \mathfrak{X}(M),$$

证明: X 的散度 $\mathrm{div}\,X = -\delta(\alpha_X)$.

36. 证明如下的 **Hopf 定理**: 设 M 是紧致无边的可定向连通黎曼流形. 如果 $f \in C^\infty(M)$ 是 M 上的**次调和函数**, 即满足 $\Delta f \geqslant 0$, 则 f 为常值函数. 特别地, 如果 f 是 M 上的**调和函数**(即 $\Delta f = 0$), 则 f 是常值函数.

37. 设 M 是 m 维黎曼流形, $p \in M$, $X \in \mathfrak{X}(M)$, 并且 $X(p) \neq 0$. 如果 $(U; t, x^2, \cdots, x^m)$ 是 M 在 p 点的一个局部坐标系, 使得

$$X = \frac{\partial}{\partial t}, \quad \mathrm{d}V_M = g\mathrm{d}t \wedge \mathrm{d}x^2 \wedge \cdots \wedge \mathrm{d}x^m,$$

证明:

$$i(X)\mathrm{d}V_M = g\mathrm{d}x^2 \wedge \cdots \wedge \mathrm{d}x^m,$$

并由此说明 $\mathrm{div}\,X = \dfrac{1}{g}\dfrac{\partial g}{\partial t}$.

38. 设 $\{e_i\}$ 是黎曼流形 M 上的一个单位正交的局部标架场.

(1) 证明: 对于任意的 $f \in C^\infty(M)$, $\nabla f = \sum_i e_i(f)e_i$;

(2) 证明: 对于任意的 $X \in \mathfrak{X}(M)$, $\operatorname{div} X = \sum_i \langle \mathrm{D}_{e_i} X, e_i \rangle$;

(3) 利用 (1) 和 (2) 重新证明等式

$$\operatorname{div}(\nabla f) = -\tilde{\Delta} f, \quad \forall f \in C^{\infty}(M),$$

其中 $\tilde{\Delta}$ 是 Hodge-Laplace 算子.

39. 设 (M, g) 是紧致的黎曼流形, d 和 δ 分别是 M 上的外微分算子和余微分算子, $\tilde{\Delta} = \mathrm{d}\delta + \delta\mathrm{d}$ 是 M 上的 Hodge-Laplace 算子. 对于 $\omega \in A^r(M)$, 如果 $\tilde{\Delta}\omega = 0$, 则称 ω 是 M 上的 r 次**调和形式**. 设 H^r 是 M 上的 r 次调和形式的集合, $(\cdot, \cdot)$ 是由 (5.23) 式定义的内积, 则 $A^r(M)$ 关于内积 $(\cdot, \cdot)$ 有如下的正交分解 (**Hodge 分解定理**):

$$A^r(M) = \mathrm{d}(A^{r-1}(M)) \oplus \delta(A^{r+1}(M)) \oplus H^r.$$

上述 Hodge 定理的详细证明可以参看参考文献 [46] 第 223~225 页.

(1) 证明: $\omega \in A^r(M)$ 是调和形式当且仅当 $\mathrm{d}\omega = \delta\omega = 0$;

(2) 证明: $\tilde{\Delta}(A^r(M)) = \mathrm{d}(A^{r-1}(M)) \oplus \delta(A^{r+1}(M))$, 从而根据上面的 Hodge 定理, 下述的分解式成立:

$$A^r(M) = \tilde{\Delta}(A^r(M)) \oplus H^r = \mathrm{d}\delta(A^r(M)) \oplus \delta\mathrm{d}(A^r(M)) \oplus H^r.$$

40. 令 $Z^r(M) = \{\omega \in A^r(M); \mathrm{d}\omega = 0\}$. 利用 Hodge 分解定理证明: $Z^r(M) = H^r \oplus \mathrm{d}(A^{r-1}(M))$.

41. 利用定理 6.3 证明黎曼联络的存在唯一性 (即定理 4.7).

42. 设 $\mathbb{R}^3$ 中曲面 $S : \boldsymbol{r} = \boldsymbol{r}(u^1, u^2)$ 的第一、第二基本形式分别为

$$I = \sum_{i,j=1}^{2} g_{ij}\mathrm{d}u^i\mathrm{d}u^j, \quad II = \sum_{i,j=1}^{2} b_{ij}\mathrm{d}u^i\mathrm{d}u^j.$$

令

$$\begin{cases} \omega^i = \mathrm{d}u^i, \quad \omega^3 = 0, \\ \omega_i^j = \sum_k \Gamma_{ik}^j \mathrm{d}u^k, \quad \omega_i^3 = \sum_j b_{ij}\mathrm{d}u^j, \qquad 1 \leqslant i, j \leqslant 2, \\ \omega_3^i = -\sum_{j,k} g^{ik} b_{kj}\mathrm{d}u^j, \quad \omega_3^3 = 0, \end{cases}$$

其中 Γ_{ik}^j 是度量系数 $g_{ij} = g\left(\dfrac{\partial}{\partial u^i}, \dfrac{\partial}{\partial u^j}\right)$ 的 Christoffel 记号, 矩阵 $(g^{ij}) = (g_{ij})^{-1}$. 如果约定 $1 \leqslant A, B, C \leqslant 3$, 试验证:

(1) 第一组结构方程 $\mathrm{d}\omega^A = \sum_B \omega^B \wedge \omega_B^A$ 是自动成立的;

(2) 第二组结构方程 $\mathrm{d}\omega_A^B = \sum_C \omega_A^C \wedge \omega_C^B$ 恰好是曲面 M 的 Gauss-Codazzi 方程.

43. 设 M 是有向黎曼流形, $p, q \in M$, γ 是连接 p, q 两点的一条光滑曲线段. 证明: 沿 γ 的平行移动 $P_\gamma : T_pM \to T_qM$ 是保持定向的等距线性同构, 这里 T_pM 和 T_qM 的定向分别由 M 的定向所确定.

44. 设 M 是 $\mathbb{R}^3$ 中的正则曲面, 并具有诱导黎曼度量. $\gamma : [a, b] \to M$ 是 M 中的一条光滑曲线, $X = X(t)$ 是在 M 上沿 γ 定义的光滑切向量场. X 可以看作光滑映射 $X : [a, b] \to \mathbb{R}^3$.

(1) 证明: X 是沿 γ 的平行向量场当且仅当它在 $\mathbb{R}^3$ 中的普通微商 $\dfrac{\mathrm{d}X}{\mathrm{d}t}(t)$ 垂直于 $T_{\gamma(t)}M$, $\forall t \in [a, b]$. 说明上述结论对于 $\mathbb{R}^{n+1}$ 中的超曲面也是成立的;

(2) 假设 $S^2 \subset \mathbb{R}^3$ 是 $\mathbb{R}^3$ 中的单位球面, γ 是 S^2 上的一个大圆, 并以弧长 t 为参数. 证明 $\gamma'(t)$ 是沿 γ 的平行向量场. 这个结论对 $\mathbb{R}^{n+1}$ 中的单位球面 S^n 是否成立?

45. 考虑上半平面

$$\mathbb{R}_+^2 = \{(x, y) \in \mathbb{R}^2; \ y > 0\}.$$

在 $\mathbb{R}_+^2$ 上定义黎曼度量 g, 使得在坐标系 (x, y) 下,

$$g_{11} = g_{22} = \frac{1}{y^2}, \quad g_{12} = 0.$$

(1) 证明: 度量 g 的 Christoffel 记号为

$$\Gamma_{11}^1 = \Gamma_{12}^2 = \Gamma_{22}^1 = 0, \quad \Gamma_{11}^2 = \frac{1}{y}, \quad \Gamma_{12}^1 = \Gamma_{22}^2 = -\frac{1}{y};$$

(2) 设 $v = (0,1)$ 是 $\mathbb{R}_+^2$ 在点 $(0,1)$ 处的一个切向量, $\gamma(t)$ 是由 $t \mapsto (t,1)$ 给出的光滑曲线, $X = X(t)$ 是沿 γ 的平行向量场, 满足 $X(0) = v$. 证明: 从 y 轴的正向到 $X(t)$ 的有向角等于 $-t$.

46. 设 S^2 是 $\mathbb{R}^3$ 中的单位球面, γ 是 S^2 上的一个小圆 (即平行圆), v 是 S^2 在 γ 上一点 p 处的切向量. 试给出 v 沿 γ 平行移动的直观描述.

47. 设 p 是黎曼流形 M 上的一点, $\gamma : [a,b] \to M$ 是取值为 p 的常值曲线, 即对于任意的 $t \in [a,b]$, $\gamma(t) = p$. 又设 X 是沿 γ 定义的光滑向量场, 即它是拉回丛 γ^*TM 的一个光滑截面 (参看第一章的例 9.2). 此时, X 也可以看作光滑映射 $X : [a,b] \to T_pM$. 证明: 如果 D 是拉回丛 γ^*TM 上的诱导联络, 则有

$$\frac{\mathrm{D}X}{\mathrm{d}t} = \mathrm{D}_{\frac{\partial}{\partial t}} X = \frac{\mathrm{d}X}{\mathrm{d}t},$$

即诱导联络 D 与 T_pM 上的普通微分重合.

48. 设 (M,g) 是黎曼流形, $\pi : TM \to M$ 是 M 上的切丛. 采用下面的方法可以在切丛 TM 上引入黎曼度量: $\forall P \in TM$ 以及 $\forall V, W \in T_P(TM)$, 取 TM 上的光滑曲线

$$v = v(t) \quad \text{和} \quad w = w(s)$$

使得 $v(0) = w(0) = P$, 并且 $V = v'(0)$, $W = w'(0)$. 如果令

$$\gamma(t) = \pi \circ v(t), \quad \beta(s) = \pi \circ w(s),$$

则 $v(t)$ 和 $w(s)$ 分别是 M 上沿光滑曲线 γ, β 定义的向量场. 用 D 同时表示 M 上的黎曼联络在拉回丛 γ^*TM 和 β^*TM 上的诱导联络, 定义

$$\langle V, W \rangle_P = g(\pi_*(V), \pi_*(W)) + g\left(\frac{\mathrm{D}v}{\mathrm{d}t}(0), \frac{\mathrm{D}w}{\mathrm{d}s}(0)\right),$$

其中

$$\frac{\mathrm{D}v}{\mathrm{d}t} = \mathrm{D}_{\frac{\partial}{\partial t}} v, \quad \frac{\mathrm{D}w}{\mathrm{d}s} = \mathrm{D}_{\frac{\partial}{\partial s}} w.$$

证明: 上面定义的内积 $\langle V, W \rangle_P$ 与曲线 $v(t)$ 和 $w(t)$ 的选取无关, 并且给出了切丛在 TM 上的一个黎曼度量, 称为**切丛上的诱导度量**.

49. 设 $f : (\tilde{M}, \tilde{g}) \to (M, g)$ 是黎曼淹没 (参看本章习题第 8 题). $\tilde{\gamma}(t)$ 是 $\tilde{M}$ 上的一条曲线, 如果对于任意的 $t, \tilde{\gamma}'(t)$ 是淹没 f 在点 $\tilde{\gamma}(t)$ 的水平切向量, 则称 $\tilde{\gamma}$ 为淹没 f(在 $\tilde{M}$ 中) 的**水平曲线**. 现设 $\pi : TM \to M$ 是黎曼流形 M 的切丛, $\tilde{g}$ 是 TM 上的诱导度量 (参看本章习题第 48 题). 显然, 丛投影 π 是淹没. 证明:

(1) 对于任意的 $\tilde{p} \in TM, V \in T_{\tilde{p}}(TM)$, 如果 V 是铅垂切向量, 则有

$$\tilde{g}(V, V) = g(V, V);$$

如果 V 是水平切向量, 则有

$$\tilde{g}(V, V) = g(\pi_*(V), \pi_*(V)).$$

因此, 丛投影 π 关于诱导度量 $\tilde{g}$ 是黎曼淹没 (参看本章习题第 8 题).

(2) TM 中的曲线 $v(t)$ 是水平的当且仅当 $v(t)$ 是沿 M 中的曲线 $\gamma = \pi \circ v(t)$ 的平行向量场;

(3) 如果 $v(t)$ 是 TM 中的水平曲线, 则 $v(t)$ 和 $\pi \circ v(t)$ 具有相同的弧长, 即 $L(v(t)) = L(\pi \circ v(t))$.

50. 证明引理 8.1.

51. 假设同例 8.2, 试说明 (8.6) 式的右端与局部标架场 $\{e_\alpha\}$ 的选取无关, 并且验证, 由 (8.6) 式定义的映射

$$\mathrm{D} : \Gamma(f^*TN) \times \mathfrak{X}(M) \to \Gamma(f^*TN)$$

满足定义 8.1 的所有条件.

52. 证明 (8.7) 和 (8.8) 式.

53. 在例 8.2 中用任意的向量丛 $\pi : E \to N$ 代替切丛 TN, 定义在 M 上的拉回丛 f^*E, 并在 E 上具有联络 $\overline{\mathrm{D}}$ 的情况下, 类似地引入向量丛 f^*E 上的诱导联络.

54. 设 $\mathrm{D}^{(i)}$ 是向量丛 $\pi_i : E_i \to M$ 上的联络, $i = 1, 2$. 试分别求出诱导联络 $\mathrm{D}^{(1)} \oplus \mathrm{D}^{(2)}$, 和 $\mathrm{D}^{(1)} \otimes \mathrm{D}^{(2)}$ 的联络系数和联络形式.

55. 设 (M, D) 是仿射联络空间, 证明: 关于 D 在张量丛 $T_s^r(M)$ 上的诱导联络, 协变导数公式 (4.4) 成立.

第三章　测　地　线

§3.1　测地线的概念

测地线是欧氏空间中的直线段在黎曼流形或一般的仿射联络空间中的推广. 在欧氏空间中, 直线段被看作是其切方向永不改变的曲线. 换言之, 设 $\gamma : [a,b] \to \mathbb{R}^n$ 是一条以弧长 t 为参数的光滑曲线, 并且 $\gamma'(t) \neq 0$, 则 γ 为直线段当且仅当 γ 的切向量 $\gamma'(t)$ 是常向量; 后者又等价于

$$\mathrm{D}_{\gamma'(t)}\gamma'(t) = \frac{\mathrm{d}}{\mathrm{d}t}(\gamma'(t)) = \gamma''(t) = 0,$$

即曲线 $\gamma(t)$ 的切向量 $\gamma'(t)$ 沿曲线自身是平行的切向量场. 不难看出, 对于一般的仿射联络空间, 上述条件仍然是有意义的, 因而可以用来定义测地线.

假定 (M, D) 是一个 m 维仿射联络空间, I 是 $\mathbb{R}$ 中的一个区间.

定义 1.1　设 $\gamma : I \to M$ 是仿射联络空间 (M, D) 中的一条光滑曲线, 如果它的切向量 $\gamma'(t)$ 沿 γ 是平行的切向量场, 即它满足条件

$$\frac{\mathrm{D}}{\mathrm{d}t}\left(\frac{\mathrm{d}\gamma}{\mathrm{d}t}\right) \equiv \mathrm{D}_{\gamma'(t)}\gamma'(t) = 0, \tag{1.1}$$

则称 γ 是 (M, D) 中的一条**测地线**.

下面给出测地线在局部坐标系下所满足的微分方程. 为此, 对于任意的 $t_0 \in I$, 取 M 在点 $p = \gamma(t_0)$ 的局部坐标系 $(U; x^i)$, 则有 t_0 在 I 中的邻域 I_{t_0}, 使得 $\gamma(I_{t_0}) \subset U$. 于是在 I_{t_0} 上, γ 可以用局部坐标表示为

$$x^i = x^i(t), \quad 1 \leqslant i \leqslant m,$$

并且

$$\gamma'(t) = \frac{\mathrm{d}x^i(t)}{\mathrm{d}t}\left.\frac{\partial}{\partial x^i}\right|_{\gamma(t)}.$$

令 Γ_{ji}^k 是联络 D 在局部坐标系 $(U; x^i)$ 下的联络系数, 即

$$D_{\frac{\partial}{\partial x^i}}\frac{\partial}{\partial x^j} = \Gamma_{ji}^k\frac{\partial}{\partial x^k}.$$

则

$$D_{\gamma'(t)}\gamma'(t) = \left(\frac{\mathrm{d}^2 x^k(t)}{\mathrm{d}t^2} + \frac{\mathrm{d}x^j(t)}{\mathrm{d}t}\frac{\mathrm{d}x^i(t)}{\mathrm{d}t}\Gamma_{ji}^k(\gamma(t))\right)\frac{\partial}{\partial x^k}\bigg|_{\gamma(t)}.$$

所以, 曲线段 $\gamma|_{I_{t_0}}$ 是测地线当且仅当 $x^i = x^i(t)$, $1 \leqslant i \leqslant m$, 满足方程组:

$$\frac{\mathrm{d}^2 x^k}{\mathrm{d}t^2} + \frac{\mathrm{d}x^j}{\mathrm{d}t}\frac{\mathrm{d}x^i}{\mathrm{d}t}\Gamma_{ji}^k = 0, \quad 1 \leqslant k \leqslant m; \quad t \in I_{t_0}. \tag{1.2}$$

上面的讨论可以归结为:

定理 1.1 设 $\gamma : I \to M$ 是仿射联络空间 (M, D) 中的一条光滑曲线, 则 γ 是 (M, D) 中的测地线当且仅当对于任意的 $t_0 \in I$, 存在点 $p = \gamma(t_0)$ 的局部坐标系 $(U; x^i)$, 以及 t_0 在 I 中的邻域 I_{t_0}, 使得 $\gamma(I_{t_0}) \subset U$, 并且 γ 的局部坐标表达式 $x^i = x^i(t)$ 满足常微分方程组 (1.2).

引进新的未知函数 $y^i = \dfrac{\mathrm{d}x^i}{\mathrm{d}t}$, 则方程组 (1.2) 可以改写为一阶常微分方程组

$$\begin{cases} \dfrac{\mathrm{d}x^i}{\mathrm{d}t} = y^i, \\[2mm] \dfrac{\mathrm{d}y^k}{\mathrm{d}t} = -y^j y^i \Gamma_{ji}^k. \end{cases} \tag{1.3}$$

由于上述方程组的右端是 x^i, y^j 的光滑函数, 根据常微分方程的理论, 对于任意给定的初值 (t_0, x_0, y_0), 必有 $\varepsilon > 0$, 以及唯一的一组光滑地依赖于 (t, x_0, y_0) 函数

$$x^i = x^i(t; x_0, y_0), \quad y^i = y^i(t; x_0, y_0), \quad 1 \leqslant i \leqslant m; \tag{1.4}$$
$$t \in (t_0 - \varepsilon, t_0 + \varepsilon),$$

满足方程组 (1.3) 以及初值条件

$$x^i(t_0; x_0, y_0) = x_0^i, \quad y^i(t_0; x_0, y_0) = y_0^i. \tag{1.5}$$

定理 1.2 设 (M, D) 是 m 维仿射联络空间. 则对于任意一点 $p \in M$, 存在 p 点的开邻域 $U \subset M$, 以及切丛 TU 中的一个开子集 $\mathscr{U} \ni (p, 0)$, $\delta > 0$ 和光滑映射 $\gamma : (-\delta, \delta) \times \mathscr{U} \to M$, 使得对于每一个固定的 $(q, v) \in \mathscr{U}$,

$$\gamma(t) = \gamma(t; q, v), \quad t \in (-\delta, \delta)$$

是 M 中唯一的一条测地线, 满足初始条件 $\gamma(0) = q$, $\gamma'(0) = v$.

注记 1.1 定理中的唯一性是指, 如果 $\tilde{\gamma}(t)$, $t \in (-\delta_1, \delta_1)$, 是 M 中的一条测地线, 并且和测地线 $\gamma(t) = \gamma(t; q, v)$ 满足同一组初始条件

$$\tilde{\gamma}(0) = q, \quad \tilde{\gamma}'(0) = v,$$

则在 $(-\delta_1, \delta_1) \cap (-\delta, \delta)$ 上必有 $\tilde{\gamma} \equiv \gamma$.

证明 取点 p 的一个局部坐标系 $(U; x^i)$, 考虑常微分方程组 (1.3). 根据常微分方程理论 (参看参考文献 [8] 第 140 页), 在 TU 中存在点 $(p, 0)$ 的开邻域 $\mathscr{U}$, 以及 $\delta > 0$, 使得对于任意的 $(q, v) \in \mathscr{U}$, 方程组 (1.3) 有唯一的一组解

$$x^i = x^i(t; q, v), \quad y^i = y^i(t; q, v), \quad t \in (-\delta, \delta),$$

满足初值条件:

$$x^i(0; q, v) = x^i(q), \quad y^i(0; q, v) = v(x^i),$$

并且这组函数光滑地依赖于 $(t, q, v) \in (-\delta, \delta) \times \mathscr{U}$. 因此, 函数组 $x^i(t; q, v)$ 是初值问题

$$\begin{cases} \dfrac{\mathrm{d}^2 x^k}{\mathrm{d}t^2} + \dfrac{\mathrm{d}x^j}{\mathrm{d}t} \dfrac{\mathrm{d}x^i}{\mathrm{d}t} \Gamma_{ji}^k = 0, \\ x^i(0; q, v) = x^i(q), \\ \dfrac{\mathrm{d}x^i}{\mathrm{d}t}(0; q, v) = v(x^i) \end{cases} \tag{1.6}$$

的解.

假定 $\gamma : (-\delta, \delta) \to U \subset M$ 是在 U 中由参数方程

$$x^i(t) = x^i(t; q, v)$$

定义的光滑曲线, 则由定理 1.1 得知 γ 是测地线, 并且满足初始条件

$$\gamma(0) = q, \quad \gamma'(0) = v.$$

以后, 把该测地线记为 $\gamma(t; q, v)$, 则它是从 $(-\delta, \delta) \times \mathscr{U}$ 映到 M 的光滑映射, 且满足定理的条件. 证毕.

推论 1.3 (M, D) 中一条正则测地线 $\gamma : I \to M$ (即满足条件 $\gamma'(t) \neq 0$ 的测地线) 的参数 t 被确定到至多相差一个仿射变换, 即: 如果 γ 有重新参数化 (参数变换)

$$t = t(u), \quad \tilde{\gamma}(u) = \gamma(t(u)), \quad u \in \tilde{I},$$

使得 $\tilde{\gamma} : \tilde{I} \to M$ 仍然是 (M, D) 中的测地线, 则有 $t(u) = au + b$, 其中 a, b 为常数, 且 $a \neq 0$.

证明 因为 $\tilde{\gamma}'(u) = \gamma'(t(u)) \cdot t'(u)$, 所以

$$\begin{aligned}
\mathrm{D}_{\tilde{\gamma}'(u)} \tilde{\gamma}'(u) &= \mathrm{D}_{\tilde{\gamma}'(u)} (\gamma'(t(u)) \cdot t'(u)) \\
&= \gamma'(t(u)) \cdot t''(u) + (t'(u))^2 \mathrm{D}_{\gamma'(t(u))} \gamma'(t(u)) \\
&= \gamma'(t(u)) \cdot t''(u).
\end{aligned}$$

若 $\tilde{\gamma}(u)$ 仍然是 (M, D) 中的测地线, 则 $\mathrm{D}_{\tilde{\gamma}'(u)} \tilde{\gamma}'(u) = 0$. 因为 $\gamma'(t) \neq 0$, 故有 $t''(u) \equiv 0$, 因而

$$t(u) = au + b, \quad a \neq 0.$$

推论 1.4 若测地线 $\gamma(t; q, v)$ 在区间 $(-\delta, \delta)$ 上有定义, 则对于任意的正数 λ, 测地线 $\gamma(t; q, \lambda v)$ 在 $(-\delta/\lambda, \delta/\lambda)$ 上有定义, 并且对于任意的 $t \in (-\delta/\lambda, \delta/\lambda)$ 有

$$\gamma(t; q, \lambda v) = \gamma(\lambda t; q, v).$$

证明 对测地线 $\gamma(t) = \gamma(t; q, v)$ 做参数变换

$$t = \lambda u, \quad u \in (-\delta/\lambda, \delta/\lambda),$$

并记 $\tilde{\gamma}(u) = \gamma(\lambda u; q, v)$. 则由推论 1.3 可知, $\tilde{\gamma}$ 是定义在 $(-\delta/\lambda, \delta/\lambda)$ 上的测地线, 并且 $\tilde{\gamma}'(u) = \lambda \gamma'(\lambda u; q, v)$. 所以,

$$\tilde{\gamma}(0) = \gamma(0) = q, \quad \tilde{\gamma}'(0) = \lambda \gamma'(0) = \lambda v.$$

这意味着 $\tilde{\gamma}(u)$ 是经过点 q、以 λv 为切向量的测地线, 故由唯一性得知

$$\tilde{\gamma}(u) = \gamma(\lambda u; q, v) = \gamma(u; q, \lambda v), \quad u \in (-\delta/\lambda, \delta/\lambda).$$

注意到, 方程组 (1.6) 不是线性微分方程组, 故对于固定的 (q, v) 而言, 其解只在自变量 t 的一个充分小的区间 (δ, δ) 内存在. 而推论 1.4 告诉我们, 如果让切向量 v 乘以一个充分小的倍数 λ, 则解的定义区间可以相应地扩大一个倍数, 成为 $(-\delta/\lambda, \delta/\lambda)$.

定义 1.2 设 (M, g) 是 m 维黎曼流形, D 是它的黎曼联络. M 上关于 D 的测地线称为黎曼流形 (M, g) 的测地线.

定理 1.5 设 $\gamma(t)$ 是黎曼流形 (M, g) 中的一条正则测地线, 则其切向量 $\gamma'(t)$ 的长度是常数; 并且存在常数 $a, b, a > 0$, 使得 $s = at + b$ 为 γ 的弧长参数.

证明 利用黎曼联络与度量的相容性,

$$\frac{\mathrm{d}}{\mathrm{d}t} \langle \gamma'(t), \gamma'(t) \rangle = \gamma'(t)(\langle \gamma'(t), \gamma'(t) \rangle) = 2 \langle \mathrm{D}_{\gamma'(t)} \gamma'(t), \gamma'(t) \rangle = 0.$$

因此,

$$\frac{\mathrm{d}s}{\mathrm{d}t} = |\gamma'(t)| = a \,(\text{正常数}).$$

于是, 有常数 b 使得 $s = at + b$. 证毕.

定义 1.3 设 $\gamma(t)$ 是黎曼流形 (M, g) 中的一条测地线, 如果其切向量 $\gamma'(t)$ 是单位向量, 即 $|\gamma'(t)| \equiv 1$, 则称它是**正规测地线**.

换言之, 正规测地线 γ 是以弧长为参数的测地线.

注记 1.2 对于黎曼流形 (M, g) 来说, 定理 1.2 仍然是成立的; 此时, 开子集 $\mathscr{U}$ 可以具体地取为

$$\mathscr{U} = \{(q, v) \in TM;\ q \in U, v \in T_q M, \text{且 } |v| < \delta\},$$

其中 U 是点 p 的一个开邻域, δ 是一个正数.

定理 1.6 设 $\varphi : (M, g) \to (N, h)$ 是黎曼流形之间的局部等距, $\gamma = \gamma(t)$ 是 M 中的测地线, 则 $\tilde{\gamma} = \varphi \circ \gamma$ 是 N 中的测地线, 并且 $L(\tilde{\gamma}) = L(\gamma)$.

证明 设 D 和 $\tilde{\text{D}}$ 分别是 M, N 上的黎曼联络. 因为 φ 是局部等距, 所以由 $\tilde{\gamma}$ 的定义知

$$\tilde{\gamma}'(t) = \varphi_*(\gamma'(t)), \quad |\tilde{\gamma}'(t)| = |\varphi_*(\gamma'(t))| = |\gamma'(t)|,$$

因而 $L(\tilde{\gamma}) = L(\gamma)$. 在另一方面, 根据第二章的定理 4.8,

$$\tilde{\text{D}}_{\tilde{\gamma}'} \tilde{\gamma}' = \tilde{\text{D}}_{\varphi_*(\gamma')} \varphi_*(\gamma') = \varphi_*(\text{D}_{\gamma'} \gamma') = 0.$$

所以, $\tilde{\gamma} = \varphi \circ \gamma$ 是 N 上的测地线. 证毕.

在求测地线时, 除了按照定理 1.1 解常微分方程组 (1.2) 或 (1.3) 外, 在某些特殊情形还可以采用一些特殊的方法. 下面介绍两个有关的命题:

命题 1.7 设 $f : (M, g) \to \mathbb{R}^n$ 是等距浸入在欧氏空间 $\mathbb{R}^n$ 中的 m 维黎曼流形, 则光滑曲线 $\gamma : I \to M$ 是黎曼流形 (M, g) 中的一条测地线, 当且仅当

$$\left(\frac{\mathrm{d}^2 (f \circ \gamma(t))}{\mathrm{d}t^2} \right)^\top = 0,$$

这里 $\top$ 表示从 $\mathbb{R}^n$ 到 M 的切空间的正交投影.

证明 设 $X \in \mathfrak{X}(M)$, D 是 (M, g) 上的黎曼联络, 因此 (参看第二章 (3.1) 式和第七章的 (1.5) 式)

$$\text{D}_{\gamma'(t)} f_* X = \left(\frac{\mathrm{d} f_* X(\gamma(t))}{\mathrm{d}t} \right)^\top,$$

特别是

$$f_* \mathrm{D}_{\gamma'(t)} \gamma'(t) = \left(\frac{\mathrm{d} f_* \gamma'(t)}{\mathrm{d}t} \right)^\top = \left(\frac{\mathrm{d}^2 (f \circ \gamma(t))}{\mathrm{d}t^2} \right)^\top.$$

所以, γ 是测地线当且仅当 $\dfrac{\mathrm{d}^2(f \circ \gamma(t))}{\mathrm{d}t^2}$ 是子流形 (f, M) 的法向量.

命题 1.8 设 $\gamma = \gamma(t)$, $t \in I$, 是黎曼流形 (M, g) 中以弧长为参数的光滑曲线, 如果存在 M 到其自身的等距 φ, 使得 φ 的不动点集恰好是曲线 γ 上的点构成的集合, 则 γ 是 (M, g) 上的一条正规测地线.

证明 由假设, 对于任意的 $t \in I$, $\varphi \circ \gamma(t) = \gamma(t)$, 从而有

$$\varphi_*(\gamma'(t)) = \gamma'(t).$$

任意取定一点 $t_0 \in I$. 设 β 是满足

$$\beta(t_0) = \gamma(t_0), \quad \beta'(t_0) = \gamma'(t_0)$$

的测地线, 则由定理 1.6, $\varphi \circ \beta$ 也是测地线, 并且满足初始条件

$$\varphi \circ \beta(t_0) = \varphi \circ \gamma(t_0) = \gamma(t_0) = \beta(t_0),$$
$$\varphi_*(\beta'(t_0)) = \varphi_*(\gamma'(t_0)) = \gamma'(t_0) = \beta'(t_0).$$

根据测地线的唯一性, 存在 t_0 的邻域 I_{t_0}, 使得对于任意的 $t \in I_{t_0}$, 有 $\varphi(\beta(t)) = \beta(t)$, 即 $\beta(t)$ 是 φ 的不动点. 根据假设, $\beta(t)$ 落在 γ 上, 因而 β 是 γ 的重新参数化. 由于 t 是 γ 和 β 的弧长参数, 且 $\gamma(t_0) = \beta(t_0)$, 故

$$\gamma|_{I_{t_0}} = \beta|_{I_{t_0}},$$

所以 $\gamma|_{I_{t_0}}$ 是测地线. 又由于 t_0 是 I 中的任意一点, 定理得证.

例 1.1 欧氏空间 $\mathbb{R}^n$ 中的测地线为直线或其一部分.

事实上, $\mathbb{R}^n$ 中的协变微分就是向量场的普通微分. 由测地线的定义, $\mathbb{R}^n$ 中一条光滑曲线是测地线当且仅当它的切向量是常向量, 这正是直线的特征.

例 1.2 球面 S^n 上的测地线是大圆或大圆的一部分.

事实上, 设 $S^1 = \Pi \cap S^n$ 是 S^n 上任意一个大圆, 其中 Π 是过球心的一个二维平面. 假定 φ 是 $\mathbb{R}^{n+1}$ 中关于 Π 的反射变换, 它在 S^n 上的限制是 S^n 到其自身的等距, 并且以 S^1 为其不动点集. 于是由命题 1.8, S^1 是 S^n 上的测地线. 在另一方面, 由于在任意一点沿任意的一个切方向, 都有一个大圆通过该点并且与该方向相切, 根据测地线的唯一性, S^n 上的测地线只能是大圆或其一部分.

另外, 若设大圆 S^1 的参数方程为 $\gamma(t), t$ 是弧长参数, 于是 $|\gamma(t)| = r$ (球面 S^n 的半径), $|\gamma'(t)| = 1$. 将此两式对 t 求导得到

$$\langle \gamma'(t), \gamma(t) \rangle = 0, \quad \langle \gamma''(t), \gamma'(t) \rangle = 0.$$

由于 $\gamma(t), \gamma'(t), \gamma''(t)$ 都落在平面 Π 内, 故 $\gamma''(t)$ 与 $\gamma(t)$ 共线, 即

$$(\gamma''(t))^\top = 0.$$

于是, 根据命题 $1.7, \gamma(t)$ 是测地线.

例 1.3 双曲空间中的测地线.

根据第二章的例 2.3, 双曲空间的定义是

$$H^n(c) = \left\{ (x^1, \cdots, x^{n+1}) \in \mathbb{R}_1^{n+1}; \sum_{i=1}^{n} (x^i)^2 - (x^{n+1})^2 = \frac{1}{c}, x^{n+1} > 0 \right\},$$

$$c < 0.$$

现在来求 $H^n(c)$ 在点 $p = (0, \cdots, 0, 1/\sqrt{-c})$ 的测地线. $H^n(c)$ 有一个大范围定义的坐标系 $(H^n(c), \varphi; \xi^i)$, 其中 φ 是从 $H^n(c)$ 到 $\mathbb{R}^n$ 中的开球

$$B^n \left(\frac{1}{\sqrt{-c}} \right) = \left\{ (\xi^i) \in \mathbb{R}^n; \sum_{i=1}^{n} (\xi^i)^2 < -\frac{1}{c} \right\}$$

的微分同胚, 它的定义为

$$(\xi^1, \cdots, \xi^n) = \varphi(x^1, \cdots, x^{n+1})$$

$$= \left(\frac{x^1}{1 + \sqrt{-c}x^{n+1}}, \cdots, \frac{x^n}{1 + \sqrt{-c}x^{n+1}} \right).$$

$H^n(c)$ 上的度量 g 由 $\mathbb{R}_1^{n+1}$ 的标准 Lorentz 内积诱导而得, 它的局部坐标表达式是

$$g = \frac{4\sum_i (\mathrm{d}\xi^i)^2}{\left(1 + c\sum_i (\xi^i)^2\right)^2}. \tag{1.7}$$

对于任意的满足条件 $\sum_i (v^i)^2 = 1$ 的 $(v^i) \in \mathbb{R}^n$, 考虑 $H^n(c)$ 中由

$$\xi^i(t) = \frac{v^i}{\sqrt{-c}}\tanh\left(\frac{\sqrt{-c}\,t}{2}\right), \quad 1 \leqslant i \leqslant n, \quad -\infty < t < \infty$$

确定的曲线 γ. 容易看出, γ 以 t 为弧长参数且有 $\gamma(0) = p$. 下面证明 γ 是测地线. 注意到, 在 $B^n\left(1/\sqrt{-c}\right)$ 中围绕原点的任何旋转都保持度量 (1.7) 不变, 因而由定理 1.6, 可以假定

$$v^1 = 1, \quad v^2 = \cdots = v^n = 0.$$

定义变换 $\psi : H^n(c) \to H^n(c)$, 使得

$$\psi(\xi^1, \xi^2, \cdots, \xi^n) = (\xi^1, -\xi^2, \cdots, -\xi^n).$$

则不难看出, ψ 是 $H^n(c)$ 上的一个等距, 并且 γ 上的点刚好是 ψ 的不动点. 由命题 1.8, γ 是 $H^n(c)$ 的正规测地线. 再由测地线的唯一性, $H^n(c)$ 在 p 点的测地线都是这样的曲线或其一部分. 根据坐标映射 φ 的定义, $H^n(c)$ 中通过 p 点的任意一条测地线都是 $\mathbb{R}_1^{n+1}$ 中通过 x^{n+1} 轴的一个二维平面与 $H^n(c)$ 的交线.

　　与球面的情形类似, 利用 $H^n(c)$ 上的联络和 $\mathbb{R}_1^{n+1}$ 中的联络之间的关系以及命题 1.7, 可以证明 $H^n(c)$ 与 $\mathbb{R}_1^{n+1}$ 中通过原点、且包含类时向量 (即满足条件 $\langle v, v \rangle_1 < 0$ 的向量 v) 的二维平面的交线是 $H^n(c)$ 中的测地线.

§3.2　指　数　映　射

　　定理 1.2 断言, 对于任意给定的 $(q, v) \in TM$, 必有定义在 $(-\delta, \delta)$ 上的测地线 $\gamma(t) = \gamma(t; q, v)$, 满足

$$\gamma(0) = q, \quad \gamma'(0) = v;$$

在另一方面, 推论 1.4 告诉我们, 同一条测地线可以取不同的参数化使得参数 t 的取值范围扩大或缩小, 只要它的初始切向量乘以一个适当的倍数. 本章只对黎曼流形 (M, g) 的情形进行讨论, 尽管在一般的仿射联络空间 (M, D) 上也有类似的结论. 首先, 对于 M 的开集 U 以及正数 ε, 定义 TU 中的开子集

$$\mathscr{U}^\varepsilon = \{(q, v) \in TU;\ q \in U,\ v \in T_q M,\ \text{且}\ |v| < \varepsilon\}, \qquad (2.1)$$

其中 $|v|^2 = g(v, v)$. 显然, $\mathscr{U}^\varepsilon$ 是 TU 中零截面的一个开邻域.

定理 2.1 设 (M, g) 是 m 维黎曼流形, 则对于任意一点 $p \in M$, 必存在 p 点的开邻域 U, 正数 ε, 以及光滑映射

$$\gamma : (-2, 2) \times \mathscr{U}^\varepsilon \to M, \qquad (2.2)$$

使得对于任意的 $(q, v) \in \mathscr{U}^\varepsilon$, $\gamma(t) = \gamma(t; q, v)$ 是定义在区间 $(-2, 2)$ 上、且满足初始条件 $\gamma(0) = q$, $\gamma'(0) = v$ 的唯一的一条测地线.

证明 将定理 1.2 用于黎曼流形 (M, g), 则对于任意一点 $p \in M$, 存在 p 点的开邻域 $U \subset M$, 正数 δ, ε_1, 以及光滑映射

$$\gamma : (-\delta, \delta) \times \mathscr{U}^{\varepsilon_1} \to M,$$

使得对于每一个固定的 $(q, v) \in \mathscr{U}^{\varepsilon_1}$, $\gamma(t) = \gamma(t; q, v)$ 是在 M 中定义在 $(-\delta, \delta)$ 上、满足初始条件 $\gamma(0) = q$, $\gamma'(0) = v$ 的唯一的一条测地线.

根据推论 1.4,

$$\gamma(t; q, v) = \gamma\left(\frac{\delta t}{2}; q, \frac{2v}{\delta}\right),$$

并且假定右端在 $q \in U$, $|\delta t/2| < \delta$, 且 $|2v/\delta| < \varepsilon_1$ 上有定义. 因此, 左端 $\gamma(t; q, v)$ 在 $q \in U$, $|t| < 2$, 且 $|v| < \delta\varepsilon_1/2$ 上有定义. 取 $\varepsilon = \delta\varepsilon_1/2$, 定理得证.

利用定理 2.1 中得到的映射 γ, 可以在 TM 的开子集 $\mathscr{U}^\varepsilon$ 上定义光滑映射 $\exp : \mathscr{U}^\varepsilon \to M$, 使得对于任意的 $(q, v) \in \mathscr{U}^\varepsilon$ 有

$$\exp(q, v) = \gamma(1; q, v). \qquad (2.3)$$

特别地, 固定一点 $p \in U$, 并设

$$B_p(\varepsilon) = \mathscr{U}^\varepsilon \cap T_pM = \{v \in T_pM; \ |v| < \varepsilon\}, \tag{2.4}$$

则 $B_p(\varepsilon)$ 是 T_pM 中以原点为中心、以 ε 为半径的开球. 于是有光滑映射 $\exp_p : B_p(\varepsilon) \to M$, 使得

$$\exp_p(v) = \exp(p, v) = \gamma(1; p, v), \quad \forall v \in B_p(\varepsilon). \tag{2.5}$$

定义 2.1　设 (M, g) 是 m 维黎曼流形, $\mathscr{U}^\varepsilon \subset TM$ 和 $B_p(\varepsilon) \subset T_pM$ 的意义同上. 映射 $\exp : \mathscr{U}^\varepsilon \to M$ 称为在切丛 TM 的开子集 $\mathscr{U}^\varepsilon$ 上的**指数映射**; 映射 $\exp_p : B_p(\varepsilon) \to M$ 称为 **M 在 p 点的指数映射**.

定理 2.2　设 (M, g) 是 m 维黎曼流形, 则对于任意的 $p \in M$, 在 T_pM 中存在原点的开邻域 V, 使得指数映射 $\exp_p$ 是从 V 到 M 中的开集 $U = \exp_p(V)$ 上的微分同胚.

证明　根据反函数定理, 只需要说明 $\exp_p$ 在原点 $0 \in T_pM$ 处是浸入. 事实上, 由指数映射的定义以及推论 1.4, 对于任意的 $v \in B_p(\varepsilon) \subset T_pM = T_0(T_pM)$, 以及 $|t| \leqslant 1$ 有

$$\exp_p(tv) = \gamma(1; p, tv) = \gamma(t; p, v),$$

即 $\exp_p(tv)$ 是通过 p 点, 并且以 v 为初始切向量的测地线. 于是

$$(\exp_p)_{*0}(v) = \frac{\mathrm{d}}{\mathrm{d}t}\bigg|_{t=0} \exp_p(tv) = \frac{\mathrm{d}}{\mathrm{d}t}\bigg|_{t=0} \gamma(t; p, v) = v,$$
$$\forall v \in B_p(\varepsilon) \subset T_pM.$$

这意味着切映射 $(\exp_p)_{*0}$ 是恒同映射. 由此可知, $\exp_p$ 在原点 0 的一个开邻域 $W \subset B_p(\varepsilon)$ 上是浸入. 注意到 W 和 M 有相同的维数, 故由反函数定理 (或第一章定理 2.1) 得知存在原点 0 的开邻域 $V \subset W$, 使得 $\exp_p$ 在 V 上的限制是从 V 到 $\exp_p(V) \subset M$ 的光滑同胚. 定理得证.

注记 2.1　假定 $v \in T_pM$, 并且 $\exp_p(v)$ 有意义. 因为

$$\gamma(1; p, v) = \gamma\left(|v|; p, \frac{v}{|v|}\right),$$

所以从几何上看, 指数映射 $\exp_p$ 把切向量 $v \in T_pM$ 映到初始条件为 (p, v) 的测地线上从点 p 量起的弧长等于 $|v|$ 的点.

例 2.1 欧氏空间 $\mathbb{R}^n$ 上的指数映射.

若把欧氏空间 $\mathbb{R}^n$ 与它在原点处的切空间 $T_0(\mathbb{R}^n)$ 等同起来, 则指数映射 $\exp_0$ 就是恒同映射. 一般地, 对于任意的 $p \in \mathbb{R}^n$, 不难看出,

$$\exp_p(v) = p + v, \quad \forall v \in T_p(\mathbb{R}^n) = \mathbb{R}^n.$$

例 2.2 球面 S^n 上的指数映射.

设 $p \in S^n$, 则 $\exp_p$ 在 T_pS^n 上处处有定义. 对于任意的 $v \in T_pS^n$, $v \neq 0$, 存在唯一的一条通过 p 点、且与 v 相切的有向正规测地线 (大圆) γ. 于是, $\exp_p(v)$ 是在这条测地线上从 p 点量起的弧长距离为 $|v|$ 的点; 特别地, 设 k 是任意一个非负整数, 则当 $|v| = 2k\pi$ 时,

$$\exp_p(v) = p;$$

当 $|v| = (2k+1)\pi$ 时,

$$\exp_p(v) = -p \quad (p \text{ 点的对径点}).$$

§3.3 弧长的第一变分公式

在欧氏空间中, 任意两点之间的直线段是连接这两点的最短线; 换句话说, 欧氏空间的测地线具有最短性 (短程性). 在一般的黎曼流形中, 测地线只有局部的最短性. 为说明这个问题, 首先导出曲线弧长的第一变分公式.

定义 3.1 设 $\gamma : [a, b] \to M$ 是微分流形 M 中一条光滑曲线段. 若有 $\varepsilon > 0$ 以及光滑映射 $\Phi : [a, b] \times (-\varepsilon, \varepsilon) \to M$, 满足

$$\Phi(t, 0) = \gamma(t), \quad \forall t \in [a, b],$$

则称映射 Φ 是曲线 γ 的一个**变分**; 如果 γ 的变分 Φ 满足

$$\Phi(a, u) = \gamma(a), \quad \Phi(b, u) = \gamma(b), \quad \forall u \in (-\varepsilon, \varepsilon),$$

则称 Φ 是 γ 的一个**具有固定端点的变分**.

现在假定 Φ 是光滑曲线 γ 的一个变分, 对于每一个固定的 $u \in (-\varepsilon, \varepsilon)$, 定义光滑曲线段 $\gamma_u : [a, b] \to M$ 使得

$$\gamma_u(t) = \Phi(t, u), \quad \forall t \in [a, b]. \tag{3.1}$$

为方便起见, 通常称曲线 γ_u, $u \in (-\varepsilon, \varepsilon)$ 为**变分曲线**. 特别地, 有 $\gamma_0 = \gamma$. 显然, 变分曲线族 $\{\gamma_u\}$ 光滑地依赖于参数 $u \in (-\varepsilon, \varepsilon)$. 因此, 要做曲线 γ 的一个变分, 实际上就是把 γ 嵌入到光滑地依赖于族参数 u 的一族曲线中去, 或等价地说, 让曲线 γ 在它的附近作一个微小的扰动.

在另一方面, 任意固定 $t \in [a, b]$, 又有光滑曲线 $\sigma_t : (-\varepsilon, \varepsilon) \to M$, 使得

$$\sigma_t(u) = \Phi(t, u), \quad \forall u \in (-\varepsilon, \varepsilon). \tag{3.2}$$

这样得到的一族光滑曲线 $\{\sigma_t\}$ 光滑地依赖于参数 $t \in [a, b]$, 称为变分 Φ 的**横截曲线**.

对于 γ 的每一个变分 Φ, 可以引入沿 Φ 定义的光滑向量场

$$\tilde{T} = \Phi_{*(t,u)}\left(\frac{\partial}{\partial t}\right), \quad \tilde{U} = \Phi_{*(t,u)}\left(\frac{\partial}{\partial u}\right). \tag{3.3}$$

则 $\tilde{T}$ 与 $\tilde{U}$ 分别是变分曲线族 $\{\gamma_u\}$ 和横截曲线族 $\{\sigma_t\}$ 的切向量场. 不难看出, 当 Φ 有固定端点时, 对于任意的 $u \in (-\varepsilon, \varepsilon)$ 有

$$\tilde{U}(a, u) = \tilde{U}(b, u) = 0.$$

对于任意的 $t \in [a, b]$, 令 $U(t) = \tilde{U}(t, 0)$, 则得到沿曲线 γ 定义的光滑向量场 $U = \tilde{U}|_{u=0}$, 称为变分 Φ 的**变分向量场**. 特别地, 如果 Φ 有固定的端点, 则 $U(a) = U(b) = 0$.

从定义可知, 变分向量场 U 是变分 Φ 在 γ 处 (即 $u = 0$ 处) 的线性化, 或者说, 它是变分 Φ 在 γ 上每一点处关于自变量 u 作 Taylor 展开时的一阶近似. 每一个变分都有一个确定的变分向量场; 而下面的命题则告诉我们, 在 M 上沿曲线 γ 定义的每一个光滑切向量场都是 γ 的某一个变分的变分向量场.

命题 3.1 设 (M, g) 是黎曼流形, $\gamma : [a, b] \to M$ 是 M 上的一条光滑曲线; 又设 $U = U(t)$ 是沿 γ 定义的光滑向量场, $U(t) \in T_{\gamma(t)}M$, 则存在 γ 的一个变分 Φ 以 U 为其变分向量场.

证明 根据上一节的讨论, 在 TM 的零截面的邻域内有指数映射 $\exp$. 由于区间 $[a, b]$ 的紧致性, 必存在 $\varepsilon > 0$, 使得对于任意的 $(t, u) \in [a, b] \times (-\varepsilon, \varepsilon)$,

$$\exp(\gamma(t), uU(t)) = \exp_{\gamma(t)}(uU(t))$$

有定义. 于是得到光滑映射 $\Phi : [a, b] \times (-\varepsilon, \varepsilon) \to M$, 使得

$$\Phi(t, u) = \exp(\gamma(t), uU(t)), \quad \forall (t, u) \in [a, b] \times (-\varepsilon, \varepsilon). \tag{3.4}$$

容易看出, $\Phi(t, 0) = \gamma(t)$; 并且对于每一个固定的 $t \in [a, b]$, 曲线

$$\sigma_t : (-\varepsilon, \varepsilon) \to M$$

是初始条件为 $(\gamma(t), U(t))$ 的测地线. 由此可知映射 Φ 是命题所要求的变分. 证毕.

定理 3.2 设 $\gamma : [a, b] \to M$ 是黎曼流形 (M, g) 上的一条光滑曲线, 其参数 t 与弧长参数成比例. 如果 $\Phi : [a, b] \times (-\varepsilon, \varepsilon) \to M$ 是 γ 的一个变分, 设 $L(u) = L(\gamma_u)$ 是曲线 γ_u 的弧长, $u \in (-\varepsilon, \varepsilon)$, 则有

$$L'(0) = \left. \frac{\mathrm{d}L(u)}{\mathrm{d}u} \right|_{u=0} = \frac{b-a}{l} \left\{ \langle \gamma', U \rangle |_a^b - \int_a^b \langle U, \mathrm{D}_{\gamma'} \gamma' \rangle \mathrm{d}t \right\}, \tag{3.5}$$

其中 $l = L(0)$ 是曲线 γ 的弧长, U 是 Φ 的变分向量场, D 是 M 上的黎曼联络.

(3.5) 式称为**弧长的第一变分公式**.

证明 设 $\tilde{T}$ 与 $\tilde{U}$ 分别是由 (3.3) 式确定的向量场. 根据曲线弧长的计算公式, 对于任意的 $u \in (-\varepsilon, \varepsilon)$ 有

$$L(u) = \int_a^b |\tilde{T}| \mathrm{d}t = \int_a^b \langle \tilde{T}, \tilde{T} \rangle^{\frac{1}{2}} \mathrm{d}t.$$

为了方便起见, 也用 D 表示 M 上的黎曼联络在拉回向量丛 Φ^*TM 上的诱导联络 (参看第二章的例 8.2). 在此意义下, 如果变量 u 固定, 则 D 化为拉回向量丛 $(\gamma_u)^*TM$ 上的诱导联络. 根据第二章的 (8.8) 式可知

$$L'(u) = \int_a^b \frac{\partial}{\partial u}(\langle \tilde{T}, \tilde{T} \rangle^{\frac{1}{2}}) \mathrm{d}t = \int_a^b \frac{\langle \mathrm{D}_{\frac{\partial}{\partial u}} \tilde{T}, \tilde{T} \rangle}{\langle \tilde{T}, \tilde{T} \rangle^{\frac{1}{2}}} \mathrm{d}t. \tag{3.6}$$

再由第二章的 (8.7) 式

$$\mathrm{D}_{\frac{\partial}{\partial u}} \tilde{T} - \mathrm{D}_{\frac{\partial}{\partial t}} \tilde{U} = \Phi_* \left(\left[\frac{\partial}{\partial u}, \frac{\partial}{\partial t} \right] \right) = 0. \tag{3.7}$$

代入 (3.6) 式得到

$$L'(u) = \int_a^b \frac{\langle \mathrm{D}_{\frac{\partial}{\partial t}} \tilde{U}, \tilde{T} \rangle}{\langle \tilde{T}, \tilde{T} \rangle^{\frac{1}{2}}} \mathrm{d}t. \tag{3.8}$$

根据定理的假设, 参数 t 与曲线 γ 的弧长参数成比例, 所以 $|\gamma'| = $ 常数. 于是

$$l = L(\gamma) = \int_a^b |\gamma'| \mathrm{d}t = (b-a)|\gamma'|,$$

即有

$$|\gamma'| = \frac{l}{b-a}. \tag{3.9}$$

另外, 当 $u = 0$ 时, $\tilde{T}$ 是曲线 γ 的切向量, 即 $\tilde{T}(t, 0) = \gamma'(t)$.

在 (3.8) 式两端取 $u = 0$, 再把 (3.9) 式代入并且利用第二章的 (8.8) 式和 (8.9) 式, 可得

$$\begin{aligned} L'(0) &= \int_a^b \frac{\langle \mathrm{D}_{\frac{\partial}{\partial t}} \tilde{U}, \tilde{T} \rangle}{\langle \tilde{T}, \tilde{T} \rangle^{\frac{1}{2}}} \bigg|_{u=0} \mathrm{d}t = \frac{1}{|\gamma'|} \int_a^b \langle \mathrm{D}_{\frac{\partial}{\partial t}} U, \gamma' \rangle \mathrm{d}t \\ &= \frac{b-a}{l} \int_a^b \left\{ \frac{\mathrm{d}}{\mathrm{d}t} \langle U, \gamma' \rangle - \langle U, \mathrm{D}_{\frac{\partial}{\partial t}} \gamma' \rangle \right\} \mathrm{d}t \\ &= \frac{b-a}{l} \left\{ \langle U, \gamma' \rangle |_a^b - \int_a^b \langle U, \mathrm{D}_{\gamma'} \gamma' \rangle \mathrm{d}t \right\}. \end{aligned}$$

证毕.

从变分公式 (3.5) 可得如下的推论:

推论 3.3 假设同定理 3.2. 如果 Φ 是曲线 γ 的有固定端点的变分, 则有变分公式

$$L'(0) = \left.\frac{\mathrm{d}L(u)}{\mathrm{d}u}\right|_{u=0} = -\frac{b-a}{l}\int_a^b \langle U, \mathrm{D}_{\gamma'}\gamma'\rangle \mathrm{d}t. \tag{3.10}$$

特别地, 若 γ 是测地线, 则 γ 必是在它的任意一个有固定端点的变分下弧长泛函的临界点.

曲线的变分以及弧长的第一变分公式可以推广为分段光滑曲线的分段光滑变分以及相应的弧长第一变分公式.

定义 3.2 设 $\gamma : [a,b] \to M$ 是光滑流形 M 上的一条分段光滑曲线, $\Phi : [a,b] \times (-\varepsilon, \varepsilon) \to M$ 是一个连续映射, $\varepsilon > 0$. 如果存在曲线 γ 的一个光滑划分 (参看第二章的定义 7.2)

$$a = t_0 < t_1 < \cdots < t_N = b,$$

使得对于 $i = 1, \cdots, N$, Φ 在 $[t_{i-1}, t_i] \times (-\varepsilon, \varepsilon)$ 上的限制是光滑映射, 且 $\gamma_0 = \Phi(\cdot, 0) = \gamma$, 则称 Φ 是 γ 的 **(分段光滑) 变分**.

相应地, 通过 (3.3) 式沿变分 Φ 定义了向量场 $\tilde{T}$ 和向量场 $\tilde{U}$, 以及变分向量场 $U = \tilde{U}|_{u=0}$, 它们关于变量 t 是分段光滑的.

另外, 不难证明, 命题 3.1 对于分段光滑曲线也是成立的. 证明留作练习.

将定理 3.2 用于分段光滑曲线 γ, 可以得到下面的结论:

推论 3.4 设 $\gamma : [a,b] \to M$ 是黎曼流形 (M,g) 上一条分段光滑曲线, 参数 t 与其弧长参数成比例. 如果 $\Phi : [a,b] \times (-\varepsilon, \varepsilon) \to M$ 是 γ 的一个分段光滑变分, U 是相应的变分向量场, 则对于 γ 的任意一个光滑划分: $a = t_0 < \cdots < t_N = b$, 有如下的第一变分公式:

$$L'(0) = \left.\frac{\mathrm{d}L(u)}{\mathrm{d}u}\right|_{u=0} = \frac{b-a}{l}\left\{\sum_{i=1}^N \langle \gamma', U\rangle\Big|_{t_{i-1}^+}^{t_i^-} - \int_a^b \langle U, \mathrm{D}_{\gamma'}\gamma'\rangle \mathrm{d}t\right\}$$

$$= \frac{b-a}{l} \left\{ \langle \gamma', U \rangle |_a^b + \sum_{i=1}^{N-1} \langle \gamma'(t_i^-) - \gamma'(t_i^+), U(t_i) \rangle \right.$$

$$\left. - \int_a^b \langle U, D_{\gamma'} \gamma' \rangle dt \right\}.$$

特别地, 如果 Φ 是 γ 的一个有固定端点的变分, 则

$$L'(0) = \frac{b-a}{l} \left\{ \sum_{i=1}^{N-1} \langle \gamma'(t_i^-) - \gamma'(t_i^+), U(t_i) \rangle - \int_a^b \langle U, D_{\gamma'} \gamma' \rangle dt \right\}.$$
$$\tag{3.11}$$

定义 3.3 设 $\gamma : [a,b] \to M$ 是黎曼流形 (M,g) 中的一条分段光滑曲线. 如果对于 M 中连接 $\gamma(a)$ 和 $\gamma(b)$ 的任意一条分段光滑曲线 β, 都有 $L(\beta) \geqslant L(\gamma)$, 则称 γ 是连接 $\gamma(a)$ 和 $\gamma(b)$ 的一条**最短线**.

定理 3.5 设 $\gamma(t), t \in [a,b]$, 是黎曼流形 (M,g) 中的一条分段光滑曲线,t 与其弧长参数成比例. 如果 γ 是连接 $\gamma(a)$ 和 $\gamma(b)$ 的一条最短线, 则 γ 必是一条测地线.

证明 考虑 γ 的任意一个有固定端点的变分

$$\Phi : [a,b] \times (-\varepsilon, \varepsilon) \to M.$$

根据定理的假设,

$$L(\gamma_0) = L(\gamma) \leqslant L(\gamma_u), \quad \forall u \in (-\varepsilon, \varepsilon).$$

所以, $u = 0$ 是光滑函数 $L(u) = L(\gamma_u)$ 的极小值点. 因此, $L'(0) = 0$. 根据 (3.11) 式,

$$\sum_{i=1}^{N-1} \langle \gamma'(t_i^-) - \gamma'(t_i^+), U(t_i) \rangle - \int_a^b \langle U, D_{\gamma'} \gamma' \rangle dt = 0, \tag{3.12}$$

其中 U 是变分 Φ 的向量场. 由变分 Φ 的任意性以及命题 3.1 可知, (3.12) 对于沿 γ 定义的任意一个满足 $U(a) = U(b) = 0$ 的分段光滑向量场 $U = U(t)$ 都是成立的.

取定曲线 γ 的一个光滑划分 $a = t_0 < \cdots < t_N = b$, 以及充分小的正数 δ, 使得 $2\delta < \min_i(t_i - t_{i-1})$. 对于每一个固定的 j, $1 \leqslant j \leqslant N$, 选定函数 $h_j \in C^\infty(\mathbb{R})$, 使得

$$0 \leqslant h_j \leqslant 1, \quad \text{并且} \quad h_j(t) = \begin{cases} 1, & t_{j-1} + \delta \leqslant t \leqslant t_j - \delta, \\ 0, & t \leqslant t_{j-1} \text{ 或 } t \geqslant t_j. \end{cases}$$

令

$$U_j(t) = h_j(t)\mathrm{D}_{\gamma'(t)}\gamma'(t).$$

将 U_j 代入 (3.12) 式得到

$$0 = \int_a^b \langle U_j(t), \mathrm{D}_{\gamma'}\gamma'\rangle \mathrm{d}t = \int_{t_{j-1}}^{t_j} h_j(t) \cdot |\mathrm{D}_{\gamma'}\gamma'|^2 \mathrm{d}t.$$

因此,

$$h_j(t) \cdot |\mathrm{D}_{\gamma'}\gamma'|^2 = 0, \quad t_{j-1} \leqslant t \leqslant t_j.$$

根据 h_j 的定义, 当 $t \in [t_{j-1} + \delta, t_j - \delta]$ 时, $h_j(t) = 1$, 因而

$$|\mathrm{D}_{\gamma'}\gamma'|^2 = 0.$$

再令 $\delta \to 0$, 可得

$$\mathrm{D}_{\gamma'(t)}\gamma'(t)|_{(t_{j-1}, t_j)} \equiv 0, \quad 1 \leqslant j \leqslant N. \tag{3.13}$$

因此, 对于每一个 j, 曲线段 $\gamma|_{(t_{j-1}, t_j)}$ 是测地线. 此外, (3.13) 式还说明积分

$$\int_a^b \langle U, \mathrm{D}_{\gamma'}\gamma'\rangle \mathrm{d}t = 0.$$

于是, (3.12) 式成为

$$\sum_{i=1}^{N-1} \langle \gamma'(t_i^-) - \gamma'(t_i^+), U(t_i)\rangle = 0. \tag{3.12'}$$

为了说明 γ' 的连续性, 需要构造一个适当的分段光滑的变分向量场 $U(t)$, 使得 $U(a) = U(b) = 0$, 且有

$$U(t_i) = \gamma'(t_i^-) - \gamma'(t_i^+), \quad 1 \leqslant i \leqslant N - 1.$$

为此目的, 首先用 $U_i(t)$ 表示向量 $\gamma'(t_i^-) - \gamma'(t_i^+)$ 沿曲线 γ 做平行移动所得到的分段光滑向量场, 并取正数

$$\delta_1 < \delta < \frac{1}{2} \min_{1 \leqslant i \leqslant N} |t_i - t_{i-1}|.$$

再取 $k_i \in C^\infty(\mathbb{R})$ $(1 \leqslant i \leqslant N - 1)$, 使得 $0 \leqslant k_i \leqslant 1$, 并且

$$k_i(t) = \begin{cases} 1, & t = t_i, \\ 0, & |t - t_i| \geqslant \delta_1. \end{cases}$$

令

$$U(t) = \begin{cases} k_i(t) \cdot U_i(t), & t \in [t_i - \delta, t_i + \delta],\ 1 \leqslant i \leqslant N - 1, \\ 0, & t \in [a, t_1 - \delta_1) \cup \left(\bigcup_{i=1}^{N-2} (t_i + \delta_1, t_{i+1} - \delta_1) \right) \\ & \qquad \cup (t_{N-1} + \delta_1, b]. \end{cases}$$

显然, 这样构造的向量场 $U(t)$ 满足我们的要求.

把这个向量场 U 代入 (3.12′) 式便得到

$$\sum_{i=1}^{N-1} |\gamma'(t_i^-) - \gamma'(t_i^+)|^2 = 0,$$

即有

$$\gamma'(t_i^-) = \gamma'(t_i^+), \quad 1 \leqslant i \leqslant N - 1. \tag{3.14}$$

此式说明 γ 具有连续的切向量场 γ'. 前面已经证明了 γ 在每一个小区间 $[t_{j-1}, t_j]$ 上的限制是测地线, 现在知道 γ, γ' 在区间 $[a, b]$ 上是连续的, 所以由测地线的存在唯一性得知 γ 是定义在 $[a, b]$ 上的测地线, 因而是光滑的. 证毕.

仔细分析定理 3.5 的证明过程, 可以得到如下的推论:

推论 3.6 一条分段光滑曲线 γ 是测地线当且仅当 γ 是在它的任意一个有固定端点的变分下的弧长泛函的临界点.

§3.4　Gauss 引理和法坐标系

在几何学中, 为了能够简单明了地描述一个几何对象, 选取适当的坐标系是至关重要的. 对于黎曼流形来说, 最适用的局部坐标系就是所谓的法坐标系, 它是借助于指数映射建立的. 本节将引入法坐标系的概念, 并在这种特殊的坐标系下研究黎曼联络的性质. 为此, 需要对 §3.2 所引入的指数映射作进一步的讨论.

定理 4.1 (Gauss 引理)　设 (M, g) 是 m 维黎曼流形, $p \in M$, $v \in T_pM$. 如果指数映射 $\exp_p$ 在 v 点有定义, 则对于任意的 $w \in T_pM = T_v(T_pM)$, 有

$$\langle (\exp_p)_{*v}(v), (\exp_p)_{*v}(w) \rangle_{\exp(p,v)} = \langle v, w \rangle_p. \tag{4.1}$$

证明　任取 $w \in T_pM$, 由于 $\exp_p$ 在 v 处有定义, 故有 $\varepsilon > 0$, 使得对于任意的 $(t, u) \in [0,1] \times (-\varepsilon, \varepsilon)$, $\exp_p t(v + uw)$ 有意义. 因此, 得到光滑映射 $\Phi : [0,1] \times (-\varepsilon, \varepsilon) \to M$, 使得

$$\Phi(t, u) = \exp_p t(v + uw), \quad \forall (t, u) \in [0,1] \times (-\varepsilon, \varepsilon).$$

显然, 对于每一个 $u \in (-\varepsilon, \varepsilon)$, $\gamma_u = \Phi(\cdot, u)$ 是测地线. 换句话说, Φ 是测地线 $\gamma = \gamma_0$ 的一个测地变分, 相应的变分向量场 U 为

$$U(t) = \Phi_{*(t,0)}\left(\frac{\partial}{\partial u}\right) = (\exp_p)_{*tv}(tw)$$

$$= t(\exp_p)_{*tv}(w), \quad 0 \leqslant t \leqslant 1. \tag{4.2}$$

在另一方面, 曲线 γ 的切向量场为

$$\gamma'(t) = \Phi_{*(t,0)}\left(\frac{\partial}{\partial t}\right) = (\exp_p)_{*tv}(v). \tag{4.3}$$

把 (4.2) 和 (4.3) 式代入弧长的第一变分公式 (3.5), 则得

$$\frac{\mathrm{d}L(u)}{\mathrm{d}u}\bigg|_{u=0} = \frac{1}{l}\left\{ \langle \gamma', U \rangle\big|_0^1 - \int_0^1 \langle U, \mathrm{D}_{\gamma'}\gamma' \rangle \mathrm{d}t \right\}$$

$$= \frac{1}{l}\langle (\exp_p)_{*v}(v), (\exp_p)_{*v}(w) \rangle, \tag{4.4}$$

其中

$$l = L(\gamma) = \int_0^1 |\gamma'| \mathrm{d}t = |v|.$$

注意到测地线的切向量的长度是常数, 直接计算 $L(u) = L(\gamma_u)$ 可以得到

$$L(u) = \int_0^1 |\gamma_u'(t)| \mathrm{d}t = \int_0^1 |\gamma_u'(0)| \mathrm{d}t = |v + uw|$$
$$= (\langle v, v \rangle + 2u \langle v, w \rangle + u^2 \langle w, w \rangle)^{\frac{1}{2}}.$$

故

$$\frac{\mathrm{d}L(u)}{\mathrm{d}u} = \frac{\langle v, w \rangle + u \langle w, w \rangle}{(\langle v, v \rangle + 2u \langle v, w \rangle + u^2 \langle w, w \rangle)^{\frac{1}{2}}},$$
$$\left. \frac{\mathrm{d}L(u)}{\mathrm{d}u} \right|_{u=0} = \frac{\langle v, w \rangle}{|v|}. \tag{4.5}$$

把 (4.5) 式代入 (4.4), 便得到 (4.1) 式, 定理得证.

推论 4.2 指数映射 $\exp_p$ 把 T_pM 中与射线 tv 正交的向量映到 M 中与测地线 $\gamma(t) = \exp_p(tv)$ 正交的切向量, 即指数映射保持向量与径向测地线的正交性.

证明 根据 Gauss 引理, 对于任意的 $t \in [0,1]$ 以及任意的 $w \in T_pM$ 有

$$\langle (\exp_p)_{*tv}(v), (\exp_p)_{*tv}(w) \rangle = \langle v, w \rangle.$$

所以, 当 $\langle v, w \rangle = 0$ 时有

$$\langle (\exp_p)_{*tv}(v), (\exp_p)_{*tv}(w) \rangle = 0.$$

证毕.

推论 4.3 指数映射 $\exp_p$ 沿射线 tv 的切方向是保长的, 即对于任意的、平行于 v 的切向量 $w \in T_pM$, 都有

$$|(\exp_p)_{*tv}(w)| = |w|.$$

证明 设 $w = \lambda v$, 则由 Gauss 引理得到

$$|(\exp_p)_{*tv}(w)|^2 = \lambda\langle(\exp_p)_{*tv}(v), (\exp_p)_{*tv}(w)\rangle = \lambda\langle v, w\rangle = |w|^2.$$

证毕.

注记 4.1 设 $p \in M$, 假定 $\delta > 0$ 使得指数映射 $\exp_p$ 在

$$B_p(\delta) = \{v \in T_pM; |v| < \delta\}$$

上有定义. 根据 Gauss 引理,

$$\mathscr{B}_p(\delta) = \exp_p(B_p(\delta))$$
$$= \{q \in M; \text{ 存在连接 } p, q \text{ 的测地线 } \gamma, \text{使得 } L(\gamma) < \delta\} \quad (4.6)$$

称为在 M 中以 p 为中心、以 δ 为半径的**测地球**; 其边界 $\partial\mathscr{B}_p(\delta)$ 记为 $\mathscr{S}_p(\delta)$, 称为在 M 中以 p 为中心、以 δ 为半径的**测地球面**. 很明显, 测地球 $\mathscr{B}_p(\delta)$ 和开球 $B_p(\delta) \subset T_pM$ 未必是同胚的. 但是, 从定理 2.2 得知, 当 δ 充分小时, 指数映射是从 $B_p(\delta)$ 到 $\mathscr{B}_p(\delta)$ 的光滑同胚; 此时, $\mathscr{S}_p(\delta)$ 与球面 S^{m-1} 是同胚的. 推论 4.2 断言, 从点 p 出发的测地线与 $\mathscr{S}_p(\delta)$ 是正交的, 所以通常把这样的测地线称为**径向测地线**.

定理 4.4 设 (M, g) 是 m 维黎曼流形, $p \in M$, $\mathscr{B}_p(\delta)$ $(\delta > 0)$ 是 $B_p(\delta) \subset T_pM$ 在指数映射 $\exp_p$ 下的光滑同胚像. 如果

$$\gamma : [0, 1] \to \mathscr{B}_p(\delta)$$

是一条从点 p 出发的径向测地线, 满足 $\gamma(0) = p$. 那么, 对于 M 中任意一条从 p 到 $q = \gamma(1)$ 的分段光滑曲线 $\beta : [a, b] \to M$ 都有

$$L(\beta) \geqslant L(\gamma),$$

并且等号仅在 $\beta([a, b]) = \gamma([0, 1])$ 时成立.

证明 记 $v = \gamma'(0)$, 则 γ 可以用指数映射表示为

$$\gamma(s) = \exp_p(sv), \quad 0 \leqslant s \leqslant 1.$$

首先假定曲线 β 完全包含在测地球 $\mathscr{B}_p(\delta)$ 之内, 则 $\tilde{\beta} = \exp_p^{-1} \circ \beta$ 是在 $B_p(\delta) \subset T_pM$ 中从原点 0 到 v 的一条分段光滑曲线. 在单位球面 $S_p(1) \subset T_pM$ 上取一条分段光滑曲线 $u : [a,b] \to S_p(1)$, 以及非负的分段光滑函数 $r : [a,b] \to \mathbb{R}$, 使得

$$\tilde{\beta}(t) = r(t) \cdot u(t), \quad a \leqslant t \leqslant b.$$

从而, $r(a) = 0$, $r(b) = |v|$. 于是

$$\beta(t) = \exp_p(r(t) \cdot u(t)),$$
$$\beta'(t) = (\exp_p)_{*r(t)u(t)}(r'(t)u(t) + r(t)u'(t))$$
$$= r'(t)(\exp_p)_{*r(t)u(t)}(u(t)) + r(t)(\exp_p)_{*r(t)u(t)}(u'(t)).$$

由于 $|u(t)| \equiv 1$, $u'(t) \perp u(t)$, 再根据推论 4.2 和推论 4.3 有

$$\langle \beta'(t), \beta'(t) \rangle = (r'(t))^2 |(\exp_p)_{*r(t)u(t)}(u(t))|^2$$
$$+ (r(t))^2 |(\exp_p)_{*r(t)u(t)}(u'(t))|^2$$
$$+ 2r'(t)r(t)\langle (\exp_p)_{*r(t)u(t)}(u(t)), (\exp_p)_{*r(t)u(t)}(u'(t)) \rangle$$
$$\geqslant (r'(t))^2 |u(t)|^2 = |r'(t)|^2. \tag{4.7}$$

所以,

$$L(\beta) = \int_a^b |\beta'(t)| \mathrm{d}t \geqslant \int_a^b |r'(t)| \mathrm{d}t \geqslant \int_a^b r'(t) \mathrm{d}t$$
$$= r(b) - r(a) = |v| = L(\gamma). \tag{4.8}$$

现在假定 β 不完全包含在 $\mathscr{B}_p(\delta)$ 之内. 于是, 存在 $c \in (a,b]$ 使得 $\beta(c) \in \mathscr{S}_p(\delta)$, 并且曲线段 $\beta_1 = \beta|_{[a,c)}$ 完全包含在 $\mathscr{B}_p(\delta)$ 之内. 因此, $L(\beta) \geqslant L(\beta_1) \geqslant \delta > L(\gamma)$.

如果 $L(\beta) = L(\gamma)$, 则根据上面的讨论, β 必定完全包含在 $\mathscr{B}_p(\delta)$ 内, 而且 (4.8) 式中的等号成立. 所以, $r'(t) \geqslant 0$, 并且 (4.8) 和 (4.7) 式成为等式. 不失一般性, 可设 $r(t) > 0$, 因而有

$$(\exp_p)_{*r(t)u(t)}(u'(t)) = 0.$$

由于 $\exp_p : B_p(\delta) \to \mathscr{B}_p(\delta)$ 是光滑同胚, $u'(t) \equiv 0$, 因而

$$u(t) = \text{const.}$$

所以,

$$u(t) = u(b) = \frac{v}{|v|}, \quad \beta(t) = \exp_p\left(r(t) \cdot \frac{v}{|v|}\right).$$

这说明, 曲线 β 只不过是测地线 γ 的重新参数化, 它们的像集是相同的, 即

$$\beta([a, b]) = \gamma([0, 1]).$$

证毕.

定理 4.4 的几何意义如下: 当 $\mathscr{B}_p(\delta)(\delta > 0)$ 是 $B_p(\delta) \subset T_pM$ 在指数映射 $\exp_p$ 下的光滑同胚像时, 测地球 $\mathscr{B}_p(\delta)$ 中的任意一点 q 与 p 点相连接的最短线是 p, q 之间的径向测地线段; 特别地, 它完全落在 $\mathscr{B}_p(\delta)$ 内.

因此, 自然地要问: 在 M 上连接 $\mathscr{B}_p(\delta)$ 中任意两点 q_1, q_2 的最短线是否完全落在该测地球内呢? 在一般情况下, 这个问题的答案是否定的. 事实上, 可以考虑 $\mathbb{R}^3$ 中的单位球面 S^2. 设 $p, q \in S^2$ 是 S^2 上的一对对径点, 则

$$\mathscr{B}_p(\pi) = S^2 \backslash \{q\}$$

是在 S^2 上以 p 点为中心的测地球, 而且它是 $B_p(\pi) \subset T_pS^2$ 在指数映射 $\exp_p$ 下的同胚像. 不难看出, 存在

$$q_1, q_2 \in \mathscr{B}_p(\pi) \Big\backslash \overline{\mathscr{B}_p\left(\frac{\pi}{2}\right)},$$

使得在 S^2 中连接 q_1, q_2 两点的最短曲线是通过 q 点的大圆弧, 它显然不会完全落在测地球 $\mathscr{B}_p(\pi)$ 内. 因此, 问题的提法应该是: 对于黎曼流形上的任意一点 p, 是否存在它的某个邻域 W, 使得连接其中任意两点的最短线都落在 W 之内? 在下一节将肯定地回答这个问题.

对于 $p \in M$, 在 T_pM 中任意取定一个以零向量为原点的笛卡儿直角坐标系 (x^i), 根据定理 2.2, 在 T_pM 中存在原点的开邻域 V, 使得

指数映射

$$\exp_p : V \to U = \exp_p(V) \subset M$$

是光滑同胚. 把 T_pM 等同于 $\mathbb{R}^m$ 并设 $\varphi = \exp_p^{-1} : U \to V$, 便得到 p 点的一个局部坐标系 $(U, \varphi; x^i)$.

定义 4.1   如上得到的局部坐标系 $(U, \varphi; x^i)$ 称为黎曼流形 (M, g) 在 p 点的**法坐标系**, 相应的开集 U 称为 p 点的一个**法坐标邻域**.

显然, 如果不考虑坐标邻域的大小, p 点的法坐标系被确定到相差一个常系数的正交变换. 事实上, 在 $\mathbb{R}^m$ 中任意取定一个笛卡儿直角坐标系, 则在 U 上便给出了一个法坐标系. 为了方便起见, 通常取半径 δ 适当小的测地球 $\mathscr{B}_p(\delta) = \exp_p(B_p(\delta))$ 作为 p 点的法坐标邻域, 称为 p 点的**法坐标球邻域**.

定理 4.5   设 $(U, \varphi; x^i)$ 是黎曼流形 (M, g) 上一点 p 的法坐标系, Γ_{ij}^k 是黎曼联络 D 在 $(U; x^i)$ 下的联络系数, 则有

$$g_{ij}(p) = \delta_{ij}, \qquad \Gamma_{ij}^k(p) = 0, \quad 1 \leqslant i, j, k \leqslant m, \qquad (4.9)$$

或等价地,

$$g_{ij}(p) = \delta_{ij}, \qquad \mathrm{d}g_{ij}(p) = \mathrm{d}g^{ij}(p) = 0, \quad 1 \leqslant i, j \leqslant m, \qquad (4.9')$$

其中 $g_{ij} = g\left(\dfrac{\partial}{\partial x^i}, \dfrac{\partial}{\partial x^j}\right)$, 矩阵 $(g^{ij}) = (g_{ij})^{-1}$.

证明   根据法坐标系的定义, 对于任意的 $a = (a^1, \cdots a^m) \in V = \varphi(U)$, 有

$$x^i \circ \exp_p(a) = a^i, \quad 1 \leqslant i \leqslant m.$$

因此, 在法坐标系 $(U; x^i)$ 下, 从 p 点出发的径向测地线 $\exp_p(ta)$ 的参数方程是

$$x^i(t) = x^i(\exp_p(ta)) = ta^i, \quad 1 \leqslant i \leqslant m.$$

代入测地线的微分方程

$$\frac{\mathrm{d}^2 x^k}{\mathrm{d}t^2} + \frac{\mathrm{d}x^i}{\mathrm{d}t}\frac{\mathrm{d}x^j}{\mathrm{d}t}\Gamma_{ij}^k(ta) = 0, \quad 1 \leqslant k \leqslant m$$

得到

$$a^i a^j \Gamma_{ij}^k(ta) = 0, \quad 0 \leqslant t \leqslant 1, \quad 1 \leqslant i, j, k \leqslant m.$$

在上式中令 $t = 0$, 并利用 $a = (a^1, \cdots, a^m) \in V$ 的任意性和 Γ_{ij}^k 关于下指标 i, j 的对称性, 便得到

$$\Gamma_{ij}^k(0) = 0, \quad \forall i, j, k,$$

这就是所要证明的 (4.9) 式. 定理的其余部分是显然的. 证毕.

法坐标系对于协变导数的计算具有重要意义: 从光滑张量场的协变导数的公式得知, 如果在一点 $p \in M$ 的法坐标系下进行计算, 则张量场的分量在 p 点的协变导数就化为这些分量在该点的普通导数. 这个事实经常用来简化一些复杂的运算过程.

定义 4.2 设 (M, g) 是连通的 m 维黎曼流形, 对于任意的两点 $p, q \in M$, 令

$$d(p, q) = \inf\{L(\gamma); \ \gamma 是 M 中连接 p, q 的分段光滑曲线\}, \qquad (4.10)$$

称为 p, q 两点之间的**距离**.

定理 4.6 设 (M, g) 是连通的 m 维黎曼流形, 则由 (4.10) 式定义的距离函数 d 满足度量空间的公理, 因而 (M, d) 是一个度量空间.

证明 要依次证明 d 满足正定性、对称性和三角不等式.

(1) **正定性**. 显然, 对于任意的 $p \in M$ 有 $d(p, p) = 0$. 现设 $p, q \in M, p \neq q$. 因此可取 p 点的测地球 $\mathscr{B}_p(\delta), \delta > 0$ 使得 $q \notin \mathscr{B}_p(\delta)$, 则在 M 中任意一条连接 p, q 两点的分段光滑曲线 γ 与 $\mathscr{S}_p(\delta)$ 至少有一个交点. 因此, $L(\gamma) \geqslant \delta$. 在此式两端关于曲线 γ 取下确界, 便得

$$d(p, q) = \inf_{\gamma} L(\gamma) \geqslant \delta > 0.$$

正定性得证.

(2) **对称性**. 显然.

(3) **三角不等式**. 设 $p, q, r \in M, \gamma_1, \gamma_2 : [0, 1] \to M$ 分别是连接 p 与 q, 以及 q 与 r 的分段光滑曲线. 把 γ_1, γ_2 接起来得到 M 中的一条

分段光滑曲线 γ, 其定义是

$$\gamma(t) = \begin{cases} \gamma_1(2t), & t \in [0, 1/2]; \\ \gamma_2(2t-1), & t \in [1/2, 1]. \end{cases}$$

显然 $\gamma(0) = p$, $\gamma(1) = r$. 根据 $d(p, r)$ 的定义,

$$d(p, r) \leqslant L(\gamma) = L(\gamma_1) + L(\gamma_2).$$

在上式中分别取 $L(\gamma_1)$, $L(\gamma_2)$ 关于 γ_1, γ_2 的下确界, 便得

$$d(p, r) \leqslant d(p, q) + d(q, r).$$

证毕.

根据距离 d 的定义 (4.10), 度量空间 (M, d) 是由黎曼度量 g 确定的. 以后, 在把黎曼流形 (M, g) 看作度量空间时, 指的就是定理 4.6 中所说的度量空间 (M, d). 特别地, 总是假定 (M, g) 是连通的.

注记 4.2 根据定义 4.2 不难知道 (参看注记 4.1)

$$\mathscr{B}_p(\delta) \subset \{q \in M;\ d(p, q) < \delta\}.$$

特别是, 如果指数映射 $\exp_p$ 在 $B_p(\delta)$ 上是光滑同胚, 则

$$\mathscr{B}_p(\delta) = \{q \in M;\ d(p, q) < \delta\}$$

(参看本章习题第 14,15 题). 由此可见, 黎曼流形 (M, g) 在看作度量空间 (M, d) 时, 它的度量拓扑与微分流形 M 本身的拓扑是一致的.

在第二章的 §2.2, 曾经引入过黎曼流形之间的等距的概念, 那么, 它与度量空间之间的等距又有什么样的关系呢? 下面的定理回答了这个问题.

定理 4.7 设 $f : (M, g) \to (N, h)$ 是黎曼流形之间的等距, 用 d^g 和 d^h 分别表示在黎曼流形 (M, g) 和 (N, h) 上的距离函数, 则 f 也是从度量空间 (M, d^g) 到 (N, d^h) 的等距.

证明 如果 $f : (M, g) \to (N, h)$ 是等距, 则 f 保持对应曲线的弧长不变. 于是对于任意的 $p, q \in M$, 以及在 M 中连接 p, q 的任意一条

分段光滑曲线 γ,

$$d^h(f(p), f(q)) \leqslant L(f \circ \gamma) = L(\gamma).$$

关于曲线 γ 求下确界, 得

$$d^h(f(p), f(q)) \leqslant \inf L(\gamma) = d^g(p, q).$$

在另一方面, 由于 $f^{-1} : (N, h) \to (M, g)$ 也是等距, 故有

$$d^g(p, q) = d^g(f^{-1}(f(p)), f^{-1}(f(q))) \leqslant d^h(f(p), f(q)).$$

所以 $d^h(f(p), f(q)) = d^g(p, q)$, 即 f 是度量空间 (M, d^g) 和 (N, d^h) 之间的等距. 定理得证.

最后, 我们提一下 m 维黎曼流形 (M, g) 上的一个重要的函数 ρ. 固定一点 $p \in M$, 定义 $\rho : M \to \mathbb{R}$, 使得 $\rho(q) = d(p, q)$, $\forall q \in M$. 当 (M, g) 是连通黎曼流形时, 函数 ρ 是在整个 M 上有定义的连续函数. 若取点 p 的法坐标域 $(U; x^i)$, 则可取正数 $\delta > 0$, 使得 $\exp_p : B_p(\delta) \to \mathcal{B}_p(\delta) \subset U$ 是从 $B_p(\delta)$ 到 $\mathcal{B}_p(\delta)$ 的微分同胚, 其中 $\mathcal{B}_p(\delta)$ 是落在 U 内的法坐标球,

$$B_p(\delta) = \{v \in T_p M : \ |v| < \delta\}.$$

对于任意的 $q \in \mathcal{B}_p(\delta)$, 从点 p 到 q 的径向测地线 $\tilde{\gamma} : [0, 1] \to \mathcal{B}_p(\delta)$ 是连接 p, q 的最短测地线, 因而 $\rho(q) = L(\tilde{\gamma}|_{[0,1]})$. 在法坐标系下,

$$\tilde{\gamma}(s) = \exp_p s \cdot (x^1(q), \cdots, x^m(q)), \qquad 0 \leqslant s \leqslant 1.$$

于是

$$\rho(q) = L(\tilde{\gamma}|_{[0,1]}) = |\exp_p^{-1}(q)| = \sqrt{\sum_{i=1}^{m}(x^i(q))^2}, \qquad q \in \mathcal{B}_p(\delta),$$

因此函数 $\rho : M \to \mathbb{R}$ 在 $\mathcal{B}_p(\delta) \setminus \{p\}$ 上是光滑的.

径向测地线 $\tilde{\gamma} : [0, 1] \to \mathcal{B}_p(\delta)$ 可以改写为以弧长 t 为参数的测地线 $\gamma : [0, l] \to \mathcal{B}_p(\delta)$, $\gamma(t) = \tilde{\gamma}(t/l)$, 其中 $l = d(p, q) = \rho(q)$, 且

$\gamma(t) = \exp_p(tv)$, $v \in T_pM$, $|v| = 1$. 很明显, 在 $\mathcal{B}_p(\delta) \setminus \{p\}$ 上定义好了一个单位切向量场, 记为 $\dfrac{\partial}{\partial\rho}$, 它是以弧长 t 为参数的径向测地线 $\gamma(t)$ 的切向量, 即

$$\frac{\partial}{\partial\rho}\bigg|_{\gamma(t)} = \gamma'(t) = (\exp_p)_{*tv}(v),$$

它在 $\mathcal{B}_p(\delta) \setminus \{p\}$ 上是 C^∞ 的.

定理 4.8 设 (M,g) 是 m 维连通的黎曼流形, $p \in M$, $(U; x^i)$ 是点 p 的一个法坐标系, 且 $\delta > 0$ 使得 $\mathcal{B}_p(\delta) \subset U$, 则对任意的 $q \in \mathcal{B}_p(\delta) \setminus \{p\}$ 以及 $X \in T_qM$ 有

$$X(\rho) = \left\langle X, \frac{\partial}{\partial\rho}\bigg|_q \right\rangle,$$

其中 $\rho = d(p, \cdot)$ 是从点 p 量起的距离函数.

证明 设 $\gamma(t)$ 是在 $\mathcal{B}_p(\delta)$ 内连接点 p, q 的、以弧长 t 为参数的径向测地线, $\gamma(0) = p$, $\gamma(l) = q$, $d(p,q) = l$, 则 $\rho(\gamma(t)) = d(p, \gamma(t)) = t$, $\gamma'(t) = \dfrac{\partial}{\partial\rho}\bigg|_{\gamma(t)}$. 若 $X = \lambda \cdot \dfrac{\partial}{\partial\rho}\bigg|_q$, 则

$$X(\rho) = \lambda \cdot \frac{\partial}{\partial\rho}\bigg|_q (\rho) = \lambda \cdot \frac{d}{dt}\bigg|_{t=l} \rho(\gamma(t)) = \lambda,$$

然而

$$\left\langle X, \frac{\partial}{\partial\rho}\bigg|_q \right\rangle = \left\langle \lambda \cdot \frac{\partial}{\partial\rho}\bigg|_q, \frac{\partial}{\partial\rho}\bigg|_q \right\rangle = \lambda,$$

故所证等式成立.

若 $X \perp \dfrac{\partial}{\partial\rho}\bigg|_q$, $\left\langle X, \dfrac{\partial}{\partial\rho}\bigg|_q \right\rangle = 0$, 所以 X 是测地球面 $\mathcal{S}(l)(l = d(p,q))$ 的切向量, 而函数 ρ 在测地球面 $\mathcal{S}(l)$ 上的限制是常值函数, 故 $X(\rho) = 0$. 等式仍然成立.

对于一般的 $X \in T_qM$, 将 X 分解成径向测地线 $\gamma(t)$ 在 $t = l$ 处的切分量与法分量之和

$$X = \lambda \cdot \frac{\partial}{\partial\rho}\bigg|_q + X^\perp, \qquad \left\langle X^\perp, \frac{\partial}{\partial\rho}\bigg|_q \right\rangle = 0,$$

所以

$$X(\rho) = \lambda \cdot \frac{\partial}{\partial \rho}\bigg|_q (\rho) + X^\perp(\rho) = \lambda = \left\langle X, \frac{\partial}{\partial \rho}\bigg|_q \right\rangle.$$

注记 4.3 从定理 4.8 得知, 在 $\mathcal{B}_p(\delta) \setminus \{p\}$ 上的切向量场 $\dfrac{\partial}{\partial \rho}$ 就是函数 ρ 的梯度场, 即 $\dfrac{\partial}{\partial \rho} = \nabla\rho$(参看第二章定义 5.2).

§3.5　测地凸邻域

首先引入强凸子集的概念.

定义 5.1 设 S 是黎曼流形 (M, g) 的子集. 如果对于任意两点 $p, q \in \overline{S}$, 都有唯一的一条最短测地线 γ 连接 p 和 q, 并且在 γ 上除端点 p, q 以外的其余各点都落在 S 内, 则称 S 为 (M, g) 的一个**强凸子集**.

本节的主要目的是要说明一个事实, 即: 黎曼流形在每一点都具有强凸测地球作为该点的法坐标邻域, 称为该点的**测地凸邻域**. 为此, 需要下面的命题:

定理 5.1 设 (M, g) 是 m 维黎曼流形, 则对于任意一点 $p \in M$, 都有 p 点的法坐标邻域 W, 以及正数 δ, 使得 W 中的每一点 q 都有法坐标球邻域 $\mathcal{B}_q(\delta) \supset W$. 换言之, W 包含在 W 中每一点的一个具有相同半径 δ 的法坐标球邻域内.

证明 根据定理 2.1, 对于任意的 $p \in M$, 存在 p 点的开邻域 U, 正数 ε 以及光滑映射

$$\gamma : (-2, 2) \times \mathcal{U}^\varepsilon \to M,$$

使得对于每一个 $(q, v) \in \mathcal{U}^\varepsilon$, $\gamma(t) = \gamma(t; q, v) = \exp_q(tv)$ 是定义在区间 $(-2, 2)$ 上, 且满足初始条件 $\gamma(0) = q, \gamma'(0) = v$ 的唯一的一条测地线. 定义光滑映射 $F : \mathcal{U}^\varepsilon \to M \times M$, 使得

$$F(q, v) = (q, \exp_q(v)), \quad \forall (q, v) \in \mathcal{U}^\varepsilon.$$

由于 $F(p, 0) = (p, p)$, 故 $U \times U$ 是点 $F(p, 0)$ 在 $M \times M$ 中的一个开邻域. 不妨设 $(U; x^i)$ 是 p 点的一个局部法坐标系, 则当 U 充分小时,

$U \times U$ 是 $M \times M$ 在点 $F(p, 0)$ 的一个局部坐标系. 此时, 在 $\mathscr{U}^\varepsilon$ 上有确定的局部坐标系 (x^i, v^i), 使得任意一点 $(q, v) \in \mathscr{U}^\varepsilon$ 的坐标由 $x^i(q)$ 和 $v^i = v(x^i)$ 给出. 于是, 映射 F 可以表示为

$$(q, v) \mapsto (x^i(q), x^i(\exp_q(v))).$$

由于 $(\exp_p)_{*0} : T_p M \to T_p M$ 是恒同映射, 易知 F 在点 $(p, 0)$ 的 Jacobi 矩阵为

$$\begin{pmatrix} I_m & 0 \\ * & I_m \end{pmatrix},$$

其中 I_m 是 m 阶单位方阵. 所以, 存在 p 点的开邻域 $V \subset U$, 以及 $\delta \in (0, \varepsilon)$, 使得 F 是 $\mathscr{V}^\delta$ 到 $M \times M$ 的开子集 $\mathscr{V}' = F(\mathscr{V}^\delta)$ 上的微分同胚, 其中 $\mathscr{V}^\delta$ 的意义同 $\mathscr{U}^\varepsilon$, 即

$$\mathscr{V}^\delta = \{(q, v) \in TM; \ q \in V, \ v \in T_q M, \ \text{且} \ |v| < \delta\}.$$

取以 p 点为中心的开球 W, 使得 $W \times W \subset \mathscr{V}'$, 则 W 和 δ 满足定理的要求.

事实上, 对于任意的 $q, q' \in W$, 由于 $W \times W \subset \mathscr{V}' = F(\mathscr{V}^\delta)$, 不难看出

$$(q, q') \in F(\{q\} \times \{v \in T_q M; \ |v| < \delta\}) = \{q\} \times \mathscr{B}_q(\delta).$$

这意味着 $q' \in \mathscr{B}_q(\delta)$, 故有 $W \subset \mathscr{B}_q(\delta)$, 定理得证.

推论 5.2 对于黎曼流形 (M, g) 上的每一点 p, 都存在 p 点的一个开邻域 W 和正数 δ, 使得 W 中任意两点 q_1, q_2 都可以用唯一的一条长度小于 δ 的最短测地线相连接.

证明 选取符合定理 5.1 的要求的开邻域 W 和正数 δ. 任给 $q_1, q_2 \in W$, 由于 $W \subset \mathscr{B}_{q_1}(\delta)$, $q_2 \in \mathscr{B}_{q_1}(\delta)$. 根据定理 4.4, q_1 与 q_2 可以用 $\mathscr{B}_{q_1}(\delta)$ 中的径向测地线相连接, 它是连接 q_1, q_2 的唯一的一条最短曲线, 并且其长度小于 δ. 证毕.

下面的定理在一定的意义上说明了测地球的凸性.

定理 5.3 设 p 是 m 维黎曼流形 (M, g) 上的任意一点, 则存在正数 c, 使得对于任意的正数 $r < c$ 以及任意的 $q \in \mathscr{S}_p(r)$, 当 M 中的测地线 γ 与 $\mathscr{S}_p(r)$ 在 q 点相切时, γ 在 q 点的一个邻域内与闭测地球 $\overline{\mathscr{B}_p(r)}$ 仅有一个公共点 q.

证明 设 $(W; x^i)$ 是 p 点的一个法坐标系, 取 $\delta > 0$, 使得

$$\mathscr{B}_p(\delta) \subset W.$$

因此

$$\mathscr{B}_p(\delta) = \left\{ q \in W; \ \sum_{i=1}^m (x^i(q))^2 < \delta^2 \right\}.$$

设 $0 < r < \delta$, 则测地球面 $\mathscr{S}_p(r)$ 的方程为

$$F(x^1, \cdots, x^m) \equiv \sum_{i=1}^m (x^i)^2 - r^2 = 0.$$

对于任意的 $q \in \mathscr{S}_p(r)$, 设 γ 是在 M 中任意一条与 $\mathscr{S}_p(r)$ 在 q 点相切的测地线, 其参数方程是

$$x^i = x^i(t), \quad x^i(0) = x^i(\gamma(0)) = x^i(q), \quad 1 \leqslant i \leqslant m.$$

令 $F(t) = F(x^1(t), \cdots, x^m(t))$, 则有

$$F(0) = F(x^1(0), \cdots, x^m(0)) = 0,$$

并且 $\gamma(t) \in \overline{\mathscr{B}_p(r)}$ 当且仅当 $F(t) \leqslant 0$. 由于 $(W; x^i)$ 是 p 点的法坐标系, 测地线 γ 可以表示为

$$\gamma(t) = \exp_p(x^1(t), \cdots, x^m(t)).$$

另外, 从 p 到 q 的径向测地线为

$$\sigma(s) = \exp_p(s \cdot (x^1(0), \cdots, x^m(0))), \quad 0 \leqslant s \leqslant 1.$$

所以

$$\gamma'(0) = (\exp_p)_{*(x^1(0),\cdots,x^m(0))}\left(\frac{\mathrm{d}x^1}{\mathrm{d}t}(0),\cdots,\frac{\mathrm{d}x^m}{\mathrm{d}t}(0)\right),$$

$$\sigma'(1) = (\exp_p)_{*(x^1(0),\cdots,x^m(0))}(x^1(0),\cdots,x^m(0)).$$

由定理的假设, $\gamma'(0)\perp\sigma'(1)$, 即有 $\langle\gamma'(0),\sigma'(1)\rangle_q = 0$. 根据 Gauss 引理得知

$$\begin{aligned}
0 &= \left\langle\left(\frac{\mathrm{d}x^1}{\mathrm{d}t}(0),\cdots,\frac{\mathrm{d}x^m}{\mathrm{d}t}(0)\right),(x^1(0),\cdots,x^m(0))\right\rangle_p \\
&= \sum_{i=1}^m x^i(0)\frac{\mathrm{d}x^i}{\mathrm{d}t}(0) = \frac{1}{2}\left.\frac{\mathrm{d}}{\mathrm{d}t}F(x^1(t),\cdots,x^m(t))\right|_{t=0} \\
&= \frac{1}{2}F'(0).
\end{aligned}$$

由此可见, $t = 0$ 是函数 $F(t)$ 的一个临界点.

下面将要证明: 存在充分小的正数 c, 使得当 $0 < r < c$ 时, $t = 0$ 是函数 $F(t)$ 的一个局部最小值点. 为此, 需要计算 $F(t)$ 在 $t = 0$ 处的二阶导数. 利用测地线 γ 所满足的方程可得

$$\begin{aligned}
F''(t) &= \frac{\mathrm{d}^2}{\mathrm{d}t^2}F(x^1(t),\cdots,x^m(t)) = 2\frac{\mathrm{d}}{\mathrm{d}t}\left(\sum_{i=1}^m x^i(t)\frac{\mathrm{d}x^i}{\mathrm{d}t}(t)\right) \\
&= 2\sum_{i=1}^m\left(\frac{\mathrm{d}x^i}{\mathrm{d}t}(t)\right)^2 + 2\sum_{i=1}^m x^i(t)\frac{\mathrm{d}^2x^i}{\mathrm{d}t^2}(t) \\
&= 2\sum_{j,k=1}^m\left(\delta_{jk} - \sum_{i=1}^m x^i(t)\Gamma_{jk}^i(\gamma(t))\right)\frac{\mathrm{d}x^j}{\mathrm{d}t}(t)\frac{\mathrm{d}x^k}{\mathrm{d}t}(t).
\end{aligned}$$

在上式中令 $t = 0$, 得

$$\begin{aligned}
F''(0) &= \left.\frac{\mathrm{d}^2}{\mathrm{d}t^2}F(x^1(t),\cdots,x^m(t))\right|_{t=0} \\
&= 2\sum_{j,k=1}^m\left(\delta_{jk} - \sum_{i=1}^m x^i(0)\Gamma_{jk}^i(q)\right)\frac{\mathrm{d}x^j}{\mathrm{d}t}(0)\frac{\mathrm{d}x^k}{\mathrm{d}t}(0).
\end{aligned}$$

由定理 4.5, $\Gamma^i_{jk}(p) = 0$; 又因为

$$\sum_i (x^i(0))^2 < \delta^2,$$

即每一个 $x^i(0) = x^i(q)$ 是有界的, 故存在正数 $c \leqslant \delta$, 使得当 $\tilde{q} \in \mathscr{B}_p(c)$ 时, m 阶方阵

$$\left(\delta_{jk} - \sum_i x^i(\tilde{q}) \Gamma^i_{jk}(\tilde{q}) \right)$$

是正定矩阵. 于是, 对于任意的正数 $r < c$, 当测地线 γ 与 $\mathscr{S}_p(r)$ 在 q 点相切时,

$$F''(0) = \frac{\mathrm{d}^2}{\mathrm{d}t^2} F(x^1(t), \cdots, x^m(t)) \bigg|_{t=0} > 0.$$

所以, 函数 $F(t)$ 在 $t = 0$ 的一个充分小的邻域 $(-\varepsilon, \varepsilon)$ 内严格下凸, 且在 $t = 0$ 处取极小值 $F(0) = 0$. 从而当 $t \in (-\varepsilon, \varepsilon)$ 且 $t \neq 0$ 时,

$$F(t) = F(x^1(t), \cdots, x^m(t)) > 0,$$

这意味着 $\gamma(t) \notin \overline{\mathscr{B}_p(r)}$. 定理得证.

定理 5.4 设 (M, g) 是 m 维黎曼流形, p 是 M 中任意一点. 则存在 $\eta > 0$, 使得对于任意两点 $q_1, q_2 \in \overline{\mathscr{B}_p(\eta)}$, 必有唯一的一条最短测地线 γ 连接 q_1 与 q_2, 并且在 γ 上除端点 q_1, q_2 以外的其余点都落在 $\mathscr{B}_p(\eta)$ 内.

证明 根据定理 5.1, 可取 p 点的邻域 W 和某个 $\delta > 0$, 使得对于每一点 $q \in W$, $\mathscr{B}_q(\delta)$ 是点 q 的法坐标球邻域, 且 $W \subset \mathscr{B}_q(\delta)$. 再由定理 5.3, 存在正数 c, 使得 $\mathscr{B}_p(c) \subset W$, 并且当 $0 < r < c$ 时, 每一条与 $\mathscr{S}_p(r)$ 相切的测地线 γ 在切点 $q = \gamma(0)$ 的一个邻域内和闭测地球 $\overline{\mathscr{B}_p(r)}$ 仅有一个公共点 q.

取定正数 $\delta_1 < c/4$, $\eta < \delta_1$. 则对于任意的 $q_1, q_2 \in \overline{\mathscr{B}_p(\eta)} \subset \mathscr{B}_p(c)$, 存在唯一的一条最短测地线 γ 连接 q_1, q_2 两点, 其长度

$$L(\gamma) = d(q_1, q_2) \leqslant d(q_1, p) + d(p, q_2) \leqslant 2\eta.$$

此外, 对于 γ 上任意一点 q' 有

$$d(p,q') \leqslant d(p,q_1) + d(q_1,q') \leqslant \eta + 2\eta < \frac{3c}{4} < c,$$

因而 γ 完全落在测地球 $\mathscr{B}_p(c)$ 内.

假定 $\gamma = \gamma(t)$, $0 \leqslant t \leqslant 1$. 由区间 $[0,1]$ 的紧致性, 存在 $t_0 \in [0,1]$, 使得点 $q = \gamma(t_0)$ 满足

$$d(p,q) = \max\{d(p,\gamma(t));\ 0 \leqslant t \leqslant 1\}.$$

我们断言: $q = q_1$, 或 $q = q_2$. 如若不然, 必有 $t_0 \in (0,1)$. 于是 t_0 为函数 $F(t) = d(p,\gamma(t))$ 在开区间 $(0,1)$ 内的最大值点, 因而是 $F(t)$ 的临界点. 设 $r = d(p,q)$, 则 $0 < r < c$, 并且 γ 与 $\mathscr{S}_p(r)$ 在 q 点相切. 根据正数 c 的取法, γ 在 t_0 的一个邻域内除 $q = \gamma(t_0)$ 点以外的其余各点都在 $\overline{\mathscr{B}_p(r)}$ 之外, 这与 q 点的取法相矛盾, 故断言成立. 因此, 对于任意的 $t \in (0,1)$,

$$d(p,\gamma(t)) < \max\{d(p,q_1), d(p,q_2)\} \leqslant \eta.$$

所以, 在 γ 上除端点 q_1, q_2 之外的其余各点都落在 $\mathscr{B}_p(\eta)$ 内. 证毕.

注记 5.1 根据定义 5.1, $\mathscr{B}_p(\eta)$ 是一个强凸的测地球, 因而是 p 点的一个测地凸邻域. 于是定理 5.4 断言: 黎曼流形在每一点都有一个测地凸邻域. 由此可见, 在这一方面黎曼流形的局部性态和欧氏空间是一样的.

§3.6 Hopf-Rinow 定理

在前面各节中, 对测地线的局部性态已经进行了充分的讨论. 特别地, 对于连通黎曼流形 (M, g) 中的任意一点 q_1, 当 $q_2 \in M$ 充分接近 q_1 时, 都有最短测地线把它们连接起来. 但是, 如果没有距离充分小的假设, 这样的最短测地线未必是存在的. 事实上, 读者很容易在欧氏空间中找到例子说明这一点. 在本节将引入完备黎曼流形的概念, 并证明在完备黎曼流形上任意两点都可以用最短测地线连接起来.

设 M 是一个度量空间. 在点集拓扑学中已经知道: 如果在 M 中每一个 Cauchy 点列都有极限, 则称度量空间 M 是完备的. 在另一方面, 任何连通的黎曼流形 (M, g) 都可以看作度量空间, 相应的距离函数 d 由 (4.10) 式给出. 于是有下面的定义:

定义 6.1 设 (M, g) 是连通的黎曼流形. 如果 (M, g) 作为度量空间是完备的, 则称它是**完备**的黎曼流形.

以后假定所提到的黎曼流形都是连通的.

引理 6.1 设 $\mathscr{B}_p(\delta')$ 是黎曼流形 (M, g) 中以 p 点为中心、以 δ' 为半径的法坐标球邻域, $\delta < \delta'$, $q \in M$. 如果 $q \notin \mathscr{B}_p(\delta)$, 则存在一点 $q_0 \in \mathscr{S}_p(\delta)$ 使得

$$d(p, q) = \delta + d(q_0, q).$$

证明 设 $\gamma : [0, 1] \to M$ 是连接 p, q 两点的任意一条分段光滑曲线. 由于 $q \notin \mathscr{B}_p(\delta)$, γ 与 $\mathscr{S}_p(\delta)$ 必有公共点. 取最小的 $t_0 \in (0, 1]$, 使得 $\gamma(t_0) \in \mathscr{S}_p(\delta)$. 于是

$$
\begin{aligned}
L(\gamma) &= L(\gamma|_{[0,t_0]}) + L(\gamma|_{[t_0,1]}) \geqslant \delta + d(\gamma(t_0), q) \\
&\geqslant \delta + \inf\{d(q', q);\ q' \in \mathscr{S}_p(\delta)\}.
\end{aligned}
$$

在上式两端关于曲线 γ 取下确界, 则得

$$d(p, q) \geqslant \delta + \inf\{d(q', q);\ q' \in \mathscr{S}_p(\delta)\}. \tag{6.1}$$

在另一方面, 对于任意的 $q' \in \mathscr{S}_p(\delta)$ 有三角不等式

$$d(p, q) \leqslant d(p, q') + d(q', q) \leqslant \delta + d(q', q).$$

再关于 $q' \in \mathscr{S}_p(\delta)$ 取下确界, 又得到

$$d(p, q) \leqslant \delta + \inf\{d(q', q);\ q' \in \mathscr{S}_p(\delta)\}.$$

将它与 (6.1) 式相比较, 便有

$$d(p, q) = \delta + \inf\{d(q', q);\ q' \in \mathscr{S}_p(\delta)\}. \tag{6.2}$$

最后, 由于 $\mathscr{S}_p(\delta)$ 是紧致的, 并且距离函数 d 是连续的, 故存在 $q_0 \in \mathscr{S}_p(\delta)$, 使得

$$d(q_0, q) = \inf\{d(q', q); \quad q' \in \mathscr{S}_p(\delta)\}.$$

代入 (6.2), 引理得证.

定理 6.2 设 p 是黎曼流形 (M, g) 上的任意一点. 如果指数映射 $\exp_p$ 在 T_pM 上处处有定义, 则 M 中的每一个点 q 都可以用最短测地线与 p 点相连接.

证明 设 $\mathscr{B}_p(2\delta)$ 是以 p 为中心的法坐标球邻域, $q \in M$. 如果 $q \in \mathscr{B}_p(2\delta)$, 则由定理 4.4, p, q 两点可以用径向测地线相连接, 而且这条径向测地线是连接 p, q 的最短线.

现在假定 $q \notin \mathscr{B}_p(2\delta)$, 故 $q \notin \mathscr{B}_p(\delta)$. 则由引理 6.1, 存在 $q_0 \in \mathscr{S}_p(\delta)$, 使得

$$d(p, q) = \delta + d(q_0, q).$$

由于 $q_0 \in \mathscr{B}_p(2\delta)$, 故有 $v_0 \in T_pM$ 使得 $q_0 = \exp_p(v_0)$. 特别地, $v_0 \neq 0$. 令 $v = v_0/|v_0|$, 则 $v \in T_pM$ 是单位切向量. 根据定理假设, $\exp_p$ 在 T_pM 上处处有定义, 因而对于任意的 $t \geqslant 0$, $\gamma(t) = \exp_p(tv)$ 是有意义的. 由此得到一条正规测地线 $\gamma : [0, +\infty) \to M$. 令 $a = d(p, q)$, 下面将证明测地线段 $\gamma|_{[0,a]}$ 是连接 p, q 的最短测地线. 由于 γ 是正规测地线 (即 $|\gamma'(t)| \equiv 1$), $L(\gamma|_{[0,a]}) = a = d(p, q)$, 所以只要证明 $\gamma(a) = q$ 即可. 为此, 考虑集合

$$A = \{t \in [0, a]; d(\gamma(t), q) = a - t\}.$$

显然, $0 \in A$, 并且 $\gamma(a) = q \Longleftrightarrow a \in A$. 由于距离函数 d 和测地线 $\gamma(t)$ 的连续性, A 是 $[0, a]$ 的非空闭子集. 记

$$b = \sup A,$$

则 $b \in A$. 如果 $b \neq a$, 则 $b < a$. 选取充分小的正数 $\varepsilon' < a - b$, 使得 $\mathscr{B}_{\gamma(b)}(\varepsilon')$ 为 $\gamma(b)$ 的法坐标球邻域, 同时取正数 $\varepsilon < \varepsilon'$, 使得

$$q \notin \mathscr{B}_{\gamma(b)}(\varepsilon).$$

根据 A 的定义和引理 6.1, 存在 $q_1 \in \mathscr{S}_{\gamma(b)}(\varepsilon)$, 使得

$$a - b = d(\gamma(b), q) = \varepsilon + d(q_1, q). \qquad (6.3)$$

我们断言: $q_1 = \gamma(b + \varepsilon)$.

事实上, 由三角不等式得

$$d(p, q_1) \geqslant d(p, q) - d(q_1, q) = a - (a - b - \varepsilon) = b + \varepsilon. \qquad (6.4)$$

在另一方面, 取最短测地线 γ_1 连接 $\gamma(b)$ 和 q_1, 再把 $\gamma|_{[0,b]}$ 与 γ_1 拼接起来得到一条分段光滑曲线 $\tilde{\gamma}$(参看定理 4.6 的证明), 其长度为

$$b + \varepsilon = L(\gamma|_{[0,b]}) + L(\gamma_1) = L(\tilde{\gamma}) \geqslant d(p, q_1).$$

将它与不等式 (6.4) 相比较, 得到 $d(p, q_1) = b + \varepsilon = L(\tilde{\gamma})$. 所以分段光滑曲线 $\tilde{\gamma}$ 是连接 p, q_1 的最短曲线, 由定理 3.5 得知它是一条测地线. 根据测地线的唯一性, $\tilde{\gamma} = \gamma|_{[0, b+\varepsilon]}$, 从而有

$$\gamma(b + \varepsilon) = \tilde{\gamma}(b + \varepsilon) = \gamma_1(\varepsilon) = q_1.$$

把此式代入 (6.3) 式, 并注意到 $b \in A$, 便得

$$d(\gamma(b + \varepsilon), q) = a - b - \varepsilon = a - (b + \varepsilon).$$

根据集合 A 的定义, $b + \varepsilon \in A$. 这与 b 的取法相矛盾, 此矛盾是由假设 $b \neq a$ 引起的, 所以 $a = b \in A$. 定理得证.

定理 6.3 (Hopf-Rinow 定理) 对于黎曼流形 (M, g), 下面四个命题是相互等价的:

(1) 对于任意的 $p \in M$, 指数映射 $\exp_p$ 在 $T_p M$ 上处处有定义;

(2) 存在一点 $p \in M$, 使得指数映射 $\exp_p$ 在 $T_p M$ 上处处有定义;

(3) (M, d) 的任意一个有界闭子集都是 M 的紧致子集;

(4) (M, g) 是完备的.

证明 (1) $\Longrightarrow$ (2) 是显然的. 下面依次证明 (2) $\Longrightarrow$ (3), (3) $\Longrightarrow$ (4) 和 (4) $\Longrightarrow$ (1).

(2) $\Longrightarrow$ (3). 假定 (2) 成立, 并设 A 是 (M, d) 的任意一个有界闭子集, 则存在充分大的正数 R, 使得

$$A \subset V_p(R) = \{q \in M;\ d(p, q) < R\}.$$

根据条件 (2) 和定理 6.2, 对于任意的 $q \in V_p(R)$, 在 M 中有最短测地线连接 p 与 q. 于是存在单位切向量 $v \in T_p M$, 使得

$$\exp_p(av) = q,$$

其中 $a = d(p, q)$. 所以 $av \in B_p(R)$. 这就证明了

$$V_p(R) \subset \exp_p(B_p(R)) \subset \exp_p(\overline{B_p(R)}),$$

从而有 $A \subset V_p(R) \subset \exp_p(\overline{B_p(R)})$. 注意到 $\overline{B_p(R)}$ 是 $T_p M$ 中的紧致子集, 并且 $\exp_p$ 是连续映射, 故 $\exp_p(\overline{B_p(R)})$ 是 M 中的紧致子集. 现在 A 是 $\exp_p(\overline{B_p(R)})$ 的闭子集, 因而也是紧致的.

(3) $\Longrightarrow$ (4). 假定 $\{p_i\}$ 是 M 中的任意一个 Cauchy 点列, 即对于任意的 $\varepsilon > 0$, 存在正整数 N, 使得当 $i, j > N$ 时, 总是有

$$d(p_i, p_j) < \varepsilon.$$

令 K 是点列 $\{p_i\}$ 中互不相同的点构成的集合, 则 K 是 M 的一个有界子集.

如果 K 没有聚点, 则它是 M 的有界闭子集. 因而, 根据假设, 它是 M 的紧致子集. 在另一方面, 因为 K 没有聚点, 所以对于每一个 i, 存在 p_i 的开邻域 U_i, 使得

$$U_i \cap K = \{p_i\}.$$

这样就得到 K 的一个开覆盖 $\mathscr{U} = \{U_i;\ 1 \leqslant i \leqslant +\infty\}$, 其中每一个 U_i 仅含 K 中的一个点 $\{p_i\}$. 由于 K 是紧致的, 故覆盖 $\mathscr{U}$ 必有一个有限子覆盖, 因而 K 是有限集. 此时, Cauchy 点列 $\{p_i\}$ 必在某个正整数 N 之后取常值点 $p \in K \subset M$, 因而收敛于 p 点.

如果 K 有聚点, 取 K 的一个聚点 $p \in M$, 则 $\{p_i\}$ 有一个收敛于 p 点的子序列 $\{p_{i_k}\}$. 由于

$$d(p_i, p) \leqslant d(p_i, p_{i_k}) + d(p_{i_k}, p),$$

而且 $\{p_i\}$ 是 Cauchy 序列, 故不难知道, 当 $i \to \infty$ 时

$$d(p_i, p) \to 0,$$

即点列 $\{p_i\}$ 本身也收敛于点 p, 因此 (M, g) 是完备的.

(4) $\Longrightarrow$ (1). 采用反证法. 假设存在某个点 $p \in M$ 以及单位切向量 $v \in T_p M$, 使得测地线 $\gamma(t) = \exp_p(tv)$ 在 $t_0 > 0$ 处没有定义. 不失一般性, 可以假定 γ 在 $[0, t_0)$ 上处处有定义. 在区间 $[0, t_0)$ 内任意取一个收敛于 t_0 的单调上升序列 $\{t_i\}$. 则对于任意的 $\varepsilon > 0$, 存在 $N > 0$, 使当 $i \geqslant j > N$ 时, $0 \leqslant t_i - t_j < \varepsilon$. 由于测地线 γ 以弧长为参数, 故

$$d(\gamma(t_i), \gamma(t_j)) \leqslant L(\gamma|_{[t_j, t_i]}) = t_i - t_j < \varepsilon.$$

所以, $\{\gamma(t_i)\}$ 是 M 中的一个 Cauchy 点列. 由于 M 是完备的, $\{\gamma(t_i)\}$ 必收敛于一点 $q \in M$. 对于任意的 $t \in [0, t_0)$, 必有充分大的 N, 使得当 $i > N$ 时, $t_i \in (t, t_0)$. 由三角不等式得

$$\begin{aligned} d(\gamma(t), q) &\leqslant d(\gamma(t), \gamma(t_i)) + d(\gamma(t_i), q) \\ &\leqslant t_0 - t + d(\gamma(t_i), q), \quad \forall i > N. \end{aligned}$$

令 $i \to \infty$, 得 $d(\gamma(t), q) \leqslant t_0 - t$, 因而

$$\lim_{t \to t_0} \gamma(t) = q.$$

令 $\gamma(t_0) = q$, 则测地线 γ 的定义可以延拓至 t_0, 与 t_0 的取法相矛盾, 定理得证.

作为 Hopf-Rinow 定理的直接应用有:

推论 6.4 在完备黎曼流形上任意两点都可以用最短测地线互相连接.

由于紧致的度量空间都是完备的, 故有:

推论 6.5 紧致的连通黎曼流形是完备的.

等距把闭集映射为闭集, 同时保持子集的有界性与紧致性不变. 所以由定理 6.3(3), 得到:

推论 6.6 等距保持黎曼流形的完备性不变.

定义 6.2 设 (M, g) 是一个黎曼流形, 如果存在另一个连通的黎曼流形 (N, h), 使得 (M, g) 和 (N, h) 的一个真开子流形 $(\tilde{M}, h)$ 是等距的, 则称 (M, g) 是**可延拓的黎曼流形**; 否则就称它为**不可延拓的**.

整体微分几何所关心的主要是黎曼流形的整体性质, 而对于整体性质的研究, 则往往需要假定该黎曼流形是不可延拓的. 下面的定理说明完备性是在整体微分几何的研究中自然的、必要的假设.

定理 6.7 完备黎曼流形是不可延拓的.

证明 设 (M, g) 是完备黎曼流形. 假定 (M, g) 是可以延拓的, 则 (M, g) 等距于另一个连通黎曼流形 (N, h) 的某个真开子流形 $(\tilde{M}, h)$. 因为等距保持完备性不变, 所以, $(\tilde{M}, h)$ 也是完备的黎曼流形. 注意到作为开子流形, $\tilde{M}$ 在 N 中的闭包 $\overline{\tilde{M}}$ 的每一个点都是 $\tilde{M}$ 的聚点, 因而必是 $(\tilde{M}, h)$ 中一个 Cauchy 点列的极限点. 再利用 $(\tilde{M}, h)$ 的完备性和点列极限的唯一性可知, $\overline{\tilde{M}} \subset \tilde{M}$. 由此可见, $\tilde{M}$ 同时是 N 的闭子集. 由于 (N, h) 是连通的, 它没有既开且闭的非空真子集, 故 $\tilde{M} = N$. 这与 $\tilde{M}$ 是 N 的真开子集相矛盾, 定理得证.

习 题 三

1. 试举例说明, 测地线在等距浸入下的像未必是测地线.

2. 设 f 和 g 均为光滑函数, 并且满足 $(f')^2 + (g')^2 \neq 0$, $f \neq 0$. 令

$$\varphi(u,v) = \{f(v)\cos u, f(v)\sin u, g(v)\},$$

$$u_0 < u < u_1, \quad v_0 < v < v_1,$$

则 φ 是浸入在 $\mathbb{R}^3$ 中的曲面, 其诱导度量的系数是

$$g_{11} = f^2, \quad g_{12} = 0, \quad g_{22} = (f')^2 + (g')^2.$$

(1) 证明: 在曲面 φ 上的测地线的微分方程是

$$\begin{cases} \dfrac{\mathrm{d}^2 u}{\mathrm{d}t^2} + 2\dfrac{ff'}{f^2}\dfrac{\mathrm{d}u}{\mathrm{d}t}\dfrac{\mathrm{d}v}{\mathrm{d}t} = 0, \\ \dfrac{\mathrm{d}^2 v}{\mathrm{d}t^2} - \dfrac{ff'}{(f')^2 + (g')^2}\left(\dfrac{\mathrm{d}u}{\mathrm{d}t}\right)^2 + \dfrac{f'f'' + g'g''}{(f')^2 + (g')^2}\left(\dfrac{\mathrm{d}v}{\mathrm{d}t}\right)^2 = 0. \end{cases}$$

(2) 说明上述方程组的几何意义: 除了子午线和平行圆外, 这两个方程意味着测地线 γ 的切向量 $\gamma'(t)$ 的长度是常数; 第一个方程还表明, 如果 $\beta(t) < \pi$ 是测地线 γ 与平行圆 P 在点 $\gamma(t)$ 处相交所成的有向角, 则有

$$r \cos \beta = \mathrm{const},$$

其中 r 是平行圆 P 的半径. 上述方程称为 **Clairaut 关系**.

(3) 设 M 是由函数 $f(v) = v$, $g(v) = v^2$ 确定的旋转椭圆抛物面, 利用 Clairaut 关系式证明: 如果 M 的测地线 γ 不是子午线, 则它必有无穷多个自交点 (见图).

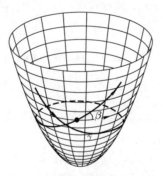

第 2(3) 题图

3. 设 M 是黎曼流形, 它的切丛 TM 具有诱导的黎曼度量 $\tilde{g}$(参看第二章习题第 48 题). 证明: 对于 M 上任意一条测地线 γ, 曲线

$$\tilde{\gamma}(t) = (\gamma(t), \gamma'(t))$$

是在 TM 上的水平曲线 (参看第二章习题第 49 题); 并且相对于黎曼度量 $\tilde{g}$ 而言, $\tilde{\gamma}$ 是 TM 上的测地线.

4. 利用定理 1.6 和例 1.3 求 $H^2(c)(c < 0)$ 上从任意一点出发、沿任意一个切方向引出的测地线, 并做出几何解释.

5. 利用定理 1.6 把本章习题第 4 题的结论推广到一般的双曲空间 $H^n(c)(c < 0)$.

6. 设 $\sigma : M \to M$ 是等距, 且存在 $p \in M$, 使得 $\sigma(p) = p$, 并且 $\sigma_{*p} = -\mathrm{id}|_{T_pM}$. 又设 $\gamma : (-\varepsilon, \varepsilon) \to M$ 是经过点 p 的一条测地线, $\gamma(0) = p$, X 是沿测地线 γ 的平行向量场. 证明:

$$\sigma_{*\gamma(t)}(X|_{\gamma(t)}) = -X|_{\gamma(-t)}, \quad \forall t \in (-\varepsilon, \varepsilon).$$

7. 设 G 是李群, $\mathfrak{g}$ 是它的李代数 (参看第一章习题第 44 题). 对于任意的 $X \in \mathfrak{g}$, 即 X 是 G 上的左不变向量场, 设

$$\varphi : (-\varepsilon, \varepsilon) \to G$$

是 X 在 G 上通过单位元 $e \in G$ 的积分曲线, 即

$$\varphi(0) = e, \quad \varphi'(t) = X|_{\varphi(t)}, \quad \forall t \in (-\varepsilon, \varepsilon)).$$

证明:

(1) φ 对于任意的 $t \in \mathbb{R}$ 有定义, 并且满足

$$\varphi(t + s) = \varphi(t) \cdot \varphi(s), \quad \forall t, s \in \mathbb{R},$$

因而映射 φ 是从加法群 $\mathbb{R}$ 到 G 的同态, 即是李群 G 的一个单参数子群 (参看第一章习题第 45 题);

(2) 如果 g 是 G 上的双不变黎曼度量 (参看第二章习题第 16 题), 则在黎曼流形 (G, g) 上从单位元 e 出发的光滑曲线 $\psi : \mathbb{R} \to G$ 是测地线当且仅当 ψ 是 G 的单参数子群.

8. 设 X 是连通黎曼流形 M 上的 Killing 向量场 (参看第二章习题第 23 题). 证明: 如果存在点 $p \in M$, 使得 $X(p) = 0$, 并且对于任意的 $v \in T_pM$, $\mathrm{D}_v X = 0$, 则 $X \equiv 0$.

9. 设微分流形 M 满足第二可数公理, γ 是 M 上的一条分段光滑曲线, 如果 $U = U(t)$ 是沿 γ 定义的分段光滑向量场, 证明: 存在 γ 的一个分段光滑变分 Φ, 使得 U 是它的变分向量场.

10. 设 $\mathbb{R}^2_+$ 是 $\mathbb{R}^2$ 中的上半平面, 即

$$\mathbb{R}^2_+ = \{(x, y) \in \mathbb{R}^2_+;\ y > 0\}.$$

设 $\mathbb{R}^2_+$ 上的黎曼度量 g 由 $g_{11} = g_{22} = 1/y^2$, $g_{12} = g_{21} = 0$ 给出. 试求黎曼流形 $(\mathbb{R}^2_+, g)$ 上的所有测地线.

11. 在圆柱面

$$M = \{(x, y, z) \in \mathbb{R}^3;\ x^2 + z^2 = 1, -\infty < y < \infty\}$$

上令 $p = (0, 0, 1)$. 证明: 对于任意的 $q = (x_0, y_0, z_0) \in M$, 如果

$$q \neq (0, 0, -1),$$

则存在连接 p, q 的测地线, 它不是最短线.

12. 设 M 是 m 维黎曼流形, $p \in M$. 证明: 在点 p 的一个邻域 U 内存在光滑的单位正交标架场 $\{e_i\}$, 使得对于通过点 p 的任意测地线 $\gamma(t)$, 都有 $D_{\gamma'(t)} e_i \equiv 0\,(\forall i)$; 特别地,

$$(D_{e_i} e_j)(p) = 0, \quad \forall i, j.$$

这样的标架场 $\{e_i\}$ 称为 M 在点 p 的一个**测地平行标架场**.

13. 利用本章习题第 12 题中的测地平行标架场重新证明第二章习题第 34 题.

14. 设 (M, g) 是黎曼流形, $p \in M, \delta > 0$. 令

$$V_p(\delta) = \{q \in M;\ d(p, q) < \delta\},$$

证明: 如果存在 p 点的一个法坐标邻域 U, 使得 $V_p(\delta) \subset U$, 则

$$V_p(\delta) = \mathscr{B}_p(\delta)$$

是 (M, g) 的一个测地球.

15. 试举例说明, 在黎曼流形 (M, g) 中, 在本章习题第 14 题中所定义的集合 $V_p(\delta)$ 未必是测地球.

16. 设 X 是黎曼流形 M 上的一个 Killing 向量场 (参看第二章习题第 23 题), $p \in M$, U 是 p 点的一个法坐标邻域. 证明: 如果 p 是 X 在 U 中的唯一零点, 则 X 和 U 中所有以 p 为中心的测地球面相切.

17. (**Liouville 定理**) 设 $\pi: TM \to M$ 是黎曼流形 (M, g) 的切丛, TM 上的一个光滑切向量场 G 称为**测地向量场**, 如果它生成的局部单参数变换群 $(t, \tilde{x}) \mapsto \varphi(t, \tilde{x})$ 是一个**测地流**, 即对于任意的 $\tilde{x} \in TM$, 曲线 $\tilde{\gamma}_{\tilde{x}}(t) = \varphi(t, \tilde{x})$ 在局部上可以表示为

$$\tilde{\gamma}_{\tilde{x}}(t) = (\gamma(t), \gamma'(t)),$$

其中 γ 是 M 中的测地线.

(1) 证明: TM 上每一个测地场 G 的散度 $\mathrm{div}_{\tilde{g}} G = 0$, 这里的 $\tilde{g}$ 是切丛上的诱导度量 (参看第二章习题第 48 题);

(2) 由 (1) 的结论说明, 测地流保持 TM 的体积元不变.

18. 设 M 是黎曼流形, $\varphi: M \to M$ 是光滑同胚. 证明: 如果对于任意的 $p, q \in M$,

$$d(\varphi(p), \varphi(q)) = d(p, q),$$

则 φ 是第二章定义 2.2 意义下的等距.

19. 设 M, N 是完备单连通的实解析黎曼流形。假定存在开子集 $U \subset M$, $V \subset N$, 以及等距 $\varphi: U \to V$, 证明: φ 可以延拓为从 M 到 N 的等距.

20. 设 M 是黎曼流形, $p \in M$, $\rho: M \to \mathbb{R}$ 是在 M 上相对于点 p 的距离函数. 证明: 函数 ρ^2 在 p 点的一个充分小的邻域内是光滑的, 并且 $\mathrm{Hess}(\rho^2)$ 是正定的.

21. 设 N 是完备的黎曼流形, $M \subset N$ 是 N 的闭子流形, $p_0 \in N \backslash M$. 又设 $d(p_0, M) = \inf\{d(p_0, q); \ \forall q \in M\}$ 是从 p_0 到 M 的距离. 证明:

(1) 存在 $q_0 \in M$, 使得 $d(p_0, q_0) = d(p_0, M)$;

(2) 连接 p_0, q_0 两点的最短测地线在 q_0 点处与 M 正交.

22. 设 N 是紧致的黎曼流形, M_1, M_2 是在 N 中的两个互不相交的闭子流形. 证明: 存在与 M_1, M_2 分别正交的正规测地线 $\gamma: [0, l] \to N$,

使得 γ 的弧长

$$L(\gamma) = d(M_1, M_2) = \inf\{d(p, q);\ (p, q) \in M_1 \times M_2\}.$$

23. 在黎曼流形 M 上的一条光滑曲线 $\gamma : [0, +\infty) \to M$ 称为 **发散曲线**, 如果对于任意的紧致子集 $K \subset M$, 必存在 $t_0 > 0$, 使得 $\gamma(t_0) \notin K$. 发散曲线 γ 的长度定义为

$$\lim_{s \to +\infty} \int_0^s |\gamma'(t)| \mathrm{d}t.$$

证明: M 是完备的当且仅当 M 上的每一条发散曲线都有无限的长度.

24. 设 M 是黎曼流形, $p \in M$. 在 M 上一条以弧长 t 为参数的测地线 $\gamma : [0, +\infty) \to M$ 称为从 p 点出发的**射线**, 如果

$$\gamma(0) = p,$$

并且对于任意的 $t \in (0, +\infty)$, $\gamma|_{[0,t]}$ 是连接 p 与 $\gamma(t)$ 两点的最短曲线, 因而 $d(p, \gamma(t)) = t$. 证明: 如果 M 是完备非紧的, 则对于任意的 $p \in M$, 在 M 上必存在从 p 点出发的射线.

25. 设 M 和 $\tilde{M}$ 是两个黎曼流形, $f : M \to \tilde{M}$ 是微分同胚. 证明: 如果 M 是完备的, 并且存在常数 $c > 0$ 使得对于任意的 $p \in M$ 有

$$|v| \leqslant c|f_*(v)|, \quad v \in T_p M,$$

则 $\tilde{M}$ 也是完备的.

26. 设 M 是完备的黎曼流形, $\tilde{M}$ 是连通的黎曼流形, $f : M \to \tilde{M}$ 是局部等距. 如果对于任意两点 $\tilde{p}, \tilde{q} \in \tilde{M}$, 在 $\tilde{M}$ 中存在唯一的一条测地线连接 $\tilde{p}, \tilde{q}$, 证明: f 既是单射, 又是满射, 因而是 (整体的) 等距.

27. 考虑上半平面

$$\mathbb{R}^2_+ = \{(x, y) \in \mathbb{R}^2;\ y > 0\}.$$

$\mathbb{R}^2_+$ 上的黎曼度量 $\tilde{g}$ 由下述的分量确定:

$$\tilde{g}_{11} = 1, \quad \tilde{g}_{12} = \tilde{g}_{21} = 0, \quad \tilde{g}_{22} = \frac{1}{y}.$$

证明: Oy 轴上的直线段

$$x = 0, \quad \varepsilon \leqslant y \leqslant 1, \quad \varepsilon > 0$$

的长度当 $\varepsilon \to 0$ 时趋于 2. 由此说明本题中的黎曼度量 $\tilde{g}$ 不是完备的.

28. 证明本章习题第 10 题中的黎曼流形 $(\mathbb{R}^2_+, g)$ 是完备的.

29. 设 X 是光滑流形 M 上的一个光滑切向量场. 如果它的每条积分曲线的定义域都可以延拓到整个 $\mathbb{R}$ 上, 则称 X 是完备的. 现设 M 是完备的黎曼流形, $X \in \mathfrak{X}(M)$. 证明: 如果存在正数 c, 使得

$$|X(p)| \leqslant c, \quad \forall p \in M,$$

则 X 是完备的. 试问: 对 X 模长的有界性假设是否是必要的? 为什么?

30. 设 M 是黎曼流形. 如果对于任意的 $p, q \in M$, 存在等距 $\varphi : M \to M$ 使得 $\varphi(p) = q$, 则称 M 是**黎曼齐性空间**. 因此, 黎曼齐性空间 M 的等距变换群在 M 上的作用是可迁的. 证明: 黎曼齐性空间是完备的.

第四章 曲　　率

曲率的概念是和微积分的发明同时产生的. 在欧氏空间 $\mathbb{R}^3$ 中的曲线论里, 光滑曲线的曲率用于刻画曲线的弯曲程度, 即曲线在一点附近偏离其切线的程度. 进一步, 在 $\mathbb{R}^3$ 中的曲面论里, 为了描述曲面的几何形状, 人们首先用所谓的法曲率 (即法截线的曲率) 来刻画曲面在各个点处沿各个方向的弯曲程度, 即曲面在一点附近偏离其切平面的程度; 继而发现, 对于正则曲面上的任意一点, 法曲率总是沿两个互相垂直的方向 (即主方向) 取到它的最大值和最小值, 而法曲率的这两个极值就是我们所熟悉的主曲率. Gauss 的一个 "惊人" 发现是: 曲面在每一点的两个主曲率的乘积 (称为 Gauss 曲率) 仅与曲面的第一基本形式有关, 而与曲面在 $\mathbb{R}^3$ 中所呈现出的具体形状无关. 特别地, 当一个曲面与平面在局部上等距时, 其 Gauss 曲率恒为零, 反之亦然. 因此, 在某种意义上, Gauss 曲率所刻画的是曲面的第一基本形式相对于欧氏度量 (即平坦度量) 的偏离程度. 如果把曲面本身 (把外围空间忽略掉) 看作我们所考虑的空间, 则 Gauss 曲率就是该空间的曲率, 或该空间本身的弯曲程度. Riemann 在把 Gauss 的曲面内蕴微分几何推广到高维流形的微分几何的过程中, 特别给出了具有非零 "曲率" 的黎曼度量的表达式. 在这一章中, 将讨论一般的仿射联络空间, 特别是黎曼流形上的各种曲率及其性质.

§4.1　曲率张量

在一个仿射联络空间中, 曲率张量是引入各种曲率的基础, 自然也是黎曼几何最重要的概念. 在这一节, 将从仿射联络空间的曲率算子出发, 介绍黎曼流形上黎曼曲率张量的概念; 在下一节还要证明, 曲率张量恒等于零是一个黎曼流形在局部上等距于欧氏空间的特征.

4.1.1   仿射联络空间的曲率张量

定义 1.1   设 (M, D) 是 m 维仿射联络空间. 对于任意的 $X, Y \in \mathfrak{X}(M)$, 定义映射 $\mathcal{R}(X, Y) : \mathfrak{X}(M) \to \mathfrak{X}(M)$ 如下:

$$\mathcal{R}(X, Y)Z = \mathrm{D}_X \mathrm{D}_Y Z - \mathrm{D}_Y \mathrm{D}_X Z - \mathrm{D}_{[X,Y]}Z, \quad \forall Z \in \mathfrak{X}(M), \quad (1.1)$$

并称 $\mathcal{R}(X, Y)$ 为仿射联络空间 (M, D) 关于光滑切向量场 X, Y 的**曲率算子**.

定理 1.1   假设 (M, D) 是仿射联络空间, 则对于任意的 $X, Y \in \mathfrak{X}(M)$, 曲率算子 $\mathcal{R}(X, Y)$ 具有如下的性质: $\forall f \in C^\infty(M)$, $Z \in \mathfrak{X}(M)$,

(1) $\mathcal{R}(X, Y) = -\mathcal{R}(Y, X)$;

(2) $\mathcal{R}(fX, Y) = \mathcal{R}(X, fY) = f\mathcal{R}(X, Y)$;

(3) $\mathcal{R}(X, Y)(fZ) = f\mathcal{R}(X, Y)Z$;

(4) 当 D 的挠率 $T \equiv 0$ 时,

$$\mathcal{R}(X, Y)Z + \mathcal{R}(Y, Z)X + \mathcal{R}(Z, X)Y = 0.$$

性质 (4) 称为**第一 Bianchi 恒等式**.

证明   (1) 是显然的.

(2) 由曲率算子的定义以及 Poisson 括号积的性质, 对于任意的 $Z \in \mathfrak{X}(M)$ 有

$$\begin{aligned}
\mathcal{R}(fX, Y)Z &= \mathrm{D}_{fX}\mathrm{D}_Y Z - \mathrm{D}_Y \mathrm{D}_{fX} Z - \mathrm{D}_{[fX,Y]}Z \\
&= f\mathrm{D}_X \mathrm{D}_Y Z - \mathrm{D}_Y(f\mathrm{D}_X Z) - \mathrm{D}_{f[X,Y]-Y(f)X}Z \\
&= f\mathrm{D}_X \mathrm{D}_Y Z - Y(f)\mathrm{D}_X Z - f\mathrm{D}_Y \mathrm{D}_X Z \\
&\quad - f\mathrm{D}_{[X,Y]}Z + Y(f)\mathrm{D}_X Z \\
&= f\mathcal{R}(X, Y)Z,
\end{aligned}$$

即 $\mathcal{R}(fX, Y) = f\mathcal{R}(X, Y)$. 再由 (1) 得到

$$\mathcal{R}(X, fY) = -\mathcal{R}(fY, X) = -f\mathcal{R}(Y, X) = f\mathcal{R}(X, Y).$$

(3) 直接计算可得

$$\mathcal{R}(X,Y)(fZ) = D_X D_Y(fZ) - D_Y D_X(fZ) - D_{[X,Y]}(fZ)$$
$$= D_X(Y(f)Z + fD_Y Z) - D_Y(X(f)Z + fD_X Z)$$
$$\quad - ([X,Y](f))Z - fD_{[X,Y]}Z$$
$$= X(Y(f))Z + Y(f)D_X Z + X(f)D_Y Z$$
$$\quad + fD_X D_Y Z - Y(X(f))Z - X(f)D_Y Z - Y(f)D_X Z$$
$$\quad - fD_Y D_X Z - ([X,Y](f))Z - fD_{[X,Y]}Z$$
$$= f\mathcal{R}(X,Y)Z.$$

(4) 挠率 $T \equiv 0$ 等价于 $D_X Y - D_Y X = [X,Y]$, $\forall X, Y \in \mathfrak{X}(M)$. 于是,

$$\mathcal{R}(X,Y)Z + \mathcal{R}(Y,Z)X + \mathcal{R}(Z,X)Y$$
$$= D_X D_Y Z - D_Y D_X Z - D_{[X,Y]}Z + D_Y D_Z X$$
$$\quad - D_Z D_Y X - D_{[Y,Z]}X + D_Z D_X Y - D_X D_Z Y - D_{[Z,X]}Y$$
$$= D_X(D_Y Z - D_Z Y) - D_{[Y,Z]}X + D_Y(D_Z X - D_X Z)$$
$$\quad - D_{[Z,X]}Y + D_Z(D_X Y - D_Y X) - D_{[X,Y]}Z$$
$$= D_X[Y,Z] - D_{[Y,Z]}X + D_Y[Z,X] - D_{[Z,X]}Y$$
$$\quad + D_Z[X,Y] - D_{[X,Y]}Z$$
$$= [X,[Y,Z]] + [Y,[Z,X]] + [Z,[X,Y]] = 0,$$

其中最后一个等号是由于 Jacobi 恒等式. 证毕.

性质 (3) 说明, 映射

$$\mathcal{R}(X,Y) : \mathfrak{X}(M) \to \mathfrak{X}(M)$$

是 $C^\infty(M)$-线性的, 因而是 M 上的一个 $(1,1)$ 型光滑张量场. 另外, 由于 $\mathcal{R}(X,Y)$ 对于 X, Y 也是 $C^\infty(M)$-线性的, 因此对于任意的 $v, w \in T_p M$, 可以定义线性变换

$$\mathcal{R}(v,w) : T_p M \to T_p M.$$

进一步, 由曲率算子可以定义如下的三重线性映射

$$\mathcal{R}: \ \mathfrak{X}(M) \times \mathfrak{X}(M) \times \mathfrak{X}(M) \to \mathfrak{X}(M),$$

$$(Z, X, Y) \mapsto \mathcal{R}(X, Y)Z, \quad \forall X, Y, Z \in \mathfrak{X}(M). \tag{1.2}$$

由定理 1.1 得知 $\mathcal{R}$ 对于每一个自变量都是 $C^\infty(M)$-线性的, 故 $\mathcal{R}$ 是 M 上的 (1,3) 型光滑张量场.

定义 1.2　由 (1.2) 式确定的 (1,3) 型光滑张量场 $\mathcal{R}$ 称为仿射联络空间 (M, D) 的**曲率张量 (场)**.

作为张量场, $\mathcal{R}$ 在每一点 $p \in M$ 给出一个 (1,3) 型的张量

$$\mathcal{R}_p : T_pM \times T_pM \times T_pM \to T_pM,$$

使得 $(w, u, v) \mapsto \mathcal{R}(u, v)w, \forall u, v, w \in T_pM$. $\mathcal{R}_p$ 称为 (M, D) 在 p 点的曲率张量.

利用 D 在局部坐标系下的联络系数, 可以算出曲率张量 $\mathcal{R}$ 的分量.

设 $(U; x^i)$ 是 M 的一个局部坐标系, 则有 U 上的光滑函数

$$\Gamma_{ij}^k \in C^\infty(U), \quad 1 \leqslant i, j, k \leqslant m,$$

使得

$$\mathrm{D}_{\frac{\partial}{\partial x^i}} \frac{\partial}{\partial x^j} = \Gamma_{ji}^k \frac{\partial}{\partial x^k}.$$

于是,

$$\mathcal{R}\left(\frac{\partial}{\partial x^i}, \frac{\partial}{\partial x^j} \right) \frac{\partial}{\partial x^k}$$

$$= \mathrm{D}_{\frac{\partial}{\partial x^i}} \mathrm{D}_{\frac{\partial}{\partial x^j}} \frac{\partial}{\partial x^k} - \mathrm{D}_{\frac{\partial}{\partial x^j}} \mathrm{D}_{\frac{\partial}{\partial x^i}} \frac{\partial}{\partial x^k} - \mathrm{D}_{[\frac{\partial}{\partial x^i}, \frac{\partial}{\partial x^j}]} \frac{\partial}{\partial x^k}$$

$$= \mathrm{D}_{\frac{\partial}{\partial x^i}} \left(\Gamma_{kj}^l \frac{\partial}{\partial x^l} \right) - \mathrm{D}_{\frac{\partial}{\partial x^j}} \left(\Gamma_{ki}^l \frac{\partial}{\partial x^l} \right)$$

$$=\frac{\partial\Gamma_{kj}^l}{\partial x^i}\frac{\partial}{\partial x^l}+\Gamma_{kj}^l\mathrm{D}_{\frac{\partial}{\partial x^i}}\frac{\partial}{\partial x^l}-\frac{\partial\Gamma_{ki}^l}{\partial x^j}\frac{\partial}{\partial x^l}-\Gamma_{ki}^l\mathrm{D}_{\frac{\partial}{\partial x^j}}\frac{\partial}{\partial x^l}$$

$$=\left(\frac{\partial\Gamma_{kj}^l}{\partial x^i}-\frac{\partial\Gamma_{ki}^l}{\partial x^j}\right)\frac{\partial}{\partial x^l}+\Gamma_{kj}^l\Gamma_{li}^h\frac{\partial}{\partial x^h}-\Gamma_{ki}^l\Gamma_{lj}^h\frac{\partial}{\partial x^h}$$

$$=\left(\frac{\partial\Gamma_{kj}^l}{\partial x^i}-\frac{\partial\Gamma_{ki}^l}{\partial x^j}+\Gamma_{kj}^h\Gamma_{hi}^l-\Gamma_{ki}^h\Gamma_{hj}^l\right)\frac{\partial}{\partial x^l}.$$

因此, 如果令

$$\mathcal{R}\left(\frac{\partial}{\partial x^i},\frac{\partial}{\partial x^j}\right)\frac{\partial}{\partial x^k}=R_{kij}^l\frac{\partial}{\partial x^l},\tag{1.3}$$

则有

$$R_{kij}^l=\frac{\partial\Gamma_{kj}^l}{\partial x^i}-\frac{\partial\Gamma_{ki}^l}{\partial x^j}+\Gamma_{kj}^h\Gamma_{hi}^l-\Gamma_{ki}^h\Gamma_{hj}^l.\tag{1.4}$$

于是 (1,3) 型的曲率张量场 $\mathcal{R}$ 在局部上可以表示为

$$\mathcal{R}=R_{kij}^l\mathrm{d}x^k\otimes\frac{\partial}{\partial x^l}\otimes\mathrm{d}x^i\otimes\mathrm{d}x^j.$$

因此, 对于任意的 $X,Y\in\mathfrak{X}(M)$, 如果

$$X=X^i\frac{\partial}{\partial x^j},\quad Y=Y^j\frac{\partial}{\partial x^j},$$

则作为 (1,1) 型张量场的曲率算子 $\mathcal{R}(X,Y)$ 有下述局部坐标表达式

$$\mathcal{R}(X,Y)=X^iY^jR_{kij}^l\mathrm{d}x^k\otimes\frac{\partial}{\partial x^l}.\tag{1.5}$$

4.1.2 黎曼流形的曲率张量

对于黎曼流形 (M,g) 来说, 它具有唯一确定的黎曼联络 D, 它的曲率张量称为黎曼流形 (M,g) 或度量 g 的曲率张量. 在局部坐标系 $(U;x^i)$ 下, 黎曼流形 (M,g) 的曲率张量的分量仍然由 (1.4) 式给出, 只是其中的联络系数 Γ_{ij}^k 是度量张量的分量

$$g_{ij}=g\left(\frac{\partial}{\partial x^i},\frac{\partial}{\partial x^j}\right)$$

的 Christoffel 记号, 由第二章的 (3.6) 式给出.

例 1.1 欧氏空间 $\mathbb{R}^m$ 关于标准度量的曲率张量恒为零.

事实上, $\mathbb{R}^m$ 关于标准度量的协变微分 D 就是普通微分 d. 任意选取 $\mathbb{R}^m$ 的一个仿射坐标系 $(\mathbb{R}^m; x^i)$, 则 $\dfrac{\partial}{\partial x^i}$ 是在 $\mathbb{R}^m$ 上整体定义的平行向量场 $(1 \leqslant i \leqslant m)$. 因此,

$$D\frac{\partial}{\partial x^i} = d\left(\frac{\partial}{\partial x^i}\right) \equiv 0.$$

由此得知, 联络系数 $\Gamma_{ij}^k \equiv 0$. 再由 (1.4) 式, $R_{ijk}^l \equiv 0$.

设 (M, g) 是黎曼流形. 命

$$R(X, Y, Z, W) = g(\mathcal{R}(Z, W)X, Y), \quad \forall X, Y, Z, W \in \mathfrak{X}(M), \qquad (1.6)$$

则得到一个四重线性映射

$$R : \mathfrak{X}(M) \times \mathfrak{X}(M) \times \mathfrak{X}(M) \times \mathfrak{X}(M) \to C^\infty(M).$$

显然 R 对每一个自变量是 $C^\infty(M)$-线性的, 因此 R 是 M 上的 4 阶协变张量场.

定义 1.3 上面所定义的 4 阶协变张量场

$$R : \mathfrak{X}(M) \times \mathfrak{X}(M) \times \mathfrak{X}(M) \times \mathfrak{X}(M) \to C^\infty(M)$$

称为黎曼流形 (M, g) 的**黎曼曲率张量 (场)**.

对于黎曼流形来说, $(1, 3)$ 型的曲率张量场 $\mathcal{R}$ 与 $(0, 4)$ 型的黎曼曲率张量场 R 只不过是同一个对象的不同表现形式而已. 然而, 作为 4 阶协变张量场的黎曼曲率张量具有更多的对称性和反对称性.

定理 1.2 黎曼流形 (M, g) 的黎曼曲率张量

$$R : \mathfrak{X}(M) \times \mathfrak{X}(M) \times \mathfrak{X}(M) \times \mathfrak{X}(M) \to C^\infty(M)$$

具有下列性质: 对于任意的 $X, Y, Z, W \in \mathfrak{X}(M)$,

(1) 反对称性:

$$R(X, Y, Z, W) = -R(Y, X, Z, W),$$
$$R(X, Y, Z, W) = -R(X, Y, W, Z);$$

(2) 第一 Bianchi 恒等式:

$$R(X, Y, Z, W) + R(Z, Y, W, X) + R(W, Y, X, Z) = 0;$$

(3) 对称性: $R(X, Y, Z, W) = R(Z, W, X, Y)$.

证明 (1) 的第二式与 (2) 分别是定理 1.1 的 (1) 和 (4) 的直接推论. 现在只需要证明 (1) 的第一式和 (3).

由于 D 是度量 g 的黎曼联络, 通过直接计算得到

$$\begin{aligned} g(D_Z D_W X, Y) =\, & Z(g(D_W X, Y)) - g(D_W X, D_Z Y) \\ =\, & Z(W(g(X, Y))) - Z(g(X, D_W Y)) \\ & - W(g(X, D_Z Y)) + g(X, D_W D_Z Y). \end{aligned} \tag{1.7}$$

同理,

$$\begin{aligned} g(D_W D_Z X, Y) =\, & W(Z(g(X, Y))) - W(g(X, D_Z Y)) \\ & - Z(g(X, D_W Y)) + g(X, D_Z D_W Y). \end{aligned} \tag{1.8}$$

另外还有

$$g(D_{[Z,W]} X, Y) = [Z, W](g(X, Y)) - g(X, D_{[Z,W]} Y).$$

把此式和 (1.7)、(1.8) 式一起代入黎曼曲率张量的定义式, 得到

$$\begin{aligned} R(X, Y, Z, W) =\, & g(D_Z D_W X - D_W D_Z X - D_{[Z,W]} X, Y) \\ =\, & Z(W(g(X, Y))) - W(Z(g(X, Y))) \\ & + g(X, D_W D_Z Y - D_Z D_W Y) \\ & - [Z, W](g(X, Y)) + g(X, D_{[Z,W]} Y) \\ =\, & g(X, D_W D_Z Y - D_Z D_W Y + D_{[Z,W]} Y) \\ =\, & - g(X, \mathcal{R}(Z, W) Y) = -g(\mathcal{R}(Z, W) Y, X) \\ =\, & - R(Y, X, Z, W). \end{aligned}$$

这就证明了 (1) 的第一式. 为了证明 (3), 首先利用 (2) 得到

$$R(X, Y, Z, W) + R(Z, Y, W, X) + R(W, Y, X, Z) = 0,$$
$$R(Y, Z, W, X) + R(W, Z, X, Y) + R(X, Z, Y, W) = 0.$$

将两式相加并利用已经得到的反对称性 (1), 则得

$$R(X, Y, Z, W) + R(W, Y, X, Z) + R(W, Z, X, Y)$$
$$+ R(X, Z, Y, W) = 0,$$

即

$$R(X, Y, Z, W) - R(Z, W, X, Y)$$
$$= -(R(W, Y, X, Z) - R(X, Z, W, Y)),$$

其中右边括号内的式子恰好是左边的式子中自变量 X, Z, W 做一次轮换的结果. 对 X, Z, W 继续做轮换得到

$$R(W, Y, X, Z) - R(X, Z, W, Y)$$
$$= -(R(Z, Y, W, X) - R(W, X, Z, Y))$$
$$= R(X, Y, Z, W) - R(Z, W, X, Y).$$

比较上面两式得到

$$R(X, Y, Z, W) - R(Z, W, X, Y)$$
$$= -(R(X, Y, Z, W) - R(Z, W, X, Y)),$$

因而, $R(X, Y, Z, W) - R(Z, W, X, Y) = 0$. 证毕.

对于任意的固定点 $p \in M$, 黎曼曲率张量 R 在 p 点给出一个四重线性函数

$$R_p : T_p M \times T_p M \times T_p M \times T_p M \to \mathbb{R}.$$

于是, 定理 1.2 可以改述为:

推论 1.3 对于任意的 $u, v, w, z \in T_p M$, 黎曼曲率张量

$$R_p : T_p M \times T_p M \times T_p M \times T_p M \to \mathbb{R}$$

具有下列性质:

(1) 反对称性:

$$R_p(u, v, w, z) = -R_p(v, u, w, z), \quad R_p(u, v, w, z) = -R_p(u, v, z, w);$$

(2) 第一 Bianchi 恒等式:

$$R_p(u, v, w, z) + R_p(w, v, z, u) + R_p(z, v, u, w) = 0;$$

(3) 对称性: $R_p(u, v, w, z) = R_p(w, z, u, v)$.

下面来求黎曼曲率张量在局部坐标系下的分量. 设 $(U; x^i)$ 是黎曼流形 (M, g) 的一个局部坐标系, 令

$$g_{ij} = g\left(\frac{\partial}{\partial x^i}, \frac{\partial}{\partial x^j}\right),$$

则由第二章的 (3.6) 式, g 的黎曼联络系数为

$$\Gamma_{ij}^k = \frac{1}{2} g^{kl} \left(\frac{\partial g_{il}}{\partial x^j} + \frac{\partial g_{lj}}{\partial x^i} - \frac{\partial g_{ij}}{\partial x^l}\right). \tag{1.9}$$

由此得到

$$\Gamma_{ij}^l g_{kl} = \frac{1}{2} \left(\frac{\partial g_{ik}}{\partial x^j} + \frac{\partial g_{kj}}{\partial x^i} - \frac{\partial g_{ij}}{\partial x^k}\right). \tag{1.10}$$

注意到

$$\mathcal{R}\left(\frac{\partial}{\partial x^i}, \frac{\partial}{\partial x^j}\right) \frac{\partial}{\partial x^k} = R_{kij}^h \frac{\partial}{\partial x^h},$$

如果令

$$R\left(\frac{\partial}{\partial x^i}, \frac{\partial}{\partial x^j}, \frac{\partial}{\partial x^k}, \frac{\partial}{\partial x^l}\right) = R_{ijkl},$$

则由黎曼曲率张量的定义,

$$R_{ijkl} = g\left(\mathcal{R}\left(\frac{\partial}{\partial x^k}, \frac{\partial}{\partial x^l}\right) \frac{\partial}{\partial x^i}, \frac{\partial}{\partial x^j}\right) = R_{ikl}^h g_{hj}. \tag{1.11}$$

注记 1.1 在这里规定, 在将 R^h_{kij} 的上指标 h 下降时, 把它放在下指标的第二个位置. 此规定不是实质性的, 不同的文献有不同的规定, 要特别小心.

根据黎曼联络与度量的相容性, 或者由 (1.10) 式, 得到

$$\frac{\partial g_{ij}}{\partial x^k} = \Gamma^l_{ik} g_{lj} + \Gamma^l_{jk} g_{il}. \tag{1.12}$$

把 (1.4) 式代入 (1.11) 式, 并利用 (1.9), (1.10) 和 (1.12) 三式, 可得

$$
\begin{aligned}
R_{klij} &= \left(\frac{\partial \Gamma^h_{kj}}{\partial x^i} - \frac{\partial \Gamma^h_{ki}}{\partial x^j} + \Gamma^p_{kj} \Gamma^h_{pi} - \Gamma^p_{ki} \Gamma^h_{pj} \right) g_{hl} \\
&= \frac{\partial}{\partial x^i} (\Gamma^h_{kj} g_{hl}) - \Gamma^h_{kj} \frac{\partial g_{hl}}{\partial x^i} - \frac{\partial}{\partial x^j} (\Gamma^h_{ki} g_{hl}) + \Gamma^h_{ki} \frac{\partial g_{hl}}{\partial x^j} \\
&\quad + \Gamma^p_{kj} \Gamma^h_{pi} g_{hl} - \Gamma^p_{ki} \Gamma^h_{pj} g_{hl} \\
&= \frac{\partial}{\partial x^i} (\Gamma^h_{kj} g_{hl}) - \frac{\partial}{\partial x^j} (\Gamma^h_{ki} g_{hl}) - \Gamma^h_{kj} (\Gamma^p_{hi} g_{pl} + \Gamma^p_{li} g_{hp}) \\
&\quad + \Gamma^h_{ki} (\Gamma^p_{hj} g_{pl} + \Gamma^p_{lj} g_{hp}) + \Gamma^p_{kj} \Gamma^h_{pi} g_{hl} - \Gamma^p_{ki} \Gamma^h_{pj} g_{hl} \\
&= \frac{1}{2} \frac{\partial}{\partial x^i} \left(\frac{\partial g_{kl}}{\partial x^j} + \frac{\partial g_{jl}}{\partial x^k} - \frac{\partial g_{kj}}{\partial x^l} \right) \\
&\quad - \frac{1}{2} \frac{\partial}{\partial x^j} \left(\frac{\partial g_{kl}}{\partial x^i} + \frac{\partial g_{il}}{\partial x^k} - \frac{\partial g_{ki}}{\partial x^l} \right) \\
&\quad + \Gamma^h_{ki} \Gamma^p_{lj} g_{ph} - \Gamma^h_{kj} \Gamma^p_{li} g_{ph} \\
&= \frac{1}{2} \left(\frac{\partial^2 g_{ik}}{\partial x^j \partial x^l} + \frac{\partial^2 g_{jl}}{\partial x^i \partial x^k} - \frac{\partial^2 g_{il}}{\partial x^j \partial x^k} - \frac{\partial^2 g_{jk}}{\partial x^i \partial x^l} \right) \\
&\quad + \Gamma^p_{ik} \Gamma^h_{jl} g_{ph} - \Gamma^h_{il} \Gamma^p_{jk} g_{ph}.
\end{aligned}
$$

这样, 就得到了用度量系数 g_{ij} 表示的黎曼曲率张量计算公式:

$$R = R_{klij} \mathrm{d}x^k \otimes \mathrm{d}x^l \otimes \mathrm{d}x^i \otimes \mathrm{d}x^j, \tag{1.13}$$

其中的分量由下式给出:

$$
\begin{aligned}
R_{klij} = \frac{1}{2} &\left(\frac{\partial^2 g_{ik}}{\partial x^j \partial x^l} + \frac{\partial^2 g_{jl}}{\partial x^i \partial x^k} - \frac{\partial^2 g_{il}}{\partial x^j \partial x^k} - \frac{\partial^2 g_{jk}}{\partial x^i \partial x^l} \right) \\
&+ \Gamma^h_{ik} \Gamma^p_{jl} g_{ph} - \Gamma^p_{il} \Gamma^h_{jk} g_{ph}.
\end{aligned}
\tag{1.14}
$$

最后需要指出, 定理 1.2 可以用黎曼曲率张量的分量叙述为:

定理 1.2′ 设 R_{ijkl} 为黎曼流形 (M, g) 的黎曼曲率张量在局部坐标系 $(U; x^i)$ 下的分量, 则有

(1) 反对称性: $R_{ijkl} = -R_{jikl} = -R_{ijlk}$;

(2) 第一 Bianchi 恒等式: $R_{ijkl} + R_{ljik} + R_{kjli} = 0$;

(3) 对称性: $R_{ijkl} = R_{klij}$.

§4.2 曲 率 形 式

在这一节, 要用活动标架法来处理仿射联络空间和黎曼流形的曲率张量.

设 (M, D) 是仿射联络空间, $\{e_i\}$ 是定义在开子集 $U \subset M$ 上的局部切标架场, $\{\omega^i\}$ 是与其对偶的余切标架场. 令

$$D_{e_j} e_i = \Gamma_{ij}^k e_k, \quad \omega_i^j = \Gamma_{ik}^j \omega^k,$$

则 $De_i = \omega_i^j e_j$.

定理 2.1 设 R_{ikl}^j 是联络 D 的曲率张量 $\mathcal{R}$ 在局部切标架场 $\{e_i\}$ 下的分量, 即

$$\mathcal{R}(e_k, e_l)e_i = R_{ikl}^j e_j, \tag{2.1}$$

则有

$$d\omega_i^j = \omega_i^k \wedge \omega_k^j + \frac{1}{2} R_{ikl}^j \omega^k \wedge \omega^l. \tag{2.2}$$

证明 对于任意的 e_k, e_l 有

$$
\begin{aligned}
(d\omega_i^j - \omega_i^h \wedge \omega_h^j)(e_k, e_l) &= e_k(\omega_i^j(e_l)) - e_l(\omega_i^j(e_k)) \\
&\quad - \omega_i^j([e_k, e_l]) - \omega_i^h(e_k)\omega_h^j(e_l) + \omega_i^h(e_l)\omega_h^j(e_k) \\
&= e_k(\Gamma_{il}^j) - e_l(\Gamma_{ik}^j) - \omega^h([e_k, e_l])\Gamma_{ih}^j \\
&\quad - \Gamma_{ik}^h\Gamma_{hl}^j + \Gamma_{il}^h\Gamma_{hk}^j.
\end{aligned}
$$

另一方面,

$$
\begin{aligned}
\mathcal{R}(e_k, e_l)e_i &= D_{e_k}D_{e_l}e_i - D_{e_l}D_{e_k}e_i - D_{[e_k, e_l]}e_i \\
&= D_{e_k}(\Gamma_{il}^j e_j) - D_{e_l}(\Gamma_{ik}^j e_j) - \omega^h([e_k, e_l])\Gamma_{ih}^j e_j \\
&= (e_k(\Gamma_{il}^j) - e_l(\Gamma_{ik}^j) + \Gamma_{il}^h\Gamma_{hk}^j - \Gamma_{ik}^h\Gamma_{hl}^j \\
&\quad - \omega^h([e_k, e_l])\Gamma_{ih}^j)e_j \\
&= (d\omega_i^j - \omega_i^h \wedge \omega_h^j)(e_k, e_l) \cdot e_j.
\end{aligned}
$$

与 (2.1) 式相比较得到

$$
(d\omega_i^j - \omega_i^h \wedge \omega_h^j)(e_k, e_l) = R_{ikl}^j,
$$

因而

$$
d\omega_i^j - \omega_i^h \wedge \omega_h^j = \frac{1}{2}R_{ikl}^j \omega^k \wedge \omega^l. \tag{2.3}
$$

定理得证.

定义 2.1　2 次外微分式 $\Omega_i^j = d\omega_i^j - \omega_i^k \wedge \omega_k^j$ 称为仿射联络空间 (M, D) 在局部切标架场 $\{e_i\}$ 下的**曲率形式**.

推论 2.2　设 (M, D) 是仿射联络空间, 则对于任意的局部切标架场 $\{e_i\}$, 曲率张量 $\mathcal{R}$ 可以用曲率形式 Ω_i^j 表示为

$$
\mathcal{R} = \omega^i \otimes e_j \otimes \Omega_i^j, \tag{2.4}
$$

即对于任意的 $X, Y \in \mathfrak{X}(M)$ 有

$$
\mathcal{R}(X, Y) = \Omega_i^j(X, Y)\omega^i \otimes e_j; \tag{2.5}
$$

特别地,

$$
\mathcal{R}(X, Y)e_i = \Omega_i^j(X, Y)e_j. \tag{2.6}
$$

由此可见, 曲率形式 Ω_i^j 在光滑向量场 X, Y 上的值 $\Omega_i^j(X, Y)$ 恰好构成线性变换 $\mathcal{R}(X, Y)$ 在基底 $\{e_i\}$ 下的矩阵.

在第二章 (§2.6 定义 6.1) 曾经引入了联络 D 的挠率形式 Ω^i. 结合刚刚定义的曲率形式 Ω_j^i, 便得到两个外微分公式:

$$
\begin{cases}
d\omega^i = \omega^j \wedge \omega_j^i + \Omega^i, \\
d\omega_j^i = \omega_j^k \wedge \omega_k^i + \Omega_j^i.
\end{cases} \tag{2.7}
$$

通常把 (2.7) 式称为仿射联络空间 (M, D) 的**结构方程**.

注意到挠率形式 Ω^i 和曲率形式 Ω^i_j 是在局部切标架场 $\{e_i\}$ 下给出的, 所以当局部切坐标场变换时它们会进行相应的变换.

定理 2.3 设 (M, D) 是一个 m 维仿射联络空间, $\{e_i\}$ 是在开子集 $U \subset M$ 上的一个切标架场, $\{\tilde{e}_i\}$ 是在另一个开子集 $\tilde{U} \subset M$ 上的一个切标架场. 用 $\{\omega^i\}, \{\tilde{\omega}^i\}$ 表示相应的余切标架场, 用 $\{\omega^i_j\}, \{\tilde{\omega}^i_j\}$ 表示相应的联络形式. 假定 $U \cap \tilde{U} \neq \emptyset$, 且在 $U \cap \tilde{U}$ 上有 $\tilde{e}_i = a^j_i e_j$, $a^j_i \in C^\infty(U \cap \tilde{U})$, $\det(a^i_j) \neq 0$, 则相应的挠率形式和曲率形式满足下面的关系式

$$\Omega^i = a^i_j \tilde{\Omega}^j, \qquad \Omega^j_k a^k_i = a^j_k \tilde{\Omega}^k_i. \tag{2.8}$$

简言之, Ω^i 是按 $(1, 0)$ 型张量的变换规律进行变换的, Ω^i_j 是按 $(1, 1)$ 型张量的变换规律进行变换的.

证明 在 $U \cap \tilde{U}$ 上有 $\tilde{e}_i = a^j_i e_j$, $\det(a^i_j) \neq 0$, 故 $\omega^j = a^j_i \tilde{\omega}^i$, $a^i_k \tilde{\omega}^k_j = \mathrm{d}a^i_j + \omega^i_k a^k_j$. 求前一个式子的外微分得到

$$\begin{aligned} \mathrm{d}\omega^j &= \mathrm{d}a^j_i \wedge \tilde{\omega}^i + a^j_i \mathrm{d}\tilde{\omega}^i = (a^j_k \tilde{\omega}^k_i - \omega^j_k a^k_i) \wedge \tilde{\omega}^i + a^j_i \mathrm{d}\tilde{\omega}^i \\ &= a^j_k \tilde{\omega}^k_i \wedge \tilde{\omega}^i - \omega^j_k \wedge \omega^k + a^j_k \mathrm{d}\tilde{\omega}^k, \end{aligned}$$

故

$$\Omega^j = \mathrm{d}\omega^j - \omega^k \wedge \omega^j_k = a^j_k (\mathrm{d}\tilde{\omega}^k - \tilde{\omega}^i \wedge \tilde{\omega}^k_i) = a^j_k \tilde{\Omega}^k.$$

求前面的第二个式子的外微分得到

$$\mathrm{d}a^i_k \wedge \tilde{\omega}^k_j + a^i_k \mathrm{d}\tilde{\omega}^k_j = \mathrm{d}\omega^i_k a^k_j - \omega^i_k \wedge \mathrm{d}a^k_j,$$

$$(a^i_l \tilde{\omega}^l_k - \omega^i_l a^l_k) \wedge \tilde{\omega}^k_j + a^i_k \mathrm{d}\tilde{\omega}^k_j = \mathrm{d}\omega^i_k a^k_j - \omega^i_k \wedge (a^k_l \tilde{\omega}^l_j - \omega^k_l a^l_j),$$

展开之后得到

$$a^i_l \tilde{\omega}^l_k \wedge \tilde{\omega}^k_j - a^k_l \omega^i_l \wedge \tilde{\omega}^k_j + a^i_l \mathrm{d}\tilde{\omega}^l_j = \mathrm{d}\omega^i_l a^l_j - a^k_l \omega^i_k \wedge \tilde{\omega}^l_j + \omega^i_k \wedge \omega^k_l a^l_j,$$

即

$$a^i_l \tilde{\Omega}^l_j = a^i_l (\mathrm{d}\tilde{\omega}^l_j - \tilde{\omega}^k_j \wedge \tilde{\omega}^l_k) = (\mathrm{d}\omega^i_l - \omega^i_k \wedge \omega^k_l) a^l_j = \Omega^i_l a^l_j.$$

定理 2.4 设 $\{e_i\}$ 是仿射联络空间 (M, D) 的一个局部切标架场, $\{\omega^i\}$ 是与其对偶的余切标架场. 则 D 的联络形式 ω_i^j, 挠率形式 Ω^i 和曲率形式 Ω_i^j 满足如下关系式:

$$\mathrm{d}\Omega^i = \omega^j \wedge \Omega_j^i - \Omega^j \wedge \omega_j^i; \tag{2.9}$$

$$\mathrm{d}\Omega_i^j = \omega_i^k \wedge \Omega_k^j - \Omega_i^k \wedge \omega_k^j. \tag{2.10}$$

证明 首先, 对等式 $\Omega^i = \mathrm{d}\omega^i - \omega^j \wedge \omega_j^i$ 求外微分并利用结构方程 (2.7), 则得

$$\begin{aligned}
\mathrm{d}\Omega^i &= -\mathrm{d}\omega^j \wedge \omega_j^i + \omega^j \wedge \mathrm{d}\omega_j^i \\
&= -(\Omega^j + \omega^k \wedge \omega_k^j) \wedge \omega_j^i + \omega^j \wedge (\Omega_j^i + \omega_j^k \wedge \omega_k^i) \\
&= \omega^j \wedge \Omega_j^i - \Omega^j \wedge \omega_j^i.
\end{aligned}$$

这就是 (2.9) 式. 类似地, 对等式 $\Omega_i^j = \mathrm{d}\omega_i^j - \omega_i^k \wedge \omega_k^j$ 求外微分, 又可得到 (2.10) 式. 证毕.

注记 2.1 如果 D 是无挠联络, 则 (2.8) 式成为

$$\omega^j \wedge \Omega_j^i = 0. \tag{2.11}$$

可以证明, (2.11) 式等价于定理 1.1 中的第一 Bianchi 恒等式.

事实上, 由定理 2.1 得到

$$\Omega_j^i = \frac{1}{2} R_{jkl}^i \omega^k \wedge \omega^l,$$

代入 (2.11) 式得

$$R_{jkl}^i \omega^j \wedge \omega^k \wedge \omega^l = 0.$$

由于 $R_{jkl}^i + R_{jlk}^i = 0$, 把上式的系数作反对称化得到

$$\frac{1}{3}(R_{jkl}^i + R_{klj}^i + R_{ljk}^i)\omega^j \wedge \omega^k \wedge \omega^l = 0.$$

此式等价于恒等式

$$R_{jkl}^i + R_{klj}^i + R_{ljk}^i = 0, \tag{2.12}$$

即

$$\mathcal{R}(e_k, e_l)e_j + \mathcal{R}(e_l, e_j)e_k + \mathcal{R}(e_j, e_k)e_l = 0,$$

这正是第一 Bianchi 恒等式.

注记 2.2 请读者采用类似的方法证明: 在 D 是无挠联络的情形下, (2.9) 式等价于恒等式

$$R^j_{ikl,h} + R^j_{ilh,k} + R^j_{ihk,l} = 0, \tag{2.13}$$

其中 (参看第二章的 (4.6) 式)

$$\begin{aligned}
R^j_{ikl,h} = {} & e_h(R^j_{ikl}) + R^p_{ikl}\Gamma^j_{ph} - R^j_{pkl}\Gamma^p_{ih} \\
& - R^j_{ipl}\Gamma^p_{kh} - R^j_{ikp}\Gamma^p_{lh}
\end{aligned} \tag{2.14}$$

是曲率张量的分量 R^j_{ikl} 的协变导数. (2.13) 式称为**第二 Bianchi 恒等式**.

仿射联络空间 (M, D) 的挠率张量和曲率张量实际上是判断它偏离仿射空间的量度.

定理 2.5 设 (M, D) 是 m 维仿射联络空间. 如果 D 的挠率张量和曲率张量恒为零, 则对于任意一点 $p \in M$, 都存在 p 点的一个局部坐标系 $(U; x^i)$, 使得自然标架场 $\left\{ \dfrac{\partial}{\partial x^i} \right\}$ 是 U 上的平行标架场, 即

$$D_{\frac{\partial}{\partial x^j}} \frac{\partial}{\partial x^i} \equiv 0, \quad \forall i, j.$$

证明 对于任意的 $p \in M$, 取定义在 p 点的邻域 V 上的局部标架场 $\{e_i\}$, 相应的联络形式记为 ω^j_i. 若有 p 点附近的另一个局部标架场 $\{\delta_i\}$, 则有光滑的矩阵函数 $a = (a^i_j)$ 使得

$$\delta_j = a^i_j e_i. \tag{2.15}$$

假设 D 在 $\{\delta_i\}$ 下的联络形式为 θ^i_j, 则有 (看第二章的 (6.1) 式)

$$a^i_k \theta^k_j = \mathrm{d}a^i_j + \omega^i_k a^k_j. \tag{2.16}$$

我们的目标是在 p 点附近寻求一组适当的光滑函数 a_j^i, 使得

$$\det(a_j^i) \neq 0,$$

并且在标架场 (2.15) 下的联络形式 θ_j^i 恒为零, 这意味着 $\{\delta_i\}$ 是平行的标架场. 由此可见, 问题转化为求解关于 a_j^i 的 Pfaff 方程组

$$\sigma_j^i \equiv \mathrm{d}a_j^i + \omega_k^i a_j^k = 0, \quad 1 \leqslant i, j \leqslant m; \quad \det(a_j^i) \neq 0. \tag{2.17}$$

这是在空间 $V \times \mathbb{R}^{m^2}$ 上由 m^2 个 1 次微分式给出的 Pfaff 方程组, 它的秩是 m^2. 根据定理的假设,D 的曲率张量恒为零, 即它的曲率形式 $\Omega_j^i \equiv 0$. 故由结构方程 (2.7) 得到

$$\mathrm{d}\omega_j^i = \omega_j^k \wedge \omega_k^i.$$

所以,

$$\begin{aligned}
\mathrm{d}\sigma_j^i &= \mathrm{d}a_j^k \wedge \omega_k^i + a_j^k \mathrm{d}\omega_k^i \\
&= (\sigma_j^k - a_j^h \omega_h^k) \wedge \omega_k^i + a_j^k \omega_k^h \wedge \omega_h^i \\
&= \sigma_j^k \wedge \omega_k^i.
\end{aligned}$$

于是, Pfaff 方程组 (2.17) 满足 Frobenius 条件. 根据 Frobenius 定理 (参看参考文献 [3], 第四章, 定理 3.2), Pfaff 方程组 (2.17) 是完全可积的, 即存在 p 点的开邻域 $W \subset V$, 和 m^2 个函数 $a_j^i \in C^\infty(W)$ 满足方程组 (2.17) 和初值 $a_j^i(p) = \delta_j^i$. 在必要时适当缩小 W, 总是可以假定在 W 上 $\det(a_j^i) \neq 0$. 把这组函数代入 (2.15) 式, 便得到定义在 p 点的邻域 W 上的局部切标架场 $\{\delta_i\}$, 使得相应的联络形式 $\theta_i^j \equiv 0$, 即每一个标架向量 δ_i 在 W 上是平行的.

现在假设 $\{\theta^i\}$ 是与 $\{\delta_i\}$ 对偶的余切标架场. 由于 D 的挠率张量恒为零, 故

$$\mathrm{d}\theta^i = \theta^j \wedge \theta_j^i = 0,$$

即每一个 θ^i 都是闭形式. 所以, 由 Poincaré 引理, 存在 p 点的邻域 $U \subset W$, 以及 U 上的光滑函数 x^i, 使得

$$\theta^i = \mathrm{d}x^i, \ 1 \leqslant i \leqslant m;$$

或对偶地, $\delta_i = \dfrac{\partial}{\partial x^i}$. 由此得到的 p 点的局部坐标系 $(U; x^i)$ 满足条件

$$\mathrm{D}_{\frac{\partial}{\partial x^j}} \frac{\partial}{\partial x^i} \equiv 0, \quad 1 \leqslant i, j \leqslant m.$$

证毕.

现在假定 (M, g) 是黎曼流形, 则根据第二章的讨论, 它的黎曼联络在局部标架场 $\{e_i\}$ 下的联络形式 ω_j^i 满足条件

$$\mathrm{d}\omega^i = \omega^j \wedge \omega_j^i, \quad \mathrm{d}g_{ij} = \omega_i^k g_{kj} + \omega_j^k g_{ik}, \tag{2.18}$$

其中 $g_{ij} = g(e_i, e_j)$. 令 $\omega_i = \omega^j g_{ji}$, $\omega_{ij} = \omega_i^k g_{kj}$, 则条件 (2.18) 可以改写为

$$\mathrm{d}\omega_i = \omega_i^j \wedge \omega_j, \quad \mathrm{d}g_{ij} = \omega_{ij} + \omega_{ji}. \tag{2.19}$$

再令 $\Omega_{ij} = \Omega_i^k g_{kj}$, 则有下面的推论.

推论 2.6 设 (M, g) 是 m 维黎曼流形, 则曲率形式 Ω_{ij} 适合下列公式:

(1) $\Omega_{ij} = \dfrac{1}{2} R_{ijkl} \omega^k \wedge \omega^l$; 其中

$$R_{ijkl} = g(\mathcal{R}(e_k, e_l)e_i, e_j) = \sum_h R_{ikl}^h g_{hj}.$$

(2) $\Omega_{ij} + \Omega_{ji} = 0$;

(3) $\omega^i \wedge \Omega_{ij} = 0$;

(4) $\mathrm{d}\Omega_{ij} = \omega_i^k \wedge \Omega_{kj} + \Omega_{ik} \wedge \omega_j^k = \omega_i^k \wedge \Omega_{kj} - \omega_j^k \wedge \Omega_{ki}$.

证明 (1) 由定理 2.1 和定义 2.1 得到

$$\Omega_{ij} = \Omega_i^k g_{kj} = \frac{1}{2} R_{ipq}^k g_{kj} \omega^p \wedge \omega^q = \frac{1}{2} R_{ijkl} \omega^k \wedge \omega^l.$$

(2) 利用 (1) 和 R_{ijkl} 关于 i, j 的反对称性 (推论 1.3) 得到

$$\Omega_{ij} + \Omega_{ji} = \frac{1}{2}(R_{ijkl} + R_{jikl})\omega^k \wedge \omega^l = 0.$$

(3) 和 (4) 是定理 2.4 的直接推论. 证毕.

推论 2.7 设 (M, g) 是 m 维黎曼流形, 在局部切标架场 $(U; e_i)$ 和 $(\tilde{U}; \tilde{e}_i)$ 下的曲率形式分别是 Ω_{ij} 和 $\tilde{\Omega}_{ij}$. 如果 $U \cap \tilde{U} \neq \emptyset$, 且在 $U \cap \tilde{U}$ 上有 $\tilde{e}_i = a_i^j e_j$, 则有

$$\tilde{\Omega}_{ij} = a_i^k a_j^l \Omega_{kl}.$$

证明 由定理 2.3 得知 $\Omega_k^j a_i^k = a_k^j \tilde{\Omega}_i^k$, 又度量张量 $g_{ij}, \tilde{g}_{ij}$ 在 $U \cap \tilde{U}$ 上有关系式

$$\tilde{g}_{ij} = a_i^k a_j^l g_{kl},$$

因此

$$\tilde{\Omega}_{ij} = \tilde{\Omega}_i^k \tilde{g}_{kj} = \tilde{\Omega}_i^k a_k^h a_j^l g_{hl} = \Omega_k^h a_k^k a_j^l g_{hl} = \Omega_{kl} a_i^k a_j^l.$$

定义 2.2 设 (M, g) 是 m 维黎曼流形. 如果在每一点 $p \in M$, 都存在 p 点的局部坐标系 $(U; x^i)$, 使得黎曼度量 g 的分量是

$$g_{ij} = g\left(\frac{\partial}{\partial x^i}, \frac{\partial}{\partial x^j}\right) = \delta_{ij}, \tag{2.20}$$

则称 (M, g) 是**局部欧氏空间**.

显然, 局部欧氏空间是在局部上能够与欧氏空间的开子集建立等距对应的黎曼流形.

定义 2.3 黎曼曲率张量为零的黎曼流形称为**平坦的黎曼流形**, 相应的黎曼度量称为平坦的黎曼度量.

推论 2.8 黎曼流形 (M, g) 是局部欧氏空间的充要条件是它的曲率张量恒为零, 即 (M, g) 是平坦的黎曼流形.

证明 必要性是显然的, 可以由黎曼曲率张量的计算公式 (1.4) 和 (1.9) 直接得到.

为了说明充分性, 假定在定理 2.5 的证明中解 Pfaff 方程组 (2.17) 时要求初始值 $a_i^j(p)$ 满足条件

$$\sum_{k,l} a_i^k(p) a_j^l(p) g(e_k, e_l)(p) = \delta_{ij}, \qquad 1 \leqslant i, j \leqslant m.$$

设解函数是 a_i^j, 命

$$f_{ij} = \sum_{k,l} a_i^k a_j^l g_{kl} - \delta_{ij},$$

其中 $g_{kl} = g(e_k, e_l)$. 则 $f_{ij}(p) = 0$, 并且

$$
\begin{aligned}
\mathrm{d}f_{ij} &= \sum_{k,l} (\mathrm{d}a_i^k a_j^l g_{kl} + a_i^k \mathrm{d}a_j^l g_{kl} + a_i^k a_j^l \mathrm{d}g_{kl}) \\
&= \sum_{k,l} \left(-\sum_h \omega_h^k a_i^h a_j^l g_{kl} - \sum_h \omega_h^l a_i^k a_j^h g_{kl} + a_i^k a_j^l \mathrm{d}g_{kl} \right) \\
&= a_i^k a_j^l (\mathrm{d}g_{kl} - g_{hl}\omega_k^h - g_{kh}\omega_l^h).
\end{aligned}
$$

由于黎曼联络 D 和黎曼度量 g 是相容的, 所以

$$
\mathrm{d}g_{kl} - g_{hl}\omega_k^h - g_{kh}\omega_l^h = 0.
$$

故

$$
\mathrm{d}f_{ij} = 0, \qquad f_{ij} = f_{ij}(p) = 0, \qquad \forall i, j.
$$

由此可见,

$$
g(\delta_i, \delta_j) = \sum_{k,l} a_i^k a_j^l g_{kl} = \delta_{ij}.
$$

因此, 由 (2.15) 式给出的标架场 $\{\delta_i\}$ 是单位正交的. 定理 2.5 断言 $\{\delta_i\}$ 是由局部坐标系 $(U; x^i)$ 决定的自然标架场. 所以

$$
g_{ij} = g\left(\frac{\partial}{\partial x^i}, \frac{\partial}{\partial x^j} \right) = \delta_{ij},
$$

证毕.

另一个证法是: 根据定理 2.5, 在点 p 有局部坐标系 $(U; x^i)$ 使得

$$
\mathrm{D}_{\frac{\partial}{\partial x^j}} \frac{\partial}{\partial x^i} \equiv 0,
$$

则

$$
\begin{aligned}
\frac{\partial g_{ij}}{\partial x^k} &= \frac{\partial}{\partial x^k}\left(g\left(\frac{\partial}{\partial x^i}, \frac{\partial}{\partial x^j} \right) \right) \\
&= g\left(\mathrm{D}_{\frac{\partial}{\partial x^k}} \frac{\partial}{\partial x^i}, \frac{\partial}{\partial x^j} \right) + g\left(\frac{\partial}{\partial x^i}, \mathrm{D}_{\frac{\partial}{\partial x^k}} \frac{\partial}{\partial x^j} \right) \equiv 0,
\end{aligned}
$$

故 g_{ij} 是 U 上的常值函数. 因此将坐标系 $(U; x^i)$ 作一个常系数线性变换 (把所得结果仍然记作 $(U; x^i)$) 可以使

$$g|_U = \sum_i \mathrm{d}x^i \otimes \mathrm{d}x^i.$$

§4.3 截 面 曲 率

在曲面论中 Gauss 曲率是数量. 与之相仿, 在高维黎曼流形上可以借助于曲率张量来构造一些取值为数量的曲率. 在这一节和下一节中, 将逐步引入这些曲率概念, 并进行一些必要的讨论.

设 (M, g) 是 m 维黎曼流形, $p \in M$. 对于任意的 $u, v \in T_p M$, 令

$$\|u \wedge v\|^2 = \langle u, u \rangle \langle v, v \rangle - \langle u, v \rangle^2 = |u|^2 |v|^2 \sin \angle(u, v).$$

显然, u, v 共线的充要条件是 $\|u \wedge v\|^2 = 0$, 并且当 u, v 不共线时, $\|u \wedge v\|^2$ 恰好是 u, v 张成的平行四边形的面积平方.

现设 $u, v \in T_p M$ 是两个不共线的切向量. 把 u, v 在 $T_p M$ 中所张成的二维子空间记作 $[u \wedge v]$, 称为黎曼流形 M 在 p 点的**二维截面**.

如果 $\tilde{u}, \tilde{v}$ 是 $[u \wedge v]$ 中任意两个不共线的切向量, 则有

$$\tilde{u} = a_1^1 u + a_1^2 v, \quad \tilde{v} = a_2^1 u + a_2^2 v, \quad \det(a_j^i) \neq 0.$$

显然,

$$\|\tilde{u} \wedge \tilde{v}\|^2 = (\det(a_j^i))^2 \|u \wedge v\|^2.$$

在另一方面, 根据黎曼曲率张量 R 的对称性和反对称性 (参看推论 1.3) 不难得到

$$\begin{aligned} R(\tilde{u}, \tilde{v}, \tilde{u}, \tilde{v}) &= R(a_1^1 u + a_1^2 v, a_2^1 u + a_2^2 v, \tilde{u}, \tilde{v}) \\ &= (a_1^1 a_2^2 - a_1^2 a_2^1) R(u, v, \tilde{u}, \tilde{v}) = (\det(a_j^i))^2 R(u, v, u, v). \end{aligned}$$

由此可见, 由

$$K(u, v) = -\frac{R(u, v, u, v)}{\|u \wedge v\|^2} \tag{3.1}$$

定义的量 $K(u,v)$ 与二维截面 $[u \wedge v]$ 的基底 u, v 的选取无关, 因而它是只依赖二维截面 $[u \wedge v]$ 的数量.

定义 3.1 设 (M, g) 是 m 维黎曼流形, $p \in M$. 对于任意的 $u, v \in T_p M$, 如果 $\|u \wedge v\|^2 \neq 0$, 则由 (3.1) 确定的数量 $K(u, v)$ 称为 (M, g) 在 p 点沿二维截面 $[u \wedge v]$ 的**截面曲率**.

对于固定的 $p \in M$, 切空间 $T_p M$ 的二维子空间 (二维截面) 的集合构成一个光滑流形, 记作 $Gr_2(p)$, 它是一个 Grassmann 流形. 若令

$$Gr_2(M) = \bigcup_{p \in M} Gr_2(p),$$

则 $Gr_2(M)$ 是一个以 Grassmann 流形为纤维的微分纤维丛 (参看第十章 §10.3), 即所谓的 Grassmann 纤维丛; 而截面曲率则是定义在这个纤维丛上的一个光滑函数.

上面引入的截面曲率是曲面论中的 Gauss 曲率在高维情形的推广.

设 (M, g) 是 m 维黎曼流形, $m \geqslant 2$, $p \in M$. 又设 $u, v \in T_p M$ 是任意两个彼此正交的单位切向量. 选取 p 点的一个法坐标系 $(U; x^i)$, 使得 $x^i(p) = 0$, 并且

$$u = \frac{\partial}{\partial x^1}, \quad v = \frac{\partial}{\partial x^2}.$$

在 p 点附近, 考虑 M 的二维子流形

$$S = \{q \in U; \ x^\alpha = 0, \ 3 \leqslant \alpha \leqslant m\}.$$

根据法坐标系的定义, S 是由从 p 点出发, 且与二维截面 $[u \wedge v]$ 相切的测地线构成的曲面; 它的第一基本形式是

$$I = \sum_{i,j=1}^{2} \tilde{g}_{ij}(x^1, x^2) \mathrm{d}x^i \mathrm{d}x^j,$$

其中

$$\tilde{g}_{ij}(x^1, x^2) = g_{ij}(x^1, x^2, 0, \cdots, 0), \quad i, j = 1, 2.$$

为求曲面 S 在 p 点的 Gauss 曲率 $\tilde{K}(p)$, 由第三章定理 4.5 得知,

$$\Gamma_{ij}^k(p) = 0, \quad i, j, k = 1, 2, \cdots, m.$$

因而对于 $i, j, k = 1, 2$, $\tilde{\Gamma}_{ij}^k(p) = 0$, 这里的 $\tilde{\Gamma}_{ij}^k$ 是 $\tilde{g}_{ij}$ 的 Christoffel 记号. 根据曲面论中 Gauss 曲率的内蕴公式 (参看参考文献 [2, 第 139 页]) 以及 (1.14) 式可得

$$
\begin{aligned}
\tilde{K}(p) = {} & - \tilde{R}_{1212}(p) \\
= {} & - \left\{ \frac{1}{2} \left(\frac{\partial^2 \tilde{g}_{22}}{\partial x^1 \partial x^1} + \frac{\partial^2 \tilde{g}_{11}}{\partial x^2 \partial x^2} - 2 \frac{\partial^2 \tilde{g}_{12}}{\partial x^1 \partial x^2} \right) \right. \\
& \left. + \sum_{1 \leqslant k, h \leqslant 2} (\tilde{\Gamma}_{11}^h \tilde{\Gamma}_{22}^k \tilde{g}_{kh} - \tilde{\Gamma}_{12}^h \tilde{\Gamma}_{12}^k \tilde{g}_{kh}) \right\} \Bigg|_{x^1 = x^2 = 0} \\
= {} & - \left\{ \frac{1}{2} \left(\frac{\partial^2 g_{22}}{\partial x^1 \partial x^1} + \frac{\partial^2 g_{11}}{\partial x^2 \partial x^2} - 2 \frac{\partial^2 g_{12}}{\partial x^1 \partial x^2} \right) \right. \\
& \left. + \sum_{1 \leqslant k, h \leqslant m} (\Gamma_{11}^h \Gamma_{22}^k g_{kh} - \Gamma_{12}^h \Gamma_{12}^k g_{kh}) \right\} \Bigg|_{x^1 = \cdots = x^m = 0} \\
= {} & - R_{1212}(p) = - \frac{R(u, v, u, v)}{\|u \wedge v\|^2}(p) \\
= {} & K(u, v).
\end{aligned}
$$

由此可见, 在 p 点由二维截面 $[u \wedge v]$ 确定的截面曲率 $K(u, v)$ 恰好是在 M 中与 $[u \wedge v]$ 相切的曲面 S 在 p 点的 Gauss 曲率; 这也正是在截面曲率的定义式 (3.1) 中取负号的原因.

定义 3.2 设 V 是一个 m 维向量空间, $R : V \times V \times V \times V \to \mathbb{R}$ 是 V 上的四阶协变张量, 如果它满足下列三个条件, 则称它为**曲率型张量**:

(1) 反对称性:

$$R(u, v, w, z) = -R(v, u, w, z) = -R(u, v, z, w);$$

(2) 第一 Bianchi 恒等式:

$$R(u, v, w, z) + R(w, v, z, u) + R(z, v, u, w) = 0;$$

(3) 对称性: $R(u, v, w, z) = R(w, z, u, v)$,

其中 $u, v, w, z \in V$.

引理 3.1 设 R, R' 是向量空间 V 上的两个曲率型四阶协变张量. 如果对于任意的 $u, v \in V$, 都有

$$R'(u, v, u, v) = R(u, v, u, v),$$

则 $R' \equiv R$.

证明 令 $R_0 = R' - R$, 则 R_0 也是 V 上的曲率型四阶协变张量, 并且对于任意的 $u, v \in V$ 有 $R_0(u, v, u, v) = 0$. 现在只需证明 $R_0 \equiv 0$ 即可.

对于任意的 $u, v, z \in V$, 利用 R_0 的多重线性性质和对称性, 有

$$\begin{aligned}
0 &= R_0(u, v + z, u, v + z) \\
&= R_0(u, v, u, v) + R_0(u, v, u, z) + R_0(u, z, u, v) + R_0(u, z, u, z) \\
&= R_0(u, v, u, z) + R_0(u, z, u, v) \\
&= 2R_0(u, v, u, z),
\end{aligned}$$

所以 $R_0(u, v, u, z) = 0$.

对于任意的 $u, v, w, z \in V$, 展开 $R_0(u + v, w, u + v, z) = 0$ 得到

$$\begin{aligned}
0 &= R_0(u + v, w, u + v, z) \\
&= R_0(u, w, u, z) + R_0(u, w, v, z) + R_0(v, w, u, z) + R_0(v, w, v, z) \\
&= R_0(u, w, v, z) + R_0(v, w, u, z) \\
&= R_0(u, w, v, z) - R_0(v, w, z, u).
\end{aligned}$$

由此可见, $R_0(u, w, v, z)$ 在变量 u, v, z 的轮换下保持不变, 即

$$R_0(u, w, v, z) = R_0(v, w, z, u) = R_0(z, w, u, v).$$

于是, 根据第一 Bianchi 恒等式得知, 对于任意的 $u, v, w, z \in V$ 有

$$\begin{aligned}
0 &= R_0(u, v, w, z) + R_0(w, v, z, u) + R_0(z, v, u, w) \\
&= 3R_0(u, v, w, z).
\end{aligned}$$

故 $R_0 \equiv 0$.

定理 3.2　设 p 是黎曼流形 (M, g) 上的任意一点. 如果 M 在 p 点沿所有的二维截面的截面曲率是常数 K_0, 则对于任意的 $u, v, w, z \in T_p M$, 有

$$R(u, v, w, z) = -K_0(\langle u, w \rangle \langle v, z \rangle - \langle u, z \rangle \langle v, w \rangle); \qquad (3.2)$$

反过来, 如果存在常数 K_0, 使得 (3.2) 式成立, 则 M 在 p 点沿各个二维截面的截面曲率均为常数 K_0.

证明　对于任意的 $u, v, w, z \in T_p M$, 令

$$R'(u, v, w, z) = \langle u, w \rangle \langle v, z \rangle - \langle u, z \rangle \langle v, w \rangle,$$

经直接验证可知, R' 是 $T_p M$ 上的一个曲率型四阶协变张量. 由假设, 对于任意的不共线的 $u, v \in T_p M$ 有

$$-\frac{R(u, v, u, v)}{R'(u, v, u, v)} = K_0,$$

即

$$R(u, v, u, v) = -K_0 R'(u, v, u, v).$$

显然, 上式对于 $T_p M$ 中任意两个共线向量 u, v 也是对的. 于是由引理 3.1, (3.2) 式对于任意的 $u, v, w, z \in T_p M$ 恒成立.

定理的另一部分是显而易见的. 证毕.

定义 3.3　设 (M, g) 是黎曼流形. 如果 M 在任意一点 p、沿着任意一个二维截面 $\Pi \subset T_p M$ 的截面曲率都等于常数 c, 则称 (M, g) 是有常截面曲率 c 的黎曼流形, 简称为**常曲率空间**.

下述结论是定理 3.2 的直接推论.

推论 3.3　设 (M, g) 是截面曲率为 c 的常曲率空间, 则在任意一个局部标架场 $\{e_i\}$ 下, 黎曼曲率张量的分量是

$$R_{ijkl} = -c(g_{ik} g_{jl} - g_{il} g_{jk}), \quad 1 \leqslant i, j, k, l \leqslant m, \qquad (3.3)$$

其中 $R_{ijkl} = \langle \mathcal{R}(e_k, e_l) e_i, e_j \rangle$, $g_{ij} = \langle e_i, e_j \rangle$.

反之, 如果对于某个常数 c, 黎曼流形 (M, g) 的黎曼曲率张量在任意一个局部标架场 $\{e_i\}$ 下具有分量 (3.3), 则它是以 c 为截面曲率的常曲率空间.

推论 3.4 设 (M, g) 是截面曲率为 c 的常曲率空间, 则在任意一个局部标架场 $\{e_i\}$ 下, 曲率形式 Ω_{ij} 是

$$\Omega_{ij} = -c\omega_i \wedge \omega_j, \tag{3.4}$$

反之亦然.

证明 由推论 2.4 和推论 3.3,

$$\Omega_{ij} = \frac{1}{2} R_{ijkl}\omega^k \wedge \omega^l = -\frac{c}{2}(g_{ik}g_{jl} - g_{il}g_{jk})\omega^k \wedge \omega^l = -c\omega_i \wedge \omega_j.$$

推论得证.

定理 3.5 (Schur 定理) 设 (M, g) 是 $m(\geqslant 3)$ 维连通黎曼流形. 如果对于任意一点 $p \in M$, M 在点 p 沿任意的二维截面的截面曲率是常数 $K(p)$, 即截面曲率只是光滑流形 M 上的光滑函数 $K = K(p)$, 则 $K(p)$ 必定是常值函数, 因而 M 是常曲率空间.

证明 设 $\{e_i\}$ 是 M 上的任意一个局部标架场, 则由定理 3.2 得到

$$\begin{aligned}
\Omega_{ij} &= \frac{1}{2} R_{ijkl}\omega^k \wedge \omega^l = -\frac{K}{2}(g_{ik}g_{jl} - g_{il}g_{jk})\omega^k \wedge \omega^l \\
&= -K\omega_i \wedge \omega_j, \qquad 1 \leqslant i, j \leqslant m,
\end{aligned}$$

其中 K 是 M 上的光滑函数. 对此式求外微分, 并利用 (2.19) 式得到

$$\begin{aligned}
\mathrm{d}\Omega_{ij} &= -\mathrm{d}K \wedge \omega_i \wedge \omega_j - K\mathrm{d}\omega_i \wedge \omega_j + K\omega_i \wedge \mathrm{d}\omega_j \\
&= -\mathrm{d}K \wedge \omega_i \wedge \omega_j - K\omega_i^k \wedge \omega_k \wedge \omega_j + K\omega_i \wedge \omega_j^k \wedge \omega_k.
\end{aligned}$$

在另一方面, 由推论 2.4(4) 得到

$$\mathrm{d}\Omega_{ij} = \omega_i^k \wedge \Omega_{kj} + \Omega_{ik} \wedge \omega_j^k = -K\omega_i^k \wedge \omega_k \wedge \omega_j - K\omega_i \wedge \omega_k \wedge \omega_j^k.$$

比较上面两式得知, 对于任意的 i, j 有 $dK \wedge \omega_i \wedge \omega_j = 0$. 对 K 求微分得到

$$dK = e_i(K)\omega^i = e_i(K)g^{ik}\omega_k = \sum_{k=1}^{m} K_k\omega_k,$$

其中 $K_k = g^{ik}e_i(K)$, 则

$$\sum_k K_k\omega_k \wedge \omega_i \wedge \omega_j = 0, \quad \forall i, j. \tag{3.5}$$

取 $i = 1, j = 2$, 从 (3.5) 式得知 $K_k = 0(k \geqslant 3)$. 再取 $i = 2, j = 3$ 和 $i = 1, j = 3$, 则得 $K_1 = K_2 = 0$. 因此 $dK = 0$, 故 K 是一个常数, 定理得证.

例 3.1 对于任意的常数 c, 定义

$$\rho(c) = \begin{cases} +\infty, & c \geqslant 0; \\ -\dfrac{1}{c}, & c < 0. \end{cases}$$

再令

$$U = \left\{ (x^1, \cdots, x^m) \in \mathbb{R}^m; \sum_{i=1}^{m}(x^i)^2 < \rho(c) \right\}.$$

也就是说, 当 $c \geqslant 0$ 时, $U = \mathbb{R}^m$; 当 $c < 0$ 时, U 是 $\mathbb{R}^m$ 中以原点为中心、以 $1/\sqrt{-c}$ 为半径的球. 在 U 上引入黎曼度量

$$ds^2 = \frac{4\sum_i(dx^i)^2}{\left(1 + c\sum_i(x^i)^2\right)^2}.$$

求黎曼流形 (U, ds^2) 的截面曲率.

解 设 $A = 1 + c\sum_i(x^i)^2$, 并设 $\omega^i = \dfrac{2}{A}dx^i$, 则 $ds^2 = \sum_i(\omega^i)^2$, 因而 $\{\omega^i\}$ 是 (U, ds^2) 上的单位正交余切标架场. 求 ω^i 的外微分, 得到

$$\begin{aligned} d\omega^i &= 2\frac{dx^i}{A^2} \wedge dA = \frac{4c}{A^2}\sum_j x^j dx^i \wedge dx^j = c\sum_j x^j \omega^i \wedge \omega^j \\ &= \sum_j \omega^j \wedge c(x^i\omega^j - x^j\omega^i). \end{aligned}$$

若令 $\omega_j^i = c(x^i\omega^j - x^j\omega^i)$, 则有

$$\mathrm{d}\omega^i = \omega^j \wedge \omega_j^i, \quad \omega_j^i + \omega_i^j = 0.$$

根据黎曼联络的存在唯一性定理 (参看第二章的定理 4.5 或定理 6.3), ω_j^i 是黎曼联络在余切标架场 $\{\omega^i\}$ 下的联络形式. 由此可以计算黎曼度量 $\mathrm{d}s^2$ 的曲率形式 $\Omega_j^i = \Omega_{ji}$ 如下:

$$\begin{aligned}
\Omega_{ji} = \Omega_j^i &= \mathrm{d}\omega_j^i - \omega_j^k \wedge \omega_k^i \\
&= c(\mathrm{d}x^i \wedge \omega^j + x^i\mathrm{d}\omega^j - \mathrm{d}x^j \wedge \omega^i - x^j\mathrm{d}\omega^i) \\
&\quad - c^2 \sum_{k=1}^m (x^k\omega^j - x^j\omega^k) \wedge (x^i\omega^k - x^k\omega^i) \\
&= c\left(A\omega^i \wedge \omega^j + c\sum_{k=1}^m x^ix^k\omega^j \wedge \omega^k - c\sum_{k=1}^m x^jx^k\omega^i \wedge \omega^k \right) \\
&\quad - c^2 \sum_{k=1}^m (x^ix^k\omega^j \wedge \omega^k + x^jx^k\omega^k \wedge \omega^i + (x^k)^2\omega^i \wedge \omega^j) \\
&= \left(Ac - c^2 \sum_{k=1}^m (x^k)^2 \right) \omega^i \wedge \omega^j = c\omega^i \wedge \omega^j = -c\omega^j \wedge \omega^i \\
&= -c\omega_j \wedge \omega_i,
\end{aligned}$$

其中最后一个等号是因为 $\{\omega^i\}$ 是单位正交余切标架场. 所以, 与 (3.4) 式对照得知 $(U, \mathrm{d}s^2)$ 是截面曲率为 c 的常曲率空间.

§4.4　Ricci 曲率和数量曲率

在上一节, 已经用黎曼曲率张量定义了截面曲率. 除此之外, 还可以引入另外两个重要的曲率, 即这一节要讨论的 Ricci 曲率和数量曲率.

设 (M, g) 是 m 维黎曼流形, $p \in M$. 对于任意的 $u, v \in T_pM$, 借助于曲率张量 $\mathcal{R}$ 可以定义线性变换 $A_{u,v} : T_pM \to T_pM$, 使得

$$A_{u,v}(w) = \mathcal{R}(w, u)v, \quad \forall w \in T_pM.$$

显然, $A_{u,v}$ 是 T_pM 上的 $(1,1)$ 型张量. 线性变换 $A_{u,v}$ 的迹就是它作为 $(1,1)$ 型张量的缩并, 记作 $\mathrm{Ric}(u,v)$. 于是对于 M 上任意的局部标架场 $\{e_i\}$ 及其对偶余标架场 $\{\omega^i\}$ 有

$$\mathrm{Ric}(u,v) = \sum_{i=1}^{m} \omega^i(\mathcal{R}(e_i,u)v). \tag{4.1}$$

这样定义的 $\mathrm{Ric}(u,v)$ 在 M 上给出一个二阶协变张量场

$$\mathrm{Ric} : \mathfrak{X}(M) \times \mathfrak{X}(M) \to C^\infty(M).$$

定义 4.1　黎曼流形 (M,g) 上的二阶协变张量场 Ric 称为 M 上的 **Ricci 曲率张量 (场)**.

定理 4.1　Ricci 曲率张量是一个对称的二阶协变张量场.

证明　对于任意的标架场 $\{e_i\}$ 及其对偶余标架场 $\{\omega^i\}$, 显然有

$$\omega^i = g^{ij}\langle e_j, \cdot \rangle.$$

因此, 由黎曼曲率张量的对称性得到

$$\begin{aligned}
\mathrm{Ric}(u,v) &= \sum_{i,j} g^{ij}\langle e_j, \mathcal{R}(e_i,u)v \rangle = \sum_{i,j} g^{ij} R(v,e_j,e_i,u) \\
&= \sum_{i,j} g^{ji} R(u,e_i,e_j,v) = \mathrm{Ric}(v,u).
\end{aligned}$$

证毕.

按照习惯记法, 把 Ricci 曲率张量 Ric 的分量记为 R_{ij}, 即 $R_{ij} = \mathrm{Ric}(e_i,e_j)$. 于是有

$$\mathrm{Ric} = R_{ij}\omega^i \otimes \omega^j,$$

其中

$$R_{ij} = g^{kl} R(e_i,e_k,e_l,e_j) = g^{kl} R_{iklj} = R^k_{ikj}. \tag{4.2}$$

至此, 在黎曼流形 (M,g) 上有两个对称的二阶协变张量场: 一个是度量张量 g, 另一个是 Ricci 曲率张量 Ric.

定义 4.2 设 $p \in M$, $u \in T_p M$, $u \neq 0$. 令

$$\mathrm{Ric}(u) = \frac{\mathrm{Ric}(u, u)}{g(u, u)} = \mathrm{Ric}\left(\frac{u}{|u|}, \frac{u}{|u|}\right), \tag{4.3}$$

则 $\mathrm{Ric}(u)$ 是切方向 u 的函数, 称为黎曼流形 (M, g) 在 p 点沿切方向 u 的 **Ricci 曲率**.

根据二次型的一般理论, 在任意一点 $p \in M$ 有 $T_p M$ 中的单位正交基底 $\{e_i\}$, 使得 Ricci 曲率张量化为标准型, 即有

$$\mathrm{Ric} = \sum_{i=1}^{m} \kappa_i \omega^i \otimes \omega^i, \tag{4.4}$$

其中 $\{\omega^i\}$ 是 $T_p^* M$ 中与 $\{e_i\}$ 对偶的基底, $\kappa_i = \mathrm{Ric}(e_i)$. 从而对于任意的 $u \in T_p M$ 有

$$\mathrm{Ric}(u) = \sum_i \kappa_i \cos^2 \theta_i, \quad \cos \theta_i = \left\langle \frac{u}{|u|}, e_i \right\rangle. \tag{4.5}$$

此时, e_i 称为 M 在 p 点的 **Ricci 主方向** κ_i 称为对应于主方向 e_i 的 **Ricci 主曲率**.

Ricci 曲率与截面曲率之间的关系由下述定理给出:

定理 4.2 设 (M, g) 是 m 维黎曼流形, $p \in M$, u 是 M 在 p 点的一个非零切向量. 如果 $\{e_i\}$ 是 $T_p M$ 中任意一个单位正交基底, 使得 $e_m = u/|u|$, 则

$$\mathrm{Ric}(u) = \sum_{i=1}^{m-1} K(e_i, e_m). \tag{4.6}$$

证明 根据 Ricci 曲率的定义,

$$\mathrm{Ric}(u) = \mathrm{Ric}(e_m, e_m) = \sum_{i=1}^{m-1} R(e_m, e_i, e_i, e_m)$$

$$= -\sum_{i=1}^{m-1} \frac{R(e_i, e_m, e_i, e_m)}{\|e_i \wedge e_m\|^2} = \sum_{i=1}^{m-1} K(e_i, e_m).$$

定理 4.2 告诉我们, 沿某个切方向的 Ricci 曲率是含有该切方向的 $m-1$ 个彼此正交的二维截面所对应的截面曲率之和. 由此可知, 加在 Ricci 曲率上的条件一般说来要弱于加在截面曲率上的条件. 比如, Ricci 曲率的非负性并不能保证截面曲率的非负性.

定义 4.3 设 (M,g) 是 m 维黎曼流形, 如果存在常数 λ 使得 $\mathrm{Ric} = \lambda g$, 则称 (M,g) 是 **Einstein 流形**.

很明显, (M,g) 是 Einstein 流形当且仅当 M 的 Ricci 曲率是常数.

现在来定义数量曲率, 首先证明一个定理.

定理 4.3 设 (M,g) 是 m 维黎曼流形, $p \in M$, 则对于 T_pM 中任意一个单位正交基底 $\{e_i\}$, 数量 $\sum_{i=1}^{m} \mathrm{Ric}(e_i)$ 与基底 $\{e_i\}$ 的选取无关.

证明 根据 Ricci 曲率的定义,

$$\sum_i \mathrm{Ric}(e_i) = \sum_i \mathrm{Ric}(e_i, e_i).$$

我们要说明, 上式右端与单位正交基底 $\{e_i\}$ 的选取无关. 事实上, 如果 $\{\delta_i\}$ 是在 p 点的另一个单位正交基底, 则有正交矩阵 (a_j^i), 使得 $\delta_i = a_i^j e_j$. 因此,

$$\sum_i \mathrm{Ric}(\delta_i, \delta_i) = \sum_{i,j,k} a_i^j a_i^k \mathrm{Ric}(e_j, e_k) = \sum_i \mathrm{Ric}(e_i, e_i).$$

证毕.

根据上面的定理, 可以引入下述定义.

定义 4.4 设 (M,g) 是 m 维黎曼流形, $p \in M$. 对于在 p 点的任意一个单位正交标架 $\{e_i\}$, 数值

$$\mathcal{S} = \sum_{i=1}^{m} \mathrm{Ric}(e_i)$$

称为黎曼流形 (M,g) 在 p 点的**数量曲率**.

由定理 4.2, 数量曲率可以用截面曲率和黎曼曲率张量分别表示为

$$\mathcal{S} = \sum_{i,j} K(e_i, e_j) = \sum_{i,j} R(e_i, e_j, e_j, e_i). \tag{4.7}$$

在任意一个局部坐标系 $(U; x^i)$ 下, 数量曲率的表达式是

$$\mathcal{S} = g^{ij} R_{ij} = g^{ij} R^k_{ikj} = g^{ij} g^{kl} R_{ilkj}. \tag{4.8}$$

推论 4.4 设 M 是截面曲率为 c 的常曲率空间, 则 M 的 Ricci 曲率和数量曲率分别是 $(m-1)c$ 和 $m(m-1)c$.

§4.5 Ricci 恒等式

在前面各节, 依次介绍了黎曼流形 (M, g) 上的曲率算子、黎曼曲率张量、截面曲率、Ricci 曲率和数量曲率等概念; 同时还证明了, 黎曼曲率张量恒为零是局部欧氏空间的特征. 根据定义, 曲率算子刻画了协变导数算子的两次作用在作用的次序交换时所产生的差别. 事实上, 如果 $(U; x^i)$ 是 M 的一个局部坐标系, 则对于任意的 $X \in \mathfrak{X}(M)$, 有

$$\mathrm{D}_{\frac{\partial}{\partial x^i}} \mathrm{D}_{\frac{\partial}{\partial x^j}} X - \mathrm{D}_{\frac{\partial}{\partial x^j}} \mathrm{D}_{\frac{\partial}{\partial x^i}} X = \mathcal{R}\left(\frac{\partial}{\partial x^i}, \frac{\partial}{\partial x^j}\right) X.$$

特别地, 当曲率算子 $\mathcal{R}\left(\dfrac{\partial}{\partial x^i}, \dfrac{\partial}{\partial x^j}\right) = 0$ 时,

$$\mathrm{D}_{\frac{\partial}{\partial x^i}} \mathrm{D}_{\frac{\partial}{\partial x^j}} X = \mathrm{D}_{\frac{\partial}{\partial x^j}} \mathrm{D}_{\frac{\partial}{\partial x^i}} X,$$

即在局部欧氏空间中协变导数算子 $\mathrm{D}_{\frac{\partial}{\partial x^i}}$ 与 $\mathrm{D}_{\frac{\partial}{\partial x^j}}$ 在光滑向量场 X 上作用是可以交换的.

另一方面, 第二章的 §2.4 告诉我们, 对于任意的 $X \in \mathfrak{X}(M)$, 协变导数算子 D_X 可以作用于任意的光滑张量场, 即可以求任意一个光滑张量场的协变导数. 因此, 两个协变导数算子在光滑张量场上的作用, 也有作用次序的交换问题. 本节要讨论的 Ricci 恒等式, 实际上就是协变导数算子在光滑张量场上两次作用的次序交换公式. 为完全起见, 从最简单的情形着手讨论.

设 (M, g) 是 m 维黎曼流形, $(U; x^i)$ 是 M 的任意一个局部坐标系.

(1) (0,0) 型张量场 (即光滑函数): 对于任意的 $f \in C^\infty(M)$ 有

$$\mathrm{d}f|_U = f_i \mathrm{d}x^i = f_{,i} \mathrm{d}x^i,$$

其中 $f_{,i} = f_i = \dfrac{\partial f}{\partial x^i}$. 因此,

$$\mathrm{D}(\mathrm{d}f)|_U = f_{,ij} \mathrm{d}x^i \otimes \mathrm{d}x^j,$$

这里 $f_{,ij} = (f_{,i})_{,j}$. 根据 §2.4 的 (4.6) 式,

$$f_{,ij} = \frac{\partial f_{,i}}{\partial x^j} - f_{,l}\Gamma^l_{ij} = \frac{\partial^2 f}{\partial x^i \partial x^j} - \frac{\partial f}{\partial x^l}\Gamma^l_{ij}.$$

由于黎曼联络的无挠性, $\Gamma^l_{ij} = \Gamma^l_{ji}$, 故有

$$f_{,ij} = f_{,ji}. \tag{5.1}$$

(2) (1,0) 型张量场 (即光滑切向量场): 对于任意的 $X \in \mathfrak{X}(M)$, 可设 $X|_U = X^i \dfrac{\partial}{\partial x^i}$. 于是

$$\mathrm{D}X|_U = X^i_{,j}\frac{\partial}{\partial x^i} \otimes \mathrm{d}x^j, \quad X^i_{,j} = \frac{\partial X^i}{\partial x^j} + X^l\Gamma^i_{lj}. \tag{5.2}$$

对 $\mathrm{D}X$ 再求协变微分有

$$\mathrm{D}(\mathrm{D}X)|_U = X^i_{,jk}\frac{\partial}{\partial x^i} \otimes \mathrm{d}x^j \otimes \mathrm{d}x^k,$$

其中 $X^i_{,jk} = (X^i_{,j})_{,k}$. 利用 (5.2) 式以及 §2.4 的 (4.6) 式可得

$$\begin{aligned}
X^i_{,jk} &= \frac{\partial X^i_{,j}}{\partial x^k} + X^l_{,j}\Gamma^i_{lk} - X^i_{,l}\Gamma^l_{jk}\\
&= \frac{\partial}{\partial x^k}\left(\frac{\partial X^i}{\partial x^j} + X^l\Gamma^i_{lj}\right) + \left(\frac{\partial X^l}{\partial x^j} + X^h\Gamma^l_{hj}\right)\Gamma^i_{lk} - X^i_{,l}\Gamma^l_{jk}\\
&= \frac{\partial^2 X^i}{\partial x^j \partial x^k} + \frac{\partial X^l}{\partial x^k}\Gamma^i_{lj} + \frac{\partial X^l}{\partial x^j}\Gamma^i_{lk} - X^i_{,l}\Gamma^l_{jk}\\
&\quad + X^l\left(\frac{\partial \Gamma^i_{lj}}{\partial x^k} + \Gamma^h_{lj}\Gamma^i_{hk}\right).
\end{aligned}$$

因此

$$X^i_{,jk} - X^i_{,kj} = X^l \left(\frac{\partial \Gamma^i_{lj}}{\partial x^k} - \frac{\partial \Gamma^i_{lk}}{\partial x^j} + \Gamma^h_{lj}\Gamma^i_{hk} - \Gamma^h_{lk}\Gamma^i_{hj} \right)$$
$$= X^l R^i_{lkj},$$

即

$$X^i_{,jk} - X^i_{,kj} = -X^l R^i_{ljk}. \tag{5.3}$$

(3) (0,1) 型张量场 (即 1 次微分式). 对于任意的 $\alpha \in A^1(M)$, 可设 $\alpha|_U = \alpha_i \mathrm{d}x^i$. 类似于情形 (2), 则有

$$\mathrm{D}\alpha|_U = \alpha_{i,j}\mathrm{d}x^i \otimes \mathrm{d}x^j, \quad \alpha_{i,j} = \frac{\partial \alpha_i}{\partial x^j} - \alpha_l \Gamma^l_{ij}.$$
$$\mathrm{D}(\mathrm{D}\alpha)|_U = \alpha_{i,jk}\mathrm{d}x^i \otimes \mathrm{d}x^j \otimes \mathrm{d}x^k,$$

其中

$$\alpha_{i,jk} = (\alpha_{i,j})_{,k} = \frac{\partial \alpha_{i,j}}{\partial x^k} - \alpha_{l,j}\Gamma^l_{ik} - \alpha_{i,l}\Gamma^l_{jk}$$
$$= \frac{\partial}{\partial x^k}\left(\frac{\partial \alpha_i}{\partial x^j} - \alpha_l \Gamma^l_{ij} \right) - \left(\frac{\partial \alpha_l}{\partial x^j} - \alpha_h \Gamma^h_{lj} \right)\Gamma^l_{ik} - \alpha_{i,l}\Gamma^l_{jk}$$
$$= \frac{\partial^2 \alpha_i}{\partial x^j \partial x^k} - \frac{\partial \alpha_l}{\partial x^k}\Gamma^l_{ij} - \frac{\partial \alpha_l}{\partial x^j}\Gamma^l_{ik} - \alpha_{i,l}\Gamma^l_{jk}$$
$$- \alpha_l \left(\frac{\partial \Gamma^l_{ij}}{\partial x^k} - \Gamma^h_{ik}\Gamma^l_{hj} \right).$$

由此可得

$$\alpha_{i,jk} - \alpha_{i,kj} = -\alpha_l \left(\frac{\partial \Gamma^l_{ij}}{\partial x^k} - \frac{\partial \Gamma^l_{ik}}{\partial x^j} + \Gamma^h_{ij}\Gamma^l_{hk} - \Gamma^h_{ik}\Gamma^l_{hj} \right)$$
$$= -\alpha_l R^l_{ikj},$$

即

$$\alpha_{i,jk} - \alpha_{i,kj} = \alpha_l R^l_{ijk}. \tag{5.4}$$

对公式 (5.3) 和 (5.4) 的推导过程进行分析, 不难得到下面的一般公式.

定理 5.1 设 $\tau \in \mathscr{T}_s^r(M)$, 它在局部坐标系 $(U; x^i)$ 下的表达式为

$$\tau|_U = \tau_{j_1 \cdots j_s}^{i_1 \cdots i_r} \frac{\partial}{\partial x^{i_1}} \otimes \cdots \otimes \frac{\partial}{\partial x^{i_r}} \otimes \mathrm{d}x^{j_1} \otimes \cdots \otimes \mathrm{d}x^{j_s}.$$

如果令

$$\mathrm{D}\tau|_U = \tau_{j_1 \cdots j_s, k}^{i_1 \cdots i_r} \frac{\partial}{\partial x^{i_1}} \otimes \cdots \otimes \frac{\partial}{\partial x^{i_r}} \otimes \mathrm{d}x^{j_1} \otimes \cdots \otimes \mathrm{d}x^{j_s} \otimes \mathrm{d}x^k,$$

$$\mathrm{D}(\mathrm{D}\tau)|_U = \tau_{j_1 \cdots j_s, kl}^{i_1 \cdots i_r} \frac{\partial}{\partial x^{i_1}} \otimes \cdots \otimes \frac{\partial}{\partial x^{i_r}} \otimes \mathrm{d}x^{j_1} \otimes \cdots \otimes \mathrm{d}x^{j_s} \otimes$$
$$\otimes \mathrm{d}x^k \otimes \mathrm{d}x^l,$$

则有

$$\tau_{j_1 \cdots j_s, kl}^{i_1 \cdots i_r} - \tau_{j_1 \cdots j_s, lk}^{i_1 \cdots i_r}$$
$$= -\sum_{a=1}^r \tau_{j_1 \cdots j_s}^{i_1 \cdots i_{a-1} i i_{a+1} \cdots i_r} R_{ikl}^{i_a} + \sum_{b=1}^s \tau_{j_1 \cdots j_{b-1} j j_{b+1} \cdots j_s}^{i_1 \cdots i_r} R_{j_b kl}^j. \tag{5.5}$$

上式称为 **Ricci 恒等式**.

证明留给读者作为练习.

现在, 换一种方式来讨论 Ricci 恒等式.

对于任意的 $X \in \mathfrak{X}(M)$, 以及 $\tau \in \mathscr{T}_s^r(M)$, τ 沿 X 的协变导数 $\mathrm{D}_X \tau$ 仍然是 $\mathscr{T}_s^r$ 中的元素. 因此, 协变导数算子 D_X 在光滑张量场上的作用是一个线性映射

$$\mathrm{D}_X : \mathscr{T}_s^r(M) \to \mathscr{T}_s^r(M),$$
$$\tau \mapsto \mathrm{D}_X \tau,$$

它在张量积 (包括函数与张量场的乘积) 上的作用满足 Leibniz 法则, 并且与张量的缩并运算可交换. 仿照 §4.1 曲率算子的定义, 对于任意的 $X, Y \in \mathfrak{X}(M)$, 以及任意的 $\tau \in \mathscr{T}_s^r(M)$, 令

$$\mathcal{R}(X, Y)\tau = \mathrm{D}_X \mathrm{D}_Y \tau - \mathrm{D}_Y \mathrm{D}_X \tau - \mathrm{D}_{[X,Y]}\tau, \tag{5.6}$$

则 $\mathcal{R}(X, Y)\tau \in \mathscr{T}_s^r(M)$. 因此得到映射

$$\mathcal{R}(X, Y) : \mathscr{T}_s^r(M) \to \mathscr{T}_s^r(M),$$

称为作用在 $\mathscr{T}_s^r(M)$ 上的**曲率算子**. 不难看出, 这个算子具有下列性质:

(1) $\mathcal{R}(X,Y)\tau = -\mathcal{R}(Y,X)\tau$;

(2) $\mathcal{R}(fX,Y)\tau = \mathcal{R}(X,fY)\tau = \mathcal{R}(X,Y)(f\tau) = f\mathcal{R}(X,Y)\tau$, 其中 $\tau \in \mathscr{T}_s^r(M), f \in C^\infty(M)$.

另外, $\mathcal{R}(X,Y)$ 关于张量积满足 Leibniz 法则, 并且与张量场的缩并运算可交换.

由 $\mathcal{R}(X,Y)$ 的定义式 (5.6) 可知, 对于任意的 $f \in C^\infty(M)$,

$$\begin{aligned}
\mathcal{R}(X,Y)f &= \mathrm{D}_X\mathrm{D}_Y f - \mathrm{D}_Y\mathrm{D}_X f - \mathrm{D}_{[X,Y]}f \\
&= X(Yf) - Y(Xf) - [X,Y]f = 0.
\end{aligned} \tag{5.7}$$

当 $r+s>0$ 时, 对于 $\tau \in \mathscr{T}_s^r(M)$ 以及任意的 $\alpha^1,\cdots,\alpha^r \in A^1(M)$, $X_1,\cdots,X_s \in \mathfrak{X}(M)$ 有

$$\begin{aligned}
&(\mathcal{R}(X,Y)\tau)(\alpha^1,\cdots,\alpha^r,X_1,\cdots,X_s) \\
&= \mathcal{R}(X,Y)(\tau(\alpha^1,\cdots,\alpha^r,X_1,\cdots,X_s)) \\
&\quad - \sum_{a=1}^r \tau(\alpha^1,\cdots,\alpha^{a-1},\mathcal{R}(X,Y)\alpha^a,\alpha^{a+1},\cdots,\alpha^r, \\
&\qquad\qquad\qquad X_1,\cdots,X_s) \\
&\quad - \sum_{b=1}^s \tau(\alpha^1,\cdots,\alpha^r,X_1,\cdots,X_{b-1},\mathcal{R}(X,Y)X_b, \\
&\qquad\qquad\qquad X_{b+1},\cdots,X_s).
\end{aligned} \tag{5.8}$$

于是证明了

定理 5.2　设 (M,g) 是 m 维黎曼流形, $r+s>0$, $\tau \in \mathscr{T}_s^r(M)$. 则对于任意的 $\alpha^1,\cdots,\alpha^r \in A^1(M)$ 以及任意的 $X_1,\cdots,X_s \in \mathfrak{X}(M)$, (5.8) 式成立.

需要指出的是, (5.8) 式实际上是 Ricci 恒等式 (5.5) 的等价形式. 为说明这一点, 只需在任意的局部坐标系 $(U;x^i)$ 下, 把 (5.8) 式表示出来即可.

不失一般性, 设 $X = \dfrac{\partial}{\partial x^k}$, $Y = \dfrac{\partial}{\partial x^l}$. 因为

$$\mathcal{R}\left(\frac{\partial}{\partial x^k}, \frac{\partial}{\partial x^l}\right)\frac{\partial}{\partial x^i} = R_{ikl}^j \frac{\partial}{\partial x^j}, \tag{5.9}$$

所以, 由 (5.8) 和 (5.7) 两式得到,

$$\left(\mathcal{R}\left(\frac{\partial}{\partial x^k}, \frac{\partial}{\partial x^l}\right)\mathrm{d}x^j\right)\left(\frac{\partial}{\partial x^i}\right) = -\,\mathrm{d}x^j\left(\mathcal{R}\left(\frac{\partial}{\partial x^k}, \frac{\partial}{\partial x^l}\right)\frac{\partial}{\partial x^i}\right)$$

$$= -\,R_{ikl}^j. \tag{5.10}$$

因而

$$\mathcal{R}\left(\frac{\partial}{\partial x^k}, \frac{\partial}{\partial x^l}\right)\mathrm{d}x^j = -R_{ikl}^j \mathrm{d}x^i. \tag{5.11}$$

于是对于任意的 $\tau \in \mathscr{T}_s^r(M)$, $r + s > 0$, 如果

$$\tau|_U = \tau_{j_1 \cdots j_s}^{i_1 \cdots i_r}\frac{\partial}{\partial x^{i_1}} \otimes \cdots \otimes \frac{\partial}{\partial x^{i_r}} \otimes \mathrm{d}x^{j_1} \otimes \cdots \otimes \mathrm{d}x^{j_s},$$

$$\mathrm{D}\tau|_U = \tau_{j_1 \cdots j_s, k}^{i_1 \cdots i_r}\frac{\partial}{\partial x^{i_1}} \otimes \cdots \otimes \frac{\partial}{\partial x^{i_r}} \otimes \mathrm{d}x^{j_1} \otimes \cdots \otimes \mathrm{d}x^{j_s} \otimes \mathrm{d}x^k,$$

$$\mathrm{D}(\mathrm{D}\tau)|_U = \tau_{j_1 \cdots j_s, kl}^{i_1 \cdots i_r}\frac{\partial}{\partial x^{i_1}} \otimes \cdots \otimes \frac{\partial}{\partial x^{i_r}} \otimes \mathrm{d}x^{j_1} \otimes \cdots \otimes \mathrm{d}x^{j_s} \otimes$$

$$\otimes\, \mathrm{d}x^k \otimes \mathrm{d}x^l,$$

则由 (5.8), (5.9),(5.11) 和 (5.7) 各式得到

$$\left(\mathcal{R}\left(\frac{\partial}{\partial x^k}, \frac{\partial}{\partial x^l}\right)\tau\right)\left(\mathrm{d}x^{i_1}, \cdots, \mathrm{d}x^{i_r}, \frac{\partial}{\partial x^{j_1}}, \cdots, \frac{\partial}{\partial x^{j_s}}\right)$$

$$= \mathcal{R}\left(\frac{\partial}{\partial x^k}, \frac{\partial}{\partial x^l}\right)\left(\tau\left(\mathrm{d}x^{i_1}, \cdots, \mathrm{d}x^{i_r}, \frac{\partial}{\partial x^{j_1}}, \cdots, \frac{\partial}{\partial x^{j_s}}\right)\right)$$

$$-\sum_{a=1}^r \tau\left(\mathrm{d}x^{i_1}, \cdots, \mathrm{d}x^{i_{a-1}}, \mathcal{R}\left(\frac{\partial}{\partial x^k}, \frac{\partial}{\partial x^l}\right)\mathrm{d}x^{i_a}, \mathrm{d}x^{i_{a+1}}, \cdots, \mathrm{d}x^{i_r},\right.$$

$$\left.\frac{\partial}{\partial x^{j_1}}, \cdots, \frac{\partial}{\partial x^{j_s}}\right)$$

$$-\sum_{b=1}^s \tau\left(\mathrm{d}x^{i_1}, \cdots, \mathrm{d}x^{i_r}, \frac{\partial}{\partial x^{j_1}}, \cdots, \frac{\partial}{\partial x^{j_{b-1}}}, \mathcal{R}\left(\frac{\partial}{\partial x^k}, \frac{\partial}{\partial x^l}\right)\frac{\partial}{\partial x^{j_b}},\right.$$

$$\frac{\partial}{\partial x^{j_{b+1}}}, \cdots, \frac{\partial}{\partial x^{j_s}}\right)$$

$$= \sum_{a=1}^{r} R^{i_a}_{ikl} \tau\left(\mathrm{d}x^{i_1}, \cdots, \mathrm{d}x^{i_{a-1}}, \mathrm{d}x^i, \mathrm{d}x^{i_{a+1}}, \cdots, \mathrm{d}x^{i_r}, \frac{\partial}{\partial x^{j_1}},\right.$$

$$\left. \cdots, \frac{\partial}{\partial x^{j_s}}\right)$$

$$- \sum_{b=1}^{s} R^{j}_{j_b kl} \tau\left(\mathrm{d}x^{i_1}, \cdots, \mathrm{d}x^{i_r}, \frac{\partial}{\partial x^{j_1}}, \cdots, \frac{\partial}{\partial x^{j_{b-1}}}, \frac{\partial}{\partial x^{j}},\right.$$

$$\left. \frac{\partial}{\partial x^{j_{b+1}}}, \cdots, \frac{\partial}{\partial x^{j_s}}\right)$$

$$= \sum_{a=1}^{r} R^{i_a}_{ikl} \tau^{i_1\cdots i_{a-1}ii_{a+1}\cdots i_r}_{j_1\cdots j_s} - \sum_{b=1}^{s} R^{j}_{j_b kl} \tau^{i_1\cdots i_r}_{j_1\cdots j_{b-1}jj_{b+1}\cdots j_s}. \tag{5.12}$$

另一方面, 根据定义式 (5.6) 直接计算得到

$$\mathcal{R}\left(\frac{\partial}{\partial x^k}, \frac{\partial}{\partial x^l}\right)\tau = \mathrm{D}_{\frac{\partial}{\partial x^k}} \mathrm{D}_{\frac{\partial}{\partial x^l}} \tau - \mathrm{D}_{\frac{\partial}{\partial x^l}} \mathrm{D}_{\frac{\partial}{\partial x^k}} \tau$$

$$= \mathrm{D}_{\frac{\partial}{\partial x^k}}\left(\tau^{i_1\cdots i_r}_{j_1\cdots j_s,l}\frac{\partial}{\partial x^{i_1}} \otimes \cdots \otimes\right.$$

$$\left. \otimes\frac{\partial}{\partial x^{i_r}} \otimes \mathrm{d}x^{j_1} \otimes \cdots \otimes \mathrm{d}x^{j_s}\right)$$

$$- \mathrm{D}_{\frac{\partial}{\partial x^l}}\left(\tau^{i_1\cdots i_r}_{j_1\cdots j_s,k}\frac{\partial}{\partial x^{i_1}} \otimes \cdots \otimes\right.$$

$$\left. \otimes\frac{\partial}{\partial x^{i_r}} \otimes \mathrm{d}x^{j_1} \otimes \cdots \otimes \mathrm{d}x^{j_s}\right)$$

$$= \left(\tau^{i_1\cdots i_r}_{j_1\cdots j_s,lk} - \tau^{i_1\cdots i_r}_{j_1\cdots j_s,kl}\right)\frac{\partial}{\partial x^{i_1}} \otimes \cdots \otimes \frac{\partial}{\partial x^{i_r}}$$

$$\otimes \mathrm{d}x^{j_1} \otimes \cdots \otimes \mathrm{d}x^{j_s}.$$

将此式与 (5.12) 式相比较得到

$$\tau^{i_1\cdots i_r}_{j_1\cdots j_s,kl} - \tau^{i_1\cdots i_r}_{j_1\cdots j_s,lk} = -\sum_{a=1}^{r} R^{i_a}_{ikl} \tau^{i_1\cdots i_{a-1}ii_{a+1}\cdots i_r}_{j_1\cdots j_s}$$

$$+ \sum_{b=1}^{s} R^{j}_{j_b kl} \tau^{i_1\cdots i_r}_{j_1\cdots j_{b-1}jj_{b+1}\cdots j_s}.$$

此即 Ricci 恒等式 (5.5).

习 题 四

1. 设 (M, D) 是以 T 为挠率张量的仿射联络空间, $\mathcal{R}$ 是它的曲率算子. 证明: 对于任意的 $X, Y, Z \in \mathfrak{X}(M)$,

$$\mathcal{R}(X, Y)Z + \mathcal{R}(Y, Z)X + \mathcal{R}(Z, X)Y$$
$$= (\mathrm{D}_X T)(Y, Z) + (\mathrm{D}_Y T)(Z, X) + (\mathrm{D}_Z T)(X, Y)$$
$$+ T(T(X, Y), Z) + T(T(Y, Z), X) + T(T(Z, X), Y).$$

2. 设 $\pi: E \to M$ 是光滑流形 M 上的向量丛, D 是该向量丛上的联络. 定义映射 $\mathcal{R}: \Gamma(E) \times \mathfrak{X}(M) \times \mathfrak{X}(M) \to \Gamma(E)$ 如下:

$$\mathcal{R}(X, Y)\xi = \mathrm{D}_X \mathrm{D}_Y \xi - \mathrm{D}_Y \mathrm{D}_X \xi - \mathrm{D}_{[X, Y]}\xi,$$
$$\forall X, Y \in \mathfrak{X}(M), \ \xi \in \Gamma(E).$$

证明: 对于任意的 $X, Y \in \mathfrak{X}(M)$, $\xi \in \Gamma(E)$, 以及任意的 $f \in C^\infty(M)$, 下列关系式成立:

(1) $\mathcal{R}(X, Y)\xi = -\mathcal{R}(Y, X)\xi$;

(2) $\mathcal{R}(fX, Y)\xi = \mathcal{R}(X, fY)\xi = f\mathcal{R}(X, Y)\xi$;

(3) $\mathcal{R}(X, Y)(f\xi) = f\mathcal{R}(X, Y)\xi$.

映射 $\mathcal{R}$ 称为向量丛 E 关于联络 D 的**曲率张量**.

3. 设 $f: M \to N$ 是光滑流形之间的光滑映射, D 是 N 上的一个联络, $\pi: f^*TN \to M$ 是切丛 TN 通过映射 f 在 M 上的拉回丛 (参看第一章例题 9.2). 由第二章的例 8.2, 向量丛 f^*TN 具有诱导联络 $\tilde{\mathrm{D}}$, 其曲率张量 (见本章习题第 2 题) 记为 $\tilde{\mathcal{R}}$. 对于 M 上的任意的局部坐标系 $(U; x^i)$, 以及任意的 $V \in \Gamma(TN)$, 令 $\xi = V \circ f$, 则 $\xi \in \Gamma(f^*TN)$. 证明:

$$\tilde{\mathcal{R}}\left(\frac{\partial}{\partial x^i}, \frac{\partial}{\partial x^j}\right)\xi = \overline{\mathcal{R}}\left(f_*\left(\frac{\partial}{\partial x^i}\right), f_*\left(\frac{\partial}{\partial x^j}\right)\right)V\bigg|_{f(M)},$$

即有

$$\tilde{D}_{\frac{\partial}{\partial x^i}}\tilde{D}_{\frac{\partial}{\partial x^j}}\xi = \tilde{D}_{\frac{\partial}{\partial x^j}}\tilde{D}_{\frac{\partial}{\partial x^i}}\xi + \overline{\mathcal{R}}\left(f_*\left(\frac{\partial}{\partial x^i}\right), f_*\left(\frac{\partial}{\partial x^j}\right)\right)V\bigg|_{f(M)},$$

其中 $\overline{\mathcal{R}}$ 是 TN 上的曲率张量.

4. 设 X 是黎曼流形 M 上的一个 Killing 向量场 (参看第二章习题第 23 题). 定义映射

$$A_X : \mathfrak{X}(M) \to \mathfrak{X}(M),$$

使得对于任意的 $Z \in \mathfrak{X}(M)$, $A_X Z = D_Z X$. 考虑函数

$$f : M \to \mathbb{R} : f(p) = |X(p)|^2, \quad \forall p \in M.$$

如果 $p_0 \in M$ 是 f 的一个临界点 (即 $df|_{p_0} = 0$), 证明: 对于任意的 $Z \in \mathfrak{X}(M)$, 下述等式在 p_0 点成立:

(1) $\langle A_X(Z), X \rangle = 0, \langle D_X X, Z \rangle = 0$;

(2) $\langle A_X(Z), A_X(Z) \rangle = \dfrac{1}{2}Z(Z(f)) - \langle \mathcal{R}(X, Z)X, Z \rangle$, 其中 $\mathcal{R}$ 是 M 的曲率张量.

5. 设 $\gamma : [0, b] \to M$ 是黎曼流形 M 上一条光滑曲线, $X \in \mathfrak{X}(M)$ 且 $X|_{\gamma(0)} = 0$. 令 $X' = D_{\gamma'}X$, 证明:

$$D_{\gamma'(0)}(\mathcal{R}(\gamma', X)\gamma') = (\mathcal{R}(\gamma', X')\gamma')(0).$$

6. 设 $\varphi : M \to N$ 是黎曼流形之间的局部等距. 证明: φ 保持曲率张量和黎曼曲率张量不变, 即对于任意的 $p \in M$, 以及任意的 $u, v, w, z \in T_pM$ 有

$$\varphi_*(\mathcal{R}^M(u, v)w) = \mathcal{R}^N(\varphi_*(u), \varphi_*(v))\varphi_*(w),$$
$$R^M(u, v, w, z) = R^N(\varphi_*(u), \varphi_*(v), \varphi_*(w), \varphi_*(z)).$$

由此可见, 黎曼流形的截面曲率在局部等距下保持不变.

7. 设 $\{e_i\}$ 是无挠仿射联络空间 (M, D) 上的一个局部标架场, 与其对偶的余切标架场记为 $\{\omega^i\}$; D 的联络形式和曲率形式分别是 ω^i_j 和 Ω^i_j. 证明下面两个等式互相等价:

(1) $\mathrm{d}\Omega_i^j = \omega_i^k \wedge \Omega_k^j - \Omega_i^k \wedge \omega_k^j;$

(2) $R_{ikl,h}^j + R_{ilh,k}^j + R_{ihk,l}^j = 0$, 其中的 $R_{ikl,h}^j$ 由 (2.14) 式定义.

8. 设 G 是李群, g 是 G 上的一个双不变黎曼度量 (参看第二章习题第 16 题), D 是相应的黎曼联络, $X, Y, Z \in \mathfrak{X}(G)$ 是 G 上的左不变向量场. 证明:

(1) $\mathcal{R}(X,Y)Z = [Z,[X,Y]]/4$;

(2) 如果 X, Y 是互相正交的左不变单位向量场, 则由 X, Y 决定的二维截面的截面曲率为

$$K(X,Y) = \frac{1}{4}|[X,Y]|^2.$$

因此, $K(X,Y) \geqslant 0$, 等号成立当且仅当 $[X,Y] = 0$. 由此可见李群上双不变黎曼度量具有非负的截面曲率.

9. 设 M 是一个偶数维的紧致黎曼流形, 具有正的截面曲率. 证明: 在 M 上的每一个 Killing 向量场 X 都有奇异点, 即存在点 $p_0 \in M$, 使得 $X(p_0) = 0$.

10. 设 M 是黎曼流形. 证明: 如果对于任意的 $p, q \in M$, 在 M 中从点 p 到点 q 的平行移动与连接 p 和 q 的曲线段无关, 则 M 的曲率张量恒为零, 即对于任意的 $X, Y, Z \in \mathfrak{X}(M)$, $\mathcal{R}(X,Y)Z = 0$.

11. 设 M 是黎曼流形, $\mathcal{R}$ 是 M 的曲率张量. 如果 $\mathrm{D}\mathcal{R} = 0$, 则称 M 为**黎曼局部对称空间**.

(1) 设 M 是黎曼局部对称空间, $\gamma : [0,b] \to M$ 是 M 上的测地线, X, Y, Z 是沿 γ 的平行向量场. 证明: $\mathcal{R}(X,Y)Z$ 沿 γ 也是平行的.

(2) 设 M 是连通的黎曼局部对称空间, 并且 $\dim M = 2$, 证明 M 是常曲率空间.

12. 设 $f : \tilde{M} \to M$ 是黎曼淹没, $X, Y, Z, W \in \mathfrak{X}(M)$, $\overline{X}, \overline{Y}, \overline{Z}, \overline{W} \in \mathfrak{X}(\tilde{M})$ 是相应的水平提升 (参看第二章习题第 25 题). 假定 $\mathcal{R}$ 和 $\tilde{\mathcal{R}}$ 分别是 M 和 $\tilde{M}$ 的曲率张量, $(\cdots)^v$ 表示向量 $(\cdots)$ 的铅垂分量. 证明:

(1) $\langle \tilde{\mathcal{R}}(\overline{X}, \overline{Y})\overline{Z}, \overline{W} \rangle = \langle \mathcal{R}(X,Y)Z, W \rangle + \langle [\overline{X}, \overline{Z}]^v, [\overline{Y}, \overline{W}]^v \rangle / 4$
$\quad - \langle [\overline{Y}, \overline{Z}]^v, [\overline{X}, \overline{W}]^v \rangle / 4 + \langle [\overline{Z}, \overline{W}]^v, [\overline{X}, \overline{Y}]^v \rangle / 2;$

(2) $K(X, Y) = \tilde{K}(\overline{X}, \overline{Y}) + 3|[\overline{X}, \overline{Y}]^v|^2 / 4 \geqslant \tilde{K}(\overline{X}, \overline{Y})$.

13. (**复射影空间的曲率**) 用 $(\cdot, \cdot)$ 表示 $n+1$ 维复数空间 $\mathbb{C}^{n+1}$ 中的标准 **Hermite** 内积, 即

$$(z, w) = z^1 \overline{w}^1 + \cdots + z^{n+1} \overline{w}^{n+1},$$
$$\forall z = (z^1, \cdots, z^{n+1}), \, w = (w^1, \cdots, w^{n+1}) \in \mathbb{C}^{n+1}.$$

在 $\mathbb{C}_*^{n+1} = \mathbb{C}^{n+1} \backslash \{0\}$ 上定义如下的黎曼度量 $\langle \cdot, \cdot \rangle$: 对于任意的 $z \in \mathbb{C}_*^{n+1}$,

$$\langle V, W \rangle_z = \frac{\mathrm{Re}(V, W)}{(z, z)}, \quad \forall V, W \in T_z(\mathbb{C}_*^{n+1}) = \mathbb{C}^{n+1}.$$

易知, 度量 $\langle \cdot, \cdot \rangle$ 限制在 $S^{2n+1} \subset \mathbb{C}_*^{n+1}$ 与 S^{2n+1} 上的标准黎曼度量相同.

(1) 证明: 对于所有的 $0 \leqslant \theta \leqslant 2\pi$, 数乘运算 $\mathrm{e}^{\sqrt{-1}\,\theta} : S^{2n+1} \to S^{2n+1}$ 是一个等距; 由此进一步说明, 可以在 $\mathbb{C}P^n$ 上引入一个黎曼度量 g, 使得在第一章习题第 6 题中定义的映射 $f : S^{2n+1} \to \mathbb{C}P^n$ 是黎曼淹没;

(2) 证明: 关于上面所定义的黎曼度量 g, $\mathbb{C}P^n$ 的截面曲率由下式给出: 对于任意两个互相垂直的单位切向量场 $X, Y \in \mathfrak{X}(\mathbb{C}P^n)$,

$$K(X, Y) = 1 + 3\cos^2 \varphi,$$

其中 $\cos \varphi = \langle \overline{X}, \sqrt{-1}\,\overline{Y} \rangle$, $\overline{X}$, $\overline{Y}$ 分别是 X, Y 在 $S^{2n+1} \subset \mathbb{C}_*^{n+1}$ 上的水平提升.

14. 设 $\{e_i\}$ 是黎曼流形 (M, g) 上的一个局部标架场, D 是 M 上的黎曼联络, $g_{ij} = g(e_i, e_j)$, 矩阵 $(g^{ij}) = (g_{ij})^{-1}$. 定义映射

$$\mathrm{tr} \mathrm{D}^2 : A^r(M) \to A^r(M), \quad r \geqslant 0$$

如下:

$$\mathrm{tr} \mathrm{D}^2(\alpha) = g^{ij}(\mathrm{D}_{e_i} \mathrm{D}_{e_j} - \mathrm{D}_{\mathrm{D}_{e_i} e_j}) \alpha$$
$$= g^{ij}(\mathrm{D}_{e_i} \mathrm{D}_{e_j} \alpha - \mathrm{D}_{\mathrm{D}_{e_i} e_j} \alpha), \quad \forall \alpha \in A^r(M).$$

映射 trD^2 称为 $A^r(M)$ 上的**迹 Laplace 算子**. 又设 $\tilde{\Delta}$ 是 M 上的 Hodge-Laplace 算子.

(1) 设 $\alpha \in A^1(M)$, 切向量场 X 由

$$g(X,Y) = \alpha(Y), \quad \forall Y \in \mathfrak{X}(M)$$

确定, 证明:

$$(\tilde{\Delta}\alpha)(Y) = -(\mathrm{trD}^2\alpha)(Y) + \mathrm{Ric}(X,Y), \quad \forall Y \in \mathfrak{X}(M).$$

(2) 证明如下的 **Weitzenböck 公式**:

$$(\tilde{\Delta}\alpha)(X_1,\cdots,X_r) = -(\mathrm{trD}^2\alpha)(X_1,\cdots,X_r)$$
$$+ \sum_{a=1}^{r}(-1)^{a+1}g^{ij}(\mathcal{R}(e_i,X_a)\alpha)(e_i,X_1,\cdots,\widehat{X_a},\cdots,X_r),$$
$$\forall \alpha \in A^r(M), \quad \forall X_1,\cdots,X_r \in \mathfrak{X}(M),$$

其中的曲率算子 $\mathcal{R}$ 由 (5.6) 式定义. 试说明, (1) 的结论是 Weitzenböck 公式的特例;

(3) 设 $i(e_j)\alpha$ 是向量 e_j 与外微分式 α 的内乘 (参看第一章习题第 54 题), 证明 Weitzenböck 公式的如下形式:

$$\tilde{\Delta}\alpha = -(\mathrm{trD}^2)\alpha + g^{ij}\omega^k \wedge i(e_j)(\mathcal{R}(e_i,e_k)\alpha), \quad \forall \alpha \in A^r(M).$$

15. 设 S^m 是 $\mathbb{R}^{m+1}$ 中的单位球面, 具有诱导度量.

(1) 证明: 对于任意的 $p,q \in S^m$, 以及任意两个二维子空间 $\pi \subset T_p S^m$, $\pi' \subset T_q S^m$, 存在一个等距 $\varphi : S^m \to S^m$, 使得

$$\varphi(p) = q, \quad \varphi_*(\pi) = \pi';$$

(2) 利用结论 (1) 证明: S^m 具有常截面曲率.

16. 设 M 是一个黎曼流形. 证明: M 是黎曼局部对称空间当且仅当对于任意一条分段光滑曲线 $\gamma : [0,1] \to M$ 以及任意的单位正交切向量 $e_1, e_2 \in T_{\gamma(0)}M$, 截面曲率

$$K(e_1,e_2) = K(P_\gamma(e_1), P_\gamma(e_2)),$$

其中 P_γ 是 M 中沿 γ 的平行移动.

17. 设 (M,g) 是 $m(\geqslant 3)$ 维黎曼流形, R 是 M 的黎曼曲率张量. 证明: 如果对于任意的 $X, Y, Z, W \in \mathfrak{X}(M)$ 满足下列恒等式:

$$R(X, Y, Z, W) = \frac{1}{m-1}\{\mathrm{Ric}(X, W)g(Y, Z) - \mathrm{Ric}(X, Z)g(Y, W)\},$$

则 M 是常曲率空间.

18. 设 M 是黎曼流形, $p \in M$. 证明: M 在点 p 的数量曲率 $\mathcal{S}(p)$ 可表示为

$$\mathcal{S}(p) = \frac{m}{\omega_{m-1}} \int_{S^{m-1}} \mathrm{Ric}_p(v) \mathrm{d}V_{S^{m-1}},$$

其中 ω_{m-1} 是切空间 T_pM 中的单位球面 S^{m-1} 的体积.

19. 假设 g 与 $\tilde{g}$ 是 m 维光滑流形 M 上的两个共形的黎曼度量, 即有光滑函数 $\rho \in C^\infty(M)$, 使得 $\tilde{g} = \mathrm{e}^{2\rho}g$(参看第二章习题第 20 题和第 21 题). 又设在 M 的局部坐标系 $(U; x^i)$ 下, 黎曼度量 g 和 $\tilde{g}$ 的曲率张量、黎曼曲率张量、Ricci 曲率张量的分量和数量曲率分别为

$$R^l_{kij}, \ R_{ijkl}, \ R_{ij}, \ \mathcal{S}; \quad \tilde{R}^l_{kij}, \ \tilde{R}_{ijkl}, \ \tilde{R}_{ij}, \ \tilde{\mathcal{S}}.$$

(1) 证明下列关系式成立:

(a) $\tilde{R}^l_{kij} = R^l_{kij} + \rho_{ki}\delta^l_j - \rho_{kj}\delta^l_i + g_{ki}g^{lp}\rho_{pj} - g_{kj}g^{lp}\rho_{pi}$;

(b) $\tilde{R}_{ijkl} = \mathrm{e}^{2\rho}(R_{ijkl} + g_{jl}\rho_{ik} - g_{jk}\rho_{il} + g_{ik}\rho_{jl} - g_{il}\rho_{jk})$;

(c) $\tilde{R}_{ij} = R_{ij} - (m-2)\rho_{ij} - g_{ij}g^{kl}\rho_{kl}$;

(d) $\tilde{\mathcal{S}} = \mathrm{e}^{-2\rho}(\mathcal{S} - 2(m-1)g^{ij}\rho_{ij})$,

其中

$$\rho_{ij} = \frac{\partial^2 \rho}{\partial x^i \partial x^j} - \Gamma^k_{ij}\frac{\partial \rho}{\partial x^k} - \frac{\partial \rho}{\partial x^i}\frac{\partial \rho}{\partial x^j} + \frac{1}{2}g_{ij}g^{kl}\frac{\partial \rho}{\partial x^k}\frac{\partial \rho}{\partial x^l}.$$

(2) 设 $(U; x, y)$ 是二维黎曼流形 (M, g) 的一个局部坐标系, 黎曼度量 g 的局部表示是 $g = F^2(\mathrm{d}x^2 + \mathrm{d}y^2)$, 其中 F 是定义在 U 上且处处不为零的光滑函数. 利用 (1) 证明: M 的 Gauss 曲率

$$K = -\frac{1}{F^2}\Delta_0 \ln F,$$

这里 $\Delta_0 = \dfrac{\partial^2}{\partial x^2} + \dfrac{\partial^2}{\partial y^2}$.

20. 设 $m > 2$, $U \subset \mathbb{R}^m$ 是 $\mathbb{R}^m$ 的连通开子集, F 是定义在 U 上且处处不为零的光滑函数. 假定 $\mathbb{R}^m$ 上的坐标系为 $(x^1, \cdots, x^m)$, 令

$$g_{ij} = \frac{\delta_{ij}}{F^2},$$

则 $g = g_{ij}\mathrm{d}x^i\mathrm{d}x^j$ 是 U 上的一个黎曼度量. 记

$$F_i = \frac{\partial F}{\partial x^i}, \ F_{ij} = \frac{\partial^2 F}{\partial x^i \partial x^j}, \ \ i,j = 1, \cdots, m.$$

(1) 证明: 度量 g 具有常截面曲率 c 的充要条件是对于任意的 $i \neq j$,

$$F_{ij} = 0, \qquad F(F_{jj} + F_{ii}) = c + \sum_k (F_k)^2;$$

(2) 利用 (1) 的结论证明: 度量 g 具有常截面曲率 c 的充要条件是存在常数 a, b_i, c_i, $i = 1, \cdots, m$, 使得

$$\sum_i (4c_i a - b_i^2) = c, \quad F = G_1(x^1) + \cdots + G_m(x^m),$$

其中的函数 $G_i(x) = ax^2 + b_i x + c_i$;

(3) 在 (2) 中令 $a = c/4$, $b_i = 0$, $c_i = 1/m$, 便得到 Riemann 所给出的公式:

$$g_{ij} = \frac{\delta_{ij}}{\left(1 + \dfrac{c}{4}\sum_k (x^k)^2\right)^2}.$$

此时, 度量 g 具有常截面曲率 c. 试说明, 当 $c < 0$ 时, 度量 g 在一个以原点为中心, 以 $2/\sqrt{-c}$ 为半径的开球 $B(2/\sqrt{-c})$ 内有定义, 并且是完备的;

(4) 如果 $c > 0$, 证明: 在 (3) 中给出的黎曼度量 g 在整个 $\mathbb{R}^m$ 上有定义, 但不是完备的.

21. 设 (M, g) 是 m 维黎曼流形, $(U; x^i)$ 是 M 的局部坐标系. 定义

$$C^l_{kij} = R^l_{kij} + \delta^l_j \varphi_{ki} - \delta^l_i \varphi_{kj} + g_{ki}g^{lp}\varphi_{pj} - g_{kj}g^{lp}\varphi_{pi},$$

其中

$$\varphi_{ij} = \frac{1}{m-2}R_{ij} - \frac{\mathcal{S}}{2(m-1)(m-2)}g_{ij},$$

R^l_{kij}, R_{ij} 和 $\mathcal{S}$ 分别是 (M,g) 的曲率张量、Ricci 曲率张量和数量曲率.
显然, C^l_{kij} 给出了 M 上的一个 $(1,3)$ 型张量场 C, 即

$$C(Z,X,Y) = X^i Y^j Z^k C^l_{kij} \frac{\partial}{\partial x^l},$$

$$\forall X = X^i \frac{\partial}{\partial x^i}, \ Y = Y^i \frac{\partial}{\partial x^i} \quad Z^i = Z^i \frac{\partial}{\partial x^i}.$$

张量 C 称为黎曼流形 (M,g) 的 **Weyl 共形曲率张量**. 证明:

(1) Weyl 共形曲率张量 C 在共形变换 (参看第二章的定义 2.3) 下保持不变, 即 C 仅与度量 g 的共形等价类有关;

(2) 当 $C \equiv 0$ 时, M 的曲率张量可以用它的 Ricci 曲率张量和数量曲率表示如下:

$$R^l_{kij} = \frac{1}{m-2}(\delta^l_i R_{kj} - \delta^l_j R_{ki} + g_{kj}g^{lp}R_{pi} - g_{ki}g^{lp}R_{pj})$$
$$+ \frac{\mathcal{S}}{(m-1)(m-2)}(\delta^l_j g_{ki} - \delta^l_i g_{kj}).$$

22. 设 (M,g) 是 m 维黎曼流形, Ric 和 $\mathcal{S}$ 分别是 M 的 Ricc 曲率张量和数量曲率, $m \geqslant 3$. 在 M 上引入如下的 2 阶协变张量场:

$$\varphi(X,Y) = \frac{1}{m-2}\mathrm{Ric}(X,Y) - \frac{\mathcal{S}}{2(m-1)(m-2)}g(X,Y).$$

证明:

(1) 共形曲率张量 C 可以用 φ 确定如下:

$$g(C(Z,X,Y),W) = R(Z,W,X,Y) + \varphi(X,Z)g(Y,W)$$
$$- \varphi(Y,Z)g(X,W) + g(X,Z)\varphi(Y,W) - g(Y,Z)\varphi(X,W),$$
$$\forall X,Y,Z,W \in \mathfrak{X}(M);$$

(2) 当 $m=3$ 时, $C \equiv 0$;

(3) 定义 (0,3) 型张量场 D, 使得

$$D(X,Y,Z) = (m-2)((\mathrm{D}_Z\varphi)(X,Y) - (\mathrm{D}_Y\varphi)(X,Z)),$$
$$\forall X,Y,Z \in \mathfrak{X}(M),$$

则 D 关于 Y,Z 是反对称的, 且有

$$\sum_i g((\mathrm{D}_{e_i}C)(X,Y,Z), e_i) = \frac{m-3}{m-2}D(X,Y,Z), \quad X,Y,Z \in \mathfrak{X}(M),$$

其中 $\{e_i\}$ 是 M 上的单位正交标架场, $\mathrm{D}_{e_i}C$ 是共形曲率张量 C 的协变导数;

(4) 当 $m = 3$ 时, 张量场 D 是共形不变的. 当 $m > 3$, 并且 $C \equiv 0$ 时, $D \equiv 0$.

23. 一个 m 维黎曼流形 (M,g) 称为**局部共形平坦**的, 如果 g 在局部上共形等价于平坦的黎曼度量, 即对于任意的 $p \in M$, 都存在 p 点的一个邻域 U 以及 U 上的光滑函数 ρ, 使得 $\tilde{g} = \mathrm{e}^{2\rho}g$ 是平坦的黎曼度量. 证明:

(1) 当 $m \geqslant 3$ 时, M 为局部共形平坦的充要条件是:

(a) 当 $m = 3$ 时, 本章习题第 22 题中定义的张量场 $D \equiv 0$;

(b) 当 $m > 3$ 时, 共形曲率张量 $C \equiv 0$;

(2) 常曲率空间是局部共形平坦的;

(3) 如果 M 是局部共形平坦的 $m(\geqslant 3)$ 维 Einstein 流形, 则 M 是常曲率空间.

24. 设 (M,g) 为连通的 $m(\geqslant 3)$ 维黎曼流形, 它的 Ricci 曲率张量 Ric 与黎曼度量 g 处处成比例, 即存在 $\lambda \in C^\infty(M)$, 使得 $\mathrm{Ric} = \lambda g$. 证明:

(1) (M,g) 是 Einstein 流形, 因而其数量曲率 $\mathcal{S} = m\lambda$ 为常数;

(2) 若 M 的数量曲率 $\mathcal{S} \neq 0$, 则在 M 上不存在非零的平行切向量场;

(3) 如果 $m = 3$, 则 (M,g) 是常曲率空间.

25. 证明定理 5.1

第五章　Jacobi 场和共轭点

在第三章已经详细地讨论了黎曼流形上测地线的局部性状. 很明显, 测地线的这种局部性状与黎曼度量的曲率无关. 然而, 黎曼流形的曲率显著地影响着测地线的大范围性状; 考虑最简单的黎曼流形的例子, 就能够对此有一个大致的感性认识.

例如, 在欧氏平面 E^2 中, Gauss 曲率恒为零, 其中的测地线都是直线. 显然, 从一点出发的任意两条测地线上的点会离得越来越远, 或形象地说, 它们是 "发散" 的. 而在 Gauss 曲率为正常数 1 的单位球面 S^2 上, 情况则截然相反. 此时, 测地线是 S^2 上的大圆周, 因而从一点出发的任意两条测地线都会在该点的对径点处相交. 这样, 从一点出发的所有测地线都会在某处交汇在一起, 或者说, 它们是 "收敛" 的.

要对黎曼流形上从一点出发的测地线的这种 "发散性" 或 "收敛性" 进行研究, 通常的做法是把测地线 γ 嵌入到一族具有公共出发点的测地线中去, 即选取该测地线 γ 的一个有固定起点的 "测地变分", 并考虑相应的变分向量场 U. 如果这个变分向量场 U 的模长是测地线 γ 弧长 s 的增函数, 则这族测地线是发散的; 如果变分向量场 U 除了起点外有另外的零点 (即本章将要讨论的共轭点), 则这一族测地线就会在该零点附近收敛.

在这一章里, 首先讨论由一族测地线构成的测地变分, 它的变分向量场将满足一个二阶常微分方程 (即 Jacobi 方程), 因而称为 Jacobi (向量) 场. 下面将会看到, Jacobi 方程含有曲率项, 所以 Jacobi 场的性态与黎曼流形的曲率性质有密切关系. 因此, Jacobi 场是黎曼几何学中重要的研究工具.

在本章中, 我们还将利用 Jacobi 场来证明几个属于大范围黎曼几何的定理.

§5.1 Jacobi 场

设 (M, g) 是一个 m 维黎曼流形, $\gamma : [a, b] \to M$ 是 M 上的一条测地线. 假定 $\Phi : [a, b] \times (-\varepsilon, \varepsilon) \to M$ 是 γ 的一个变分, 并且对于每一个固定的 $u \in (-\varepsilon, \varepsilon)$, 曲线 $\gamma_u = \Phi(\cdot, u) : [a, b] \to M$ 是测地线. 这样的变分称为 γ 的一个**测地变分**.

令

$$\tilde{T}(t, u) = \Phi_{*(t,u)} \left(\frac{\partial}{\partial t} \right), \quad \tilde{U}(t, u) = \Phi_{*(t,u)} \left(\frac{\partial}{\partial u} \right), \qquad (1.1)$$

则 $\tilde{T}$ 是变分曲线 $\gamma_u = \Phi(\cdot, u)$ 的切向量; $\tilde{U}$ 是横截曲线 $\sigma_t = \Phi(t, \cdot)$ 的切向量, 它在曲线 γ 上的限制

$$U(t) = \tilde{U}(t, 0)$$

是 γ 的变分 Φ 的变分向量场 (参看第三章的 §3.3).

设 $\mathcal{R}$ 是 (M, g) 上的曲率张量, D 表示 M 上的黎曼联络或它在底空间为 $[a, b] \times (-\varepsilon, \varepsilon)$ 的拉回丛 $\Phi^* TM$ 上的诱导联络. 当 D 表示 $\Phi^* TM$ 上的诱导联络时, 如果变量 u 固定, 则 D 化为拉回向量丛 $(\gamma_u)^* TM$ 上的诱导联络. 根据第四章习题第 3 题的结论,

$$\mathrm{D}_{\frac{\partial}{\partial t}} \mathrm{D}_{\frac{\partial}{\partial t}} \tilde{U} = \mathrm{D}_{\frac{\partial}{\partial u}} \mathrm{D}_{\frac{\partial}{\partial t}} \tilde{T} + \mathcal{R}(\tilde{T}, \tilde{U})\tilde{T}. \qquad (1.2)$$

由于 Φ 是测地变分, 即对于每一个 $u \in (-\varepsilon, \varepsilon)$, γ_u 是测地线, 故 (参看第二章的注记 8.1)

$$\mathrm{D}_{\frac{\partial}{\partial t}} \tilde{T} = \mathrm{D}_{\gamma_u'} \gamma_u' = 0,$$

其中第一个等号后边的 D 是 M 上的黎曼联络. 于是

$$\mathrm{D}_{\frac{\partial}{\partial t}} \mathrm{D}_{\frac{\partial}{\partial t}} \tilde{U} = \mathcal{R}(\tilde{T}, \tilde{U})\tilde{T}. \qquad (1.3)$$

上式左端实际上是将向量场 $\tilde{U}$ 关于 $\frac{\partial}{\partial t}$ 求两次协变导数, 而右端的 $\mathcal{R}$

则是一个曲率张量. 在 (1.3) 式中令 $u = 0$, 便得

$$\mathrm{D}_{\frac{\partial}{\partial t}} \mathrm{D}_{\frac{\partial}{\partial t}} U = \mathcal{R}(\gamma', U)\gamma'.$$

记

$$U'(t) = \mathrm{D}_{\frac{\partial}{\partial t}} U = \mathrm{D}_{\gamma'} U = \frac{\mathrm{D}U(t)}{\mathrm{d}t},$$

$$U''(t) = \mathrm{D}_{\frac{\partial}{\partial t}} \mathrm{D}_{\frac{\partial}{\partial t}} U = \mathrm{D}_{\gamma'} \mathrm{D}_{\gamma'} U = \frac{\mathrm{D}^2 U(t)}{\mathrm{d}t^2}.$$

则上面的方程成为

$$U''(t) = \mathcal{R}(\gamma'(t), U(t))\gamma'(t). \tag{1.4}$$

这个方程称为 **Jacobi 方程**.

定义 1.1 设 $\gamma : [a, b] \to M$ 是 m 维黎曼流形 (M, g) 上的一条测地线, $U = U(t)$ 是在 M 上沿 γ 定义的一个光滑切向量场. 如果 U 满足 Jacobi 方程 (1.4), 则称 U 是沿测地线 γ 的一个 **Jacobi 向量场**, 简称为 **Jacobi 场**.

于是, 前面的讨论给出了下面的命题:

命题 1.1 设 $\gamma : [a, b] \to M$ 是黎曼流形 (M, g) 上的一条测地线, 则 γ 的测地变分的变分向量场是沿 γ 的 Jacobi 场.

为了证明这个命题的逆命题, 需要对 Jacobi 场有更深入的了解.

首先对 Jacobi 方程作一些讨论, 把它表示为向量场的分量函数所满足的常微分方程组. 为此, 假设 $t \in [a, b]$ 是测地线 γ 的弧长参数, 并且沿 γ 取一个平行的单位正交标架场 $\{e_i(t)\}$, 使得 $e_m(t) = \gamma'(t)$. 则

$$e_i'(t) = \mathrm{D}_{\frac{\partial}{\partial t}} e_i(t) = 0,$$

其中 D 是 $\gamma^* TM$ 上的诱导联络.

再设 $U = U(t)$ 是沿 γ 定义的光滑切向量场, 把它表示为

$$U(t) = \sum_{i=1}^{m} U^i(t) e_i(t). \tag{1.5}$$

于是有

$$U'(t) = \sum_i U^{i\prime}(t)e_i(t), \quad U''(t) = \sum_i U^{i\prime\prime}(t)e_i(t),$$

$$U''(t) - \mathcal{R}(\gamma'(t), U(t))\gamma'(t)$$
$$= \sum_i \{U^{i\prime\prime}(t) - \sum_j U^j(t)R^i_{mmj}(\gamma(t))\}e_i(t).$$

因此, Jacobi 方程 (1.4) 等价于方程组

$$U^{i\prime\prime}(t) = \sum_j U^j(t)R^i_{mmj}(\gamma(t)), \quad 1 \leqslant i \leqslant m.$$

注意到 $g_{ij} = g(e_i, e_j) = \delta_{ij}$, 上式可以改写为

$$U^{i\prime\prime}(t) = \sum_j U^j(t)R_{mimj}, \quad 1 \leqslant i \leqslant m, \tag{1.6}$$

其中 $R_{mimj} = \langle \mathcal{R}(e_m, e_j)e_m, e_i \rangle$. 由此可见, Jacobi 方程 (1.4) 实际上是关于向量场 $U = U(t)$ 的分量函数 $U^i(t)$ 的线性齐次二阶常微分方程组.

根据常微分方程的理论, 有

定理 1.2 设 $\gamma : [a, b] \to M$ 是黎曼流形 (M, g) 上的一条测地线, 则对于任意的 $v, w \in T_{\gamma(a)}M$, 沿 γ 存在唯一的一个 Jacobi 场 $J(t)$ 满足

$$J(a) = v, \quad J'(a) = w.$$

根据定理 1.2, 下面的推论是显然的:

推论 1.3 沿测地线 $\gamma : [a, b] \to M$ 的 Jacobi 场 $J(t)$ 由它的初始值 $J(a), J'(a) \in T_{\gamma(a)}M$ 唯一确定; 并且, 沿 γ 的 Jacobi 场的集合 $\mathscr{J}(\gamma)$ 是同构于 $T_{\gamma(a)}M \oplus T_{\gamma(a)}M$ 的 $2m$ 维向量空间.

推论 1.4 设 $J(t)$ 是沿测地线 γ 的 Jacobi 场, 如果 $J \neq 0$, 则它的零点是孤立的.

推论 1.3 和推论 1.4 的证明留给读者作为练习.

设 J 是沿 γ 的 Jacobi 场. 在方程组 (1.6) 中, 令 $U = J$, 并取 $i = m$, 则有 $J^{m\prime\prime}(t) = 0$. 所以 $J^m(t)$ 是 t 的线性函数, 即有常数 $\lambda, \mu \in \mathbb{R}$, 使得

$$J^m(t) = \lambda t + \mu. \tag{1.7}$$

对 t 求导可得

$$\langle J'(t), e_m(t) \rangle = J^{m\prime}(t) = \lambda,$$

在上式和 (1.7) 式中令 $t = a$, 则有

$$\lambda = \langle J'(a), e_m(a) \rangle, \quad a\lambda + \mu = J^m(a) = \langle J(a), e_m(a) \rangle.$$

因此

$$\mu = \langle J(a), e_m(a) \rangle - a\langle J'(a), e_m(a) \rangle.$$

代入 (1.7) 式得到

$$\langle J(t), e_m(t) \rangle = J^m(t) = (t - a)\langle J'(a), e_m(a) \rangle + \langle J(a), e_m(a) \rangle.$$

综合上面的讨论, 则有下面的定理:

定理 1.5 设 $\gamma : [a, b] \to M$ 是黎曼流形 (M, g) 上的一条测地线, $J = J(t)$ 是沿 γ 的 Jacobi 场, 则

$$\langle J(t), \gamma'(t) \rangle = (t - a)\langle J'(a), \gamma'(a) \rangle + \langle J(a), \gamma'(a) \rangle.$$

因此, J 与 γ 处处正交的充要条件是

$$J(a) \perp \gamma'(a), \quad J'(a) \perp \gamma'(a).$$

定义 1.2 设 $J = J(t)$ 是黎曼流形 (M, g) 上沿测地线 γ 的 Jacobi 场, 如果 J 与 γ 处处正交, 则称 J 是沿 γ 的**法 Jacobi 场**.

关于法 Jacobi 场, 有下面的结论:

推论 1.6 假定 $\gamma : [a, b] \to M$ 是黎曼流形 (M, g) 中的一条测地线.

(1) 设 $J = J(t)$ 是沿测地线 γ 的一个 Jacobi 场, 如果存在两个不同点 $t_1, t_2 \in [a, b]$, 使得

$$J(t_1)\perp\gamma'(t_1), \quad J(t_2)\perp\gamma'(t_2),$$

则 J 是法 Jacobi 场.

(2) 如果用 $\mathscr{J}^{\perp}(\gamma)$ 表示在 M 上沿测地线 γ 的法 Jacobi 场的集合, 则 $\mathscr{J}^{\perp}(\gamma)$ 是一个 $2(m-1)$ 维向量空间.

证明   结论 (1) 是 (1.7) 式的直接推论; 结论 (2) 可由推论 1.3 和定理 1.5 导出. 细节留给读者自己完成.

下面, 给出在常曲率空间中的 Jacobi 场的表达式.

例 1.1   常曲率空间中的 Jacobi 场.

设 (M, g) 是 m 维常曲率空间, 其截面曲率是常数 c. 由第四章的定理 3.2, 对于任意的 $X, Y, Z, W \in \mathfrak{X}(M)$, M 的黎曼曲率张量是

$$\begin{aligned} R(Z, W, X, Y) &= \langle \mathcal{R}(X, Y)Z, W \rangle \\ &= -c(\langle X, Z \rangle \langle Y, W \rangle - \langle X, W \rangle \langle Y, Z \rangle), \end{aligned}$$

或等价地, 其曲率张量是

$$\mathcal{R}(X, Y)Z = -c(\langle X, Z \rangle Y - \langle Y, Z \rangle X). \tag{1.8}$$

现在假定 $\gamma : [0, l] \to M$ 是一条正规测地线, 则

$$|\gamma'(t)|^2 = \langle \gamma'(t), \gamma'(t) \rangle = 1.$$

设 $J = J(t)$ 是沿 γ 的法 Jacobi 场, 则由 (1.8) 式

$$\mathcal{R}(\gamma', J)\gamma' = -c(\langle \gamma', \gamma' \rangle J - \langle \gamma', J \rangle \gamma') = -cJ,$$

因而 J 所满足的 Jacobi 方程成为 $J''(t) = -cJ(t)$, 即

$$J''(t) + cJ(t) = 0. \tag{1.9}$$

沿 γ 取平行的单位正交标架场 $\{e_i(t)\}$, 使得 $e_m(t) = \gamma'(t)$. 令

$$J(t) = \sum_i J^i(t)e_i(t),$$

则 $J^m = 0$, 并且 $J^i(t)$ 满足常系数线性齐次常微分方程组

$$J^{i''}(t) + cJ^i(t) = 0, \quad 1 \leqslant i \leqslant m - 1. \tag{1.10}$$

此方程的通解为

$$J^i(t) = \begin{cases} \dfrac{\lambda^i}{\sqrt{c}} \sin(\sqrt{c}t) + \mu^i \cos(\sqrt{c}t), & \text{如果 } c > 0, \\[3mm] \lambda^i t + \mu^i, & \text{如果 } c = 0, \\[3mm] \dfrac{\lambda^i}{\sqrt{-c}} \sinh(\sqrt{-c}t) + \mu^i \cosh(\sqrt{-c}t), & \text{如果 } c < 0, \end{cases}$$

其中 $\lambda^i, \mu^i, 1 \leqslant i \leqslant m - 1$, 是任意常数. 记

$$S_c(t) = \begin{cases} \dfrac{\sin \sqrt{c}t}{\sqrt{c}}, & c > 0, \\[3mm] t, & c = 0 \\[3mm] \dfrac{\sinh \sqrt{-c}t}{\sqrt{-c}}, & c < 0. \end{cases}$$

则沿测地线 γ 的法 Jacobi 场的一般表达式是

$$J(t) = S_c'(t)A(t) + S_c(t)B(t), \tag{1.11}$$

其中 $A(t), B(t)$ 是任意两个沿 γ 平行, 且与 γ 正交的向量场. 特别地,

$$J(0) = A(0), \quad J'(0) = B(0).$$

现在证明命题 1.1 的逆命题成立.

定理 1.7 设 $\gamma : [a,b] \to M$ 是完备黎曼流形 (M, g) 中的一条测地线, $J = J(t)$ 是沿 γ 的一个 Jacobi 场. 则 J 必是 γ 的某个测地变分的变分向量场.

证明 不妨假设 $a = 0$, 并记 $p = \gamma(0)$. 对于任意固定的 $v, w \in T_pM$, 在 M 中取一条光滑曲线 $\sigma = \sigma(u), u \in (-\varepsilon, \varepsilon)$, 使得

$$\sigma(0) = p, \quad \sigma'(0) = v;$$

同时, 把切向量 w 和 $\gamma'(0)$ 沿曲线 σ 作平行移动, 得到两个沿 σ 平行的向量场 $W(u)$ 和 $T(u)$, $u \in (-\varepsilon, \varepsilon)$. 对于任意的 $(t, u) \in [0, b] \times (-\varepsilon, \varepsilon)$, 令

$$\Phi(t, u) = \exp_{\sigma(u)} t(T(u) + uW(u)),$$

则对于每一个固定的 $u \in (-\varepsilon, \varepsilon)$, 曲线 $\gamma_u = \Phi(\cdot, u)$ 是测地线, 并且 $\gamma_0 = \gamma$. 所以 Φ 是测地线 γ 的测地变分; 其变分曲线和横截曲线的切向量场分别是

$$\tilde{T} = \Phi_* \left(\frac{\partial}{\partial t} \right), \quad \tilde{U} = \Phi_* \left(\frac{\partial}{\partial u} \right).$$

根据命题 1.1, $U = \tilde{U}|_{u=0}$ 是沿 γ 的 Jacobi 场, 且有

$$U(0) = \Phi_* \left(\frac{\partial}{\partial u} \right) \bigg|_{t=0, u=0} = \frac{\partial}{\partial u} \bigg|_{u=0} (\Phi(0, u)) = \sigma'(0) = v;$$

再由 (1.2) 式,

$$U'(0) = D_{\frac{\partial}{\partial t}} \tilde{U}|_{t=0, u=0} = D_{\frac{\partial}{\partial u}} \tilde{T}|_{t=0, u=0} = D_{\sigma'(0)} \tilde{T}(0, u).$$

然而,

$$\begin{aligned} \tilde{T}(0, u) &= \Phi_{*(0,u)} \left(\frac{\partial}{\partial t} \right) = (\exp_{\sigma(u)})_{*0}(T(u) + uW(u)) \\ &= T(u) + uW(u). \end{aligned}$$

因此

$$U'(0) = D_{\sigma'(0)}(T(u) + uW(u)) = W(0) = w,$$

其中利用了 $T(u)$ 和 $W(u)$ 沿 σ 的平行性. 上面的讨论说明, $U = U(t)$ 是 γ 上满足初值条件 $U(0) = v$, $U'(0) = w$ 的 Jacobi 场.

现在, 取 $v = J(0)$, $w = J'(0)$. 则 U 和 J 都是在 γ 上由 $v, w \in T_p M$ 确定的 Jacobi 场, 从而由定理 1.2 的唯一性得知

$$J(t) = U(t),$$

故 $J(t)$ 是曲线 γ 的测地变分 Φ 的变分向量场. 证毕.

上面的论证过程实际上给出了定理 1.2 的存在性部分的几何证明. 同时, 还得到如下的推论:

推论 1.8 设 $\gamma : [0, a] \to M$ 是完备黎曼流形 (M, g) 上的一条测地线, $J = J(t)$ 是 γ 上满足 $J(0) = 0$ 的 Jacobi 场. 则 J 是测地变分

$$\Phi(t, u) = \exp_{\gamma(0)} t(\gamma'(0) + uJ'(0)) \tag{1.12}$$

的变分向量场.

根据变分向量场的定义和 (1.12) 式则得

$$\begin{aligned} J(t) &= \Phi_{*(t,0)}\left(\frac{\partial}{\partial u}\right) = (\exp_{\gamma(0)})_{*t\gamma'(0)}(tJ'(0)) \\ &= t(\exp_{\gamma(0)})_{*t\gamma'(0)}(J'(0)). \end{aligned} \tag{1.13}$$

(1.13) 式的重要性在于: 它把满足条件 $J(0) = 0$ 的 Jacobi 场 $J(t)$ 用指数映射的切映射表示了出来. 如果把 $T_{\gamma(0)}M$ 和它在 $t\gamma'(0)$ 处的切空间 $T_{t\gamma'(0)}(T_{\gamma(0)}M)$ 等同起来看, 则 $tJ'(0)$ 是在 $T_{\gamma(0)}M$ 中沿射线

$$l(t) = t\gamma'(0)$$

定义的切向量场, 线性地依赖于参数 t, 因而称它为 $T_{\gamma(0)}M$ 中沿射线 $l(t)$ 定义的一个 "线性" 向量场. 在另一方面, $T_{\gamma(0)}M$ 作为欧氏空间是截面曲率恒等于零的常曲率空间, 因而射线 $l(t)$ 是 $T_{\gamma(0)}M$ 中的测地线. 根据例 1.1, 线性向量场 $tJ'(0)$ 是 $T_{\gamma(0)}M$ 中测地线 $l(t)$ 的 Jacobi 场. 上面的讨论说明, M 中满足条件 $J(0) = 0$ 的 Jacobi 场 $J(t)$ 是 $T_{\gamma(0)}M$ 中的沿射线定义的 "线性" Jacobi 场在指数映射 $\exp_{\gamma(0)}$ 的切映射下的像. 正是 Jacobi 场与指数映射之间的这种密切联系, 使得 Jacobi 场成为研究黎曼几何学的一种重要手段.

第三章讲过的 Gauss 引理 (即第三章的定理 4.1) 告诉我们: 指数映射保持与径向测地线的正交性不变; 同时沿径向测地线的方向是保长的. 而正交于径向测地线的切向量的长度在指数映射下的变化情况可以归结为关于 Jacobi 场的模长的计算. 比如, 当 t 充分小时, 有如下结论:

定理 1.9 设 $\gamma : [0, a] \to M$ 是黎曼流形 (M, g) 上的一条测地线,

$$p = \gamma(0), \quad v = \gamma'(0).$$

则对于任意的 $w \in T_p M = T_v(T_p M)$, 沿 γ 的 Jacobi 场

$$J(t) = (\exp_p)_{*tv}(tw)$$

的长度满足

$$|J(t)|^2 = |w|^2 t^2 + \frac{1}{3} \langle \mathcal{R}(v, w)v, w \rangle t^4 + o(t^4), \tag{1.14}$$

其中

$$\lim_{t \to 0} \frac{o(t^4)}{t^4} = 0.$$

证明 显然 $J(0) = 0$, $J'(0) = w$. 令

$$f(t) = \langle J(t), J(t) \rangle = |J(t)|^2,$$

则有

$$f'(t) = 2\langle J'(t), J(t) \rangle, \quad f''(t) = 2\langle J''(t), J(t) \rangle + 2\langle J'(t), J'(t) \rangle.$$

因此

$$f(0) = 0, \quad f'(0) = 0, \quad f''(0) = 2|w|^2.$$

对 $f''(t)$ 继续求导得到

$$f'''(t) = 6\langle J''(t), J'(t) \rangle + 2\langle J'''(t), J(t) \rangle,$$
$$f^{(4)}(t) = 8\langle J'''(t), J'(t) \rangle + 6\langle J''(t), J''(t) \rangle + 2\langle J^{(4)}(t), J(t) \rangle.$$

利用 Jacobi 方程 $J''(t) = \mathcal{R}(\gamma', J)\gamma'$ 得到

$$f'''(0) = 6\langle \mathcal{R}(\gamma', J)\gamma', J' \rangle|_{t=0} = 0, \quad f^{(4)}(0) = 8\langle J'''(t), J'(t) \rangle|_{t=0},$$

并且

$$\begin{aligned}
\langle J'''(t), J'(t) \rangle &= \langle \mathrm{D}_{\gamma'}(\mathcal{R}(\gamma', J)\gamma'), J' \rangle \\
&= \gamma'(\langle \mathcal{R}(\gamma', J)\gamma', J' \rangle) - \langle \mathcal{R}(\gamma', J)\gamma', J'' \rangle \\
&= \gamma'(\langle \mathcal{R}(\gamma', J')\gamma', J \rangle) - \langle \mathcal{R}(\gamma', J)\gamma', J'' \rangle \\
&= \langle \mathrm{D}_{\gamma'}(\mathcal{R}(\gamma', J')\gamma'), J \rangle + \langle \mathcal{R}(\gamma', J')\gamma', J' \rangle \\
&\quad - \langle \mathcal{R}(\gamma', J)\gamma', J'' \rangle.
\end{aligned}$$

所以 $f^{(4)}(0) = 8\langle \mathcal{R}(v,w)v, w \rangle$.

由 Taylor 展开式得到

$$\begin{aligned}
f(t) &= f(0) + tf'(0) + \frac{t^2}{2!}f''(0) + \frac{t^3}{3!}f'''(0) + \frac{t^4}{4!}f^{(4)}(0) + o(t^4) \\
&= |w|^2 t^2 + \frac{1}{3}\langle \mathcal{R}(v,w)v, w \rangle t^4 + o(t^4),
\end{aligned}$$

其中

$$\frac{o(t^4)}{t^4} \to 0, \quad t \to 0.$$

推论 1.10 设 $\gamma : [0, l] \to M$ 是黎曼流形 (M, g) 上的一条正规测地线, $p = \gamma(0)$, $v = \gamma'(0)(|v| = 1)$. 如果

$$w \in T_p M, \quad |w| = 1, \quad w \perp v,$$

并且 $J(t) = (\exp_p)_{*tv}(tw)$, 则有

$$|J(t)|^2 = t^2 - \frac{1}{3}K(v,w)t^4 + o(t^4), \tag{1.15}$$

其中 $K(v, w)$ 是指 (M, g) 在点 p 沿二维截面 $[v \wedge w]$ 的截面曲率. 进而, 有

$$|J(t)| = t - \frac{1}{6}K(v,w)t^3 + o(t^3), \quad \lim_{t\to 0}\frac{o(t^3)}{t^3} = 0. \tag{1.16}$$

证明 由于 $v \perp w$, $|v| = |w| = 1$, $\langle \mathcal{R}(v,w)v, w \rangle = -K(v, w)$. 此时 (1.14) 式就化为 (1.15) 式. 于是

$$|J(t)| = t\sqrt{1 - \frac{1}{3}K(v,w)t^2 + o(t^2)}.$$

再利用 Taylor 展开式

$$\sqrt{1-x} = 1 - \frac{1}{2}x + o(x),$$

即可得到 (1.16) 式. 证毕.

§5.2　共　轭　点

设 (M, g) 是完备的 m 维黎曼流形. 由 Hopf-Rinow 定理, 对于任意的 $p \in M$, 指数映射 $\exp_p$ 在切空间 T_pM 上处处有定义. 因为 $\exp_p$ 在零向量 0 处的切映射 $(\exp_p)_{*0}$ 等同于 $T_pM = T_0(T_pM)$ 上的恒等映射, 因而是非退化的, 所以 $(\exp_p)_*$ 在 $0 \in T_pM$ 的某个邻域内是处处非退化的. 但是在一般情况下, $(\exp_p)_*$ 在 T_pM 中却未必是处处非退化的. 下面, 以 $\mathbb{R}^{n+1}$ 中的单位球面为例来说明这一点.

设 M 是单位球面

$$S^n = \left\{ x \in \mathbb{R}^{n+1}; \sum_{\alpha=1}^{n+1} (x^\alpha)^2 = 1 \right\},$$

则 (M, g) 是常曲率空间, 截面曲率为 1. 我们知道, 对于任意的 $p \in S^n$, 从 p 出发的所有测地线都汇集到 p 的对径点 $q = -p$, 并且这些测地线介于 p, q 之间的长度 (即弧长) 均为 π. 因此, 在 T_pM 中以零向量 0 为中心、以 π 为半径的球面 $S^{n-1}(\pi)$ 在指数映射 $\exp_p$ 下的像是单点集 $\{q\}$. 特别地, 对于 T_pM 中落在 $S^{n-1}(\pi)$ 上的任意一条光滑曲线 $\sigma(t)$ 有

$$\exp_p(\sigma(t)) = q,$$

因而,

$$(\exp_p)_{*\sigma(t)}(\sigma'(t)) = 0.$$

这就说明, 指数映射 $\exp_p$ 在 $S^{n-1}(\pi) \subset T_pM$ 上是处处退化的.

受指数映射在单位球面 S^n 上的这种退化现象的启发, 可以引入下面的定义:

定义 2.1 设 (M, g) 是完备的 m 维黎曼流形, $p \in M$, $v \in T_pM$. 如果指数映射 $\exp_p$ 在 v 处是退化的, 即存在非零切向量

$$w \in T_pM = T_v(T_pM),$$

使得

$$(\exp_p)_{*v}(w) = 0,$$

则称 $q = \exp_p(v) \in M$ 是 p 点 (沿测地线 $\gamma(t) = \exp_p(tv)$) 的**共轭点**.

根据上一节的讨论, 对于以 $p \in M$ 为始点的测地线

$$\gamma(t) = \exp_p(tv), \quad t \in [0, b],$$

可以把 γ 上满足条件 $J(0) = 0$ 的 Jacobi 场 $J(t)$ 表示为 T_pM 中沿射线 $t \mapsto tv$ 定义的一个线性向量场在切映射 $(\exp_p)_*$ 下的像. 因此, 可以用 Jacobi 场来刻画 p 点的共轭点.

定理 2.1 设 $\gamma : [0, b] \to M$ 是完备黎曼流形 (M, g) 上的一条测地线, $p = \gamma(0)$, $q = \gamma(b)$. 则 q 是 p 点沿 γ 的共轭点, 当且仅当存在沿 γ 的非零 Jacobi 场 $J = J(t)$, 满足

$$J(0) = J(b) = 0.$$

证明 首先, 对于任意的 $t \in [0, b]$ 有

$$\gamma(t) = \exp_p(t\gamma'(0)).$$

设 $J = J(t)$ 是沿 γ 且满足 $J(0) = J(b) = 0$ 的非零 Jacobi 场. 则由定理 1.2, $J'(0) \neq 0$. 根据推论 1.8 以及 (1.13) 式,

$$J(t) = t(\exp_p)_{*t\gamma'(0)}(J'(0)).$$

由于 $J(b) = 0$, 有

$$(\exp_p)_{*b\gamma'(0)}(J'(0)) = 0.$$

所以根据定义 2.1, $q = \gamma(b) = \exp_p(b\gamma'(0))$ 是 p 沿 γ 的共轭点, 充分性得证.

为证必要性, 设 q 是 p 点沿测地线 γ 的共轭点, 则存在非零向量 $w \in T_pM$, 使得

$$(\exp_p)_{*b\gamma'(0)}(w) = 0.$$

对于任意的 $t \in [0, b]$, 令

$$J(t) = t(\exp_p)_{*t\gamma'(0)}(w),$$

则 $J = J(t)$ 是沿 γ 的 Jacobi 场, 且有 $J(0) = J(b) = 0$. 证毕.

推论 2.2　设 $p, q \in M$. 如果 $q = \gamma(b)$ 是 $p = \gamma(0)$ 沿测地线 $\gamma(t), t \in [0, b]$ 的共轭点, 则 p 点是 q 点沿测地线 $\tilde{\gamma}(t) = \gamma(b - t)$ 的共轭点.

定理 2.3　设 $\gamma(t), t \in [0, b]$, 是完备黎曼流形 (M, g) 上的一条测地线, $p = \gamma(0), q = \gamma(b)$. 如果 q 不是 p 点沿 γ 的共轭点, 则对于任意的 $v \in T_pM$, $w \in T_qM$, 在 γ 上存在唯一的一个 Jacobi 场 $J = J(t)$ 使得

$$J(0) = v, \quad J(b) = w.$$

证明　由假设得知切映射 $(\exp_p)_{*b\gamma'(0)}$ 非退化, 因而是线性同构. 因此, 存在唯一的一个 $\tilde{w} \in T_pM = T_{b\gamma'(0)}(T_pM)$, 使得

$$w = (\exp_p)_{*b\gamma'(0)}(\tilde{w}).$$

对于任意的 $t \in [0, b]$, 令

$$J_1(t) = \frac{t}{b}(\exp_p)_{*t\gamma'(0)}(\tilde{w}),$$

则 J_1 是沿 γ 的 Jacobi 场, 满足条件

$$J_1(0) = 0, \quad J_1(b) = (\exp_p)_{*b\gamma'(0)}(\tilde{w}) = w.$$

另一方面, 根据推论 2.2, p 也不是 q 点的共轭点. 因此, 又可以得到沿 γ 的 Jacobi 场 J_2, 满足 $J_2(0) = v, J_2(b) = 0$. 令

$$J(t) = J_1(t) + J_2(t), \quad \forall t \in [0, b],$$

则 J 是沿 γ 的 Jacobi 场, 并且满足 $J(0) = v$, $J(b) = w$.

现在证明这样的 Jacobi 场的唯一性. 假定 $\tilde{J} \neq J$ 是另一个满足定理要求的 Jacobi 场, 则 $\bar{J} = \tilde{J} - J$ 是 γ 上满足

$$\bar{J}(0) = \bar{J}(b) = 0$$

的非零 Jacobi 场. 这说明 $p = \gamma(0)$ 和 $q = \gamma(b)$ 沿 γ 互为共轭点, 与定理的假设矛盾. 因而唯一性成立. 证毕.

例 2.1 常曲率空间中的共轭点.

设 (M, g) 是完备的常曲率空间, 其截面曲率为常数 c; $\gamma = \gamma(t)$ $(t \in [0, +\infty))$ 是 M 上的一条正规测地线, 即有 $\langle \gamma', \gamma' \rangle = 1$. 由例 1.1, 在 γ 上满足 $J(0) = 0$ 且与 γ 正交的 Jacobi 场 J 具有表达式

$$J(t) = S_c(t) \cdot B(t), \tag{2.1}$$

其中 $B(t)$ 是沿 γ 且与 γ 正交的任意一个平行向量场, 易知

$$J \neq 0 \Longleftrightarrow B(0) \neq 0.$$

当 $c \leqslant 0$ 时, 函数 S_c 只有一个零点 $t = 0$; 当 $c > 0$ 时, S_c 的零点为

$$t = \frac{k\pi}{\sqrt{c}}, \quad k \text{ 为非负整数.}$$

由此可见, 当 $c \leqslant 0$ 时, (M, g) 上的每一个点都没有共轭点; 而当 $c > 0$ 时, 点 $p = \gamma(0)$ 沿 γ 的共轭点为

$$q_k = \gamma\left(\frac{k\pi}{\sqrt{c}}\right), \quad k \text{ 为自然数.} \tag{2.2}$$

特别地, 若取 M 为 $\mathbb{R}^{m+1}$ 中半径是 $1/\sqrt{c}$ 的标准球面 $S^m(1/\sqrt{c})$, 则上述共轭点中的 q_{2k-1} 都是 p 的对径点, 而 q_{2k} 都与 p 点重合.

对于测地线 $\gamma : [0, b] \to M$, 记

$$\mathscr{J}_0^b(\gamma) = \{J; J \text{是沿} \gamma \text{的 Jacobi 场, 并且} J(0) = J(b) = 0\}, \tag{2.3}$$

则 $\mathscr{J}_0^b(\gamma)$ 显然是一个向量空间. 根据定理 2.1 的证明, 不难看出 $\mathscr{J}_0^b(\gamma)$ 与映射 $\exp_p$ 在 $b\gamma'(0)$ 处的切映射的核 $\ker((\exp_p)_{*b\gamma'(0)})$ 同构 (参看本章习题第 7 题), 且有 $\mathscr{J}_0^b(\gamma) \subset \mathscr{J}^\perp(\gamma)$.

于是, 可以引入如下的概念:

定义 2.2　设 $\gamma(t)$, $t \in [0, b]$ 是黎曼流形 (M, g) 上的一条测地线, $p = \gamma(0)$, $q = \gamma(b)$. 非负整数 $\dim \mathscr{J}_0^b(\gamma)$ 称为点 q 关于 p 点 (沿测地线 γ) 的**共轭重数**.

于是, 点 q 是 p 点沿测地线 γ 的共轭点当且仅当 q 关于 p 的共轭重数大于零.

关于共轭重数, 还有如下的一般结果:

定理 2.4　设 (M, g) 是完备的 m 维黎曼流形, 则对于 M 上的任意一条测地线 $\gamma : [0, b] \to M$, 都有

$$\dim \mathscr{J}_0^b(\gamma) \leqslant m - 1.$$

证明　根据推论 1.3 沿测地线 γ 在 $t = 0$ 处为零的 Jacobi 场构成一个 m 维向量空间. 再由推论 1.6 和定理 1.5 得知

$$\begin{aligned}
\mathscr{J}_0^b(\gamma) &\subset \{J \in \mathscr{J}^\perp(\gamma); J(0) = 0\} \\
&= \{J \in \mathscr{J}(\gamma); J(0) = 0,\ J'(0) \perp \gamma'(0)\};
\end{aligned} \tag{2.4}$$

故

$$\dim \mathscr{J}_0^b(\gamma) \leqslant \dim\{J \in \mathscr{J}(\gamma); J(0) = 0,\ J'(0) \perp \gamma'(0)\} \leqslant m - 1.$$

证毕.

另外, 根据例 1.1, 在一个具有常截面曲率 $c > 0$ 的 m 维完备黎曼流形上, 如果 q 点是 p 点沿测地线 γ 的第一共轭点, 则相应的共轭重数一定是 $m - 1$. 事实上, 由 (2.1) 式可知在 p, q 两点取零值的 Jacobi 场 J 与切向量 $B(0) \in T_p M$ 成一一对应, 而当 J 限定为法 Jacobi 场时, $B(0)$ 可以取遍 $T_p M$ 中所有与 $\gamma'(0)$ 正交的切向量. 由此得知

$$\dim \mathscr{J}_0^{t_1}(\gamma) = m - 1,$$

其中 $t_1 = \pi/\sqrt{c}$.

§5.3 Cartan-Hadamard 定理

从上一节知道, 在一个具有非正截面曲率的常曲率空间中, 任何一点沿着从该点出发的任意一条测地线都没有共轭点. 这个事实可以推广到任意的具有非正截面曲率的完备黎曼流形, 并用于证明 Cartan-Hadamard 定理.

为了叙述的方便, 用 K_M 表示黎曼流形 (M, g) 的截面曲率. 如果在 M 的任意一点、沿着任意一个二维截面的截面曲率都是非正的, 就说 (M, g) 满足条件 $K_M \leqslant 0$.

引理 3.1 设 (M, g) 是完备的黎曼流形. 如果 $K_M \leqslant 0$, 则对于任意的 $p \in M$, 以及从 p 点出发的任意一条测地线 γ, p 都没有沿 γ 的共轭点. 特别地, 指数映射 $\exp_p : T_pM \to M$ 是一个局部微分同胚.

证明 $\forall p \in M$, 设 $\gamma(t)$, $t \in [0, +\infty)$, 是 M 上从 p 点出发的一条正规测地线. 对于沿 γ 的任意一个法 Jacobi 场 J, 令

$$f(t) = |J(t)|^2, \quad \forall t \in [0, +\infty).$$

则有

$$f'(t) = 2\langle J'(t), J(t)\rangle,$$
$$f''(t) = 2(\langle J'(t), J'(t)\rangle + \langle J''(t), J(t)\rangle)$$
$$= 2(|J'(t)|^2 + \langle \mathcal{R}(\gamma'(t), J(t))\gamma'(t), J(t)\rangle)$$
$$= 2(|J'(t)|^2 - K(\gamma'(t), J(t))\|\gamma'(t) \wedge J(t)\|^2) \geqslant 0,$$

其中 $K(\gamma'(t), J(t))$ 是沿着由 $\gamma'(t)$ 和 $J(t)$ 确定的二维截面的截面曲率, 并且

$$\|\gamma'(t) \wedge J(t)\|^2 = \langle \gamma'(t), \gamma'(t)\rangle\langle J(t), J(t)\rangle - \langle \gamma'(t), J(t)\rangle^2.$$

如果 p 点沿 γ 有共轭点 $q = \gamma(t_0)$, $t_0 > 0$, 则存在沿 γ 的非零 Jacobi 场 $J(t)$, 使得

$$J(0) = J(t_0) = 0,$$

于是有 $f(t_0) = f(0) = 0$. 由于 $f''(t) \geqslant 0$, 函数 $f'(t)$ 单调递增, 从而

$$f'(t) \geqslant f'(0) = 0.$$

所以, 函数 $f(t)$ 也是单调递增的. 因此, 当 $0 \leqslant t \leqslant t_0$ 时,

$$0 = f(t_0) \geqslant f(t) \geqslant f(0) = 0.$$

即 $f|_{[0,t_0]} = 0$. 于是 $J_{[0,t_0]} = 0$. 特别地, $J'(0) = 0$. 由定理 1.2, J 是零 Jacobi 场, 与假设矛盾. 所以, p 点没有共轭点.

由于 (M, g) 是完备的, 指数映射 $\exp_p$ 在整个切空间 T_pM 上有定义. 现在 p 点无共轭点, 这意味着映射 $\exp_p$ 在 T_pM 上无退化点, 因而 $\exp_p$ 是浸入. 由于

$$\dim T_pM = \dim M,$$

故对于任意的 $v \in T_pM$, 都有 v 在 T_pM 中的一个开邻域 U, 使得

$$\exp_p : U \to \exp_p(U) \subset M$$

是微分同胚; 换句话说, $\exp_p : T_pM \to M$ 是局部微分同胚. 证毕.

定义 3.1 设 M, N 是两个光滑流形, $f : M \to N$ 是光滑映射. 如果对于每一点 $\tilde{q} \in N$, 都有点 $\tilde{q}$ 的一个开邻域 $\tilde{U}$ 以及 M 的子集 $U_\alpha, \alpha \in I$, 使得

$$f^{-1}(\tilde{U}) = \bigcup_{\alpha \in I} U_\alpha,$$

并满足下列条件:

(1) 对于任意的 $\alpha \in I$, U_α 是 M 中的非空开集;

(2) 对于任意的不同指标 $\alpha, \beta \in I$,

$$U_\alpha \cap U_\beta = \emptyset;$$

(3) 对于任意的 $\alpha \in I$, $f|_{U_\alpha} : U_\alpha \to \tilde{U}$ 是微分同胚, 则称 $f : M \to N$ 是**覆叠映射**, 且称 M 是 N 的**覆叠流形**.

为了方便起见, 定义 3.1 中的开集 $\tilde{U}$ 称为点 $\tilde{q} \in N$(关于覆叠映射 f) 的**容许邻域**. 另外, 由定义得知覆叠映射是满射.

引理 3.2 设 (M, g) 和 (N, h) 是两个黎曼流形, $f: M \to N$ 是一个局部微分同胚. 如果 (M, g) 是完备的, 并且对于任意的 $p \in M$ 以及任意的 $v \in T_p M$, 都有

$$|f_{*p}(v)|_h \geqslant |v|_g,$$

则 f 是覆叠映射; 此时, (N, h) 也是完备的.

证明 由于 f 是局部微分同胚, 故 $\bar{g} = f^* h$ 是 M 上的一个黎曼度量, 从而 $f: (M, \bar{g}) \to (N, h)$ 是局部等距. 另一方面, 由假设

$$|v|_{\bar{g}} = |f_{*p}(v)|_h \geqslant |v|_g, \quad \forall p \in M, \quad \forall v \in T_p M, \tag{3.1}$$

以及 (M, g) 的完备性, 不难看出 $(M, \bar{g})$ 也是完备的. 事实上, 由 (3.1) 式,

$$d^{\bar{g}}(x, y) \geqslant d^g(x, y), \quad \forall x, y \in M.$$

因此, 如果 B 是 $(M, \bar{g})$ 中任意一个有界闭集, 则 B 也是 (M, g) 中的有界闭集. 根据 Hopf-Rinow 定理, B 是 M 的紧致子集. 这就证明了 $(M, \bar{g})$ 的完备性. 以下用 M 表示黎曼流形 $(M, \bar{g})$, 同时设 f 是局部等距.

为了证明映射 $f: M \to N$ 是覆叠映射, 首先需要证明 f 是一个满射. 由于 f 是局部等距, 其像集 $f(M)$ 必是 N 的一个开子集; 并且对于 $f(M)$ 中任意一条测地线 $\tilde{\gamma}: [0, a] \to f(M)$, 必有 $(M, \bar{g})$ 中的测地线 $\gamma(t)$, $t \in [0, a]$, 使得

$$\tilde{\gamma} = f \circ \gamma$$

(参看本章习题第 9 题). 根据 M 的完备性, γ 的定义域可以延拓到 $[0, +\infty)$, 因而 $\tilde{\gamma}$ 也可以延拓到 $[0, +\infty)$. 这就说明 $(f(M), h)$ 是完备黎曼流形. 根据第三章的定理 6.7, $(f(M), h)$ 作为黎曼流形是不可延拓的. 所以

$$f(M) = N,$$

即 f 是满射. 特别地, (N, h) 也是完备的黎曼流形.

现在来证明映射 $f: M \to N$ 满足定义 3.1 的条件.

$\forall \tilde{q} \in N$, 取充分小的正数 δ, 使得 $\tilde{U} = \mathscr{B}_{\tilde{q}}(\delta)$ 是 N 中以 $\tilde{q}$ 为中心、以 δ 为半径的法坐标球邻域. 由于 f 是满射, 可设

$$f^{-1}(\tilde{q}) = \{q_\alpha\}_{\alpha \in I}.$$

对于每一个 $\alpha \in I$, 令 $U_\alpha = \mathscr{B}_{q_\alpha}(\delta)$ 是 M 中以 q_α 为中心、以 δ 为半径的测地球. 下面将依次证明:

(1) $f|_{U_\alpha} : U_\alpha \to \tilde{U}$ 是微分同胚;

(2) $f^{-1}(\tilde{U}) = \bigcup\limits_{\alpha \in I} U_\alpha$;

(3) U_α 互不相交.

首先断言: 图 2 中的图表是可交换的, 即有

$$\exp_{\tilde{q}} \circ f_{*q_\alpha} = f \circ \exp_{q_\alpha} : T_{q_\alpha}M \to N.$$

事实上, 对于任意的 $v \in T_{q_\alpha}M$, $\gamma(t) = \exp_{q_\alpha}(tv)$ 是 M 中从 q_α 点出发, 并且与 v 相切的测地线. 因为 f 是局部等距, 所以

$$f \circ \gamma(t) = f \circ \exp_{q_\alpha}(tv)$$

是 N 中的测地线. 另一方面,

$$\tilde{\gamma}(t) = \exp_{\tilde{q}}(t f_{*q_\alpha}(v))$$

也是 N 中的一条测地线, 并且

$$\tilde{\gamma}(0) = \tilde{q} = f(q_\alpha) = f \circ \gamma(0), \quad \tilde{\gamma}'(0) = f_{*q_\alpha}(v) = (f \circ \gamma)'(0).$$

从而由测地线的唯一性得到

$$f \circ \exp_{q_\alpha}(tv) = \exp_{\tilde{q}}(t f_{*q_\alpha}(v)).$$

令 $t = 1$ 便得 $f \circ \exp_{q_\alpha}(v) = \exp_{\tilde{q}} \circ f_{*q_\alpha}(v)$. 断言得证.

为证明 (1), 用 $B_{\tilde{q}}(\delta)$ 和 $B_{q_\alpha}(\delta)$ 分别表示 $T_{\tilde{q}}N$ 和 $T_{q_\alpha}M$ 中以原点为中心、以 δ 为半径的开球; 再把上面得到的交换图限制在 $B_{q_\alpha}(\delta)$ 上, 则得

$$\exp_{\tilde{q}} \circ f_{*q_\alpha} = f \circ \exp_{q_\alpha} : B_{q_\alpha}(\delta) \to \tilde{U}.$$

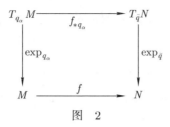

图　2

显然,

$$\exp_{\tilde{q}} \circ f_{*q_\alpha} : B_{q_\alpha}(\delta) \to \tilde{U}$$

是微分同胚. 因此, $\exp_{q_\alpha} : B_{q_\alpha}(\delta) \to U_\alpha$ 及其切映射 $(\exp_{q_\alpha})_*$ 都是单射. 所以映射 $\exp_{q_\alpha}$ 是微分同胚. 由此便知, 测地球 $\mathscr{B}_{q_\alpha}(\delta)$ 落在点 q_α 的法坐标域内. 于是

$$f|_{U_\alpha} : U_\alpha \to \tilde{U}$$

也是微分同胚, 故而是等距.

　　再证明 (2). 因为

$$f\left(\bigcup_\alpha U_\alpha\right) = \bigcup_\alpha f(U_\alpha) = \tilde{U},$$

所以

$$\bigcup_{\alpha \in I} U_\alpha \subset f^{-1}(\tilde{U}).$$

另一方面, 对于任意的 $p \in f^{-1}(\tilde{U})$, 令 $\tilde{p} = f(p) \in \tilde{U}$, $l = d(\tilde{p}, \tilde{q}) < \delta$. 设 $\tilde{U}$ 中从 $\tilde{p}$ 到 $\tilde{q}$ 的最短正规测地线为 $\tilde{\gamma}(t), t \in [0, l]$. 由于 f 是局部微分同胚, 可取 $v \in T_p M$, 使得 $f_{*p}(v) = \tilde{\gamma}'(0)$. 把 M 中从 p 点出发, 并且与 v 相切的测地线记为 $\gamma(t)$, $t \in [0, +\infty)$. 利用 f 是局部等距的事实, 得知 $f \circ \gamma$ 是 N 中从 $\tilde{p}$ 出发, 而且与 $\tilde{\gamma}'(0)$ 相切的测地线, 从而由测地线的唯一性, $\tilde{\gamma} = f \circ \gamma|_{[0,l]}$. 由此可知,

$$f(\gamma(l)) = \tilde{\gamma}(l) = \tilde{q},$$

从而 $\gamma(l) \in f^{-1}(\tilde{q})$. 所以, 存在 $\alpha \in I$, 使得 $\gamma(l) = q_\alpha$. 注意到

$$d(q_\alpha, p) \leqslant L(\gamma|_{[0,l]}) = L(\tilde{\gamma}) = l = d(\tilde{q}, \tilde{p}) < \delta,$$

故有 $p \in U_\alpha \subset \bigcup_\alpha U_\alpha$. 由 p 点的任意性得到

$$f^{-1}(\tilde{U}) \subset \bigcup_\alpha U_\alpha.$$

最后证明 (3). 设 $\alpha, \beta \in I$, $\alpha \neq \beta$. 假定 γ 是在 M 中连接 q_α 和 q_β 的一条最短测地线. 由于

$$f(q_\alpha) = f(q_\beta) = \tilde{q},$$

$f \circ \gamma$ 是 N 中以 $\tilde{q}$ 为基点的一条测地线环路. 因为 $\mathscr{B}_{\tilde{q}}(\delta)$ 是 $\tilde{q}$ 点的一个法坐标球邻域, 所以对于其中的任意一点 $\tilde{p}$, 在 $\mathscr{B}_{\tilde{q}}(\delta)$ 中连接 $\tilde{p}, \tilde{q}$ 的测地线只有一条. 因此 $f \circ \gamma$ 不能全部落在 $\mathscr{B}_{\tilde{q}}(\delta)$ 之中. 所以

$$d(q_\alpha, q_\beta) = L(\gamma) = L(f \circ \gamma) > 2\delta.$$

这就说明 $U_\alpha \cap U_\beta = \emptyset$. 引理证毕.

引理 3.2 是一个十分有用的命题, 其中 (M, g) 的完备性是必要的条件, 它不能用 (N, h) 的完备性来代替.

有了上面的准备工作, 现在可以证明下面的 Cartan-Hadamard 定理.

定理 3.3 (Cartan-Hadamard) 设 (M, g) 是完备的 m 维黎曼流形, 如果其截面曲率 $K_M \leqslant 0$, 则对于每一点 $p \in M$, 指数映射

$$\exp_p : T_p M \to M$$

是覆叠映射; 特别地, 如果 M 是单连通的, 则

$$\exp_p : \mathbb{R}^m = T_p M \to M$$

是微分同胚.

证明 由引理 3.1, $\exp_p : T_p M \to M$ 是局部微分同胚. 记 $\overline{g} = (\exp_p)^*(g)$, 则 $\overline{g}$ 是 $T_p M$ 上的黎曼度量, 并且

$$\exp_p : (T_p M, \overline{g}) \to M$$

是局部等距. 注意到对于任意的 $v \in T_pM$,

$$\tilde{\gamma}(t) = \exp_p(tv)$$

是 M 中的测地线, 所以 $\gamma(t) = tv$ 是 $(T_pM, \overline{g})$ 中的测地线, 并且可以无限地延伸. 这意味着,$(T_pM, \overline{g})$ 作为黎曼流形是完备的. 再由引理 3.2,

$$\exp_p : T_pM \to M$$

是覆叠映射. 又因为 $\mathbb{R}^m = T_pM$ 是单连通的, 所以

$$\exp_p : T_pM \to M$$

是通用覆叠映射.

特别地, 如果 M 是单连通的, 则 $\exp_p : \mathbb{R}^m = T_pM \to M$ 必是微分同胚. 证毕.

§5.4 Cartan 等距定理

设 $f : M \to \tilde{M}$ 是 m 维黎曼流形之间的等距, 则对于任意的 $p \in M$, 以及任意的 $v, w \in T_pM$, 当 $\|v \wedge w\|^2 \neq 0$ 时, 有关系式

$$K_M(v, w) = K_{\tilde{M}}(f_*(v), f_*(w)).$$

现在考虑反问题: 设 M 和 $\tilde{M}$ 是两个 m 维黎曼流形, 如果存在微分同胚 $f : M \to \tilde{M}$, 使得对于任意的 $p \in M$ 以及 $v, w \in T_pM$, 当 $\|v \wedge w\|^2 \neq 0$ 时, 总是成立

$$K_M(v, w) = K_{\tilde{M}}(f_*(v), f_*(w)),$$

那么, 映射 f 是否是等距呢? 在回答这个问题之前, 先考虑一个例子.

例 4.1 设有 $\mathbb{R}^3$ 中两张曲面:

$$S : \vec{r} = \{au, bv, au^2 + bv^2\}, \quad \overline{S} : \vec{r} = \{\overline{a}u, \overline{b}v, \overline{a}u^2 + \overline{b}v^2\},$$

其中 $ab = \bar{a}\bar{b} \neq 0$. 设 $f : S \to \bar{S}$ 是这两张曲面上具有相同参数值 (u, v) 的点之间的对应, 则 f 显然是微分同胚, 并且 S 与 $\bar{S}$ 在对应点有相同的 Gauss 曲率 (即截面曲率). 但是, 当 $(a^2, b^2) \neq (\bar{a}^2, \bar{b}^2)$, 且 $(a^2, b^2) \neq (\bar{b}^2, \bar{a}^2)$ 时, 在曲面 S 与 $\bar{S}$ 之间根本就不存在光滑等距 (参看参考文献 [2], 第 149 页). 所以, 映射 f 不可能是等距.

例 4.1 说明, 上面提出的反问题的答案是否定的. 但是, 如果在更为精细的构造下假设对应的截面曲率相等, 则可以断言, 相应的微分同胚是等距. 这就是本节所要介绍的 Cartan 等距定理以及它在大范围的推广 —— Cartan-Ambrose-Hicks 定理. Cartan 定理是 Jacobi 场理论的一个应用.

设 $M, \tilde{M}$ 是两个 m 维黎曼流形, $p \in M, \tilde{p} \in \tilde{M}$. 取定一个等距的线性同构 $\sigma : T_p M \to T_{\tilde{p}} \tilde{M}$. 假定 $U \subset M$ 是 p 点的一个法坐标邻域, 使得 $\exp_{\tilde{p}}$ 在 $\sigma \circ (\exp_p)^{-1}(U)$ 上有定义. 对于任意的 $q \in U$, 令

$$f(q) = \exp_{\tilde{p}} \circ \sigma \circ (\exp_p)^{-1}(q) \tag{4.1}$$

(参看图 3). 另一方面, 对于在 U 内从 p 点出发的任意一条正规测地线 $\gamma : [0, l] \to M$, 用

$$P_t : T_p M \to T_{\gamma(t)} M$$

表示沿 γ 从 $t = 0$ 到 t 的平行移动. 对应地, 我们假定 $\tilde{\gamma}$ 是在 $\tilde{M}$ 中满足条件

$$\tilde{\gamma}(0) = \tilde{p}, \quad \tilde{\gamma}'(0) = \sigma(\gamma'(0))$$

的测地线, 则 $|\tilde{\gamma}'(0)| = 1$, 因而 $\tilde{\gamma}$ 也是正规测地线. 用

$$\tilde{P}_t : T_{\tilde{p}} \tilde{M} \to T_{\tilde{\gamma}(t)} \tilde{M}$$

表示沿 $\tilde{\gamma}$ 从 $t = 0$ 到 t 的平行移动. 对于任意的 $t \in [0, l]$, 定义映射

$$\varphi_t : T_{\gamma(t)} M \to T_{\tilde{\gamma}(t)} \tilde{M},$$

使得

$$\varphi_t(v) = \tilde{P}_t \circ \sigma \circ P_t^{-1}(v), \quad \forall v \in T_{\gamma(t)} M \tag{4.2}$$

(参看图 4), 则 φ_t 是等距线性同构.

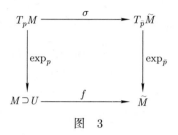

图　3

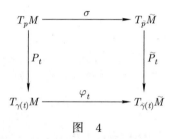

图　4

定理 4.1 (Cartan 等距定理)　假设 R 与 $\tilde{R}$ 分别是 m 维黎曼流形 M 与 $\tilde{M}$ 的黎曼曲率张量, $p \in M$, $\tilde{p} \in \tilde{M}$; $\sigma : T_pM \to T_{\tilde{p}}\tilde{M}$ 是一个等距的线性同构, U 是 p 点处的一个法坐标邻域使得 $\exp_{\tilde{p}}$ 在 $\sigma((\exp_p)^{-1}(U))$ 上处处有定义. 如果对于 U 中从 p 点出发的任意一条正规测地线

$$\gamma : [0, l] \to M,$$

由 (4.2) 式确定的映射 $\varphi_t : T_{\gamma(t)}M \to T_{\tilde{\gamma}(t)}\tilde{M}$ 满足条件

$$R(u, v, w, z) = (\varphi_t^*\tilde{R})(u, v, w, z)$$
$$= \tilde{R}(\varphi_t(u), \varphi_t(v), \varphi_t(w), \varphi_t(z)), \quad \forall u, v, w, z \in T_{\gamma(t)}M, \qquad (4.3)$$

则由 (4.1) 式定义的映射

$$f : U \to f(U) \subset \tilde{M}$$

是局部等距, 并且 $f_{*p} = \sigma$.

证明   首先指出, 由定义式 (4.1) 得到

$$f_{*p} = (\exp_{\tilde{p}})_{*0} \circ \sigma \circ (\exp_p)_{*0}^{-1} = \sigma.$$

因此, 只需要证明 f 是局部等距; 换句话说, 只要证明: 对于任意的 $q \in U$, $f_{*q} : T_q M \to T_{f(q)} \tilde{M}$ 保持切向量的长度不变. 为此, 设测地线 $\gamma : [0, l] \to M$ 是 U 中连接 p, q 两点的最短正规测地线, $p = \gamma(0)$, $q = \gamma(l)$. 由于 U 是 p 点的法坐标邻域, 对于任意的 $v \in T_q M$, 必有沿 γ 的 Jacobi 场 $J = J(t)$, 使得

$$J(0) = 0, \quad J(l) = v.$$

在 $T_p M$ 中选定一个单位正交基 $\{e_i\}$, 使得 $e_m = \gamma'(0)$. 用 $e_i(t)$ 表示由 e_i 沿 γ 平行移动产生的向量场, 即 $e_i(t) = P_t(e_i)$. 于是 Jacobi 场 $J(t)$ 可以表示为

$$J(t) = \sum_{i=1}^{m} J^i(t) e_i(t), \quad J^i(0) = 0, \quad 1 \leqslant i \leqslant m. \tag{4.4}$$

这样, J 所满足的 Jacobi 方程是

$$J^{i\prime\prime}(t) - \sum_j J^j(t) R(e_m(t), e_j(t), e_m(t), e_i(t)) = 0, \quad 1 \leqslant i \leqslant m. \tag{4.5}$$

相应地, 在 $\tilde{M}$ 中考虑由 γ 和 σ 确定的测地线

$$\tilde{\gamma} : [0, l] \to \tilde{M},$$

它满足条件 $\tilde{\gamma}(0) = \tilde{p}$, $\tilde{\gamma}'(0) = \sigma(\gamma'(0))$. 由于 σ 是等距的线性同构, $\tilde{\gamma}$ 是正规测地线. 定义

$$\tilde{e}_i(t) = \varphi_t(e_i(t)), \quad 1 \leqslant i \leqslant m.$$

根据 φ_t 的定义, $\tilde{e}_i(t)$ 构成沿 $\tilde{\gamma}$ 平行的单位正交标架场, 并且

$$\tilde{e}_m(0) = \tilde{\gamma}'(0).$$

对于任意的 $t \in [0,l]$, 令

$$\tilde{J}(t) = J^i(t)\tilde{e}_i(t) = \varphi_t(J(t)),$$

则 $\tilde{J} = \tilde{J}(t)$ 是沿 $\tilde{\gamma}$ 的向量场. 根据定理的假设 (4.3),

$$R(e_m(t), e_j(t), e_m(t), e_i(t)) = \tilde{R}(\tilde{e}_m(t), \tilde{e}_j(t), \tilde{e}_m(t), \tilde{e}_i(t)),$$

所以方程组 (4.5) 可以改写为

$$J^{i''}(t) - \sum_j J^j(t)\tilde{R}(\tilde{e}_m(t), \tilde{e}_j(t), \tilde{e}_m(t), \tilde{e}_i(t)) = 0, \quad 1 \leqslant i \leqslant m. \quad (4.5')$$

这意味着向量场 $\tilde{J}$ 是沿测地线 $\tilde{\gamma}$ 的 Jacobi 场, 并且满足

$$\tilde{J}(0) = 0, \quad |\tilde{J}(t)|^2 = \sum_i (J^i(t))^2 = |J(t)|^2;$$

另外还有

$$\tilde{J}'(0) = J^{i'}(0)\tilde{e}_i(0) = J^{i'}(0)\sigma(e_i) = \sigma(J'(0)).$$

记 $w = J'(0)$, 则由推论 1.8 和 (1.13) 式得知

$$J(t) = (\exp_p)_{*t\gamma'(0)}(tw), \quad \tilde{J}(t) = (\exp_{\tilde{p}})_{*t\tilde{\gamma}'(0)}(t\sigma(w)).$$

于是, $v = J(l) = (\exp_p)_{*l\gamma'(0)}(lw)$, 并且

$$\begin{aligned} f_{*q}(v) &= (\exp_{\tilde{p}})_{*l\tilde{\gamma}'(0)} \circ \sigma \circ ((\exp_p)_{*l\gamma'(0)})^{-1}(v) \\ &= (\exp_{\tilde{p}})_{*l\tilde{\gamma}'(0)}(l\sigma(w)) = \tilde{J}(l). \end{aligned} \quad (4.6)$$

故

$$|f_{*q}(v)|^2 = |\tilde{J}(l)|^2 = |J(l)|^2 = |v|^2.$$

证毕.

分析上面的证明过程可以看出, 实际上已经证明了如下的推论:

推论 4.2 假设 $p \in M$, $\tilde{p} \in \tilde{M}$, 并且对于等距的线性同构

$$\sigma : T_p M \to T_{\tilde{p}}\tilde{M},$$

以及从 p 点出发的任意一条正规测地线 $\gamma(t)$, 由 (4.1) 和 (4.2) 两式定义映射 f 和 φ_t.

(1) 如果 f 是局部等距, 则有

$$f_{*\gamma(t)} = \varphi_t : T_{\gamma(t)}M \to T_{f\circ\gamma(t)}\tilde{M};$$

(2) 如果指数映射

$$\exp_p : T_pM \to M \text{ 和 } \exp_{\tilde{p}} : T_{\tilde{p}}\tilde{M} \to \tilde{M}$$

都是微分同胚, 则在定理 4.1 的条件 (4.3) 下, 映射

$$f = \exp_{\tilde{p}} \circ \sigma \circ (\exp_p)^{-1} : M \to \tilde{M}$$

是等距.

容易看出, 对于具有相同截面曲率 c 的常曲率空间, 定理 4.1 的条件 (4.3) 恒成立. 因此得到如下的结论:

推论 4.3 设 $M, \tilde{M}$ 是两个具有相同截面曲率 c 的 m 维常曲率空间. 则对于任意的 $p \in M$, $\tilde{p} \in \tilde{M}$, 以及 T_pM 和 $T_{\tilde{p}}\tilde{M}$ 的任意两个单位正交基 $\{e_i\}$ 和 $\{\tilde{e}_i\}$, 必存在 $p, \tilde{p}$ 的开邻域 $U, \tilde{U}$, 以及等距 $f : U \to \tilde{U}$, 使得

$$f(p) = \tilde{p}, \quad f_{*p}(e_i) = \tilde{e}_i, \quad 1 \leqslant i \leqslant m.$$

推论 4.4 设 M 是具有截面曲率 c 的 m 维常曲率空间. 则对于任意的 $p, q \in M$, 以及 T_pM 和 T_qM 的任意两个单位正交基 $\{e_i\}$ 和 $\{\tilde{e}_i\}$, 必存在 p, q 的开邻域 U, V, 以及等距 $f : U \to V$, 使得

$$f(p) = q, \quad f_{*p}(e_i) = \tilde{e}_i, \quad 1 \leqslant i \leqslant m.$$

在指数映射 $\exp_p : T_pM \to M$ 不是微分同胚的情况下, 要像定理 4.1 那样构造出从 M 到 $\tilde{M}$ 的映射是不可能的. 因此, 在大范围的情形, 采用如下的做法:

设 $M, \tilde{M}$ 是两个完备的 m 维黎曼流形, $p \in M$, $\gamma(t)$, $t \in [0, l]$ 是 M 中任意一条分段光滑的正规测地线, 且有 $\gamma(0) = p$. 取区间 $[0, l]$ 的

一个划分 $0 = t_0 < t_1 < \cdots < t_r = l$, 使得每一段曲线 $\gamma|_{[t_i, t_{i+1}]}$ 都是最短测地线 $(0 \leqslant i \leqslant r-1)$. 记 $\gamma_i = \gamma|_{[0, t_i]}$, 并用 P_t 表示沿 γ 从 $t = 0$ 到 t 的平行移动.

假定 $\sigma : T_p M \to T_{\tilde{p}} \tilde{M}$ 是一个等距的线性同构, 则在 $\tilde{M}$ 上可以逐步构造曲线 $\tilde{\gamma}_i$ 如下: 首先令

$$\tilde{\gamma}_1(t) = \exp_{\tilde{p}}(t \sigma(\gamma'(0))), \quad 0 \leqslant t \leqslant t_1.$$

则 $\tilde{\gamma}_2 : [0, t_2] \to \tilde{M}$ 的定义是

$$\tilde{\gamma}_2(t) = \begin{cases} \tilde{\gamma}_1(t), & 0 \leqslant t \leqslant t_1, \\ \exp_{\tilde{\gamma}_1(t_1)}((t - t_1) \tilde{P}_{t_1} \circ \sigma \circ P_{t_1}^{-1}(\gamma'(t_1^+))), & t_1 \leqslant t \leqslant t_2. \end{cases}$$

其中 $\tilde{P}_{t_1}$ 是沿 $\tilde{\gamma}_1$ 从 $t = 0$ 到 t_1 的平行移动.

一般地, 若 $\tilde{\gamma}_{i-1} : [0, t_{i-1}] \to \tilde{M}$ 已经造出, 则定义

$$\tilde{\gamma}_i : [0, t_i] \to \tilde{M}$$

为

$$\tilde{\gamma}_i(t) = \begin{cases} \tilde{\gamma}_{i-1}(t), & 0 \leqslant t \leqslant t_{i-1}, \\ \exp_{\tilde{\gamma}_{i-1}(t_{i-1})}((t - t_{i-1}) \, \tilde{P}_{t_{i-1}} \circ \sigma \\ \qquad \circ P_{t_{i-1}}^{-1}(\gamma'(t_{i-1}^+))), & t_{i-1} \leqslant t \leqslant t_i. \end{cases}$$

其中 $\tilde{P}_{t_{i-1}}$ 是沿 $\tilde{\gamma}_{i-1}$ 从 $t = 0$ 到 t_{i-1} 的平行移动. 最后令

$$\tilde{\gamma} = \tilde{\gamma}_r : [0, l] \to \tilde{M}.$$

则 $\tilde{\gamma}$ 是在 $\tilde{M}$ 上的一条分段光滑的正规测地线, 并且由测地线 γ 唯一确定.

现在叙述大范围的 Cartan 等距定理. 对于任意的 $p, q \in M$, 用 $\mathscr{C}_p^q(M)$ 表示在 M 中从 p 到 q 的所有分段光滑的正规测地线的集合.

定理 4.5 (Cartan-Ambrose-Hicks) 设 $M, \tilde{M}$ 是完备的 m 维黎曼流形, 且 M 是单连通流形, $p \in M$, $\tilde{p} \in \tilde{M}$. 假定 $R, \tilde{R}$ 分别是 $M, \tilde{M}$ 的黎曼曲率张量,

$$\sigma : T_p M \to T_{\tilde{p}}(\tilde{M})$$

是等距的线性同构. 如果对于 M 中任意的以 p 为始点且分段光滑的正规测地线 $\gamma : [0, l] \to M$, 以及任意的 $t \in [0, l]$, 都有

$$R = \varphi_t^* \tilde{R},$$

其中映射 φ_t 的意义同 (4.2) 式, 则对于任意的 $q \in M$, 以及任意的 $\gamma \in \mathscr{C}_p^q(M)$, 在 $\tilde{M}$ 上与 γ 相对应的测地线 $\tilde{\gamma}$ 的终点 $\tilde{\gamma}(l)$ 与 γ 的选取无关. 此外, 由

$$q = \gamma(l) \mapsto f(q) = \tilde{\gamma}(l)$$

确定的映射 $f : M \to \tilde{M}$ 是局部等距的覆叠映射.

定理 4.5 的证明要点如下: 根据 M 的单连通性, 对于任意的 $q \in M$ 以及任意的 $\gamma, \bar{\gamma} \in \mathscr{C}_p^q(M), \gamma$ 与 $\bar{\gamma}$ 都是同伦的. 借助于相应的伦移 h_s, 可以在 γ 与 $\bar{\gamma}$ 之间插入一系列分段光滑的测地线 $\beta_{s_j}, 0 = s_0 < s_1 < \cdots < s_n = 1$, 使得

$$\beta_0 = \gamma, \quad \beta_1 = \bar{\gamma},$$

并且在相邻测地线上对应于 t_i, t_{i+1} 的点都落在某点的一个法坐标邻域内. 这样就把问题化为定理 4.1 已经处理过的情形. 限于篇幅, 细节不再赘述; 有兴趣的读者可以参看参考文献 [15], 第 39 页.

§5.5 空 间 形 式

首先给出空间形式的定义:

定义 5.1 完备、单连通的常曲率空间称为**空间形式**.

以后, 用 $M^n(c)$ 表示以 c 为截面曲率的 n 维空间形式. 下面是我们已经熟悉的例子.

例 5.1 欧氏空间 $\mathbb{R}^n$ 是截曲率为 $c = 0$ 的 n 维空间形式.

事实上, 由第四章的例 1.1 或例 3.1, $\mathbb{R}^n$ 具有常截面曲率 0; 它的完备性正是数学分析中的 Cauchy 收敛准则, 其单连通性是显然的.

例 5.2 $\mathbb{R}^{n+1}$ 中半径为 $r > 0$ 的标准球面 $S^n(r)(n \geqslant 2)$ 是截曲率为 $c = 1/r^2$ 的 n 维空间形式.

事实上, $S^n(r)(n \geqslant 2)$ 显然是单连通的, 紧致的, 因而又是完备的. 在另一方面, 根据第二章例 2.2, 在由

$$U = S^n(r)\backslash\{N\} \quad \text{和} \quad V = S^n(r)\backslash\{S\}$$

到 $\mathbb{R}^n$ 的球极投影给出的局部坐标覆盖 $\{(U;\xi^i),(V;\eta^i)\}$ 下, $S^n(r)$ 上的诱导度量的表达式是

$$ds^2 = \frac{4\sum_i(d\xi^i)^2}{(1+c\sum_i(\xi^i)^2)^2}, \quad ds^2 = \frac{4\sum_i(d\eta^i)^2}{(1+c\sum_i(\eta^i)^2)^2},$$

其中 $S = (0,\cdots,0,-r)$, $N = (0,\cdots,0,r)$. 根据第四章的例 3.1 得知, $S^n(r)$ 的截面曲率是常数 $c = \dfrac{1}{r^2}$.

例 5.3 双曲空间 $H^n(c)$ $(c < 0)$ 是截曲率为 c 的 n 维空间形式. 依照第二章的例 2.3, 在 $\mathbb{R}^{n+1}$ 中引入 Lorentz 内积

$$\langle x, y \rangle_1 = \sum_{i=1}^n x^i y^i - x^{n+1}y^{n+1},$$
$$\forall x = (x^1,\cdots,x^{n+1}), y = (y^1,\cdots,y^{n+1}) \in \mathbb{R}^{n+1},$$

并以 $\mathbb{R}_1^{n+1}$ 表示 Lorentz 空间 $(\mathbb{R}^{n+1}, \langle\cdot,\cdot\rangle_1)$.

在 $\mathbb{R}_1^{n+1}$ 中考虑双叶双曲面的上半叶

$$H^n(c) = \{x \in \mathbb{R}^{n+1}; \langle x, x \rangle_1 = -a^2, \ x^{n+1} > 0\},$$

其中 $a = 1/\sqrt{-c}$. 则 $\langle\cdot,\cdot\rangle_1$ 在 $H^n(c)$ 上的限制诱导出 $H^n(c)$ 上的黎曼度量 g. 具有诱导度量 g 的光滑流形 $H^n(c)$ 就是 n 维双曲空间. 设 $B^n(a)$ 为欧氏空间 $\mathbb{R}^n$ 中以原点为中心, 以 a 为半径的开球, 即

$$B^n(a) = \left\{(\xi^i) \in \mathbb{R}^n; \sum_i(\xi^i)^2 < a^2\right\}.$$

则由

$$\xi^i = \frac{ax^i}{a + x^{n+1}}, \quad 1 \leqslant i \leqslant n$$

确定的映射 $\varphi : H^n(c) \to B^n(a)$ 给出了 $H^n(c)$ 上的一个整体坐标系 $(H^n(c); \xi^i)$. 相应地, 度量 g 可以表示为

$$\mathrm{d}s^2 = \frac{4a^4 \sum_i (\mathrm{d}\xi^i)^2}{\left(a^2 - \sum_i (\xi^i)^2\right)^2} = \frac{4 \sum_i (\mathrm{d}\xi^i)^2}{\left(1 + c \sum_i (\xi^i)^2\right)^2}, \quad (\xi^i) \in B^n(a). \tag{5.1}$$

根据第四章例 3.1, $H^n(c)$ 的截面曲率为常数 c, 即 $H^n(c)$ 是 n 维常曲率空间. 显然 $H^n(c)$ 是单连通的拓扑空间, 现在要证明它的完备性.

根据 Hopf-Rinow 定理 (第三章的定理 6.3), 要证明 $H^n(c)$ 是完备的, 只需要说明从点

$$p = (0, \cdots, 0, a) \in H^n(c) \subset \mathbb{R}_1^{n+1}$$

出发的每一条测地线 γ 都可以无限地延伸, 从而保证了指数映射 $\exp_p$ 在 $T_p H^n(c)$ 上处处有定义. p 关于局部坐标系 $(H^n(c); \xi^i)$ 的局部坐标为 $(0, \cdots, 0)$, 而从 p 出发的正规测地线 γ 的参数方程是 (参看第三章的例 1.3)

$$\xi^i = \frac{v^i}{\sqrt{-c}} \tanh\left(\frac{\sqrt{-c}\,t}{2}\right), \quad 1 \leqslant i \leqslant n, \quad t \in [0, +\infty),$$

其中 (v^i) 满足

$$\sum_i (v^i)^2 = 1.$$

既然该测地线以 t 为弧长参数, 并且定义在无限的区间 $[0, +\infty)$ 上, 故 $H^n(c)$ 是一个完备的黎曼流形.

上面的例子告诉我们, 对于任意的实数 c 以及任意的自然数 n, 以 c 为截面曲率的 n 维空间形式是存在的. 本节将要证明, 在等距的意义下, 上述例子实际上包括了所有的空间形式. 为此, 首先要介绍关于等距的一个引理.

引理 5.1 设 $f_1, f_2 : M \to \tilde{M}$ 是 m 维黎曼流形 M 和 $\tilde{M}$ 之间的两个局部等距. 如果存在一点 $p \in M$, 使得

$$f_1(p) = f_2(p), \quad (f_1)_{*p} = (f_2)_{*p},$$

则有 $f_1 = f_2$.

证明 定义 M 的子集

$$A = \{q \in M; \ f_1(q) = f_2(q), (f_1)_{*q} = (f_2)_{*q}\},$$

显然 A 是 M 的一个非空闭子集. 下面要证明 A 也是 M 的开子集, 从而由 M 的连通性得知 $A = M$, 这就证明了 $f_1 = f_2$.

根据第二章的命题 2.2, 对于任意的 $q \in A$, 可取充分小的 $\delta > 0$, 使得 f_1, f_2 在法坐标球邻域 $\mathscr{B}_q(\delta)$ 上的限制都是到 $\tilde{M}$ 内的等距. 取 $q' \in \mathscr{B}_q(\delta)$, 则有

$$v \in T_q M, \ |v| = 1,$$

使得 $q' = \exp_q(bv)$, 其中 $b = d(q, q')$. 令

$$\gamma(t) = \exp_q(tv), \quad t \in [0, b].$$

则由于 f_1, f_2 是光滑等距, 故 $f_1 \circ \gamma$ 和 $f_2 \circ \gamma$ 都是 $\tilde{M}$ 中的测地线, 并且

$$(f_1 \circ \gamma)(0) = f_1(q) = f_2(q) = (f_2 \circ \gamma)(0),$$
$$(f_1 \circ \gamma)'(0) = (f_1)_{*q}(\gamma'(0)) = (f_2)_{*q}(\gamma'(0)) = (f_2 \circ \gamma)'(0).$$

根据测地线的唯一性, 对于任意的 $t \in [0, b]$ 有

$$f_1 \circ \gamma(t) = f_2 \circ \gamma(t),$$

特别地

$$\begin{aligned}
f_1(q') &= f_1(\exp_q(bv)) = (f_1 \circ \gamma)(b) \\
&= (f_2 \circ \gamma)(b) = f_2(\exp_q(bv)) = f_2(q').
\end{aligned}$$

由于 $q' \in \mathscr{B}_q(\delta)$ 的任意性,

$$(f_1)|_{\mathscr{B}_q(\delta)} = (f_2)|_{\mathscr{B}_q(\delta)},$$

因而对于任意的 $q' \in \mathscr{B}_q(\delta)$, 又有

$$(f_1)_{*q'} = (f_2)_{*q'}.$$

由此可见, $\mathscr{B}_q(\delta) \subset A$. 所以 A 是 M 的开子集, 引理得证.

定理 5.2 设 $M^n(c)$ 是截面曲率为 c 的 n 维空间形式, 则

(1) 当 $c > 0$ 时, $M^n(c)$ 与半径为 $r = 1/\sqrt{c}$ 的标准球面 $S^n(r)$ 等距;

(2) 当 $c = 0$ 时, $M^n(c)$ 与欧氏空间 $\mathbb{R}^n$ 等距;

(3) 当 $c < 0$ 时, $M^n(c)$ 与双曲空间 $H^n(c)$ 等距.

证明 先考虑 (2) 和 (3) 的情形. 假设

$$c = 0 \quad \text{或} \quad c < 0,$$

用 $N(c)$ 代表 $\mathbb{R}^n$ 或 $H^n(c)$.

任取 $p \in N(c)$, $\tilde{p} \in M^n(c)$, 以及等距的线性同构

$$\sigma : T_p N(c) \to T_{\tilde{p}} M^n(c).$$

由于 $N(c)$ 和 $M^n(c)$ 都是单连通的完备黎曼流形, 且截面曲率都是非正的, 根据 Cartan-Hadamard 定理 (定理 3.3), 指数映射

$$\exp_p : T_p N(c) \to N(c) \quad \text{和} \quad \exp_{\tilde{p}} : T_{\tilde{p}} M^n(c) \to M^n(c)$$

都是微分同胚, 从而映射

$$f = \exp_{\tilde{p}} \circ \sigma \circ (\exp_p)^{-1} : N(c) \to M^n(c)$$

是微分同胚. 又因为 $N(c)$ 和 $M^n(c)$ 具有相同的常截面曲率 c, 由 Cartan 等距定理 (定理 4.1), f 是局部等距. 所以, f 是等距.

对于 $c > 0$ 的情形, 设 $r = 1/\sqrt{c}$. 任意取定点 $p \in S^n(r)$ 和点 $\tilde{p} \in M^n(c)$, 并用 $-p$ 表示 p 点的对径点. 由于 p 在 $S^n(r) \setminus \{-p\}$ 上没有共轭点, 映射

$$(\exp_p)^{-1} : S^n(r) \setminus \{-p\} \to T_p S^n(r)$$

有意义, 并且是从 $S^n(r)\backslash\{-p\}$ 到 $T_pS^n(r)$ 中的开球 $B_p(r\pi)$ 上的微分同胚. 取定一个等距线性同构

$$\sigma : T_pS^n(r) \to T_{\tilde{p}}M^n(c),$$

并设

$$f_p = \exp_{\tilde{p}} \circ \sigma \circ (\exp_p)^{-1} : S^n(r)\backslash\{-p\} \to M^n(c).$$

由于 $S^n(r)\backslash\{-p\}$ 和 $M^n(c)$ 具有相同的常截面曲率 c, 故 f_p 是局部等距.

同理, 对于任意取定的点 $q \in S^n(r)\backslash\{p, -p\}$, 设 $\tilde{q} = f_p(q)$, 则有等距线性同构

$$\tau = (f_p)_{*q} : T_qS^n(r) \to T_{\tilde{q}}M^n(c),$$

从而又有局部等距

$$f_q = \exp_{\tilde{q}} \circ \tau \circ (\exp_q)^{-1} : S^n(r)\backslash\{-q\} \to M^n(c).$$

注意到 $n \geqslant 2$, 所以 $W = S^n(r)\backslash\{-p, -q\}$ 是 $S^n(r)$ 的连通开子集, 并且 $q \in W$. 易见,

$$f_q(q) = \tilde{q} = f_p(q),$$
$$(f_q)_{*q} = (\exp_{\tilde{q}})_{*0} \circ \tau \circ (\exp_q^{-1})_{*q} = \tau = (f_p)_{*q}.$$

根据引理 5.1, $f_q|_W = f_p|_W : W \to M^n(c)$. 又因为

$$S^n(r) = (S^n(r)\backslash\{-p\}) \cup (S^n(r)\backslash\{-q\}),$$
$$(S^n(r)\backslash\{-p\}) \cap (S^n(r)\backslash\{-q\}) = W,$$

所以可以定义从 $S^n(r)$ 到 $M^n(c)$ 的映射 $f : S^n(r) \to M^n(c)$, 使得

$$f(x) = \begin{cases} f_p(x), & \text{如果 } x \in S^n(r)\backslash\{-p\}; \\ f_q(x), & \text{如果 } x \in S^n(r)\backslash\{-q\}. \end{cases}$$

自然, f 是局部等距. 根据引理 3.2,

$$f : S^n(r) \to M^n(c)$$

是一个覆叠映射. 由于 $S^n(r)$ 和 $M^n(c)$ 都是单连通的, 故 f 是微分同胚, 因而是等距. 证毕.

对于任意一个黎曼流形 (M, g), 如果

$$\pi : \tilde{M} \to M$$

是 M 的一个覆叠映射, 则 π 必是局部微分同胚, 因而是浸入. 所以 $\tilde{g} = \pi^*(g)$ 是 $\tilde{M}$ 上的黎曼度量, 称为在覆叠流形 $\tilde{M}$ 上的**覆叠度量**. 于是 $(\tilde{M}, \tilde{g})$ 是一个黎曼流形, 并且覆叠映射

$$\pi : (\tilde{M}, \tilde{g}) \to (M, g)$$

是局部等距. 这时, 把 $(\tilde{M}, \tilde{g})$ 称为黎曼流形 (M, g) 的**黎曼覆叠空间**. 同时, 由于映射 π 把 $(\tilde{M}, \tilde{g})$ 上的每一条测地线映射为 (M, g) 上的测地线, 不难看出, 当 (M, g) 是完备黎曼流形时, $(\tilde{M}, \tilde{g})$ 也是完备的. 另外, 局部等距保持截面曲率不变, 故由定理 5.2 可以得到如下的推论:

推论 5.3　设 M 是具有截曲率 c 的完备常曲率空间, 则它的通用黎曼覆叠空间依照 $c > 0$, $c = 0$ 和 $c < 0$ 分别等距于 $S^n(1/\sqrt{c})$, $\mathbb{R}^n$ 和 $H^n(c)$.

现在可以把推论 4.4 扩充为如下的大范围结果:

定理 5.4　设 $M^n(c)$ 是截面曲率为 c 的 n 维空间形式, 则对于 $M^n(c)$ 上的任意两点 $p, \tilde{p}$ 以及 $T_p M^n(c)$ 和 $T_{\tilde{p}} M^n(c)$ 中的任意两个单位正交基 $\{e_i\}, \{\tilde{e}_i\}$, 存在唯一的一个等距

$$f : M^n(c) \to M^n(c)$$

使得

$$f(p) = \tilde{p}, \quad f_{*p}(e_i) = \tilde{e}_i, \quad 1 \leqslant i \leqslant n.$$

证明　假设

$$\sigma : T_p M^n(c) \to T_{\tilde{p}} M^n(c)$$

是由 $\sigma(e_i) = \tilde{e}_i$ $(1 \leqslant i \leqslant n)$ 确定的等距线性同构. 根据定理 5.2 的证明, 存在等距 $f : M^n(c) \to M^n(c)$, 使得

$$f(p) = \tilde{p}, \quad f_{*p} = \sigma : T_p M^n(c) \to T_{\tilde{p}} M^n(c).$$

再由引理 5.1 得知这样的等距是唯一的, 定理得证.

黎曼流形 (M, g) 上的全体等距变换 (参看第二章定义 2.2) 构成的集合关于映射的复合构成一个群, 称为黎曼流形 (M, g) 的**等距变换群**, 并记为 $I(M, g)$ 或 $I(M)$. 可以证明 $I(M)$ 是一个李群. 定理 5.4 告诉我们, n 维空间形式 $M^n(c)$ 的等距变换群 $I(M^n(c))$ 的维数是 $n(n+1)/2$.

设 (M, g) 是 m 维黎曼流形, $\pi: \tilde{M} \to M$ 是它的一个覆叠映射, 则关于 $\tilde{M}$ 上的覆叠度量 $\tilde{g}$, π 是局部等距. 设 $h: \tilde{M} \to \tilde{M}$ 是关于覆叠 π 的一个覆叠变换 (参看参考文献 [13], 第 159 页), 即 h 是 M 上满足 $\pi \circ h = \pi$ 的微分同胚. 由于 π 是局部等距, h 必是等距, 即

$$h \in I(\tilde{M}, \tilde{g}).$$

显然, 覆叠映射 π 的全体覆叠变换也构成一个群, 称为覆叠 π 的覆叠变换群, 它是 $I(\tilde{M}, \tilde{g})$ 的一个子群.

现在假定 Γ 是一个离散群, 并且它在 m 维光滑流形 M 上有一个作用 $\Theta: \Gamma \times M \to M$. 如果 Θ 满足以下两个条件:

(1) 对于任意的 $x \in M$, 都存在 x 的一个邻域 U, 使得集合 $\{h \in \Gamma;\ (h \cdot U) \cap U \neq \emptyset\}$ 是有限集, 其中 $h \cdot U = \{\Theta(h, y);\ y \in U\}$;

(2) 如果 $x, y \in M$, 并且 $x \notin \Gamma(y) = \{\Theta(h, y);\ h \in \Gamma\}$, 则有 x, y 的邻域 U, V, 使得

$$U \cap \Gamma \cdot V = \emptyset,$$

其中

$$\Gamma \cdot V = \{\Theta(h, y);\ h \in \Gamma, y \in V\},$$

则称 Θ 是离散群 Γ 在光滑流形 M 上的**纯不连续作用**.

设 $\Theta: \Gamma \times \tilde{M} \to \tilde{M}$ 是离散群 Γ 在光滑流形 $\tilde{M}$ 上的一个纯不连续作用, 令 $M = \tilde{M}/\Gamma$. 如果此作用没有不动点, 则在 M 上有唯一的光滑结构, 使得自然投影 $\pi: \tilde{M} \to M$ 是一个覆叠映射 (参看参考文献 [3], 第二章, §5). 根据商空间和自然投影的定义, 对于任意的 $h \in \Gamma$,

$$\pi \circ \Theta(h, \cdot) = \pi(\cdot).$$

因此, $\Theta(h, \cdot)$ 是覆叠 π 的一个覆叠变换. 反之, 对于光滑流形 M 和它的一个覆叠映射 $\pi : \tilde{M} \to M$, 相应的覆叠变换群必定是纯不连续地作用在覆叠空间 $\tilde{M}$ 上, 并且没有不动点.

把上面的讨论综合起来得知, 假定 Γ 是 $I(M^n(c))$ 的一个离散子群, 如果它在 $M^n(c)$ 上有一个无不动点的纯不连续作用, 则商空间 $M = M^n(c)/\Gamma$ 是一个完备的 n 维常曲率空间, 其截面曲率为 c. 反之, 设 M 是任意一个完备的 n 维常曲率空间, 并且具有截面曲率 c. 则必有 $I(M^n(c))$ 的一个离散子群 Γ, 以及 Γ 在 $M^n(c)$ 上的一个无不动点的纯不连续作用, 使得 M 等距于商空间 $M^n(c)/\Gamma$.

由此可见, 要对截面曲率为 c 的 n 维完备常曲率空间进行分类, 就是要寻找 $I(M^n(c))$ 的所有离散子群, 并对它们进行分类. 然而, 这却是一个十分困难的问题. 不过, $c > 0$ 的情形已经得到完全的解决; 有兴趣的读者可以参看参考文献 [31]. 作为本节的结束, 在这里只叙述偶维数情形的一个结果:

命题 5.5 设 M 是一个截面曲率为 1 的 $2k$ 维完备常曲率空间, 则 M 必与单位球面 S^{2k} 或实射影空间 $\mathbb{R}P^{2k}$ 等距.

习　题　五

1. 设 $\gamma : [a, b] \to M$ 是黎曼流形 (M, g) 上的一条测地线, $J(t)$ 是沿 γ 的任意一个 Jacobi 场. 证明: 如果 $J \not\equiv 0$, 则它的零点是孤立的.

2. 证明推论 1.6 的结论 (2).

3. 证明推论 1.8.

4. 设 $c < 0$, M 是具有常截面曲率 c 的黎曼流形. 假定 $\gamma : [0, l] \to M$ 是一条正规测地线, 向量 $v \in T_{\gamma(l)}M$ 并满足

$$\langle v, \gamma'(l) \rangle = 0, \quad |v| = 1.$$

显然, $\gamma(l)$ 不是 $\gamma(0)$ 的共轭点 (参看引理 3.1). 证明: 沿 γ 满足条件

$$J(0) = 0, \quad J(l) = v$$

的 Jacobi 场 J 由下式给出

$$J(t) = \frac{\sinh(\sqrt{-c}t)}{\sinh(\sqrt{-c}l)} w(t),$$

其中 $w(t)$ 是沿 γ 的一个平行向量场, 并且

$$w(0) = \frac{u_0}{|u_0|}, \quad u_0 = (\exp_{\gamma(0)})^{-1}_{*l\gamma'(0)}(v).$$

5. 设 $\gamma : [0, a] \to M$ 是黎曼流形 M 上的一条测地线, X 是 M 上的 Killing 向量场.

(1) 证明: X 在 γ 上的限制

$$X(t) = X(\gamma(t))$$

是沿 γ 的 Jacobi 场;

(2) 利用 (1) 重新证明第三章习题第 8 题: 如果 M 是连通的, 并且存在点 $p \in M$ 使得

$$X(p) = 0, \quad \mathrm{D}_v X = 0, \quad \forall v \in T_p M,$$

则 X 在 M 上恒为零.

6. 设 M 是黎曼流形, $p \in M$. 假定对于从 p 点出发的任意一条测地线

$$\gamma : [0, b] \to M, \quad \gamma(0) = p,$$

沿 γ 的任意一个法 Jacobi 场 J 都具有 $J(t) = f(t)E(t)$ 的形式, 其中 $E(t)$ 是沿 γ 平行的单位向量场.

(1) 设 $V \subset T_p M$ 是 $T_p M$ 中的任一个向量子空间, 对于充分小的正数 δ, 令

$$\tilde{V} = \{v \in V;\ g(v, v) < \delta^2\}, \quad S = \exp_p(\tilde{V}),$$

它是 M 通过点 p 的子流形. 证明: 存在充分小的 $\delta > 0$, 使得对于任意的测地线 $\gamma : [0, b] \to M$, 只要

$$\gamma(0) = p, \quad \gamma'(0) \in V, \quad \gamma([0, b]) \subset S,$$

则在 M 中沿 γ 的平行移动把 V 变为 $T_{\gamma(b)}S$.

(2) 设 $\dim M \geqslant 3$. 证明: M 在点 p 的截面曲率是与二维截面的取法无关的常数.

7. 设 $\gamma : [0, b] \to M$ 是黎曼流形 M 上的一条测地线, 令

$$\mathscr{J}_0^b(\gamma) = \{J; J \text{ 为沿 } \gamma \text{ 的 Jacobi 场, 并且 } J(0) = J(b) = 0\},$$

证明: $\mathscr{J}_0^b(\gamma)$ 和线性映射 $(\exp_{\gamma(0)})_{*b\gamma'(0)}$ 的核空间同构.

8. 设 $\gamma : [0, +\infty) \to M$ 是黎曼局部对称空间 M (参看第四章习题第 11 题) 上的一条测地线, $p = \gamma(0)$. 对于任意的 $t \in [0, +\infty)$, 定义线性映射

$$K_t : T_{\gamma(t)}M \to T_{\gamma(t)}M$$

如下:

$$K_t(w) = \mathcal{R}(w, \gamma'(t))\gamma'(t), \quad \forall w \in T_{\gamma(t)}M.$$

(1) 证明映射 K_t 是自共轭的, 即

$$\langle K_t(v_1), v_2 \rangle = \langle v_1, K_t(v_2) \rangle, \quad \forall v_1, v_2 \in T_{\gamma'(t)}M.$$

(2) 取 T_pM 的一个单位正交基 $\{e_i\}$, 使 K_0 对角化, 即

$$K_0(e_i) = \lambda_i e_i, \quad 1 \leqslant i \leqslant m.$$

利用平行移动, 把 e_i 扩展为沿 γ 平行的向量场. 证明:

$$K_t(e_i(t)) = \lambda_i e_i(t), \quad \forall t \in [0, +\infty);$$

(3) 设

$$J(t) = \sum_i J^i(t)e_i(t)$$

是沿 γ 的一个向量场. 证明: J 是 Jacobi 场等价于 $J^i(t)$ 满足方程组

$$\frac{\mathrm{d}^2 J^i}{\mathrm{d}t^2} + \lambda_i J^i = 0, \quad 1 \leqslant i \leqslant m.$$

(4) 证明: 点 p 沿 γ 的共轭点是 $\gamma(k\pi/\sqrt{\lambda})$, 其中 k 是正整数, λ 是映射 K_0 的任意一个正特征根.

9. 设 M 是完备黎曼流形, $f : (M, g) \to (N, h)$ 是局部等距, 证明: 对于任意一条测地线

$$\beta : [a, b] \to N,$$

以及任意一点 $p \in f^{-1}(\beta(a))$, 在 M 中存在唯一的一条经过点 p 的测地线 γ, 使得 $f \circ \gamma = \beta$.

10. 设 p 是完备黎曼流形 M 上的一点. 如果指数映射 $\exp_p$ 无退化点, 或等价地说, p 点无共轭点, 则称点 p 为 M 的一个**极点** (参看引理 3.1). 易知, 具有非正截面曲率的完备黎曼流形上的每一个点都是其极点. 证明: 如果完备的单连通黎曼流形 M 有极点, 则 M 和欧氏空间光滑同胚.

11. 设 M 是 $\mathbb{R}^3$ 中的一个旋转抛物面:

$$M = \{(x, y, z) \in \mathbb{R}^3;\ z = x^2 + y^2\}, \quad p = (0, 0, 0).$$

证明:

(1) p 点是 M 的一个极点;

(2) M 的 Gauss 曲率大于零.

本题说明, 截面曲率非正是完备黎曼流形有极点的一个充分条件, 但不是必要条件.

12. 设 $\pi : \tilde{M} \to M$ 是黎曼流形 M 的一个覆叠流形, 证明: $\tilde{M}$ 关于覆叠度量是完备的当且仅当 M 是完备的.

13. 设 $f : M \to N$ 是黎曼流形之间的局部等距. 试举例说明, 当 N 是完备的时候, M 不一定是完备的.

14. 设 M 是 $\mathbb{R}_*^2 = \mathbb{R}^2 \backslash \{(0, 0)\}$ 的通用覆叠流形, 相应的覆叠映射是 $\pi : M \to \mathbb{R}_*^2$. 证明: M 关于覆叠度量是不可延拓的, 但不是完备的. 由此可见, 不可延拓性条件比完备性条件弱, 因而用起来不很方便.

15. 设黎曼流形 (M, g) 的截面曲率恒为零, $p \in M$, U 是 M 在点 p 的任意一个法坐标邻域. 证明: $\exp_p : (\exp_p)^{-1}(U) \to U \subset M$ 是等距.

16. 设 M 是黎曼流形, $p \in M$, $\delta > 0$ 充分小, 使得测地球 $\mathscr{B}_p(\delta)$ 是 M 在 p 点的一个法坐标邻域; $\sigma : \mathscr{B}_p(\delta) \to \mathscr{B}_p(\delta)$ 是一个光滑映射.

如果对于 $\mathscr{B}_p(\delta)$ 中的每一条径向测地线 $\gamma(t)$ ($\gamma(0) = p$), 都有

$$\sigma(\gamma(t)) = \gamma(-t), \quad \forall t,$$

则称 σ 是 M 在 p 点的一个**局部对称变换**. 证明: M 是黎曼局部对称空间 的充要条件是 M 在每一点都存在等距的局部对称变换.

17. 设 $S^n(r) \subset \mathbb{R}^{n+1}$ 是半径为 r 的标准球面. 证明: $S^n(r)$ 上的任意一个等距变换都是 $\mathbb{R}^{n+1}$ 上的正交变换在 $S^n(r)$ 上的限制, 因而有 $\mathrm{I}(S^n(r)) = \mathrm{O}(n + 1)$.

18. 直接证明推论 4.2 的结论 (1).

19. 依照第二章的例 2.3 和第二章习题第 23(2) 题, $\mathbb{R}^{n+1}$ 关于 Lorentz 内积

$$\langle x, y \rangle_1 = \sum_{i=1}^{n} x^i y^i - x^{n+1} y^{n+1},$$
$$\forall x = (x^1, \cdots, x^{n+1}), \qquad y = (y^1, \cdots, y^{n+1}) \in \mathbb{R}^{n+1},$$

构成一个 Lorentz 空间 $\mathbb{R}_1^{n+1} = (\mathbb{R}^{n+1}, \langle \cdot, \cdot \rangle_1)$. 设

$$H^n(c) = \{x \in \mathbb{R}^{n+1}; \langle x, x \rangle_1 = -a^2, \ x^{n+1} > 0\},$$

其中 $a = 1 / \sqrt{-c}$; $H^n(c)$ 上的黎曼度量 g 由 $\langle \cdot, \cdot \rangle_1$ 诱导. 用 $\mathrm{O}(n+1,1)$ 表示在 $\mathbb{R}_1^{n+1}$ 上保持 Lorentz 内积不变的线性变换所构成的群, 它是一般线性群 $\mathrm{GL}(n+1, \mathbb{R})$ 的子群. 令

$$G = \{A = (a_\beta^\alpha) \in \mathrm{O}(n+1,1); \ \det A > 0 \ \text{且} \ a_{n+1}^{n+1} > 0\},$$
$$\varepsilon = \begin{pmatrix} I_n & 0 \\ 0 & -1 \end{pmatrix} \in \mathrm{GL}(n+1, \mathbb{R}),$$

其中 I_n 表示 n 阶单位矩阵. 证明:

(1) 对于任意的 $A \in \mathrm{GL}(n+1, \mathbb{R})$, $A \in \mathrm{O}(n+1,1)$ 当且仅当 $A^{\mathrm{t}} \varepsilon A = \varepsilon$;

(2) 对于任意的 $p \in H^n(c)$, $\eta(p) = \dfrac{1}{a} p$ 是 $H^n(c)$ 在点 p 的 "单位"

法向量, 即

$$\langle \eta(p), \eta(p) \rangle_1 = -1, \quad \langle \eta(p), v \rangle_1 = 0, \quad \forall v \in T_p H^n(c);$$

(3) 对于任意的 $A \in G$, A 在 $H^n(c)$ 上的限制 $A|_{H^n(c)}$ 是 $H^n(c)$ 上的等距变换, 并且保持 $H^n(c)$ 的定向不变;

(4) 对于任意的 $p, q \in H^n(c)$, 以及在 $T_p H^n(c)$ 和 $T_q H^n(c)$ 上与定向相符的单位正交基底 $\{e_i\}$ 和 $\{f_j\}$, 设 A 是由

$$e_i \mapsto f_i, \quad \eta(p) \mapsto \eta(q)$$

确定的线性变换, 则有 $A \in G$; 由此进一步说明 $H^n(c)$ 是完备的黎曼流形.

第六章 弧长的第二变分公式

变分法是研究黎曼几何的有效手段之一. 第三章曾经介绍过弧长的第一变分公式, 即弧长泛函的一阶导数表达式. 这个表达式与黎曼流形本身的曲率没有关系. 如果进一步求弧长泛函的二阶导数, 便可得到弧长的第二变分公式. 由于在第二变分公式中出现与黎曼流形的曲率有关的项, 从而成为在黎曼流形上研究受其曲率影响的相关特性的重要工具. 这一章, 首先将导出弧长的第二变分公式; 然后把它用于研究测地线的最短性和黎曼流形的拓扑特性.

§6.1 弧长的第二变分公式

设 (M, g) 是 m 维黎曼流形. 根据第三章的推论 3.6, M 上的一条分段光滑曲线 $\gamma : [a, b] \to M$ 是测地线当且仅当 γ 是在它的任意一个有固定端点的变分下弧长泛函的临界点. 为了判定一条测地线是否为在连接其端点的所有分段光滑曲线中的最短线, 需要计算弧长泛函的二阶导数, 其表达式就是弧长的第二变分公式.

假定 $\gamma(t) \, (t \in [a, b])$ 是黎曼流形 (M, g) 中的一条正则的测地线, 则由第三章的定理 1.5, 其参数 t 必与它的弧长成比例. 设

$$\Phi : [a, b] \times (-\varepsilon, \varepsilon) \to M$$

是 γ 的一个变分, 则对于任意固定的 $u \in (-\varepsilon, \varepsilon)$ 有变分曲线

$$\gamma_u(t) = \Phi(t, u), \quad t \in [a, b],$$

其中 $\gamma_0 = \gamma$. 曲线 γ_u 的弧长是

$$L(u) = L(\gamma_u) = \int_a^b |\gamma_u'(t)| \mathrm{d}t = \int_a^b \langle \gamma_u'(t), \gamma_u'(t) \rangle^{\frac{1}{2}} \mathrm{d}t.$$

因此, 如果令

$$\tilde{T} = \Phi_* \left(\frac{\partial}{\partial t} \right), \quad \tilde{U} = \Phi_* \left(\frac{\partial}{\partial u} \right), \quad U = \tilde{U}|_{u=0},$$

则 $U = U(t)$ 是变分 Φ 的变分向量场, 且有 (参看第三章的 (3.8) 式)

$$L'(u) = \frac{\mathrm{d}}{\mathrm{d}u} L(\gamma_u) = \int_a^b \frac{\langle \mathrm{D}_{\frac{\partial}{\partial t}} \tilde{U}, \tilde{T} \rangle}{\langle \tilde{T}, \tilde{T} \rangle^{\frac{1}{2}}} \mathrm{d}t, \tag{1.1}$$

其中 D 是诱导向量丛 $\Phi^* TM$ 上的诱导联络. 将 (1.1) 式对 u 再次求导, 得到

$$
\begin{aligned}
L''(u) &= \frac{\mathrm{d}^2}{\mathrm{d}u^2} L(\gamma_u) \\
&= \int_a^b \left\{ \frac{1}{\langle \tilde{T}, \tilde{T} \rangle^{\frac{1}{2}}} \frac{\partial}{\partial u} \langle \mathrm{D}_{\frac{\partial}{\partial t}} \tilde{U}, \tilde{T} \rangle - \frac{\langle \mathrm{D}_{\frac{\partial}{\partial t}} \tilde{U}, \tilde{T} \rangle \langle \mathrm{D}_{\frac{\partial}{\partial u}} \tilde{T}, \tilde{T} \rangle}{\langle \tilde{T}, \tilde{T} \rangle^{\frac{3}{2}}} \right\} \mathrm{d}t \\
&= \int_a^b \left\{ \frac{\langle \mathrm{D}_{\frac{\partial}{\partial u}} \mathrm{D}_{\frac{\partial}{\partial t}} \tilde{U}, \tilde{T} \rangle + \langle \mathrm{D}_{\frac{\partial}{\partial t}} \tilde{U}, \mathrm{D}_{\frac{\partial}{\partial u}} \tilde{T} \rangle}{\langle \tilde{T}, \tilde{T} \rangle^{\frac{1}{2}}} - \frac{\langle \mathrm{D}_{\frac{\partial}{\partial t}} \tilde{U}, \tilde{T} \rangle^2}{\langle \tilde{T}, \tilde{T} \rangle^{\frac{3}{2}}} \right\} \mathrm{d}t \\
&= \int_a^b \left\{ \frac{\langle \mathrm{D}_{\frac{\partial}{\partial u}} \mathrm{D}_{\frac{\partial}{\partial t}} \tilde{U}, \tilde{T} \rangle + \langle \mathrm{D}_{\frac{\partial}{\partial t}} \tilde{U}, \mathrm{D}_{\frac{\partial}{\partial t}} \tilde{U} \rangle}{\langle \tilde{T}, \tilde{T} \rangle^{\frac{1}{2}}} - \frac{\langle \mathrm{D}_{\frac{\partial}{\partial t}} \tilde{U}, \tilde{T} \rangle^2}{\langle \tilde{T}, \tilde{T} \rangle^{\frac{3}{2}}} \right\} \mathrm{d}t, \tag{1.2}
\end{aligned}
$$

其中利用了等式 $\mathrm{D}_{\frac{\partial}{\partial u}} \tilde{T} = \mathrm{D}_{\frac{\partial}{\partial t}} \tilde{U}$ (参看第三章的 (3.7) 式). 设 $\mathcal{R}$ 是 M 上的曲率张量, 则根据第四章习题第 3 题的结论有

$$\mathrm{D}_{\frac{\partial}{\partial u}} \mathrm{D}_{\frac{\partial}{\partial t}} \tilde{U} = \mathrm{D}_{\frac{\partial}{\partial t}} \mathrm{D}_{\frac{\partial}{\partial u}} \tilde{U} + \mathcal{R}(\tilde{U}, \tilde{T}) \tilde{U}.$$

所以

$$
\begin{aligned}
\langle \mathrm{D}_{\frac{\partial}{\partial u}} \mathrm{D}_{\frac{\partial}{\partial t}} \tilde{U}, \tilde{T} \rangle &= \langle \mathrm{D}_{\frac{\partial}{\partial t}} \mathrm{D}_{\frac{\partial}{\partial u}} \tilde{U}, \tilde{T} \rangle + \langle \mathcal{R}(\tilde{U}, \tilde{T}) \tilde{U}, \tilde{T} \rangle \\
&= \frac{\partial}{\partial t} (\langle \mathrm{D}_{\frac{\partial}{\partial u}} \tilde{U}, \tilde{T} \rangle) - \langle \mathrm{D}_{\frac{\partial}{\partial u}} \tilde{U}, \mathrm{D}_{\frac{\partial}{\partial t}} \tilde{T} \rangle + \langle \mathcal{R}(\tilde{U}, \tilde{T}) \tilde{U}, \tilde{T} \rangle.
\end{aligned}
$$

由于当 $u = 0$ 时, $\gamma_0 = \gamma$ 为测地线, $\tilde{T}|_{u=0} = \gamma'$, 故有 (参看第二章的注记 8.1)

$$\mathrm{D}_{\frac{\partial}{\partial t}} \tilde{T}|_{u=0} = \mathrm{D}_{\frac{\partial}{\partial t}} \gamma' \equiv 0, \quad |\tilde{T}|_{u=0} = |\gamma'| = 常数.$$

若令 $l = L(\gamma)$, 则由

$$l = L(\gamma) = \int_a^b |\gamma'| \mathrm{d}t = |\gamma'(0)| \cdot (b-a)$$

得到

$$|\tilde{T}|_{u=0} = |\gamma'(0)| = \frac{l}{b-a}.$$

把上述各式代入 (1.2), 便得

$$
\begin{aligned}
L''(0) &\doteq \frac{\mathrm{d}^2}{\mathrm{d}u^2} L(\gamma_u)\Big|_{u=0} \\
&= \frac{b-a}{l} \int_a^b \left\{ \frac{\partial}{\partial t} \left\langle \mathrm{D}_{\frac{\partial}{\partial u}} \tilde{U}\Big|_{u=0}, \gamma' \right\rangle + \langle \mathcal{R}(U, \gamma')U, \gamma' \rangle + \langle U', U' \rangle \right\} \mathrm{d}t \\
&\quad - \frac{(b-a)^3}{l^3} \int_a^b \langle U', \gamma' \rangle^2 \mathrm{d}t,
\end{aligned}
\tag{1.3}
$$

其中

$$U' = \mathrm{D}_{\frac{\partial}{\partial t}} U = \mathrm{D}_{\gamma'} U$$

是变分向量场 U 沿曲线 γ 的协变导数 (参看第二章的 (8.9) 式).

为了化简 (1.3) 式, 用 $U^{\perp}$ 表示变分向量场 U 的与 γ' 正交的法分量, 则有

$$U^{\perp} = U - \frac{(b-a)^2}{l^2} \langle U, \gamma' \rangle \gamma'.$$

由此得到

$$U = U^{\perp} + \frac{(b-a)^2}{l^2} \langle U, \gamma' \rangle \gamma', \quad U' = U^{\perp \prime} + \frac{(b-a)^2}{l^2} \langle U', \gamma' \rangle \gamma'.$$

所以

$$
\begin{aligned}
\langle U', U' \rangle &= \langle U^{\perp \prime}, U^{\perp \prime} \rangle + \frac{2(b-a)^2}{l^2} \langle U^{\perp \prime}, \gamma' \rangle \langle U', \gamma' \rangle \\
&\quad + \frac{(b-a)^4}{l^4} \langle U', \gamma' \rangle^2 \langle \gamma', \gamma' \rangle \\
&= \langle U^{\perp \prime}, U^{\perp \prime} \rangle + \frac{(b-a)^2}{l^2} \langle U', \gamma' \rangle^2,
\end{aligned}
\tag{1.4}
$$

其中利用了

$$\langle U^{\perp\prime}, \gamma'\rangle = \frac{\partial}{\partial t}\langle U^{\perp}, \gamma'\rangle - \langle U^{\perp}, \mathrm{D}_{\gamma'}\gamma'\rangle = 0.$$

把 (1.4) 代入 (1.3), 这就证明了下面的定理:

定理 1.1 设 $\gamma(t)$, $t \in [a,b]$, 是黎曼流形 (M,g) 中的一条测地线, 则对于 γ 的任意一个变分 $\Phi : [a,b] \times (-\varepsilon,\varepsilon) \to M$, 下列公式成立:

$$\begin{aligned} L''(0) = {}& \frac{b-a}{l}\,\langle \mathrm{D}_U U, \gamma'\rangle\big|_a^b \\ & + \frac{b-a}{l}\int_a^b \{|U^{\perp\prime}|^2 + \langle \mathcal{R}(\gamma', U^{\perp})\gamma', U^{\perp}\rangle\}\mathrm{d}t, \end{aligned} \quad (1.5)$$

其中 l 是测地线 γ 的长度, D 是诱导丛 Φ^*TM 上的诱导联络,

$$\mathrm{D}_U U = \mathrm{D}_{\frac{\partial}{\partial u}}\tilde{U}\Big|_{u=0}.$$

特别地, 如果 Φ 是 γ 的一个具有固定端点的变分, 则

$$L''(0) = \frac{b-a}{l}\int_a^b \{|U^{\perp\prime}|^2 + \langle \mathcal{R}(\gamma', U^{\perp})\gamma', U^{\perp}\rangle\}\mathrm{d}t. \quad (1.6)$$

公式 (1.5) 称为弧长的**第二变分公式**. 对于有固定端点的变分来说, 在此公式中起作用的是变分向量场 U 相对于曲线 γ 的法分量 $U^{\perp}$, U 与测地线 γ 相切的分量是不起任何作用的. 因此, 在考虑测地线弧长的第二变分时, 通常只需讨论 γ 的所谓法向变分, 即假定变分向量场 U 与测地线 γ 处处正交. 此时, 根据截面曲率的定义, 变分公式 (1.6) 化为

$$L''(0) = \frac{b-a}{l}\int_a^b \left\{|U'|^2 - \frac{l^2|U|^2}{(b-a)^2}K(\gamma', U)\right\}\mathrm{d}t. \quad (1.7)$$

此外, 由于

$$\langle U', U'\rangle = \frac{\mathrm{d}}{\mathrm{d}t}\langle U', U\rangle - \langle U'', U\rangle,$$

并且 $U(0) = U(1) = 0$, (1.6) 式又可以改写为

$$L''(0) = -\frac{b-a}{l}\int_a^b \langle U'' - \mathcal{R}(\gamma', U)\gamma', U\rangle\mathrm{d}t. \quad (1.8)$$

§6.2　Bonnet-Myers 定理

本节要介绍的 Bonnet-Myers 定理是大范围微分几何中最早的定理之一, 它反映了黎曼度量的曲率特性对于流形拓扑的要求, 是弧长第二变分公式的直接应用.

定义 2.1　黎曼流形 (M, g) 的**直径** $d(M)$ 是

$$d(M) = \max\{d(p, q);\ p, q \in M\}.$$

如果其直径 $d(M) < +\infty$, 则称 (M, g) 是**有界**的.

因此非紧的完备黎曼流形都是无界的, 其直径是 $+\infty$.

定理 2.1 (Bonnet-Myers)　设 (M, g) 是完备的 m 维黎曼流形. 若有正数 $a > 0$, 使得 (M, g) 的 Ricci 曲率以 a 为下界, 即对于每一点 $p \in M$ 以及任意的切向量 $v \in T_p M$ 有 $\mathrm{Ric}(v) \geqslant a$, 则 (M, g) 是直径不超过 $\pi\sqrt{m-1}/\sqrt{a}$ 的紧致黎曼流形.

证明　设 p, q 是 M 上的任意两点. 因为 M 是完备的, 故有最短的正规测地线 $\gamma : [0, l] \to M$, 使得

$$\gamma(0) = p, \quad \gamma(l) = q,$$

而且 $l = d(p, q)$. 选取沿 γ 平行的单位正交标架场 $\{e_i(t)\}$, 使得

$$e_m = \gamma',$$

并且设

$$V_i(t) = \sin\frac{\pi t}{l} \cdot e_i(t), \quad 1 \leqslant i \leqslant m - 1,$$

则 $V_i(0) = V_i(l) = 0$. 根据第三章 §3.3 的讨论, 存在 γ 的有固定端点的变分

$$\Phi^{(i)} : [0, l] \times (-\varepsilon, \varepsilon) \to M,$$

使得 $\Phi^{(i)}$ 以 V_i 为变分向量场. 于是由 (1.8) 式, 变分 $\Phi^{(i)}$ 所对应的弧

长第二变分公式是

$$L_i''(0) = -\int_0^l \langle V_i'' - \mathcal{R}(\gamma', V_i)\gamma', V_i\rangle \mathrm{d}t$$
$$= \int_0^l \left(\sin\frac{\pi t}{l}\right)^2 \left(\frac{\pi^2}{l^2} + \langle \mathcal{R}(e_m, e_i)e_m, e_i\rangle\right) \mathrm{d}t,$$
$$1 \leqslant i \leqslant m-1.$$

再由第四章的定理 4.2,

$$\mathrm{Ric}(e_m) = \sum_{i=1}^{m-1} K(e_i, e_m) = -\sum_{i=1}^{m-1} \langle \mathcal{R}(e_m, e_i)e_m, e_i\rangle,$$

所以

$$\sum_{i=1}^{m-1} L_i''(0) = \int_0^l \left(\sin\frac{\pi t}{l}\right)^2 \left(\frac{\pi^2}{l^2}(m-1) - \mathrm{Ric}(e_m)\right) \mathrm{d}t$$
$$\leqslant \left(\frac{\pi^2}{l^2}(m-1) - a\right) \int_0^l \left(\sin\frac{\pi t}{l}\right)^2 \mathrm{d}t$$
$$= \frac{l}{2}\left(\frac{\pi^2}{l^2}(m-1) - a\right).$$

如果 $l > \pi\sqrt{m-1}/\sqrt{a}$, 则

$$\frac{\pi^2}{l^2}(m-1) - a < 0, \quad \sum_{i=1}^{m-1} L_i''(0) < 0.$$

因而存在某个指标 i, $1 \leqslant i \leqslant m-1$, 使得 $L_i''(0) < 0$. 这表明对于变分向量场 V_i 所对应的变分 $\Phi^{(i)}$, 当 ε 充分小时, 曲线 γ 在连接 p, q 的曲线族

$$\{\gamma_u^{(i)}; \ u \in (-\varepsilon, \varepsilon)\}$$

中长度最长, 这与曲线 γ 的最短性相矛盾. 因此, 必有

$$d(p, q) = l \leqslant \pi\sqrt{m-1}/\sqrt{a}.$$

由 p, q 两点的任意性得知

$$d(M) \leqslant \pi\sqrt{m-1}/\sqrt{a}.$$

再由 Hopf-Rinow 定理 (第三章定理 6.3)(3), M 是紧致的. 证毕.

顺便指出, 在上述证明过程中所使用的求和技巧蕴含着十分有用的想法, 它可以用于其他问题的研究. Bonnet 在 $n = 2$ 的情形证明了定理 2.1, 而这种情形到高维黎曼流形 M 的一个直接推广是把定理中的条件换成 M 的截面曲率有正下界 a. 后来 Myers 把这个条件减弱为定理 2.1 所叙述的条件, 即: M 的 Ricci 曲率有正的下界. 在这里, 能够从截面曲率的条件过渡到 Ricci 曲率的条件, 本质上就是利用了上面所提到的求和技巧.

推论 2.2 设 (M, g) 是完备的黎曼流形, 它的 Ricci 曲率具有正的下界 a, 则 M 的通用覆叠流形是紧致的; 特别地, M 的基本群 $\pi_1(M)$ 是有限群.

证明 设 $\pi : \tilde{M} \to M$ 是 M 的通用覆叠映射, $\tilde{g}$ 是 $\tilde{M}$ 上的覆叠度量, 则由 (M, g) 的完备性得知 $(\tilde{M}, \tilde{g})$ 也是完备的黎曼流形, 并且覆叠映射 π 为局部等距. 由于局部等距保持截面曲率不变, 故 $(\tilde{M}, \tilde{g})$ 的 Ricci 曲率同样以正数 a 为下界. 根据定理 2.1, $\tilde{M}$ 是紧致流形, 因而

$$\pi : \tilde{M} \to M$$

是一个覆叠次数有限的覆叠映射, 即对于每一点 $p \in M$, 存在 p 的开邻域 U, 使得 $\pi^{-1}(U)$ 是 $\tilde{M}$ 中有限多个互不相交的开集 U_α $(\alpha \in I)$ 的并集, 并且对于任意的 $\alpha \in I$,

$$\pi|_{U_\alpha} : U_\alpha \to U$$

是微分同胚. 此时, M 的基本群同构于 $\pi : \tilde{M} \to M$ 的覆叠变换群. 因为 $\tilde{M}$ 的覆叠变换群只是在 $\{U_\alpha; \alpha \in I\}$ 之间的置换群, 所以 M 的基本群 $\pi_1(M)$ 有限. 证毕.

§6.3　Synge 定理

Synge 定理是弧长第二变分公式的另一个极为出色的应用范例, 其证明方法在大范围黎曼几何中具有代表性. 在这一节将给出 Synge 定理的证明, 首先介绍一个引理. 为了方便起见, 用 "**路径**" 表示黎曼流形中分段光滑的曲线段; 而**一条闭测地线**则指处处满足测地线方程的闭曲线, 因而也是处处光滑的.

引理 3.1　设 (M, g) 是非单连通的紧致黎曼流形, 且它的通用覆叠流形 $\tilde{M}$ 也是紧致的, 则在 M 上存在一条非零伦的, 且长度最短的闭测地线.

证明　由 M 的非单连通性以及 $\tilde{M}$ 的紧致性可知, 对于任意一点 $p \in M$, $\pi^{-1}(p)$ 是元素个数不少于 2 的有限集, 因而可设

$$\pi^{-1}(p) = \{\tilde{p}_1, \cdots, \tilde{p}_r\}, \quad r \geqslant 2.$$

黎曼覆叠映射 π 的覆叠变换群是覆叠流形 $(\tilde{M}, \tilde{g})$ 的等距变换群的子群, 它在 $\pi^{-1}(p)$ 上的作用成为 $\{\tilde{p}_1, \cdots, \tilde{p}_r\}$ 的置换群, 并且同构于基本群 $\pi_1(M)$.

设 $\gamma : [0, 1] \to M$ 是 M 中以 p 为基点的非零伦闭路径,

$$\gamma(0) = \gamma(1) = p.$$

则对于任意的 α, $1 \leqslant \alpha \leqslant r$, 闭路径 γ 可以提升为 $\tilde{M}$ 中从点 $\tilde{p}_\alpha$ 出发的路径 γ_α, 其终点

$$\tilde{p}_{\alpha'} = \gamma_\alpha(1) \in \pi^{-1}(p),$$

并且 $\tilde{p}_{\alpha'} \neq \tilde{p}_\alpha$. 反过来, 对于 $\pi^{-1}(p)$ 中的任意两个不同点 $\tilde{p}_\alpha, \tilde{p}_{\alpha'}$, 在 $\tilde{M}$ 中连接 $\tilde{p}_\alpha, \tilde{p}_{\alpha'}$ 的任意一条路径 γ_α 在覆叠映射 π 下的像

$$\gamma = \pi \circ \gamma_\alpha$$

是 M 中以 p 为基点的非零伦闭路径. 同时, 由于 π 是局部等距, 故路径 γ 与相应的提升路径 γ_α 具有相同的长度, 即

$$L(\gamma) = L(\gamma_\alpha).$$

显然, 提升路径 γ_α, $1 \leqslant \alpha \leqslant r$, 可以借助于覆叠变换群 $\pi_1(M)$ 互相转换.

不失一般性, 在重新编号后可设

$$d(\tilde{p}_1, \tilde{p}_2) = \min_{\alpha \neq \alpha'} d(\tilde{p}_\alpha, \tilde{p}_{\alpha'}).$$

假定 $\tilde{\gamma}_p$ 是 $\tilde{M}$ 中连接 $\tilde{p}_1, \tilde{p}_2$ 的最短测地线,

$$L(\tilde{\gamma}_p) = d(\tilde{p}_1, \tilde{p}_2),$$

并设 $\gamma_p = \pi \circ \tilde{\gamma}_p$. 则 γ_p 是 M 中的一条以 p 为基点的非零伦闭路径, 并且除 p 点以外 γ_p 处处光滑并且满足测地线方程, 同时有

$$L(\gamma_p) = L(\tilde{\gamma}_p).$$

因此,γ_p 是 M 上以 p 为基点的所有非零伦闭路径中长度最短的闭路径.

基于上述讨论, 在 M 上定义了一个实函数

$$f : M \to \mathbb{R},$$

使得对于任意的 $p \in M$,

$$f(p) = L(\gamma_p).$$

下面要证明函数 f 是 M 上的连续函数. 事实上, 对于任意的 $p, p' \in M$, 利用 $\gamma_p, \gamma_{p'}$ 的最短性可知 (参看图 5)

$$L(\gamma_p) \leqslant L(\gamma_{p'}) + 2d(p, p'),$$
$$L(\gamma_{p'}) \leqslant L(\gamma_p) + 2d(p, p').$$

因此,
$$|f(p) - f(p')| = |L(\gamma_p) - L(\gamma_{p'})| \leqslant 2d(p, p').$$

这说明 f 是 M 上的 Lipschitz 函数, 因而是连续函数.

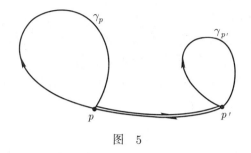

图 5

由于 M 是紧致的, 必有点 $p \in M$, 使得连续函数 f 在 p 点达到最小值. 我们断言: 与 p 对应的路径 γ_p 就是 M 中一条非零伦的最短闭测地线. 证明这个断言的关键在于证明 γ_p 在 p 点的光滑性. 为此, 设

$$\gamma_p = \gamma_p(t), \quad t \in [0,1],$$

则

$$\gamma_p(0) = \gamma_p(1) = p,$$

并且 γ_p 在开区间 $(0,1)$ 上光滑. 任取一点 $t_0 \in (0,1)$, 并设

$$q = \gamma_p(t_0),$$

则 γ_p 也可以看作一条以 q 为基点的闭路径. 因此由 γ_q 的最短性假定得知

$$L(\gamma_q) \leqslant L(\gamma_p).$$

然而根据 p 点的取法, 又有

$$L(\gamma_p) \leqslant L(\gamma_q),$$

所以

$$L(\gamma_p) = L(\gamma_q).$$

由此可见, γ_p 是 M 中以 q 点为基点的非零伦, 且长度最短的闭路径. 把 γ_p 视为以点 q 为基点的闭路径并记为 β. β 在 $\pi^{-1}(q)$ 中一点处的提升 $\tilde{\beta}$ 是 $\tilde{M}$ 中连接其端点的最短曲线. 根据第三章的定理 3.5, $\tilde{\beta}$ 是

$\tilde{M}$ 中的测地线, 因而 $\beta = \pi \circ \tilde{\beta}$ 是 M 中的测地线. 所以, 除了 q 点以外, γ_p 处处满足测地线的方程. 特别地,γ_p 在 p 点是光滑的. 所以 γ_p 是 M 中一条闭测地线, 满足引理的要求. 证毕.

定理 3.2 (Synge 定理)　设 (M, g) 是完备的黎曼流形, 其截面曲率 K_M 具有正的下界 a, 即

$$K_M \geqslant a > 0.$$

(1) 如果 M 的维数 m 是偶数, 则当 M 可定向时, M 是单连通的; 当 M 不可定向时, M 的基本群 $\pi_1(M) = \mathbb{Z}_2$.

(2) 如果 M 的维数 m 是奇数, 则 M 必是可定向的.

证明　(1) 根据 Bonnet-Myers 定理, M 是紧致流形. 现假定 M 是可定向的. 如果 M 不是单连通的, 则由推论 2.2, 它的通用覆叠流形 $\tilde{M}$ 是紧致的. 再根据引理 3.1, 在 M 上存在一条非零伦的, 且长度最短的闭测地线, 记为

$$\gamma : [0, l] \to M,$$

其中 l 是 γ 的长度. 令 $p = \gamma(0) = \gamma(l)$.

用 $P_t : T_p M \to T_{\gamma(t)} M$ 表示沿 γ 的平行移动, 则 P_l 是从 $T_p M$ 到它自身的等距线性同构, 并且

$$P_l(\gamma'(0)) = \gamma'(l) = \gamma'(0).$$

因此, $\gamma'(0)$ 是 P_l 的特征值为 1 的特征向量. 由于 M 是可定向流形, $T_p M$ 的一个定向 μ_p 沿任何以 p 为基点的闭路径进行连续传播到达 p 点时所得到的定向 $\tilde{\mu}_p$ 必与 μ_p 一致 (参看参考文献 [3], 第二章, 命题 6.1). 特别地, 对于 $T_p M$ 中任意一个单位正交基 $\{e_i\}$ 则

$$[P_t(e_1), \cdots, P_t(e_m)]$$

给出了 $T_p M$ 的定向 $[e_1, \cdots, e_m]$ 沿 γ 的连续传播. 因此

$$P_l : T_p M \to T_p M$$

是行列式为 1 的正交变换. 我们知道, 任何正交变换的特征值或是成对出现的共轭纯虚数, 或是 ± 1. 因为 P_l 的行列式为 1, 所以, 如果 -1

是它的特征值, 则其重数必为偶数. 由于 M 的维数 m 是偶数, 特征值 1 的重数也必定是偶数. 于是必存在另一个单位切向量 $v \in T_pM$ 使得 $v \perp \gamma'(0)$, 并且 $P_l(v) = v$.

对于任意的 $t \in [0, l]$, 定义 $V(t) = P_t(v)$. 则 $V = V(t)$ 是沿 γ 平行且处处正交于 γ 的单位向量场. 考虑 γ 的变分

$$\Phi : [0, l] \times (-\varepsilon, \varepsilon) \to M,$$

使得

$$\Phi(t, u) = \exp_{\gamma(t)}(uV(t)), \quad \forall (t, u) \in [0, l] \times (-\varepsilon, \varepsilon),$$

则 Φ 的变分向量场为 V. 由弧长的第二变分公式 (1.5),

$$\left. \frac{\mathrm{d}^2}{\mathrm{d}u^2} L(\gamma_u) \right|_{u=0} = \langle \mathrm{D}_V V, \gamma' \rangle |_0^l + \int_0^l \{|V'|^2 + R(\gamma', V, \gamma', V)\} \mathrm{d}t. \quad (3.1)$$

对于任意固定的 t, 横截曲线

$$\sigma_t(u) = \Phi(t, u), \quad u \in (-\varepsilon, \varepsilon)$$

是测地线, 而向量场

$$\tilde{V}(t, u) = \Phi_{*(t, u)} \left(\frac{\partial}{\partial u} \right)$$

是这些测地线的切向量场, 因此 $\mathrm{D}_{\tilde{V}} \tilde{V} = 0$. 在 (3.1) 式中令 $u = 0$, 便得 $\mathrm{D}_V V = 0$, 故有

$$\langle \mathrm{D}_V V, \gamma' \rangle |_0^l = 0. \quad (3.2)$$

此外, 由于 V 是沿 γ 的平行向量场,

$$V'(t) = \mathrm{D}_{\gamma'(t)} V(t) = 0. \quad (3.3)$$

把 (3.2) 和 (3.3) 式代入 (3.1) 式, 并注意到 γ', V 的单位正交性和定理的假设,

$$\left. \frac{\mathrm{d}^2}{\mathrm{d}u^2} L(\gamma_u) \right|_{u=0} = -\int_0^l K(\gamma', V) \mathrm{d}t \leqslant -al < 0.$$

这意味着, 当 u 的绝对值充分小时,γ_u 是与 γ 同伦的闭路径, 且有 $L(\gamma_u) < L(\gamma)$, 这与 γ 的最短性相矛盾. 由此可见, M 必定是单连通的.

再设 M 是不可定向的. 则有 M 的二重覆叠

$$\pi : \tilde{M} \to M,$$

使得 $\tilde{M}$ 是可定向的光滑流形 (参看参考文献 [25]). 设 $\tilde{g}$ 是 $\tilde{M}$ 上的覆叠度量, 则黎曼流形 $(\tilde{M}, \tilde{g})$ 在覆叠映射 π 下是与 (M, g) 局部等距的, 因而 $(\tilde{M}, \tilde{g})$ 是一个偶数维的可定向黎曼流形, 并且其截面曲率有正的下界 a. 故由前面得到的结论, $\tilde{M}$ 是单连通的. 因此, $\tilde{M}$ 是 M 的通用覆叠流形. 再注意到 π 是二重覆叠, 故 M 的基本群 $\pi_1(M) = \mathbb{Z}_2$.

(2) 设 M 的维数 m 是奇数. 如果 M 是不可定向的, 则有 M 的二重黎曼覆叠

$$\pi : (\tilde{M}, \tilde{g}) \to (M, g),$$

使得 $\tilde{M}$ 是可定向的, 其中 $\tilde{g}$ 是覆叠度量. 由于 (M, g) 的完备性, $(\tilde{M}, \tilde{g})$ 也是完备的. 对于任意的 $p \in M$, $\pi^{-1}(p)$ 恰由两个点构成, 不妨设为 $\{\tilde{p}_1, \tilde{p}_2\}$. 则 $\tilde{M}$ 中任意一条连接 $\tilde{p}_1, \tilde{p}_2$ 的路径 $\tilde{\gamma}$ 在 π 下的像 $\gamma = \pi \circ \gamma$ 是 M 中以 p 为基点的闭路径, 并且 T_pM 的任意一个定向 μ_p 沿 γ 连续传播到 p 所得到的定向 $\tilde{\mu}_p$ 是 μ_p 的翻转定向. 这样的闭路径称为具有**翻转定向性质**. 反过来,M 中任意一条以 p 为基点, 并且具有翻转定向性质的闭路径 γ 都可以提升为 $\tilde{M}$ 中连接 $\tilde{p}_1, \tilde{p}_2$ 的路径 $\tilde{\gamma}$, 且有

$$L(\tilde{\gamma}) = L(\gamma).$$

现在假定 $\tilde{\gamma}$ 是 $\tilde{M}$ 中连接 $\tilde{p}_1, \tilde{p}_2$ 的最短测地线, 则 $\gamma_p = \pi \circ \gamma$ 是 M 中以 p 为基点, 并且具有翻转定向性质的、长度最短的测地闭路径. 利用引理 3.1 的证明中同样的论证可得, 在 M 中存在一条长度最短的、具有翻转定向性质的闭测地线

$$\gamma : [0, l] \to M,$$

其中 $l = L(\gamma)$, 并且 $\gamma(0) = \gamma(l)$, $\gamma'(0) = \gamma'(l)$. 下面令 $p = \gamma(0)$.

和前面的做法一样, 假定 P_t 是沿曲线 γ 的平行移动. 由于 γ 具有翻转定向性质, P_l 必定翻转 T_pM 的定向, 因而

$$P_l : T_pM \to T_pM$$

是行列式为 -1 的正交变换. 因此, -1 是 P_l 的一个特征值, 并且具有奇数重数. 由于 M 的维数 m 是奇数, P_l 的特征值 1 应具有偶数重数. 已知

$$P_l(\gamma'(0)) = \gamma'(0),$$

故有另一个单位切向量 $v \in T_pM$ 满足 $P_l(v) = v$, 不妨设 $v \perp \gamma'(0)$. 利用与 (1) 相同的讨论, 可以证明: 在以 $V(t) = P_t(v)$ 为变分向量场的变分 $\Phi(t, u) = \exp_{\gamma(t)}(uV(t))$ 下, 测地线 γ 同伦地变为一条长度严格减小的闭路径, 它同样具有翻转定向性质. 这与 γ 的取法矛盾. 证毕.

注记 3.1   利用 Synge 定理不难证明第五章命题 5.5, 证明的细节留给读者作为练习.

§6.4   基本指标引理

设 $\gamma : [0, l] \to M$ 是 m 维黎曼流形 (M, g) 中的一条正规测地线, $l = L(\gamma)$; $\Phi : [0, l] \times (-\varepsilon, \varepsilon) \to M$ 是 γ 的一个有固定端点的变分, 并且其变分向量场 $U \perp \gamma'$, 于是有如下的弧长第二变分公式 (看 (1.6) 式):

$$\left. \frac{\mathrm{d}^2}{\mathrm{d}u^2} L(\gamma_u) \right|_{u=0} = \int_0^l \{ \langle U', U' \rangle + \langle \mathcal{R}(\gamma', U)\gamma', U \rangle \} \mathrm{d}t.$$

很明显, 上式右端对于任意一个沿 γ 定义的分段光滑向量场 V 都是有意义的, 把它记为 $I_\gamma(V, V)$, 即

$$I_\gamma(V, V) = \int_0^l \{ \langle V', V' \rangle + \langle \mathcal{R}(\gamma', V)\gamma', V \rangle \} \mathrm{d}t.$$

这是一个关于 V 的二次型. 将其极化, 即对于任意两个沿 γ 定义的分

段光滑向量场 V, W, 令

$$
\begin{aligned}
I_\gamma(V, W) &= \frac{1}{2}\{I_\gamma(V + W, V + W) - I_\gamma(V, V) - I_\gamma(W, W)\} \\
&= \int_0^l \{\langle V', W' \rangle + \langle \mathcal{R}(\gamma', V)\gamma', W \rangle\}\mathrm{d}t, \quad\quad (4.1)
\end{aligned}
$$

则可得到双线性形式 $I_\gamma(V, W)$. 在下面用 $\mathscr{V}(\gamma)$ 表示沿测地线 γ 定义的分段光滑向量场构成的集合, 同时定义它的子集合如下:

$$
\mathscr{V}_0(\gamma) = \{X \in \mathscr{V}(\gamma);\ X(0) = X(l) = 0\},
$$
$$
\mathscr{V}^\perp(\gamma) = \{X \in \mathscr{V}(\gamma);\ X \perp \gamma'\}, \quad \mathscr{V}_0^\perp(\gamma) = \mathscr{V}_0(\gamma) \cap \mathscr{V}^\perp(\gamma).
$$

容易看出, 由 (4.1) 定义的映射

$$
I_\gamma : \mathscr{V}(\gamma) \times \mathscr{V}(\gamma) \to \mathbb{R}
$$

是一个对称的双线性形式.

定义 4.1　双线性形式 I_γ 称为测地线 γ 的**指标形式**.

为了简化记号, 在不会引起混淆的情况下, 常用 I 来表示 I_γ, 即

$$
I(V, W) = I_\gamma(V, W), \quad V, W \in \mathscr{V}(\gamma).
$$

作为对照, 考虑定义在黎曼流形 (M, g) 上的光滑函数 f. 设 $p \in M$ 是 f 的一个临界点, $(U; x^i)$ 是 p 点的任意一个局部坐标系, 则 f 的 Hessian 张量

$$
\mathrm{Hess}\,(f) = \mathrm{D}(\mathrm{d}f)
$$

在 p 点的分量恰好是 f 的二次偏导数:

$$
(\mathrm{Hess}\,(f))\left(\frac{\partial}{\partial x^i}, \frac{\partial}{\partial x^j}\right) = \frac{\partial^2 f}{\partial x^i \partial x^j} - \Gamma_{ij}^k \frac{\partial f}{\partial x^k} = \frac{\partial^2 f}{\partial x^i \partial x^j}.
$$

现在, 测地线 γ 是弧长泛函 $L(\gamma_u)$ 的临界点, 它的指标形式 I 就相当于函数 L 的 Hessian. 事实上, 根据弧长的第二变分公式以及指标形式的定义, 下列命题成立:

命题 4.1 假设 γ 如前, 则对于 γ 的任意一个有固定端点的变分 Φ, 有

$$\frac{\mathrm{d}^2}{\mathrm{d}u^2}L(\gamma_u)\bigg|_{u=0} = I(U^\perp, U^\perp),$$

其中 U 是 Φ 的变分向量场, $U^\perp$ 是 U 关于测地线 γ 的法分量.

设 $V, W \in \mathscr{V}(\gamma)$. 如果向量场 V, W 在区间 $[t_{i-1}, t_i]$ 上是光滑的, 则

$$\langle V', W' \rangle = \frac{\mathrm{d}}{\mathrm{d}t}\langle V', W \rangle - \langle V'', W \rangle,$$

故 $I(V, W)$ 可以改写为

$$I(V, W) = \sum_{i=1}^{r} \langle V'(t), W(t) \rangle \bigg|_{t_{i-1}}^{t_i} - \int_0^l \langle V'' - \mathcal{R}(\gamma', V)\gamma', W \rangle \mathrm{d}t, \quad (4.2)$$

其中 $0 = t_0 < t_1 < \cdots < t_r = l$ 是区间 $[0, l]$ 的一个划分, 使得 V 在每一个小区间 $[t_{i-1}, t_i]$ 上的限制都是光滑的.

命题 4.2 假设 γ 同上, J 是沿 γ 的一个 Jacobi 场, 则对于任意的 $W \in \mathscr{V}(\gamma)$, 有

$$I(J, W) = \langle J', W \rangle|_0^l.$$

证明 因 J 是一个 Jacobi 场, 故而满足 Jacobi 场方程

$$J'' = \mathcal{R}(\gamma', J)\gamma'.$$

由于 J 沿 γ 是光滑的, 以 $V = J$ 代入 (4.2) 式便得到我们所要的结论.

引理 4.3 设 V 是在 (M, g) 中定义在光滑曲线 $\gamma: [0, l] \to M$ 上的光滑切向量场, 且 $V(0) = 0$, 则存在沿 γ 定义的光滑切向量场 $A(t)$, 使得

$$V(t) = tA(t),$$

并且 $A(0) = V'(0)$.

证明 设 $\{e_i(t)\}$ 是沿 γ 平行的单位正交标架场, 则有

$$V(t) = \sum v^i(t)e_i(t), \quad v^i(0) = 0.$$

根据第一章的引理 4.1,

$$v^i(t) = ta^i(t),$$

其中 $a^i(t)$ 是光滑函数, 并且 $a^i(0) = v^{i\prime}(0)$. 命

$$A(t) = \sum a^i(t)e_i(t),$$

则 $V(t) = tA(t)$, 并且 $A(0) = V'(0)$.

下面证明一个十分重要的引理.

引理 4.4 (基本指标引理)   设 $\gamma : [0, l] \to M$ 是 m 维黎曼流形 (M, g) 中的一条正规测地线. 假定 $p = \gamma(0)$ 在 γ 上没有共轭点, 并且 $J = J(t)$ 是沿 γ 的一个 Jacobi 场. 则对于满足条件

$$X(0) = J(0), \quad X(l) = J(l)$$

的任意一个向量场 $X \in \mathscr{V}(\gamma)$ 都有

$$I(X, X) \geqslant I(J, J),$$

并且等号成立当且仅当 $X = J$.

证明   任意取定 $X \in \mathscr{V}(\gamma)$, 使得

$$X(0) = J(0), \quad X(l) = J(l).$$

下面将分两种情形来完成引理的证明.

情形 1: $J(0) = 0$.

在切空间 $T_{\gamma(l)}M$ 中取一个单位正交基底 $\{e_i\}$. 由于 $\gamma(l)$ 不是 p 点的共轭点, 根据第五章的定理 2.3, 对于每一个 i, $1 \leqslant i \leqslant m$, 存在沿 γ 的 Jacobi 场 J_i, 使得

$$J_i(0) = 0, \quad J_i(l) = e_i.$$

根据第五章的定理 2.1, 向量场组 $\{J_i\}$ 在区间 $(0, l]$ 上是处处线性无关的.

由于 $J_i(0) = 0$, 根据引理 4.3, 存在沿 γ 定义的光滑向量场 $A_i(t)$, 使得

$$J_i(t) = tA_i(t), \quad t \in [0, l],$$

并且 $A_i(0) = J_i'(0)$. 我们断言: $\{A_i(t)\}$ 在 $[0, l]$ 上处处线性无关. 为了证明这一点, 注意到

$$A_i(t) = \frac{1}{t} J_i(t),$$

它们在 $(0, l]$ 上是处处线性无关的, 所以只需要说明向量组 $\{A_i(0)\}$ 是线性无关的即可. 事实上, 对于任意一组实数 λ^i, $i = 1, \cdots, m$, 向量场

$$V(t) = \sum_i \lambda^i J_i(t)$$

是沿 γ 的 Jacobi 场. 如果

$$\sum_i \lambda^i A_i(0) = 0,$$

即

$$\sum_i \lambda^i J_i'(0) = 0,$$

则有

$$V(0) = 0, \quad V'(0) = 0,$$

从而由第五章的定理 1.2, $V \equiv 0$, 故

$$\sum_i \lambda^i J_i(t) \equiv 0.$$

由于 $\{J_i(t)\}$ 在 $(0, l]$ 上处处线性无关, 所以

$$\lambda^1 = \cdots = \lambda^m = 0.$$

由此可见, $\{A_i(0)\}$ 是线性无关的.

于是在 $[0, l]$ 上存在分段光滑函数 $\tilde{X}^i(t)$, 使得

$$X(t) = \sum_{i=1}^m \tilde{X}^i(t) A_i(t), \quad \tilde{X}^i(0) = 0.$$

根据第一章的引理 4.1, 不难知道, 存在分段光滑函数 $X^i(t)$, 使得

$$\tilde{X}^i(t) = tX^i(t).$$

由于 $J_i(t) = tA_i(t)$, 故得到 $X(t)$ 关于 $J_i(t)$ 的表达式

$$X(t) = \sum_{i=1}^{m} X^i(t)J_i(t). \tag{4.3}$$

再令

$$\tilde{J}(t) = \sum_{i=1}^{m} X^i(l)J_i(t), \tag{4.4}$$

则 $\tilde{J}$ 是沿 γ 的 Jacobi 场, 并且

$$\tilde{J}(0) = \sum_i X^i(l)J_i(0) = 0 = J(0),$$

$$\tilde{J}(l) = \sum_i X^i(l)J_i(l) = X(l) = J(l).$$

利用第五章定理 2.3 的唯一性得知 $\tilde{J} = J$, 即

$$J = \sum_i X^i(l)J_i. \tag{4.5}$$

于是根据推论 4.2,

$$I(J, J) = \langle J'(t), J(t) \rangle|_0^l = \langle J'(l), J(l) \rangle$$
$$= \sum_{i,j} X^i(l)X^j(l)\langle J_i'(l), J_j(l) \rangle. \tag{4.6}$$

另一方面, 由 (4.3) 式得到

$$\langle X', X' \rangle = \sum_{i,j} \{ X^i X^j \langle J_i', J_j' \rangle + 2X^i X^{j\prime} \langle J_i', J_j \rangle + X^{i\prime} X^{j\prime} \langle J_i, J_j \rangle \}$$
$$= \sum_{i,j} \{ (X^i X^j \langle J_i', J_j \rangle)' - X^i X^j \langle J_i'', J_j \rangle$$
$$+ (X^i X^{j\prime} - X^{i\prime} X^j)\langle J_i', J_j \rangle + \langle X^{i\prime} J_i, X^{j\prime} J_j \rangle \}. \tag{4.7}$$

由于 J_i, J_j 满足 Jacobi 方程, 故有

$$\frac{\mathrm{d}}{\mathrm{d}t}(\langle J_i', J_j \rangle - \langle J_i, J_j' \rangle) = \langle J_i'', J_j \rangle - \langle J_i, J_j'' \rangle$$

$$= \langle \mathcal{R}(\gamma', J_i)\gamma', J_j \rangle - \langle J_i, \mathcal{R}(\gamma', J_j)\gamma' \rangle$$

$$= R(\gamma', J_i, \gamma', J_j) - R(\gamma', J_j, \gamma', J_i) = 0,$$

因而 $\langle J_i', J_j \rangle - \langle J_i, J_j' \rangle = c(常数)$. 令 $t = 0$ 得知 $c = 0$, 故

$$\langle J_i', J_j \rangle = \langle J_i, J_j' \rangle.$$

于是,

$$\sum_{i,j}(X^i X^{j\prime} - X^{i\prime} X^j)\langle J_i', J_j \rangle = \sum_{i,j} X^i X^{j\prime}(\langle J_i', J_j \rangle - \langle J_i, J_j' \rangle) = 0.$$

代入 (4.7) 式得到

$$\langle X', X' \rangle = \sum_{i,j}\{(X^i X^j \langle J_i', J_j \rangle)' - X^i X^j \langle J_i'', J_j \rangle\} + \left|\sum_i X^{i\prime} J_i\right|^2. \quad (4.8)$$

因此, 由指标形式 $I(X, X)$ 的定义以及 (4.8) 和 (4.6) 式得到

$$I(X, X) = \int_0^l \{\langle X', X' \rangle + \langle \mathcal{R}(\gamma', X)\gamma', X \rangle\}\mathrm{d}t$$

$$= (X^i X^j \langle J_i', J_j \rangle)|_0^l + \int_0^l \left|\sum_i X^{i\prime} J_i\right|^2 \mathrm{d}t$$

$$- \int_0^l \sum_{i,j} X^i X^j \langle J_i'' - \mathcal{R}(\gamma', J_i)\gamma', J_j \rangle \mathrm{d}t$$

$$= I(J, J) + \int_0^l \left|\sum_i X^{i\prime} J_i\right|^2 \mathrm{d}t$$

$$\geqslant I(J, J).$$

显然, 上式中的等号成立当且仅当

$$\sum_i X^{i\prime}(t) J_i(t) = 0, \quad t \in [0, l]. \tag{4.9}$$

由于在 $(0, l]$ 上 $\{J_i(t)\}$ 是处处线性无关的, 故 (4.9) 式等价于

$$X^{i'}(t) = 0,$$

即 $X^i(t) = X^i(l)$ 是常数. 所以, 由 (4.5) 式得知

$$X(t) = \sum_i X^i(t) J_i(t) = \sum_i X^i(l) J_i(t) = J(t).$$

情形 2: $J(0) \neq 0$.
令

$$\tilde{J} = 0, \quad \tilde{X} = X - J,$$

则 $\tilde{X}(0) = 0 = \tilde{J}(0)$, $\tilde{X}(l) = 0 = \tilde{J}(l)$. 于是利用情形 1 的结论, 可得

$$I(X - J, X - J) = I(\tilde{X}, \tilde{X}) \geqslant I(\tilde{J}, \tilde{J}) = 0, \tag{4.10}$$

其中等号成立的充要条件是 $\tilde{X} = \tilde{J} = 0$, 即 $X = J$.

将 (4.10) 式左端展开得

$$I(X - J, X - J) = I(X, X) - 2I(X, J) + I(J, J).$$

因为 J 是 Jacobi 场, 所以由命题 4.2 得到

$$I(X, J) = \langle J', X \rangle|_0^l = \langle J', J \rangle|_0^l = I(J, J),$$

故 $I(X - J, X - J) = J(X, X) - I(J, J)$. 因此, (4.10) 式等价于

$$I(X, X) \geqslant I(J, J),$$

并且其中等号成立当且仅当 $X = J$, 引理得证.

下面利用基本指标引理来研究测地线的最短性.

定理 4.5 设 $\gamma(t)(0 \leqslant t \leqslant l)$ 是黎曼流形 (M, g) 上的一条正规测地线, 并且在 γ 上没有点 $p = \gamma(0)$ 的共轭点; 记 $\gamma(l) = q$. 则 γ 的指标形式 I 在集合 $\mathscr{V}_0(\gamma)$ 上是正定的. 特别地, 在充分靠近 γ 的所有连接 p, q 两点的分段光滑曲线 (即测地线 γ 的任意一个分段光滑的有固定端点的变分) 中, 以 γ 的长度为最短.

证明 因为 q 不是 p 点的共轭点, 所以沿 γ 在 p, q 处取零值的 Jacobi 场只有零向量场. 根据引理 4.4, 对于任意的 $X \in \mathcal{V}_0(\gamma)$, 都有

$$I(X, X) \geqslant I(0, 0) = 0,$$

并且等号成立当且仅当 $X = 0$. 这就证明了指标形式 I 在 $\mathcal{V}_0(\gamma)$ 上的正定性.

设 Φ 是测地线 γ 的任意一个分段光滑的有固定端点的变分, 其变分向量场为 U. 则 U 关于 γ 的法分量 $U^\perp \in \mathcal{V}_0^\perp(\gamma) \subset \mathcal{V}_0(\gamma)$. 由命题 4.1 知

$$\frac{\mathrm{d}^2}{\mathrm{d}u^2} L(\gamma_u)\bigg|_{u=0} = I(U^\perp, U^\perp) \geqslant 0,$$

并且当 $U^\perp \neq 0$ 时, 上式中的大于号成立. 故在 $u = 0$ 处, 即在 $\gamma_0 = \gamma$ 处, $L(\gamma_u)$ 达到极小值. 证毕.

定理 4.6 若在正规测地线 $\gamma(t) (0 \leqslant t \leqslant l)$ 的内部没有点 $p = \gamma(0)$ 的共轭点, 而 $q = \gamma(l)$ 是点 p 的共轭点 (即点 q 是点 p 沿测地线 γ 的第一个共轭点), 则 γ 的指标形式 I 在 $\mathcal{V}_0^\perp(\gamma)$ 上是半正定的, 并且 q 点关于 p 点的共轭重数等于 I 在 $\mathcal{V}_0^\perp(\gamma)$ 中的零化子空间

$$\mathcal{N} = \{X \in \mathcal{V}_0^\perp(\gamma); \ \forall Y \in \mathcal{V}_0^\perp(\gamma), I(X, Y) = 0\}$$

的维数.

证明 由于 q 是 p 点沿 γ 的共轭点, 由第五章的定理 2.1, 存在沿 γ 的非零 Jacobi 场 J, 使得 $J(0) = J(l) = 0$. 再由命题 4.2,

$$I(J, J) = \langle J', J \rangle|_0^l = 0.$$

对于任意的 $a, b \in [0, l], a < b$, 以及 $\forall X \in \mathcal{V}(\gamma)$, 定义

$$I_a^b(X, X) = \int_a^b \{|X'(t)|^2 + \langle \mathcal{R}(\gamma', X)\gamma', X \rangle\} \mathrm{d}t.$$

则有 $I(X, X) = I_0^l(X, X)$.

任意取定 $X \in \mathcal{V}_0^\perp(\gamma)$, 下面要构造一族向量场 $X_\alpha \in \mathcal{V}_0^\perp(\gamma)$, $\alpha \in (0, l)$, 使得

$$X_\alpha|_{[\alpha, l]} \equiv 0,$$

并且当 $\alpha \to l$ 时, $X_\alpha(t)$ 在 $[0,l]$ 上一致地收敛于 $X(t)$. 具体的做法如下:

设 $\{e_i(t)\}$ 是沿 γ 平行的单位正交标架场, 使得 $e_m(t) = \gamma'(t)$, 则 $X(t)$ 可以表示为

$$X(t) = \sum_i X^i(t) e_i(t), \quad X^m(t) \equiv 0.$$

对于 $0 < \alpha < l$, 令

$$X_\alpha(t) = \begin{cases} \sum_i X^i\left(\dfrac{l}{\alpha}t\right) e_i(t), & 0 \leqslant t \leqslant \alpha, \\ 0, & \alpha \leqslant t \leqslant l, \end{cases}$$

则

$$|X_\alpha(t) - X(t)|^2 = \begin{cases} \sum_i \left(X^i\left(\dfrac{l}{\alpha}t\right) - X^i(t)\right)^2, & 0 \leqslant t \leqslant \alpha, \\ \sum_i (X^i(t))^2, & \alpha \leqslant t \leqslant l. \end{cases}$$

利用 $X^i(t)$ 在 $[0,l]$ 上的一致连续性以及条件

$$\lim_{t \to l} X^i(t) = 0,$$

不难证明, 对于任意的 $\varepsilon > 0$, 存在 $\delta > 0$, 使得当 $0 < l - \alpha < \delta$ 时, 对于所有的 $t \in [0,l]$ 一致地有

$$|X_\alpha(t) - X(t)| < \varepsilon,$$

即 $X_\alpha(t)$ 在 $[0,l]$ 上一致地收敛于 $X(t)$. 对于每一个 α, 取定 $\tilde{\alpha} \in (\alpha, l)$, 则 p 在 $\gamma|_{[0,\tilde{\alpha}]}$ 上没有共轭点. 注意到

$$X_\alpha|_{[\tilde{\alpha},l]} \equiv 0,$$

$X_\alpha|_{[0,\tilde{\alpha}]} \in \mathscr{V}_0(\gamma|_{[0,\tilde{\alpha}]})$. 于是由定理 4.5,

$$I_0^l(X_\alpha, X_\alpha) = I_0^{\tilde{\alpha}}(X_\alpha, X_\alpha) \geqslant 0.$$

另一方面,

$$I_0^l(X_\alpha, X_\alpha) = I_0^\alpha(X_\alpha, X_\alpha)$$

$$= \int_0^\alpha \{|X_\alpha'(t)|^2 + \langle \mathcal{R}(\gamma', X_\alpha)\gamma', X_\alpha \rangle\} \mathrm{d}t$$

$$= \left(\frac{l}{\alpha}\right)^2 \int_0^\alpha \sum_i \left(X^{i'}\left(\frac{l}{\alpha}t\right)\right)^2 \mathrm{d}t$$

$$+ \int_0^\alpha \langle \mathcal{R}(\gamma', X_\alpha)\gamma', X_\alpha \rangle \mathrm{d}t \to I_0^l(X, X), \quad \alpha \to l.$$

因此, $I(X, X) = I_0^l(X, X) \geqslant 0$. 这就证明了指标形式 I 在 $\mathscr{V}_0^\perp(\gamma)$ 上的半正定性.

再设 J 是沿 γ 的 Jacobi 场, 满足 $J(0) = J(l) = 0$. 则由命题 4.2, 对于任意的 $Y \in \mathscr{V}_0^\perp(\gamma)$ 有

$$I(J, Y) = \langle J'(t), Y(t) \rangle|_0^l = 0,$$

即 $J \in \mathscr{N}$. 反过来, 假设 $X \in \mathscr{N}$, 则存在区间 $[0, l]$ 的一个划分

$$0 = t_0 < t_1 < \cdots < t_r = l,$$

使得 $X|_{[t_{i-1}, t_i]}$ 是光滑的. 选取分段光滑函数 $f: [0, l] \to \mathbb{R}$, 使得对于任意的 i, $f(t_i) = 0$, f 在 (t_{i-1}, t_i) 内光滑且大于零. 令

$$Y(t) = f(t) \cdot (X''(t) - \mathcal{R}(\gamma', X)\gamma'),$$

则 $Y \in \mathscr{V}_0^\perp(\gamma)$. 因为 $X \in \mathscr{N}$, 所以

$$0 = I(X, Y)$$

$$= \int_0^l \{\langle X', Y' \rangle + \langle \mathcal{R}(\gamma', X)\gamma', Y \rangle\} \mathrm{d}t$$

$$= \sum_{i=1}^r \langle X', Y \rangle|_{t_{i-1}}^{t_i} - \int_0^l \langle X'' - \mathcal{R}(\gamma', X)\gamma', Y \rangle \mathrm{d}t$$

$$= -\int_0^l f \cdot |X'' - \mathcal{R}(\gamma', X)\gamma'|^2 \mathrm{d}t.$$

注意到 f 在每个子区间 (t_{i-1}, t_i) 内恒大于零, 所以

$$|X'' - \mathcal{R}(\gamma', X)\gamma'| = 0,$$

即有 $X'' = \mathcal{R}(\gamma', X)\gamma'$. 因此, X 是沿 $\gamma|_{(t_{i-1}, t_i)}$ 的 Jacobi 场, $1 \leqslant i \leqslant r$. 要证明 X 是沿 γ 的 Jacobi 场, 还需要说明 X 沿 γ 是光滑的, 即

$$X'(t_i^-) = X'(t_i^+), \quad 1 \leqslant i \leqslant r - 1.$$

为此, 取 $Y \in \mathcal{V}_0^\perp(\gamma)$, 使得

$$Y(t_i) = X'(t_i^+) - X'(t_i^-), \quad 1 \leqslant i \leqslant r - 1.$$

则有

$$\begin{aligned}
I(X, Y) &= \sum_{i=1}^{r} \langle X'(t), Y(t) \rangle \big|_{t_{i-1}}^{t_i} \\
&= -\sum_{i=1}^{r-1} \langle X'(t_i^+) - X'(t_i^-), Y(t_i) \rangle \\
&= -\sum_{i=1}^{r-1} |Y(t_i)|^2 = 0.
\end{aligned}$$

于是, $Y(t_i) = 0$, 即 $X'(t_i^+) = X'(t_i^-)$. 再根据 Jacobi 方程解的唯一性定理作递归推理, 容易得知 X 是光滑的, 因而是沿 γ 的 Jacobi 场.

至此, 已经证明了测地线 γ 的指标形式 I 的零化空间 $\mathcal{N}$ 和沿 γ 定义并且在两个端点处取零值的 Jacobi 场的空间是重合的, 即

$$\mathcal{N} = \mathcal{J}_0^l(\gamma).$$

因此, $\dim \mathcal{N}$ 等于点 $q = \gamma(l)$ 关于点 $p = \gamma(0)$ 的共轭重数 (参看第五章的 §5.2). 证毕.

注记 4.1   不难验证, 如果在上述证明中, 把 $\mathcal{V}_0^\perp(\gamma)$ 换成 $\mathcal{V}_0(\gamma)$, 便可得到如下的定理:

定理 4.6′   若在正规测地线 $\gamma(t)(0 \leqslant t \leqslant l)$ 的内部没有点 $p = \gamma(0)$ 的共轭点, 而 $q = \gamma(l)$ 是点 p 的共轭点 (即点 q 是点 p 沿测地线

γ 的第一个共轭点), 则 γ 的指标形式 I 在 $\mathscr{V}_0(\gamma)$ 上是半正定的, 并且 q 点关于 p 点的共轭重数等于 I 在 $\mathscr{V}_0(\gamma)$ 中的零化子空间

$$\mathscr{N}' = \{X \in \mathscr{V}_0(\gamma); \ \forall Y \in \mathscr{V}_0(\gamma), I(X, Y) = 0\}$$

的维数.

定理 4.7 如果在测地线 γ 的内部含有点 $p = \gamma(0)$ 的共轭点, 则指标形式 I 在 $\mathscr{V}_0^\perp(\gamma)$ 上是不定的; 因而必有非零向量场 $X \in \mathscr{V}_0^\perp(\gamma)$, 使得

$$I(X, X) < 0.$$

特别地, 此时的测地线 γ 一定不是连接点 p 和 $q = \gamma(l)$ 的最短曲线.

证明 由假定可知, 存在 $0 < b < l$, 使得 $\tilde{q} = \gamma(b)$ 是 p 点沿 γ 的第一个共轭点. 根据第五章的定理 2.1, 存在沿测地线 $\gamma|_{[0,b]}$ 的 Jacobi 场 $J_1 \neq 0$, 使得

$$J_1(0) = J_1(b) = 0.$$

取充分小的正数 ε, 使得 $b - \varepsilon > 0, b + \varepsilon < l$, 且在 $\gamma|_{[b-\varepsilon, b+\varepsilon]}$ 上没有共轭点对. 由于 $\gamma(b - \varepsilon)$ 不是 p 点的共轭点, $J_1(b - \varepsilon) \neq 0$. 于是存在沿 $\gamma|_{[b-\varepsilon, b+\varepsilon]}$ 的 Jacobi 场 J_2, 使得

$$J_2(b - \varepsilon) = J_1(b - \varepsilon), \quad J_2(b + \varepsilon) = 0.$$

根据第五章的推论 1.6, 不难知道 J_1 和 J_2 都是与 γ 正交的. 构造向量场 X 如下 (参见图 6):

$$X(t) = \begin{cases} J_1(t), & 0 \leqslant t \leqslant b - \varepsilon, \\ J_2(t), & b - \varepsilon \leqslant t \leqslant b + \varepsilon, \\ 0, & b + \varepsilon \leqslant t \leqslant l, \end{cases}$$

则有 $X \in \mathscr{V}_0^\perp(\gamma)$. 另外, 令

$$\bar{J}_1(t) = \begin{cases} J_1(t), & b - \varepsilon \leqslant t \leqslant b, \\ 0, & b \leqslant t \leqslant b + \varepsilon. \end{cases}$$

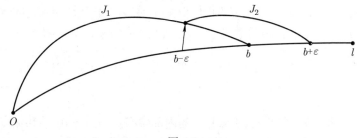

图 6

由于 J_1 是非零 Jacobi 场, $\tilde{J}_1$ 在 $t = b$ 处是不可微的, 因而不是沿 $\gamma|_{[b-\varepsilon, b+\varepsilon]}$ 的 Jacobi 场. 因此 $\tilde{J}_1 \neq J_2$. 根据基本指标引理有

$$\begin{aligned}
I(X, X) &= I_0^{b-\varepsilon}(X, X) + I_{b-\varepsilon}^{b+\varepsilon}(X, X) \\
&= I_0^{b-\varepsilon}(J_1, J_1) + I_{b-\varepsilon}^{b+\varepsilon}(J_2, J_2) \\
&< I_0^{b-\varepsilon}(J_1, J_1) + I_{b-\varepsilon}^{b+\varepsilon}(\tilde{J}_1, \tilde{J}_1).
\end{aligned}$$

于是

$$I(X, X) < I_0^{b-\varepsilon}(J_1, J_1) + I_{b-\varepsilon}^{b}(J_1, J_1) = I_0^b(J_1, J_1) = \langle J_1', J_1 \rangle|_0^b = 0.$$

在另一方面, 任取一点 $b_1 \in (0, b)$. 由于 $p = \gamma(0)$ 在测地线 $\gamma|_{[0,b_1]}$ 上没有共轭点, $I_0^{b_1}$ 在 $\mathscr{V}_0^{\perp}(\gamma|_{[0,b_1]})$ 上是正定的. 再取一个非零向量场 $Y_1 \in \mathscr{V}_0^{\perp}(\gamma|_{[0,b_1]})$ 使得 $I_0^{b_1}(Y_1, Y_1) > 0$, 并设

$$Y = \begin{cases} Y_1, & 0 \leqslant t \leqslant b_1, \\ 0, & b_1 \leqslant t \leqslant l, \end{cases}$$

则 $I(Y, Y) = I_0^{b_1}(Y_1, Y_1) > 0$. 因此, I 在 $\mathscr{V}_0^{\perp}(\gamma)$ 上确实是不定的.

如上所构造的 X 是沿 γ 定义并且在两个端点处取零值, 与 γ 处处正交的分段光滑向量场. 取定 γ 的一个以 X 为变分向量场的有固定端点的变分 Φ, 则由命题 4.1 可知

$$\frac{\mathrm{d}^2}{\mathrm{d}u^2} L(\gamma_u)\bigg|_{u=0} = I(X, X) < 0.$$

此式表明测地线 γ 在曲线族 $\{\gamma_u\}$ 中取到弧长的最大值, 因而不可能是连接 p, q 两点的最短线. 定理得证.

现在已经具备必要的条件来叙述著名的 Morse 指数定理. 设

$$\gamma(t), \quad t \in [0, l]$$

是黎曼流形 (M, g) 上的一条正规测地线. 对于任意的 $b \in [0, l]$, 用 $\nu(b)$ 表示指标形式 I_0^b 在空间 $\mathscr{V}_0^\perp(\gamma|_{[0,b]})$ 中的零化子空间的维数, 也就是点 $\gamma(b)$ 关于点 $p = \gamma(0)$ 的共轭重数. 当 $\gamma(b)$ 不是 p 的共轭点时, $\nu(b) = 0$. 此外, 用 $i(b)$ 表示 $\mathscr{V}_0^\perp(\gamma|_{[0,b]})$ 中使指标形式 I_0^b 为负定的极大子空间的维数, 并称之为指标形式 I_0^b 的指数或测地线 $\gamma : [0, b] \to M$ 的指数.

Morse 指数定理　任意一条正规测地线 $\gamma : [0, l] \to M$ 的指数是有限的, 并且等于点 $p = \gamma(0)$ 在测地线 $\gamma|_{[0,l)}$ 上所有共轭点的重数之和, 即

$$i(l) = \sum_{t<l} \nu(t) < +\infty.$$

定理的证明可以查阅参考文献 [5] 中的 §9 或 [15] 中的第 4 章.

§6.5　黎曼几何中的比较定理

Gauss 引理告诉我们, 如果把黎曼流形在点 p 的切空间看作截面曲率为零的欧氏空间, 则指数映射 $\exp_p$ 保持与径向测地线的正交性不变, 并且沿径向是保长的. 至于映射 $\exp_p$ 在与径向测地线正交的向量上的作用在长度上产生的影响则取决于黎曼流形本身的截面曲率 (参看第五章的推论 1.10).

另一方面, 常曲率空间是最简单的黎曼流形; 因此, 要想了解一般的黎曼流形的性状, 一种有效的手段就是将它与某个适当的常曲率空间进行比较. 在通常情况下, 这个常曲率空间的曲率是所研究的黎曼流形的截面曲率的上界或下界. 本节要讨论的 Rauch 比较定理将实现这种比较. 在此介绍并详细证明 Rauch 比较定理的原因是这套理论和方法已经成为研究黎曼几何以及黎曼流形上的函数论的强有力工具. 除了 Rauch 比较定理外, 还有别的不同形式的比较定理, 例如 Toponogov

比较定理, 体积比较定理, Laplace 比较定理, Hessian 比较定理等等, 它们遵循的原则和证明的方法有共同之处, 在本节择其要点做一些简单的介绍, 关于它们的详细情形, 读者可以参看参考文献 [15] 和 [5] 中的 §8, §11.

6.5.1 Rauch 比较定理

注意到在黎曼流形 (M, g) 上沿测地线 $\gamma(t) = \exp_p(tv)$ 的 Jacobi 场可以用点 $p = \gamma(0)$ 处的指数映射 $\exp_p$ 的切映射 $(\exp_p)_{*tv}$ 来表示, 所以要研究在指数映射的切映射下, 切向量的长度如何变化, 需要研究 Jacobi 场的长度.

定理 5.1 (Rauch 比较定理)   设 $(M, g), (\tilde{M}, \tilde{g})$ 是两个 m 维黎曼流形, $K, \tilde{K}$ 是 $M, \tilde{M}$ 的截面曲率. $\gamma(t), \tilde{\gamma}(t)(t \in [0, l])$ 分别是 M 和 $\tilde{M}$ 上的正规测地线, 并且起点 $\tilde{\gamma}(0)$ 在 $\tilde{\gamma}$ 上没有共轭点. 假定 $J, \tilde{J}$ 是 $M, \tilde{M}$ 上沿测地线 $\gamma, \tilde{\gamma}$ 的 Jacobi 场, 并且

$$J(0) = \tilde{J}(0) = 0, \quad |J'(0)| = |\tilde{J}'(0)|, \quad \langle J'(0), \gamma'(0)\rangle = \langle \tilde{J}'(0), \tilde{\gamma}'(0)\rangle = 0.$$
$$(5.1)$$

如果对于任意的 $t \in [0, l]$, 以及任意的 $X \in T_{\gamma(t)}M(X \wedge \gamma'(t) \neq 0)$, $\tilde{X} \in T_{\tilde{\gamma}(t)}\tilde{M}(\tilde{X} \wedge \tilde{\gamma}'(t) \neq 0)$, 都有

$$K(\gamma'(t), X) \leqslant \tilde{K}(\tilde{\gamma}'(t), \tilde{X}),$$

则对于任意的 $t \in [0, l]$ 有不等式 $|J(t)| \geqslant |\tilde{J}(t)|$.

若有一点 $t_0 \in (0, l]$ 使得 $|J(t_0)| = |\tilde{J}(t_0)|$, 则必有

$$K(\gamma'(t), J(t)) = \tilde{K}(\tilde{\gamma}'(t), \tilde{J}(t)), \qquad \forall 0 \leqslant t \leqslant t_0.$$

证明   根据假定, $J(t), \tilde{J}(t)$ 分别是沿测地线 $\gamma(t), \tilde{\gamma}(t)$ 的、在起点处为零的 Jacobi 场, 且分别与测地线 $\gamma(t), \tilde{\gamma}(t)$ 正交. 不妨假定 $\tilde{J}(t)$ 不是零 Jacobi 场, 否则结论自明. 因为沿测地线 $\tilde{\gamma}(t)$ 没有起点 $\tilde{J}(0)$ 的共轭点, 所以 $\tilde{J}(0) \neq 0(t \in (0, l])$, 因而 $\tilde{J}'(0) \neq 0$, 故 $J'(0) \neq 0, J(t)$ 是沿测地线 $\gamma(t)$ 的非零 Jacobi 场. 要证明的结论是

$$\frac{|J(t)|^2}{|\tilde{J}(t)|^2} \geqslant 1, \qquad \forall t \in (0, l].$$
$$(5.2)$$

注意到当 $t \to 0$ 时, $|J(t)| \to 0$, $|\tilde{J}(t)| \to 0$, 所以用 L'Hospital 法则得到

$$
\begin{aligned}
\lim_{t \to 0} \frac{|J(t)|^2}{|\tilde{J}(t)|^2} &= \lim_{t \to 0} \frac{\langle J'(t), J(t) \rangle}{\langle \tilde{J}'(t), \tilde{J}(t) \rangle} \\
&= \lim_{t \to 0} \frac{\langle J''(t), J(t) \rangle + \langle J'(t), J'(t) \rangle}{\langle \tilde{J}''(t), \tilde{J}(t) \rangle + \langle \tilde{J}'(t), \tilde{J}'(t) \rangle} \\
&= \frac{|J'(0)|^2}{|\tilde{J}'(0)|^2} = 1.
\end{aligned}
$$

因此, 只需要证明 $\dfrac{|J(t)|^2}{|\tilde{J}(t)|^2}$ 是 t 的增函数就够了, 也就是要对于任意的 $t > 0$ 证明

$$
\frac{\mathrm{d}}{\mathrm{d}t} \left(\frac{|J(t)|^2}{|\tilde{J}(t)|^2} \right) \geqslant 0.
$$

当 $J(t) \neq 0$ 时, 上式左边的展开式可以化为

$$
\begin{aligned}
\frac{1}{2} \frac{\mathrm{d}}{\mathrm{d}t} \left(\frac{|J(t)|^2}{|\tilde{J}(t)|^2} \right) &= \frac{\langle J'(t), J(t) \rangle}{\langle \tilde{J}(t), \tilde{J}(t) \rangle} - \frac{\langle J(t), J(t) \rangle \langle \tilde{J}'(t), \tilde{J}(t) \rangle}{\langle \tilde{J}(t), \tilde{J}(t) \rangle^2} \\
&= \frac{|J(t)|^2}{|\tilde{J}(t)|^2} \cdot \left(\frac{\langle J'(t), J(t) \rangle}{\langle J(t), J(t) \rangle} - \frac{\langle \tilde{J}'(t), \tilde{J}(t) \rangle}{\langle \tilde{J}(t), \tilde{J}(t) \rangle} \right).
\end{aligned}
$$

所以, 只需要证明 $J(t)$ 在 $(0, l]$ 上处处不为零, 并且成立不等式

$$
\frac{\langle J'(t), J(t) \rangle}{\langle J(t), J(t) \rangle} \geqslant \frac{\langle \tilde{J}'(t), \tilde{J}(t) \rangle}{\langle \tilde{J}(t), \tilde{J}(t) \rangle}, \qquad t \in (0, l]. \tag{5.3}
$$

由于 $J(t)$ 在 $\gamma(t) (t \in (0, l])$ 上是非零 Jacobi 场, 且 $J(0) = 0$, 故存在正数 $r \in (0, l]$ 使得 $J(t)$ 在 $(0, r)$ 上没有零点 (若不然, 则可找到一串正数 $a_i \to 0 (i \to \infty)$ 使得 $J(a_i) = 0$, 于是

$$
\lim_{i \to \infty} \frac{J(a_i) - J(0)}{a_i - 0} = J'(0) = 0,
$$

与假设相矛盾). 任意取定一点 t_0, $0 < t_0 < r$, 则 $J(t_0) \neq 0$. 命

$$
W_{t_0}(t) = \frac{J(t)}{|J(t_0)|}, \qquad \tilde{W}_{t_0}(l) = \frac{\tilde{J}(t)}{|\tilde{J}(t_0)|}, \tag{5.4}
$$

则 $|W_{t_0}(t_0)| = |\tilde{W}_{t_0}(t_0)| = 1$, 且

$$\langle W_{t_0}'(t), W_{t_0}(t)\rangle = \frac{\langle J'(t), J(t)\rangle}{\langle J(t_0), J(t_0)\rangle}, \qquad \langle \tilde{W}_{t_0}'(t), \tilde{W}_{t_0}(t)\rangle = \frac{\langle \tilde{J}'(t), \tilde{J}(t)\rangle}{\langle \tilde{J}(t_0), \tilde{J}(t_0)\rangle},$$

所以要证明不等式 (5.3) 在 $t = t_0$ 处成立, 化为证明下列不等式:

$$\langle W_{t_0}'(t), W_{t_0}(t)\rangle|_{t=t_0} \geqslant \langle \tilde{W}_{t_0}'(t), \tilde{W}_{t_0}(t)\rangle|_{t=t_0}. \tag{5.5}$$

注意到 $W_{t_0}(t), \tilde{W}_{t_0}(t)$ 分别是沿测地线 $\gamma(t), \tilde{\gamma}(t)$ 并与之正交的 Jacobi 场, 且 $W_{t_0}(0) = \tilde{W}_{t_0}(0) = 0$, 由本章的命题 4.2 得知

$$\langle W_{t_0}'(t), W_{t_0}(t)\rangle|_{t=t_0} = I_0^{t_0}(W_{t_0}, W_{t_0}),$$
$$\langle \tilde{W}_{t_0}'(t), \tilde{W}_{t_0}(t)\rangle|_{t=t_0} = \tilde{I}_0^{t_0}(\tilde{W}_{t_0}, \tilde{W}_{t_0}),$$

其中 I, $\tilde{I}$ 分别是 M, $\tilde{M}$ 中沿测地线 $\gamma(t), \tilde{\gamma}(t)$ 的指标形式. 这样, 要证明的不等式成为

$$I_0^{t_0}(W_{t_0}, W_{t_0}) \geqslant \tilde{I}_0^{t_0}(\tilde{W}_{t_0}, \tilde{W}_{t_0}). \tag{5.6}$$

为了证明上述不等式, 需要引进一个沿测地线 $\tilde{\gamma}|_{[0,t_0]}$ 定义的过渡切向量场, 即把 M 中沿 $\gamma|_{[0,t_0]}$ 定义的 Jacobi 场 $W_{t_0}(t)$ 转变成 $\tilde{M}$ 中沿 $\tilde{\gamma}|_{[0,t_0]}$ 定义的向量场 $U(t)$, 使得 $|U(t)| = |W_{t_0}(t)|$, $|U'(t)| = |W_{t_0}'(t)|$, 并且

$$U(0) = \tilde{W}_{t_0}(0) = 0, \qquad U(t_0) = \tilde{W}_{t_0}(t_0).$$

这样, 指标形式 $\tilde{I}_0^{t_0}(U, U)$ 和 $\tilde{I}_0^{t_0}(\tilde{W}_{t_0}, \tilde{W}_{t_0})$ 能够用基本指标引理进行比较, 同时指标形式 $I_0^{t_0}(W_{t_0}, W_{t_0})$ 和 $\tilde{I}_0^{t_0}(U, U)$ 能够根据关于 $M, \tilde{M}$ 的截面曲率 $K, \tilde{K}$ 的假定进行比较. 为此, 沿测地线 $\gamma(t), \tilde{\gamma}(t)$ 分别取平行的单位正交标架场 $\{e_i(t)\}, \{\tilde{e}_i(t)\}$, 使得

$$e_1(t) = \gamma(t), \quad e_2(t_0) = W_{t_0}(t_0), \quad \tilde{e}_1(t) = \tilde{\gamma}(t), \quad \tilde{e}_2(t_0) = \tilde{W}_{t_0}(t_0).$$

因为 $J(t) \perp \gamma'(t)$, $W_{t_0}(t) \perp \gamma'(t)$, 故可设 $W_{t_0}(t) = \sum\limits_{i=2}^m W^i(t)e_i(t)$, 其中 $W^i(t)(2 \leqslant i \leqslant m)$ 满足条件

$$W^2(0) = \cdots = W^m(0) = 0, \quad W^2(t_0) = 1, \quad W^3(0) = \cdots = W^m(0) = 0.$$

命 $U(t) = \sum\limits_{i=2}^{m} W^i(t)\tilde{e}_i(t)$, 则有

$$U(0) = 0 = \tilde{W}_{t_0}(0), \qquad U(t_0) = \tilde{e}_2(t_0) = \tilde{W}_{t_0}(t_0),$$

并且 $U'(t) = \sum\limits_{i=2}^{m} W^{i\prime}(t)\tilde{e}_i(t)$, 因而

$$|U(t)|^2 = \sum_{i=2}^{m} (W^i(t))^2 = |W_{t_0}(t)|^2,$$

$$|U'(t)|^2 = \sum_{i=2}^{m} (W^{i\prime}(t))^2 = |W'_{t_0}(t)|^2. \tag{5.7}$$

由于在 $\tilde{\gamma}|_{[0,t_0]}$ 上没有点 $\tilde{\gamma}(0)$ 的共轭点, 而 $\tilde{W}_{t_0}(t)$ 是沿测地线 $\tilde{\gamma}$ 的 Jacobi 场, 并且它与 $U(t)$ 在 $t = 0$ 和 $t = t_0$ 时有相同的值, 故根据基本指标引理得到

$$\tilde{I}_0^{t_0}(U, U) \geqslant \tilde{I}_0^{t_0}(\tilde{W}_{t_0}, \tilde{W}_{t_0}). \tag{5.8}$$

又由指标形式的定义得知

$$I_0^{t_0}(W_{t_0}, W_{t_0}) = \int_0^{t_0} \{|W'_{t_0}|^2 - |W_{t_0}|^2 K(\gamma', W_{t_0})\}\mathrm{d}t,$$

$$\tilde{I}_0^{t_0}(U, U) = \int_0^{t_0} \{|U'|^2 - |U|^2 \tilde{K}(\tilde{\gamma}', U)\}\mathrm{d}t.$$

根据定理的假设 $K(\gamma', W_{t_0}) \leqslant \tilde{K}(\tilde{\gamma}', U)$, 以及 (5.7) 式, 于是 $I_0^{t_0}(W_{t_0}, W_{t_0}) \geqslant \tilde{I}_0^{t_0}(U, U)$. 联合上面所得到的两个不等式, 得知

$$I_0^{t_0}(W_{t_0}, W_{t_0}) \geqslant \tilde{I}_0^{t_0}(U, U) \geqslant \tilde{I}_0^{t_0}(\tilde{W}_{t_0}, \tilde{W}_{t_0}).$$

这样, 在假定 Jacobi 场 $J(t)$ 在 $(0, r)$ 上没有零点的情况下, 证明了 $|J(t)|^2 \geqslant |\tilde{J}(t)|^2, \quad t \in (0, r)$.

最后, 要完成定理的证明, 需要说明 Jacobi 场 $J(t)$ 在 $(0, l)$ 上没有零点. 实际上, 若设 $J(l)$ 在 $\gamma|_{(0,l]}$ 上的第一个零点是 $0 < r \leqslant l$, 则 $J(t)$ 在 $(0, r)$ 上无零点, 而 $J(0) = 0$, 故由前面的论证可知 $|J(t)|^2 \geqslant$

$|\tilde{J}(t)|^2$, $t \in (0, r)$. 让 $t \to r$, 则得 $0 = |J(r)|^2 \geqslant |\tilde{J}(r)|^2$, 这与 Jacobi 场 $\tilde{J}(t)$ 在 $\tilde{\gamma}|_{(0,l]}$ 上没有零点的假定相矛盾. 由此可见, Jacobi 场 $J(t)$ 在 $(0, l]$ 上有零点的假设是不能成立的, 即 Jacobi 场 $J(t)$ 在 $(0, l]$ 上不可能有零点.

若有一点 $t_0 \in (0, l]$ 使得 $|J(t_0)| = |\tilde{J}(t_0)|$, 而在证明过程中已知 $|J(t)|^2 / |\tilde{J}(t)|^2$ 是 $(0, t_0]$ 上的增函数, 故

$$1 = \lim_{t \to 0} \frac{|J(t)|^2}{|\tilde{J}(t)|^2} \leqslant \frac{|J(t)|^2}{|\tilde{J}(t)|^2} \leqslant \frac{|J(t_0)|^2}{|\tilde{J}(t_0)|^2} = 1,$$

即 $|J(t)|^2 = |\tilde{J}(t)|^2$, $0 \leqslant t \leqslant t_0$. 于是 $\dfrac{d}{dt}\left(\dfrac{|J(t)|^2}{|\tilde{J}(t)|^2}\right) \equiv 0$, 故有

$$\langle J'(t_0), J(t_0) \rangle = \langle \tilde{J}'(t_0), \tilde{J}(t_0) \rangle, \qquad I_0^{t_0}(J, J) = \tilde{I}_0^{t_0}(\tilde{J}, \tilde{J}).$$

设 $\{e_i\}$, $\{\tilde{e}_i\}$ 分别是沿 γ, $\tilde{\gamma}$ 平行的单位正交标架场, 使得

$$e_1(t) = \gamma'(t), \quad e_2(t_0) = \frac{J(t_0)}{|J(t_0)|}, \quad \tilde{e}_1(t) = \tilde{\gamma}'(t), \quad \tilde{e}_2(t_0) = \frac{\tilde{J}(t_0)}{|\tilde{J}(t_0)|},$$

则 $J(t)$ 可以表示为 $J(t) = \sum\limits_{i=2}^{m} J^i(t) e_i(t)$, 其中 $J^i(0) = 0$, $2 \leqslant i \leqslant m$; $J^2(t_0) = |J(t_0)|$, $J^j(t_0) = 0$, $3 \leqslant j \leqslant m$. 命 $U(t) = \sum\limits_{i=2}^{m} J^i(t) \tilde{e}_i(t)$, 则 $U(0) = 0 = \tilde{J}(0)$, $U(t_0) = |J(t_0)|\tilde{e}_2(t_0) = \tilde{J}(t_0)$, 并且 $|U(t)|^2 = |J(t)|^2$, $|U'(t)|^2 = |J'(t)|^2$. 在 $K(\gamma', X) \leqslant \tilde{K}(\tilde{\gamma}', \tilde{X})$ 的假定下有 $I_0^{t_0}(J, J) \geqslant \tilde{I}_0^{t_0}(U, U)$. 再由基本指标引理得到 $\tilde{I}_0^{t_0}(U, U) \geqslant \tilde{I}_0^{t_0}(\tilde{J}, \tilde{J})$. 已经知道 $I_0^{t_0}(J, J) = \tilde{I}_0^{t_0}(\tilde{J}, \tilde{J})$, 所以只能有 $I_0^{t_0}(J, J) = \tilde{I}_0^{t_0}(U, U)$, 即

$$\int_0^{t_0} \{|J'|^2 - |J| K(\gamma', J)\} dt = \int_0^{t_0} \{|U'|^2 - |U| \tilde{K}(\tilde{\gamma}', \tilde{J})\} dt$$

$$= \int_0^{t_0} \{|J'|^2 - |J| \tilde{K}(\tilde{\gamma}', \tilde{J})\} dt,$$

也就是有

$$\int_0^{t_0} |J(t)|^2 (K(\gamma'(t), J(t)) - \tilde{K}(\tilde{\gamma}'(t), \tilde{J}(t))) dt = 0. \tag{5.9}$$

由于 $|J(t)|^2 > 0$, $\forall t \in (0, t_0]$, 以及 $K(\gamma'(t), J(t)) \leqslant \tilde{K}(\tilde{\gamma}'(t), \tilde{J}(t))$, 故得

$$K(\gamma'(t), J(t)) = \tilde{K}(\tilde{\gamma}'(t), \tilde{J}(t)), \qquad 0 \leqslant t \leqslant t_0.$$

证毕.

推论 5.2 设 (M, g) 是一个 m 维黎曼流形, $p \in M$, 对于任意的单位切向量 $v \in T_p M$, 考虑正规测地线 $\gamma(t) = \exp_p(tv)$, $0 \leqslant t \leqslant l$.

(1) 若 M 沿测地线 γ 的径向截面曲率 (即含有 $\gamma'(t)$ 在内的 2 维截面的截面曲率) $K \geqslant 0$, 且在 γ 上没有点 p 的共轭点, 则对于任意的 $X \in T_p M$ 有 $|(\exp_p)_{*tv}(X)| \leqslant |X|$.

(2) 若 M 沿测地线 γ 的径向截面曲率 $K \leqslant 0$, 则对于任意的 $X \in T_p M$ 有 $|(\exp_p)_{*tv}(X)| \geqslant |X|$.

证明 命 $\tilde{M} = T_p M$, 则 $\tilde{M}$ 是 m 维欧氏空间, 其截面曲率是 $\tilde{K} \equiv 0$. 命 $\tilde{\gamma}(t) = tv$, 这是 $\tilde{M}$ 上的正规测地线, 并且在 $\tilde{\gamma}$ 上没有点 p 的共轭点. 沿 $\tilde{\gamma}$ 定义切向量场 $\tilde{J}(t) = tX$, 这是 $\tilde{M}$ 中沿 $\tilde{\gamma}$ 的 Jacobi 场. 命 $J(t) = (\exp_p)_{*tv}(tX)$, 则它是 M 中沿 γ 定义的 Jacobi 场, 并且 $\tilde{J}(0) = J(0) = 0$, $\tilde{J}'(0) = X = J'(0)$.

设 $X \perp v$, 则 $\tilde{J}(t) \perp \tilde{\gamma}'(t)$. 另外, 由 Gauss 引理得知 $J(t) \perp \gamma'(t)$. 在情形 (1) 的条件下, 根据定理 5.1 得知 $|J(t)| \leqslant |\tilde{J}(t)|$, 即

$$|(\exp_p)_{*tv}(tX)| \leqslant |tX|, \qquad |(\exp_p)_{*tv}(X)| \leqslant |X|.$$

在情形 (2) 的条件下, 则得

$$|(\exp_p)_{*tv}(X)| \geqslant |X|.$$

对于一般的 $X \in T_p M$, 把 X 分解为 $X = \langle X, v \rangle v + X^\perp$, 其中 $\langle X^\perp, v \rangle = 0$. 于是

$$\begin{aligned}
(\exp_p)_{*tv} X &= \langle X, v \rangle (\exp_p)_{*tv}(v) + (\exp_p)_{*tv}(X^\perp) \\
&= \langle X, v \rangle \gamma'(t) + (\exp_p)_{*tv}(X^\perp).
\end{aligned}$$

根据 Gauss 引理, $\gamma'(t) \perp (\exp_p)_{*tv}(X^\perp)$, 所以

$$|(\exp_p)_{*tv} X|^2 = \langle X, v \rangle^2 + |(\exp_p)_{*tv}(X^\perp)|^2.$$

然而 $|X|^2 = \langle X, v \rangle^2 + |X^\perp|^2$, 故

$$|(\exp_p)_{*tv}X|^2 - |X|^2 = |(\exp_p)_{*tv}(X^\perp)|^2 - |X^\perp|^2.$$

从前面关于 $X^\perp$ 的结论得知, 对于一般的 $X \in T_pM$ 结论也成立.

下面的定理给出了 Rauch 比较定理的一个应用.

定理 5.3　设 $M, \tilde{M}$ 是两个 m 维黎曼流形, $K, \tilde{K}$ 分别是 $M, \tilde{M}$ 的截面曲率, $p \in M$, $\tilde{p} \in \tilde{M}$, $\varphi : T_pM \to T_{\tilde{p}}\tilde{M}$ 是一个等距的线性同构; 假定 W 和 $\tilde{W} = \varphi(W)$ 分别是在 T_pM 和 $T_{\tilde{p}}\tilde{M}$ 中原点的邻域, 使得指数映射

$$\exp_p : W \to \exp_p(W) \subset M \quad \text{和} \quad \exp_{\tilde{p}} : \tilde{W} \to \exp_{\tilde{p}}(\tilde{W}) \subset \tilde{M}$$

都是微分同胚. 如果在任意的对应点

$$q \in \exp_p(W) \quad \text{和} \quad \tilde{q} = \exp_{\tilde{p}} \circ \varphi \circ (\exp_q)^{-1}(q) \in \exp_{\tilde{p}}(\tilde{W}),$$

沿任意的二维截面 $\sigma \subset T_qM$, $\tilde{\sigma} \subset T_{\tilde{q}}\tilde{M}$ 都有

$$K(\sigma) \geqslant \tilde{K}(\tilde{\sigma}),$$

则对于 W 中任意一条光滑曲线 $\beta(u)\,(0 \leqslant u \leqslant 1)$ 下面不等式成立:

$$L(\exp_p \circ \beta) \leqslant L(\exp_{\tilde{p}} \circ (\varphi \circ \beta)).$$

证明　不失一般性, 可以假设 β 处处不为零 (即 β 不通过原点). 考虑测地变分

$$\Phi(t, u) = \exp_p(t\beta(u)), \quad 0 \leqslant t \leqslant 1, \quad 0 \leqslant u \leqslant 1;$$

令

$$U(t, u) = \Phi_{*(t,u)}\left(\frac{\partial}{\partial u}\right) = (\exp_p)_{*t\beta(u)}(t\beta'(u)),$$

则

$$U(1, u) = \frac{\mathrm{d}}{\mathrm{d}u}(\exp_p(\beta(u))) = (\exp_p)_{*\beta(u)}(\beta'(u)),$$

$$L(\exp_p \circ \beta) = \int_0^1 |U(1, u)|\mathrm{d}u.$$

同理有

$$L(\exp_{\tilde{p}} \circ \varphi \circ \beta) = \int_0^1 |\tilde{U}(1, u)| du,$$

其中

$$\tilde{U}(1, u) = \frac{d}{du}(\exp_{\tilde{p}}(\varphi \circ \beta(u))) = (\exp_{\tilde{p}})_{*\varphi \circ \beta(u)}(\varphi(\beta'(u))).$$

对于任意固定的 $u \in (0,1)$, 考虑沿测地线

$$\gamma_u(t) = \exp_p(t\beta(u)) \ \text{和} \ \tilde{\gamma}_u(t) = \exp_{\tilde{p}}(t\varphi \circ \beta(u))$$

的变分向量场 $U(t, u)$ 和 $\tilde{U}(t, u)$. 根据第五章的命题 1.1, $U(t, u)$ 和 $\tilde{U}(t, u)$ 分别是沿 γ_u, $\tilde{\gamma}_u$ 的 Jacobi 场. 由定义,

$$U(0, u) = \tilde{U}(0, u) = 0,$$

$$\frac{DU}{dt}(0, u) = \beta'(u), \quad \frac{D\tilde{U}}{dt}(0, u) = \varphi(\beta'(u)),$$

$$\gamma_u'(0) = \beta(u), \quad \tilde{\gamma}_u'(0) = \varphi(\beta(u)).$$

根据假设, 对于任意的 $X \in T_{\gamma_u(t)}M$, $\tilde{X} \in T_{\tilde{\gamma}_u(t)}\tilde{M}$ 有

$$K(\gamma_u', X) \geqslant \tilde{K}(\tilde{\gamma}_u', \tilde{X}),$$

因而由定理 5.1 可得

$$|U(t, u)| \leqslant |\tilde{U}(t, u)|.$$

特别地,

$$|U(1, u)| \leqslant |\tilde{U}(1, u)|,$$

故有

$$L(\exp_p \circ \beta) \leqslant L(\exp_{\tilde{p}} \circ \varphi \circ \beta),$$

定理得证.

推论 5.4 设 (M, g) 是一个 m 维单连通的完备黎曼流形, $K_M \leqslant 0$. 假定 $\triangle ABC$ 是 M 中三条边都是最短测地线的三角形 (称为测地

三角形), 它的三个内角分别是 $\angle A, \angle B, \angle C$, 对应的三边 BC, CA, AB 的长度分别是 $a = |AB|, b = |CA|, c = |AB|$, 则

(1) $a^2 + b^2 - 2ab\cos\angle C \leqslant c^2$.

(2) $\angle A + \angle B + \angle C \leqslant \pi$. 如果 $K_M < 0$, 则上面的等号是不能成立的.

证明　(1) 由 Cartan-Hadamard 定理 (第五章定理 3.3), 对每一点 $p \in M$, $\exp_p : T_pM \to M$ 是可微同胚. 现在把点 p 取在三角形的顶点 C 处, 在 T_pM 上从原点 (记为 $\tilde{C}$, 也就是 C 点) 引出两边 BC, CA 在该处的切线, 在这两条切线上分别截取长度为 a, b 的线段 $\tilde{B}\tilde{C}, \tilde{C}\tilde{A}$, 得到 T_pM 中的三角形 $\triangle\tilde{A}\tilde{B}\tilde{C}$, 其中 BC, CA 分别是 $\tilde{B}\tilde{C}, \tilde{C}\tilde{A}$ 在指数映射 $\exp_p$ 下的像, 且 $\tilde{B}\tilde{C}, \tilde{C}\tilde{A}$ 的长度分别是 $a = |\tilde{B}\tilde{C}|, b = |\tilde{C}\tilde{A}|$, 顶角 $\angle\tilde{C} = \angle C$.

把 T_pM 看作黎曼流形 $\tilde{M}$, 其截面曲率 $\tilde{K} \equiv 0$. 用 $\tilde{\gamma}$ 记测地线 AB 在指数映射 $\exp_p$ 下的原像, 即 $\tilde{\gamma} = (\exp_p)^{-1}(AB)$, 则 $\tilde{\gamma}$ 恰好是 T_pM 中连接 $\tilde{A}, \tilde{B}$ 的一条曲线. 由此可见,

$$L(\tilde{\gamma}) \geqslant |\tilde{A}\tilde{B}| = \tilde{c}.$$

根据定理 5.3, 我们有

$$|AB| = c \geqslant L(\tilde{\gamma}).$$

然而由余弦定理得到

$$\tilde{c}^2 = \tilde{a}^2 + \tilde{b}^2 - 2\tilde{a}\tilde{b}\cos\angle\tilde{C} = a^2 + b^2 - 2ab\cos\angle C,$$

所以

$$c^2 \geqslant \tilde{c}^2 = a^2 + b^2 - 2ab\cos\angle C.$$

(2) 由于测地三角形 $\triangle ABC$ 的三条边都是最短测地线, 故任意两边之和必大于第三边. 于是, 在 $\mathbb{R}^2$ 中可以构作以 a, b, c 为三边长的三角形, 记为 $\triangle A'B'C'$. 由余弦定理以及 (1) 得到

$$c^2 = a^2 + b^2 - 2ab\cos\angle C' \geqslant a^2 + b^2 - 2ab\cos\angle C,$$

因此

$$\cos \angle C' \leqslant \cos \angle C, \qquad \angle C' \geqslant \angle C.$$

同理得到 $\angle A' \geqslant \angle A, \angle B' \geqslant \angle B$, 故

$$\angle A + \angle B + \angle C \leqslant \angle A' + \angle B' + \angle C' = \pi.$$

如果上式等号成立, 则必有 $\angle A = \angle A'$, $\angle B = \angle B'$ $\angle C = \angle C'$. 因此 $c^2 = a^2 + b^2 - 2ab \cos \angle C$. 由 (1) 的论证过程知道, 映射 $(\exp_p)^{-1} : M \to T_pM$ 是保持 AB 和 $\tilde{\gamma}$ 的长度不变的, 这与 $K_M < 0$ 的假设相矛盾.

6.5.2 Hessian 比较定理

我们在第三章 §3.4 的最后, 讨论过从固定点 $p \in M$ 出发的距离函数 $\rho(\cdot) = d(p, \cdot)$, 它在点 p 的法坐标球 $\mathcal{B}_p(\delta)$ 上除点 p 以外是光滑的. 此外, 还知道从点 p 出发的正规的径向测地线的切向量场 $\frac{\partial}{\partial \rho}$ 正好是光滑函数 ρ 在 $\mathcal{B}_p(\delta) \setminus \{p\}$ 上的梯度场 $\nabla \rho$. 根据定义, 在 $\mathcal{B}_p(\delta) \setminus \{p\}$ 上, 函数 ρ 的 Hessian 是

$$\begin{aligned}
(\mathrm{Hess}(\rho))(X, Y) &= (\mathrm{D}(d\rho))(X, Y) \\
&= (\mathrm{D}_Y(d\rho))(X) = Y(d\rho(X)) - d\rho(\mathrm{D}_Y X) \\
&= Y(X(\rho)) - (\mathrm{D}_Y X)(\rho) = (\mathrm{Hess}(\rho))(Y, X), \\
&\quad \forall X, Y \in \mathfrak{X}(\mathcal{B}_p(\delta) \setminus \{p\}).
\end{aligned}$$

引理 5.5 设 $\gamma : [0, l]$, $\gamma(t) = \exp_p(tv)$, $v \in T_pM$, $|v| = 1$, 是落在法坐标球 $\mathcal{B}_p(\delta)$ 内的一条正规径向测地线, $\gamma(0) = p$, $0 < l < \delta$, J 是沿 γ 的 Jacobi 场, 且 $J(0) = 0$, $J'(0) \perp \gamma'(0)$, 则

$$(\mathrm{Hess}(\rho))(J(t), J(t)) = \langle J'(t), J(t) \rangle. \tag{5.10}$$

证明 记 T_pM 中以原点为中心的单位球面为 S, 于是 Jacobi 场 $J(t)$ 可以表示为变分 $(t, u) \mapsto \exp_p(t\sigma(u))$ 的变分向量场, 其中 $\sigma(u)$ 是落在 S 中的一条曲线, 且 $\sigma(0) = v$, $\sigma'(0) \in T_{\sigma(0)}S$.

设

$$T(t,u) = \frac{\partial}{\partial \rho} = (\exp_p)_{*t\sigma(u)}(\sigma(u)), \quad U(t,u) = (\exp_p)_{*t\sigma(u)}(t\sigma'(u)),$$

则由第三章 (3.7) 式得知 $D_U T - D_T U = 0$, 并且

$$\gamma'(t) = T(t,0) = \frac{\partial}{\partial \rho}\Big|_{\gamma(t)}, \quad J(t) = U(t,0) = t(\exp_p)_{*t\sigma(0)}(\sigma'(0)).$$

因此

$$
\begin{aligned}
(\mathrm{Hess}(\rho))(J(t),J(t)) &= (\mathrm{Hess}(\rho))(U(t,u),U(t,u))|_{u=0} \\
&= U(U(\rho)) - (D_U U)(\rho)|_{u=0} \\
&= U\left(\left\langle U, \frac{\partial}{\partial \rho}\right\rangle\right) - \left\langle D_U U, \frac{\partial}{\partial \rho}\right\rangle\Big|_{u=0} \\
&= \langle U, D_U T\rangle|_{u=0} = \langle U, D_T U\rangle|_{u=0} \\
&= \langle J(t), D_{\gamma'(t)} J(t)\rangle = \langle J(t), J'(t)\rangle.
\end{aligned}
$$

定理 5.6 (Hessian 比较定理) 设 $\gamma(t)$, $\tilde{\gamma}(t)$, $t \in [0,l]$, $l < \delta$, 分别是 m 维黎曼流形 $M, \tilde{M}$ 的法坐标球 $\mathcal{B}_p(\delta)$ 和 $\tilde{\mathcal{B}}_{\tilde{p}}(\delta)$ 内的径向最短测地线, $p = \gamma(0), \tilde{p} = \tilde{\gamma}(0)$. 如果对于任意的 $X \in T_{\gamma(t)}M$, $\tilde{X} \in T_{\tilde{\gamma}(t)}\tilde{M}$, 都有 $K(\gamma'(t),X) \leqslant \tilde{K}(\tilde{\gamma}'(t),\tilde{X})$, 那么对于任意的 $t_0 \in [0,l]$, $X \in T_{\gamma(t_0)}M$, $\tilde{X} \in T_{\tilde{\gamma}(t_0)}\tilde{M}$, 只要 $|X| = |\tilde{X}|$, $\langle X, \gamma'(t_0)\rangle = \langle \tilde{X}, \tilde{\gamma}'(t_0)\rangle$, 对于函数 $\rho(\cdot) = d(p,\cdot)$, $\tilde{\rho}(\cdot) = d(\tilde{p},\cdot)$ 就有

$$(\mathrm{Hess}(\rho))(X,X) \geqslant (\mathrm{Hess}(\tilde{\rho}))(\tilde{X},\tilde{X}).$$

证明 将 $X, \tilde{X}$ 分别唯一地分解为

$$X = \langle X, \gamma'(t_0)\rangle\gamma'(t_0) + X^{\perp}, \qquad \tilde{X} = \langle \tilde{X}, \tilde{\gamma}'(t_0)\rangle\tilde{\gamma}'(t_0) + \tilde{X}^{\perp},$$

其中 $\langle X^{\perp}, \gamma'(t_0)\rangle = 0$, $\langle \tilde{X}^{\perp}, \tilde{\gamma}'(t_0)\rangle = 0$, 因而

$$|X^{\perp}|^2 = |X|^2 - \langle X, \gamma'(t_0)\rangle^2 = |\tilde{X}|^2 - \langle \tilde{X}, \tilde{\gamma}'(t_0)\rangle^2 = |\tilde{X}^{\perp}|^2.$$

注意到 $(\gamma'(t))(\rho)=1$, $\mathrm{D}_{\gamma'(t)}\gamma'(t)=0$, 故

$$(\mathrm{Hess}(\rho))(\gamma'(t),\gamma'(t))=\gamma'(t)(\gamma'(t)(\rho))-(\mathrm{D}_{\gamma'(t)}\gamma'(t))(\rho)=0,$$

同理 $(\mathrm{Hess}(\tilde\rho))(\tilde\gamma'(t),\tilde\gamma'(t))=0$. 另外, 由第三章定理 4.8 知道 $X^\perp(\rho)=\langle X^\perp,\gamma'(t)\rangle$, 故

$$
\begin{aligned}
(\mathrm{Hess}(\rho))(\gamma'(t_0),X^\perp)&=\gamma'(t_0)(X^\perp(\rho))-(\mathrm{D}_{\gamma'(t_0)}X^\perp)(\rho)\\
&=\gamma'(t_0)(\langle X^\perp,\gamma'(t)\rangle)-\langle \mathrm{D}_{\gamma'(t_0)}X^\perp,\gamma'(t)\rangle\\
&=\langle X^\perp,\mathrm{D}_{\gamma'(t_0)}\gamma'(t)\rangle=0.
\end{aligned}
$$

同理 $(\mathrm{Hess}(\tilde\rho))(\tilde\gamma'(t_0),\tilde X^\perp)=0$, 所以要证明的结论成为

$$(\mathrm{Hess}(\rho))(X^\perp,X^\perp)\geqslant(\mathrm{Hess}(\tilde\rho))(\tilde X^\perp,\tilde X^\perp),$$

其中

$$X^\perp\in T_{\gamma(t_0)},\quad \tilde X^\perp\in T_{\tilde\gamma(t_0)}\tilde M,\quad |X^\perp|=|\tilde X^\perp|,$$
$$\langle X^\perp,\gamma'(t_0)\rangle=\langle \tilde X^\perp,\tilde\gamma'(t_0)\rangle=0.$$

固定 $t_0\in(0,l]$. 由于测地线 γ 落在测地法坐标球 $\mathcal{B}_p(\delta)$ 内,$\gamma(0)=p$, 故沿 γ 没有点 p 的共轭点. 根据第五章的定理 2.3, 存在沿 γ 定义的法 Jacobi 场 J, 使得 $J(0)=0$, $J(t_0)=X^\perp$. 同理, 存在沿 $\tilde\gamma$ 定义的法 Jacobi 场 $\tilde J$, 使得 $\tilde J(0)=0$, $\tilde J(t_0)=\tilde X^\perp$. 根据引理 5.5,

$$(\mathrm{Hess}(\rho))(X^\perp,X^\perp)=\langle J'(t_0),J(t_0)\rangle,$$
$$(\mathrm{Hess}(\tilde\rho))(\tilde X^\perp,\tilde X^\perp)=\langle \tilde J'(t_0),\tilde J(t_0)\rangle.$$

根据命题 4.2, 又有 $\langle J'(t_0),J(t_0)\rangle=I_0^{t_0}(J,J),\langle \tilde J'(t_0),\tilde J(t_0)\rangle=\tilde I_0^{t_0}(\tilde J,\tilde J)$.

沿 γ, $\tilde\gamma$ 分别取平行的单位正交标架场 $e_i(t)$, $\tilde e_i(t)$, 使得

$$e_1(0)=\gamma'(0),\quad J(t_0)=|J(t_0)|e_2(t_0),\quad \tilde e_1(0)=\tilde\gamma'(0),$$
$$\tilde J(t_0)=|\tilde J(t_0)|\tilde e_2(t_0)=|\tilde X^\perp|\tilde e_2(t_0).$$

因为 $J\perp\gamma'$, 故可设 $J(t)=\sum_{i=2}^m J^i(t)e_i(t)$, 其中 $J^i(t)(2\leqslant i\leqslant m)$ 满足条件

$$J^2(0) = \cdots = J^m(0) = 0, \qquad J^2(t_0) = |X^\perp|,$$
$$J^3(t_0) = \cdots = J^m(t_0) = 0.$$

在 $\tilde{M}$ 上沿测地线 $\tilde{\gamma}$ 做切向量场 $U(t)$ 使得 $U(t) = \sum\limits_{i=2}^{m} J^i(t)\tilde{e}_i(t)$, 这样

$$U'(t) = \sum_{i=2}^{m} J^{i'}(t)\tilde{e}_i(t), \quad |U(t)|^2 = |J(t)|^2, \quad |U'(t)|^2 = |J'(t)|^2,$$

并且

$$U(0) = 0, \quad U(t)\perp\tilde{\gamma}'(t), \quad U(t_0) = |X^\perp|\tilde{e}_2(t_0) = |\tilde{X}^\perp|\tilde{e}_2(t_0) = \tilde{X}^\perp.$$

由基本指标引理得到 $\tilde{I}_0^{t_0}(U, U) \geqslant \tilde{I}_0^{t_0}(\tilde{J}, \tilde{J})$. 另外, 由于 $K \leqslant \tilde{K}$, 故

$$I_0^{t_0}(J, J) = \int_0^{t_0}\{|J'|^2 - |J|K(\gamma', J)\}\mathrm{d}t \geqslant \int_0^{t_0}\{|U'|^2 - |U|\tilde{K}(\tilde{\gamma}', \tilde{J})\}\mathrm{d}t$$
$$= \tilde{I}_0^{t_0}(U, U).$$

联合上面两式得到 $I_0^{t_0}(J, J) \geqslant \tilde{I}_0^{t_0}(\tilde{J}, \tilde{J})$, 即

$$(\mathrm{Hess}(\rho))(X^\perp, X^\perp) \geqslant (\mathrm{Hess}(\tilde{\rho}))(\tilde{X}^\perp, \tilde{X}^\perp),$$
$$(\mathrm{Hess}(\rho))(X, X) \geqslant (\mathrm{Hess}(\tilde{\rho}))(\tilde{X}, \tilde{X}).$$

证毕.

在上面两个比较定理的证明中, 都需要把截面曲率较小的黎曼流形上的 Jacobi 场 J 转移到截面曲率较大的黎曼流形上, 使所得到的切向量场 U 与 J 在相应的平行的单位正交标架场下有相同的分量. 这时, 这两个切向量场的指标形式就能够借助于截面曲率进行比较. 这是一个关键技巧.

在 Hessian 比较定理的应用中, 往往取 M, 或者 $\tilde{M}$ 为常曲率空间, 所以计算 $\mathrm{Hess}(\rho)$ 在常曲率空间中的具体表达式是很重要的. 假定 $M(c)$ 是常截面曲率 c 的 m 维黎曼流形. 在第五章 §5.1 的例 1.1 已经获得 $M(c)$ 中初始值为零的法 Jacobi 场是 $J(t) = S_c(t) \cdot A(t)$, 其中 $A(t)$ 是沿正规测地线 $\gamma(t)(0 \leqslant t \leqslant l)$ 平行的切向量场, 且 $A(t)\perp\gamma'(t)$,

而

$$S_c(t) = \begin{cases} \dfrac{\sin(\sqrt{c}t)}{\sqrt{c}}, & c > 0, \\[2mm] t, & c = 0, \\[2mm] \dfrac{\sinh(\sqrt{-c}t)}{\sqrt{-c}}, & c < 0. \end{cases}$$

由定理 5.6 的证明过程得知, 对于任意的 $X \in T_{\gamma(t_0)}M$ 有

$$(\mathrm{Hess}(\rho))(X, X) = (\mathrm{Hess}(\rho))(X^\perp, X^\perp) = \langle J'(t_0), J(t_0) \rangle,$$

其中 $J(t)$ 是沿 $\gamma(t)$ 的 Jacobi 场, 使得 $J(0) = 0$, $J(t_0) = X^\perp$. 当 $c > 0$ 时, 假定 $0 < t_0 \leqslant l < \pi/\sqrt{c}$, 则在 $\gamma(t)$, $0 < t \leqslant l$ 上没有 $\gamma(0)$ 的共轭点; 当 $c \leqslant 0$ 时, 假定 $0 < t_0 < \infty$. 这样

$$J(t_0) = S_c(t_0) \cdot A(t_0) = X^\perp, \qquad A(t_0) = \frac{1}{S_c(t_0)} \cdot X^\perp,$$

$$J'(t_0) = S_c'(t_0) \cdot A(t_0) = \frac{S_c'(t_0)}{S_c(t_0)} \cdot X^\perp,$$

故

$$\begin{aligned} (\mathrm{Hess}(\rho))(X, X) = \langle J'(t_0), J(t_0) \rangle &= \frac{S_c'(t_0)}{S_c(t_0)} \cdot |X^\perp|^2 \\ &= \frac{S_c'(t_0)}{S_c(t_0)} \cdot (|X|^2 - \langle X, \gamma'(t_0) \rangle^2), \end{aligned} \tag{5.11}$$

其中

$$\frac{S_c'(t_0)}{S_c(t_0)} = \begin{cases} \sqrt{c}\cot(\sqrt{c}t_0), & c > 0, \\[2mm] \dfrac{1}{t_0}, & c = 0, \\[2mm] \sqrt{-c}\coth(\sqrt{-c}t_0), & c < 0. \end{cases}$$

推论 5.7 在定理 5.6 的假定下, 对于任意的 $l \in (0, \delta)$, 都有 $\triangle\rho(\gamma(l)) \geqslant \triangle\tilde\rho(\tilde\gamma(l))$.

证明 沿测地线 $\gamma(t), \tilde\gamma(t)$ 分别取平行的单位正交标架场 $\{e_i(t)\}$

和 $\{\tilde{e}_i(t)\}$, 使得 $e_1(t) = \gamma'(t)$, $\tilde{e}_1(t) = \tilde{\gamma}'(t)$, 则

$$\triangle\rho(\gamma(l)) = \sum_{i=1}^{m} \operatorname{Hess}(\rho)(e_i(l), e_i(l)),$$

$$\triangle\tilde{\rho}(\tilde{\gamma}(l)) = \sum_{i=1}^{m} \operatorname{Hess}(\tilde{\rho})(\tilde{e}_i(l), \tilde{e}_i(l)).$$

注意到 $\operatorname{Hess}(\rho)(e_1(l), e_1(l)) = \operatorname{Hess}(\tilde{\rho})(\tilde{e}_1(l), \tilde{e}_1(l)) = 0$, 而根据定理 5.6 有

$$\operatorname{Hess}(\rho)(e_i(l), e_i(l)) \geqslant \operatorname{Hess}(\tilde{\rho})(\tilde{e}_i(l), \tilde{e}_i(l)), \quad 2 \leqslant i \leqslant m.$$

所以 $\triangle\rho(\gamma(l)) \geqslant \triangle\tilde{\rho}(\tilde{\gamma}(l))$.

推论 5.8　设 M 是一个 m 维单连通完备黎曼流形, $p \in M$, ρ 是 M 上到点 p 的距离函数. 如果 $K_M \leqslant 0$, 则在 $M \setminus \{p\}$ 上有 $\triangle\rho \geqslant \frac{m-1}{\rho}$. 如果 $K_M \leqslant -c^2(c > 0)$, 则 $\triangle\rho \geqslant (m-1)c \cdot \coth(c\rho)$.

证明　根据 Cartan-Hadamard 定理, 在 M 上没有点 p 的共轭点. 取 $\tilde{M} = M(-c^2)(c \geqslant 0)$, 则推论 5.7 成立. 沿着 $\tilde{M}$ 上从点 $\tilde{p} \in \tilde{M}$ 出发的任意一条正规测地线 $\tilde{\gamma}(t)$ 取平行的单位正交标架场 $\{\tilde{e}_i(t)\}$, 使得 $\tilde{e}_1(t) = \tilde{\gamma}'(t)$, 则根据前面所计算的常曲率空间 $M(-c^2)$ 中的 $\operatorname{Hess}(\tilde{\rho})$ 公式得到

$$(\operatorname{Hess}(\tilde{\rho}))(\tilde{e}_i(l), \tilde{e}_i(l)) = \begin{cases} \dfrac{1}{l}, & c = 0, \\ c \cdot \coth(cl), & c > 0, \end{cases}$$

其中 $2 \leqslant i \leqslant m$. 所以

$$\triangle(\tilde{\rho}))(\tilde{\gamma}(l)) = \begin{cases} \dfrac{m-1}{l}, & c = 0, \\ (m-1)c \cdot \coth(cl), & c > 0. \end{cases}$$

注意到 $\rho(l) = \tilde{\rho}(l) = l$, 故由推论 5.7 得到

$$\triangle\rho \geqslant \triangle(\tilde{\rho}) = \begin{cases} \dfrac{m-1}{\rho}, & c = 0, \\ (m-1)c \cdot \coth(c\rho), & c > 0. \end{cases}$$

推论 5.8 用截面曲率的上界估算 $\triangle\rho$ 的下界. 同样道理, 可以用截面曲率的下界估算 $\triangle\rho$ 的上界. 推导过程类似, 在这里不多说了.

6.5.3 Laplace 比较定理

定理 5.9 设 M 是 m 维黎曼流形,$p \in M$, $\gamma : [0, l] \to M$ 是从点 $p = \gamma(0)$ 出发的最短正规测地线. $\rho(\cdot) = d(p, \cdot)$ 是从点量起的距离函数. 如果 Ricci 曲率沿 $\gamma(t)$ 有下界 $\mathrm{Ric}(\gamma'(t)) \geqslant (m-1)c$, c 是常数,则

$$\triangle(\rho) \leqslant (m-1) \cdot \frac{S_c'(\rho)}{S_c(\rho)}. \tag{5.12}$$

证明 设 $\tilde{M} = M(c)$ 是常截面曲率 c 的 m 维单连通完备黎曼流形, 取 $\tilde{p} \in \tilde{M}$. $\tilde{\gamma} : [0, l] \to \tilde{M}$ 是从点 $\tilde{p} = \tilde{\gamma}(0)$ 出发的最短正规测地线, 则 $\tilde{\mathrm{Ric}}(\tilde{\gamma}'(t)) = (m-1)c$. 当 $c > 0$ 时, $l < \pi/\sqrt{c}$.

沿 $\gamma(t)$ 取平行的单位正交标架场 $\{e_i(t)\}$, 使得 $e_1(t) = \gamma'(t)$. 同样, 沿 $\tilde{\gamma}(t)$ 取平行的单位正交标架场 $\{\tilde{e}_i(t)\}$, 使得 $\tilde{e}_1(t) = \tilde{\gamma}'(t)$. 这样, $\triangle\rho(\gamma(t_0)) = \sum\limits_{i=2}^{m} I_0^{t_0}(J_i, J_i)$, 其中 J_i 是沿 $\gamma(t)$ 的 Jacobi 场, 使得 $J_i(0) = 0$, $J_i(t_0) = e_i(t_0)$. 假定 $\tilde{J}_i$ 是沿 $\tilde{\gamma}(t)$ 的 Jacobi 场, 使得 $\tilde{J}_i(0) = 0$, $\tilde{J}_i(t_0) = \tilde{e}_i(t_0)$. 由推论 5.7 前面的计算得知

$$\tilde{J}_i(t) = \frac{S_c(t)}{S_c(t_0)} \cdot \tilde{e}_i(t), \quad \tilde{J}_i'(t) = \frac{S_c'(t)}{S_c(t_0)} \cdot \tilde{e}_i(t), \tag{5.13}$$

且

$$(\mathrm{Hess}(\tilde{\rho}))(\tilde{e}_i(t_0), \tilde{e}_i(t_0)) = \langle \tilde{J}_i'(t_0), \tilde{J}_i(t_0) \rangle = \frac{S_c'(t_0)}{S_c(t_0)},$$

其中

$$\frac{S_c'(t_0)}{S_c(t_0)} = \begin{cases} \sqrt{c}\cot(\sqrt{c}t_0), & c > 0, \\ \dfrac{1}{t_0}, & c = 0, \\ \sqrt{-c}\coth(\sqrt{-c}t_0), & c < 0. \end{cases}$$

在 M 上沿 $\gamma(t)$ 定义切向量场

$$U_i(t) = \frac{S_c(t)}{S_c(t_0)} \cdot e_i(t), \quad U_i'(t) = \frac{S_c'(t)}{S_c(t_0)} \cdot e_i(t), \tag{5.14}$$

则 $U_i(0) = 0 = J_i(0)$, $U_i(t_0) = e_i(t_0) = J_i(t_0)$. 由基本指标引理得到

$$
\begin{aligned}
\sum_{i=2}^m I_0^{t_0}(J_i, J_i) &\leqslant \sum_{i=2}^m I_0^{t_0}(U_i, U_i) \\
&= \sum_{i=2}^m \int_0^{t_0} \{|U_i'(t)|^2 - |U_i(t)|^2 \cdot K(\gamma'(t), e_i(t))\} \mathrm{d}t \\
&= \int_0^{t_0} \left\{ (m-1)\left(\frac{S_c'(t)}{S_c(t_0)}\right)^2 - \left(\frac{S_c(t)}{S_c(t_0)}\right)^2 \mathrm{Ric}(\gamma'(t)) \right\} \mathrm{d}t \\
&\leqslant \int_0^{t_0} \left\{ (m-1)\left(\frac{S_c'(t)}{S_c(t_0)}\right)^2 - \left(\frac{S_c(t)}{S_c(t_0)}\right)^2 \tilde{\mathrm{Ric}}(\tilde{\gamma}'(t)) \right\} \mathrm{d}t \\
&= \sum_{i=2}^m \int_0^{t_0} \{|\tilde{J}_i'(t)|^2 - |\tilde{J}_i(t)|^2 \cdot \tilde{K}(\tilde{\gamma}'(t), \tilde{e}_i(t))\} \mathrm{d}t = \sum_{i=2}^m \tilde{I}_0^{t_0}(\tilde{J}_i, \tilde{J}_i) \\
&= \sum_{i=2}^m \langle \tilde{J}_i'(t_0), \tilde{J}_i(t_0) \rangle = (m-1) \cdot \frac{S_c'(t_0)}{S_c(t_0)}.
\end{aligned}
$$

即

$$
\begin{aligned}
(\triangle(\rho))(\gamma(t_0)) &= \sum_{i=2}^m \mathrm{Hess}(\rho)(e_i(t_0), e_i(t_0)) \\
&= \sum_{i=2}^m I_0^{t_0}(J_i, J_i) \leqslant (m-1) \cdot \frac{S_c'(t_0)}{S_c(t_0)}.
\end{aligned}
$$

由于 $\rho(\gamma(t_0)) = t_0$, 上式就是 $\triangle(\rho) \leqslant (m-1) \cdot \dfrac{S_c'(\rho)}{S_c(\rho)}$.

在定理的证明中, 需要把截面曲率较小的黎曼流形上的 Jacobi 场 $\tilde{J}$ 转移到截面曲率较大的黎曼流形上, 使所得到的切向量场 U 与 $\tilde{J}$ 在相应的平行的单位正交标架场下所有的分量都是相同的, 从而求和的结果成为 Ricci 曲率了, 即

$$
\sum_{i=2}^m |U_i(t)|^2 \cdot K(\gamma'(t), e_i(t)) = \left(\frac{S_c(t)}{S_c(t_0)}\right)^2 \mathrm{Ric}(\gamma'(t)),
$$

$$
\sum_{i=2}^m |\tilde{J}_i(t)|^2 \cdot \tilde{K}(\tilde{\gamma}'(t), \tilde{e}_i(t)) = \left(\frac{S_c(t)}{S_c(t_0)}\right)^2 \tilde{\mathrm{Ric}}(\tilde{\gamma}'(t)).
$$

因此, 在 Ricci 曲率的假定下能够进行比较. 如果把定理中的假定换成了反向的不等式 $\mathrm{Ric}(\gamma'(t)) \leqslant (m-1)c$, 则上面的证明过程就行不通了.

习　题　六

1. 设 $\gamma : [0, b] \to M$ 是黎曼流形 M 上的分段光滑曲线, 令

$$E(\gamma) = \frac{1}{2} \int_a^b |\gamma'(t)|^2 \mathrm{d}t,$$

则称 $E(\gamma)$ 为曲线 γ 的**能量**. 现设 $\Phi : [0, b] \times (-\varepsilon, \varepsilon) \to M$ 是曲线 γ 的一个分段光滑变分, U 和 γ_u, $u \in (-\varepsilon, \varepsilon)$, 是相应的变分向量场和变分曲线. 由定义, U 和 γ_u 在 $[0, b]$ 上是连续的, 且存在区间 $[0, b]$ 的一个划分

$$0 = t_0 < t_1 < \cdots < t_{r+1} = b,$$

使得 U, γ_u 在每一个小区间 $[t_{i-1}, t_i]$ 上是光滑的. 对于任意的 $u \in (-\varepsilon, \varepsilon)$, 令 $E(u) = E(\gamma_u)$. 光滑函数 $E : (-\varepsilon, \varepsilon) \to \mathbb{R}$ 称为变分 Φ 的**能量泛函**.

(1) 证明如下的**能量第一变分公式**:

$$E'(0) = -\int_0^b \langle U(t), \mathrm{D}_{\frac{\partial}{\partial t}} \gamma' \rangle \mathrm{d}t + \sum_{i=0}^r \langle U, \gamma' \rangle \Big|_{t_i^+}^{t_{i+1}^-}$$

$$= -\int_0^b \langle U(t), \mathrm{D}_{\frac{\partial}{\partial t}} \gamma' \rangle \mathrm{d}t - \sum_{i=1}^r \left\langle U(t_i), \gamma' \Big|_{t_i^-}^{t_i^+} \right\rangle + \langle U, \gamma' \rangle |_0^b,$$

其中 D 是 M 上的黎曼联络在拉回丛 $\Phi^* TM$ 上的诱导联络.

(2) 利用 (1) 中的变分公式证明: γ 是测地线当且仅当对于它的任意一个具有固定端点的分段光滑变分 Φ, 它都是相应的能量泛函的临界点, 即 $E'(0) = 0$;

(3) 证明: 如果 R 是 M 的曲率张量, γ 是测地线, 则有如下的能

量第二变分公式:

$$
\begin{aligned}
E''(0) &= \left\langle \mathrm{D}_{\frac{\partial}{\partial u}}\Phi_*\left(\frac{\partial}{\partial u}\right)\Big|_{u=0}, \gamma'\right\rangle\Big|_0^b \\
&\quad - \int_0^b \langle U(t), U''(t) - \mathcal{R}(\gamma', U)\gamma'\rangle \mathrm{d}t + \sum_{i=0}^r \langle U, U'\rangle\Big|_{t_i^+}^{t_{i+1}^-} \\
&= \left\langle \mathrm{D}_{\frac{\partial}{\partial u}}\Phi_*\left(\frac{\partial}{\partial u}\right)\Big|_{u=0}, \gamma'\right\rangle\Big|_0^b \\
&\quad - \int_0^b \langle U(t), U''(t) - \mathcal{R}(\gamma', U)\gamma'\rangle \mathrm{d}t \\
&\quad - \sum_{i=1}^r \langle U, U'\rangle\Big|_{t_i^-}^{t_i^+} + \langle U, U'\rangle\big|_0^b,
\end{aligned}
$$

其中 D 是拉回丛 Φ^*TM 上的诱导联络. 特别地, 如果 Φ 是 γ 的一个具有固定端点的变分, 则有

$$
E''(0) = -\int_0^b \langle U(t), U''(t) - \mathcal{R}(\gamma', U)\gamma'\rangle \mathrm{d}t + \sum_{i=1}^r \langle U, U'\rangle\Big|_{t_i^-}^{t_i^+}.
$$

(4) 在 (3) 的基础上证明: 能量的第二变分公式可以改写为

$$
E''(0) = I_\gamma(U, U) + \left\langle \mathrm{D}_{\frac{\partial}{\partial u}}\Phi_*\left(\frac{\partial}{\partial u}\right)\Big|_{u=0}, \gamma'\right\rangle\Big|_0^b,
$$

其中 I_γ 是测地线 γ 的指标形式.

2. 举例说明, 存在黎曼流形 N 及其黎曼子流形 M, 使得直径

$$
d(M) > d(N).
$$

3. 设 g 是 $\mathbb{R}^2$ 上的一个完备黎曼度量, K 是它的 Gauss 曲率. 证明:

$$
\lim_{r\to\infty}\left(\inf_{x^2+y^2\geqslant r^2} K(x,y)\right) \leqslant 0,
$$

其中 $(x,y) \in \mathbb{R}^2$. 试在 $\mathbb{R}^2$ 上给出一个完备的非平坦黎曼度量.

4. 试证明下述结论 (Bonnet-Myers 定理的推广): 设 M 是一个完备的黎曼流形. 假定存在常数 $a > 0$, $c \geqslant 0$, 使得对于连接任意两

点 $p, q \in M$ 的最短正规测地线 $\gamma(t)$, 都有沿 γ 定义、并且满足条件 $|f(t)| \leqslant c$ 的光滑函数 f, 使得下述不等式成立:

$$\mathrm{Ric}(\gamma'(t)) \geqslant a + \frac{\mathrm{d}f}{\mathrm{d}t}, \quad \forall t,$$

则 M 是紧致的; 试求直径 $d(M)$ 的一个上界估计. 如果 $c = 0$, 则上述结论便化为 Bonnet-Myers 定理.

5. 利用 Synge 定理证明第五章的命题 5.5

6. 设 M 是可定向的偶数维黎曼流形, 并具有恒正的截面曲率. 假设 γ 是 M 中的一条闭测地线 (即 γ 是圆周 S^1 在 M 中的浸入, 并且 γ 在每一点的邻域内满足测地线方程). 证明: 在 M 中存在一条闭曲线 β 同伦等价于 γ, 且有 $L(\beta) < L(\gamma)$.

7. 利用定理 4.5 证明关于实函数的下列不等式 (称为 **Wirtinger 不等式**): 设 $f : [0, \pi] \to \mathbb{R}$ 是任意的 C^2 函数, 满足 $f(0) = f(\pi) = 0$, 则

$$\int_0^\pi f^2 \mathrm{d}t \leqslant \int_0^\pi (f')^2 \mathrm{d}t,$$

并且等号成立当且仅当 $f(t) = C \sin t$, 这里的 C 是一个常数.

8. 设 M 是单连通的完备黎曼流形, 假设对于任意的点 $p \in M$, 点 p 沿所有径向测地线的第一个共轭点都是同一点 $q \neq p$, 并且 $d(p, q) = \pi$. 证明: 如果 M 的截面曲率 $K \leqslant 1$, 则 M 与单位球面 S^n 等距.

9. 设 $a : \mathbb{R} \to \mathbb{R}$ 是非负的光滑函数, 并且 $a(0) > 0$. 证明: 初值问题

$$\frac{\mathrm{d}^2 \varphi}{\mathrm{d}t^2} + a\varphi = 0, \quad \varphi(0) = 1, \quad \varphi'(0) = 0$$

的解 φ 至少有一个正的零点和一个负的零点.

10. 假设 M 是具有正截面曲率的 m 维完备黎曼流形,

$$\gamma : (-\infty, \infty) \to M$$

是正规测地线. 利用本章习题第 9 题的结论证明: 存在 $t_0 > 0$, 使得测地线段 $\gamma|_{[-t_0, t_0]}$ 的指数

$$\mathrm{index}(\gamma|_{[-t_0, t_0]}) \geqslant m - 1.$$

11. 设 $\gamma : (-\infty, \infty) \to M$ 是完备黎曼流形 M 上一条正规测地线, 如果对于任意的 $t_1, t_2 \in (-\infty, \infty)$, $t_1 < t_2$, $\gamma|_{[t_1, t_2]}$ 是 M 中连接 $\gamma(t_1)$ 和 $\gamma(t_2)$ 的最短测地线, 则称 γ 是黎曼流形 M 中的**测地直线**. 证明: 如果 M 的截面曲率恒为正, 则在 M 上不存在测地直线. 举例说明在具有非负截面曲率的非平坦黎曼流形上可能存在测地直线.

12. 如果把定理 4.5 中的集合 $\mathcal{V}_0(\gamma)$ 换成集合 $\mathcal{V}^\perp(\gamma)$, 其结论是否成立? 为什么?

13. 利用推论 5.2 证明第五章的引理 3.1.

14. 证明如下的 **Klingenberg 引理**: 设 K_0 是一个正数, M 是具有截面曲率 $K \leqslant K_0$ 的完备黎曼流形, $p, q \in M$ 是两个不同点, γ_0, γ_1 是 M 中连接点 p, q 的两条不同的测地线, 并且 $L(\gamma_0) \leqslant L(\gamma_1)$. 如果 M 上存在一个以 p, q 为公共端点的连续曲线族 $\alpha_s (s \in [0, 1])$, 使得

$$\alpha_0 = \gamma_0, \quad \alpha_1 = \gamma_1.$$

则存在 $s_0 \in [0, 1]$ 使得下列不等式成立:

$$L(\gamma_0) + L(\alpha_{s_0}) \geqslant \frac{2\pi}{\sqrt{K_0}}.$$

可见, 每一个从 γ_0 到 γ_1 的具有固定端点的伦移必经过一条 "长" 曲线 (见图).

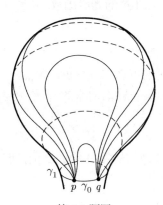

第 14 题图

15. 利用 Klingenberg 引理重新证明如下的 **Hadamard 定理** (参看第五章的定理 3.3): 设 M 是完备单连通的 m 维黎曼流形. 如果 M 的截面曲率 $K_M \leqslant 0$, 则对于任意的 $p \in M$, 指数映射

$$\exp_p : T_p M \to M$$

是光滑同胚.

16. (**Sturm 比较定理**) 设 $f, \tilde{f}$ 分别是下面两个常微分方程的解:

$$f''(t) + K(t)f(t) = 0, \quad f(0) = 0, \quad f'(0) = 1,$$
$$\tilde{f}''(t) + \tilde{K}(t)\tilde{f}(t) = 0, \quad \tilde{f}(0) = 0, \quad \tilde{f}'(0) = 1,$$
$$\tilde{K}(t) \geqslant K(t), \quad t \in [0, b].$$

(1) 容易知道, 对于任意的 $t \in [0, b]$,

$$0 = \int_0^t \{\tilde{f}(f'' + Kf) - f(\tilde{f}'' + \tilde{K}\tilde{f})\}\mathrm{d}t$$
$$= (\tilde{f}f' - f\tilde{f}')|_0^t + \int_0^t (K - \tilde{K})f\tilde{f}\mathrm{d}t.$$

证明: f 的零点不会比 $\tilde{f}$ 的零点先出现, 即对于任意的 $t_0 \in (0, b]$, 如果 $\tilde{f}$ 在 $(0, t_0)$ 内大于零, 则 f 在 $(0, t_0)$ 内也大于零;

(2) 假设 $\tilde{f}$ 在 $(0, b]$ 上大于零, 利用 (1) 证明: 不等式 $f(t) \geqslant \tilde{f}(t)$ 在 $[0, b]$ 上处处成立, 等号在某点 $t_1 \in (0, b]$ 成立当且仅当在 $[0, t_1]$ 上 $K \equiv \tilde{K}$. 试说明这一结论等价于二维情形的 Rauch 比较定理.

17. (**Sturm 震荡定理**) 设 M 是完备的二维黎曼流形,

$$\gamma : [0, +\infty) \to M$$

是一条测地线, $K(t)$ 是 M 沿 γ 的 Gauss 曲率, $L(t)$ 是定义在 $[0, +\infty)$ 上的光滑函数, $t_0 \in (0, +\infty)$. 假设:

(1) 存在沿 γ 定义的法 Jacobi 场 $J(t)$, 满足条件

$$J(0) = J(t_0) = 0,$$

并且在 $(0, t_0)$ 内 $J(t) \neq 0$;

(2) 对于任意的 $t \in [0, +\infty)$, $K(t) \leqslant L(t)$.

证明: 方程

$$\tilde{f}''(t) + L(t)\tilde{f}(t) = 0$$

的每一个解 $\tilde{f}$ 在区间 $(0, t_0]$ 上至少有一个零点.

18. 设 M 是完备的二维黎曼流形, $\gamma : [0, \infty) \to M$ 是一条测地线, $K(t)$ 是 M 沿 $\gamma(t)$ 的 Gauss 曲率, $p = \gamma(0)$. 利用 Sturm 震荡定理证明: 如果

$$\left| \int_t^\infty K(s)\mathrm{d}s \right| \leqslant \frac{1}{4(t+1)}, \quad \forall t \geqslant 0,$$

则 p 点沿 γ 没有共轭点. 这一结论称为在曲面上判别共轭点的 **Kneser 准则**.

19. 设 $\gamma : [0, b] \to M$ 是黎曼流形 M 中的一条正规测地线, 点 $\gamma(0)$ 沿 γ 没有共轭点; 又设 $J(t)$ 是沿 γ 的法 Jacobi 场, 满足

$$J(0) = 0, \quad |J'(0)| = 1.$$

(1) 假设存在常数 β, 使得对于任意的 $t \in [0, b]$ 以及垂直于 $\gamma'(t)$ 的任意 $v \in T_{\gamma(t)}M$, M 的截面曲率

$$K(v, \gamma'(t)) \leqslant \beta.$$

此外, 当 $\beta > 0$ 时还假定 $b < \pi / \sqrt{\beta}$. 证明:

$$|J(t)| \geqslant \begin{cases} \dfrac{\sin(\sqrt{\beta}t)}{\sqrt{\beta}}, & \text{如果 } \beta > 0, \\[2mm] t, & \text{如果 } \beta = 0, \\[2mm] \dfrac{\sinh(\sqrt{-\beta}t)}{\sqrt{-\beta}}, & \text{如果 } \beta < 0. \end{cases}$$

(2) 在 (1) 中, 如果把条件换成 $K(v, \gamma'(t)) \geqslant \beta$, 会有什么样的结论? 试证明之.

第七章 黎曼流形的子流形

　　子流形的理论是微分几何的重要课题. 最初, 微分几何学是研究三维欧氏空间中的曲线和曲面的形状, 并寻求藉以确定它们的形状的完全不变量系统. 通过深入研究欧氏空间中曲面的性态, F. Gauss 发现, 曲面的 Gauss 曲率由它的第一基本形式完全确定. 从此, 研究由曲面的第一基本形式决定的几何学便成为一个中心议题. 本课程所介绍的黎曼几何起源于 W. Riemann 对 Gauss 的思想在高维情形的推广. 对于黎曼几何学来说, 子流形的理论仍然是重要的. 首先, 许多重要的黎曼流形都是作为已经熟悉的空间 (如欧氏空间, 球面等) 的子流形出现的; 而且欧氏空间的微分几何学仍然是研究黎曼几何的最主要的参照物. 其次, 一个黎曼流形是否能够实现为某个高维欧氏空间的子流形始终是一个重要的基本问题. 此外, 在一个黎曼空间 (即黎曼流形) 中, 子流形的形态是千奇百怪的, 其中也有许多 "好" 的、具有某种特殊性质的子流形; 它们的存在性、唯一性和几何性质, 以及它们的构造方法和相互联系一直是几何学家所关注的研究课题. 可以说, 在这方面的研究工作与关于黎曼流形本身的研究相比较显得更加多姿多彩.

　　在本章, 首先要导出黎曼空间中子流形的基本公式和基本方程, 然后介绍欧氏空间中子流形的基本定理, 进而建立黎曼流形中的极小子流形的概念和相应的理论. 鉴于子流形的微分几何学已经成为内容十分丰富的分支学科, 其中包含当今许多重要的研究课题, 并且已有许多专著介绍它们的现状和进展, 在我们的基础课程中对这些专题进行深入的介绍既是不明智的也是不可能的. 本章的目标是建立子流形几何理论的基本框架, 同时介绍该理论的一些基本概念和方法, 帮助读者打好基础, 为深入进行子流形微分几何的各个专题的研究做必要的准备.

§7.1　子流形的基本公式

设 $(N, \bar{g})$ 是 n 维黎曼流形, (f, M) 是 N 的一个 m 维浸入子流形. 换言之, M 是 m 维光滑流形, $f: M \to N$ 是 M 在 N 中的一个光滑浸入 (即 f 的切映射 f_* 处处非退化). 则对于任意一点 $p \in M$, 必存在 p 的一个开邻域 $U \subset M$, 使得 $f|_U : U \to N$ 为 (正则) 嵌入. 由此可见, 每一个浸入子流形 (f, M) 在局部上都是嵌入子流形. 因此在讨论子流形的局部理论时, 不妨假定 (f, M) 是 N 的一个 m 维嵌入子流形, 并且在各种表达式中忽略记号 f 及其切映射 f_*、余切映射 f^* 等等. 比如, 常把 M 和 $f(M)$ 等同起来, 并且对于任意的 $p \in M$, 把切空间 $f_*(T_pM)$ 和 T_pM 等同起来. 正因为如此, 在讨论子流形的局部性质时, 常常用包含映射 $i: M \to N$ 来取代浸入 f.

对于每一点 $p \in M$, 切空间 T_pN 关于黎曼度量 $\langle \cdot, \cdot \rangle_p = \bar{g}_p$ 可以分解为正交直和

$$T_pN = T_pM \oplus T_p^\perp M, \tag{1.1}$$

其中 T_pM 是 M 在 p 点的切空间, $T_p^\perp M$ 是 T_pM 在 T_pN 中的正交补, 即

$$T_p^\perp M = (T_pM)^\perp = \{\xi \in T_pN : \langle \xi, v \rangle = 0, \forall v \in T_pM\},$$

称为子流形 $i: M \to N$ 在 p 点的**法空间**. 这样, 任意一个切向量 $v \in T_pN$ 都可以唯一地分解为

$$v = v^\top + v^\perp, \tag{1.2}$$

其中 $v^\top \in T_pM$ 称为切向量 v 的切分量, $v^\perp \in T_p^\perp M$ 称为 v 的法分量. 令

$$T^\perp M = \bigcup_{p \in M} T_p^\perp M,$$

则容易验证 $T^\perp M$ 是 M 上的一个向量丛, 称为子流形 $i: M \to N$ 的**法丛**. 从 (1.1) 式得到

$$i^*TN = TM \oplus T^\perp M. \tag{1.3}$$

把切空间 T_pN 中的欧氏内积 $\langle \cdot, \cdot \rangle_p$ 分别限制到 M 在 p 点的切空间 T_pM 和法空间 $T_p^\perp M$ 上, 使它们分别成为欧氏向量空间, 并且相应的诱导内积仍然光滑地依赖于点 $p \in M$. 所以, 子流形 $i : M \to N$ 的切丛 TM 和法丛 $T^\perp M$ 分别具有诱导的黎曼结构, 使它们自然地成为黎曼向量丛. 特别地, M 关于诱导度量

$$g = i^* \bar{g}$$

是一个 m 维黎曼流形; 此时, 包含映射

$$i : (M, g) \to (N, \bar{g})$$

成为等距浸入. 有时, 为了方便起见, 也用 M, N 分别表示黎曼流形 (M, g) 和 $(N, \bar{g})$.

设 $\overline{D}$ 是黎曼流形 $(N, \bar{g})$ 上的黎曼联络或它在拉回丛 i^*TN 上的诱导联络. 对于任意的光滑切向量场 $X, Y \in \mathfrak{X}(M)$, $i_*X, i_*Y \in \Gamma(i^*TN)$ 是 N 中沿子流形 M 定义的两个切向量场. 为方便起见, 把 i_*X, i_*Y 仍然记为 X, Y. 根据拉回向量丛上诱导联络的定义, $\overline{D}_X Y \in \Gamma(i^*TN)$, 它是 N 中沿着子流形 M 定义的光滑切向量场, 但是它未必是子流形 M 的切向量场. 利用分解式 (1.2), 可设

$$\overline{D}_X Y = D_X Y + h(X, Y), \tag{1.4}$$

其中

$$D_X Y = (\overline{D}_X Y)^\top, \quad h(X, Y) = (\overline{D}_X Y)^\perp. \tag{1.5}$$

通常把 (1.4) 式称为子流形 $i : M \to N$ 的 **Gauss 公式**.

定理 1.1 设 $i : M \to N$ 是 n 维黎曼流形 $(N, \bar{g})$ 中的一个 m 维嵌入子流形, 则由 (1.5) 的第一式确定的映射

$$D : \mathfrak{X}(M) \times \mathfrak{X}(M) \to \mathfrak{X}(M), \quad (Y, X) \mapsto D_X Y$$

是 M 上由诱导度量 g 确定的黎曼联络. 同时, 由 (1.5) 的第二式定义的映射 $h : \mathfrak{X}(M) \times \mathfrak{X}(M) \to \Gamma(T^\perp M)$ 具有下列性质:

(1) $h(X + Y, Z) = h(X, Z) + h(Y, Z)$;

(2) 对于任意的 $\lambda \in C^\infty(M)$ 有 $h(\lambda X, Y) = \lambda h(X, Y)$;

(3) $h(X, Y) = h(Y, X)$.

由此可见, $h : \mathfrak{X}(M) \times \mathfrak{X}(M) \to \Gamma(T^\perp M)$ 是定义在 M 上, 并且在 M 的法丛中取值的对称的二阶协变张量场.

证明　对于任意的 $X, Y, Z \in \mathfrak{X}(M)$ 有

$$\overline{D}_{X+Y} Z = \overline{D}_X Z + \overline{D}_Y Z,$$

因此

$$\begin{aligned}
D_{X+Y} Z &= (\overline{D}_{X+Y} Z)^\top = (\overline{D}_X Z)^\top + (\overline{D}_Y Z)^\top \\
&= D_X Z + D_Y Z, \\
h(X + Y, Z) &= (\overline{D}_{X+Y} Z)^\perp = (\overline{D}_X Z)^\perp + (\overline{D}_Y Z)^\perp \\
&= h(X, Z) + h(Y, Z),
\end{aligned}$$

同理有

$$D_X(Y + Z) = D_X Y + D_X Z, \quad h(X, Y + Z) = h(X, Y) + h(X, Z).$$

此外, 对于任意的 $\lambda \in C^\infty(M)$ 有

$$\overline{D}_{\lambda X} Y = \lambda \overline{D}_X Y, \qquad \overline{D}_X(\lambda Y) = X(\lambda)Y + \lambda \overline{D}_X Y,$$

所以

$$D_{\lambda X} Y = (\overline{D}_{\lambda X} Y)^\top = \lambda(\overline{D}_X Y)^\top = \lambda D_X Y,$$

$$D_X(\lambda Y) = (\overline{D}_X(\lambda Y))^\top = X(\lambda)Y + \lambda(\overline{D}_X Y)^\top = X(\lambda)Y + \lambda D_X Y,$$

并且

$$h(\lambda X, Y) = (\overline{D}_{\lambda X} Y)^\perp = \lambda(\overline{D}_X Y)^\perp = \lambda h(X, Y).$$

由此可见, 映射 $D : \mathfrak{X}(M) \times \mathfrak{X}(M) \to \mathfrak{X}(M)$ 是 M 上的联络, 且映射 $h : \mathfrak{X}(M) \times \mathfrak{X}(M) \to \Gamma(T^\perp M)$ 具有性质 (1) 和 (2).

由黎曼联络 $\overline{D}$ 的无挠性可知 (参看第二章的 (8.7) 式), 对于任意的 $X, Y \in \mathfrak{X}(M)$ 有

$$\overline{D}_X Y - \overline{D}_Y X = [X, Y] \in \mathfrak{X}(M),$$

所以

$$D_X Y - D_Y X = (\overline{D}_X Y - \overline{D}_Y X)^\top = [X, Y],$$
$$h(X, Y) - h(Y, X) = (\overline{D}_X Y - \overline{D}_Y X)^\perp = 0.$$

因此联络 D 仍然是无挠的, 并且 $h : \mathfrak{X}(M) \times \mathfrak{X}(M) \to \Gamma(T^\perp M)$ 是对称的, 即性质 (3) 成立.

最后, 对于任意的 $X, Y, Z \in \mathfrak{X}(M)$, 根据联络 $\overline{D}$ 和黎曼度量 $\bar{g}$ 的相容性得到

$$\begin{aligned} Z\langle X, Y \rangle &= \langle \overline{D}_Z X, Y \rangle + \langle X, \overline{D}_Z Y \rangle \\ &= \langle (\overline{D}_Z X)^\top, Y \rangle + \langle X, (\overline{D}_Z Y)^\top \rangle \\ &= \langle D_Z X, Y \rangle + \langle X, D_Z Y \rangle. \end{aligned}$$

这说明联络 D 和诱导度量 $g = i^* \bar{g}$ 是相容的. 于是根据第二章的定理 4.5, $D : \mathfrak{X}(M) \times \mathfrak{X}(M) \to \mathfrak{X}(M)$ 是黎曼流形 (M, g) 的黎曼联络.

定义 1.1 设 $i : M \to N$ 是 n 维黎曼流形 $(N, \bar{g})$ 中的一个 m 维嵌入子流形. 则由 (1.5) 的第二式所定义的映射 $h : \mathfrak{X}(M) \times \mathfrak{X}(M) \to \Gamma(T^\perp M)$ 称为子流形 M(在 N 中) 的**第二基本形式**. 特别地, 在每一点 $p \in M$, 第二基本形式给出了一个对称的双线性映射

$$h : T_p M \times T_p M \to T_p^\perp M.$$

定义 1.2 设 $i : M \to N$ 是 n 维黎曼流形 $(N, \bar{g})$ 中的一个 m 维嵌入子流形. 如果 M 的第二基本形式恒为零, 则称 M 是 N 中的**全测地子流形**.

由 (1.4) 式可知, 若 $i : M \to N$ 是 $(N, \bar{g})$ 中的全测地子流形, 则对于任意的 $X, Y \in \mathfrak{X}(M)$ 有 $\overline{D}_X Y = D_X Y$. 此时, M 中的测地线必是 N 中的测地线. 反过来, 若 $\gamma : [a, b] \to N$ 是 N 中的一条测地线, 并且 $\gamma(a) \in M, \gamma'(a) \in T_{\gamma(a)} M$, 则 γ 必落在 M 内.

与前面的做法相类似, 设 $X \in \mathfrak{X}(M), \xi \in \Gamma(T^{\perp}M)$, 则 $\xi \in \Gamma(i^*TN)$ 是 N 中沿子流形 M 定义的切向量场, 故由诱导联络的定义 (参看第二章的例 8.2), $\overline{\mathrm{D}}_X \xi \in \Gamma(i^*TN)$. 令

$$\overline{\mathrm{D}}_X \xi = -A_\xi(X) + \mathrm{D}_X^{\perp} \xi, \tag{1.6}$$

其中

$$A_\xi(X) = -(\overline{\mathrm{D}}_X \xi)^{\top}, \quad \mathrm{D}_X^{\perp} \xi = (\overline{\mathrm{D}}_X \xi)^{\perp}. \tag{1.7}$$

通常称 (1.6) 式为子流形 $i : M \to N$ 的 **Weingarten 公式**; Gauss 公式和 Weingarten 公式合称为**子流形的基本公式**.

定理 1.2 设 $i : M \to N$ 是 n 维黎曼流形 $(N, \bar{g})$ 中的一个 m 维嵌入子流形, 则由 (1.7) 的第二式所定义的映射

$$\mathrm{D}^{\perp} : \Gamma(T^{\perp}M) \times \mathfrak{X}(M) \to \Gamma(T^{\perp}M), \quad (\xi, X) \mapsto \mathrm{D}_X^{\perp} \xi$$

是 M 的法丛 $T^{\perp}M$ 上的联络, 并与法丛 $T^{\perp}M$ 的黎曼结构是相容的.

证明 任设 $X, Y \in \mathfrak{X}(M), \xi, \xi_1, \xi_2 \in \Gamma(T^{\perp}M)$, 则有

$$\mathrm{D}_{X+Y}^{\perp} \xi = \mathrm{D}_X^{\perp} \xi + \mathrm{D}_Y^{\perp} \xi, \quad \mathrm{D}_X^{\perp}(\xi_1 + \xi_2) = \mathrm{D}_X^{\perp} \xi_1 + \mathrm{D}_X^{\perp} \xi_2.$$

同时, 对于任意的 $\lambda \in C^{\infty}(M)$, 又有

$$\overline{\mathrm{D}}_{\lambda X} \xi = \lambda \overline{\mathrm{D}}_X \xi, \quad \overline{\mathrm{D}}_X(\lambda \xi) = X(\lambda) \xi + \lambda \overline{\mathrm{D}}_X \xi,$$

因此

$$\mathrm{D}_{\lambda X}^{\perp} \xi = (\overline{\mathrm{D}}_{\lambda X} \xi)^{\perp} = \lambda (\overline{\mathrm{D}}_X \xi)^{\perp} = \lambda \mathrm{D}_X^{\perp} \xi,$$

$$\mathrm{D}_X^{\perp}(\lambda \xi) = X(\lambda) \xi + \lambda (\overline{\mathrm{D}}_X \xi)^{\perp} = X(\lambda) \xi + \lambda \mathrm{D}_X^{\perp} \xi.$$

由此可见, $\mathrm{D}^{\perp} : \Gamma(T^{\perp}M) \times \mathfrak{X}(M) \to \Gamma(T^{\perp}M)$ 是法丛 $T^{\perp}M$ 上的联络.

另外, 根据黎曼联络 $\overline{\mathrm{D}}$ 与度量 $\bar{g}$ 的相容性可得 (参看第二章的 (8.8) 式)

$$X\langle \xi_1, \xi_2 \rangle = \langle \overline{\mathrm{D}}_X \xi_1, \xi_2 \rangle + \langle \xi_1, \overline{\mathrm{D}}_X \xi_2 \rangle = \langle \mathrm{D}_X^{\perp} \xi_1, \xi_2 \rangle + \langle \xi_1, \mathrm{D}_X^{\perp} \xi_2 \rangle.$$

因此联络 $\mathrm{D}^{\perp}$ 与法丛 $T^{\perp}M$ 上的诱导黎曼结构是相容的.

定义 1.3 对于嵌入子流形 $i : M \to N$ 而言, 由 (1.7) 的第二式所定义的联络 $D^{\perp} : \Gamma(T^{\perp}M) \times \mathfrak{X}(M) \to \Gamma(T^{\perp}M)$ 称为在该子流形的法丛 $T^{\perp}M$ 上的**法联络**.

定理 1.3 设 $i : M \to N$ 是 n 维黎曼流形 $(N, \bar{g})$ 中的一个 m 维嵌入子流形, 则对于任意的 $\xi \in \Gamma(T^{\perp}M)$, 由 (1.7) 的第一式所确定的映射

$$A_{\xi} : \mathfrak{X}(M) \to \mathfrak{X}(M)$$

是 M 上光滑的 $(1,1)$ 型张量场; 如果把 A_{ξ} 看作 M 上的一个光滑的线性变换场, 则在每一点 $p \in M$,

$$A_{\xi} : T_p M \to T_p M$$

是关于诱导度量 g 的自共轭变换, 并且满足恒等式

$$\langle A_{\xi}(v), w \rangle = \langle h(v, w), \xi \rangle, \quad \forall v, w \in T_p M. \tag{1.8}$$

因此, 在每一点 $p \in M$ 有双线性映射 $A : T_p^{\perp} M \times T_p M \to T_p M$, 使得

$$(\xi, v) \mapsto A(\xi, v) = A_{\xi}(v).$$

证明 关键是证明 (1.8) 式. 根据定义式 (1.7), 对于任意的 $X, Y \in \mathfrak{X}(M)$ 以及任意的 $\xi \in \Gamma(T^{\perp}M)$, 由于 $\langle \xi, Y \rangle \equiv 0$, 故

$$
\begin{aligned}
\langle A_{\xi}(X), Y \rangle &= \langle -(\overline{D}_X \xi)^{\top}, Y \rangle = -\langle \overline{D}_X \xi, Y \rangle \\
&= -X \langle \xi, Y \rangle + \langle \xi, \overline{D}_X Y \rangle = \langle (\overline{D}_X Y)^{\perp}, \xi \rangle \\
&= \langle h(X, Y), \xi \rangle,
\end{aligned}
$$

因而 (1.8) 式成立.

根据定理 1.1, $h(X, Y)$ 关于 X, Y 具有张量性质, 所以 $A_{\xi}(X)$ 关于 X 具有张量性质, 即映射 $A_{\xi} : \mathfrak{X}(M) \to \mathfrak{X}(M)$ 是 $C^{\infty}(M)$-线性的. 因此, A_{ξ} 在每一点 $p \in M$ 确定了一个线性变换

$$A_{\xi} : T_p M \to T_p M$$

(参看第一章的定理 6.1). 张量 $h(X,Y)$ 的对称性加上 (1.8) 式说明 $A_\xi : T_pM \to T_pM$ 是自共轭变换. 事实上, 对于任意的 $X, Y \in T_pM$, 有

$$\langle A_\xi(X), Y \rangle = \langle h(X,Y), \xi \rangle = \langle h(Y,X), \xi \rangle = \langle A_\xi(Y), X \rangle$$
$$= \langle X, A_\xi(Y) \rangle.$$

最后, (1.8) 式还说明 $A_\xi(X)$ 对于自变量 $\xi \in \Gamma(T^\perp M)$ 也具有张量性质, 特别地, 对于任意的 $\lambda \in C^\infty(M)$ 有

$$\langle A_{\lambda\xi}(X), Y \rangle = \langle h(X,Y), \lambda\xi \rangle = \lambda \langle h(X,Y), \xi \rangle$$
$$= \lambda \langle A_\xi(X), Y \rangle = \langle \lambda A_\xi(X), Y \rangle, \quad \forall X, Y \in \mathfrak{X}(M),$$

因而 $A_{\lambda\xi}(X) = \lambda A_\xi(X)$. 根据第一章定理 6.1, 由 $A(\xi, v) = A_\xi(v)$ 在每一点 $p \in M$ 确定了一个双线性映射 $A : T_p^\perp M \times T_pM \to T_pM$. 定理得证.

定义 1.4   对于 $p \in M, \xi \in T_p^\perp M$, 由定理 1.3 所描述的线性映射 $A_\xi : T_pM \to T_pM$ 称为子流形 $i : M \to N$ 在 p 点关于法向量 ξ 的**形状算子**或 **Weingarten 变换**.

注记 1.1   对于一般的等距浸入 $f : (M, g) \to (N, \bar{g})$ 和任意的点 $p \in M$, f 在 p 点的法空间 $T_p^\perp M$ 是子空间 $f_*(T_pM)$ 在 $T_{f(p)}N$ 中的正交补; 相应地, f 的法丛是

$$T^\perp M = \bigcup_{p \in M} T_p^\perp M.$$

根据上面的讨论不难知道, 等距浸入 f 的基本公式具有如下的形式:

$$\overline{D}_X f_*(Y) = f_*(D_X Y) + h(X,Y) \quad (\text{Gauss 公式}),$$
$$\overline{D}_X \xi = -f_*(A_\xi(X)) + D_X^\perp \xi \quad (\text{Weingarten 公式}),$$
$$\forall X, Y \in \mathfrak{X}(M), \quad \forall \xi \in \Gamma(T^\perp M),$$

其中 $\overline{D}$ 是拉回丛 f^*TN 上的诱导联络, D 是 M 上的黎曼联络; 由 $(\xi, X) \mapsto D_X^\perp \xi$ 确定的映射

$$D^\perp : \Gamma(T^\perp M) \times \mathfrak{X}(M) \to \Gamma(T^\perp M)$$

称为等距浸入 $f : (M, g) \to (N, \bar{g})$ 的 (法丛上的) 法联络, 由 $(\xi, X) \mapsto A_\xi(X)$ 给出的映射

$$A : \Gamma(T^\perp M) \times \mathfrak{X}(M) \to \mathfrak{X}(M)$$

称为 f 的 Weingarten 变换或形状算子.

黎曼流形 $(N, \bar{g})$ 的黎曼联络 $\overline{D}$ 在子流形的切丛和法丛上诱导的联络 $D, D^\perp$, 以及第二基本形式 h 和形状算子 A_ξ 是关于子流形 $i : M \to N$ 的基本几何构造. 在下面, 我们把这些基本几何构造用局部标架场表示出来. 首先约定指标的取值范围如下:

$$1 \leqslant A, B, C, \cdots \leqslant n; \quad 1 \leqslant i, j, k, \cdots \leqslant m; \quad m + 1 \leqslant \alpha, \beta, \gamma, \cdots \leqslant n.$$

设 $p \in M$, 则存在 p 点在 M 中的一个开邻域 U, 以及在 N 中定义在 U 上的单位正交标架场 $\{e_A\}$, 使得 e_i 是 U 上的切向量场, 即有

$$\langle e_A, e_B \rangle = \delta_{AB}, \quad \text{并且} \quad e_i \in \mathfrak{X}(U). \tag{1.9}$$

很明显, $\{e_\alpha\}$ 是法丛 $T^\perp M$ 在 U 上的单位正交标架场. 为方便起见, 把定义在 U 上满足条件 (1.9) 的标架场 $\{e_A\}$ 称为子流形 M 在 U 上的一个 (单位正交的) **Darboux 标架场**.

根据 (1.4) 和 (1.6) 两式, 子流形 M 的 Gauss 公式和 Weingarten 公式分别成为

$$\overline{D}_{e_i} e_j = D_{e_i} e_j + h(e_i, e_j), \quad \overline{D}_{e_i} e_\alpha = -A_{e_\alpha}(e_i) + D^\perp_{e_i} e_\alpha. \tag{1.10}$$

由嵌入的定义, 存在 N 中的一个开邻域 $\tilde{U}$ 使得 $U = M \cap \tilde{U}$, 并且标架场 $\{e_A\}$ 能扩充为定义在 $\tilde{U}$ 上的单位正交标架场 $\{\tilde{e}_A\}$. 设 $\{\tilde{\omega}^A\}$ 是 $\{\tilde{e}_A\}$ 的对偶标架场, 并用 $\{\tilde{\omega}^B_A\}$ 表示黎曼联络 $\overline{D}$ 在该标架场下的联络形式, 则有

$$dq = \tilde{\omega}^A \tilde{e}_A, \quad d\tilde{\omega}^A = \tilde{\omega}^B \wedge \tilde{\omega}^A_B, \quad \tilde{\omega}^B_A + \tilde{\omega}^A_B = 0, \quad \forall q \in \tilde{U}. \tag{1.11}$$

根据假定 $e_j = \tilde{e}_j|_U, e_\alpha = \tilde{e}_\alpha|_U$, 因此

$$\omega^j = i^*(\tilde{\omega}^j), \quad \omega^\alpha = i^*(\tilde{\omega}^\alpha) = 0.$$

这样, 当 q 在 U 上变动时, 有

$$\mathrm{d}q = \omega^i e_i, \quad \omega^\alpha = 0. \tag{1.12}$$

所以, $\{\omega^i\}$ 恰好是与子流形的切标架场 $\{e_i\}$ 对偶的余切标架场.

在直观上,(1.12) 式中的 $\omega^\alpha = 0$ 表明, 当 q 在 U 上变动时 $\mathrm{d}q$ 是 U 上的切向量, 其法分量为零. 因此在子流形 $i : M \to N$ 上的诱导度量是

$$g = i^*\bar{g} = \langle \mathrm{d}q, \mathrm{d}q \rangle = \sum_i (\omega^i)^2. \tag{1.13}$$

记 $\omega_A^B = i^*\tilde{\omega}_A^B = \tilde{\omega}_A^B|_U$, 则由 (1.11) 和 (1.12) 式得到

$$\mathrm{d}\omega^i = \omega^j \wedge \omega_j^i, \quad \mathrm{d}\omega^\alpha = \omega^j \wedge \omega_j^\alpha = 0, \tag{1.14}$$

$$\omega_i^j + \omega_j^i = 0, \quad \omega_i^\alpha + \omega_\alpha^i = 0, \quad \omega_\alpha^\beta + \omega_\beta^\alpha = 0. \tag{1.15}$$

根据联络形式 $\tilde{\omega}_A^B$ 的定义, 在 $\tilde{U}$ 上有

$$\overline{\mathrm{D}}\tilde{e}_A = \tilde{\omega}_A^B \tilde{e}_B, \tag{1.16}$$

把上式限制在 U 上便得

$$\overline{\mathrm{D}}e_j = \omega_j^k e_k + \omega_j^\alpha e_\alpha, \quad \overline{\mathrm{D}}e_\alpha = \omega_\alpha^k e_k + \omega_\alpha^\beta e_\beta. \tag{1.17}$$

上式是子流形基本公式的另一种表现形式.

比较 (1.17) 和 (1.10) 两式有

$$\mathrm{D}_{e_i}e_j = \omega_j^k(e_i)e_k, \quad h(e_i, e_j) = \omega_j^\alpha(e_i)e_\alpha, \tag{1.18}$$

$$A_{e_\alpha}(e_i) = -\omega_\alpha^k(e_i)e_k, \quad \mathrm{D}_{e_i}^\perp e_\alpha = \omega_\alpha^\beta(e_i)e_\beta. \tag{1.19}$$

综合 (1.14), (1.15) 和 (1.18) 的第一式得知, ω_i^j 是诱导度量 (1.13) 的黎曼联络在切标架场 $\{e_i\}$ 下的联络形式. (1.19) 的第二式说明 ω_α^β 是法丛 $T^\perp M$ 上的法联络在局部标架场 $\{e_\alpha\}$ 下的联络形式.

根据 (1.14) 的第二式和 Cartan 引理, 可设

$$\omega_i^\alpha = h_{ij}^\alpha \omega^j, \quad 并且 \quad h_{ij}^\alpha = h_{ji}^\alpha. \tag{1.20}$$

于是 (1.18) 的第二式成为

$$h(e_i, e_j) = h_{ij}^\alpha e_\alpha, \quad h = h_{ij}^\alpha \omega^i \otimes \omega^j \otimes e_\alpha. \tag{1.21}$$

另外,(1.19) 的第一式可写为

$$A_{e_\alpha}(e_i) = \sum_k \omega_k^\alpha(e_i) e_k = \sum_k h_{ik}^\alpha e_k,$$

因而

$$A_{e_\alpha} = \sum_{i,k} h_{ik}^\alpha \omega^i \otimes e_k. \tag{1.22}$$

定义 1.5 设

$$h : \mathfrak{X}(M) \times \mathfrak{X}(M) \to \Gamma(T^\perp M)$$

是子流形 $i : M \to N$ 的第二基本形式, 令

$$H = \frac{1}{m}\mathrm{tr}(h) = \frac{1}{m}\sum_i h(e_i, e_i) = \frac{1}{m}\sum_{i,\alpha} h_{ii}^\alpha e_\alpha, \tag{1.23}$$

则 H 与Darboux 标架场 $\{e_A\}$ 的选取无关, 称为子流形 $i : M \to N$ 的**平均曲率向量场**.

设 $\xi \in T_p^\perp M$ 是子流形 $i : M \to N$ 在 p 点的一个单位法向量, 令

$$\xi = \sum_{\alpha=m+1}^n \xi^\alpha e_\alpha, \quad H^\xi = \langle H, \xi \rangle = \frac{1}{m}\sum_{i,\alpha} h_{ii}^\alpha \xi^\alpha, \tag{1.24}$$

称 H^ξ 为子流形 M 沿单位法向量场 ξ 的平均曲率. 若命

$$H^\alpha = H^{e_\alpha},$$

则有

$$H = H^\alpha e_\alpha, \tag{1.25}$$

其中

$$H^\alpha = H^{e_\alpha} = \frac{1}{m}\sum_i h_{ii}^\alpha.$$

此时, 平均曲率向量 H 的长度

$$|H| = \sqrt{\sum_{\alpha}(H^\alpha)^2} \tag{1.26}$$

称为子流形 M 在 N 中的**平均曲率**.

§7.2 子流形的基本方程

设 $i : M \to N$ 是 n 维黎曼流形 $(N, \overline{g})$ 中的一个 m 维嵌入子流形. 令 $g = i^*\overline{g}$, 则 (M, g) 是一个 m 维黎曼流形. 对于任意的 $Y, Z \in \mathfrak{X}(M)$ 以及任意的 $\xi \in \Gamma(T^\perp M)$, 有如下的基本公式

$$\overline{D}_Y Z = D_Y Z + h(Y, Z) \qquad \text{(Gauss 公式)}, \tag{2.1}$$

$$\overline{D}_Y \xi = -A_\xi(Y) + D_Y^\perp \xi \qquad \text{(Weingarten 公式)}, \tag{2.2}$$

其中 $\overline{D}$ 是 $(N, \overline{g})$ 上的黎曼联络 (在拉回丛 i^*TN 上的诱导联络), D 是 (M, g) 上的黎曼联络,

$$h : \mathfrak{X}(M) \times \mathfrak{X}(M) \to \Gamma(T^\perp M)$$

是子流形 (M, g) 的第二基本形式, A_ξ 是形状算子, $D^\perp$ 是法丛 $T^\perp M$ 上的法联络.

本节要讨论 $(N, \overline{g})$ 的黎曼曲率张量和子流形 (M, g) 的黎曼曲率张量、第二基本形式以及法联络的曲率之间的相互关系, 目的是建立子流形 $i : M \to N$ 的基本方程.

任取 $X \in \mathfrak{X}(M)$, 将 (2.1) 式关于 X 求协变导数得到

$$\begin{aligned}
\overline{D}_X \overline{D}_Y Z &= \overline{D}_X(D_Y Z) + \overline{D}_X(h(Y, Z)) \\
&= D_X D_Y Z - A_{h(Y,Z)}(X) + h(X, D_Y Z) + D_X^\perp(h(Y, Z)).
\end{aligned}$$

因此由第四章习题第 3 题

$$
\begin{aligned}
\overline{\mathcal{R}}(X,Y)Z =&\,\overline{D}_X\overline{D}_Y Z - \overline{D}_Y\overline{D}_X Z - \overline{D}_{[X,Y]}Z \\
=&\,\mathcal{R}(X,Y)Z + A_{h(X,Z)}(Y) - A_{h(Y,Z)}(X) + D_X^{\perp}(h(Y,Z)) \\
&- D_Y^{\perp}(h(X,Z)) + h(X,D_Y Z) + h(D_Y X, Z) \\
&- h(Y,D_X Z) - h(D_X Y, Z),
\end{aligned}
\tag{2.3}
$$

其中 $\overline{\mathcal{R}}, \mathcal{R}$ 分别是黎曼流形 $(N,\bar{g})$ 和 (M,g) 的曲率算子. 注意到 $h:$ $\mathfrak{X}(M) \times \mathfrak{X}(M) \to \Gamma(T^{\perp}M)$ 是定义在 M 上并且在法丛 $T^{\perp}M$ 中取值的二阶协变张量场, 利用 (M,g) 上的黎曼联络 D 和法丛 $T^{\perp}M$ 上的法联络 $D^{\perp}$, 可以定义 $h: \mathfrak{X}(M) \times \mathfrak{X}(M) \to \Gamma(T^{\perp}M)$ 的协变导数如下:

$$
(D_X h)(Y,Z) = D_X^{\perp}(h(Y,Z)) - h(D_X Y, Z) - h(Y, D_X Z), \quad \forall X \in \mathfrak{X}(M).
$$

容易验证, 由

$$
(Dh)(Y,Z,X) = (D_X h)(Y,Z), \quad \forall X,Y,Z \in \mathfrak{X}(M)
$$

确定的映射

$$
Dh: \mathfrak{X}(M) \times \mathfrak{X}(M) \times \mathfrak{X}(M) \to \Gamma(T^{\perp}M)
$$

是定义在 M 上, 并且在 $T^{\perp}M$ 中取值的三阶协变张量场, 称为 h 的协变微分. 这样,(2.3) 式成为

$$
\begin{aligned}
\overline{\mathcal{R}}(X,Y)Z =&\,\mathcal{R}(X,Y)Z + A_{h(X,Z)}(Y) - A_{h(Y,Z)}(X) \\
&+ (D_X h)(Y,Z) - (D_Y h)(X,Z).
\end{aligned}
$$

分别写出上式的切分量和法分量得到

$$
\mathcal{R}(X,Y)Z = (\overline{\mathcal{R}}(X,Y)Z)^{\top} + A_{h(Y,Z)}(X) - A_{h(X,Z)}(Y),
\tag{2.4}
$$

$$
(D_X h)(Y,Z) - (D_Y h)(X,Z) = (\overline{\mathcal{R}}(X,Y)Z)^{\perp}.
\tag{2.5}
$$

通常, 分别把 (2.4) 式和 (2.5) 式称为嵌入在黎曼流形 $(N,\bar{g})$ 中的子流形 M 的 **Gauss 方程**和 **Codazzi 方程**.

对于任意的 $W \in \mathfrak{X}(M)$, Gauss 方程 (2.4) 可以进一步写成

$$\langle \mathcal{R}(X,Y)Z, W \rangle = \langle \overline{\mathcal{R}}(X,Y)Z, W \rangle$$
$$+ \langle A_{h(Y,Z)}(X), W \rangle - \langle A_{h(X,Z)}(Y), W \rangle,$$

或

$$R(Z,W,X,Y) = \overline{R}(Z,W,X,Y) + \langle h(X,W), h(Y,Z) \rangle$$
$$- \langle h(X,Z), h(Y,W) \rangle. \tag{2.6}$$

因此, 也把 (2.6) 式称为 M 的 Gauss 方程, 它与 (2.4) 式是等价的.

同样地, 对 (2.2) 式关于 $X \in \mathfrak{X}(M)$ 求协变导数得到

$$\overline{D}_X \overline{D}_Y \xi = - \overline{D}_X(A_\xi(Y)) + \overline{D}_X(D_Y^\perp \xi)$$
$$= - D_X(A_\xi(Y)) - A_{D_Y^\perp \xi}(X) - h(X, A_\xi(Y)) + D_X^\perp(D_Y^\perp \xi).$$

因此

$$\overline{\mathcal{R}}(X,Y)\xi = \overline{D}_X \overline{D}_Y \xi - \overline{D}_Y \overline{D}_X \xi - \overline{D}_{[X,Y]} \xi$$
$$= - (D_X(A_\xi(Y)) - A_{D_X^\perp \xi}(Y) - A_\xi(D_X Y))$$
$$+ (D_Y(A_\xi(X)) - A_{D_Y^\perp \xi}(X)$$
$$- A_\xi(D_Y X)) + \mathcal{R}^\perp(X,Y)\xi$$
$$- h(X, A_\xi(Y)) + h(Y, A_\xi(X)), \tag{2.7}$$

其中 $\mathcal{R}^\perp(X,Y) : \Gamma(T^\perp M) \to \Gamma(T^\perp M)$ 是法联络 $D^\perp$ 的曲率算子, 即

$$\mathcal{R}^\perp(X,Y) = D_X^\perp D_Y^\perp - D_Y^\perp D_X^\perp - D_{[X,Y]}^\perp.$$

张量场 $A : \Gamma(T^\perp M) \times \mathfrak{X}(M) \to \mathfrak{X}(M)$ 的协变微分

$$DA : \Gamma(T^\perp M) \times \mathfrak{X}(M) \times \mathfrak{X}(M) \to \mathfrak{X}(M)$$

定义为

$$(DA)(\xi, Y, X) = (D_X A)(\xi, Y)$$
$$= D_X(A_\xi(Y)) - A_{D_X^\perp \xi}(Y) - A_\xi(D_X Y). \tag{2.8}$$

容易验证, $\mathrm{D}A$ 对每一个自变量具有 $C^\infty(M)$-线性性质, 因此 $\mathrm{D}A$ 是一个张量场. 这样, (2.7) 式可写成

$$\overline{\mathcal{R}}(X,Y)\xi = -(\mathrm{D}_X A)(\xi,Y) + (\mathrm{D}_Y A)(\xi,X) \\ + \mathcal{R}^\perp(X,Y)\xi - h(X, A_\xi(Y)) + h(Y, A_\xi(X)).$$

分别写出它们的切分量和法分量得到

$$(\mathrm{D}_X A)(\xi,Y) - (\mathrm{D}_Y A)(\xi,X) = -(\overline{\mathcal{R}}(X,Y)\xi)^\top, \tag{2.9}$$
$$\mathcal{R}^\perp(X,Y)\xi = (\overline{\mathcal{R}}(X,Y)\xi)^\perp + h(X, A_\xi(Y)) - h(Y, A_\xi(X)). \tag{2.10}$$

方程 (2.9) 和 (2.5) 是等价的. 事实上, 对于 $\forall Z \in \mathfrak{X}(M)$, 将 (2.9) 式的右端和 Z 作内积得

$$-\langle (\overline{\mathcal{R}}(X,Y)\xi)^\top, Z \rangle = -\langle \overline{\mathcal{R}}(X,Y)\xi, Z \rangle = \langle \overline{\mathcal{R}}(X,Y)Z, \xi \rangle,$$

另一方面,

$$\begin{aligned}
\langle (\mathrm{D}_X A)(\xi,Y), Z \rangle &= \langle \mathrm{D}_X(A_\xi(Y)), Z \rangle - \langle A_{\mathrm{D}_X^\perp \xi}(Y), Z \rangle \\
&\quad - \langle A_\xi(\mathrm{D}_X Y), Z \rangle \\
&= X(\langle A_\xi(Y), Z \rangle) - \langle A_\xi(Y), \mathrm{D}_X Z \rangle \\
&\quad - \langle h(Y,Z), \mathrm{D}_X^\perp \xi \rangle - \langle h(\mathrm{D}_X Y, Z), \xi \rangle \\
&= X(\langle h(Y,Z), \xi \rangle) - \langle h(Y, \mathrm{D}_X Z), \xi \rangle \\
&\quad - \langle h(\mathrm{D}_X Y, Z), \xi \rangle - \langle h(Y,Z), \mathrm{D}_X^\perp \xi \rangle \\
&= \langle \mathrm{D}_X^\perp(h(Y,Z)) - h(Y, \mathrm{D}_X Z) \\
&\quad - h(\mathrm{D}_X Y, Z), \xi \rangle \\
&= \langle (\mathrm{D}_X h)(Y,Z), \xi \rangle,
\end{aligned}$$

因此, (2.9) 式成为

$$\langle (\mathrm{D}_X h)(Y,Z) - (\mathrm{D}_Y h)(X,Z) - (\overline{\mathcal{R}}(X,Y)Z)^\perp, \xi \rangle = 0, \\ \forall \xi \in \Gamma(T^\perp M).$$

这意味着 (2.5) 式成立. 上述过程显然是可逆的, 因而从 (2.5) 式可以导出 (2.9) 式.

由此可见, 从 (2.2) 式得到的新方程只有 (2.10) 式, 通常称为子流形 M 的 **Ricci 方程**.

对于子流形 $i : M \to N$ 来说, Gauss-Codazzi-Ricci 方程

$$R(X,Y,Z,W) = \overline{R}(X,Y,Z,W) + \langle h(X,W), h(Y,Z) \rangle$$
$$- \langle h(X,Z), h(Y,W) \rangle, \tag{2.6}$$
$$(\mathrm{D}_X h)(Y,Z) - (\mathrm{D}_Y h)(X,Z) = (\overline{\mathcal{R}}(X,Y)Z)^{\perp}, \tag{2.5}$$
$$\mathcal{R}^{\perp}(X,Y)\xi = (\overline{\mathcal{R}}(X,Y)\xi)^{\perp} + h(X, A_{\xi}(Y))$$
$$- h(Y, A_{\xi}(X)) \tag{2.10}$$

反映了诱导度量 $g = i^* \overline{g}$、第二基本形式 h, 以及法丛上的法联络 $\mathrm{D}^{\perp}$ 与外围黎曼空间 N 的黎曼度量 $\overline{g}$ 之间应该满足的关系式. 这三个方程合称为**子流形 $i : M \to N$ 的基本方程**.

现在把基本方程用子流形 $i : M \to N$ 上的活动标架表示出来.

设 $p \in M$, $\{e_A\}$ 是定义在 p 点附近的一个 Darboux 标架场, 则有

$$\mathrm{d}q = \omega^i e_i, \qquad \omega^{\alpha} = 0,$$
$$\overline{\mathrm{D}} e_i = \omega_i^j e_j + \omega_i^{\alpha} e_{\alpha} = \mathrm{D} e_i + h_{ij}^{\alpha} \omega^j e_{\alpha} \tag{2.11}$$
$$\overline{\mathrm{D}} e_{\alpha} = \omega_{\alpha}^j e_j + \omega_{\alpha}^{\beta} e_{\beta} = -\sum_{j,k} h_{jk}^{\alpha} \omega^k e_j + \mathrm{D}^{\perp} e_{\alpha}.$$

其中

$$\mathrm{D} e_i = \omega_i^j e_j, \quad \mathrm{D}^{\perp} e_{\beta} = \omega_{\beta}^{\alpha} e_{\alpha}, \quad h = h_{ij}^{\alpha} \omega^i \otimes \omega^j \otimes e_{\alpha}, \tag{2.12}$$

根据 $\mathrm{D}h$ 的定义

$$\mathrm{D}h = \omega^i \otimes \omega^j \otimes (\mathrm{d}h_{ij}^{\alpha} - \omega_i^k h_{kj}^{\alpha} - \omega_j^k h_{ik}^{\alpha} + \omega_{\beta}^{\alpha} h_{ij}^{\beta}) \otimes e_{\alpha}.$$

令

$$h_{ijk}^{\alpha} \omega^k = \mathrm{d}h_{ij}^{\alpha} - \omega_i^k h_{kj}^{\alpha} - \omega_j^k h_{ik}^{\alpha} + \omega_{\beta}^{\alpha} h_{ij}^{\beta}. \tag{2.13}$$

由于 $h_{ij}^\alpha = h_{ji}^\alpha$, 故有 $h_{ijk}^\alpha = h_{jik}^\alpha$. 因此, 如果 R_{ijkl} 和 $\overline{R}_{ABCD}$ 分别是 M 和 N 上的黎曼曲率张量在 Darboux 标架场 $\{e_A\}$ 下的分量, 则 Gauss-Codazzi-Ricci 方程可以表示为:

$$R_{ijkl} = \overline{R}_{ijkl} - \sum_\alpha (h_{ik}^\alpha h_{jl}^\alpha - h_{il}^\alpha h_{jk}^\alpha), \tag{2.14}$$

$$h_{ijk}^\alpha - h_{ikj}^\alpha = \overline{R}_{\alpha ijk}, \tag{2.15}$$

$$R_{\alpha\beta ij}^\perp = \overline{R}_{\alpha\beta ij} - \sum_k (h_{ik}^\alpha h_{jk}^\beta - h_{jk}^\alpha h_{ik}^\beta), \tag{2.16}$$

其中

$$R_{\alpha\beta ij}^\perp = \langle \mathcal{R}^\perp(e_i, e_j)e_\alpha, e_\beta \rangle. \tag{2.17}$$

这些方程还可以从黎曼流形 (N, g) 的结构方程导出. 事实上, 第四章的定理 2.1 告诉我们 (N, h) 的曲率形式是

$$\overline{\Omega}_A^B = \mathrm{d}\omega_A^B - \omega_A^C \wedge \omega_C^B = \frac{1}{2}\overline{R}_{ACD}^B \omega^C \wedge \omega^D, \tag{2.18}$$

并且

$$\overline{\mathcal{R}}(e_A, e_B)e_C = \overline{\Omega}_C^D(e_A, e_B)e_D.$$

将 (2.18) 式中的 $\overline{\Omega}_i^j$ 拉回到子流形 $i : M \to N$ 上得到

$$\overline{\Omega}_i^j = \mathrm{d}\omega_i^j - \omega_i^k \wedge \omega_k^j - \omega_i^\alpha \wedge \omega_\alpha^j = \Omega_i^j + \sum_\alpha h_{ik}^\alpha h_{jl}^\alpha \omega^k \wedge \omega^l,$$

因此

$$\Omega_i^j = \overline{\Omega}_i^j - \frac{1}{2}\sum_\alpha (h_{ik}^\alpha h_{jl}^\alpha - h_{il}^\alpha h_{jk}^\alpha)\omega^k \wedge \omega^l,$$

这就是 Gauss 方程. 同理, 还有

$$\begin{aligned}
\overline{\Omega}_i^\alpha &= \mathrm{d}\omega_i^\alpha - \omega_i^j \wedge \omega_j^\alpha - \omega_i^\beta \wedge \omega_\beta^\alpha \\
&= \mathrm{d}(h_{ij}^\alpha \omega^j) - h_{jk}^\alpha \omega_i^j \wedge \omega^k - h_{ik}^\beta \omega^k \wedge \omega_\beta^\alpha \\
&= \sum_j (\mathrm{d}h_{ij}^\alpha - h_{ik}^\alpha \omega_j^k - h_{kj}^\alpha \omega_i^k + h_{ij}^\beta \omega_\beta^\alpha) \wedge \omega^j \\
&= h_{ijk}^\alpha \omega^k \wedge \omega^j = -\frac{1}{2}(h_{ijk}^\alpha - h_{ikj}^\alpha)\omega^j \wedge \omega^k,
\end{aligned}$$

以及

$$\begin{aligned}
\overline{\Omega}_\alpha^\beta &= \mathrm{d}\omega_\alpha^\beta - \omega_\alpha^k \wedge \omega_k^\beta - \omega_\alpha^\gamma \wedge \omega_\gamma^\beta \\
&= \Omega_\alpha^{\perp\beta} + \sum_k h_{ki}^\alpha h_{kj}^\beta \omega^i \wedge \omega^j \\
&= \Omega_\alpha^{\perp\beta} + \frac{1}{2} \sum_k (h_{ki}^\alpha h_{kj}^\beta - h_{kj}^\alpha h_{ki}^\beta) \omega^i \wedge \omega^j,
\end{aligned}$$

这分别是 Codazzi 方程和 Ricci 方程. 所以 Gauss-Codazzi-Ricci 方程等价于

$$\begin{cases}
\overline{\Omega}_i^j = \mathrm{d}\omega_i^j - \omega_i^k \wedge \omega_k^j + \displaystyle\sum_\alpha \omega_i^\alpha \wedge \omega_j^\alpha, \\[2mm]
\overline{\Omega}_i^\alpha = \mathrm{d}\omega_i^\alpha - \omega_i^j \wedge \omega_j^\alpha - \omega_i^\beta \wedge \omega_\beta^\alpha, \\[2mm]
\overline{\Omega}_\alpha^\beta = \mathrm{d}\omega_\alpha^\beta - \omega_\alpha^\gamma \wedge \omega_\gamma^\beta + \displaystyle\sum_k \omega_k^\alpha \wedge \omega_k^\beta,
\end{cases}$$

或者

$$\begin{cases}
\overline{\Omega}_i^j = \Omega_i^j + \dfrac{1}{2} \displaystyle\sum_\alpha (h_{ik}^\alpha h_{jl}^\alpha - h_{il}^\alpha h_{jk}^\alpha) \omega^k \wedge \omega^l, \\[2mm]
\overline{\Omega}_i^\alpha = -\dfrac{1}{2} (h_{ijk}^\alpha - h_{ikj}^\alpha) \omega^j \wedge \omega^k, \\[2mm]
\overline{\Omega}_\alpha^\beta = \Omega_\alpha^{\perp\beta} + \dfrac{1}{2} \displaystyle\sum_k (h_{ki}^\alpha h_{kj}^\beta - h_{kj}^\alpha h_{ki}^\beta) \omega^i \wedge \omega^j,
\end{cases} \tag{2.19}$$

其中左端是 $(N, \bar{g})$ 的曲率形式在子流形 (M, g) 上的限制, 右端的 ω_i^j, ω_α^β 分别是切丛 TM 和法丛 $T^\perp M$ 上的联络形式,

$$h = h_{ij}^\alpha \omega^i \otimes \omega^j \otimes e_\alpha$$

是子流形 $i: M \to N$ 的第二基本形式.

§7.3 欧氏空间中的子流形

子流形微分几何学的一个基本问题是: 对于给定的两个黎曼流形

$$(M, g) \text{ 和 } (N, \bar{g}), \quad m = \dim M < n = \dim N,$$

是否存在浸入映射 $f: M \to N$, 使得 $f^*\bar{g} = g$? 换句话说, (M, g) 能否等距地浸入到 $(N, \bar{g})$ 中去成为后者的子流形? 为了用微分方程来刻画这个问题, 在 M 中取局部坐标系 $(U; u^i)$, 在 N 中取局部坐标系 $(V; x^A)$, 设

$$\bar{g} = \sum_{A,B} \bar{g}_{AB} \mathrm{d}x^A \otimes \mathrm{d}x^B, \quad g = \sum_{i,j} g_{ij} \mathrm{d}u^i \otimes \mathrm{d}u^j.$$

那么上面的问题可以改述为: 是否存在一组函数

$$x^A = f^A(u^1, \cdots, u^m), \quad 1 \leqslant A \leqslant n,$$

满足方程组

$$\sum_{A,B} \bar{g}_{AB}(f(u)) \frac{\partial f^A}{\partial u^i} \frac{\partial f^B}{\partial u^j} = g_{ij}(u). \tag{3.1}$$

这是一组非常复杂的偏微分方程组, 要在一般情况下求它的解是相当困难的.

不过, 真正感兴趣的问题是: 一个 m 维黎曼流形 (M, g) 能否实现为高维欧氏空间 $\mathbb{R}^n$ 中的一个浸入子流形? 或者说, 是否存在从黎曼流形 (M, g) 到 $\mathbb{R}^n$ 的等距浸入 f? 如果在 $\mathbb{R}^n$ 中取标准的笛卡儿直角坐标系 $(x^1, \cdots, x^n)$, 那么 $\mathbb{R}^n$ 的度量可以表示为

$$\bar{g} = \sum_A (\mathrm{d}x^A)^2 = \sum_A \mathrm{d}x^A \otimes \mathrm{d}x^A,$$

即 $\bar{g}_{AB} = \delta_{AB}$. 于是方程组 (3.1) 成为

$$\sum_A \frac{\partial x^A}{\partial u^i} \frac{\partial x^A}{\partial u^j} = g_{ij}(u), \quad u \in U, \tag{3.2}$$

这仍然是一个复杂的方程组. 为了求解方程组 (3.2), 一种办法是考虑 $\mathbb{R}^n$ 中单位正交标架构成的集合 $\mathscr{P}$, 它是一个 $n(n+1)/2$ 维光滑流形, 并且 $\mathscr{P}$ 中任意两个成员都可以通过欧氏空间 $\mathbb{R}^n$ 上唯一的一个等距变换彼此叠合. 因此, $\mathscr{P}$ 是 $\mathbb{R}^n$ 的等距变换群的几何表示. 利用空间 $\mathscr{P}$, 可以把方程组 (3.2) 化为一个 Pfaff 方程组, 从而使问题得到简化.

　　首先回顾一下 n 维欧氏空间 $\mathbb{R}^n$ 上的标架空间 $\mathscr{P}$. 在 $\mathbb{R}^n$ 中取定一个单位正交标架 $\{O; \delta_A\}$, 其中

$$\delta_A = (0, \cdots, \overset{(A)}{1}, \cdots, 0)^t, \quad 1 \leqslant A \leqslant n.$$

那么, $\mathbb{R}^n$ 中的任意一个标架 $\{p; e_A\}$ 是由空间 $\mathbb{R}^n$ 中任意一点 p 和任意 n 个线性无关的向量 e_A 组成的, 在固定的标架 $\{O; \delta_A\}$ 下, 可以把点 p 和向量 e_A 分别表示为

$$\overrightarrow{Op} = \sum_{A=1}^{n} a^A \delta_A,$$

$$e_A = \sum_{B=1}^{n} a_A^B \delta_B, \qquad \det(a_A^B) \neq 0. \tag{3.3}$$

于是, 标架 $\{p; e_A\}$ 相当于一个 $n \times (n+1)$ 矩阵

$$\begin{pmatrix} a^1 & a_1^1 & \cdots & a_n^1 \\ \vdots & \vdots & & \vdots \\ a^n & a_1^n & \cdots & a_n^n \end{pmatrix}, \tag{3.4}$$

它的第一列是 $\overrightarrow{Op}$ 的分量, 后面各列分别是 e_A 的分量. 由此可见, 标架空间 $\mathscr{P}$ 是 $\mathbb{R}^{n(n+1)}$ 中的一个开子集, 以 (a^A, a_A^B) 为坐标系. 在 $\mathbb{R}^n$ 中协变微分就是普通微分, 因此

$$\mathrm{d}p = \sum_A \mathrm{d}a^A \delta_A = \sum_A \theta^A e_A,$$

$$\mathrm{d}e_A = \sum_B \mathrm{d}a_A^B \delta_B = \sum_B \theta_A^B e_B, \tag{3.5}$$

其中

$$\theta^A = \sum_B b_B^A \mathrm{d}a^B, \quad \theta_A^B = \sum_C b_C^B \mathrm{d}a_A^C, \tag{3.6}$$

这里 (b_A^B) 是 (a_A^B) 的逆矩阵, 即 b_A^B 满足恒等式

$$\sum_C a_C^B b_A^C = \sum_C b_C^B a_A^C = \delta_A^B.$$

由此可见,θ^A, θ_A^B 是定义在 $\mathscr{P}$ 上的 1 次微分式, 它们与固定单位正交标架 $\{O; \delta_A\}$ 的取法无关, 称为在 $\mathbb{R}^n$ 中的活动标架 $\{p; e_A\}$ 的相对分量.

对 (3.6) 式求外微分得到

$$\mathrm{d}\theta^A = \sum_B \theta^B \wedge \theta_B^A, \quad \mathrm{d}\theta_A^B = \sum_C \theta_A^C \wedge \theta_C^B, \tag{3.7}$$

这就是 $\mathbb{R}^n$ 的结构方程. 其实, 从黎曼几何的角度看, 第一式表示联络 $\overline{D} = d$ 的无挠性, 第二式表示 $\mathbb{R}^n$ 的曲率形式为零.

对于浸入在欧氏空间 $\mathbb{R}^n$ 中的子流形, 需要重新叙述它的基本公式和基本方程, 然后再给出黎曼流形 (M, g) 能够局部地等距浸入到高维欧氏空间 $\mathbb{R}^n$ 中去的充要条件.

设 $i : M \to \mathbb{R}^n$ 是 $\mathbb{R}^n$ 中的一个 m 维浸入子流形. 设 $(U; u^i)$ 是 M 的一个局部坐标系, 则映射 i 的局部坐标表达式是

$$x^A = x^A(u^1, \cdots, u^m), \quad 1 \leqslant A \leqslant n. \tag{3.8}$$

于是在 U 上定义了 m 个切向量场

$$\frac{\partial}{\partial u^i} = \sum_A \frac{\partial x^A}{\partial u^i} \frac{\partial}{\partial x^A}. \tag{3.9}$$

容易看出, 映射 i 是浸入的条件等价于切向量场 $\dfrac{\partial}{\partial u^1}, \cdots, \dfrac{\partial}{\partial u^m}$ 在 U 上是处处线性无关的, 即 $n \times m$ 矩阵

$$\begin{pmatrix} \dfrac{\partial x^1}{\partial u^1} & \cdots & \dfrac{\partial x^1}{\partial u^m} \\ \vdots & & \vdots \\ \dfrac{\partial x^n}{\partial u^1} & \cdots & \dfrac{\partial x^n}{\partial u^m} \end{pmatrix} \tag{3.10}$$

的秩处处是 m. 在 $U \subset M$ 上, 诱导度量 $i^* \overline{g}$ 可以表示为

$$i^* \overline{g} = \sum_{A,i,j} \frac{\partial x^A}{\partial u^i} \frac{\partial x^A}{\partial u^j} \mathrm{d}u^i \otimes \mathrm{d}u^j.$$

换言之,

$$\left\langle \frac{\partial}{\partial u^i}, \frac{\partial}{\partial u^j} \right\rangle = g_{ij} = \sum_A \frac{\partial x^A}{\partial u^i} \frac{\partial x^A}{\partial u^j}.$$

在下面记

$$e_i = \frac{\partial}{\partial u^i}.$$

由于矩阵 (3.10) 的秩为 m, 对于任意的 $p \in U$, 都有 p 的一个邻域 U_0 以及定义在 U_0 上的 $n - m$ 个光滑向量场

$$e_\alpha = \sum_A a_\alpha^A \frac{\partial}{\partial x^A}, \quad m + 1 \leqslant \alpha \leqslant n,$$

使得

$$\left\langle \frac{\partial}{\partial u^i}, e_\alpha \right\rangle = 0, \quad \langle e_\alpha, e_\beta \rangle = \delta_{\alpha\beta},$$

即 $e_{m+1}, \cdots, e_n$ 是子流形 $i : M \to \mathbb{R}^n$ 的 $n - m$ 个彼此正交的单位法向量场. 这样, 在子流形 $i : M \to \mathbb{R}^n$ 的每一点的一个邻域 U_0 上存在标架场 $\{q; e_i, e_\alpha\}$, 其中 $\{e_i\}$ 是 U_0 上的自然标架, $\{e_\alpha\}$ 是单位正交法标架场. 注意到在 $\mathbb{R}^n$ 中的协变微分算子 $\overline{D}$ 就是普通的微分算子 d, 所以

$$\begin{cases} dq = \omega^i e_i, \quad \omega^\alpha = 0, \\ de_i = \omega_i^j e_j + \omega_i^\alpha e_\alpha, \\ de_\alpha = \omega_\alpha^j e_j + \omega_\alpha^\beta e_\beta, \end{cases} \tag{3.11}$$

其中

$$\begin{aligned} \omega^i &= du^i, \quad \omega_i^j = \Gamma_{ik}^j du^k, \\ \omega_i^\alpha &= h_{ij}^\alpha du^j, \quad h_{ij}^\alpha = h_{ji}^\alpha, \quad \omega_\alpha^j = -g^{ji} \omega_i^\alpha, \end{aligned} \tag{3.12}$$

而且 Γ_{ik}^j 是 g_{ij} 的 Christoffel 记号, h_{ij}^α 是第二基本形式的系数, $\omega_\alpha^\beta = -\omega_\beta^\alpha$ 是法丛 $T^\perp M$ 上的法联络 $D^\perp$ 的联络形式.

由于欧氏空间 $\mathbb{R}^n$ 的曲率形式 $\overline{\Omega}_A^B$ 恒为零, 子流形的基本方程成

为 (参看 (2.14)~(2.16) 式)

$$R_{ijkl} = -\sum_{\alpha}(h_{ik}^{\alpha}h_{jl}^{\alpha} - h_{il}^{\alpha}h_{jk}^{\alpha}), \tag{3.13}$$

$$h_{ijk}^{\alpha} = h_{ikj}^{\alpha}, \tag{3.14}$$

$$R_{\alpha\beta ij}^{\perp} = -\sum_{k,l}g^{kl}(h_{ik}^{\alpha}h_{jl}^{\beta} - h_{jk}^{\alpha}h_{il}^{\beta}), \tag{3.15}$$

其中

$$R_{ijkl} = \langle \mathcal{R}(e_k, e_l)e_i, e_j \rangle, \quad R_{\alpha\beta ij}^{\perp} = \langle \mathcal{R}^{\perp}(e_i, e_j)e_{\alpha}, e_{\beta} \rangle,$$

$$\mathcal{R}(e_i, e_j)e_k = D_{e_i}D_{e_j}e_k - D_{e_j}D_{e_i}e_k - D_{[e_i,e_j]}e_k = \Omega_k^l(e_i, e_j)e_l,$$

$$\mathcal{R}^{\perp}(e_i, e_j)e_{\alpha} = D_{e_i}^{\perp}D_{e_j}^{\perp}e_{\alpha} - D_{e_j}^{\perp}D_{e_i}^{\perp}e_{\alpha} - D_{[e_i,e_j]}^{\perp}e_{\alpha} = \Omega_{\alpha}^{\perp\beta}(e_i, e_j)e_{\beta},$$

$$\Omega_k^l = d\omega_k^l - \omega_k^h \wedge \omega_h^l, \quad \Omega_{\alpha}^{\perp\beta} = d\omega_{\alpha}^{\beta} - \omega_{\alpha}^{\gamma} \wedge \omega_{\gamma}^{\beta},$$

$$h_{ijk}^{\alpha}\omega^k = dh_{ij}^{\alpha} - h_{kj}^{\alpha}\omega_i^k - h_{ik}^{\alpha}\omega_j^k + h_{ij}^{\beta}\omega_{\beta}^{\alpha}.$$

根据 §7.2 最后一段的讨论, Gauss-Codazzi-Ricci 方程 (3.13), (3.14) 和 (3.15) 等价于 ω^A, ω_A^B 所满足的从 $\mathbb{R}^n$ 诱导的结构方程

$$\begin{cases} d\omega^i = \omega^j \wedge \omega_j^i, \quad \omega^j \wedge \omega_j^{\alpha} = 0, \\ d\omega_i^j - \omega_i^k \wedge \omega_k^j = \omega_i^{\alpha} \wedge \omega_{\alpha}^j, \\ d\omega_i^{\alpha} - \omega_i^j \wedge \omega_j^{\alpha} - \omega_i^{\beta} \wedge \omega_{\beta}^{\alpha} = 0, \\ d\omega_{\alpha}^{\beta} - \omega_{\alpha}^{\gamma} \wedge \omega_{\gamma}^{\beta} = \omega_{\alpha}^k \wedge \omega_k^{\beta}, \end{cases} \tag{3.16}$$

其中 ω^A, ω_A^B 是由子流形 $i : M \to \mathbb{R}^n$ 给出的依赖 m 个独立参数的标架族的相对分量. 由此可见, 若要把黎曼流形 (M, g) 局部地等距浸入到欧氏空间 $\mathbb{R}^n$ 中去, 除了 M 的黎曼度量外, 还需要知道相当于子流形的第二基本形式以及法丛上的法联络等几何结构, 而且它们必须满足 Gauss-Codazzi-Ricci 方程.

定理 3.1 设 (M, g) 是单连通的 m 维黎曼流形, 并且在 M 上有一个秩为 k 的黎曼向量丛 $\tilde{\pi} : E \to M$, 其纤维上的内积 (黎曼结构) 记为 $\{\cdot, \cdot\}$. 如果向量丛

$$\bar{\pi} : \text{Hom}(TM \otimes TM, E) \to M$$

有一个对称截面 σ(即在每一点 $p \in M$, $\sigma_p : T_pM \times T_pM \to E_p$ 是一个对称的双线性映射), 并且向量丛 $\tilde{\pi} : E \to M$ 有一个与其黎曼结构相容的联络 $\tilde{\nabla}$, 它们和 M 上的黎曼联络 D 一起满足下列条件: $\forall X, Y, Z, W \in \mathfrak{X}(M), \xi \in \Gamma(E)$,

(1) $\langle \mathcal{R}(X,Y)Z, W \rangle = \{\sigma(X,W), \sigma(Y,Z)\} - \{\sigma(X,Z), \sigma(Y,W)\}$;

(2) $(\tilde{D}_X\sigma)(Y,Z) = (\tilde{D}_Y\sigma)(X,Z)$, 其中 $\tilde{D}_X\sigma$ 的定义是

$$\begin{aligned}
(\tilde{D}_X\sigma)(Y,Z) \\
= \tilde{\nabla}_X(\sigma(Y,Z)) - \sigma(D_XY, Z) - \sigma(Y, D_XZ);
\end{aligned} \tag{3.17}$$

(3) $\tilde{\mathcal{R}}(X,Y)\xi = \sigma(A_\xi(Y), X) - \sigma(A_\xi(X), Y)$,

其中 $\tilde{\mathcal{R}}$ 是向量丛 $\tilde{\pi} : E \to M$ 的联络 $\tilde{\nabla}$ 的曲率算子, 映射 $A_\xi : \mathfrak{X}(M) \to \mathfrak{X}(M)$ 的定义是

$$\langle A_\xi(X), Y \rangle = \{\sigma(X,Y), \xi\}, \quad \forall X, Y \in \mathfrak{X}(M). \tag{3.18}$$

则存在等距浸入 $f : M \to \mathbb{R}^{m+k}$ 和丛映射 $\tilde{f} : E \to T^\perp M$, 使得

$$\pi \circ \tilde{f} = f \circ \pi,$$

其中 $\pi : T^\perp M \to M$ 是法丛的投影映射, 并且

$$\begin{aligned}
&\langle \tilde{f}(\xi), \tilde{f}(\eta) \rangle = \{\xi, \eta\}, \quad \forall \xi, \eta \in E_p, \\
&\tilde{f}(\sigma(X,Y)) = h(X,Y), \quad \forall X, Y \in T_pM, \\
&\tilde{f}(\tilde{\nabla}_X\xi) = D_X^\perp(\tilde{f}(\xi)), \quad \forall X \in T_pM, \xi \in \Gamma(E),
\end{aligned}$$

其中 h 和 $D^\perp$ 是等距浸入 f 的第二基本形式和法联络 (参看注记 1.1).

注记 3.1　关于向量丛 $\text{Hom}(TM \otimes TM, E)$, 参看第一章例 9.5.

证明　设 $(U; u^i)$ 是点 $p \in M$ 的局部坐标系, 命

$$\begin{aligned}
&\tilde{e}_i = \frac{\partial}{\partial u^i}, \quad \omega^i = du^i, \quad \omega^\alpha = 0, \\
&g_{ij} = g(\tilde{e}_i, \tilde{e}_j), \quad g|_U = \sum_{i,j} g_{ij}\omega^i \otimes \omega^j.
\end{aligned} \tag{3.19}$$

用 (g^{ij}) 表示 (g_{ij}) 的逆矩阵, 并且用 Γ_{ij}^k 记 g_{ij} 的 Christoffel 记号. 命

$$\omega_i^j = \Gamma_{ik}^j \mathrm{d}u^k, \tag{3.20}$$

则由 $\mathrm{D}\tilde{e}_i = \omega_i^j \tilde{e}_j$ 给出 (M,g) 上的黎曼联络, 并且 $\mathrm{d}\omega^i = \omega^j \wedge \omega_j^i$. 同时取向量丛 $\tilde{\pi}: E \to M$ 在 U 上的单位正交标架场

$$\{\tilde{e}_\alpha\}, \quad m+1 \leqslant \alpha \leqslant n = m + k,$$

从而有 $\{\tilde{e}_\alpha, \tilde{e}_\beta\} = \delta_{\alpha\beta}$. 令

$$\sigma(\tilde{e}_i, \tilde{e}_j) = h_{ij}^\alpha \tilde{e}_\alpha, \quad h_{ij}^\alpha = h_{ji}^\alpha,$$

则

$$\langle A_{\tilde{e}_\alpha}(\tilde{e}_i), \tilde{e}_j \rangle = \{\sigma(\tilde{e}_i, \tilde{e}_j), \tilde{e}_\alpha\} = h_{ij}^\alpha,$$

因而

$$A_{\tilde{e}_\alpha}(\tilde{e}_i) = \sum_{j,k} g^{jk} h_{ij}^\alpha \tilde{e}_k.$$

定义

$$\omega_i^\alpha = h_{ij}^\alpha \omega^j, \quad \omega_\alpha^i = -g^{ij} \omega_j^\alpha, \tag{3.21}$$

则有

$$\mathrm{d}\omega^\alpha = \omega^i \wedge \omega_i^\alpha = 0.$$

用 ω_α^β 表示向量丛 $\tilde{\pi}: E \to M$ 上的联络 $\tilde{\nabla}$ 在单位正交标架场 $\{\tilde{e}_\alpha\}$ 下的联络形式, 即

$$\tilde{\nabla}\tilde{e}_\alpha = \omega_\alpha^\beta \tilde{e}_\beta. \tag{3.22}$$

由 $\tilde{\nabla}$ 和黎曼结构 $\{\cdot, \cdot\}$ 的相容性得知

$$\omega_\alpha^\beta = -\omega_\beta^\alpha.$$

至此, 已经有定义在 U 上的 $n + n^2$ 个 1 次微分式

$$\omega^i, \quad \omega^\alpha = 0, \quad \omega_i^j, \quad \omega_i^\alpha = -g_{ij}\omega_\alpha^j, \quad \omega_\alpha^\beta = -\omega_\beta^\alpha,$$

其中 $\omega^1, \cdots, \omega^m$ 是处处线性无关的, 其余的 ω_A^B 是 $\omega^1, \cdots, \omega^m$ 的线性组合, 它们满足结构方程

$$\mathrm{d}\omega^A = \omega^B \wedge \omega_B^A, \quad \omega_B^A + \omega_A^B = 0.$$

现在来考察定理所假设的条件 (1)~(3) 的意义. 注意到

$$\langle \mathcal{R}(\tilde{e}_i, \tilde{e}_j)\tilde{e}_k, \tilde{e}_l \rangle = \langle \Omega_k^h(\tilde{e}_i, \tilde{e}_j)\tilde{e}_h, \tilde{e}_l \rangle = g_{lh}\Omega_k^h(\tilde{e}_i, \tilde{e}_j),$$

而条件 (1) 的右边是

$$
\begin{aligned}
& \{\sigma(\tilde{e}_i, \tilde{e}_l), \sigma(\tilde{e}_j, \tilde{e}_k)\} - \{\sigma(\tilde{e}_i, \tilde{e}_k), \sigma(\tilde{e}_j, \tilde{e}_l)\} \\
& = \sum_\alpha (h_{il}^\alpha h_{jk}^\alpha - h_{ik}^\alpha h_{jl}^\alpha) \\
& = \sum_\alpha (\omega_l^\alpha(\tilde{e}_i)\omega_k^\alpha(\tilde{e}_j) - \omega_k^\alpha(\tilde{e}_i)\omega_l^\alpha(\tilde{e}_j)) \\
& = \sum_\alpha g_{lh}(\omega_k^\alpha(\tilde{e}_i)\omega_\alpha^h(\tilde{e}_j) - \omega_k^\alpha(\tilde{e}_j)\omega_\alpha^h(\tilde{e}_i)) \\
& = \sum_\alpha g_{lh}\omega_k^\alpha \wedge \omega_\alpha^h(\tilde{e}_i, \tilde{e}_j).
\end{aligned}
$$

所以, 条件 (1) 等价于

$$\Omega_k^l = \sum_\alpha \omega_k^\alpha \wedge \omega_\alpha^l,$$

即

$$\mathrm{d}\omega_k^l - \omega_k^i \wedge \omega_i^l - \omega_k^\alpha \wedge \omega_\alpha^l = \mathrm{d}\omega_k^l - \omega_k^A \wedge \omega_A^l = 0. \tag{3.23}$$

由定义式 (3.17) 得到

$$
\begin{aligned}
(\tilde{\mathrm{D}}_{\tilde{e}_i}\sigma)(\tilde{e}_j, \tilde{e}_k) & = \tilde{\nabla}_{\tilde{e}_i}(\sigma(\tilde{e}_j, \tilde{e}_k)) - \sigma(\mathrm{D}_{\tilde{e}_i}\tilde{e}_j, \tilde{e}_k) - \sigma(\tilde{e}_j, \mathrm{D}_{\tilde{e}_i}\tilde{e}_k) \\
& = \tilde{e}_i(h_{jk}^\alpha)\tilde{e}_\alpha + h_{jk}^\alpha \omega_\alpha^\beta(\tilde{e}_i)\tilde{e}_\beta - \omega_j^l(\tilde{e}_i)h_{lk}^\alpha \tilde{e}_\alpha - \omega_k^l(\tilde{e}_i)h_{jl}^\alpha \tilde{e}_\alpha \\
& = (\tilde{e}_i(h_{jk}^\alpha) - \omega_j^l(\tilde{e}_i)h_{lk}^\alpha - \omega_k^l(\tilde{e}_i)h_{jl}^\alpha + \omega_\beta^\alpha(\tilde{e}_i)h_{jk}^\beta)\tilde{e}_\alpha \\
& = (\tilde{e}_i(\omega_k^\alpha(\tilde{e}_j)) - \omega_j^l(\tilde{e}_i)\omega_k^\alpha(\tilde{e}_l) - \omega_k^l(\tilde{e}_i)\omega_l^\alpha(\tilde{e}_j) + \omega_\beta^\alpha(\tilde{e}_i)\omega_k^\beta(\tilde{e}_j))\tilde{e}_\alpha.
\end{aligned}
$$

这样, 条件 (2) 等价于

$$\tilde{e}_i(\omega_k^\alpha(\tilde{e}_j)) - \tilde{e}_j(\omega_k^\alpha(\tilde{e}_i)) - \omega_k^\alpha(\tilde{e}_l)(\omega_j^l(\tilde{e}_i) - \omega_i^l(\tilde{e}_j)) - \omega_k^l(\tilde{e}_i)\omega_l^\alpha(\tilde{e}_j)$$
$$+ \omega_k^l(\tilde{e}_j)\omega_l^\alpha(\tilde{e}_i) - \omega_k^\beta(\tilde{e}_i)\omega_\beta^\alpha(\tilde{e}_j) + \omega_k^\beta(\tilde{e}_j)\omega_\beta^\alpha(\tilde{e}_i)$$
$$=\tilde{e}_i(\omega_k^\alpha(\tilde{e}_j)) - \tilde{e}_j(\omega_k^\alpha(\tilde{e}_i)) - \omega_k^\alpha([\tilde{e}_i, \tilde{e}_j])$$
$$- (\omega_k^l \wedge \omega_l^\alpha)(\tilde{e}_i, \tilde{e}_j)$$
$$- \omega_k^\beta \wedge \omega_\beta^\alpha(\tilde{e}_i, \tilde{e}_j)$$
$$=(\mathrm{d}\omega_k^\alpha - \omega_k^l \wedge \omega_l^\alpha - \omega_k^\beta \wedge \omega_\beta^\alpha)(\tilde{e}_i, \tilde{e}_j) = 0,$$

因此

$$\mathrm{d}\omega_k^\alpha - \omega_k^A \wedge \omega_A^\alpha = 0. \tag{3.24}$$

直接求 $\omega_\alpha^k = -g^{ki}\omega_i^\alpha$ 的外微分得到

$$\mathrm{d}\omega_\alpha^k - \omega_\alpha^A \wedge \omega_A^k = 0. \tag{3.24'}$$

根据曲率算子和曲率形式之间的关系有

$$\tilde{\mathcal{R}}(\tilde{e}_i, \tilde{e}_j)\tilde{e}_\alpha = \tilde{\Omega}_\alpha^\beta(\tilde{e}_i, \tilde{e}_j)\tilde{e}_\beta,$$

其中 $\tilde{\Omega}_\alpha^\beta$ 是联络 $\tilde{\nabla}$ 的曲率形式, 即

$$\tilde{\Omega}_\alpha^\beta = \mathrm{d}\omega_\alpha^\beta - \omega_\alpha^\gamma \wedge \omega_\gamma^\beta.$$

从条件 (3) 的右端得到

$$\sigma(A_{\tilde{e}_\alpha}(\tilde{e}_j), \tilde{e}_i) - \sigma(A_{\tilde{e}_\alpha}(\tilde{e}_i), \tilde{e}_j)$$
$$=\sigma\left(\sum_{kl} g^{kl}h_{jk}^\alpha \tilde{e}_l, \tilde{e}_i\right) - \sigma\left(\sum_{kl} g^{kl}h_{ik}^\alpha \tilde{e}_l, \tilde{e}_j\right)$$
$$= \sum_{k,\beta} g^{kl}(h_{jk}^\alpha h_{li}^\beta - h_{ik}^\alpha h_{lj}^\beta)\tilde{e}_\beta$$
$$= \sum_{k,\beta} g^{kl}(\omega_k^\alpha(\tilde{e}_j)\omega_l^\beta(\tilde{e}_i) - \omega_k^\alpha(\tilde{e}_i)\omega_l^\beta(\tilde{e}_j))\tilde{e}_\beta$$
$$= \sum_{k,\beta} \omega_\alpha^k \wedge \omega_k^\beta(\tilde{e}_i, \tilde{e}_j)\tilde{e}_\beta,$$

因此条件 (3) 等价于

$$\mathrm{d}\omega_\alpha^\beta - \omega_\alpha^\gamma \wedge \omega_\gamma^\beta = \omega_\alpha^k \wedge \omega_k^\beta,$$

即

$$\mathrm{d}\omega_\alpha^\beta - \omega_\alpha^A \wedge \omega_A^\beta = 0. \tag{3.25}$$

由此可见, 上面所构造的 1 次微分式 ω_A^B 满足结构方程

$$\mathrm{d}\omega_A^B - \omega_A^C \wedge \omega_C^B = 0.$$

要求黎曼流形 (M, g) 在 $\mathbb{R}^n$ 中的等距浸入, 就是把子流形基本公式 (3.11) 中的 $\{q; e_A\}$ 看作未知函数, 求解该方程组. 在这里, 点 q 相当于

$$\overrightarrow{Oq} = \sum_A a^A \delta_A$$

的 n 个分量 $(a^1, \cdots, a^n)$, 每一个向量

$$e_A = \sum_B a_A^B \delta_B$$

相当于它的 n 个分量 $(a_A^1, \cdots, a_A^n)$, 所以总共有 $n(n+1)$ 个未知函数. 这样, 求黎曼流形 (M, g) 在 $\mathbb{R}^n$ 中的等距浸入相当于解偏微分方程组

$$\begin{cases} \dfrac{\partial a^A}{\partial u^k} = a_k^A, \\[2mm] \dfrac{\partial a_i^A}{\partial u^k} = \Gamma_{ik}^j a_j^A + h_{ik}^\alpha a_\alpha^A, \\[2mm] \dfrac{\partial a_\alpha^A}{\partial u^k} = -g^{ji} h_{ik}^\alpha a_j^A + \Gamma_{\alpha k}^\beta a_\beta^A, \end{cases} \tag{3.26}$$

其中 $\Gamma_{\alpha k}^\beta$ 是法联络 $\mathrm{D}^\perp$ 的系数, 即 $\omega_\alpha^\beta = \Gamma_{\alpha k}^\beta \mathrm{d}u^k$. 如果用 (b_A^B) 记 (a_A^B) 的逆矩阵, 则上面的方程可以改写为

$$\begin{cases} b_A^B \dfrac{\partial a^A}{\partial u^k} = \delta_k^B, \\[2mm] b_A^B \dfrac{\partial a_i^A}{\partial u^k} = \Gamma_{ik}^j \delta_j^B + h_{ik}^\alpha \delta_\alpha^B, \\[2mm] b_A^B \dfrac{\partial a_\alpha^A}{\partial u^k} = -g^{ji} h_{ik}^\alpha \delta_j^B + \Gamma_{\alpha k}^\beta \delta_\beta^B. \end{cases}$$

将偏微分方程组转换成全微分方程组, 则上面的方程组等价于

$$\begin{cases} \theta^B = \delta^B_k \mathrm{d}u^k, \\ \theta^B_i = \delta^B_j \omega^j_i + \delta^B_\alpha \omega^\alpha_i, \\ \theta^B_\alpha = -\delta^B_j g^{ji} \omega^\alpha_i + \delta^B_\beta \omega^\beta_\alpha, \end{cases}$$

即

$$\begin{cases} \theta^i = \mathrm{d}u^i = \omega^i, \quad \theta^\alpha = 0 = \omega^\alpha, \\ \theta^j_i = \omega^j_i, \quad \theta^\alpha_i = \omega^\alpha_i, \\ \theta^j_\alpha = -g^{ji}\omega^\alpha_i = \omega^j_\alpha, \quad \theta^\beta_\alpha = \omega^\beta_\alpha. \end{cases} \tag{3.27}$$

于是, 问题归结为考虑定义在 $U \times \mathbb{R}^{n(n+1)}$ 上的 Pfaff 方程组

$$\begin{cases} \sigma^A \equiv \theta^A - \omega^A = 0, \\ \sigma^B_A \equiv \theta^B_A - \omega^B_A = 0. \end{cases} \tag{3.28}$$

由于 $\{\theta^A, \theta^B_A\}$ 和 $\{\omega^A, \omega^B_A\}$ 满足同一个结构方程, 所以

$$\begin{aligned} \mathrm{d}\sigma^A &= \mathrm{d}\theta^A - \mathrm{d}\omega^A = \theta^B \wedge \theta^A_B - \omega^B \wedge \omega^A_B \\ &= (\theta^B - \omega^B) \wedge \theta^A_B + \omega^B \wedge (\theta^A_B - \omega^A_B) = 0 \mod\{\sigma^C, \sigma^D_C\}, \\ \mathrm{d}\sigma^B_A &= \mathrm{d}\theta^B_A - \mathrm{d}\omega^B_A = \theta^C_A \wedge \theta^B_C - \omega^C_A \wedge \omega^B_C \\ &= (\theta^C_A - \omega^C_A) \wedge \theta^B_C + \omega^C_A \wedge (\theta^B_C - \omega^B_C) = 0 \mod\{\sigma^C, \sigma^D_C\}. \end{aligned}$$

由此可见, Pfaff 方程组 (3.28) 满足 Frobenius 条件. 根据 Frobenius 定理, 在 $U \times \mathbb{R}^{n(n+1)}$ 中任意指定一点 (u^i_0, a^A_0, a^B_{0A}), 则必有 Pfaff 方程组 (3.28) 的唯一的一个 m 维积分流形经过该点. 由于

$$\omega^i = \mathrm{d}u^i, \quad 1 \leqslant i \leqslant m$$

是线性无关的, 因此该积分流形可以表示为从 (u^i_0) 的开邻域 $U_0 \subset U$ 到 $\mathbb{R}^{n(n+1)}$ 内的映射

$$F : U_0 \to \mathbb{R}^{n(n+1)} = \mathbb{R}^n \times \mathbb{R}^{n^2},$$

满足初始条件 $F(u^1_0, \cdots, u^m_0) = (a^A_0, a^B_{0A})$.

为了使上面得到的解 $F(u) = (a^A(u), a^B_A(u))$ 给出所要求的等距浸入, 假定初始值 (a^A_0, a^B_{0A}) 满足条件

$$
\begin{cases}
\sum_A a^A_{0i} a^A_{0j} = g_{ij}(u^1_0, \cdots, u^m_0), \\
\sum_A a^A_{0i} a^A_{0\alpha} = 0, \\
\sum_A a^A_{0\alpha} a^A_{0\beta} = \delta_{\alpha\beta}.
\end{cases}
\tag{3.29}
$$

换言之, 要求矩阵 (a^B_{0A}) 的各个列向量的度量系数恰好是前面选定的

$$
\left\{ \tilde{e}_i = \frac{\partial}{\partial u^i}, \tilde{e}_\alpha \right\}
$$

的度量系数. 在关于初始值的上述假定下, 容易证明 Pfaff 方程组 (3.28) 的解 $F(u) = (a^A(u), a^B_A(u))$ 满足条件

$$
\begin{cases}
\sum_A a^A_i(u) a^A_j(u) = g_{ij}(u), \\
\sum_A a^A_i(u) a^A_\alpha(u) = 0, \\
\sum_A a^A_\alpha(u) a^A_\beta(u) = \delta_{\alpha\beta}.
\end{cases}
\tag{3.30}
$$

事实上, 如果引进函数

$$
\begin{cases}
f_{ij}(u) = \sum_A a^A_i(u) a^A_j(u) - g_{ij}(u), \\
f_{i\alpha}(u) = \sum_A a^A_i(u) a^A_\alpha(u), \\
f_{\alpha\beta}(u) = \sum_A a^A_\alpha(u) a^A_\beta(u) - \delta_{\alpha\beta},
\end{cases}
\tag{3.31}
$$

则

$$
f_{ij}(u_0) = f_{i\alpha}(u_0) = f_{\alpha\beta}(u_0) = 0.
$$

通过求偏导数, 并且利用方程组 (3.26) 得到

$$\frac{\partial f_{ij}}{\partial u^k} = \Gamma_{ik}^l f_{lj} + \Gamma_{jk}^l f_{il},$$

$$\frac{\partial f_{i\alpha}}{\partial u^k} = -g^{jl} h_{lk}^\alpha f_{ij} + \Gamma_{ik}^l f_{l\alpha} + \Gamma_{\alpha k}^\beta f_{i\beta} + h_{ik}^\beta f_{\beta\alpha},$$

$$\frac{\partial f_{\alpha\beta}}{\partial u^k} = -g^{ji} h_{ik}^\alpha f_{j\beta} - g^{ji} h_{ik}^\beta f_{j\alpha} + \Gamma_{\alpha k}^\gamma f_{\gamma\beta} + \Gamma_{\beta k}^\gamma f_{\alpha\gamma}.$$

由此可见 $f_{ij}, f_{i\alpha}, f_{\alpha\beta}$ 在 (u_0) 的初始值是零, 并且满足线性齐次偏微分方程组. 根据解的唯一性可知, 条件 (3.30) 在 U_0 上处处成立.

若把映射 $(u^i) \in U_0 \mapsto (a^A(u)) \in \mathbb{R}^n$ 记成 f, 则方程组 (3.26) 的第一式表明

$$e_i(u) = \sum_A a_i^A(u) \delta_A$$

是 $f_*(\tilde{e}_i)$, 而条件 (3.30) 的第一式意味着

$$\langle e_i(u), e_j(u) \rangle = g_{ij}(u) = \langle \tilde{e}_i(u), \tilde{e}_j(u) \rangle.$$

因此,$\{e_i(u)\}$ 在 U_0 上是处处线性无关的, 并且 f 是等距浸入. 条件 (3.30) 的第二式和第三式表明 $\{e_\alpha\}$ 是浸入 f 的单位正交法标架场, 于是方程组 (3.26) 的第二式和第三式意味着

$$h_{ij}^\alpha du^i \otimes du^j \otimes e_\alpha(u)$$

是 f 的第二基本形式, 并且 $\omega_\alpha^\beta = \Gamma_{\alpha k}^\beta(u) du^k$ 是浸入 f 的法丛上的法联络形式. 丛映射

$$\tilde{f} : E \to T^\perp M$$

由对应 $\tilde{e}_\alpha(u) \mapsto e_\alpha(u)$ 给出. 证毕.

如果黎曼流形 (M, g) 实现为 $\mathbb{R}^{m+1}$ 中的超曲面, 则 M 的法丛是秩为 1 的向量丛, 法联络是平凡的, 因而 Ricci 方程也就失去了存在的意义. 于是, 超曲面的基本方程只有 Gauss 方程和 Codazzi 方程. 另外, 此时 M 的第二基本形式 h 可以看作 M 上的一个对称的二阶协变张量场, 即对于任意的 $p \in M$,

$$h_p : T_p M \times T_p M \to \mathbb{R}$$

是对称的双线性形式. 在局部标架场下, h 可以表示为

$$h = h_{ij}\omega^i \otimes \omega^j.$$

因此有下面的推论:

推论 3.2　设 (M,g) 是单连通的 m 维黎曼流形, 并且在 M 上有一个对称的二阶协变张量场 σ, 它们满足下列条件: $\forall X, Y, Z, W \in \mathfrak{X}(M)$,

(1) $\langle \mathcal{R}(X,Y)Z, W \rangle = \sigma(X,W)\sigma(Y,Z) - \sigma(X,Z)\sigma(Y,W)$;

(2) $(\tilde{D}_X\sigma)(Y,Z) = (\tilde{D}_Y\sigma)(X,Z)$, 其中 $\tilde{D}_X\sigma$ 的定义是

$$(\tilde{D}_X\sigma)(Y,Z) = X(\sigma(Y,Z)) - \sigma(D_X Y, Z) - \sigma(Y, D_X Z),$$

则存在等距浸入 $f: M \to \mathbb{R}^{m+1}$, 使得 σ 是它的第二基本形式.

定理 3.1 不是一个令人满意的结果, 它只是给出了黎曼流形 (M,g) 能够 (局部地) 等距浸入到高维欧氏空间中的框架性条件, 并没有指出黎曼流形 (M,g) 在何时具有如定理 3.1 所述的附加构造 (如向量丛 $\tilde{\pi}: E \to M$ 和相应的联络 $\tilde{\nabla}$, 以及在向量丛 $\mathrm{Hom}(TM \otimes TM, E)$ 上符合要求的对称截面 σ 等等). 事实上, 几何学家们十分关注的问题是, 一个 m 维黎曼流形 (M,g) 能否等距嵌入 (或浸入) 到一个高维的欧氏空间中去? 在 (M,g) 能够等距嵌入 (或浸入) 到欧氏空间中去的情况下, 最低的余维数应该是多少? 关于这些问题, 目前只有一些孤立的结果, 很难说已经形成了完整的一般理论. 虽然人们已经知道了一些局部的或整体的存在性定理和不存在性定理, 但是离开完全解决这些问题尚远. 这些具体的结果要用到各种代数的、拓扑的、或分析的技巧, 不可能在这里对它们作详尽的介绍. 下面仅列举几个较为重要的结果, 有兴趣的读者可以参看参考文献 [20], [23], [30] 和 [35] 中的有关章节.

定理 3.3 (Hilbert)　设 (M,g) 是完备的二维黎曼流形, 如果它的 Gauss 曲率 $K \leqslant -a^2 < 0$, 则 (M,g) 不能等距地嵌入到 $\mathbb{R}^3$ 中成为 $\mathbb{R}^3$ 的嵌入子流形.

定理 3.4 (Rosendorn)　设 H^2 是完备的负常曲率二维黎曼流形, 则存在从 H^2 到 $\mathbb{R}^5$ 中的等距浸入.

定理 3.5　每一个 m 维的 C^r-黎曼流形 $M(2 < r \leqslant \infty)$ 都容许一个 C^r-等距嵌入 $f: M \to \mathbb{R}^q$, 其中 $q = m^2 + 10m + 3$.

当 $r > 4$ 时, 外围空间的维数 q 可以降低到 $(m+2)(m+3)/2$.

类似于定理 3.5 的结果首先是由 J.F.Nash 在 1956 年得到的, 他证明: 当 $3 \leqslant r \leqslant \infty$ 时,

$$q = (m+1)\left(\frac{3}{2}m(m+1) + 4m\right).$$

现在尚不知道是否任何一个 C^2-黎曼流形都能够 C^2-等距浸入到某个 $\mathbb{R}^q$ 中去.

最后, 我们要指出: 本节的定理 3.1 以及欧氏空间中子流形的基本公式和基本方程在适当的修改之后在常曲率空间中也是成立的. 相应的修改请读者自己给出, 在此不再赘述了.

§7.4 极小子流形

在这一节, 要研究一类重要的子流形—极小子流形, 它们是测地线在高维的推广. 我们知道, 黎曼流形 $(N, \bar{g})$ 中的测地线是在 N 中的一条光滑曲线, 在它的任意一个有固定端点的变分下弧长泛函在该曲线上取临界值. 本节要讨论的极小子流形是体积泛函在有固定边界的变分下取临界值的子流形. 因此, 在叙述极小子流形的概念之前, 首先要导出子流形体积的第一变分公式.

定义 4.1 设 M 是一个紧致带边的 m 维光滑流形, $f: M \to N$ 是光滑浸入. 若有光滑映射

$$F: M \times (-\varepsilon, \varepsilon) \to N \ (\ \text{记} \ f_t(x) = F(x, t)),$$

满足下列条件:

(1) $f_0 = f$;

(2) $f_t|_{\partial M} = f|_{\partial M}, \quad \forall t \in (-\varepsilon, \varepsilon)$;

(3) 每一个 $f_t: M \to N$ 是浸入,

则称 F 是浸入子流形 $f: M \to N$ 的**具有固定边界的变分**.

与曲线的变分的定义相比较, 在这里增加了条件 (3). 这是为了保证每一个映射 $f_t: M \to N$ 在 M 上诱导出一个黎曼度量, 从而使得

$f_t(M)$ 的体积元素可以定义. 在 $m = 1$, 即 M 是曲线的情形, 映射 f_t 的非正则点是有限的, 因而在不假定 f_t 是正则曲线的情况下, 它的弧长总是可以定义的. 然而, 当 $m > 1$ 时, 情况就大不一样了. 由于高维子流形的性态比较复杂, 加上条件 (3) 之后可以使问题变得简单一点.

以后用 $\dfrac{\partial}{\partial t}$ 表示区间 $(-\varepsilon, \varepsilon)$ 上的标准切向量. 在每一点 $p \in M$ 有切向量

$$W(p) = F_{*(p,0)}\left(\frac{\partial}{\partial t}\right) \in T_{f(p)}N. \tag{4.1}$$

这是沿已知浸入子流形 $f : M \to N$ 定义的光滑向量场, 称为变分 F 的**变分向量场**. 显然,

$$W|_{f(\partial M)} = 0.$$

特别地, 如果 F 的变分向量场 W 与子流形 $f : M \to N$ 处处正交, 则称 F 是 f 的**法向变分**.

反过来, 若沿着浸入子流形 $f : M \to N$ 给定一个光滑向量场 W, 使得

$$W|_{f(\partial M)} = 0,$$

则必有 $f : M \to N$ 的一个有固定边界的变分

$$F : M \times (-\varepsilon, \varepsilon) \to N$$

以 W 为其变分向量场. 事实上, 只要考虑光滑映射 $F : M \times (-\varepsilon, \varepsilon) \to N$, 使得

$$F(p,t) = \exp_{f(p)}(t \cdot W(p)), \tag{4.2}$$

其中 $\exp_{f(p)}(p \in M)$ 是黎曼流形 $(N, \overline{g})$ 在点 $f(p)$ 的指数映射. 显然 $F(p,0) = f(p)$, 并且当 $p \in \partial M$ 时,

$$F(p,t) = f(p).$$

特别地,

$$F_{*(p,0)}\left(\frac{\partial}{\partial t}\right) = (\exp_{f(p)})_{*0}(W(p)) = W(p).$$

由于 $(\exp_{f(p)})_{*0} = \mathrm{id}$, 并且 M 是紧致的, 故有正数 $\varepsilon > \varepsilon_1 > 0$, 使得当 $t \in (-\varepsilon_1, \varepsilon_1)$ 时 $f_t : M \to N$ 是浸入子流形. 由定义 4.1,

$$F : M \times (-\varepsilon_1, \varepsilon_1) \to N$$

是子流形 $f : M \to N$ 的有固定边界的变分, 并以 W 为它的变分向量场.

定理 4.1　设 M 是一个紧致带边的 m 维有向光滑流形,

$$f : M \to N$$

是从 M 到 n 维黎曼流形 $(N, \bar{g})$ 中的光滑浸入, $F : M \times (-\varepsilon, \varepsilon) \to N$ 是它的任意一个有固定边界的变分. 定义函数 $V(t) = \mathrm{Vol}(M, (f_t)^* \bar{g})$, 则

$$V'(0) = -m \int_M \langle H, W \rangle \mathrm{d}V, \tag{4.3}$$

其中 H 是子流形 $f : M \to N$ 的平均曲率向量, W 是变分 F 的变分向量场, $\mathrm{d}V$ 是子流形 $f : M \to N$ 的体积元素.

(4.3) 式称为子流形**体积的第一变分公式**.

证明　在 M 上取局部坐标系 $(U; u^i)$, 令

$$\begin{aligned}
\tilde{X}_i(p, t) &= F_{*(p,t)}\left(\frac{\partial}{\partial u^i}\right) = (f_t)_*\left(\frac{\partial}{\partial u^i}\right), \\
X_i &= \tilde{X}_i|_{t=0}, \quad 1 \leqslant i \leqslant m, \\
\tilde{W}(p, t) &= F_{*(p,t)}\left(\frac{\partial}{\partial t}\right),
\end{aligned} \tag{4.4}$$

则 Φ 的变分向量场 $W = \tilde{W}\big|_{t=0}$.

用 $\overline{D}$ 表示 N 上的黎曼联络或它在拉回向量丛 F^*TN 上的诱导联络; 当 $\overline{D}$ 表示 F^*TN 上的诱导联络时, 对于每一个固定的 t, $\overline{D}$ 化为拉回丛 $(f_t)^*TN$ 上的诱导联络. 由第二章的 (8.7) 式知

$$\overline{D}_{\frac{\partial}{\partial t}} \tilde{X}_i = \overline{D}_{\frac{\partial}{\partial u^i}} \tilde{W} + F_*\left(\left[\frac{\partial}{\partial t}, \frac{\partial}{\partial u^i}\right]\right) = \overline{D}_{\frac{\partial}{\partial u^i}} \tilde{W}. \tag{4.5}$$

对于任意的 t, 诱导黎曼度量 $g_t = (f_t)^*\bar{g}$ 的分量是

$$(g_t)_{ij} = \langle \tilde{X}_i, \tilde{X}_j \rangle. \tag{4.6}$$

记

$$G_t = \det((g_t)_{ij}), \tag{4.7}$$

则黎曼流形 (M, g_t) 上的体积元素是

$$dV_t = \sqrt{G_t}\, du^1 \wedge \cdots \wedge du^m. \tag{4.8}$$

特别地, $dV_0 = dV$. 这样, M 关于黎曼度量 g_t 的体积是

$$V(t) = \mathrm{Vol}(M, g_t) = \int_M dV_t. \tag{4.9}$$

直接计算得到

$$\begin{aligned}
V'(t) &= \int_M \frac{\partial}{\partial t}(\sqrt{G_t})\, du^1 \wedge \cdots \wedge du^m \\
&= \int_M \frac{1}{2\sqrt{G_t}} \frac{\partial G_t}{\partial t}\, du^1 \wedge \cdots \wedge du^m \\
&= \int_M \frac{1}{2\sqrt{G_t}} \sum_{i,j} (a_t)_{ij} \frac{\partial (g_t)_{ij}}{\partial t}\, du^1 \wedge \cdots \wedge du^m \\
&= \frac{1}{2} \int_M \sum_{i,j} (g_t)^{ij} \frac{\partial (g_t)_{ij}}{\partial t} dV_t,
\end{aligned}$$

其中 $(a_t)_{ij}$ 表示在行列式 G_t 中元素 $(g_t)_{ij}$ 的代数余子式, $(g_t)^{ij}$ 是度量矩阵 $((g_t)_{ij})$ 的逆矩阵的元素, 因此, $(g_t)^{ij} = (a_t)_{ji}/G_t$. 注意到 $(g_t)^{ij}$ 关于上指标 i, j 也是对称的, 利用第二章的 (8.8) 式得

$$\frac{\partial (g_t)_{ij}}{\partial t} = \frac{\partial}{\partial t}\langle \tilde{X}_i, \tilde{X}_j \rangle = \langle \overline{D}_{\frac{\partial}{\partial t}} \tilde{X}_i, \tilde{X}_j \rangle + \langle \tilde{X}_i, \overline{D}_{\frac{\partial}{\partial t}} \tilde{X}_j \rangle,$$

故有

$$V'(t) = \int_M \sum_{i,j} (g_t)^{ij} \langle \overline{D}_{\frac{\partial}{\partial t}} \tilde{X}_i, \tilde{X}_j \rangle dV_t. \tag{4.10}$$

由 (4.5) 式得到

$$\langle \overline{D}_{\frac{\partial}{\partial t}} \tilde{X}_i, \tilde{X}_j \rangle = \langle \overline{D}_{\frac{\partial}{\partial u^i}} \tilde{W}, \tilde{X}_j \rangle = \frac{\partial}{\partial u^i} \langle \tilde{W}, \tilde{X}_j \rangle - \langle \tilde{W}, \overline{D}_{\frac{\partial}{\partial u^i}} \tilde{X}_j \rangle$$
$$= \frac{\partial}{\partial u^i} \langle \tilde{W}, \tilde{X}_j \rangle - \left\langle \tilde{W}, (f_t)_* \left(D^t_{\frac{\partial}{\partial u^i}} \frac{\partial}{\partial u^j} \right) \right\rangle$$
$$- \left\langle \tilde{W}, h_t \left(\frac{\partial}{\partial u^i}, \frac{\partial}{\partial u^j} \right) \right\rangle,$$

其中 D^t 是诱导度量 g_t 的黎曼联络, h_t 是子流形 $f_t : M \to N$ 的第二基本形式 (参看本章的注记 1.1). 把上式代入 (4.10) 式便得

$$V'(t) = \int_M \sum_{i,j} (g_t)^{ij} \left\{ \frac{\partial}{\partial u^i} \left\langle \tilde{W}, (f_t)_* \left(\frac{\partial}{\partial u^j} \right) \right\rangle \right.$$
$$- \left\langle \tilde{W}, (f_t)_* \left(D^t_{\frac{\partial}{\partial u^i}} \frac{\partial}{\partial u^j} \right) \right\rangle$$
$$\left. - \left\langle \tilde{W}, h_t \left(\frac{\partial}{\partial u^i}, \frac{\partial}{\partial u^j} \right) \right\rangle \right\} dV_t. \tag{4.11}$$

令

$$W_j = \left\langle \tilde{W}, (f_t)_* \left(\frac{\partial}{\partial u^j} \right) \right\rangle, \quad \tau_t = \sum_{i,j} (g_t)^{ij} W_j \frac{\partial}{\partial u^i}, \tag{4.12}$$

则 τ_t 是定义在流形 M 上的光滑切向量场, 并且 $\tau_t|_{\partial M} = 0$. 切向量场 τ_t 关于诱导度量 g_t 的散度是

$$\mathrm{div}(\tau_t) = \sum_i (\tau_t)^i{}_{,i} = \sum_i \left(\frac{\partial}{\partial u^i} (\tau_t)^i + \sum_j (\Gamma_t)^i_{ji} (\tau_t)^j \right)$$
$$= \sum_{i,j} \frac{\partial}{\partial u^i} ((g_t)^{ij} W_j) + \sum_{i,j,k} (\Gamma_t)^i_{ji} (g_t)^{jk} W_k$$
$$= \sum_{i,j} \left(\frac{\partial (g_t)^{ij}}{\partial u^i} W_j + (g_t)^{ij} \frac{\partial W_j}{\partial u^i} \right) + \sum_{i,j,k} (\Gamma_t)^i_{ji} (g_t)^{jk} W_k$$
$$= \sum_{i,j} (g_t)^{ij} \left(\frac{\partial W_j}{\partial u^i} - \sum_k (\Gamma_t)^k_{ji} W_k \right), \tag{4.13}$$

其中 $(\Gamma_t)_{ij}^k$ 是诱导度量 $(g_t)_{ij}$ 的 Christoffel 记号, 即

$$D^t_{\frac{\partial}{\partial u^i}}\frac{\partial}{\partial u^j} = (\Gamma_t)_{ji}^k\frac{\partial}{\partial u^k}. \tag{4.14}$$

综合 (4.11)~(4.14) 各式得到

$$V'(t) = \int_M (\mathrm{div}\tau_t)\mathrm{d}V_t - \int_M \sum_{i,j}(g_t)^{ij}\left\langle \tilde{W}, h_t\left(\frac{\partial}{\partial u^i},\frac{\partial}{\partial u^j}\right)\right\rangle \mathrm{d}V_t. \tag{4.15}$$

另一方面, 根据散度定理 (看第二章定理 5.3) 又有

$$\int_M (\mathrm{div}\tau_t)\mathrm{d}V_t = -\int_{\partial M}\langle \tau_t, n_t\rangle\mathrm{d}V_{\partial M}^t = 0,$$

其中 $\mathrm{d}V_{\partial M}^t$ 是子流形 $f_t: M \to N$ 在边界 ∂M 上诱导的体积元素, n_t 是沿子流形 $f_t(M)$ 的边界 $f_t(\partial M)$ 定义, 并且指向 $f_t(M)$ 的内部的单位法向量场. 因此, 若令

$$H_t = \frac{1}{m}(g_t)^{ij}h_t\left(\frac{\partial}{\partial u^i},\frac{\partial}{\partial u^j}\right),$$

它是子流形 $f_t: M \to N$ 的平均曲率向量, 则 (4.15) 式成为

$$V'(t) = -m\int_M \langle H_t, \tilde{W}\rangle\mathrm{d}V_t. \tag{4.16}$$

在 (4.16) 式中令 $t = 0$ 便得

$$V'(0) = -m\int_M \langle H, W\rangle\mathrm{d}V.$$

证毕.

现在引入极小子流形的概念.

定义 4.2 设 $f: M \to N$ 是黎曼流形 $(N,\bar{g})$ 中的 m 维浸入子流形, 如果它的平均曲率向量 H 处处为零, 则称 $f: M \to N$ 是 $(N,\bar{g})$ 中的**极小子流形**.

定理 4.2 浸入子流形 $f: M \to N$ 是黎曼流形 $(N,\bar{g})$ 中的极小子流形, 当且仅当在每一点 $p \in M$ 有一个开邻域 U, 使得 $\overline{U}$ 是紧的, 并且在 $f|_{\overline{U}}: \overline{U} \to N$ 的任意一个有固定边界的变分

$$F: \overline{U} \times (-\varepsilon,\varepsilon) \to N$$

下, $f|_{\overline{U}} : \overline{U} \to N$ 是体积泛函 $V(t) = \mathrm{Vol}(M, g_t)$ 的临界点.

证明 根据体积的第一变分公式 (4.3), 必要性是显然的.

现证充分性. 对于任意的 $p \in M$, 可取 p 的开邻域 U, 使得 $\overline{U}$ 是紧致带边的光滑流形. 再取 p 的开邻域 U_1 使得 $\overline{U}_1 \subset U$, 则存在光滑函数 $\lambda \in C^\infty(M)$, 满足

$$0 \leqslant \lambda \leqslant 1, \quad \lambda|_{U_1} \equiv 1, \quad \lambda|_{M \setminus \overline{U}} \equiv 0.$$

令 $W = \lambda \cdot H$, 则 $W|_{\partial \overline{U}} \equiv 0$. 选取 $f|_{\overline{U}} : \overline{U} \to N$ 的变分

$$F : \overline{U} \times (-\varepsilon, \varepsilon) \to N,$$

使得 W 是它的变分向量场. 由假设和体积的第一变分公式 (4.3) 得知

$$0 = V'(0) = -m \int_M \lambda \cdot |H|^2 \mathrm{d}V.$$

由于 $\lambda \cdot |H|^2 \geqslant 0$, 上式蕴含着 $\lambda \cdot |H|^2 \equiv 0$, 于是子流形 $f : M \to N$ 的平均曲率向量 H 在点 p 的邻域 U_1 上处处为零. 由于点 p 的任意性, 平均曲率向量 H 处处为零, 故 $f : M \to N$ 是 N 的极小子流形. 证毕.

从上面的定理可以得到几个有趣的推论:

推论 4.3 设 $(N, \overline{g})$ 是具有非正截面曲率的黎曼流形, 则在 $(N, \overline{g})$ 中的极小子流形必有非正的 Ricci 曲率.

证明 设 $f : M \to N$ 是浸入在 $(N, \overline{g})$ 中的 m 维极小子流形, Ric 是 M 上的 Ricci 曲率,

$$g = f^* \overline{g}.$$

我们要证明: 对于任意的 $p \in M$ 以及任意的单位切向量 $X \in T_p M$ 均有

$$\mathrm{Ric}(X) \leqslant 0.$$

为此, 任取 $T_p M$ 的一个单位正交基底 $\{e_1, \cdots, e_m\}$, 使得 $e_1 = X$. 以 $\mathcal{R}$ 和 $\overline{\mathcal{R}}$ 分别表示 (M, g) 和 $(N, \overline{g})$ 的曲率张量, 则由 Ricci 曲率的定义,

$$\mathrm{Ric}(X) = \sum_{i=2}^{m} K(e_1, e_i) = \sum_{i=1}^{m} \langle \mathcal{R}(e_1, e_i) e_i, e_1 \rangle,$$

其中 $K(e_1, e_i)$ 表示黎曼流形 (M, g) 在点 p 沿着由 e_1, e_i 张成的二维截面的截面曲率.

根据 Gauss 方程,

$$\langle \mathcal{R}(e_1, e_i)e_i, e_1 \rangle = \langle \overline{\mathcal{R}}(e_1, e_i)e_i, e_1 \rangle + \langle h(e_1, e_1), h(e_i, e_i) \rangle$$
$$- \langle h(e_1, e_i), h(e_1, e_i) \rangle$$
$$= \overline{K}(e_1, e_i) + \langle h(e_1, e_1), h(e_i, e_i) \rangle - |h(e_1, e_i)|^2,$$

因此

$$\mathrm{Ric}(X) = \sum_{i=2}^{m} \overline{K}(e_1, e_i) + m\langle h(e_1, e_1), H \rangle - \sum_{i=1}^{m} |h(e_1, e_i)|^2$$
$$= \sum_{i=2}^{m} \overline{K}(e_1, e_i) - \sum_{i=1}^{m} |h(e_1, e_i)|^2 \leqslant 0.$$

推论 4.4 在具有非正截面曲率的单连通完备黎曼流形 $(N, \overline{g})$ 中不存在紧致无边的极小子流形.

证明 用反证法. 假定 $i : M \to N$ 是 N 中紧致无边的极小子流形. 固定一点 $p \in N \backslash M$, 用 ρ 表示从 p 点到 M 中各点的距离函数. 因为 M 是紧致的, 故有点 $q \in M$, 使得 ρ 在点 q 达到最大值. 用 $\gamma : [0, l] \to N$ 表示连接点 p 和 q 的最短正规测地线, $l = \rho(q)$, 则由弧长的第一变分公式 (参看第三章 (3.5) 式) 得知 γ 必与 M 在 q 处正交. 在 $T_q M$ 中取定单位正交基底 $\{e_1, \cdots, e_m\}$; 对于每一个固定的 i, 在 M 中作测地线 $\sigma_i : (-\varepsilon, \varepsilon) \to M$, 使得

$$\sigma_i(0) = q, \quad \sigma_i'(0) = e_i.$$

因为 N 是单连通的完备黎曼流形, 且具有非正截面曲率, 所以由 Cartan-Hadamard 定理 (第五章的定理 3.3), $\exp_p : T_p N \to N$ 是光滑同胚. 于是可以考虑变分

$$\Phi_i : [0, l] \times (-\varepsilon, \varepsilon) \to N,$$

使得对于任意的 $u \in (-\varepsilon, \varepsilon)$, 变分曲线 $t \mapsto \Phi_i(t, u)$ 是在 N 中连接 $p, \sigma_i(u)$ 两点的最短测地线, 比如可令

$$\Phi_i(t, u) = \exp_p\left(\frac{t}{l}\exp_p^{-1}(\sigma_i(u))\right).$$

于是 Φ_i 的变分向量场 W_i 是沿 γ 定义的 Jacobi 场, 并且满足

$$W_i(0) = 0, \quad W_i(l) = e_i,$$

因此 $W_i(t) \perp \gamma'(t)$. 显然, 对于任意的 $u \in (-\varepsilon, \varepsilon)$, 变分曲线 $(\gamma_i)_u = \Phi_i(t, u)$ 的弧长

$$L_i(u) = L((\gamma_i)_u) = \rho(\sigma_i(u)).$$

由于 ρ 在点 q 达到最大值, 故有

$$L_i''(0) = \left.\frac{\mathrm{d}^2}{\mathrm{d}u^2}\rho(\sigma_i(u))\right|_{u=0} \leqslant 0. \tag{4.17}$$

另一方面, 根据弧长的第二变分公式 (参看第六章的定理 1.1)

$$L_i''(0) = \langle \overline{\mathrm{D}}_{W_i} W_i, \gamma'\rangle|_0^l + \int_0^l \{|W_i'|^2 + \langle \overline{R}(\gamma', W_i)\gamma', W_i\rangle\}\mathrm{d}t$$

$$= \langle h(e_i, e_i), \gamma'(l)\rangle + \int_0^l \{|W_i'|^2 - \|\gamma' \wedge W_i\|^2\overline{K}(\gamma', W_i)\}\mathrm{d}t$$

因此根据 M 是极小子流形, 以及 $\overline{K}_N \leqslant 0$ 的假定,

$$\sum_{i=1}^m L_i''(0) = m\langle H, \gamma'(l)\rangle + \sum_{i=1}^m \int_0^l \{|W_i'|^2 - \|\gamma' \wedge W_i\|^2\overline{K}(\gamma', W_i)\}\mathrm{d}t$$

$$\geqslant \sum_{i=1}^m \int_0^l |W_i'|^2\mathrm{d}t. \tag{4.18}$$

由于 $W_i(t)$ 是非零 Jacobi 场, $W_i'(0) \neq 0$, 因此

$$\sum_{i=1}^m L_i''(0) > 0,$$

这与 (4.17) 式相矛盾. 证毕.

注记 4.1　有另一种方法证明 $\sum\limits_{i=1}^{m} L_i''(0) > 0$. 由于 $W_i(t)$ 是 Jacobi 场, 故

$$L_i''(0) = \langle h(e_i, e_i), \gamma'(l) \rangle + \langle W_i'(t), W_i(t) \rangle|_0^l$$
$$= \langle h(e_i, e_i), \gamma'(l) \rangle + \langle W_i'(l), W_i(l) \rangle,$$

因此

$$\sum_{i=1}^{m} L_i''(0) = \sum_{i=1}^{m} \langle W_i'(l), W_i(l) \rangle = \frac{1}{2} \sum_{i=1}^{m} \frac{\mathrm{d}}{\mathrm{d}t}\Big|_{t=l} \langle W_i(t), W_i(t) \rangle.$$

因为 $\overline{K}_N \leqslant 0$, 由第五章引理 3.1 的证明过程可知 $\langle W_i(t), W_i(t) \rangle$ 是严格递增函数. 事实上,

$$\frac{\mathrm{d}}{\mathrm{d}t}\langle W_i(t), W_i(t) \rangle = 2\langle W_i'(t), W_i(t) \rangle,$$
$$\frac{\mathrm{d}}{\mathrm{d}t}\langle W_i'(t), W_i(t) \rangle = \langle W_i'(t), W_i'(t) \rangle + \langle W_i''(t), W_i(t) \rangle$$
$$= |W_i'|^2 - \|\gamma' \wedge W_i\|^2 \overline{K}(\gamma', W_i) \geqslant |W_i'|^2 \geqslant 0.$$

因此 $\langle W_i'(t), W_i(t) \rangle$ 是单调递增的, 即

$$\langle W_i'(t), W_i(t) \rangle \geqslant \langle W_i'(0), W_i(0) \rangle = 0, \quad \forall t > 0.$$

上式中的等号不能成立. 若有 $t_0 > 0$ 使得

$$\langle W_i'(t_0), W_i(t_0) \rangle = 0,$$

则由 $\langle W_i'(t), W_i(t) \rangle$ 的单调性得知

$$\langle W_i'(t), W_i(t) \rangle = 0, \quad \forall\, 0 \leqslant t \leqslant t_0,$$

即

$$\frac{\mathrm{d}}{\mathrm{d}t}|W_i(t)|^2 = 0, \quad |W_i(t)|^2 = |W_i(0)|^2 = 0, \quad \forall\, 0 \leqslant t \leqslant t_0.$$

换言之,

$$W_i(t) = 0, \quad \forall\, 0 \leqslant t \leqslant t_0,$$

故 $W_i'(0) = 0$. 这意味着 $W_i(t)$ 是零 Jacobi 场, 与 $W_i(l) = e_i$ 相矛盾. 特别地,$\langle W_i'(l), W_i(l) \rangle > 0$, 因而有

$$\sum_{i=1}^{m} L_i''(0) > 0.$$

值得指出的是, 在这里再次使用了求和技巧 (参看第六章 §6.2, 定理 2.1 之后的说明).

关于极小子流形的深入研究取决于偏微分方程理论的应用, 其原因在于极小子流形是一类非线性椭圆型偏微分方程 (组) 的解. 下面把极小子流形的条件在局部坐标系下表达为偏微分方程组. 为此, 在 M 中取局部坐标系 $(u^1, \cdots, u^m)$, 在 $(N, \bar{g})$ 中取局部坐标系 $(x^1, \cdots, x^n)$, 则映射 $f : M \to N$ 在局部上表示为

$$f^A = x^A \circ f(u^1, \cdots, u^m), \quad 1 \leqslant A \leqslant n.$$

于是

$$f_* \left(\frac{\partial}{\partial u^i} \right) = \sum_A \frac{\partial f^A}{\partial u^i} \frac{\partial}{\partial x^A}.$$

设

$$\bar{g}_{AB} = \bar{g} \left(\frac{\partial}{\partial x^A}, \frac{\partial}{\partial x^B} \right), \quad 1 \leqslant A, B \leqslant n,$$

则在 M 上的诱导黎曼度量 g 由

$$g_{ij} = \sum_{A,B} \bar{g}_{AB} \frac{\partial f^A}{\partial u^i} \frac{\partial f^B}{\partial u^j}$$

给出. 假定 $\tilde{\Gamma}_{AB}^C$ 和 Γ_{ij}^k 分别是 $(\bar{g}_{AB})$ 和 (g_{ij}) 的 Christoffel 记号, 那么由拉回丛 f^*TN 上诱导联络 $\overline{D}$ 的定义知

$$\overline{D}_{\frac{\partial}{\partial u^i}} f_* \left(\frac{\partial}{\partial u^j} \right) = \overline{D}_{\frac{\partial}{\partial u^i}} \left(\sum_B \frac{\partial f^B}{\partial u^j} \cdot \frac{\partial}{\partial x^B} \right)$$

$$= \sum_C \left(\frac{\partial^2 f^C}{\partial u^i \partial u^j} + \sum_{A,B} \frac{\partial f^A}{\partial u^i} \frac{\partial f^B}{\partial u^j} \tilde{\Gamma}_{BA}^C \right) \frac{\partial}{\partial x^C}.$$

另一方面, 由 Gauss 公式 (参看本章的注记 1.1),

$$
\begin{aligned}
\overline{D}_{\frac{\partial}{\partial u^i}} f_* \left(\frac{\partial}{\partial u^j} \right) &= f_* \left(D_{\frac{\partial}{\partial u^i}} \frac{\partial}{\partial u^j} \right) + h \left(\frac{\partial}{\partial u^i}, \frac{\partial}{\partial u^j} \right) \\
&= \sum_{k,C} \Gamma_{ij}^k \frac{\partial f^C}{\partial u^k} \frac{\partial}{\partial x^C} + h \left(\frac{\partial}{\partial u^i}, \frac{\partial}{\partial u^i} \right).
\end{aligned}
$$

因此

$$
\begin{aligned}
&h \left(\frac{\partial}{\partial u^i}, \frac{\partial}{\partial u^j} \right) \\
&= \sum_C \left(\frac{\partial^2 f^C}{\partial u^i \partial u^j} + \sum_{A,B} \frac{\partial f^A}{\partial u^i} \frac{\partial f^B}{\partial u^j} \tilde{\Gamma}_{BA}^C - \sum_k \Gamma_{ij}^k \frac{\partial f^C}{\partial u^k} \right) \frac{\partial}{\partial x^C},
\end{aligned}
$$

从而

$$
\begin{aligned}
mH &= \sum_{i,j} g^{ij} h \left(\frac{\partial}{\partial u^i}, \frac{\partial}{\partial u^i} \right) \\
&= \sum_{i,j,C} g^{ij} \left(\frac{\partial^2 f^C}{\partial u^i \partial u^j} + \sum_{A,B} \frac{\partial f^A}{\partial u^i} \frac{\partial f^B}{\partial u^j} \tilde{\Gamma}_{AB}^C - \sum_k \Gamma_{ij}^k \frac{\partial f^C}{\partial u^k} \right) \frac{\partial}{\partial x^C}.
\end{aligned}
$$
$$\tag{4.19}$$

由此可见, 极小子流形 $f: M \to N$ 满足偏微分方程组

$$
\sum_{i,j} g^{ij} \left(\frac{\partial^2 f^C}{\partial u^i \partial u^j} \sum_{A,B} \frac{\partial f^A}{\partial u^i} \frac{\partial f^B}{\partial u^j} \tilde{\Gamma}_{AB}^C - \sum_k \Gamma_{ij}^k \frac{\partial f^C}{\partial u^k} \right) = 0,
$$

$$
1 \leqslant C \leqslant n. \tag{4.20}
$$

还可以用黎曼流形的 Laplace 算子来改写条件 (4.20). 根据第二章 §2.5 中的定义, 黎曼流形 (M, g) 上的 Beltrami-Laplace 算子

$$
\triangle_M = \mathrm{div} \circ \mathrm{grad} : C^\infty(M) \to C^\infty(M)
$$

有局部坐标表达式

$$
\triangle_M = \sum_{i,j} g^{ij} \left(\frac{\partial^2}{\partial u^i \partial u^j} - \sum_k \Gamma_{ij}^k \frac{\partial}{\partial u^k} \right). \tag{4.21}
$$

于是由 (4.20) 式, 要寻求 (M, g) 在 $(N, \bar{g})$ 中的等距极小浸入

$$f : M \to N,$$

在局部上就是寻求 n 个函数

$$f^A \in C^\infty(M), \quad 1 \leqslant A \leqslant n,$$

使得它们满足方程组

$$\triangle_M f^C + \sum_{i,j,A,B} g^{ij} \frac{\partial f^A}{\partial u^i} \frac{\partial f^B}{\partial u^j} \tilde{\Gamma}^C_{AB} = 0, \qquad (4.22)$$

其中 $1 \leqslant C \leqslant n, g_{ij} = \sum\limits_{A,B} \dfrac{\partial f^A}{\partial u^i} \dfrac{\partial f^B}{\partial u^j} \bar{g}_{AB}.$

如果外围空间 $(N, \bar{g})$ 是 n 维欧氏空间 $\mathbb{R}^n$, 可以在 $\mathbb{R}^n$ 中选定笛卡儿直角坐标系 $(x^1, \cdots, x^n)$ 使得

$$\tilde{\Gamma}^C_{AB} \equiv 0.$$

此时 m 维浸入子流形 $f : M \to \mathbb{R}^n$ 的平均曲率向量场可以表示为

$$H = \frac{1}{m} \triangle_M f^C \frac{\partial}{\partial x^C} = \frac{1}{m} \triangle_M f, \qquad (4.23)$$

其中 $f = (f^1, \cdots, f^n)$ 是浸入子流形 $f : M \to \mathbb{R}^n$ 在 $\mathbb{R}^n$ 中的位置向量. 由此得到

推论 4.5 m 维黎曼流形 (M, g) 在 $\mathbb{R}^n$ 中的等距浸入

$$f : M \to \mathbb{R}^n$$

是极小子流形, 当且仅当它的位置向量 f 是 M 上的 $\mathbb{R}^n$-值调和函数, 即 f 的所有分量都是 M 上的调和函数.

显然, 推论 4.5 可以直接从 (4.22) 式得到.

如果 $n = m + 1$, 换句话说, 如果 $f : M \to \mathbb{R}^{m+1}$ 是 $\mathbb{R}^{m+1}$ 中的超曲面 (余维是 1 的浸入子流形), 那么 M 在局部上可以表示为一个光滑函数的图像. 不妨设 M 是光滑函数 $F : \mathrm{D} \subset \mathbb{R}^m \to \mathbb{R}$ 的图像, 即

$$f = (u^1, \cdots, u^m, F(u^1, \cdots, u^m)), \quad (u^1, \cdots, u^m) \in \mathrm{D}, \qquad (4.24)$$

其中 (u^i) 可以看作 M 上的局部坐标系. 如果 $(x^1, \cdots, x^{m+1})$ 是 $\mathbb{R}^{m+1}$ 中的笛卡儿直角坐标, 则浸入 f 在 M 上的诱导黎曼度量是

$$g = \sum_{i,j} \left(\delta_{ij} + \frac{\partial F}{\partial u^i} \frac{\partial F}{\partial u^j} \right) \mathrm{d}u^i \mathrm{d}u^j = \sum_{i,j} (\delta_{ij} + F_i F_j) \mathrm{d}u^i \mathrm{d}u^j, \qquad (4.25)$$

其中 $F_i = \dfrac{\partial F}{\partial u^i}$. 于是

$$g_{ij} = \delta_{ij} + F_i F_j. \qquad (4.26)$$

由此得到

$$g^{ij} = \delta_{ij} - \frac{F_i F_j}{1 + \sum_k (F_k)^2}; \quad \Gamma_{ij}^k = g^{kl} \frac{\partial^2 F}{\partial u^i \partial u^j} F_l. \qquad (4.27)$$

根据推论 4.5, 浸入 $f : M \to \mathbb{R}^{m+1}$ 是 $\mathbb{R}^{m+1}$ 中的极小超曲面当且仅当

$$\Delta f = \sum_{i,j} \left(\delta_{ij} - \frac{F_i F_j}{1 + \sum_k (F_k)^2} \right) \left(\frac{\partial^2 f}{\partial u^i \partial u^j} - \sum_k \Gamma_{ij}^k \frac{\partial f}{\partial u^k} \right) = 0. \quad (4.28)$$

用 f 的分量 $f^l = u^l$ 代入上式得到

$$\sum_{i,j} \left(\delta_{ij} - \frac{F_i F_j}{1 + \sum_k (F_k)^2} \right) \Gamma_{ij}^l = 0, \quad 1 \leqslant l \leqslant m; \qquad (4.29)$$

用 f 的分量 $f^{m+1} = F$ 代入 (4.28) 式得到

$$\sum_{i,j} \left(\delta_{ij} - \frac{F_i F_j}{1 + \sum_k (F_k)^2} \right) \frac{\partial^2 F}{\partial u^i \partial u^j} = 0. \qquad (4.30)$$

由 (4.27) 的第二式可知, (4.29) 式是 (4.30) 式的推论. 因此, 浸入 (4.24) 是 $\mathbb{R}^{m+1}$ 中的极小超曲面当且仅当函数 F 满足偏微分方程

$$\sum_{i,j} \left(\left(1 + \sum_k \left(\frac{\partial F}{\partial u^k} \right)^2 \right) \delta_{ij} - \frac{\partial F}{\partial u^i} \frac{\partial F}{\partial u^j} \right) \frac{\partial^2 F}{\partial u^i \partial u^j} = 0, \qquad (4.31)$$

上式可以改写成

$$\sum_i \frac{\partial}{\partial u^i} \left(\frac{F_i}{\sqrt{1 + \sum_k (F_k)^2}} \right) = 0. \qquad (4.32)$$

另一个重要的特例是取 $\mathbb{R}^{n+1}$ 中半径为 $r > 0$ 的球面 $S^n(r)$ 为外围空间 N. 为了方便起见, 通常取 $\mathbb{R}^{n+1}$ 中的原点为 $S^n(r)$ 的球心. 假设 $i : S^n(r) \to \mathbb{R}^{n+1}$ 是包含映射, 则 m 维黎曼流形 M 在 $S^n(r)$ 中的等距浸入 $f : M \to S^n(r)$ 可以看作是在 $\mathbb{R}^{n+1}$ 中的等距浸入

$$\tilde{f} = i \circ f : M \to \mathbb{R}^{n+1}.$$

如果 $D, \overline{D}, \tilde{D}$ 分别是黎曼流形 M, $S^n(r)$, $\mathbb{R}^{n+1}$ 中的黎曼联络, h 和 $\tilde{h}$ 分别表示子流形

$$f : M \to S^n(r) \quad \text{和} \quad \tilde{f} : M \to \mathbb{R}^{n+1}$$

的第二基本形式 (参看注记 1.1), 则对于任意的 $X, Y \in \mathfrak{X}(M)$ 有

$$\tilde{h}(X, Y) = \tilde{D}_X \tilde{f}_*(Y) - \tilde{f}_*(D_X Y),$$
$$h(X, Y) = \overline{D}_X f_*(Y) - f_*(D_X Y).$$

如果用上标 $(\ )^\top$ 表示 $\mathbb{R}^{n+1}$ 中的向量 $(\ )$ 在 $S^n(r)$ 的切空间上的正交投影, 并且和往常一样, 在记法上忽略浸入 f 和 $\tilde{f}$ 以及它们的切映射的记号, 则从上面的两个式子可以得到

$$h(X, Y) = \overline{D}_X Y - D_X Y = (\tilde{D}_X Y)^\top - D_X Y$$
$$= (\tilde{D}_X Y - D_X Y)^\top = (\tilde{h}(X, Y))^\top.$$

特别地, 如果 H 和 $\tilde{H}$ 分别是子流形 $f : M \to S^n(r)$ 和 $i \circ f : M \to \mathbb{R}^{n+1}$ 的平均曲率向量场, 则从上式得到

$$H = (\tilde{H})^\top. \tag{4.33}$$

由此便得如下的重要结论:

定理 4.6 (Takahashi 定理) m 维黎曼流形 (M, g) 在 $S^n(r)$ 中的等距浸入 $f : M \to S^n(r) \subset \mathbb{R}^{n+1}$ 是极小子流形, 当且仅当存在光滑函数 $\lambda \in C^\infty(M)$, 使得复合映射 $\tilde{f} = i \circ f : M \to \mathbb{R}^{n+1}$ 满足条件

$$\Delta_M(\tilde{f}) = \lambda \tilde{f}, \tag{4.34}$$

即向量函数 $\Delta_M(\tilde{f})$ 是 $S^n(r)$ 的法向量. 此外, 当 (4.34) 成立时, 必有 $\lambda = -m/r^2$.

证明 结合 (4.23) 及 (4.33) 两式可得

$$H = (\tilde{H})^\top = \frac{1}{m}(\Delta_M(\tilde{f}))^\top. \tag{4.35}$$

因此, $H = 0$ 当且仅当 $\Delta_M(i \circ f) \perp S^n(r)$.

为完成定理的证明, 假定存在 $\lambda \in C^\infty(M)$ 使得 (4.34) 成立, 则有

$$\langle \Delta_M(\tilde{f}), \tilde{f} \rangle = \lambda \langle \tilde{f}, \tilde{f} \rangle = \lambda |\tilde{f}|^2 = r^2 \lambda. \tag{4.36}$$

另一方面, 如果选取 M 上的单位正交标架场 $\{e_i\}$, 并且把 $\tilde{f}$ 看作定义在 $S^n(r)$ 上的 $\mathbb{R}^{n+1}$-值函数, 则

$$\tilde{f}_i \equiv e_i(\tilde{f}) = \mathrm{d}\tilde{f}(e_i) = e_i,$$

并且

$$\Delta_M(\tilde{f}) = \sum_i \tilde{f}_{i,i},$$

其中 $\tilde{f}_{i,j}$ 是 $\tilde{f}_i$ 的协变导数, 即 $\mathrm{d}\tilde{f}_i - \tilde{f}_j \omega_i^j = \tilde{f}_{i,j} \omega^j$. 这里, $\{\omega^i\}$ 是与 $\{e_i\}$ 对偶的余标架场, ω_i^j 是联络形式. 从而由恒等式 $\langle \tilde{f}, \tilde{f} \rangle \equiv r^2$ 以及黎曼联络与度量的相容性得到

$$\begin{aligned}
\langle \Delta_M(\tilde{f}), \tilde{f} \rangle &= \sum_i \langle \tilde{f}_{i,i}, \tilde{f} \rangle = \sum_i \langle e_i(\tilde{f}_i) - \sum_j \Gamma_{ii}^j \tilde{f}_j, \tilde{f} \rangle \\
&= \sum_i \langle e_i(\tilde{f}_i), \tilde{f} \rangle = \sum_i (e_i(\langle \tilde{f}_i, \tilde{f} \rangle) - \langle \tilde{f}_i, \tilde{f}_i \rangle) \\
&= -\sum_i \langle \tilde{f}_i, \tilde{f}_i \rangle = -\sum_i \delta_{ij} = -m.
\end{aligned}$$

将此式与 (4.36) 式做比较即可得到 $\lambda = -m/r^2$. 证毕.

§7.5   体积的第二变分公式

在上一节导出了子流形体积的第一变分公式, 并且证明了黎曼流形 $(N, \bar{g})$ 中的极小子流形恰好是在任意的有固定边界的变分下体积泛

函的临界点, 即体积泛函在极小子流形上取临界值. 在另一方面, 对于一个给定的极小子流形 $f : (M, g) \to (N, \bar{g})$, 如果它的任意一个有固定边界的变分的体积泛函在 f 上都有正的二阶导数, 则该极小子流形的体积达到局部最小值 (也就是在该子流形保持边界不动的任意的扰动下达到体积的最小值). 因此在子流形微分几何中, 计算体积泛函的二阶导数是十分重要的. 另外, 在计算体积的第一变分时, 已经发现变分向量场关于子流形的切分量在第一变分公式中是不起作用的. 因此, 在求体积的第二变分公式时, 只考虑子流形的有固定边界的法向变分, 即假定变分向量场 W 与已知的极小子流形是处处正交的.

设 $f : (M, g) \to (N, \bar{g})$ 是等距浸入子流形,

$$m = \dim M, \quad n = \dim N.$$

在求体积的第二变分公式之前, 先介绍几个与子流形 f 密切相关的线性算子.

1. 法丛 $T^\perp M$ 上的 Beltrami-Laplace 算子 $\triangle_M^\perp$

对于任意给定的 $X, Y \in \mathfrak{X}(M)$, 先定义算子

$$\mathrm{Hess}^\perp(X, Y) : \Gamma(T^\perp M) \to \Gamma(T^\perp M)$$

如下:

$$\mathrm{Hess}^\perp(X, Y)\xi = \mathrm{D}_X^\perp \mathrm{D}_Y^\perp \xi - \mathrm{D}_{\mathrm{D}_X Y}^\perp \xi. \tag{5.1}$$

容易验证: 对于任意的 $\lambda \in C^\infty(M)$ 有

$$\mathrm{Hess}^\perp(\lambda \cdot X, Y) = \mathrm{Hess}^\perp(X, \lambda \cdot Y) = \lambda \cdot \mathrm{Hess}^\perp(X, Y).$$

因此, 算子 $\mathrm{Hess}^\perp(X, Y)$ 关于切向量场 X, Y 具有张量性质, 并且

$$\mathrm{Hess}^\perp(X, Y) - \mathrm{Hess}^\perp(Y, X) = \mathcal{R}^\perp(X, Y)$$

是法丛 $T^\perp M$ 上法联络 $\mathrm{D}^\perp$ 的曲率算子.

设 $\{e_i\}$ 是 M 上的任意一个局部标架场, $g_{ij} = g(e_i, e_j)$, 并设 $(g^{ij}) = (g_{ij})^{-1}$. 利用算子 $\mathrm{Hess}^\perp$, 可以定义算子

$$\triangle_M^\perp : \Gamma(T^\perp M) \to \Gamma(T^\perp M),$$

使得

$$\triangle_M^\perp \xi = g^{ij} \mathrm{Hess}^\perp(e_i, e_j)\xi$$
$$= g^{ij}(\mathrm{D}_{e_i}^\perp \mathrm{D}_{e_j}^\perp \xi - \mathrm{D}_{\mathrm{D}_{e_i}e_j}^\perp \xi), \quad \forall \xi \in \Gamma(T^\perp M). \tag{5.2}$$

容易验证, 上式右端与 M 上的局部标架场 $\{e_i\}$ 的选取无关. 特别地, 如果 $\{e_i\}$ 是单位正交标架场, 则有

$$\triangle_M^\perp \xi = \sum_{i=1}^m (\mathrm{D}_{e_i}^\perp \mathrm{D}_{e_i}^\perp \xi - \mathrm{D}_{\mathrm{D}_{e_i}e_i}^\perp \xi), \quad \forall \xi \in \Gamma(T^\perp M). \tag{5.3}$$

如果 (M, g) 是紧致的有向黎曼流形, 则可以在 $\Gamma(T^\perp M)$ 中定义内积 $(\cdot, \cdot)$ 如下: 对于任意的 $\xi, \eta \in \Gamma(T^\perp M)$, 令

$$(\xi, \eta) = \int_M \langle \xi, \eta \rangle \mathrm{d}V_M. \tag{5.4}$$

一般地, 如果 M 是非紧的有向黎曼流形, 则可以考虑集合

$$\Gamma_0(T^\perp M) = \{\xi \in \Gamma(T^\perp M) : \xi \text{ 具有紧致的支撑集}\}.$$

易知, $\Gamma_0(T^\perp M)$ 是 $\Gamma(T^\perp M)$ 的线性子空间, 并且由 (5.4) 式定义的内积在 $\Gamma_0(T^\perp M)$ 中仍然是适用的.

命题 5.1 设 (M, g) 是紧致无边的有向黎曼流形, 则

$$\triangle_M^\perp : \Gamma(T^\perp M) \to \Gamma(T^\perp M)$$

关于内积 $(\cdot, \cdot)$ 是自共轭算子, 并且 $\triangle_M^\perp$ 是半负定的.

证明 设 $(U; u^i)$ 是 M 的一个局部坐标系, 令

$$e_i = \frac{\partial}{\partial u^i}, \quad g_{ij} = g(e_i, e_j), \quad \mathrm{D}_{e_i}e_j = \Gamma_{ji}^k e_k.$$

则对于任意的 $\xi, \eta \in \Gamma(T^\perp M)$ 有

$$\langle \mathrm{D}_{e_j}^\perp \xi, \eta \rangle = e_j(\langle \xi, \eta \rangle) - \langle \xi, \mathrm{D}_{e_j}^\perp \eta \rangle.$$

于是

$$
\begin{aligned}
\langle \mathrm{D}_{e_i}^\perp \mathrm{D}_{e_j}^\perp \xi, \eta \rangle &= e_i(\langle \mathrm{D}_{e_j}^\perp \xi, \eta \rangle) - \langle \mathrm{D}_{e_j}^\perp \xi, \mathrm{D}_{e_i}^\perp \eta \rangle \qquad (5.5) \\
&= e_i(e_j \langle \xi, \eta \rangle) - e_i(\langle \xi, \mathrm{D}_{e_j}^\perp \eta \rangle) \\
&\quad - e_j(\langle \xi, \mathrm{D}_{e_i}^\perp \eta \rangle) + \langle \xi, \mathrm{D}_{e_j}^\perp \mathrm{D}_{e_i}^\perp \eta \rangle.
\end{aligned}
$$

由此得到

$$
\begin{aligned}
\langle \triangle_M^\perp \xi, \eta \rangle &= g^{ij} \langle \mathrm{D}_{e_i}^\perp \mathrm{D}_{e_j}^\perp \xi, \eta \rangle - g^{ij} \Gamma_{ij}^k \langle \mathrm{D}_{e_k}^\perp \xi, \eta \rangle \\
&= g^{ij} \{ e_i(e_j \langle \xi, \eta \rangle) - 2 e_i(\langle \xi, \mathrm{D}_{e_j}^\perp \eta \rangle) \\
&\quad + \langle \xi, \mathrm{D}_{e_j}^\perp \mathrm{D}_{e_i}^\perp \eta \rangle \\
&\quad - \Gamma_{ij}^k e_k(\langle \xi, \eta \rangle) + \Gamma_{ij}^k \langle \xi, \mathrm{D}_{e_k}^\perp \eta \rangle \} \\
&= g^{ij} \{ e_i(e_j \langle \xi, \eta \rangle) - \Gamma_{ij}^k e_k(\langle \xi, \eta \rangle) \} \\
&\quad + \langle \xi, g^{ij}(\mathrm{D}_{e_j}^\perp \mathrm{D}_{e_i}^\perp - \Gamma_{ij}^k \mathrm{D}_{e_k}^\perp)\eta \rangle \\
&\quad - 2 g^{ij}(e_i \langle \xi, \mathrm{D}_{e_j}^\perp \eta \rangle - \Gamma_{ij}^k \langle \xi, \mathrm{D}_{e_k}^\perp \eta \rangle) \\
&= \tilde{\triangle}_M(\langle \xi, \eta \rangle) + \langle \xi, \triangle_M^\perp \eta \rangle \\
&\quad - 2 g^{ij}(e_i \langle \xi, \mathrm{D}_{e_j}^\perp \eta \rangle - \Gamma_{ij}^k \langle \xi, \mathrm{D}_{e_k}^\perp \eta \rangle).
\end{aligned}
$$

令

$$
X = g^{ij} \langle \xi, \mathrm{D}_{e_j}^\perp \eta \rangle e_i,
$$

则 X 与局部坐标系 $(U; u^i)$ 的选取无关, 因而是 M 上的一个光滑切向量场, 其散度是

$$
\mathrm{div} X = \sum_i X_{,i}^i = \sum_{i,j} g^{ij} (e_i \langle \xi, \mathrm{D}_{e_j}^\perp \eta \rangle - \sum_k \Gamma_{ij}^k \langle \xi, \mathrm{D}_{e_k}^\perp \eta \rangle),
$$

所以

$$
\langle \triangle_M^\perp \xi, \eta \rangle = \langle \xi, \triangle_M^\perp \eta \rangle + \tilde{\triangle}_M(\langle \xi, \eta \rangle) - 2 \mathrm{div} X. \qquad (5.6)
$$

根据散度定理及 Green 公式 (第二章, 定理 5.3 和定理 5.4) 得到

$$\int_M \langle \triangle_M^\perp \xi, \eta \rangle \mathrm{d}V_M = \int_M \langle \xi, \triangle_M^\perp \eta \rangle \mathrm{d}V_M + \int_M \tilde{\triangle}_M(\langle \xi, \eta \rangle) \mathrm{d}V_M$$
$$- 2 \int_M \mathrm{div} X \mathrm{d}V_M$$
$$= \int_M \langle \xi, \triangle_M^\perp \eta \rangle \mathrm{d}V_M,$$

即

$$(\triangle_M^\perp \xi, \eta) = (\xi, \triangle_M^\perp \eta), \quad \forall \xi, \eta \in \Gamma(T^\perp M).$$

这就证明了

$$\triangle_M^\perp : \Gamma(T^\perp M) \to \Gamma(T^\perp M)$$

关于内积 $(\cdot, \cdot)$ 是自共轭算子.

为了说明 $\triangle_M^\perp$ 的半负定性, 在 (5.5) 式中令 $\eta = \xi$ 便得

$$\langle \mathrm{D}_{e_i}^\perp \mathrm{D}_{e_j}^\perp \xi, \xi \rangle = e_i(\langle \mathrm{D}_{e_j}^\perp \xi, \xi \rangle) - \langle \mathrm{D}_{e_j}^\perp \xi, \mathrm{D}_{e_i}^\perp \xi \rangle,$$

从而有

$$\langle \triangle_M^\perp \xi, \xi \rangle = g^{ij}(e_i(\langle \mathrm{D}_{e_j}^\perp \xi, \xi \rangle) - \langle \mathrm{D}_{\mathrm{D}_{e_i} e_j}^\perp \xi, \xi \rangle - \langle \mathrm{D}_{e_j}^\perp \xi, \mathrm{D}_{e_i}^\perp \xi \rangle)$$
$$= \mathrm{div} \tilde{X} - g^{ij} \langle \mathrm{D}_{e_j}^\perp \xi, \mathrm{D}_{e_i}^\perp \xi \rangle,$$

其中

$$\tilde{X} = g^{ij} \langle \mathrm{D}_{e_j}^\perp \xi, \xi \rangle e_i$$

是在 M 上的光滑切向量场. 因此

$$(\triangle_M^\perp \xi, \xi) = - \int_M g^{ij} \langle \mathrm{D}_{e_i}^\perp \xi, \mathrm{D}_{e_j}^\perp \xi \rangle \mathrm{d}V_M \leqslant 0,$$

即 $\triangle_M^\perp$ 是半负定算子. 证毕.

2. 法丛 $T^\perp M$ 上的 Ricci 曲率算子 $\mathrm{Ric}^\perp$

对于任意的 $p \in M$, 以及 $T_p M$ 的任意一个基底 $\{e_i\}$, 可以定义算子 $\mathrm{Ric}^\perp : T_p^\perp M \to T_p^\perp M$, 使得

$$\mathrm{Ric}^\perp(\xi) = \sum_{i,j} g^{ij} \left(\overline{\mathcal{R}}(\xi, f_*(e_i)) f_*(e_j) \right)^\perp, \quad \forall \xi \in T_p^\perp M, \qquad (5.7)$$

其中 $\overline{\mathcal{R}}$ 是 N 中的曲率算子. 很明显, 上式右端与基底 $\{e_i\}$ 的选取无关. 特别地, 如果 $\{e_i\}$ 是 T_pM 中的单位正交基底, 则有

$$\mathrm{Ric}^{\perp}(\xi) = -\sum_i (\overline{\mathcal{R}}(f_*(e_i), \xi)f_*(e_i))^{\perp}, \quad \forall \xi \in T_p^{\perp}M, \tag{5.8}$$

命题 5.2 算子 $\mathrm{Ric}^{\perp} : T_p^{\perp}M \to T_p^{\perp}M$ 关于法丛 $T^{\perp}M$ 上的黎曼结构 $\langle \cdot, \cdot \rangle$ 是自共轭的.

证明 对于任意的 $\xi, \eta \in T_p^{\perp}M$ 有

$$\begin{aligned}
\langle \mathrm{Ric}^{\perp}(\xi), \eta \rangle &= \sum_{i,j} g^{ij} \langle (\overline{\mathcal{R}}(\xi, f_*(e_i))f_*(e_j))^{\perp}, \eta \rangle \\
&= \sum_{i,j} g^{ij} \langle \overline{\mathcal{R}}(\xi, f_*(e_i))f_*(e_j), \eta \rangle \\
&= \sum_{i,j} g^{ij} \langle \overline{\mathcal{R}}(f_*(e_j), \eta)\xi, f_*(e_i) \rangle \\
&= \langle \xi, \mathrm{Ric}^{\perp}(\eta) \rangle,
\end{aligned}$$

即 $\mathrm{Ric}^{\perp} : T_p^{\perp}M \to T_p^{\perp}M$ 是自共轭的. 证毕.

3. 复合算子 $h \circ h^t$

对于 $p \in M$, 设

$$h : T_pM \times T_pM \to T_p^{\perp}M$$

是子流形 $f : M \to N$ 的第二基本形式 (参看注记 1.1), 它也可以看作映射

$$h : T_pM \otimes T_pM \to T_p^{\perp}M,$$

使得

$$h(v \otimes w) = h(v, w), \quad \forall v, w \in T_pM. \tag{5.9}$$

分别选取 T_pM 和 $T_p^{\perp}M$ 的基底 $\{e_i\}$ 和 $\{e_\alpha\}$, 并设

$$h(e_i, e_j) = h_{ij}^{\alpha}e_\alpha, \tag{5.10}$$

则有

$$h(e_i \otimes e_j) = h_{ij}^{\alpha}e_\alpha. \tag{5.11}$$

映射 $h : T_pM \otimes T_pM \to T_p^\perp M$ 的**转置**

$$h^t : T_p^\perp M \to T_pM \otimes T_pM$$

是一个线性映射, 它由下式确定:

$$h^t(e_\alpha) = \sum_{i,j,k,l} g^{ik}g^{jl}h_{ij}^\alpha e_k \otimes e_l. \tag{5.12}$$

很明显, h^t 的定义与基底 $\{e_i\}$ 和 $\{e_\alpha\}$ 的取法无关. 不难知道, 复合映射 $h \circ h^t : T_p^\perp M \to T_p^\perp M$ 具有表达式

$$
\begin{aligned}
h \circ h^t(e_\alpha) &= h\left(\sum_{i,j,k,l} g^{ik}g^{jl}h_{ij}^\alpha e_k \otimes e_l\right) \\
&= \sum_{i,j,k,l} g^{ik}g^{jl}h_{ij}^\alpha h(e_k \otimes e_l) = \sum_{i,j,k,l,\beta} g^{ik}g^{jl}h_{ij}^\alpha h_{kl}^\beta e_\beta.
\end{aligned}
\tag{5.13}
$$

由此可见, 线性变换 $h \circ h^t : T_p^\perp M \to T_p^\perp M$ 在基底 $\{e_\alpha\}$ 下的矩阵是

$$\sigma_{\alpha\beta} = \sum_{i,j,k,l} g^{ik}g^{jl}h_{ij}^\alpha h_{kl}^\beta.$$

特别地, 如果 $\{e_A\}$ 是 T_pN 的单位正交基底, 并且 $e_i \in f_*(T_pM)$(因而有 $e_\alpha \in T_p^\perp M$), 则 (5.12) 式和 (5.13) 式可以分别简化为

$$h^t(e_\alpha) = \sum_{i,j} h_{ij}^\alpha e_i \otimes e_j, \tag{5.14}$$

$$h \circ h^t(e_\alpha) = \sum_{i,j,\beta} h_{ij}^\alpha h_{ij}^\beta e_\beta. \tag{5.15}$$

有了上面的准备, 现在可以叙述子流形体积的第二变分公式如下:

定理 5.3 设 (M,g) 是紧致带边的 m 维有向黎曼流形, $f : M \to N$ 是等距浸入在 n 维黎曼流形 $(N, \overline{g})$ 中的极小子流形. 如果

$$F : M \times (-\varepsilon, \varepsilon) \to N$$

是子流形 $f : M \to N$ 的任意一个有固定边界的法向变分, 其变分向量场为 W, 则有下列公式:

$$V''(0) = -\int_M \langle \triangle_M^\perp W + \mathrm{Ric}^\perp(W) + h \circ h^t(W), W\rangle \mathrm{d}V_M. \qquad (5.16)$$

(5.16) 式称为子流形**体积的第二变分公式**.

证明　由 (4.16) 式我们有

$$V'(t) = -m\int_M \langle H_t, \tilde{W}\rangle \mathrm{d}V_t, \qquad (5.17)$$

其中 H_t 是 $f_t(M)$ 的平均曲率向量, $\tilde{W} = F_*(\frac{\partial}{\partial t})$, $\mathrm{d}V_t$ 是诱导度量 $g_t = (f_t)^*\bar{g}$ 的体积元素. 对 (5.17) 式再次求导得到

$$
\begin{aligned}
V''(t) &= -m\int_M \frac{\partial}{\partial t}(\langle H_t, \tilde{W}\rangle \sqrt{G_t})\mathrm{d}u^1 \wedge \cdots \wedge \mathrm{d}u^m \\
&= -m\int_M \Big(\langle \overline{\mathrm{D}}_{\frac{\partial}{\partial t}} H_t, \tilde{W}\rangle + \langle H_t, \overline{\mathrm{D}}_{\frac{\partial}{\partial t}}\tilde{W}\rangle \\
&\quad + \langle H_t, \tilde{W}\rangle \frac{\partial \ln\sqrt{G_t}}{\partial t}\Big)\mathrm{d}V_t. \qquad (5.18)
\end{aligned}
$$

由于 $f_0 = f : M \to N$ 是极小子流形, $H_0 = H \equiv 0$. 于是在 (5.18) 式中令 $t = 0$ 便有

$$V''(0) = -m\int_M \Big\langle \Big(\overline{\mathrm{D}}_{\frac{\partial}{\partial t}} H_t\Big)\Big|_{t=0}, W\Big\rangle \mathrm{d}V_M. \qquad (5.19)$$

注意到被积表达式 $\Big\langle \Big(\overline{\mathrm{D}}_{\frac{\partial}{\partial t}} H_t\Big)\Big|_{t=0}, W\Big\rangle$ 与 M 上的局部坐标系 $(U; u^i)$ 的选取无关, 因此可以在每一点的附近选取适当的局部坐标系对它进行计算, 只要最后所得到的表达式与局部坐标系的选取是无关的就行了. 设 $(U; u^i)$ 是 M 的一个局部坐标系, 令

$$\tilde{X}_i(q, t) = F_{*(q,t)}\Big(\frac{\partial}{\partial u^i}\Big) = (f_t)_*\Big(\frac{\partial}{\partial u^i}\Big), \quad X_i = \tilde{X}_i|_{t=0}, \quad 1 \leqslant i \leqslant m.$$

则由第二章的 (8.7) 式得知

$$\overline{\mathrm{D}}_{\frac{\partial}{\partial t}}\tilde{X}_i = \overline{\mathrm{D}}_{\frac{\partial}{\partial u^i}}\tilde{W}, \quad \overline{\mathrm{D}}_{\tilde{X}_j}\tilde{X}_i = \overline{\mathrm{D}}_{\frac{\partial}{\partial u^i}}\tilde{X}_j.$$

由于 $\tilde{W}(q,0) = W(q)$ 是法向变分 F 的变分向量场, 因此

$$\langle \tilde{W}, \tilde{X}_i \rangle|_{t=0} = 0, \quad 1 \leqslant i \leqslant m.$$

设 D^t 是诱导度量 g_t 的黎曼联络, 则由平均曲率向量的定义,

$$mH_t = (g_t)^{ij}\left(\overline{\mathrm{D}}_{\frac{\partial}{\partial u^i}}\tilde{X}_j - (f_t)_*\left(\mathrm{D}^t_{\frac{\partial}{\partial u^i}}\frac{\partial}{\partial u^j}\right)\right),$$

于是

$$m\overline{\mathrm{D}}_{\frac{\partial}{\partial t}}H_t = \frac{\partial}{\partial t}(g_t)^{ij}\left(\overline{\mathrm{D}}_{\frac{\partial}{\partial u^i}}\tilde{X}_j - (f_t)_*\left(\mathrm{D}^t_{\frac{\partial}{\partial u^i}}\frac{\partial}{\partial u^j}\right)\right)$$
$$+ (g_t)^{ij}\overline{\mathrm{D}}_{\frac{\partial}{\partial t}}\left(\overline{\mathrm{D}}_{\frac{\partial}{\partial u^i}}\tilde{X}_j - F_*\left(\mathrm{D}^t_{\frac{\partial}{\partial u^i}}\frac{\partial}{\partial u^j}\right)\right). \tag{5.20}$$

直接计算得知

$$\frac{\partial}{\partial t}(g_t)^{ij} = -(g_t)^{ik}(g_t)^{jl}\frac{\partial}{\partial t}(g_t)_{kl}$$
$$= -(g_t)^{ik}(g_t)^{jl}(\langle \overline{\mathrm{D}}_{\frac{\partial}{\partial t}}\tilde{X}_k, \tilde{X}_l \rangle + \langle \tilde{X}_k, \overline{\mathrm{D}}_{\frac{\partial}{\partial t}}\tilde{X}_l \rangle)$$
$$= -((g_t)^{ik}(g_t)^{jl} + (g_t)^{il}(g_t)^{jk})\langle \overline{\mathrm{D}}_{\frac{\partial}{\partial t}}\tilde{X}_k, \tilde{X}_l \rangle$$
$$= -((g_t)^{ik}(g_t)^{jl} + (g_t)^{il}(g_t)^{jk})\langle \overline{\mathrm{D}}_{\frac{\partial}{\partial u^k}}\tilde{W}, \tilde{X}_l \rangle$$
$$= ((g_t)^{ik}(g_t)^{jl} + (g_t)^{il}(g_t)^{jk})\left\langle h_t\left(\frac{\partial}{\partial u^k}, \frac{\partial}{\partial u^l}\right), \tilde{W} \right\rangle,$$

其中 h_t 是子流形 $f: M \to N$ 的第二基本形式 (参看注记 1.1). 由于

$$\left\langle (f_t)_*\left(\mathrm{D}^t_{\frac{\partial}{\partial u^i}}\frac{\partial}{\partial u^j}\right), \tilde{W} \right\rangle\bigg|_{t=0} = \left\langle f_*\left(\mathrm{D}_{\frac{\partial}{\partial u^i}}\frac{\partial}{\partial u^j}\right), W \right\rangle = 0,$$

进而借助于 $\overline{\mathrm{D}}_{\frac{\partial}{\partial u^j}}\tilde{X}_i = \overline{\mathrm{D}}_{\frac{\partial}{\partial u^i}}\tilde{X}_j$ 可知, (5.20) 式右边的第一项与 W 的

内积

$$\left\langle \frac{\partial}{\partial t}(g_t)^{ij} \cdot \left(\overline{D}_{\frac{\partial}{\partial u^i}} \tilde{X}_j - (f_t)_* \left(D^t_{\frac{\partial}{\partial u^i}} \frac{\partial}{\partial u^j} \right) \right), \tilde{W} \right\rangle \Bigg|_{t=0}$$

$$= 2g^{ik}g^{jl} \left\langle h\left(\frac{\partial}{\partial u^k}, \frac{\partial}{\partial u^l} \right), W \right\rangle \left\langle \overline{D}_{\frac{\partial}{\partial u^i}} \tilde{X}_j, \tilde{W} \right\rangle \Bigg|_{t=0}$$

$$= 2g^{ik}g^{jl} \left\langle h\left(\frac{\partial}{\partial u^k}, \frac{\partial}{\partial u^l} \right), W \right\rangle \left\langle h\left(\frac{\partial}{\partial u^i}, \frac{\partial}{\partial u^j} \right), W \right\rangle$$

$$= 2\langle h \circ h^{\rm t}(W), W \rangle. \tag{5.21}$$

另一方面, 根据第四章习题第 3 题和本章的注记 1.1 直接计算

$$\overline{D}_{\frac{\partial}{\partial t}} \overline{D}_{\frac{\partial}{\partial u^i}} \tilde{X}_j \text{ 和 } \overline{D}_{\frac{\partial}{\partial t}} \left((f_t)_* \left(D^t_{\frac{\partial}{\partial u^i}} \frac{\partial}{\partial u^j} \right) \right)$$

的法分量如下:

$$\left(\overline{D}_{\frac{\partial}{\partial t}} \overline{D}_{\frac{\partial}{\partial u^i}} \tilde{X}_j \right)^{\perp} \Bigg|_{t=0}$$

$$= \left(\overline{\mathcal{R}}(\tilde{W}, \tilde{X}_i)\tilde{X}_j + \overline{D}_{\frac{\partial}{\partial u^i}} \overline{D}_{\frac{\partial}{\partial t}} \tilde{X}_j + \overline{D}_{[\frac{\partial}{\partial t}, \frac{\partial}{\partial u^i}]} \tilde{X}_j \right)^{\perp} \Bigg|_{t=0}$$

$$= \left(\left(\overline{\mathcal{R}}(\tilde{W}, \tilde{X}_i)\tilde{X}_j + \overline{D}_{\frac{\partial}{\partial u^i}} \overline{D}_{\frac{\partial}{\partial u^j}} \tilde{W} \right) \Big|_{t=0} \right)^{\perp}$$

$$= \left(\overline{\mathcal{R}}(W, X_i)X_j + \overline{D}_{\frac{\partial}{\partial u^i}} \left(-f_*\left(A_W\left(\frac{\partial}{\partial u^j} \right) \right) + D^{\perp}_{\frac{\partial}{\partial u^j}} W \right) \right)^{\perp}$$

$$= \left(\overline{\mathcal{R}}(W, X_i)X_j - h\left(\frac{\partial}{\partial u^i}, A_W\left(\frac{\partial}{\partial u^j} \right) \right) + D^{\perp}_{\frac{\partial}{\partial u^i}} D^{\perp}_{\frac{\partial}{\partial u^j}} W \right)^{\perp},$$

$$\left(\overline{D}_{\frac{\partial}{\partial t}} \left(F_* \left(D^t_{\frac{\partial}{\partial u^i}} \frac{\partial}{\partial u^j} \right) \right) \right)^{\perp} \Bigg|_{t=0}$$

$$= \left(\left(\overline{D}_{D^t_{\frac{\partial}{\partial u^i}} \frac{\partial}{\partial u^j}} \tilde{W} + F_* \left(\left[\frac{\partial}{\partial t}, D^t_{\frac{\partial}{\partial u^i}} \frac{\partial}{\partial u^j} \right] \right) \right) \Big|_{t=0} \right)^{\perp}$$

$$= \left(\overline{D}_{D_{\frac{\partial}{\partial u^i}} \frac{\partial}{\partial u^j}} \tilde{W} + \frac{\partial}{\partial t}(\Gamma_t)^k_{ij} \Big|_{t=0} X_k \right)^{\perp}$$

$$= \left(\mathrm{D}^{\perp}_{\mathrm{D}_{\frac{\partial}{\partial u^i}} \frac{\partial}{\partial u^j}} \tilde{W} - f_* \left(A_W \left(\mathrm{D}_{\frac{\partial}{\partial u^i}} \frac{\partial}{\partial u^j} \right) \right) + \left. \frac{\partial}{\partial t} (\Gamma_t)^k_{ij} \right|_{t=0} X_k \right)^{\perp}$$

$$= \left(\mathrm{D}^{\perp}_{\mathrm{D}_{\frac{\partial}{\partial u^i}} \frac{\partial}{\partial u^j}} \tilde{W} \right)^{\perp},$$

其中 $(\Gamma_t)^k_{ij}$ 是联络 D^t 的联络系数. 由此得知, (5.20) 式右边第二项与 W 的内积是

$$\left\langle (g_t)^{ij} \overline{\mathrm{D}}_{\frac{\partial}{\partial t}} \left(\overline{\mathrm{D}}_{\frac{\partial}{\partial u^i}} \tilde{X}_j - (f_t)_* \left(\mathrm{D}^t_{\frac{\partial}{\partial u^i}} \frac{\partial}{\partial u^j} \right) \right), \tilde{W} \right\rangle \Bigg|_{t=0}$$

$$= \left\langle (g_t)^{ij} \left(\overline{\mathrm{D}}_{\frac{\partial}{\partial t}} \overline{\mathrm{D}}_{\frac{\partial}{\partial u^i}} \tilde{X}_j \right)^{\perp} \right|_{t=0}$$

$$- (g_t)^{ij} \left(\overline{\mathrm{D}}_{\frac{\partial}{\partial t}} \left((f_t)_* \left(\mathrm{D}^t_{\frac{\partial}{\partial u^i}} \frac{\partial}{\partial u^j} \right) \right) \right)^{\perp} \Bigg|_{t=0}, W \right\rangle$$

$$= \left\langle g^{ij} \overline{\mathcal{R}}(W, X_i) X_j, W \right\rangle$$

$$+ \left\langle g^{ij} \left(\mathrm{D}^{\perp}_{\frac{\partial}{\partial u^i}} \mathrm{D}^{\perp}_{\frac{\partial}{\partial u^j}} W - \mathrm{D}^{\perp}_{\mathrm{D}_{\frac{\partial}{\partial u^i}} \frac{\partial}{\partial u^j}} W \right), W \right\rangle$$

$$- \left\langle g^{ij} h \left(\frac{\partial}{\partial u^i}, A_W \left(\frac{\partial}{\partial u^j} \right) \right), W \right\rangle$$

$$= \left\langle \mathrm{Ric}^{\perp}(W), W \right\rangle + \left\langle \triangle^{\perp}_M W, W \right\rangle$$

$$- \left\langle g^{ij} h \left(\frac{\partial}{\partial u^i}, A_W \left(\frac{\partial}{\partial u^j} \right) \right), W \right\rangle, \tag{5.22}$$

此外, 容易得知

$$\left\langle g^{ij} h \left(\frac{\partial}{\partial u^i}, A_W \left(\frac{\partial}{\partial u^j} \right) \right), W \right\rangle = g^{ij} g^{kl} h^{\alpha}_{ik} h^{\beta}_{jl} W^{\alpha} W^{\beta}$$

$$= \left\langle h \circ h^{\mathrm{t}}(W), W \right\rangle. \tag{5.23}$$

最后, 综合 (5.20)~(5.23) 各式得到

$$-m \left\langle \overline{\mathrm{D}}_{\frac{\partial}{\partial t}} H_t \Big|_{t=0}, W \right\rangle$$

$$= -\langle \mathrm{Ric}^{\perp}(W), W \rangle - \langle \triangle^{\perp}_M W, W \rangle - \langle h \circ h^{\mathrm{t}}(W), W \rangle.$$

把上式代入 (5.19) 式便得

$$V''(0) = -\int_M \langle \triangle_M^\perp W + \text{Ric}^\perp(W) + h \circ h^t(W), W \rangle dV_M.$$

证毕.

注记 5.1 定理 5.3 有采用活动标架方法的证明, 请参看参考文献 [18].

下面, 在极小超曲面的情形下化简体积的第二变分公式.

设 $f: M \to N$ 是 $n = m+1$ 维黎曼流形 $(N, \overline{g})$ 中的极小超曲面, $\{e_i\}$ 是 M 上单位正交局部标架场. 若用 $\boldsymbol{n}$ 表示超曲面的单位法向量, 则有 $\lambda \in C^\infty(M)$, 使得 $W = \lambda \boldsymbol{n}$, 并且 $\lambda|_{\partial M} = 0$. 容易看出, 我们有

$$\triangle_M^\perp W = (\triangle_M \lambda)\boldsymbol{n}.$$

另外,

$$\begin{aligned}
\text{Ric}^\perp(W) &= -\sum_i (\overline{\mathcal{R}}(f_*(e_i), W)f_*(e_i))^\perp \\
&= -\lambda \cdot \sum_i (\overline{\mathcal{R}}(f_*(e_i), \boldsymbol{n})f_*(e_i))^\perp,
\end{aligned}$$

因而

$$\langle \text{Ric}^\perp(W), W \rangle = -\lambda^2 \sum_i \langle \overline{\mathcal{R}}(f_*(e_i), \boldsymbol{n})f_*(e_i), \boldsymbol{n} \rangle = \lambda^2 \overline{\text{Ric}}(\boldsymbol{n}),$$

其中 $\overline{\text{Ric}}(\boldsymbol{n})$ 是黎曼流形 $(N, \overline{g})$ 中沿方向 $\boldsymbol{n}$ 的 Ricci 曲率. 此外, 因为

$$h \circ h^t(W) = h \circ h^t(\lambda \boldsymbol{n}) = \lambda \sum_{i,j} (h_{ij})^2 \boldsymbol{n},$$

所以

$$\langle h \circ h^t(W), W \rangle = \lambda^2 \sum_{i,j} (h_{ij})^2 = \lambda^2 |h|^2,$$

其中

$$|h|^2 = \sum_{i,j} (h_{ij})^2$$

称为超曲面的第二基本形式的模长平方. 综上所述, 极小超曲面体积的第二变分公式成为

$$V''(0) = -\int_M \{\lambda \triangle_M \lambda + \lambda^2(\overline{\mathrm{Ric}}(\boldsymbol{n}) + |h|^2)\} \mathrm{d}V_M. \tag{5.24}$$

正如本节开始所谈到的, 推导体积第二变分公式的一个目的是给出判定一个极小子流形的体积是否达到 (局部) 最小值的手段; 与此密切相关的一个重要概念是极小子流形的稳定性. 关于极小子流形的稳定性, 已有丰富的研究成果, 在此仅利用体积的第二变分公式证明两个重要的定理, 作为这个专题的入门.

定义 5.1　设 $f:(M,g) \to (N,\bar{g})$ 是等距极小浸入. 如果对于 M 中每一个紧致有向的带边区域 D, 子流形 $f|_D$ 在任意的有固定边界的法向变分下其体积的第二变分都是非负的, 则称 f 是**稳定的极小子流形**.

设 $f:M \to N$ 是一个等距浸入, 如果对于 M 的每一个紧致有向的带边区域 D, 以及任意一个子流形 $\tilde{f}:D \to N$, 只要

$$\tilde{f}|_{\partial D} = f|_{\partial D},$$

便有 $V(f|_D) \leqslant V(\tilde{f})$, 则称子流形 f 是**体积最小的**, 其中 $V(f|_D)$ 和 $V(\tilde{f})$ 分别表示带边黎曼流形 $(D, f^*\bar{g})$ 和 $(D, \tilde{f}^*\bar{g})$ 的体积.

显然, 每一个体积最小的子流形都是稳定的极小子流形.

引理 5.4　设 $f:M \to N$ 是 n 维黎曼流形 $(N,\bar{g})$ 中的极小浸入超曲面, $n = m+1$. 如果 $\boldsymbol{n}$ 是子流形 f 在 N 中的单位法向量场, 则 f 是稳定的充要条件是对于任何具有紧致支撑集的光滑函数 $\lambda \in C^\infty(M)$ 有

$$\int_M \lambda^2(\overline{\mathrm{Ric}}(\boldsymbol{n}) + |h|^2)\mathrm{d}V_M \leqslant \int_M |\nabla\lambda|^2\mathrm{d}V_M, \tag{5.25}$$

其中 $\overline{\mathrm{Ric}}(\boldsymbol{n})$ 是在黎曼流形 $(N,\bar{g})$ 中沿方向 $\boldsymbol{n}$ 的 Ricci 曲率.

证明 在 M 上取单位正交局部标架场 $\{e_i\}$, 并设 $\lambda_i = e_i(\lambda)$, 则

$$\Delta_M(\lambda^2) = \sum_i (\lambda^2)_{,ii} = \sum_i (\mathrm{D}_{e_i}\mathrm{D}_{e_i} - \mathrm{D}_{\mathrm{D}_{e_i}e_i})(\lambda^2)$$

$$= 2\sum_i (\lambda(\mathrm{D}_{e_i}\mathrm{D}_{e_i}\lambda) + (e_i(\lambda))^2 - \lambda(\mathrm{D}_{\mathrm{D}_{e_i}e_i})\lambda))$$

$$= 2\lambda\sum_i (\mathrm{D}_{e_i}\mathrm{D}_{e_i} - \mathrm{D}_{\mathrm{D}_{e_i}e_i})\lambda + 2\sum_i (\lambda_i)^2$$

$$= 2(\lambda\Delta_M\lambda + |\nabla\lambda|^2).$$

于是

$$\lambda\Delta_M\lambda = \frac{1}{2}\Delta_M(\lambda^2) - |\nabla\lambda|^2;$$

将它代入 (5.24) 式得到

$$V''(0) = -\int_M \left\{\frac{1}{2}\Delta_M(\lambda^2) - |\nabla\lambda|^2 + \lambda^2(\overline{\mathrm{Ric}}(\boldsymbol{n}) + |h|^2)\right\}\mathrm{d}V_M. \quad (5.24')$$

设 U 是 M 的开子集, 使得 $\overline{U}$ 是紧致的, 并且 $\mathrm{Supp}\lambda \subset U$, 那么由 Green 公式得到

$$\frac{1}{2}\int_M \Delta_M(\lambda^2)\mathrm{d}V_M = -\frac{1}{2}\int_{\partial\overline{U}} \langle\nabla(\lambda)^2, \tilde{\boldsymbol{n}}\rangle\mathrm{d}V_{\partial M} = 0,$$

其中 $\tilde{\boldsymbol{n}}$ 是指 $\partial\overline{U}$ 的指向 $\overline{U}$ 内的法向量. 因此, $V''(0) \geqslant 0$ 当且仅当 (5.25) 式成立. 证毕.

定理 5.5 设 $(N, \bar{g})$ 是具有正数量曲率的紧致有向的三维黎曼流形, (M, g) 是紧致有向的二维黎曼流形. 如果 $f : M \to N$ 是 N 中稳定极小的浸入曲面, 则 M 的亏格 $g(M)$ 必为零; 换句话说, 在满足定理条件的黎曼流形 N 中不存在亏格为正, 并且紧致有向的稳定极小浸入曲面.

证明 设 $\overline{S}$ 是黎曼流形 N 的数量曲率, K 是曲面 M 的 Gauss 曲率, $\boldsymbol{n}$ 是 M 在 N 中的单位法向量场. 对于任意的 $p \in M$, 选取 M 在 p 点附近的单位正交标架场 $\{e_1, e_2\}$, 使得 M 的第二基本形式 h 的分量 $h_{ij} = h(e_i, e_j)$ 构成一个二阶对角方阵, 即存在局部定义的光滑函数 λ, μ, 使得

$$h_{11} = \lambda, \quad h_{22} = \mu, \quad h_{12} = h_{21} = 0. \quad (5.26)$$

由于 M 是 N 的极小曲面, $\mu = -\lambda$. 于是 $|h|^2 = 2\lambda^2$. 令 $e_3 = \boldsymbol{n}$, 则 $\{e_1, e_2, e_3\}$ 是 N 上沿 M 定义的单位正交标架场, 从而由数量曲率的定义

$$
\begin{aligned}
\overline{S} &= \sum_{A,B=1}^{3} \overline{R}(e_A, e_B, e_B, e_A) \\
&= 2\left(\sum_i \overline{R}(e_i, \boldsymbol{n}, \boldsymbol{n}, e_i) + \overline{R}(e_1, e_2, e_2, e_1)\right) \\
&= 2\overline{\text{Ric}}(\boldsymbol{n}) + 2\overline{R}(e_1, e_2, e_2, e_1).
\end{aligned} \tag{5.27}
$$

再由 Gauss 方程 (2.6) 和 (5.26) 式,

$$
\overline{R}(e_1, e_2, e_2, e_1) = R(e_1, e_2, e_2, e_1) + (h_{12})^2 - h_{11}h_{22} = K + \lambda^2.
$$

把上式代入 (5.27) 得

$$
\begin{aligned}
\overline{S} &= 2\overline{\text{Ric}}(\boldsymbol{n}) + 2K + 2\lambda^2 = 2\overline{\text{Ric}}(\boldsymbol{n}) + 2K + |h|^2 \\
&= 2(\overline{\text{Ric}}(\boldsymbol{n}) + |h|^2) + 2K - |h|^2.
\end{aligned}
$$

因此

$$
K = -(\overline{\text{Ric}}(\boldsymbol{n}) + |h|^2) + \frac{1}{2}(\overline{S} + |h|^2). \tag{5.28}
$$

另一方面, 由于 M 是紧致的稳定极小浸入曲面, 不等式 (5.25) 对于任意的 $\lambda \in C^\infty(M)$ 成立. 如果令 $\lambda \equiv 1$, 则得

$$
\int_M (\overline{\text{Ric}}(\boldsymbol{n}) + |h|^2) \mathrm{d}V_M \leqslant 0.
$$

最后, 根据 Gauss-Bonnet 定理和 (5.28) 式得到

$$
4\pi(1 - g(M)) = \int_M K \mathrm{d}V_M > -\int_M (\overline{\text{Ric}}(\boldsymbol{n}) + |h|^2) \mathrm{d}V_M \geqslant 0,
$$

其中利用了假设条件 $\overline{S} > 0$. 所以 $g(M) < 1$, 即 $g(M) = 0$. 证毕.

下面的定理讨论欧氏空间中极小超曲面的稳定性.

定理 5.6　设 D 是欧氏空间 $\mathbb{R}^m$ 中的紧致带边区域, $F: D \to \mathbb{R}$ 是光滑函数, 使得 F 的图像

$$M = \{(u^1, \cdots, u^m, F(u^1, \cdots, u^m)); \ \forall (u^1, \cdots, u^m) \in D\}$$

是 $\mathbb{R}^{m+1}$ 中的一个带边极小浸入超曲面. 则对于 D 上任意一个光滑函数 $\tilde{F}$ 的图像 $\tilde{M} \subset \mathbb{R}^{m+1}$, 只要 $\partial \tilde{M} = \partial M$, 便有

$$V(M) \leqslant V(\tilde{M}),$$

其中等号成立当且仅当 $M = \tilde{M}$.

定理 5.6 说明, $\mathbb{R}^{m+1}$ 中由光滑函数 F 的图像给出的极小超曲面 M 是体积最小的.

证明　用 $(x^1, \cdots, x^{m+1})$ 记 $\mathbb{R}^{m+1}$ 中的笛儿尔坐标系, 则图像 M 由参数方程

$$\begin{cases} x^i = u^i, & 1 \leqslant i \leqslant m, \\ x^{m+1} = F(u^1, \cdots, u^m) \end{cases} \tag{5.29}$$

给出. 因此 M 上的切标架场由下列切向量场组成:

$$X_i = \frac{\partial}{\partial x^i} + \frac{\partial F}{\partial u^i} \frac{\partial}{\partial x^{m+1}}, \quad 1 \leqslant i \leqslant m, \tag{5.30}$$

用 $\boldsymbol{n}$ 记 M 的单位法向量场, 使得 $\{X_1, \cdots, X_m, \boldsymbol{n}\}$ 给出的定向与 $\mathbb{R}^{m+1}$ 一致. 不难求出

$$\boldsymbol{n} = \frac{1}{P}\left(-\sum_i \frac{\partial F}{\partial u^i} \frac{\partial}{\partial x^i} + \frac{\partial}{\partial x^{m+1}} \right), \tag{5.31}$$

其中

$$P = \sqrt{1 + \sum_i \left(\frac{\partial F}{\partial u^i} \right)^2}.$$

记

$$n_i = -\frac{1}{P} \frac{\partial F}{\partial u^i}, \quad n_{m+1} = \frac{1}{P}. \tag{5.32}$$

注意到 M 是 F 的图像, 向量场 $\boldsymbol{n}$ 实际上是 u^i 的函数, 因而只依赖于坐标 $x^i, 1 \leqslant i \leqslant m$, 因此可以把 $\boldsymbol{n}$ 扩充成定义在 $D \times \mathbb{R} \subset \mathbb{R}^{m+1}$ 上的

光滑向量场, 使得 $\boldsymbol{n}$ 在坐标直线 $(x_0^1, \cdots, x_0^m, x^{m+1})$ 上是常向量场, 其中 $(x_0^1, \cdots, x_0^m)$ 是 D 中任意一个固定点. $\mathbb{R}^{m+1}$ 的体积元素是

$$\Omega = \mathrm{d}x^1 \wedge \cdots \wedge \mathrm{d}x^m \wedge \mathrm{d}x^{m+1}, \tag{5.33}$$

令

$$\begin{aligned}
\omega &= (-1)^m \cdot i(\boldsymbol{n})\Omega \\
&= \sum_{A=1}^{m+1} (-1)^{m+A+1} n_A \mathrm{d}x^1 \wedge \cdots \wedge \widehat{\mathrm{d}x^A} \wedge \cdots \wedge \mathrm{d}x^{m+1},
\end{aligned} \tag{5.34}$$

其中 $i(\boldsymbol{n})$ 是外微分式的内乘 (参看第一章习题第 54 题). 现在需要证明下面三个事实:

(1) $\mathrm{d}\omega = 0$, 即 ω 是 $\mathbb{R}^{m+1}$ 上的闭形式;

(2) $\omega|_M = \mathrm{d}V_M$, 即 ω 在子流形 M 上的限制是 M 的体积元;

(3) 若 $\tilde{M}$ 是函数 $\tilde{F}: \overline{D} \to \mathbb{R}$ 的图像, $\tilde{\boldsymbol{n}}$ 是 $\tilde{M}$ 的单位法向量, 则 $\omega|_{\tilde{M}} = \langle \boldsymbol{n}, \tilde{\boldsymbol{n}} \rangle \mathrm{d}V_{\tilde{M}}$.

先证明结论 (1). 对 (5.34) 式求外微分得到

$$\mathrm{d}\omega = (-1)^m \left(\sum_A \frac{\partial n_A}{\partial x^A} \right) \mathrm{d}x^1 \wedge \cdots \wedge \mathrm{d}x^{m+1}.$$

现在, $x^i = u^i \, (1 \leqslant i \leqslant m)$, 而 n_A 与 x^{m+1} 无关, 所以

$$\sum_A \frac{\partial n_A}{\partial x^A} = \sum_{i=1}^m \frac{\partial n_i}{\partial u^i} = -\sum_{i=1}^m \frac{\partial}{\partial u^i} \left(\frac{F_i}{\sqrt{1 + \sum_k (F_k)^2}} \right).$$

因为函数 F 的图像是极小超曲面, $F(u^1, \cdots, u^m)$ 必满足方程 (4.32), 即上式的右端为零. 这意味着

$$\sum_A \frac{\partial n_A}{\partial x^A} = 0, \ \text{即} \ \mathrm{d}\omega = 0.$$

(2) 的证明. 根据 (5.30) 式, R^{m+1} 在 M 上的诱导度量由

$$g_{ij} = \langle X_i, X_j \rangle = \delta_{ij} + F_i F_j, \quad 1 \leqslant i, j \leqslant m$$

给出. 容易得知

$$\det(g_{ij}) = 1 + \sum_{k=1}^{m}(F_k)^2 = P^2,$$

因此 M 的体积元素是

$$dV_M = P du^1 \wedge \cdots \wedge du^m.$$

将 (5.29) 式代入 (5.34) 式得到

$$
\begin{aligned}
\omega|_M =& n_{m+1} du^1 \wedge \cdots \wedge du^m \\
&+ \sum_{i=1}^{m}(-1)^{m+i+1}n_i du^1 \wedge \cdots \wedge \widehat{du^i} \wedge \cdots \wedge du^m \wedge \left(\sum_{k=1}^{m}F_k du^k\right) \\
=& P du^1 \wedge \cdots \wedge du^m = dV_M.
\end{aligned}
$$

(3) 的证明. $\tilde{M}$ 的单位法向量 $\tilde{\boldsymbol{n}}$ 的分量是

$$\tilde{n}_i = -\frac{1}{\tilde{P}} \cdot \frac{\partial \tilde{F}}{\partial u^i}, \quad \tilde{n}_{m+1} = \frac{1}{\tilde{P}},$$

其中

$$\tilde{P} = \sqrt{1 + \sum_k \left(\frac{\partial \tilde{F}}{\partial u^k}\right)^2}.$$

显然, $\tilde{M}$ 的体积元素是

$$dV_{\tilde{M}} = \tilde{P} du^1 \wedge \cdots \wedge du^m.$$

直接计算得到

$$
\begin{aligned}
\omega|_{\tilde{M}} =& n_{m+1} du^1 \wedge \cdots \wedge du^m \\
&+ \sum_{i=1}^{m}(-1)^{m+i+1}n_i du^1 \wedge \cdots \wedge \widehat{du^i} \wedge \cdots \wedge du^m \wedge \left(\sum_{k=1}^{m}\tilde{F}_k du^k\right) \\
=& \frac{1}{P}\left(1 + \sum_{i=1}^{m}\frac{\partial F}{\partial u^i}\frac{\partial \tilde{F}}{\partial u^i}\right) du^1 \wedge \cdots \wedge du^m \\
=& \langle\tilde{\boldsymbol{n}}, \boldsymbol{n}\rangle \tilde{P} du^1 \wedge \cdots \wedge du^m = \langle\boldsymbol{n}, \boldsymbol{n}\rangle dV_{\tilde{M}}.
\end{aligned}
$$

最后来完成定理的证明.

设 $\tilde{M}$ 是光滑函数 $\tilde{F} : D \to \mathbb{R}$ 的图像, 且 $\partial\tilde{M} = \partial M$, 即

$$\tilde{F}|_{\partial D} = F|_{\partial D},$$

则可假定 M 和 $\tilde{M}$ 围成 $\mathbb{R}^{m+1}$ 中的一个紧致区域 G, 使得

$$\partial G = M - \tilde{M}.$$

由 Stokes 定理,

$$\int_M \omega - \int_{\tilde{M}} \omega = \int_{\partial G} \omega = \int_G \mathrm{d}\omega = 0.$$

所以

$$\begin{aligned}
V(M) = \int_M \omega &= \int_{\tilde{M}} \omega = \int_{\tilde{M}} \langle \tilde{\boldsymbol{n}}, \boldsymbol{n}\rangle \mathrm{d}V_{\tilde{M}} \\
&\leqslant \int_{\tilde{M}} \mathrm{d}V_{\tilde{M}} = V(\tilde{M}).
\end{aligned}$$

如果 $\tilde{F} \neq F$, 则在 D 的一个正测度子集上 $\langle\tilde{\boldsymbol{n}}, \boldsymbol{n}\rangle < 1$, 因此

$$V(M) < V(\tilde{M}).$$

证毕.

习 题 七

1. 设 (M_1, g_1), (M_2, g_2) 是两个黎曼流形, $M = M_1 \times M_2$, (M, g) 是 M_1 和 M_2 的黎曼乘积 (参看第二章的例 2.5). 用 $\mathrm{D}^{(1)}$, $\mathrm{D}^{(2)}$ 和 D 依次表示 M_1, M_2 和 M 上的黎曼联络.

(1) 对于任意的 $p \in M_1$, M 中的子集

$$(M_2)_p = \{(p, q) \in M; \ q \in M_2\}$$

是 M 中的一个与 M_2 光滑同胚的子流形. 证明: $(M_2)_p$ 是 M 的全测地子流形.

(2) 设 $p \in M_1$, $q \in M_2$, $v \in T_p M_1$, $w \in T_q M_2$, 并且 $v \neq 0$, $w \neq 0$. 证明: 若把 $T_{(p,q)} M$ 等同于 $T_p M_1 \oplus T_q M_2$, 则 M 上由 v 和 w 确定的截面曲率 $K(v, w) = 0$.

2. 设映射 $f : \mathbb{R}^2 \to \mathbb{R}^4$ 由下式定义:

$$f(\theta, \varphi) = \frac{1}{\sqrt{2}} (\cos\theta, \sin\theta, \cos\varphi, \sin\varphi), \qquad \forall (\theta, \varphi) \in \mathbb{R}^2,$$

S^2 是 $\mathbb{R}^4$ 中的单位球面. 证明:

(1) $f(\mathbb{R}^2) \subset S^3$ 并且 $f : \mathbb{R}^2 \to S^3$ 是一个浸入, 但对于 $\mathbb{R}^2$ 上的标准度量而言, 它不是等距浸入;

(2) $f(\mathbb{R}^2) = S^1(\frac{1}{\sqrt{2}}) \times S^1(\frac{1}{\sqrt{2}})$, 因而作为 S^3 的黎曼子流形, $f(\mathbb{R}^2)$ 的 Gauss 曲率恒为零.

3. 设 N 是黎曼流形, $S \subset M \subset N$ 是子流形. 证明: 如果 M 是 N 的全测地子流形, S 是 M 的全测地 (或极小) 子流形, 则 S 也是 N 的全测地 (或极小) 子流形.

4. 设 $M_i \subset N_i$ 是全测地子流形, $i = 1, 2$. 证明: $M_1 \times M_2$ 是 $N_1 \times N_2$ 的全测地子流形.

5. 设 S^2 是 $\mathbb{R}^3$ 中的单位球面, $M = S^2 \times S^2$ 具有乘积度量. 证明: M 的截面曲率 $K \geqslant 0$. 试求平坦环面 $T^2 = S^1 \times S^1$ 在 M 中的一个全测地的等距嵌入.

6. 设 G 是一个具有双不变黎曼度量的李群 (参看第二章习题第 16 题), $f : H \to G$ 是李群 H 到 G 的同态 (参看第一章习题第 45 题). 证明: 如果 $f : H \to G$ 是浸入, 则 f 关于诱导度量是全测地的.

7. (**Clifford 环面**) 设映射 $f : \mathbb{R}^2 \to \mathbb{R}^4$ 由下式定义:

$$f(\theta, \varphi) = \frac{1}{\sqrt{2}} (\cos\sqrt{2}\theta, \sin\sqrt{2}\theta, \cos\sqrt{2}\varphi, \sin\sqrt{2}\varphi),$$

$$\forall (\theta, \varphi) \in \mathbb{R}^2.$$

(1) 证明: $f(\mathbb{R}^2) \subset S^3 \subset \mathbb{R}^4$, 并且 $f : \mathbb{R}^2 \to S^3$ 是等距浸入;

(2) 令

$$e_1 = (-\sin\sqrt{2}\theta, \cos\sqrt{2}\theta, 0, 0),$$
$$e_2 = (0, 0, -\sin\sqrt{2}\varphi, \cos\sqrt{2}\varphi),$$
$$e_3 = \frac{1}{\sqrt{2}}(-\cos\sqrt{2}\theta, -\sin\sqrt{2}\theta, \cos\sqrt{2}\varphi, \sin\sqrt{2}\varphi),$$
$$e_4 = \frac{1}{\sqrt{2}}(\cos\sqrt{2}\theta, \sin\sqrt{2}\theta, \cos\sqrt{2}\varphi, \sin\sqrt{2}\varphi).$$

试验证 $\{e_1, e_2, e_3, e_4\}$ 和 $\{e_1, e_2, e_3\}$ 分别是子流形 $f: \mathbb{R}^2 \to \mathbb{R}^4$ 和 $f: \mathbb{R}^2 \to S^3$ 的 Darboux 标架场;

(3) 证明: 浸入 $f: \mathbb{R}^2 \to \mathbb{R}^4$ 的第二基本形式 h 关于 Darboux 标架场 $\{e_1, e_2, e_3, e_4\}$ 的分量为

$$h_{11}^3 = -h_{22}^3 = -h_{11}^4 = -h_{22}^4 = 1, \quad h_{12}^\alpha = h_{21}^\alpha = 0, \quad \alpha = 3, 4.$$

可见, $f: \mathbb{R}^2 \to \mathbb{R}^4$ 不是极小子流形;

(4) 证明: 由 $f: \mathbb{R}^2 \to S^3$ 诱导的映射

$$i: S^1\left(\frac{1}{\sqrt{2}}\right) \times S^1\left(\frac{1}{\sqrt{2}}\right) \to S^3$$

是环面 $S^1(\frac{1}{\sqrt{2}}) \times S^1(\frac{1}{\sqrt{2}})$ 在 S^3 中的等距极小嵌入 (称为**Clifford 环面**).

8. 设 N 是 $m+1$ 维黎曼流形, $F: N \to \mathbb{R}$ 是光滑函数, $a = F(p_0)$, 其中 $p_0 \in N$ 是 F 的一个**正则点**, 即 F 在 p_0 点的梯度 $(\nabla F)(p_0) \neq 0$; 此时, 也把 a 称为光滑函数 F 的一个**正则值**. 设

$$M = \{p \in N;\ F(p) = a,\ |\nabla F|(p) \neq 0\},$$

则 M 是 N 中的超曲面.

(1) 证明: M 在 N 中的平均曲率

$$H = -\frac{1}{m}\mathrm{div}_N\left(\frac{\nabla F}{|\nabla F|}\right),$$

其中 div_N 是 N 上的散度算子.

(2) 设 $\tilde{M}$ 是 N 中的任意一个超曲面, $p \in \tilde{M}$. 证明: 存在点 p 在 N 中的一个开邻域 U, 以及 U 上的光滑函数 F, 使得 $U \cap \tilde{M}$ 是 F 关于某个正则值的逆像集. 由此可见, 超曲面 $\tilde{M}$ 的平均曲率可以表示成

$$H = -\frac{1}{m}\mathrm{div}_N(\tilde{\xi}_0),$$

其中 $\tilde{\xi}_0$ 是 $\tilde{M}$ 在 N 中的一个单位法向量场 ξ_0 的局部光滑扩充.

9. 设 $H^n(c)(c < 0)$ 是截面曲率为 c 的 n 维双曲空间. 证明: 如果 M 是 $H^n(c)$ 中的 m 维全测地闭子流形, 则 M 与 $H^m(c)$ 等距; 试决定 $H^n(c)$ 中所有的全测地子流形.

10. 设 N 是黎曼流形, $\varphi: N \to N$ 是 N 上的一个等距变换. 如果 $M \subset N$ 是 φ 在 N 中的不动点的集合, 证明: 在 M 上具有自然诱导的光滑流形结构, 并且 M 关于诱导度量是 N 的全测地子流形.

11. 设 M 是 N 的子流形. 如果对于 M 中的每一条曲线 $\gamma: [0,1] \to M$ 有 $P_\gamma(T_{\gamma(0)}M) = T_{\gamma(1)}M$, 则称 M 的切丛 TM 关于 N 的黎曼联络 $\overline{D}$ 是**平行的**, 这里, P_γ 是 N 中沿 γ 的平行移动. 证明: TM 关于 $\overline{D}$ 是平行的当且仅当对于任意的 $X, Y \in \Gamma(TM)$, 都有 $\overline{D}_X Y \in \mathfrak{X}(M)$. 由此可见, M 是 N 中的全测地子流形当且仅当 TM 关于 $\overline{D}$ 是平行的.

12. 设 $f: M \to N$ 是等距浸入在 n 维黎曼流形 N 中的 m 维子流形, ξ 是 f 的一个法向量场, $\mathrm{D}^\perp$ 是 f 的法联络. 如果对于任意的 $X \in \mathfrak{X}(M)$, $\mathrm{D}_X^\perp \xi = 0$, 则称法向量场 ξ 沿 f 是**平行的**. 证明: 一个非零法向量场 ξ 是平行的当且仅当 $|\xi| = \mathrm{const.}$, 并且单位法向量场 $\xi_0 = \xi/|\xi|$ 是平行的.

13. 设 N 是一个 n 维常曲率空间, M 是 N 的浸入子流形, $\{e_i, e_\alpha\}$ 是沿 M 定义的一个 Darboux 标架场, h_{ij}^α 是 M 的第二基本形式 h 关于 $\{e_i, e_\alpha\}$ 的分量. 对于任意的 α, 令 $H^\alpha = (h_{ij}^\alpha)$. 证明: 如果对于某个 α_0, 单位法向量场 e_{α_0} 是平行的, 则矩阵 H^{α_0} 满足

$$H^{\alpha_0} H^\alpha = H^\alpha H^{\alpha_0}, \quad \forall \alpha.$$

14. 设 $f: M \to N$ 是等距浸入子流形, $H \in \Gamma(T^\perp M)$ 是 f 的平均曲率向量场. 如果 H 作为法向量场是平行的, 则称浸入 f **具有平行平**

均曲率向量场. 证明: f 具有平行平均曲率向量场当且仅当在 Darboux 标架场 $\{e_i, e_\alpha\}$ 下, $\sum_i h^\alpha_{iij} = 0 (\forall j, \alpha)$, 其中 h^α_{ijk} 是 f 的第二基本形式 h 的协变微分在标架场 $\{e_i, e_\alpha\}$ 下的分量 (参看 (2.13) 式).

15. 试利用 Gauss 方程证明: $\mathbb{R}^{m+1}$ 中以 $a > 0$ 为半径的标准球面 $S^m(a)$ 具有常截面曲率 $c = 1/a^2$.

16. 设 M 是黎曼流形 N 的浸入子流形, $\mathrm{D}^\perp$ 是 M 的法联络. 如果对于任意的 $X, Y \in \mathfrak{X}(M)$, $\mathrm{D}^\perp$ 的曲率算子 $\mathcal{R}^\perp(X, Y) \equiv 0$, 则称 M 是**具有平坦法丛的子流形**. 证明: 如果 N 是常曲率空间, 则 M 具有平坦法丛当且仅当在每一点 $p \in M$ 都有 p 点附近的标架场 $\{e_i\}$, 使得对于任意的 $\xi \in \Gamma(T^\perp M)$, Weingarden 变换 A_ξ 在 $\{e_i\}$ 下的矩阵在 p 点是对角矩阵.

17. 双曲空间 $H^n(c)$ 可以看作是在 Lorentz 空间 $\mathbb{R}^{n+1}_1$ 中的嵌入超曲面.

(1) 导出 $H^n(c)$ 在 Lorentz 空间 $\mathbb{R}^{n+1}_1$ 中的基本公式和基本方程;

(2) 采用类似于本章习题第 15 题的办法, 证明 $H^n(c)$ 具有常截面曲率 c.

18. 设 $f : M \to N$ 是黎曼流形 M 在 N 中的等距浸入, g 是 M 上的黎曼度量, h 是浸入 f 的第二基本形式, $p \in M$. 如果存在法向量 $\xi \in T^\perp_p M$, 使得

$$h(v, w) = g(v, w)\xi, \quad \forall v, w \in T_p M,$$

则称 p 点为浸入 f 的脐点; 如果 M 的每一点都是 f 的脐点, 则称 f 是**全脐的**.

(1) 证明: f 是全脐的当且仅当存在 f 的光滑法向量场 ξ, 使得

$$h(X, Y) = g(X, Y)\xi, \quad \forall X, Y \in \mathfrak{X}(M).$$

(2) 证明: 当 (1) 中的等式成立时, ξ 必是浸入 f 的平均曲率向量场, 即有 $\xi = H$.

19. 设 $f : M \to N$ 是 $m + 1$ 维黎曼流形 N 中的浸入超曲面, g 是 M 上的诱导黎曼度量, ξ_0 是 f 的一个单位法向量场. 假定

$$\tilde{h} : \mathfrak{X}(M) \times \mathfrak{X}(M) \to \Gamma(T^\perp M)$$

是 f 的第二基本形式, 则存在 M 上的一个对称的二阶协变张量场 h, 使得对于任意的 $X, Y \in \mathfrak{X}(M)$, $\tilde{h}(X, Y) = h(X, Y)\xi_0$. 显然, 二阶协变张量场 h 和 $\tilde{h}$ 互相确定, 因而 h 也被称为超曲面 f 的**第二基本形式**.

(1) 证明: f 是全脐的当且仅当存在 M 上的光滑函数 λ, 使得

$$h(X, Y) = \langle \tilde{h}(X, Y), \xi_0 \rangle = \lambda g(X, Y), \quad \forall X, Y \in \mathfrak{X}(M).$$

其中 $\langle \cdot, \cdot \rangle$ 是 N 上的黎曼度量. 此时, 函数 λ 是超曲面 M 的平均曲率. 进一步说明: 如果, $\overline{D}$ 是 N 上的黎曼联络, 则上式等价于

$$\langle \overline{D}_X \xi_0, f_*(Y) \rangle = -\lambda g(X, Y), \quad \forall X, Y \in \mathfrak{X}(M).$$

(2) 设 N 是常曲率空间, $m \geqslant 2$, $f : M \to N$ 是全脐的浸入超曲面, 证明: (1) 中的函数 λ 是常值函数, 并且 M 关于诱导的黎曼度量也是一个常曲率空间.

(3) 设 $f : M \to N$ 是到常曲率空间 N 内的全脐浸入超曲面. 试利用第二章习题第 21 题, 证明: 如果 $\tilde{g} = e^{2\rho}\overline{g}$ 是 N 上共形于 $\overline{g} = \langle \cdot, \cdot \rangle$ 的黎曼度量, $\rho \in C^\infty(N)$, 则有

$$\tilde{g}(\tilde{D}_X(e^{-\rho}\xi), f_*(Y)) = e^{-\rho}(\xi_0(\rho) - \lambda)(f^*\tilde{g})(X, Y),$$
$$\forall X, Y \in \mathfrak{X}(M),$$

其中 $\tilde{D}$ 是黎曼流形 $(N, \tilde{g})$ 上的黎曼联络, $\xi_0(\rho)$ 是函数 ρ 沿 ξ_0 方向的方向导数. 由此可见, $f : M \to (N, \tilde{g})$ 仍然是全脐的浸入超曲面.

(4) 设 $N = \mathbb{R}^{m+1}$ 并赋予标准的欧氏度量. 证明: 如果 $f : M \to \mathbb{R}^{m+1}$ 是全脐的浸入超曲面, 则 $f(M)$ 是 m 维平面或 m 维球面的一部分.

20. 设 N 是 $n = m + 1$ 维黎曼流形, $f : M \to N$ 是等距浸入在 N 中的超曲面, ξ_0 是沿 f 定义的单位法向量场. 对于任意的 $p \in M$, 我们用 $A = A_{\xi_0} : T_p M \to T_p M$ 表示在 p 点的 Weingarten 变换, 它的特征值 $\lambda_1, \cdots, \lambda_m$ 是 m 个实数, 称为等距浸入 f 在 p 点的**主曲率**, 相应的特征向量的方向称为 f 在 p 点的**主方向**; m 个主曲率的乘积

$K = \lambda_1 \lambda_2 \cdots \lambda_m$ 称为 f 在 p 点的 **Gauss-Kronecker 曲率**. 证明: 浸入 f 是全脐的充要条件是 f 的 m 个主曲率处处都相等.

21. 设 $f : M \to \mathbb{R}^{m+1}$ 是等距浸入超曲面, S^m 是 $\mathbb{R}^{m+1}$ 中以原点为中心的单位球面. 通过 $\mathbb{R}^{m+1}$ 中的平行移动, f 的单位法向量场 ξ_0 给出一个光滑映射 $G : M \to S^m \subset \mathbb{R}^{m+1}$, 使得对于任意的 $p \in M$, $G(p) = \xi_0(p)$. 如此定义的映射称为等距浸入 f 的 **Gauss 映射**.

(1) 证明: 如果对于任意的 $p \in M$, 通过 $\mathbb{R}^{m+1}$ 中的平行移动把 $f_*(T_pM)$ 和 $T_{G(p)}S^m$ 等同起来, 则有

$$G_*(v) = A(v), \quad \forall v \in T_pM,$$

其中 $A : T_pM \to f_*(T_pM)$ 是 f 的 Weingarten 变换.

(2) 设 M 是紧致可定向的连通黎曼流形, 证明: 如果等距浸入 f 的 Gauss-Kronecker 曲率处处不等于零, 则 M 与单位球面光滑同胚.

22. 设 M 是常曲率空间 N 中的连通超曲面, λ 是 M 的一个主曲率. 对于任意的点 $p \in M$, $\lambda(p)$ 的重数记为 $r(p)$, Weingarten 变换 A 对应于 $\lambda(p)$ 的特征子空间记为 $\mathscr{D}_p$, 易知 $\dim \mathscr{D}_p = r(p)$. 证明:

(1) 如果 M 的每一个主曲率的重数都与点 $p \in M$ 无关, 则由 $p \mapsto \mathscr{D}_p$ 确定了 M 上的一个 r 维光滑分布 $\mathscr{D}$ (参看参考文献 [3], 第 148~151 页), 即对于任意的点 $p \in M$, 存在 p 的开邻域 U 以及定义在 U 的 r 个光滑切向量场 $X_1, \cdots, X_r$, 使得在每一点 $q \in U$, $\{X_1(q), \cdots, X_r(p)\}$ 是 $\mathscr{D}_q$ 的一个基底.

(2) 在 (1) 的条件下, 分布 $\mathscr{D}$ 是**完全可积的**, 即对于任意的点 $p \in M$, 存在 M 的通过 p 点的子流形 M_1, 使得在每一点 $q \in M_1$, $T_pM_1 = \mathscr{D}_p$; 此时称 M_1 是分布 $\mathscr{D}$ 的一个**积分流形**.

(3) 在 (1) 的条件下, 如果 $r \geqslant 2$, 则 λ 在分布 $\mathscr{D}$ 的每一个积分流形上等于常数.

23. 设 M 是欧氏空间 $\mathbb{R}^n$ 的 m 维浸入子流形. 把点 $p \in M$ 在 $\mathbb{R}^n$ 中的向径记为 $x(p)$, 那么 x 可看作定义在 M 上的向量函数, 称为 M 在 $\mathbb{R}^n$ 中的**位置向量** (函数). 令 $n = m + 1$, 再设 $\langle \cdot, \cdot \rangle$ 是 $\mathbb{R}^{m+1}$ 上的标准度量, ξ_0 是 M 的单位法向量场, 令 $S = \langle x, \xi_0 \rangle$, 它是 M 上的光滑

函数, 称为浸入 f 的**支撑函数**. 证明: 如果 M 是紧致连通的, 则 M 是标准球面当且仅当函数 S 为常数, 并且 M 的 Gauss-Kronecker 曲率处处不为零 (参看本章习题第 21 题).

24. (Liebmann-Süss) 设 M 是 $\mathbb{R}^{m+1}$ 中有向的紧致连通超曲面, 证明: M 是 $\mathbb{R}^{m+1}$ 中的标准球面的充要条件是 M 的支撑函数 S(参看本章习题第 23 题) 处处不为零, 并且具有常数平均曲率.

25. 设 $M \subset \mathbb{R}^{m+1}$ 是浸入超曲面, $p \in M$. 如果存在点 p 在 M 中的开邻域 U, 使得 U 上的所有点都位于切空间 T_pM 的同一侧, 则称 M 在 p 点是凸的; 如果存在点 p 在 M 中的开邻域 U, 使得 $U \cap T_pM = \{p\}$, 则称 M 在 p 点处是严格凸的. 如果 M 在每一点都是凸的 (或都是严格凸的), 则称 M 是 $\mathbb{R}^{m+1}$ 中的**凸超曲面** (或**严格凸超曲面**). 证明:

(1) 如果 M 在一点 p 是凸的, 则 M 在该点的第二基本形式 h 是半定的, 即 M 在点 p 的所有主曲率 (即 h, 或 A 在 p 点的特征值) 具有相同的符号; 如果 h 在点 p 是正定的或负定的, 即 M 在点 p 的所有主曲率都大于零或都小于零, 则 M 在点 p 是严格凸的.

(2) 如果 M 在一点 p 的所有截面曲率都大于零, 则 M 在该点是严格凸的; 反之, 如果 M 在一点 p 是凸的, 则 M 在 p 点的截面曲率全部非负.

26. 设 M 是 $\mathbb{R}^{m+1}$ 中的紧致连通超曲面. 证明:

(1) 下述三个条件互相等价:

(a) M 的截面曲率 K 恒不为零;

(b) M 的截面曲率 K 恒大于零;

(c) M 是可定向的, 并且 M 的 Gauss 映射 $G: M \to S^m$ 是光滑同胚 (参看本章习题第 22 题).

(2) 在 (1) 的条件下, M 是严格凸的.

27. 设 $M \subset \mathbb{R}^{m+1}$ 是浸入超曲面, 证明:

(1) 如果 M 是紧致连通的, 并且具有正截面曲率和常数平均曲率, 则 M 是 $\mathbb{R}^{m+1}$ 中的标准球面.

(2) 如果 M 的平均曲率和数量曲率均为常数, 并且具有正截面曲率, 则 M 是标准球面的一部分.

28. 设 M 是 $\mathbb{R}^{m+1}$ 中的超曲面 $m \geqslant 3$. 证明: 对于任意的点 $p \in M$, 存在单位正交的切向量 $e_1, e_2 \in T_pM$, 使得 M 沿二维截面 $[e_1 \wedge e_2]$ 的截面曲率 $K(e_1, e_2) \geqslant 0$.

29. 设 N 是完备的 n 维黎曼流形, M_1, M_2 是 N 中的两个紧致的全测地子流形. 证明:

(1) 如果 N 的截面曲率处处大于零, 并且

$$\dim M_1 + \dim M_2 > n,$$

则 $M_1 \cap M_2 \neq \varnothing$;

(2) 如果 N 的 Ricci 曲率处处大于零, 并且

$$\dim M_1 = \dim M_2 = n - 1,$$

则 $M_1 \cap M_2 \neq \varnothing$.

30. 设 N 是完备的 $m + 1(m \geqslant 4)$ 维常曲率空间, M 是 N 中完备的连通超曲面. 证明: 如果 M 具有平行的第二基本形式 h, 即 h 的协变微分恒为零, 则 M 是常曲率空间, 或者是两个低维常曲率空间的直积.

31. 在具有非零截面曲率的空间形式中导出子流形的基本公式和基本方程, 并给出与定理 3.1 对应的结论.

32. 设 M 是 $m + 1$ 维单位球面 S^{m+1} 中紧致无边的连通超曲面. 证明: 如果 M 的平均曲率为常数, 并且具有非负的截面曲率, 则 M 是 m 维球面或两个低维球面的直积.

33. 设 $M \subset \mathbb{R}^{m+1}$ 是紧致无边的嵌入超曲面. 证明: 如果 M 是连通的并且具有常数量曲率, 则它是 $\mathbb{R}^{m+1}$ 中的标准球面.

34. 设 k, m 为自然数, $k < m$, S^{m+1} 是 $\mathbb{R}^{m+2}$ 中的单位球面. 作为向量空间, $\mathbb{R}^{m+2}$ 是 $\mathbb{R}^{k+1}$ 与 $\mathbb{R}^{m-k+1}$ 的直和. 现设 M 是 S^{m+1} 中的连通超曲面, x 是 M 在 $\mathbb{R}^{m+2}$ 中的位置向量 (参看本章习题第 23 题), 它可以唯一地表示为 $x = ae_1 + be_2$, 其中

$$e_1 : M \to S^k \subset \mathbb{R}^{k+1}, \quad e_2 : M \to S^{m-k} \subset \mathbb{R}^{m-k+1}$$

分别是 M 到单位球面 S^k 和 S^{m-k} 的光滑映射, $a, b \in C^\infty(M)$, 且有 $a^2 + b^2 = 1$. 设 $\xi_0 = -be_1 + ae_2$, 证明:

(1) ξ_0 是 M 在 S^{m+1} 中的法向量场当且仅当 a, b 为非零常数, 因而可以设 $a > 0$, $b > 0$;

(2) 以下假定 a, b 为两个正数, 则 $M \subset S^k(a) \times S^{m-k}(b)$ 是开子流形, 它在 S^{m+1} 中的第二基本形式是

$$h = -\langle \mathrm{d}x, \mathrm{d}\xi_0 \rangle = ab(\langle \mathrm{d}e_1, \mathrm{d}e_1 \rangle - \langle \mathrm{d}e_2, \mathrm{d}e_2 \rangle);$$

(3) M 是 S^{m+1} 中的极小超曲面当且仅当

$$a = \sqrt{\frac{k}{m}}, \quad b = \sqrt{\frac{m-k}{m}}.$$

此时, M 称为 S^{m+1} 中的 **Clifford 极小超曲面**. 本章习题第 7 题中的 Clifford 环面是它的特例.

35. 设 $a > 0$, $S^2(a) = \{(x, y, z) \in \mathbb{R}^3;\ x^2 + y^2 + z^2 = a^2\}$, $\pi : S^2(a) \to \mathbb{R}P^2$ 是从 $S^2(a)$ 到实射影平面 $\mathbb{R}P^2$ 上的自然投影 (参看第二章习题第 4 题). $S^2(a)$ 上的标准度量在 $\mathbb{R}P^2$ 上有一个诱导度量 g_a, 使得 $\pi : S^2(a) \to (\mathbb{R}P^2, g_a)$ 为局部等距. 以 $(u^1, \cdots, u^5)$ 表示 $\mathbb{R}^5$ 上的笛卡儿直角坐标. 定义映射 $f : \mathbb{R}^3 \to \mathbb{R}^5$ 如下:

$$u^1 = \frac{\sqrt{3}}{a^2} xy, \quad u^2 = \frac{\sqrt{3}}{a^2} xz, \quad u^3 = \frac{\sqrt{3}}{a^2} yz,$$

$$u^4 = \frac{\sqrt{3}}{2a^2}(x^2 - y^2), \quad u^5 = \frac{1}{2a^2}(x^2 + y^2 - 2z^2).$$

易知, 当 $(x, y, z) \in S^2(a)$ 时, $\sum_{i=1}^{5}(u^i)^2 = 1$, 因而 f 确定了一个映射 $f : S^2(a) \to S^4$, 这里 S^4 是 $\mathbb{R}^5$ 中的单位球面.

(1) 证明: 映射 $f : S^2(a) \to S^4$ 是共形浸入; 由此说明 f 诱导了一个共形嵌入

$$\tilde{f} : (\mathbb{R}P^2, g_a) \to S^4.$$

(2) 证明: $f : S^2(a) \to S^4$ (或等价地, $\tilde{f} : (\mathbb{R}P^2, g_a) \to S^4$) 是等距极小的当且仅当 $a = \sqrt{3}$. 相应的等距极小浸入 $f : S^2(\sqrt{3}) \to S^4$ 或等距极小嵌入 $\tilde{f} : (\mathbb{R}P^2, g_{\sqrt{3}}) \to S^4$ 称为 S^4 中的 **Veronese 曲面**, 它的进一步推广可以参看参考文献 [37].

36. 设 (M, g) 是 m 维黎曼流形, $(N, \overline{D})$ 是一个仿射联络空间, $f: M \to N$ 是光滑映射. 根据第二章的例 8.2, 在拉回丛 $\pi: f^*TN \to M$ 上具有诱导联络, 仍记为 $\overline{D}$. 定义

$$B_f(X, Y) = \overline{D}_X f_*(Y) - f_*(D_X Y), \quad \forall X, Y \in \mathfrak{X}(M),$$

其中 D 是 M 上的黎曼联络. 显然, $B_f(X, Y) \in \Gamma(f^*TN)$, 即 $B_f(X, Y)$ 是 N 中沿 f 定义的向量场. 上面定义的 B_f 称为光滑映射 f 的**第二基本形式**; 如果 $B_f \equiv 0$, 则称映射 f 是**全测地的**.

(1) 证明: 如果 $\overline{D}$ 是无挠联络, 则 B_f 关于 X, Y 是对称的. 此时 B_f 它关于黎曼度量 g 的迹 $\tau(f) = \mathrm{tr}(B_f)$ 称为映射 f 的**张力场**; 如果 f 的张力场 $\tau(f)$ 处处为零, 则称 f 是**调和映射**. 下面假设 N 是黎曼流形, 并以 $\langle \cdot, \cdot \rangle$ 表示 N 上的黎曼度量, $\overline{D}$ 是它的黎曼联络.

(2) 对于 M 上的任意局部标架场 $\{e_i\}$, 令

$$e(f) = \frac{1}{2} \sum_{ij} g^{ij} \langle f_*(e_i), f_*(e_j) \rangle.$$

易知, $e(f)$ 与标架场 $\{e_i\}$ 的取法无关, 从而确定了 M 上的一个非负光滑函数 $e(f)$, 称为映射 f 的**能量密度**. 当 M 是紧致黎曼流形时, 积分 $E(f) = \int_M e(f) \mathrm{d}V_M$ 称为光滑映射 f 的**能量**. 证明: 映射 f 为调和映射的充要条件是对于任意的紧致子集 $G \subset M$, 以及 f 在 G 上的任意一个具有固定边界的变分 $F: G \times (-\varepsilon, \varepsilon) \to N$, $f|_G$ 是能量泛函 $E(u) = E(f_u)$ 的临界点, 其中映射 $f_u: G \to N$ 由 $f_u(p) = F(p, u)$ 确定, 满足条件 $f_u|_{\partial G} = f|_{\partial G}$.

(3) 设 $f: M \to N$ 是等距浸入, 则作为 N 的黎曼子流形, (M, f) 具有第二基本形式 h 和平均曲率向量 H. 试给出两种第二基本形式 B_f 和 h 之间的关系, 并证明: $\tau(f) = mH$. 因此, 一个等距浸入 $f: M \to N$ 是极小浸入当且仅当 f 是调和映射.

37. 设 $(N, \overline{g})$ 是具有正 Ricci 曲率的黎曼流形, $f: M \to N$ 是 N 中的极小浸入超曲面. 证明: 如果 M 是紧致可定向的, 则 f 不是稳定的.

38. 设 $S^n \subset \mathbb{R}^{n+1}$ 是单位球面. 证明: 在 S^n 中不存在紧致无边的稳定极小子流形.

习题解答和提示

习 题 一

2. 利用多元函数求导的链式法则. 为说明局部坐标变换的 Jacobi 行列式恒不为零, 可以在本题结论中取 $(W, \chi; z^i) = (U, \varphi; x^i)$.

3. 取定 M 的一个定向 $\mathscr{W}_1 = \{(U_\alpha, x_\alpha^i); \alpha \in I\}$. 由 $\mathscr{W}_1$ 可以构造出另一族局部坐标系 $\mathscr{W}_2 = \{(U_\alpha; y_\alpha^i); \alpha \in I\}$, 其中对于任意的 $\alpha \in I$, $(y_\alpha^1, y_\alpha^2, \cdots, y_\alpha^m) = (-x_\alpha^1, x_\alpha^2, \cdots, x_\alpha^m)$. 可以验证, $\mathscr{W}_2$ 是 M 的一个不同于 $\mathscr{W}_1$ 的定向. 由于 M 是连通的, 每一点 $q \in M$ 都可以用分段光滑曲线与固定点 p 连接起来; 而 M 是可定向的, 因而 M 的任意一个定向在 $T_q M$ 上给出的定向是由 $T_p M$ 的定向唯一确定的. 然而 $T_p M$ 的定向只有两种, 所以 M 的定向只有两个.

5. (1) 由正则曲面的定义, 适当缩小 D 后, 可使 $(U \cap S; u, v)$ 构成 S 的一个局部坐标系. 根据反函数定理, 可以证明这样得到的局部坐标系是 C^∞- 相关的.

(2) 圆环面 $(\sqrt{x^2 + y^2} - R)^2 + z^2 = r^2 (0 < r < R)$ 可以表示为以下四个正则参数曲面之像的并集:

$$S_1 : \boldsymbol{r} = ((R + r\cos\varphi)\cos\theta, (R + r\cos\varphi)\sin\theta, r\sin\varphi),$$
$$0 < \varphi < 2\pi, \ 0 < \theta < 2\pi;$$

$$S_2 : \boldsymbol{r} = ((R + r\cos\varphi)\cos\theta, (R + r\cos\varphi)\sin\theta, r\sin\varphi),$$
$$0 < \varphi < 2\pi, \ -\pi < \theta < \pi;$$

$$S_3 : \boldsymbol{r} = ((R + r\cos\varphi)\cos\theta, (R + r\cos\varphi)\sin\theta, r\sin\varphi),$$
$$-\pi < \varphi < \pi, \ 0 < \theta < 2\pi;$$

$$S_4 : \boldsymbol{r} = ((R + r\cos\varphi)\cos\theta, (R + r\cos\varphi)\sin\theta, r\sin\varphi),$$
$$-\pi < \varphi < \pi, \ -\pi < \theta < \pi.$$

6. (1) 定义 $\mathbb{C}P^n$ 的一个开覆盖 $\mathscr{U} = \{U_\alpha; 1 \leqslant \alpha \geqslant n + 1\}$ 如下:

$$U_\alpha = \{(z^1, \cdots, z^{n+1}) \in \mathbb{C}^{n+1}; \ z^\alpha \neq 0\}, \quad 1 \leqslant \alpha \leqslant n + 1.$$

则 $\mathscr{U}$ 是 $\mathbb{C}P^n$ 的一个覆盖. 对于每一个 α, 定义映射 $\varphi_\alpha : U_\alpha \to \mathbb{R}^{2n}$, 使得

$$(u_\alpha^1, \cdots, u_\alpha^n, v_\alpha^1, \cdots, v_\alpha^n) = \varphi_\alpha([(z^1, \cdots, z^{n+1})])$$
$$= \left(\mathrm{Re}\left(\frac{z^1}{z^\alpha}\right), \cdots, \mathrm{Re}\left(\frac{z^{\alpha-1}}{z^\alpha}\right), \mathrm{Re}\left(\frac{z^{\alpha+1}}{z^\alpha}\right), \right.$$
$$\cdots, \mathrm{Re}\left(\frac{z^{n+1}}{z^\alpha}\right), \mathrm{Im}\left(\frac{z^1}{z^\alpha}\right), \cdots, \mathrm{Im}\left(\frac{z^{\alpha-1}}{z^\alpha}\right),$$
$$\left. \mathrm{Im}\left(\frac{z^{\alpha+1}}{z^\alpha}\right), \cdots, \mathrm{Im}\left(\frac{z^{n+1}}{z^\alpha}\right) \right).$$

可以验证, 每一个 φ_α 都是从 U_α 到 $\mathbb{R}^{2n}$ 的双射, 通过它们可以建立 $\mathbb{C}P^n$ 上的拓扑结构, 使得所有的映射 $\varphi_\alpha : U_\alpha \to \mathbb{R}^{2n}$ 都是同胚, 并且 $\{(U_\alpha, \phi_\alpha; u_\alpha^i, v_\alpha^i); 1 \leqslant \alpha \leqslant n+1\}$ 还是 $C^\infty(M)$ 相关的, 因而确定了 $\mathbb{C}P^n$ 上的一个光滑流形结构. 此外, 对于任意的 α, 自然投影 π 在 $\pi^{-1}(U_\alpha)$ 上的局部坐标表示是

$$\pi(z^1, \cdots, z^{n+1}) = \left(\frac{z^1}{z^\alpha}, \cdots, \widehat{\frac{z^\alpha}{z^\alpha}}, \cdots, \frac{z^{n+1}}{z^\alpha} \right).$$

因此, π 是光滑映射.

(2) 先说明映射 $\tilde{\pi} : S^{2n+1} \to \mathbb{C}P^n$ 是一个满射. 由于 $\tilde{\pi} = \pi|_{S^{2n+1}}$, 对于任意的点 $p \in S^{2n+1}$,

$$\tilde{\pi}^{-1}([p]) = \{e^{\sqrt{-1}\,\theta} \cdot p;\ \theta \in [0, 2\pi]\} \cong S^1,$$
$$\ker \tilde{\pi}_* = T_p S^{2n+1} \cap \ker \pi_* = T_p \tilde{\pi}^{-1}([p]).$$

于是 $\dim \ker \tilde{\pi}_* = 1$. 所以映射 $\tilde{\pi}$ 的秩处处等于 $\mathbb{C}P^n$ 的维数, 因而是一个淹没.

7. 可以验证, $\sigma(S^2) \subset S^2$, $\sigma^2 = \mathrm{id}_{\mathbb{R}^3}$. 令 $\tilde{\sigma} = \sigma|_{S^2}$, 则 $\tilde{\sigma}$ 可逆且有 $\tilde{\sigma}^{-1} = \tilde{\sigma}$. 适当选取 S^2 的局部坐标系, 利用 $\tilde{\sigma}$ 的局部坐标表示说明 $\tilde{\sigma}$ 是光滑映射.

8. 参看参考文献 [3] 第 18~19 页. 另一个证明方法是利用压缩映射定理, 具体的做法可以参阅参考文献 [14] 第 42~46 页, 或参考文献 [6] 第 8~12 页.

9. 利用微分流形的局部欧氏性质, 可以通过局部坐标映射把问题转化为欧氏空间的情形, 然后利用本章习题第 8 题的结论.

10. 本题的证明可以参阅参考文献 [14] 第 47~49 页或参考文献 [6] 第 14~16 页.

11. 结论的第一部分请参阅参考文献 [3] 第一章习题 26 的提示 (见该书的第 343∼344 页). 此外, 采用上述映射 f 的存在性不难说明, 本题结论对于一般的 $\mathbb{R}^n (n > 1)$ 也是成立的, 证明的细节可以参阅参考文献 [34] 第 65∼66 页.

12. 利用本章习题第 11 题在 $\mathbb{R}^n$ 情形的结果, 先证明: 若 (U, φ) 是 M 的一个坐标卡, 则对于任意的两点 $p, q \in U$, 存在光滑同胚 $f : M \to M$, 使得 $f(p) = q$. 然后利用 M 的连通性证明上述结论对于任意的 $p, q \in M$ 均成立.

13. $\mathbb{C}P^1$ 可以用两个局部坐标卡 (U_1, φ_1) 和 (U_2, φ_2) 覆盖 (参看本章习题第 6(1) 题的解答), 其中

$$U_1 = \{[(z^1, z^2)];\ z^1 \neq 0\}, \quad U_2 = \{[(z^1, z^2)];\ z^2 \neq 0\},$$
$$(u^1, u^2) = \varphi_1([(z^1, z^2)]) = \left(\frac{x^1 x^2 + y^1 y^2}{(x^1)^2 + (y^1)^2}, \frac{x^1 y^2 - x^2 y^1}{(x^1)^2 + (y^1)^2} \right),$$
$$(v^1, v^2) = \varphi_2([(z^1, z^2)]) = \left(\frac{x^1 x^2 + y^1 y^2}{(x^2)^2 + (y^2)^2}, \frac{x^2 y^1 - x^1 y^2}{(x^2)^2 + (y^2)^2} \right),$$

其中 $z^1 = x^1 + \sqrt{-1} y^1$, $z^2 = x^2 + \sqrt{-1} y^2$. 则 φ_1 和 φ_2 分别是从 U_1 和 U_2 到 $\mathbb{R}^2$ 的微分同胚. 另一方面, 利用 2 维单位球面 $S^2 = \{(\tilde{x}^1, \tilde{x}^2, \tilde{x}^3) \in \mathbb{R}^3;\ (\tilde{x}^1)^2 + (\tilde{x}^2)^2 + (\tilde{x}^3)^2 = 1\}$ 关于南北极的球极投影 (参看本章习题第 4 题), 可以定义 S^2 上的两个局部坐标覆盖 $(U_+, \tilde{\varphi}_+)$ 和 (U_-, φ_-), 使得

$$U_+ = S^2 \backslash \{(0, 0, -1)\}, \quad U_- = S^2 \backslash \{(0, 0, 1)\},$$
$$(\tilde{u}^1, \tilde{u}^2) = \tilde{\varphi}_+(\tilde{x}^1, \tilde{x}^2, \tilde{x}^3) = \left(\frac{\tilde{x}^1}{1 + \tilde{x}^3}, -\frac{\tilde{x}^2}{1 + \tilde{x}^3} \right),$$
$$(\tilde{v}^1, \tilde{v}^2) = \varphi_-(\tilde{x}^1, \tilde{x}^2, \tilde{x}^3) = \left(\frac{\tilde{x}^1}{1 - \tilde{x}^3}, \frac{\tilde{x}^2}{1 - \tilde{x}^3} \right).$$

其中 $\tilde{\varphi}_+$ 是球极投影 $\varphi_+ : U_+ \to \mathbb{R}^2$ 和 $\tilde{u}^2$ 轴的对称变换的复合映射. 显然,

$$\varphi_1(U_1) = \tilde{\varphi}_+(U_+) = \varphi_2(U_2) = \varphi_-(U_-) = \mathbb{R}^2.$$

容易算出 $\tilde{\varphi}_1$ 和 φ_- 的逆映射分别为

$$\tilde{\varphi}_+^{-1}(\tilde{u}^1, \tilde{u}^2)$$
$$= \left(\frac{2\tilde{u}^1}{1 + (\tilde{u}^1)^2 + (\tilde{u}^2)^2}, -\frac{2\tilde{u}^2}{1 + (\tilde{u}^1)^2 + (\tilde{u}^2)^2}, \frac{1 - (\tilde{u}^1)^2 - (\tilde{u}^2)^2}{1 + (\tilde{u}^1)^2 + (\tilde{u}^2)^2} \right),$$

$$\varphi_-^{-1}(\tilde{v}^1, \tilde{v}^2)$$
$$= \left(\frac{2\tilde{v}^1}{1 + (\tilde{v}^1)^2 + (\tilde{v}^2)^2}, \frac{2\tilde{v}^2}{1 + (\tilde{v}^1)^2 + (\tilde{v}^2)^2}, \frac{(\tilde{v}^1)^2 + (\tilde{v}^2)^2 - 1}{1 + (\tilde{v}^1)^2 + (\tilde{v}^2)^2} \right).$$

建立两个映射

$$\psi_1 : U_1 \to U_+, \quad \psi_2 : U_2 \to U_-,$$

使得

$$\psi_1 = \tilde{\varphi}_+^{-1} \circ \varphi_1, \quad \psi_2 = \varphi_-^{-1} \circ \varphi_2,$$

则 ψ_1 和 ψ_2 都是微分同胚. 可以验证,

$$\psi_1|_{U_1 \cap U_2} = \psi_2|_{U_1 \cap U_2}.$$

因此, 可以把 ψ_1 和 ψ_2 拼接起来得到 $\mathbb{C}P^1$ 和 S^2 之间的微分同胚 $\psi : \mathbb{C}P^1 \to S^2$. 通过直接计算不难得到映射 ψ 的具体表达式为 $\psi([(z^1, z^2)]) = (\tilde{x}^1, \tilde{x}^2, \tilde{x}^3)$, 其中

$$\tilde{x}^1 = \frac{2(x^1 x^2 + y^1 y^2)}{(x^1)^2 + (y^1)^2 + (x^2)^2 + (y^2)^2},$$
$$\tilde{x}^2 = \frac{2(y^1 x^2 - x^1 y^2)}{(x^1)^2 + (y^1)^2 + (x^2)^2 + (y^2)^2},$$
$$\tilde{x}^3 = \frac{(x^1)^2 + (y^1)^2 - (x^2)^2 - (y^2)^2}{(x^1)^2 + (y^1)^2 + (x^2)^2 + (y^2)^2}.$$

14. $\forall t \in (-\delta, \delta), p \in U$, 令

$$g(t, p) = \int_0^1 \left. \frac{\partial f(u, p)}{\partial u} \right|_{u=ts} \mathrm{d}s.$$

15. (充分性) 设 $(U, \varphi; x^i) \in \mathscr{A}$, $(V, \psi; y^i) \in \mathscr{A}'$. 根据定理 3.3, 可以证明每一个 x^i 关于 $\mathscr{A}'$ 都是 $U \cap V$ 上的光滑函数, 因而有 $\varphi \circ \psi^{-1} \in C^\infty$. 同理, $\psi \circ \varphi^{-1} \in C^\infty$. 所以 $(U; x^i)$ 和 $(V; y^i)$ 是 C^∞ 相关的. 由 $(V; y^i)$ 的任意性, $(U; x^i) \in \mathscr{A}'$. 因此, $\mathscr{A} \subset \mathscr{A}'$. 同理可证 $\mathscr{A}' \subset \mathscr{A}$.

16. 参看参考文献 [3] 第 62~64 页.

17. 不妨设 $A \neq \emptyset$. 则存在开覆盖 $\{M \backslash A, M \backslash B\}$ 的两个局部有限的开加细 $\Sigma_1 = \{V_\alpha; \alpha \in I\}$ 和 $\Sigma_2 = \{U_\alpha; \alpha \in I\}$, 使得对于任意的 $\alpha \in I$, $\overline{V}_\alpha$ 是紧集并且 $\overline{V}_\alpha \subset U_\alpha$. 定义 I 的子集 $I_1 = \{\alpha \in I; U_\alpha \subset M \backslash B\}$. 则当 $\alpha \notin I_1$ 时, 必有 $U_\alpha \cap (M \backslash B) = \emptyset$, 因而有 $U_\alpha \cap A = \emptyset$. 由此可知 $I_1 \neq \emptyset$. 根据引理

3.2, 对于任意的 $\alpha \in I_1$, 存在 $h_\alpha \in C^\infty(M)$, 满足 $h_\alpha|_{V_\alpha} \equiv 1$, $0 \leqslant h_\alpha \leqslant 1$, 并且 $h_\alpha|_{M \setminus U_\alpha} \equiv 0$. 根据覆盖 Σ_2 的局部有限性, 函数 $f = \prod\limits_{\alpha \in I_1}(1 - h_\alpha)$ 是在 M 上处处有定义的光滑函数. 令 $F = 1 - f$, 则 F 是 M 上的光滑函数并且满足题目的要求.

18. 由乘积拓扑和 α_1, α_2 的定义容易证明 $\alpha_i : M_i \to M(i = 1, 2)$ 都是嵌入. 再说明

$$\alpha_{1*}(T_p M_1) \cap \alpha_{2*}(T_q M_2) = \{0\}$$

并利用

$$\dim(T_{(p,q)} M) = \dim(\alpha_{1*}(T_p M_1)) + \dim(\alpha_{2*}(T_q M_2)).$$

19. 先说明映射 f 在每一个局部坐标邻域内是常值映射, 然后利用 M 的连通性.

20. 由于

$$\frac{\partial(y_1, y_1)}{\partial(x_1, x_2)} = -e^{x_2} < 0,$$

f 处处是浸入, 因而是局部光滑同胚. 易知映射 f 还是可逆的, 其逆映射 f^{-1} 具有如下的表达式:

$$x_1 = \frac{1}{2} e^{\frac{1}{2}(y_2 - y_1)}(y_1 + y_2), \quad x_2 = \frac{1}{2}(y_1 - y_2).$$

此外, f_* 和 f^* 在自然基底下的矩阵是映射 f 的 Jacobi 矩阵 $J_{x;y}$ 和该矩阵的转置, 其中

$$J_{x;y} = \begin{pmatrix} \dfrac{\partial y_1}{\partial x_1} & \dfrac{\partial y_1}{\partial x_2} \\ \dfrac{\partial y_2}{\partial x_1} & \dfrac{\partial y_2}{\partial x_2} \end{pmatrix} = \begin{pmatrix} e^{x_2} & x_1 e^{x_2} + 1 \\ e^{x_2} & x_1 e^{x_2} - 1 \end{pmatrix}.$$

23. 根据秩定理 (定理 2.1), 可以把 f 的局部表示化为欧氏空间中的开集到坐标面的投影. 由此说明 f 把内点映射为内点.

24. 利用本章习题第 23 题的结论和 $\mathbb{R}^m$ 的连通性和非紧性.

25. 参阅参考文献 [3] 定理 4.4, 第 86 页.

26. (2) 在由 (1) 所给出的局部坐标系下, π_1 和 π_2 的局部表示是欧氏空间到坐标面的投影.

(3) 包含映射 $i : T^n \to \mathbb{C}^n = \mathbb{R}^{2n}$ 关于相对拓扑是同胚. 对于任意的 $p = (z_0^1, \cdots, z_0^n) \in T^n$, 取正数 $\varepsilon < 1$, 并设

$$\tilde{U}_p = \{((1 + r_1)\mathrm{e}^{\sqrt{-1}\,\theta_1} z_0^1, \cdots, (1 + r_n)\mathrm{e}^{\sqrt{-1}\,\theta_n} z_0^n);$$
$$-\varepsilon < r_i, \theta < \varepsilon, 1 \leqslant i \leqslant n\}.$$

定义映射 $\psi_p : \tilde{U}_p \to \mathbb{R}^{2n}$, 使得

$$\psi_p((1 + r_1)\mathrm{e}^{\sqrt{-1}\,\theta_1} z_0^1, \cdots, (1 + r_n)\mathrm{e}^{\sqrt{-1}\,\theta_n} z_0^n))$$
$$= (\theta_1, \cdots, \theta_n, r_1, \cdots, r_n).$$

容易看出, $(\tilde{U}_p, \psi_p)$ 是 p 点在 $\mathbb{R}^{2n}$ 中的一个局部坐标系, 且有 $\psi_p(p) = (0, \cdots, 0)$. 如果令 $U_p = \tilde{U}_p \cap T^n$, 那么

$$U_p = \{(\mathrm{e}^{\sqrt{-1}\,\theta_1} z_0^1, \cdots, \mathrm{e}^{\sqrt{-1}\,\theta_n} z_0^n); \ -\varepsilon < \theta_i < \varepsilon, 1 \leqslant i \leqslant n\}.$$

再定义映射 $\varphi_p : U_p \to \mathbb{R}^n$, 使得

$$\varphi_p(\mathrm{e}^{\sqrt{-1}\,\theta_1} z_0^1, \cdots, \mathrm{e}^{\sqrt{-1}\,\theta_n} z_0^n) = (\theta_1, \cdots, \theta_n).$$

那么 (U_p, φ_p) 就是 T^n 在点 p 的一个局部坐标卡. 可以验证, $\mathscr{A}_0 = \{(U_p, \varphi_p);$ $p \in T^n\}$ 是 T^n 上的一个 C^∞ 相关的坐标卡集, 因而确定了 T^n 上的一个光滑结构. 包含映射 i 关于局部坐标卡 (U_p, φ_p) 和 $(\tilde{U}_p, \psi_p)$ 的局部表示为

$$\tilde{i} = \psi_p \circ i \circ \varphi_p^{-1} : (\theta_1, \cdots, \theta_n) \mapsto (\theta_1, \cdots, \theta_n, 0, \cdots, 0).$$

因此, 映射 i 在任意点 p 附近是光滑浸入因而是一个嵌入. 所以 T^n 是 $\mathbb{C}^n = \mathbb{R}^{2n}$ 的嵌入子流形. 最后, 根据 T^n 上的微分结构的构造可以看出, 微分流形 T^n 实际上就是 n 个圆周的直积, 即 $T^n = \underbrace{S^1 \times \cdots \times S^1}_{n\text{个}}$.

27. 参阅参考文献 [14] 引理 6.7, 第 83 页.

28. 参阅参考文献 [14] 定理 5.8, 第 79 页.

29. 设 $\dim M = m$, $\dim N = n$, 则由假设, $\mathrm{rank}\,_p F = m$. 再由映射的连续性, F 在点 p 的一个开邻域内的秩恒为 m. 根据映射的秩定理, 存在点 p 在 M 中的一个局部坐标系 $(U, \varphi; x^i)$ 和点 $f(p)$ 在 N 中的局部坐标系 $(V, \psi; y^\alpha)$, 满足

$$F(U) \subset V, \quad x^i(p) = 0, \quad y^\alpha(F(p)) = 0,$$

并且
$$\psi \circ F \circ \varphi^{-1}(x^1, \cdots, x^m) = (x^1, \cdots, x^m, 0, \cdots, 0).$$

因此, $\tilde{F} = \psi \circ F \circ \varphi^{-1}$ 是 $\mathbb{R}^m$ 中的开子集 $\varphi(U)$ 到 $\mathbb{R}^n$ 中的开子集 $\psi(V)$ 内的嵌入, 因而
$$F|_U = \psi^{-1} \circ F \circ \varphi : U \to V \subset N$$

是嵌入映射.

30. 将 M 和 $\varphi(M)$ 等同起来, 则嵌入子流形 $\varphi : M \to N$ 化为包含 $i : M \to N$. 利用嵌入子流形的典型局部坐标系 (参看本章习题第 25 题), 可以将光滑函数 g 光滑地扩充到 p 点在 N 中的一个开邻域 U_p 上, 从而得到函数 $\tilde{g}_p \in C^\infty(U_p)$, 满足 $\tilde{g}_p|_{U_p \cap M} = g|_{U_p \cap M}$. 由假设, M 是 N 的闭子集, 因而 $U_0 = N \backslash M$ 是 N 的开集, 并且 $\{U_0, U_p; p \in M\}$ 是 N 的一个开覆盖. 如果定义 U_0 上的光滑函数 $g_0 = 0$, 则利用单位分解定理, 容易从 $\{g_0, g_p; p \in M\}$ 构造出 N 上的光滑函数 $\tilde{g}$, 使得 $\tilde{g}|_M = g$.

31. 由于 φ 是一一的, 通过映射 φ 可以把 M 的微分结构移植到 $\varphi(M)$. 根据定理 4.4, φ 在局部上是嵌入. 利用条件 $\dim M = \dim N$ 容易证明 φ 是局部光滑同胚. 由此易知 $\varphi(M)$ 是 N 的一个开子流形.

32. 分别取点 p 和 $f(p)$ 的局部坐标系 $(U; x^i)$ 和 $(V; y^\alpha)$, 使得 $f(U) \subset V$, 并且 $x^i(p) = 0$, $y^\alpha(f(p)) = 0$. 设曲线 γ 的局部坐标方程为 $x^i = x^i(t)$, 则有 $x^i(0) = 0$, $\frac{\mathrm{d}x^i}{\mathrm{d}t} = v^i$, 其中 v^i 由 $v = \sum v^i \frac{\partial}{\partial x^i}(p)$ 确定. 如果令 $y^\alpha(t) = y^\alpha \circ f \circ \gamma(t)$, 则 $y^\alpha = y^\alpha(t)$ 是曲线 $f \circ \gamma$ 的局部坐标方程. 由定义,

$$\begin{aligned}
(f \circ \gamma)'(0) &= \frac{\mathrm{d}y^\alpha}{\mathrm{d}t}(0) \frac{\partial}{\partial y^\alpha}\bigg|_{f(p)} = \frac{\partial f^\alpha}{\partial x^i} \frac{\mathrm{d}x^i}{\mathrm{d}t}(0) \frac{\partial}{\partial y^\alpha}\bigg|_{f(p)} \\
&= \frac{\partial f^\alpha}{\partial x^i} v^i \frac{\partial}{\partial y^\alpha}\bigg|_{f(p)},
\end{aligned}$$

其右端与曲线 γ 的取法无关.

33. 作为欧氏空间之间的映射, α 的可微性等价于其分量的可微性. 显然函数 $t \mapsto |t|$ 在点 $t = 0$ 处是不可微的.

34. 映射 α 在点 $t = 0$ 处的秩为 0.

35. 映射 α 显然是光滑的. 通过计算, 容易知道 $\mathrm{rank}\,\alpha \equiv 1 = \dim \mathbb{R}$, 因而 α 是一个浸入. 但是 $\alpha(\pm 2) = (0, 0)$, 故 α 不是单浸入, 因而不是嵌入.

36. 由定义可以看出，映射 α 是一一的光滑映射，并且 $\alpha'(t)$ 处处不为零. 因此，α 是一个单浸入. 当 $t \in (1,3)$ 时，区间 $(1,3)$ 是点 t 的开邻域，但是相对于诱导拓扑，$f((1,3))$ 却不是点 $f(t)$ 在 $f((0,3))$ 中的开邻域. 可见，相对于 $\mathbb{R}^2$ 在 $f((0,3))$ 上的诱导拓扑，α 不是从 $(0,3)$ 到 $f((0,3)) \subset \mathbb{R}^2$ 的同胚映射，因而不是嵌入.

37. 任意选取 $\delta = \{\delta_i\} \in L(V)$. 由 δ 可以作出 $L(V)$ 的另一个元素 $\tilde{\delta} = \{\tilde{\delta}_i\}$，其中 $\tilde{\delta}_1 = -\delta_1, \tilde{\delta}_i = \delta_i (i = 2, \cdots, m)$. 若设 $\tilde{\delta} = \delta \cdot a$, 则显然有 $\det(a) < 0$. 所以 $[\delta]$ 和 $[\tilde{\delta}]$ 是 V 上的两不同的定向. 下面证明 V 上只有这两个定向. 为此，设 $[\delta']$ 是 V 上的任意一个定向，$\delta' \in L(V)$，并且 $\delta' = \delta \cdot b$. 于是有 $\delta' = (\tilde{\delta} \cdot a^{-1}) \cdot b = \tilde{\delta} \cdot (a^{-1}b)$. 如果 $[\delta'] \neq [\delta]$, 则 $\det(b) < 0$. 因为 $\det(a^{-1}) = (\det(a))^{-1} < 0$, 所以 $\det(a^{-1}b) = \det(a^{-1}b) = (\det(a))^{-1} \cdot \det b > 0$. 因而有 $[\delta'] = [\tilde{\delta}]$.

38. (必要性)M 的一个定向相符的坐标覆盖 $\mathscr{U} = \{(U_\alpha; x_\alpha^i); \alpha \in I\}$, 定义 M 上的定向分布 μ 如下: 对于任意的 $p \in M$, 可取 $\alpha \in I$, 使得 $p \in U_\alpha$. 令 $\mu_p = [\frac{\partial}{\partial x_\alpha^1}|_p, \cdots, \frac{\partial}{\partial x_\alpha^m}|_p]$. 说明: μ_p 是 M 上的一个连续的定向分布.

(充分性) 设 μ 是 M 上的一个连续的定向分布. 定义

$$\mathscr{U} = \left\{ (U; x^i);\ (U; x^i) \text{是 } M \text{ 上的容许局部坐标系，并且} \right.$$

$$\left. \text{对于任意的 } p \in U, \mu_p = \left[\frac{\partial}{\partial x^1}\bigg|_p, \cdots, \frac{\partial}{\partial x^m}\bigg|_p \right] \right\}.$$

根据连续定向分布的定义容易验证 $\mathscr{U}$ 满足定义 1.5 中的条件.

40. (必要性) 设 $X \in \mathfrak{X}(M)$, $f \in C^\infty(M)$. 对于任意的 $p \in M$, 取 p 点的局部坐标系 $(U; x^i)$, 并设 $X|_U = X^i \frac{\partial}{\partial x^i}$, 则 $X^i \in C^\infty(U)$. 当 $q \in U$ 时，$(Xf)(q) = X^i(q)\frac{\partial f}{\partial x^i}(q)$, 即有 $X(f)|_U = X^i \frac{\partial f}{\partial x^i}$. 因为 $\frac{\partial f}{\partial x^i} \in X^\infty(U)$, 所以 $(Xf)|_U \in C^\infty(U)$. 特别地，函数 Xf 在点 p 附近是光滑的. 由 p 点的任意性，$Xf \in C^\infty(M)$.

(充分性) 设 $(U; x^i)$ 是 M 上的任意一个局部坐标系，并且 $X|_U = X^i \frac{\partial}{\partial x^i}$. 对于任意的 $p \in U$, 存在 p 点的开邻域 V, 使得 $\overline{V}$ 紧致，并且 $\overline{V} \subset U$, 以及 $\tilde{x}^i \in C^\infty(M)$, 使得 $\tilde{x}^i|_V \equiv x^i|_V (1 \leqslant i \leqslant \dim M)$. 于是有 $X^i|_V = (X|_U(x^i))|_V = (X(\tilde{x}^i))|_V \in C^\infty(V)$. 特别地，$X^i \in C_p^\infty$, 从而由点 $p \in U$ 的任意性，$X^i \in C^\infty(U)$. 再由 $(U; x^i)$ 的任意性，$X \in \mathfrak{X}(M)$.

41. (1) 不难验证 f_*X 作为从 $C^\infty(N)$ 到 $C^\infty(N)$ 的映射满足定理 5.1 中的条件, 故 $f_*X \in \mathfrak{X}(N)$. 此外, 对于任意的 $p \in M$ 和 $g \in C^\infty_{f(p)}$,

$$((f_*X)(f(p)))(g) = ((f_*X)(g))_{f(p)} = (X(g \circ f)f^{-1})_{(f(p))}$$
$$= (X(g \circ f))(p) = X_p(g \circ f) = f_{*p}(X(p)).$$

(2) 对于任意的 $X, Y \in \mathfrak{X}(M)$, $g \in C^\infty(N)$,

$$[f_*X, f_*Y](g) = (f_*X)(f_*Y)(g) - (f_*Y)(f_*X)(g)$$
$$= (f_*X)(Y(g \circ f)) \circ f^{-1}) - (f_*Y)((X(g \circ f)) \circ f^{-1})$$
$$= X(Y(g \circ f))f^{-1} - Y(X(g \circ f)f^{-1}$$
$$= (XY(g \circ f) - YX(g \circ g))f^{-1}$$
$$= ([X, Y](g \circ f)) \circ f^{-1} = (f_*([X, Y]))(g).$$

43. 参阅参考文献 [14, 例 6.9 和例 6.10, 第 84 页], 并注意到 $SO(n)$ 是 $O(n)$ 的单位连通分支.

44. (1) 由乘积运算和求逆运算的光滑性易知左移动和右移动都是光滑的.

(2) 设 $X, Y \in \mathfrak{g}$ 是 G 上的左不变向量场. 对于任意的 $a \in G$, 因为 L_a 是光滑同胚, 所以 $(L_a)_*X, (L_a)_*Y \in \mathfrak{X}(G)$, 并且由本章习题第 41 题, $(L_a)_*([X, Y]) = [(L_a)_*X, (L_a)_*Y] = [X, Y]$, 即 $[X, Y]$ 是左不变的. 所以 $\mathfrak{g}$ 关于 Poisson 括号积 $[\cdot, \cdot]$ 是封闭的, 因而由定理 5.2, $\mathfrak{g}$ 构成一个李代数.

定义映射 $F : \mathfrak{g} \to T_eG$, 使得对于任意的 $X \in \mathfrak{g}$, $F(X) = X|_e$. 易知 F 是一个双射. 因此可以在 T_eG 上引入乘法 $[\cdot, \cdot]$, 使得

$$[F(X), F(Y)] = [X_e, Y_e] = [X, Y]_e, \quad \forall X, Y \in \mathfrak{g}.$$

此时, T_eG 关于乘法 $[\cdot, \cdot]$ 构成一个李代数, 而 $F : \mathfrak{g} \to T_eG$ 则是李代数同构.

(4) 由例 1.2, $GL(n, \mathbb{R})$ 是 $\mathbb{R}^{n^2}$ 的开子流形, 它关于矩阵的乘法构成群. 因为矩阵的乘积和求逆运算分别是矩阵元素的多项式和有理分式, 它们都是光滑的, 所以 $GL(n, \mathbb{R})$ 是一个李群. 利用本章习题第 27、第 28 和第 43 题的结论可以进一步说明 $SL(n, \mathbb{R})$, $O(n)$ 和 $SO(n)$ 也是李群. 把一个李群 G 的李代数 $\mathfrak{g}$ 和 G 在单位元处的切空间 T_eG 等同起来, 那么, $GL(n, \mathbb{R})$ 和

$SL(n, \mathbb{R})$ 的李代数分别是

$$\mathfrak{gl}(n, \mathbb{R}) = M(n, \mathbb{R}) = \{\text{全体 } n \text{ 阶实数方阵}\},$$
$$\mathfrak{sl}(n, \mathbb{R}) = \{A \in M(n, \mathbb{R}); \ \mathrm{tr}A = 0\};$$

同时, $O(n)$ 和 $SO(n)$ 的李代数是相同的:

$$\mathfrak{o}(n) = \mathfrak{so}(n) = \{A \in M(n, \mathbb{R}); \ A + A^{\mathrm{t}} = 0\}.$$

上面各个李代数的乘法都是矩阵的普通乘法的交换子.

45. (1) 和 (2) 参阅参考文献 [3] 定理 3.6, 第 293~295 页; 也可以参看第三章习题第 7(1) 题.

(3) 利用本章习题第 39 题.

(4) 参阅参考文献 [3] 定理 4.2, 第 303~304 页.

46. 利用本章习题第 43 题和第 44(4) 题.

48. 本题结论的证明可以参阅参考文献 [3] 定理 4.1, 第 147 页. 方程 $Xu = f$ 在点 p 附近的解为 $u = \int f(x^1, \cdots, x^m)\mathrm{d}x^1$.

49. 由积分曲线的唯一性, 对于充分小的 s, t, 有 $\varphi(t, \varphi(s, p)) = \varphi(t + s, p)$. 因此, 对于点 p_0 附近的点 p 和任意的 $f \in C^{\infty}(M)$,

$$(Xf)(p) = \left.\frac{\mathrm{d}}{\mathrm{d}t}\right|_{t=0} (f(\varphi(t, p))),$$
$$(X^2 f)(p) = \left.\frac{\mathrm{d}}{\mathrm{d}s}\right|_{s=0} \left(\left.\frac{\mathrm{d}}{\mathrm{d}t}\right|_{t=0} f(\varphi(t, \varphi(s, p)))\right)$$
$$= \left.\frac{\mathrm{d}^2}{\mathrm{d}s\mathrm{d}t}(f(\varphi(t+s, p)))\right|_{s=0, t=0}$$
$$= \left.\frac{\mathrm{d}}{\mathrm{d}u}\frac{\mathrm{d}}{\mathrm{d}u}f(\varphi(u, p))\right|_{u=0} = \left.\frac{\mathrm{d}^2}{\mathrm{d}t^2}f(\varphi(t, p))\right|_{t=0}.$$

用归纳法证明等式

$$(X^k f)(p) = \frac{\mathrm{d}^k}{\mathrm{d}t^k}f(\varphi(t, p))|_{t=0}.$$

再由一元函数的泰勒公式, 证明: 当 t 充分小时

$$f(\gamma(t^2)) - f(p_0) = t^2([X, Y]f)(p_0) + o(t^2).$$

51. 根据定理 6.1, 只需验证以下两个事实:

(1) 对于任意的 $\alpha \in A^1(M)$, $X \in \mathfrak{X}(M)$ 有

$$\tilde{\varphi}(\alpha, X) \in C^\infty(M);$$

(2) 映射

$$\tilde{\varphi} : A^1(M) \times \mathfrak{X}(M) \to C^\infty(M)$$

是二重线性的.

53. 仿照定理 7.2 的证明方法, 把欲证等式的右端记作

$$\alpha(X_1, \cdots, X_r),$$

得到映射

$$\alpha : \underbrace{\mathfrak{X}(M) \times \cdots \times \mathfrak{X}(M)}_{r+1\uparrow} \to C^\infty(M).$$

首先说明, α 是 $r+1$ 次外微分式, 因而只需要证明 $\mathrm{d}\omega$ 和 α 在任意一个局部坐标系 $(U; x^i)$ 下具有相同的表达式即可. 即证明等式

$$\mathrm{d}\omega\left(\frac{\partial}{\partial x^{i_1}}, \cdots, \frac{\partial}{\partial x^{i_{r+1}}}\right) = \alpha\left(\frac{\partial}{\partial x^{i_1}}, \cdots, \frac{\partial}{\partial x^{i_{r+1}}}\right).$$

本题还可以采用数学归纳的方法证明, 细节请参阅参考文献 [29] Vol.I, 第 36 页, 命题 3.11.

54. (3) 设 $X_1 = X, X_2, \cdots, X_{r+1} \in \mathfrak{X}(M)$, 则

$$
\begin{aligned}
i(X)(\varphi \wedge \psi)(X_2, \cdots, X_{r+s}) &= \varphi \wedge \psi(X_1, X_2, \cdots, X_{r+s}) \\
&= \frac{1}{r!s!}\delta_{1\cdots r+s}^{i_1\cdots i_{r+s}}\varphi(X_{i_1}, \cdots, X_{i_r})\psi(X_{r+1}, \cdots, X_{i_{r+s}}) \\
&= \sum_{\substack{i_1 < \cdots < i_r \\ i_{r+1} < \cdots < i_{r+s} \\ \text{且 } (i_1 \cdots i_{r+s}) \text{ 是} \\ 1, \cdots, r+s \text{ 的排列}}} \delta_{1\cdots r+s}^{i_1\cdots i_{r+s}}\varphi(X_{i_1}, \cdots, X_{i_r})\psi(X_{r+1}, \cdots, X_{i_{r+s}}) \\
&= \sum_{\substack{1 < i_2 < \cdots < i_r \\ i_{r+1} < \cdots < i_{r+s} \\ \text{且 } (i_2 \cdots i_{r+s}) \text{ 是} \\ 2, \cdots, r+s \text{ 的排列}}} \delta_{2\cdots r+s}^{i_2\cdots i_{r+s}}\varphi(X_1, X_{i_2}, \cdots, X_{i_r})\psi(X_{r+1}, \cdots, X_{i_{r+s}})
\end{aligned}
$$

$$+ \sum_{\substack{i_1 < \cdots < i_r \\ 1 < i_{r+2} < \cdots < i_{r+s} \\ \text{且 } (i_1 \cdots, \widehat{i_{r+1}}, \cdots, i_{r+s}) \\ \text{是 } 2, \cdots, r+s \text{ 的排列}}} (-1)^r \delta_{2\cdots r+s}^{i_1 \cdots \widehat{i_{r+1}} \cdots i_{r+s}} \varphi(X_{i_1}, \cdots, X_{i_r}) \cdot \\ \cdot \psi(X_1, X_{i_{r+2}}, \cdots, X_{i_{r+s}})$$

$$= i(X_1)\varphi \wedge \psi(X_2, \cdots, X_{r+s}) + (-1)^r \varphi \wedge i\psi(X_2, \cdots, X_{r+s}).$$

因此

$$i(X)(\varphi \wedge \psi) = i(X)\varphi \wedge \psi + (-1)^r \varphi \wedge i(X)\psi.$$

55. (1) $f^*\varphi$ 显然是反对称的. 直接验证 $f^*\varphi$ 是多重 $C^\infty(M)$- 线性的即可.

(3) 对于任意的 $\varphi \in A^r(N)$, 在 M 和 N 的局部坐标系下分别写出 $d_M f^*\varphi$ 和 $f^* d_N \varphi$ 的表达式. 细节可以参阅参考文献 [3, 定理 2.4, 第 191 页].

56. (1) $d\omega = -x dx \wedge dy - (1+z)dy \wedge dz$.

(2) $d\eta = 2yz dy \wedge dz + 2dz \wedge dx$.

(3) $d\omega \wedge \eta - \omega \wedge d\eta = (2x^2 - x(1+z) - 2xy^2 z - 2z)dx \wedge dy \wedge dz$.

(4) $f^*\omega = (u^3 v^2 + 6u^2 + 2uv - 9u^3 - 3u^2 v)du + (u^4 v - 3u^3 - u^2 v)dv$,
$f^* d\omega = (2u^3 v - 6u^2 - 2uv - 2u)du \wedge dv$.

57. (1) (必要性) 取 M 的一个定向 $\mathscr{W} = \{(U_\alpha; x_\alpha^i); \alpha \in \mathbb{N}\}$, 使得坐标覆盖 $\mathscr{W}$ 是局部有限的. 设 $\{g_\alpha\}$ 是从属于开覆盖 $\mathscr{W}$ 的一个单位分解, $\omega = \sum_{\alpha \in \mathbb{N}} g_\alpha dx_\alpha^1 \wedge \cdots \wedge dx_\alpha^m$, 其中对于任意的 $p \in M$,

$$g_\alpha dx_\alpha^1 \wedge \cdots \wedge dx_\alpha^m(p) = \begin{cases} g_\alpha(p) \cdot dx_\alpha^1|_p \wedge \cdots \wedge dx_\alpha^m|_p, & p \in U_\alpha; \\ 0, & p \notin U_\alpha. \end{cases}$$

可以验证, ω 是 M 上大范围定义并且处处不为零的 m 次外微分式.

(充分性) 设 ω 是 M 上的一个处处不为零的 m 次外微分式. 定义一个由容许的局部坐标系构成集族

$$\mathscr{W} = \{(U; x^i); \ \omega|_U = \lambda dx^1 \wedge \cdots \wedge dx^m, \lambda > 0\}.$$

可以验证, $\mathscr{W}$ 满足定义 1.5 中的两个条件, 因而 M 是可定向的.

(2) 利用李群 G 上的左移动构造出一个左不变的非零 m 次外微分式, 这里 $m = \dim G$.

59. 取点 p 的局部坐标系 $(U; x^i)$, 使得 $x^i(p) = 0$. 令 $\omega_1 = x^1 \mathrm{d}x^2 \wedge \cdots \wedge \mathrm{d}x^{r+1}$. 则 $\mathrm{d}\omega_1 = \mathrm{d}x^1 \wedge \cdots \wedge \mathrm{d}x^{r+1}$. 显然有 $\omega_1(p) = 0$, $\mathrm{d}\omega_1(p) \neq 0$. 根据引理 3.2 或直接利用本章习题第 58 题的结论, 把上述的 ω_1 扩充为 M 上的一个 r 次外微分式, 使得 ω 在点 p 的一个邻域 $V \subset U$ 上与 ω_1 恒等.

60. 令 $f(x, y) = \ln \sqrt{x^2 + y^2}$. 则 $f \in C^\infty(\mathbb{R}^2 \backslash \{0\})$, 且有 $\mathrm{d}f = \omega$.

61. $\mathrm{d}\omega = 0$ 等价于 A, B, C 满足条件 $\dfrac{\partial A}{\partial x} + \dfrac{\partial B}{\partial y} + \dfrac{\partial C}{\partial z} = 0$.

62. 取 $S^2(r_0)$ 的参数方程:

$$x = r_0 \cos\theta \cos\varphi, \quad y = r_0 \cos\theta \sin\varphi, \quad z = r_0 \sin\theta,$$
$$-\pi/2 \leqslant \theta \leqslant \pi/2, \quad 0 \leqslant \varphi \leqslant 2\pi.$$

则 $\omega|_{S^2(r_0)} = \cos\theta \mathrm{d}\varphi \wedge \mathrm{d}\theta$. 因此

$$\int_{S^2(r_0)} \omega = \int_{-\frac{\pi}{2}}^{\frac{\pi}{2}} \left(\cos\theta \int_0^{2\pi} \mathrm{d}\varphi \right) \mathrm{d}\theta = 4\pi.$$

63. (1) $\mathrm{d}\omega = \displaystyle\sum_{i=1}^n \frac{\partial f_i}{\partial x^i} \mathrm{d}x^1 \wedge \cdots \wedge \mathrm{d}x^n$, 其中 $\displaystyle\sum_{i=1}^n \frac{\partial f_i}{\partial x^i} = (n - m)\|x\|^{-m}$.

(2) 由 (1) 即知, 当 $m = n$ 时, ω 是一个闭微分式.

(3) (反证法) 如果存在 $\varphi \in A^{n-2}(\mathbb{R}^n \backslash \{0\})$ 使得 $\omega = \mathrm{d}\varphi$, 那么, 在单位球面 $S^{n-1}(1)$ 上应用 Stokes 定理可知

$$\int_{S^{n-1}(1)} \omega = \int_{S^{n-1}(1)} \mathrm{d}\varphi = \int_{\partial S^{n-1}(1)} \varphi = 0.$$

另一方面, 可以证明积分 $\int_{S^{n-1}(1)} \omega$ 是球面 $S^{n-1}(1)$ 的体积, 不可能等于零, 这就得到了矛盾.

65. 2 次外微分式是非退化的当且仅当它在每一个局部余切标架场 $\{e^i\}$ 下的分量矩阵 A 是处处非奇异的, 而线性映射 I 在 $\{e_i\}$ 和 $\{e^i\}$ 下的矩阵正是 2 次外微分式 ω 在 $\{e^i\}$ 下的分量矩阵 A.

66. ω 显然是一个闭形式, 它在局部余切标架场 $\{\mathrm{d}x^i, \mathrm{d}y^i\}$ 下的非零分量是 $\omega_{i,n+i} = 1$. 因此, 相应的分量行列式处处不为零.

67. 设 $\pi: TM \to M$ 是丛投影. 任取 M 的一个局部坐标覆盖 $\mathscr{U} = \{(U_\alpha; x^i_\alpha); \alpha \in I\}$. 对于任意的 $\alpha \in I$, 令 $V_\alpha = \pi^{-1}(U_\alpha)$, 则得 TM 在 V_α 上的容许局

部坐标系 $(V_\alpha; x_\alpha^i, y_\alpha^i)$, 使得对于任意的 $v \in V_\alpha$, v 的局部坐标 (x^i, y^i) 由

$$v = y^i \frac{\partial}{\partial x^i}\bigg|_{(x^1, \cdots, x^m)}$$

确定. 显然, $\mathscr{V} = \{(V_\alpha; x_\alpha^i, y_\alpha^i); \alpha \in I\}$ 是 TM 的一个坐标覆盖, 并且对于任意的 $\alpha, \beta \in I$, 当 $V_\alpha \cap V_\beta \neq \emptyset$ 时, $U_\alpha \cap U_\beta \neq \emptyset$, 同时在 $V_\alpha \cap V_\beta$ 上成立

$$\frac{\partial(x_\alpha^1, \cdots, x_\alpha^m, y_\alpha^1, \cdots, y_\alpha^m)}{\partial(x_\beta^1, \cdots, x_\beta^m, y_\beta^1, \cdots, y_\beta^m)} = \left(\frac{\partial(x_\alpha^1, \cdots, x_\alpha^m)}{\partial(x_\beta^1, \cdots, x_\beta^m)}\right)^2 > 0.$$

69. 按照切向量场和向量丛截面的定义, M 上的切向量场和切丛 TM 的截面是一回事. 因此, 对于任意一个切向量场 (或等价地, TM 的任意一个截面)X, 只需要说明 X 作为切向量场的光滑性和作为映射 $X: M \to TM$ 的光滑性是一致的. 为此, 对于任意的点 $p \in M$, 取 M 在点 p 处的一个局部坐标系 $(U; x^i)$, 那么, $X_p = X(p)$ 在 TM 中的一个局部坐标系是 $(\pi^{-1}(U); x^i, y^i)$, 其中 $\pi: TM \to M$ 是丛投影. 作为 M 到 TM 的映射, X 的局部坐标表示为

$$x^i = x^i, \ y^i = y^i \circ X = X^i, \quad 1 \leqslant i \leqslant m,$$

其中的后 m 个函数恰好是 X 作为切向量场在自然标架场 $\{\frac{\partial}{\partial x^i}\}$ 下的分量, 即 $X|_U = \sum X^i \frac{\partial}{\partial x^i}$. 由此容易看出, X 作为映射 $X: M \to TM$ 的光滑性等价于它作为切向量场的光滑性.

70. 定义映射 $\pi: f^*TN \to M$, 使得对于任意的 $p \in M$, $\pi(\{p\} \times T_{f(p)}) = \{p\}$. 任意选取 N 的一族局部坐标系 $\mathscr{V} = \{(V_\alpha; y^\lambda); \alpha \in I\}$, 使得 $f(M) \subset \bigcup_{\alpha \in I} V_\alpha$. 对于任意的点 $p \in M$, 存在点 p 的一局部坐标系 $(U_p; x_p^i)$ 以及 $\alpha \in I$, 满足 $f(U_p) \subset V_\alpha$. 我们可以在 $\pi^{-1}(U_p)$ 上引入局部坐标系 (x_p^i, v_p^λ), 使得对于任意的 $(q, v) \in \pi^{-1}(U_p)$, (q, v) 的局部坐标 $(x_p^i(q, v), v_p^\lambda(q, v))$ 由 $x_p^i(q, v) = x_p^i(q)$, $v = v_p^\lambda(q, v) \frac{\partial}{\partial y_\alpha^\lambda}|_{f(q)}$ 确定. 验证, f^*TN 的局部坐标覆盖

$$\{(U_p; x_p^i, v_p^\lambda); p \in M\}$$

确定了 f^*TN 的一个光滑结构, 使之成为光滑流形. 对于任意的 $\alpha \in I$, 定义映射 $\psi_\alpha: U_\alpha \times \mathbb{R}^n \to \pi^{-1}(U_\alpha)$ 如下:

$$\psi_\alpha(p, v^\lambda) = \left(p, v^\lambda \frac{\partial}{\partial y_\alpha^\lambda}\bigg|_{f(p)}\right), \ \forall p \in U_\alpha, \ (v^\lambda) \in \mathbb{R}^n.$$

那么, ψ_α 是光滑同胚; 并且, 以 $\{\psi_\alpha: U_\alpha \times \mathbb{R}^n \to \pi^{-1}(U_\alpha); \alpha \in I\}$ 为局部平凡化结构即可使得 f^*TN 成为 M 上的一个秩为 $n = \dim N$ 的向量丛.

71. 要证明 E^* 是一个秩为 q 的向量丛, 关键是构造 M 上的一个坐标覆盖 $\{(U_\alpha; x_\alpha^i); \alpha \in I\}$, 使得 E^* 在每个 U_α 上存在局部截面 $e_\lambda^a, 1 \leqslant a \leqslant q$, 使得对于任意的 $p \in U_\alpha$, $\{e_\lambda^a(p)\}$ 是 $E^* = \tilde{\pi}^{-1}(p)$ 的基底.

72. T^*M 上的光滑结构由上一题给出. 按对偶丛的定义验证 T^*M 和 TM 是互为对偶向量丛.

73. 首先容易看出, M 上存在一个坐标覆盖 $\{(U_\alpha; x_\alpha^i); \alpha \in I\}$, 使得对于任意的 $\alpha \in I$, E 和 $\tilde{E}$ 在 U_α 上存在光滑标架场 $\{e_a^{(\alpha)}\}$ 和 $\{f_\lambda^{(\alpha)}\}$. 由此可以定义映射 $\pi_1: E \oplus \tilde{E} \to M$ 和 $\pi_2: E_p \otimes \tilde{E} \to M$, 使得对于任意的 $p \in M$, $\pi_1(E_p \oplus \tilde{E}_p) = \{p\}$, $\pi_2(E \otimes \tilde{E}_p) = \{p\}$. 当 $\alpha \in I$ 时, 令

$$\psi_\alpha(p, v_\alpha^a, w_\alpha^\lambda) = \sum_a v_\alpha^a e_a^{(\alpha)}(p) + \sum_\lambda w_\alpha^\lambda f_\lambda^{(\alpha)}(p),$$

$$\tilde{\psi}_\alpha(p, v_\alpha^{a\lambda}) = \sum_{a,\lambda} v_\alpha^{a\lambda} e_a^{(\alpha)}(p) \otimes f_\lambda^{(\alpha)}(p),$$

$$\forall p \in U_\alpha, \ \forall(v_\alpha^a, w_\alpha^\lambda) \in \mathbb{R}^{q+\tilde{q}}, \ \forall(v_\alpha^{a\lambda}) \in \mathbb{R}^{q\tilde{q}}.$$

则 $(\pi_1^{-1}(U_\alpha); x_\alpha^i, v_\alpha^a, w_\alpha^\lambda)$ 和 $(\pi_2^{-1}(U_\alpha): x_\alpha^i, v_\alpha^{a\lambda})$ 分别是 $E \oplus \tilde{E}$ 和 $E \otimes \tilde{E}$ 上的局部坐标系. 易知, 对于任意的 $\alpha, \beta \in I$,

$$(\pi_1^{-1}(U_\alpha); x_\alpha^i, v_\alpha^a, w_\alpha^\lambda) \text{ 和 } (\pi_1^{-1}U_\beta; x_\beta^i, v_\beta^a, w_\beta^\lambda)$$

是 C^∞ 相关的,

$$(\pi_2^{-1}(U_\alpha); x_\alpha^i, v_\alpha^{a\lambda}) \text{ 和 } (\pi_2^{-1}(U_\beta); x_\beta^i, v_\beta^{a\lambda})$$

也是 C^∞ 相关的, 它们分别确定了 $E \oplus \tilde{E}$ 和 $E \otimes \tilde{E}$ 上的光滑结构. 同时可以验证映射族 $\{\psi_\alpha: U_\alpha \times \mathbb{R}^{q+\tilde{q}} \to \pi_1^{-1}U_\alpha; \alpha \in I\}$ 和 $\{\tilde{\psi}_\alpha: U_\alpha \times \mathbb{R}^{q\tilde{q}} \to \pi_2^{-1}(U_\alpha); \alpha \in I\}$ 都满足定义 9.1 中的条件. 因而 $E \oplus \tilde{E}$ 和 $E \oplus \tilde{E}$ 和 $E \otimes \tilde{E}$ 都是 M 上的向量丛, 它们的秩分别是 $q + \tilde{q}$ 和 $q\tilde{q}$.

74. 设 $\dim M = m$, 令 $\bigwedge^r(T^*M) = \bigcup_{p \in M} \bigwedge^r(T_p^*M)$. 定义映射 $\pi: \bigwedge^r(T^*M) \to M$, 使得对于任意的 $p \in M$, $\pi(\bigwedge^r(T_p^*M)) = \{p\}$. 取 M 的一个坐标覆盖 $\{(U_\alpha; x_\alpha^i); \alpha \in I\}$, 则对于任意的 $\alpha \in I$, 可以建立映射 $\psi_\alpha: U_\alpha \times \mathbb{R}^{C_m^r} \to \pi^{-1}U_\alpha$, 满足

$$\psi_\alpha(p, (u_{i_1 \cdots i_r})) = \sum_{1 \leqslant i_1 < \cdots < i_r \leqslant m} a_{i_1 \cdots i_r} \mathrm{d}x_\alpha^{i_1} \wedge \cdots \wedge \mathrm{d}x_\alpha^{i_r}.$$

可以证明, $\{(U_\alpha; x_\alpha^i, a_{i_1\cdots i_r}); \alpha \in I\}$ 是 M 上的一个 C^∞ 相关的坐标覆盖, 因而确定了 $\bigwedge^r(T^*M)$ 上的一个光滑结构. 再验证, 映射族 $\{\psi_\alpha; \alpha \in I\}$ 满足定义 9.1 的条件.

75. 首先, 对于任意的 $(p, q) \in M = M_1 \times M_2$, T_pM_1 和 T_qM_2 都可以视为向量空间 $T_{(p,q)}M$ 的子空间. 事实上, 对于任意的 $f \in C^\infty_{(p,q)}(M)$, 通过固定 q 的值, 我们可以把 f 看作是 M_1 上定义于点 p 附近的光滑函数 $f(\cdot, q)$. 因此, 对于任意的 $v \in T_pM_1$, 它可以视为 $T_{(p,q)}M$ 中由 $f \mapsto v(f) = v(f(\cdot, q))$ 所确定的切向量, 因而 T_pM_1 可以视为 $T_{(p,q)}M$ 的一个子空间, 即有 $T_pM_1 \subset T_{(p,q)}M$. 同理, $T_qM_2 \subset T_{(p,q)}M$. 此外, 不难看出, 作为 $T_{(p,q)}M$ 的线性子空间, $T_pM_1 \cap T_qM_2 = \{0\}$. 结合等式 $\dim T_{(p,q)}M = \dim T_pM_1 + \dim T_qM_2$ 便知 $T_{(p,q)}M = T_pM_1 \oplus T_qM_2$(参看本章习题第 18 题). 在此意义下, 可以定义映射 $\Phi: TM \to \pi_1^*(TM_1) \oplus \pi_2^*(TM_2)$ 如下:

$$\Phi(v_1 + v_2) = ((p, q), v_1) + ((p, q), v_2), \quad \forall v_1 \in T_pM_1, v_2 \in T_qM_2,$$
$$\forall (p, q) \in M = M_1 \times M_2.$$

根据拉回丛 $\pi_1^*(TM_1)$ 和 $\pi_2^*(TM_2)$ 的构造以及向量丛直和的定义, 不难证明, 映射 Φ 是向量丛 TM 到 $\pi_1^*(TM_1) \oplus \pi_2^*(TM_2)$ 的同构.

76. 设 $\pi: T^*M \to M$ 是丛投影, $\dim M = m$. 任取 M 的一个局部坐标覆盖 $\{(U_\alpha; x_\alpha^i); \alpha \in I\}$. 则有 T^*M 上的局部平凡化结构 $\{\psi_\alpha : U_\alpha \times \mathbb{R}^m \to \pi^{-1}(U_\alpha)\}$, 其中对于任意的 $p \in U_\alpha$, $(v_{(\alpha)i}) \in \mathbb{R}^m$, $\psi_\alpha(p, v_{(\alpha)i}) = \sum_i v_{(\alpha)i}\mathrm{d}x_\alpha^i$; 同时 $\{\pi^{-1}(U_\alpha); x_\alpha^i, v_{(\alpha)i}); \alpha \in I\}$ 是 T^*M 上的一个局部坐标覆盖. 对于每一个 $\alpha \in I$, 令 $\omega_\alpha = \sum_i \mathrm{d}x_\alpha^i \wedge \mathrm{d}v_{(\alpha)i}$. 当 $\alpha, \beta \in I$ 并且 $U_\alpha \cap U_\beta \neq \emptyset$ 时, 有

$$v_{(\beta)i} = v_{(\alpha)j}\frac{\partial x_\alpha^j}{\partial x_\beta^i},$$

从而

$$\mathrm{d}x_\beta^i = \frac{\partial x_\beta^i}{\partial x_\alpha^j}\mathrm{d}x_\alpha^j, \quad \mathrm{d}v_{(\beta)i} = \frac{\partial x_\alpha^j}{\partial x_\beta^i}\mathrm{d}v_{(\alpha)j} + v_{(\alpha)j}\mathrm{d}\left(\frac{\partial x_\alpha^j}{\partial x_\beta^i}\right).$$

于是在 $\pi^{-1}(U_\alpha) \cap \pi^{-1}(U_\beta)$ 上,

$$\sum_i \mathrm{d}x_\beta^i \wedge \mathrm{d}v_{(\beta)i} = \frac{\partial x_\beta^i}{\partial x_\alpha^j}\mathrm{d}x_\alpha^j \wedge \left(\frac{\partial x_\alpha^k}{\partial x_\beta^i}\mathrm{d}v_{(\alpha)k}\right.$$

$$+ v_{(\alpha)k} \frac{\partial}{\partial x_\alpha^l} \left(\frac{\partial x_\alpha^k}{\partial x_\beta^i} \right) \mathrm{d}x_\alpha^l \Bigg)$$

$$= \frac{\partial x_\beta^i}{\partial x_\alpha^j} \frac{\partial x_\alpha^k}{\partial x_\beta^i} \mathrm{d}x_\alpha^j \wedge \mathrm{d}v_{(\alpha)k}$$

$$+ v_{(\alpha)j} \frac{\partial x_\beta^i}{\partial x_\alpha^l} \cdot \frac{\partial^2 x_\alpha^k}{\partial x_\beta^p \partial x_\beta^i} \cdot \frac{\partial x_\beta^p}{\partial x_\alpha^l} \mathrm{d}x_\alpha^j \wedge \mathrm{d}x_\alpha^l$$

$$= \mathrm{d}x_\alpha^j \wedge \mathrm{d}v_{(\alpha)j},$$

其中的第三个等式利用了

$$\frac{\partial x_\beta^i}{\partial x_\alpha^j} \cdot \frac{\partial x_\alpha^k}{\partial x_\beta^i} = \delta_j^k$$

和系数

$$v_{(\alpha)k} \frac{\partial x_\beta^i}{\partial x_\alpha^l} \cdot \frac{\partial^2 x_\alpha^k}{\partial x_\beta^p \partial x_\beta^i} \cdot \frac{\partial x_\beta^p}{\partial x_\alpha^l}$$

关于指标 j, l 的对称性. 这说明, 在 $\pi^{-1}(U_\alpha) \cap \pi^{-1}(U_\beta)$ 上恒成立 $\omega_\alpha = \omega_\beta$. 因此, 局部定义的 2 次外微分式 $\{\omega_\alpha; \alpha \in I\}$ 确定了 T^*M 上的一个整体定义的 2 次外微分式 ω, 使得对于任意的 $\alpha \in I$, $\omega|_{\pi^{-1}U_\alpha} = \omega_\alpha$. 显然 ω 是一个非退化的 2 次闭微分式.

77. 线性空间 T_pM 上的线性变换可以看作是 M 在点 p 的一个 $(1,1)$ 型张量, 反之亦然. 由此易知, $L(p) = T_pM \otimes T_p^*M$. 如果 $\{e_i\}$ 是 T_pM 的一个基, $\{\omega^i\}$ 是它的对偶基, 则可以证明 $\{e_i \otimes \omega^j; 1 \leqslant i, j \leqslant m\}$ 是 $L(p)$ 的一个基. 取 M 的一个坐标覆盖 $\{(U_\alpha; x^i); \alpha \in I\}$, 利用 $\{\frac{\partial}{\partial x_\alpha^i} \otimes \mathrm{d}x_\alpha^j; 1 \leqslant i, j \leqslant m\}$ 可以定义映射 $\psi_\alpha : U_\alpha \times \mathbb{R}^{m^2} \to \pi^{-1}U_\alpha$, 使得对于任意的 $p \in U_\alpha$, $(a_j^i) \in \mathbb{R}^{m^2}$, $\psi_\alpha(p, a_j^i) = a_j^i \frac{\partial}{\partial x_\alpha^i} \otimes \mathrm{d}x_\alpha^j$, 以 $\{(\pi^{-1}U_\alpha; x_\alpha^i, a_j^i); \alpha \in I\}$ 为一个坐标覆盖, 可以在 $L(M)$ 上确定一个光滑结构使之成为 $m(m+1)$ 维光滑流形. 容易验证, 映射族 $\{\psi_\alpha; \alpha \in I\}$ 满足向量丛定义 9.1 中的条件. 故 $L(M)$ 是一个秩为 m^2 的向量丛. 同时, 上面的构造方法也说明了 $L(M)$ 正是 $(1,1)$ 型张量丛 $T_1^1(M) = TM \otimes T^*M$.

78. 采用例 1.6 中的记号, 令 $V_\alpha = \{[(x^1, \cdots, x^{n+1})] \in \mathbb{R}P^n; \ x^\alpha \neq 0\}$, $1 \leqslant \alpha \leqslant n+1$. 定义映射 $\psi_\alpha : V_\alpha \times \mathbb{R} \to \pi^{-1}(U_\alpha)$, 使得

$$\psi_\alpha([(x^1, \cdots, x^{n+1})], \lambda) = \lambda \left(\frac{x^1}{x^\alpha}, \cdots, \frac{x^{\alpha-1}}{x^\alpha}, 1, \frac{x^{\alpha+1}}{x^\alpha}, \cdots, \frac{x^{n+1}}{x^\alpha} \right),$$

$$\forall [(x^1, \cdots, x^{n+1})] \in V_\alpha, \ \lambda \in \mathbb{R}.$$

首先说明 $E = \bigcup\limits_{p \in \mathbb{R}P^n} E_p$ 上存在一个 T_2 的拓扑结构, 使得每一个 ψ_α 都是同胚. 利用 $\mathbb{R}P^n$ 在 V_α 上的局部坐标映射 φ_α, 可以构造 E 上的局部坐标卡 $(\pi^{-1}(V_\alpha), \psi_\alpha^{-1} \circ (\varphi_\alpha \times \mathrm{id}))$. 容易验证, 这些局部坐标卡都是 C^∞ 相关的, 因而在 E 上确定了一个光滑结构. 最后验证映射族 $\{\psi_\alpha; \alpha \in I\}$ 满足定义 9.1 中的条件.

习　题　二

1. 按照黎曼度量的定义直接验证即可. 比如, $g = g_1 \times g_2$ 的正定性证明如下: 设 $(p,q) \in M_1 \times M_2$, $\forall v \in T_p M_1$, $w \in T_q M_2$, 则由 g_1 和 g_2 的正定性, $g_1(v,v) \geqslant 0$, $g_2(w,w) \geqslant 0$, 其中的两个等号成立的充要条件分别是 $v = 0$ 和 $w = 0$. 因此,

$$(g_1 \times g_2)((\alpha_1)_* v + (\alpha_2)_* w, (\alpha_1)_* v + (\alpha_2)_* w) = g_1(v,v) + g_2(w,w) \geqslant 0,$$

其中等号成立当且仅当 $v = w = 0$, 即 $v + w = 0$.

2. 设 $(\tilde{U}; \tilde{x}^i)$ 是 M 的另一个与定向相符的局部坐标系,

$$\tilde{g}_{ij} = g\left(\frac{\partial}{\partial \tilde{x}^i}, \frac{\partial}{\partial \tilde{x}^j}\right), \quad \tilde{G} = \det(\tilde{g}_{ij}).$$

当 $U \cap \tilde{U} \neq \emptyset$ 时, 在 $U \cap \tilde{U}$ 上,

$$\frac{\partial(\tilde{y}^1, \cdots, \tilde{y}^m)}{\partial(x^1, \cdots, x^m)} > 0, \ g_{ij} = \frac{\partial \tilde{x}^k}{\partial x^i} \frac{\partial \tilde{x}^l}{\partial x^j} \tilde{g}_{kl},$$

$$\mathrm{d}x^1 \wedge \cdots \wedge \mathrm{d}x^m = \frac{\partial(x^1, \cdots, x^m)}{\partial(\tilde{x}^1, \cdots, \tilde{x}^m)} \mathrm{d}\tilde{x}^1 \wedge \cdots \wedge \mathrm{d}\tilde{x}^m,$$

$$G = \det(g_{ij}) = \tilde{G}\left(\frac{\partial(\tilde{x}^1, \cdots, \tilde{x}^m)}{\partial(x^1, \cdots, x^m)}\right)^2.$$

3. 设 $(U; x^i)$ 和 $(V; y^i)$ 分别是 M 和 N 上的任意两个与定向相符的局部坐标系, $f(U) \cap V \neq \emptyset$, 则

$$\left(f_*\left(\frac{\partial}{\partial x^1}\right), \cdots, f_*\left(\frac{\partial}{\partial x^m}\right)\right) = \left(\frac{\partial}{\partial y^1}, \cdots, \frac{\partial}{\partial y^m}\right) \cdot J_{x;y}(f),$$

其中 $J_{x;y}(f)$ 是 f 关于 $(U; x^i)$ 和 $(V; y^i)$ 的 Jacobi 矩阵.

4. (1) 由 $A(p) = -p$ 易知 A 是光滑同胚且有 $A_*(dp) = -dp$, 其中 dp 表示 S^n 在任意点 p 处的切向量. 因此, $\langle A_*(dp), A_*(dp) \rangle = \langle dp, dp \rangle$.

(2) 易知, $\pi \circ A = \pi$. 根据 (1), 映射 $A : S^n \to S^n$ 是等距. 因此, 以 π 为局部等距在 $\mathbb{R}P^n$ 上可以确定唯一的一个黎曼度量, 其定义是显然的.

5. 设 $A : S^n \to S^n$ 为对径点映射 (参看本章习题第 4 题), 证明: A 保持 S^n 的定向不变 (参看本章习题第 3 题) 当且仅当 n 为奇数. 由此说明, $\mathbb{R}P^n$ 可定向当且仅当 n 为奇数.

6. (1) 设 $(\tilde{U}; \tilde{x}^i)$ 是 M 上另一个与定向相符的局部坐标系, $\tilde{g}_{ij} = g(\frac{\partial}{\partial \tilde{x}^i}, \frac{\partial}{\partial \tilde{x}^j})$, $\tilde{G} = \det(\tilde{g}_{ij})$. 当 $U \cap \tilde{U} \neq \emptyset$ 时, 在 $U \cap \tilde{U}$ 上,

$$\mathrm{d}x^1 \wedge \cdots \wedge \mathrm{d}x^m = \frac{\partial(x^1, \cdots, x^m)}{\partial(\tilde{x}^1, \cdots, \tilde{x}^m)} \mathrm{d}\tilde{x}^1 \wedge \cdots \wedge \mathrm{d}\tilde{x}^m,$$

$$G = \det(g_{ij}) = \tilde{G} \left(\frac{\partial(\tilde{x}^1, \cdots, \tilde{x}^m)}{\partial(x^1, \cdots, x^m)} \right)^2,$$

$$\sum_i (-1)^{i+k} \frac{\partial x^i}{\partial \tilde{x}^j} A_{ik} = \delta_{jk} \frac{\partial(x^1, \cdots, x^m)}{\partial(\tilde{x}^1, \cdots, \tilde{x}^m)}$$

其中 $(-1)^{i+k} A_{ik}$ 是 $\frac{\partial x^i}{\partial \tilde{x}^k}$ 在 Jacobi 矩阵 $J_{\tilde{x};x}$ 中的代数余子式.

(2) 在局部坐标系 $(U; x^i)$ 下进行计算, 并利用

$$\mathrm{d}x^1 \wedge \cdots \wedge \mathrm{d}x^m \left(\frac{\partial}{\partial x^{i_1}}, \cdots, \frac{\partial}{\partial x^{i_m}} \right)$$
$$= \sum_i (-1)^{i+1} \delta^i_{i_1} \mathrm{d}x^1 \cdots \wedge \widehat{\mathrm{d}x^i} \wedge \cdots \wedge \mathrm{d}x^m \left(\frac{\partial}{\partial x^{i_2}}, \cdots, \frac{\partial}{\partial x^{i_m}} \right)$$

7. (1) 先求出映射 φ 的 Jacobi 矩阵

$$J(\varphi) = \begin{pmatrix} -f\sin u & f'\cos u \\ f\cos u & f'\sin u \\ 0 & g' \end{pmatrix}.$$

验证 $J(\varphi)$ 的秩处处为 2.

8. (1) 设 $q \in N$. 首先利用映射的秩定理可以构造 $F_q = f^{-1}(q)$ 上的一族 C^∞ 相关的局部坐标系, 从而确定了 F_q 上的光滑结构. 然后再证明包含映射 $i : F_q \to M$ 是嵌入.

(2) 显然, π_1, π_2 都是淹没. 对于任意的 $p \in M_1, q \in M_2, \pi_1^{-1}(p) =$

$\{p\} \times M_2$, $\pi_2^{-1}(q) = M_1 \times \{q\}$. 由乘积度量的定义, $(\alpha_1)_*(T_pM_1)$ 是淹没 $\pi_1 : M_1 \times M_2 \to M_1$ 在点 (p, q) 的水平切空间, 它在 $(\pi_1)_*$ 下与 T_pM_1 等距同构; $(\alpha_2)_*(T_qM_2)$ 是淹没 $\pi_2 : M_1 \times M_2 \to M_2$ 在点 (p, q) 的水平切空间, 它在 $(\pi_2)_*$ 下与 T_qM_2 等距同构.

9. (1) 设 $x_0 \in K$, $\varepsilon > 0$, $v_0 = (v_0^i) \in \mathbb{R}^m$ 是 $g(x_0)$ 的属于特征值 $\lambda(x_0)$ 的单位特征向量, 则 $g_{ij}(x_0)v_0^i v_0^j = \lambda(x_0) \sum (v_0^i)^2 = \lambda(x_0)$. 由于 $g_{ij}(x)$ 在点 x_0 处的连续性, 存在 x_0 点的邻域 U, 使得不等式 $\sum_{i,j} |g_{ij}(x) - g_{ij}(x_0)| < \frac{1}{2}\varepsilon$ 在 U 上处处成立. 由此得知, 存在正数 M, 使得在 U 上, $|g_{ij}(x)| < M$. 取单位向量 $v = (v^i) \in \mathbb{R}^m$, 使得 $|v^i v^j - v_0^i v_0^j| < \frac{1}{2M}\varepsilon$. 于是

$$
\begin{aligned}
\lambda(x) - \lambda(x_0) =& \lambda(x) \sum (v^i)^2 - \lambda(x_0) \sum (v_0^i)^2 \\
\leqslant& \sum (g_{ij}(x)v^i v^j - g_{ij}(x_0)v_0^i v_0^j) \\
\leqslant& \sum |g_{ij}(x)||v^i v^j - v_0^i v_0^j| \\
& + \sum |g_{ij}(x) - g_{ij}(x_0)||v_0^i v_0^j| < \varepsilon.
\end{aligned}
$$

另一方面, 对于任意的 $x \in U$, 取 $g(x)$ 的一个属于特征值 $\lambda(x)$ 的单位特征向量 $v(x) = (v^i(x)) \in \mathbb{R}^m$, 再取一个单位向量 $v_0 = (v_0^i) \in \mathbb{R}^m$, 使得 $|v_0^i v_0^j - v^i v^j| < \frac{1}{2M}\varepsilon$, 则仿照上面的不等式可得

$$
\begin{aligned}
\lambda(x_0) - \lambda(x) =& \lambda(x_0) \sum (v_0^i)^2 - \lambda(x) \sum (v^i(x))^2 \\
\geqslant& \sum (g_{ij}(x_0)v_0^i v_0^j - g_{ij}(x)v^i(x)v^j(x)) \\
\geqslant& -|g_{ij}(x)v^i(x)v^j(x) - g_{ij}(x_0)v_0^i v_0^j| \\
\geqslant& -\Big(\sum |g_{ij}(x)||v^i(x)v^j(x) - v_0^i v_0^j| \\
& + \sum |g_{ij}(x) - g_{ij}(x_0)||v_0^i v_0^j| \Big) > -\varepsilon.
\end{aligned}
$$

于是当 $x \in U$ 时, 有 $|\lambda(x) - \lambda(x_0)| < \varepsilon$. 这说明 $\lambda(x)$ 在 K 中的任意一点 x_0 处连续. 同理可证 $\Lambda(x)$ 的连续性.

11. 利用反函数定理 (参看第一章习题第 9 题).

12. (1) $\forall q \in M$, T_qM 的自然基底为 $\frac{\partial}{\partial u^i} = (\frac{\partial f^1}{\partial u^i}, \cdots, \frac{\partial f^{m+1}}{\partial u^i})$. 通过求解关于 $N^1, \cdots, N^{m+1}$ 的方程组

$$
\sum_{A=1}^{m+1} \frac{\partial f^A}{\partial u^i} \cdot N^A = 0, \quad 1 \leqslant i \leqslant m,
$$

证明: $W^1 : \cdots : W^{m+1} = N^1 : \cdots : N^{m+1}$.

(2) 诱导度量是 $g = \sum g_{ij}\mathrm{d}u^i\mathrm{d}u^j$, 其中

$$g_{ij} = \sum_{A=1}^{m+1} \frac{\partial f^A}{\partial u^i}\frac{\partial f^A}{\partial u^j}, \quad 1 \leqslant i,j \leqslant m.$$

利用行列式的性质计算 $G = \det(g_{ij})$.

(3) 直接计算得

$$i(\xi)\mathrm{d}x^1 \wedge \cdots \wedge \mathrm{d}x^{m+1}|_M$$

$$= \sum_A (-1)^{A+1}\frac{W^A}{W}\mathrm{d}x^1 \wedge \cdots \wedge \widehat{\mathrm{d}x^A} \wedge \cdots \wedge \mathrm{d}x^{m+1}|_M$$

$$= \sum_A \frac{W^A}{W}\frac{\partial f^1}{\partial u^{i_1}}\cdots\widehat{\frac{\partial f^A}{\partial u^{i_A}}}\cdots\frac{\partial f^{m+1}}{\partial u^{i_{m+1}}}\cdot \mathrm{d}u^{i_1} \wedge \cdots \wedge \widehat{\mathrm{d}u^{i_A}} \wedge \cdots \wedge \mathrm{d}u^{i_{m+1}}$$

$$= \frac{1}{W}\sum_A (W^A)^2\mathrm{d}u^1 \wedge \cdots \wedge \mathrm{d}u^m = W\mathrm{d}u^1 \wedge \cdots \wedge \mathrm{d}u^m = \mathrm{d}V_M.$$

13. $\mathbb{C}^n$ 作为光滑流形等同于 $\mathbb{R}^{2n}$. 此时 $z^i = x^i + \sqrt{-1}y^i$, 于是 $(z^1, \cdots, z^n)$ 等同于 $(x^1, \cdots, x^n, y^1, \cdots, y^n)$. 映射 φ 的相应表达式是

$$\varphi([u^1, \cdots, u^n]) = (\cos u^1, \cdots, \cos u^n, \sin u^1, \cdots, \sin u^n),$$

它与 $[u^1, \cdots, u^n]$ 的代表元的选取无关. 其余的是常规的计算.

14. (1) G 上的乘法用 $\mathbb{R}^2_+$ 中的元素可以表示为 $(x_1, y_1) \cdot (x_2, y_2) = (y_1x_2 + x_1, y_1y_2)$, 因而 $(x, y)^{-1} = (-x/y, 1/y)$. 左不变黎曼度量 g 在点 (x, y) 处的值是 $(L_{(x,y)^{-1}})^* g_e$.

(2) 在复坐标下 $g = -4\mathrm{d}z\mathrm{d}\bar{z}/(z - \bar{z})^2$.

16. (1) 取 $\omega_0 \in \bigwedge^n(T_e^* G)$, $\omega_0 \neq 0$. 令 $\omega_a = (L_{a^{-1}})^*\omega_0$, $\forall a \in G$. 则对于任意的 $b \in G$,

$$((L_b)^*\omega)_g = (L_b)^*\omega_{bg} = (L_b)^*(L_{g^{-1}b^{-1}})^*\omega_0$$

$$= (L_{g^{-1}b^{-1}} \circ L_b)^*\omega_0 = (L_{g^{-1}})^*\omega_0 = \omega_g, \quad \forall g \in G.$$

(2) 先证明: 对于任意的 $a \in G$, $R_a^*\omega$ 仍然是左不变的, 因而可设 $R_a^*\omega = f(a)\omega(\forall a \in G)$. 再证明: 对于任意的 $a \in G$, $f(a) = 1$. 这就证明了 $R_a^*\omega = \omega$, $\forall a \in G$.

(3) 内积 $(\cdot, \cdot)$ 的左不变性是显然的. 利用 ω 的左不变性和流形上积分的变量替换公式 (参阅参考文献 [14] 定理 2.2(iv), 第 239 页) 直接证明:

$$((R_a)_*(u), (R_a)_*(v))_{ya} = (u, v)_y, \quad u, w \in T_y G, \quad y, a \in G.$$

双不变黎曼度量的存在性的另一个证明可以参阅参考文献 [14] 推论 3.7, 第 274 页.

18. (1) 利用本章习题第 17 题和内积 $\langle \cdot, \cdot \rangle$ 的不变性证明: 对于任意的左不变向量场 X, Y, Z, $\langle [X, Y], Z \rangle = -\langle [Z, Y], X \rangle$, 从而有 $\langle \mathrm{D}_X X, Y \rangle = 0$.
    (2) $\mathrm{D}_X Y + \mathrm{D}_Y X = \mathrm{D}_{X+Y}(X + Y) = 0$.

19. 因为联络具有局部性, 并且局部等距在局部上是等距, 所以可以设 φ 是等距. 在此条件下, 对于任意的 $X, Y \in \mathfrak{X}(M)$, 成立如下的关系式 (参看第一章习题第 41 题)

$$\langle \varphi_*(X), \varphi_*(Y) \rangle = \langle X, Y \rangle, \quad \varphi_*([X, Y]) = [\varphi_*(X), \varphi_*(Y)].$$

再利用本章习题第 17 题中有关黎曼联络的公式.

如果把题目中的条件 "局部等距" 换为 "等距浸入", 结论不一定成立. 原因在于 $\varphi_*(\mathrm{D}_v X) \in \varphi_*(T_p M)$, 但在一般情况下 $\tilde{\mathrm{D}}_{\varphi_*(v)} \varphi_*(X)$ 不一定与 $\varphi(M)$ 相切. 比如考虑等距浸入 $i : S^2 \to \mathbb{R}^3$.

21. 根据梯度的定义, 对于任意的 $Z \in \mathfrak{X}(M)$, $g(\mathrm{grad}_g \rho, Z) = Z(\rho)$. 再利用本章习题第 18 题中关于黎曼联络的恒等式. 本题也可以采用如下的办法直接证明: 令

$$\overline{\mathrm{D}}_X Y = \mathrm{D}_X Y + S(X, Y), \quad \forall X, Y \in \mathfrak{X}(M),$$

则 $\overline{\mathrm{D}}$ 显然是 M 上的一个无挠联络. 因此, 为了证明结论, 我们只需证明 $\overline{\mathrm{D}}$ 与度量 $\tilde{g}$ 是相容的, 即证明等式

$$X(\tilde{g}(Y, Z)) = \tilde{g}(\overline{\mathrm{D}}_X Y, Z) + \tilde{g}(X, \mathrm{D}_X Z).$$

22. (1) 仿照定理 4.5 的证明并参照本章习题第 18 题的结论和方法.
    (2) $\mathbb{R}^{n+1}$ 上的黎曼联络是作用于光滑切向量场上的普通微分算子 d. 说明它满足伪黎曼联络的条件.

23. (1) X 是 Killing 向量场当且仅当 X 所生成的单参数变换群 φ_t 是等距变换群, 即对于任意的 $q \in M$ 以及任意的 t,

$$\langle (\varphi_t)_* Y, (\varphi_t)_* Z \rangle |_{\varphi(t, q)} = \langle Y, Z \rangle |_q.$$

由此导出：

$$(\langle D_Y X, Z \rangle + \langle D_Z X, Y \rangle)(q) = 0, \quad \forall q \in M.$$

(2) 利用结论 (1) 以及本章习题第 20 题.

(3) 由连续性, 在点 p 的一个邻域上, X 处处不为零. 设 S 是通过 p 点且在 p 点与 $X(p)$ 垂直的超曲面. 取 S 在 p 点的一个局部坐标系 $(V; x^\alpha)$, 使得 $(V \times (-\varepsilon, \varepsilon); x^\alpha, x^m)$ 是 M 在点 p 的局部坐标系, 且有 $X = \frac{\partial}{\partial x^m}$. 则由结论 (1),

$$\frac{\partial}{\partial x^m}(g_{ij}) = \left\langle D_{\frac{\partial}{\partial x^i}} X, \frac{\partial}{\partial x^j} \right\rangle + \left\langle D_{\frac{\partial}{\partial x^j}} X, \frac{\partial}{\partial x^i} \right\rangle = 0.$$

(4) 作为定义在 $\mathbb{R}^n$ 上的向量函数, $\mathbb{R}^n$ 上的一个 Killing 向量场 X 具有如下的一般表达式：

$$X = x \cdot A + v, \quad \forall x = (x^1, \cdots, x^n) \in \mathbb{R}^n,$$

其中 $A + A^t = 0$, $v \in \mathbb{R}^n$.

24. 设联络 D 在局部坐标系 $(U \times V; u^i, v^\alpha)$ 下的联络系数为 Γ^C_{AB}. 如果 M_1 和 M_2 的黎曼度量分别为 g 和 h, 则 $M_1 \times M_2$ 上的黎曼度量是 $G = g \times h$. 根据黎曼度量乘积的定义, 有 $G_{ij} = g_{ij} \circ \pi_1$, $G^{ij} = g^{ij} \circ \pi_1$ 仅与 u^i 有关, $G_{\alpha\beta} = h_{\alpha\beta} \circ \pi_2$, $G^{\alpha\beta} = h^{\alpha\beta} \circ \pi_2$ 仅与 v^α 有关, 并且 $G_{i\alpha} = G_{\alpha i} = G^{i\alpha} = G^{\alpha i} = 0$. 于是

$$\frac{\partial G_{ij}}{\partial u^k} = \frac{\partial g_{ij}}{\partial u^k} \circ \pi_1, \quad \frac{\partial G_{\alpha\beta}}{\partial v^\gamma} = \frac{\partial h_{\alpha\beta}}{\partial v^\gamma} \circ \pi_2.$$

把上述式子代入 Γ^C_{AB} 的计算公式即可得到所需的结果.

25. (1) 设 $\tilde{M}$ 上的黎曼度量为 $\tilde{g}$. 对于任意的 $\tilde{p} \in \tilde{M}$, 记 $p = f(\tilde{p})$. 由本章习题第 8(1) 题, 淹没 f 在点 p 处的纤维 $F_p = f^{-1}(p)$ 是 $\tilde{M}$ 的嵌入子流形. 利用映射的秩定理证明 X 的局部水平提升是存在唯一的.

(2) 设 $X, Y, Z \in \mathfrak{X}(M)$, $\tilde{T} \in \mathfrak{X}(\tilde{M})$ 是一个铅垂向量场. 利用关系式

$$\langle \overline{X}, \tilde{T} \rangle = \langle \overline{Y}, \tilde{T} \rangle = \langle \overline{Z}, \tilde{T} \rangle = 0, \quad \overline{X}\langle \overline{Y}, \overline{Z} \rangle = X\langle Y, Z \rangle \circ f,$$

$$[X, Y] \circ f = [f_*(\overline{X}), f_*(\overline{Y})] = f_*([\overline{X}, \overline{Y}]),$$

$$f_*([\overline{X}, \tilde{T}]) = 0, \quad \tilde{T}(\langle \overline{X}, \overline{Y} \rangle) = 0,$$

可得

$$\langle [\overline{X}, \overline{Y}], \overline{Z} \rangle = \langle [X, Y], Z \rangle \circ f, \quad \langle [\overline{X}, \tilde{T}], \overline{Y} \rangle = 0.$$

从而根据本章习题第 17 题有

$$\langle \tilde{\mathrm{D}}_{\overline{X}}\overline{Y}, \overline{Z}\rangle = \langle \mathrm{D}_X Y, Z\rangle, \quad 2\langle \tilde{\mathrm{D}}_{\overline{X}}\overline{Y}, \tilde{T}\rangle = \langle \tilde{T}, [\overline{X}, \overline{Y}]\rangle.$$

(3) 利用等式 $\langle [\overline{X}, \overline{Y}], \tilde{T}\rangle = \langle \tilde{\mathrm{D}}_{\overline{X}}\overline{Y} - \tilde{\mathrm{D}}_{\overline{Y}}\overline{X}, \tilde{T}\rangle$.

26. $\varphi(x) = x \cdot A + b(\forall x \in \mathbb{R}^m)$, 其中 $A = (a_j^i) \in \mathrm{GL}(m, \mathbb{R})$, $b \in \mathbb{R}^m$.

27. 显然, 等式与局部标架场 $\{e_i\}$ 的选取无关. 因此, 我们可以在一个局部坐标系 $(U; x^i)$ 下令 $e_i = \frac{\partial}{\partial x^i}$, 从而 $\omega^i = \mathrm{d}x^i$. 由于算子 d 和 D 都是实线性的, 可以设 $\theta = f\mathrm{d}x^{i_1} \wedge \cdots \wedge \mathrm{d}x^{i_r}$, 其中 $r \geqslant 0$, $f \in C^\infty(U)$. 设 $\mathrm{D}_{\frac{\partial}{\partial x^i}}\frac{\partial}{\partial x^j} = \Gamma_{ji}^k \frac{\partial}{\partial x^k}$, 则 $\mathrm{D}_{\frac{\partial}{\partial x^i}}\mathrm{d}x^k = -\Gamma_{ji}^k\mathrm{d}x^j$. 说明 $\sum_i \mathrm{d}x^i \wedge \mathrm{D}_{\frac{\partial}{\partial x^i}}(\mathrm{d}x^{i_1} \wedge \cdots \wedge \mathrm{d}x^{i_r}) = 0$. 于是

$$\sum_i \omega^i \wedge \mathrm{D}_{e_i}\theta = \mathrm{d}f \wedge \mathrm{d}x^{i_1} \wedge \cdots \wedge \mathrm{d}x^{i_r} = \mathrm{d}\theta.$$

28. 利用第一章的定理 7.3 或本章习题第 28 题.

29. (2) 利用嵌入子流形的典型局部坐标系证明如下更一般的结果: 设 $M \subset N$ 为嵌入子流形, $X \in \mathfrak{X}(N)$, 如果对于任意的 $p \in M$, 都有 $X(p) \in T_pM$, 则 $X|_M \in \mathfrak{X}(M)$.

(3) 利用本章习题第 18 题中的公式, 度量 g 的联络 D 由下列各式确定:

$$\mathrm{D}_{e_1}e_2 = \tfrac{1}{2}e_3, \quad \mathrm{D}_{e_2}e_1 = -\tfrac{1}{2}e_3, \quad \mathrm{D}_{e_1}e_3 = -\tfrac{1}{2}e_2, \quad \mathrm{D}_{e_3}e_1 = \tfrac{1}{2}e_2,$$
$$\mathrm{D}_{e_2}e_3 = \tfrac{1}{2}e_1, \quad \mathrm{D}_{e_3}e_2 = -\tfrac{1}{2}e_1, \quad \mathrm{D}_{e_1}e_1 = \mathrm{D}_{e_2}e_2 = \mathrm{D}_{e_3}e_3 = 0.$$

30. 在局部坐标系 $(U; x^i)$ 和 $(\tilde{U}; \tilde{x}^i)$ 下, 利用等式

$$\frac{\partial(\tilde{x}^{j_1}, \cdots, \tilde{x}^{j_m})}{\partial(x^{j_1}, \cdots, x^{j_m})} = \frac{\partial(\tilde{x}^1, \cdots, \tilde{x}^m)}{\partial(x^1, \cdots, x^m)},$$

其中 $j_1 \cdots j_m$ 是 $1 \cdots m$ 的任意一个排列.

31. Δ 关于坐标系 (r, φ, θ) 的表达式是

$$\Delta = \frac{\partial^2}{\partial r^2} + \frac{2}{r}\frac{\partial}{\partial r} + \frac{1}{r^2}\frac{\partial^2}{\partial \varphi^2} - \frac{1}{r^2}\tan\varphi\frac{\partial}{\partial \varphi} + \frac{1}{r^2\cos^2\varphi}\frac{\partial^2}{\partial \theta^2}.$$

32. $\mathbb{R}^{m+1}$ 上的度量 g 可以用球面 S^m 上的标准度量 g_1 表示为 $g = \mathrm{d}r^2 + r^2 g_1$.

33. 设 $r = \sqrt{\sum_i (x^i)^2}$, 则

$$*\alpha = \frac{1}{r^n}\sum_i x^i * \mathrm{d}x^i = \frac{1}{r^n}\sum (-1)^{i+1}x^i\mathrm{d}x^1 \wedge \cdots \widehat{\mathrm{d}x^i} \wedge \cdots \wedge \mathrm{d}x^n.$$

34. 利用本章习题第 6 题以及散度的计算公式 (5.1) 立即可得本题的结论; 该结论也可以在单位正交标架场下直接证明.

35. (1) 在单位正交标架场 $\{e_j\}$ 及其对偶标架场 $\{\omega^j\}$ 下进行计算. 对于任意的 $\beta \in A_0^{r-1}(M)$, 先利用本章习题第 28 题求出 $\mathrm{d}\beta$. 再令 $X = \sum_j \langle i(e_j)\alpha, \beta \rangle e_j$, 并求出

$$\mathrm{div}\,(X) = \langle \alpha, \mathrm{d}\beta \rangle + \Big\langle \sum_j i(e_j)(\mathrm{D}_{e_j}\alpha), \beta \Big\rangle.$$

由于 β 具有紧致的支撑集, 两边在 M 上积分并利用散度定理 (定理 5.3) 便得

$$(\delta\alpha, \beta) = (\alpha, \mathrm{d}\beta) = \Big(-\sum i(e_i)(\mathrm{D}_{e_i}\alpha), \beta\Big).$$

(2) 设 $\alpha = \frac{1}{(r+1)!}\alpha_{i_1\cdots i_{r+1}}\omega^{i_1} \wedge \cdots \wedge \omega^{i_{r+1}}$, 则

$$\delta\alpha = -\frac{1}{r!}\sum_i \alpha_{ii_1\cdots i_r,i}\omega^{i_1} \wedge \cdots \wedge \omega^{i_r}.$$

(3) 设 $\{\omega^i\}$ 是标架场 $\{e_i\}$ 的对偶标架场, 令 $X = X^i e_i$, 则

$$\mathrm{D}_{e_i}\alpha_X = g_{kj}X_{,i}^j\omega^k,$$

其中 $X_{,i}^j$ 由 $\mathrm{D}_{e_i}X = X_{,i}^j e_j$ 确定.

36. 分别对 f 和 f^2 使用 (5.19) 式.

37. 利用本章习题第 6 题.

38. (3) 参看本章习题第 35 题的结论 (3).

39. (1) $(\tilde{\Delta}\omega, \omega) = |\mathrm{d}\omega|^2 + |\delta\omega|^2$.

(2) 只需证明 $\mathrm{d}(A^{r-1}(M)) \oplus \delta(A^{r+1}(M)) \subset \tilde{\Delta}(A^r(M))$. 为此设 $\omega = \mathrm{d}\alpha + \delta\beta$, $\alpha \in A^{r-1}(M)$, $\beta \in A^{r+1}(M)$. 由 Hodge 分解定理进行如下的分解:

$$\alpha = \mathrm{d}\alpha_1 + \delta\beta_1 + \gamma_1, \quad \beta_1 \in A^r(M),$$
$$\beta = \mathrm{d}\alpha_2 + \delta\beta_2 + \gamma_2, \quad \alpha_2 \in A^r(M);$$
$$\beta_1 = \mathrm{d}\alpha_3 + \delta\beta_3 + \gamma_3, \quad \alpha_3 \in A^{r-1}(M),$$
$$\alpha_2 = \mathrm{d}\alpha_4 + \delta\beta_4 + \gamma_4, \quad \beta_4 \in A^{r+1}(M).$$

利用结论 (1) 证明

$$\mathrm{d}\alpha = \tilde{\Delta}\mathrm{d}\alpha_3, \quad \delta\beta = \tilde{\Delta}\delta\beta_4.$$

40. 对于任意的 $\omega \in Z^r(M) \subset \omega \in A^r(M)$. 由 Hodge 分解定理, 存在 $\alpha \in A^{r-1}(M)$, $\beta \in A^{r+1}(M)$ 和 $\omega^0 \in H^r$, 使得 $\omega = \mathrm{d}\alpha + \delta\beta + \omega^0$. 利用本章习题第 39 题的结论 (1) 证明 $\delta\beta = 0$. 再证明分解式 $\omega = \mathrm{d}\alpha + \omega^0$ 的唯一性.

42. (2) 说明 Gauss-Codazzi 方程等价于 $\mathrm{d}(\mathrm{d}r_i) = \mathbf{0}$, $\mathrm{d}(\mathrm{d}n) = \mathbf{0}$. 再把基本公式 $\mathrm{d}r = \sum \omega_i^j r_j + \omega_i^3 n$ 和 $\mathrm{d}n = \omega_3^i r_i$ 代入.

43. 设 $(U; x^i)$ 是 M 上的一个与定向相符的局部坐标系, 用平行移动关于曲线参数的连续性说明当 $\gamma \subset U$ 时结果成立. 然后把 γ 分成有限多个充分小的曲线段从而可以把 P_γ 分解为有限多个保持定向的线性同构的复合.

44. (1) 设 n 是 M 上的单位法向量场, 则

$$\frac{\mathrm{d}X}{\mathrm{d}t} = \mathrm{D}_{\gamma'(t)}X + \left\langle \frac{\mathrm{d}X}{\mathrm{d}t}, n \right\rangle n.$$

(2) 设 v 是大圆 γ 所在平面的单位法向量, 证明 $\mathrm{D}_{\gamma'(t)}\gamma'(t) \perp v$. 结合 $\mathrm{D}_{\gamma'(t)}\gamma'(t) \perp \gamma'(t)$, 说明 $\mathrm{D}_{\gamma'(t)}\gamma'(t)$ 处处平行于单位法向量场 n. 由结论 (1), $\gamma'(t)$ 是沿 γ 的平行向量场. 类似的讨论可以证明: 结论对于 S^n 上的大圆也是成立的.

45. (2) 在 $(\mathbb{R}_+^2, g)$ 中, $\{\frac{\partial}{\partial x}, \frac{\partial}{\partial y}\}$ 沿 γ 是单位正交标架场. 若设 $X = (a(t), b(t))$, 则有 $a = \cos(\frac{\pi}{2} + \theta(t))$, $b = \sin(\frac{\pi}{2} + \theta(t))$, 其中 $\theta(t)$ 是从 Oy 轴的正向到 $X(t)$ 的有向角.

46. 考虑沿曲线 γ 与 S^2 相切的圆锥 C. 说明 S^2 中沿 γ 的平行移动可以化为在 C 中沿 γ 的平行移动. 由此说明, v 沿 γ 的平行移动的一个直观描述如下: 设 q 是 γ 上的另一点, O 是锥面 C 的顶点. 则 v 沿 γ 到 q 点的平行移动相当于在 C 上沿直母线 Op 把 v 在保持 v 与 Op 的夹角不变的情况下移动到 O 点, 再在 C 上沿直母线 Oq 在保持 v 与 Oq 的夹角不变的情况下移动到点 q.

另一个直观解释可以用解析的方法推出: 设 S^2 的参数方程为

$$x = \sin\theta\cos t, \; y = \sin\theta\sin t, \; z = \cos\theta, \; 0 \leqslant t \leqslant 2\pi, \; 0 < \theta < \pi,$$

则 γ 可以表示为 $\theta = \theta_0$(常数). 不失一般性, 可设已知的向量 v 为单位向量, 它沿 γ 的平行移动记为 $v(t)$, $p = \gamma(0)$. 则

$$v(t) = \frac{\cos\alpha}{\sin\theta_0}\frac{\partial}{\partial t} + \sin\alpha\frac{\partial}{\partial\theta},$$

其中 α 是从 $\frac{\partial}{\partial t}$ 到 $v(t)$ 的有向角, $\alpha_0 = \alpha(0)$. 代入方程

$$D_{\gamma'(t)}v(t) \equiv 0$$

可知, $\alpha = (\cos\theta_0)t + \alpha_0$. 由此式可以得到 v 沿 γ 平行移动的另一个直观描述.

47. 取 M 在点 p 的局部坐标系 $(U; x^i)$, 则可设 $X = X^i(t)\frac{\partial}{\partial x^i}|_p$. 根据拉回丛 γ^*TM 上的诱导联络的定义

$$D_{\frac{d}{dt}}X = \frac{dX^i}{dt}\frac{\partial}{\partial x^i}\Big|_p + X^i D_{\gamma'(t)}\frac{\partial}{\partial x^i} = \frac{dX^i}{dt}\frac{\partial}{\partial x^i}\Big|_p = \frac{dX}{dt}.$$

48. 取 M 在点 $p = \pi(P)$ 处的容许局部坐标系 $(U; x^i)$, $(\pi^{-1}U; x^i, y^i)$ 是 TM 在点 P 的局部坐标系. 设 TM 的切向量 $V, W \in T_P(TM)$ 的局部坐标表示为

$$V = V^i \frac{\partial}{\partial x^i}\Big|_P + X^i \frac{\partial}{\partial y^i}\Big|_P, \quad W = W^i \frac{\partial}{\partial x^i}\Big|_P + Y^i \frac{\partial}{\partial y^i}\Big|_P,$$

根据诱导联络的定义和上一题的结论可以证明:

$$\pi_*V = V^i \frac{\partial}{\partial x^i}(p), \quad \pi_*W = W^i \frac{\partial}{\partial x^i}(p),$$

$$\frac{Dv}{dt}(p) = X^i \frac{\partial}{\partial x^i}(p) + y_0^i D_{\pi_*V}\frac{\partial}{\partial x^i},$$

$$\frac{Dw}{ds}(p) = Y^i \frac{\partial}{\partial x^i}(p) + y_0^i D_{\pi_*V}\frac{\partial}{\partial x^i}.$$

由此可见, 内积 $\langle V, W \rangle_P$ 与曲线 $v(t)$ 和 $w(s)$ 的选取无关.

此外, $\frac{Dv}{dt}(0)$, 由 $\frac{Dw}{ds}(0)$ 以及 $\langle V, W \rangle_P$ 的表达式和度量 g 的正定性可知, $\langle V, W \rangle$ 关于 V 和 W 是正定对称的, 并且光滑地依赖于点 $P \in TM$.

49. (1) 设 $p = \pi(\tilde{p})$. 当 V 是铅垂切向量时, 存在 $\pi^{-1}(p) = T_pM$ 中的光滑曲线 $v = v(t)$, 满足 $v(0) = \tilde{p}$, $v'(0) = V$. 此时, $\pi \circ v$ 是 M 上的常值曲线, 于是由本章习题第 47 题, $\frac{Dv}{dt}(0) = v'(0) = V$, $\pi_*(V) = 0$; 当 V 是水平向量时, 存在过点 $\tilde{p}$ 的曲线 $v = v(t)$ 满足 $v(0) = \tilde{p}$, $v'(0) = V$. 设 $W \in T_{\tilde{p}}(TM)$ 是 TM 在点 $\tilde{p}$ 的任意一个铅垂切向量, 则由 $\tilde{g}(W, V) = 0(\forall W \in T_{\tilde{p}}(TM))$ 可以推得 $\frac{Dv}{dt}(0) = 0$.

(2) TM 上的曲线 $v = v(t)$ 是水平的当且仅当其切向量 $v'(t)$ 处处是水平切向量. 由 (1) 的证明易知, 后者等价于 $\frac{Dv}{dt}$ 处处为零.

仿照第一章习题第 70 题和例 8.2 题的做法.

54. 设 $\{e_i\}$, $\{E_a\}$ 和 $\{F_\alpha\}$ 分别是向量丛 TM, $E^{(1)}$ 和 $E^{(2)}$ 上的局部标架场, 则 $\{E_a, F_\alpha\}$ 和 $\{E_a \otimes F_\alpha\}$ 分别是向量丛 $E^{(1)} \oplus E^{(2)}$ 和 $E^{(1)} \otimes E^2$ 上的局部标架场. 如果 $\overset{(1)}{\Gamma}{}^b_{ai}$ 和 $\overset{(2)}{\Gamma}{}^\beta_{\alpha i}$ 分别是联络 $D^{(1)}$ 和 $D^{(2)}$ 关于 $\{E_a\}$ 和 $\{F_\alpha\}$ 的联络系数, 由此分别说明, $D^{(1)} \oplus D^{(2)}$ 在局部标架场 $\{e_a, F_\alpha\}$ 下的联络系数是

$$\Gamma^b_{ai} = \overset{(1)}{\Gamma}{}^b_{ai}, \; \Gamma^\beta_{\alpha i} = \overset{(2)}{\Gamma}{}^\beta_{\alpha i}, \; \Gamma^\alpha_{ai} = \Gamma^a_{\alpha i} = 0;$$

$D^{(1)} \otimes D^{(2)}$ 在局部标架场 $\{E_a \otimes F_\alpha\}$ 下的联络系数是

$$\Gamma^{\{b\beta\}}_{\{a\alpha\}i} = \overset{(1)}{\Gamma}{}^b_{ai} \delta^\beta_\alpha + \delta^b_a \overset{(2)}{\Gamma}{}^\beta_{\alpha i}.$$

55. 先根据张量丛 $T^r_s(M)$ 上诱导联络的定义写出 (r, s) 型张量场 τ 及其协变导数在局部标架场下的表达式, 然后由这个表达式导出 (4.4) 式.

习 题 三

2. (2) 设 $a = |\gamma'(t)|$ 为常数, 则沿 γ 成立

$$\frac{\mathrm{d}u}{\mathrm{d}t} = \frac{a}{f} \cos\beta, \quad \frac{\mathrm{d}v}{\mathrm{d}t} = \frac{a}{\sqrt{(f')^2 + (g')^2}} \sin\beta.$$

由此导出

$$\frac{\mathrm{d}^2 u}{\mathrm{d}t^2} + 2\frac{f'}{f} \frac{\mathrm{d}u}{\mathrm{d}t} \frac{\mathrm{d}v}{\mathrm{d}t} = \frac{a}{f^2} \frac{\mathrm{d}}{\mathrm{d}t}(f \cos\beta).$$

(3) 取 γ 的参数 t 为弧长参数, 则有 $a = |\gamma'(t)| = 1$. 当 γ 不是子午线时, 它不会经过抛物面的顶点 (即原点), 因而必与某个平行圆 $v = v_0 (> 0)$ 相切, 不妨设切点所对应的参数 $t = 0$. 根据 Clairaut 关系式, 沿 γ 成立 $\cos\beta = \dfrac{v_0}{v}$, $\sin\beta = \sqrt{1 - \dfrac{v_0^2}{v^2}}$, $v \geqslant v_0$. 对于 $t \geqslant 0$, 把 $\gamma(t)$ 沿 z 轴的方向投影到 xy 平面上得到点 P_t, OP_t 确定的射线与 xy 平面上以原点为中心的单位圆交于点 $Q(t)$. 由 $t \mapsto Q(t)$ 定义的曲线记为 $\tilde{\gamma}(t)$. 容易知道

$$|\tilde{\gamma}'(t)| = \left| \frac{\mathrm{d}u}{\mathrm{d}t} \right| = \frac{1}{v} \cos\beta.$$

于是当 $t > 0$ 时, 测地线绕 z 轴转过的周数是

$$Rd = \frac{1}{2\pi} \int_0^{+\infty} \frac{1}{v} \cos\beta \mathrm{d}t = \frac{v_0}{2\pi} \int_0^{+\infty} \frac{1}{v^2} \mathrm{d}t.$$

根据 $\dfrac{\mathrm{d}v}{\mathrm{d}t}$ 的表达式证明 $\displaystyle\lim_{t\to+\infty} v(t) = +\infty$. 故有

$$Rd = \frac{v_0}{2\pi}\int_{v_0}^{+\infty}\frac{1}{v^2}\frac{\mathrm{d}t}{\mathrm{d}v}\mathrm{d}v = \frac{1}{2\pi}\int_{v_0}^{+\infty}\frac{1}{v}\sqrt{\frac{1+4v^2}{v^2-v_0^2}}\,\mathrm{d}v$$

$$\geqslant \frac{1}{\pi}\int_{v_0}^{+\infty}\frac{\mathrm{d}v}{v} = +\infty.$$

同样的道理, γ 在 t 从 0 到 $-\infty$ 的取值范围内绕 z 轴转过的周数也是无穷大, 但是旋转的方向刚好相反.

3. 设 $\pi: TM \to M$ 是丛投影, $\tilde{\alpha}(t) = (\alpha(t), v(t))$ 是 TM 中的曲线. 由切丛 TM 上诱导度量 $\tilde{g}$ 的定义

$$\tilde{g}(\tilde{\alpha}'(t),\tilde{\alpha}'(t)) = g(\pi_*\tilde{\alpha}(t), \pi_*\alpha'(t)) + g(\mathrm{D}_{\alpha'}v, \mathrm{D}_{\alpha'}v)$$

$$= g(\alpha'(t),\alpha'(t)) + g(\mathrm{D}_{\alpha'}v, \mathrm{D}_{\alpha'}v).$$

再利用第二章习题第 49 题.

4. 利用球极投影 φ(参看第二章习题第 10 题), 把问题化为黎曼流形 $(B^2(a), g)$ $(a = 1/\sqrt{-c})$ 上的同样问题. 在 $B^2(a)$ 中引入为复坐标系 $z = \xi^1 + \sqrt{-1}\,\xi^2$, 则分式线性变换

$$w = a^2\frac{z + z_0 \mathrm{e}^{\sqrt{-1}\,\theta}}{\bar{z}_0 z + a^2 \mathrm{e}^{\sqrt{-1}\,\theta}}, \quad z_0 \in B^2(a), \quad \theta \in \mathbb{R}$$

在 $B^2(a)$ 上的限制给出了黎曼流形 $(B^2(a), g)$ 到自身的一个等距. $(B^2(a), g)$ 中过点 z_0 的测地线是与边界 $\partial B^2(a)$ 正交的圆弧或线段. 利用球极投影 φ 的定义, 不难给出 $H^2(c)$ 中的所有测地线及其几何解释.

5. 同本章习题第 4 题, 记 $a = 1/\sqrt{-c}$, 令

$$B^n(a) = \{(\xi^i) \in \mathbb{R}^n;\ \sum_i (\xi^i)^2 < a\}, \quad g = \frac{4a^2 \sum_k (\mathrm{d}\xi^k)^2}{(a^2 - \sum_k (\xi^k)^2)^2}.$$

则 $H^n(c)$ 与黎曼流形 $(B^n(a), g)$ 在 "球极投影"φ 下等距 (参看本章例 1.3 和第二章习题第 10 题). 在黎曼流形 $(B^n(a), g)$ 上讨论, 并且利用特殊正交群 $\mathrm{SO}(n)$(参看第一章的习题 43) 在 $B^n(a)$ 上的等距作用. 根据定理 1.6 以及本章习题 4 题的结果不难知道, 对于任意的 $p \in B^n(a)$, $(B^n(a), g)$ 中通过点 p 的测地线是与边界球面 $\partial B^n(a)$ 正交的圆弧或直线段. 再由球极投影 φ 的定义便可以得到 $H^n(c)$ 的所有测地线.

6. 先说明 $\sigma(\gamma(t)) = \gamma(-t)$. 再利用第二章的定理 4.8 以及平行移动由初值确定的事实.

7. (1) 对于任意的 $t_0 \in (-\varepsilon, \varepsilon)$, 令 $\varphi(t_0) = y$. 则由左不变性, $t \mapsto y^{-1}\varphi(t)$ 也是 X 的通过 e 点的积分曲线: $y^{-1}\varphi(t_0) = e$. 由积分曲线的唯一性, $\varphi(t_0)^{-1}\varphi(t) = \varphi(t - t_0)$. 于是 φ 可以扩展为在区间 $(t_0 - \varepsilon, t_0 + \varepsilon)$ 上有定义. 由此不难看出, φ 在整个 $\mathbb{R}$ 上有定义; 此外, 还有 $\varphi(t - t_0) \circ \varphi(t_0) = \varphi(t)$. 再由 t 和 t_0 的任意性, 即得 $\varphi(t + s) = \varphi(t) \cdot \varphi(s)$.

(2) 首先, 由第二章习题第 18 题, 如果 X 是 G 上的左不变向量场, 则有 $D_X X = 0$. 于是 G 的所有单参数子群都是测地线. 再由唯一性, 从 e 出发的测地线都是单参数子群.

8. 设 φ_t, $t \in (-\varepsilon, \varepsilon)$, 是 X 生成的局部等距. 首先证明, $\varphi_t(p) = p$, $\forall t \in (-\varepsilon, \varepsilon)$. 利用参考文献 [3] 第 144~145 页的定理 3.5 证明 $(\varphi_t)_{*p} = \mathrm{id}_{T_pM}$, 进而说明 X 在 p 点的一个邻域上恒为零. 再由 M 的连通性导出结论.

10. (解法一) 先利用命题 1.8 证明 Oy 轴之正半轴上的直线段都是 $(\mathbb{R}^2_+, g)$ 上的测地线; 再考虑等距变换

$$z \mapsto \frac{az + b}{cz + d}, \quad z = x + \sqrt{-1}\, y, \quad a, b, c, d \in \mathbb{R}, \quad ad - bc = 1,$$

它把 Oy 轴的正半轴映射为以 Ox 上的点为心的上半圆周或平行于 Oy 轴的射线: $x = x_0, y > 0$, 因而这些半圆周或射线都是 $(\mathbb{R}^2_+, g)$ 上的测地线. 注意到对于 $(\mathbb{R}^2_+, g)$ 上的每一个点 p 以及该点处的每一个方向 v 都有上述的半圆或射线通过点 p 并且与 v 相切, 我们便得到了 $(\mathbb{R}^2_+, g)$ 上的所有测地线.

(解法二) 设测地线 $\gamma(s)$ 的参数 s 是弧长参数, 从 $\frac{\partial}{\partial x}$ 到 $\gamma'(s)$ 的有向角为 θ. 由测地线的微分方程可以推知

$$\frac{\mathrm{d}\theta}{\mathrm{d}s} = -\cos\theta.$$

如果 $\cos\theta \equiv 0$, 则 $x = $ 常数, 相应的测地线 γ 是垂直于 x 轴的直线; 如果 $\cos\theta \neq 0$, 则 $\mathrm{d}x = -y\mathrm{d}\theta$, $\mathrm{d}y = -y\tan\theta\mathrm{d}\theta$. 解得 $x = -c\sin\theta + x_0$, $y = c\cos\theta$, 其中 $c > 0$, $x_0 \in \mathbb{R}$. 故有 $(x - x_0)^2 + y^2 = c^2$, $y > 0$. 这是以 $(x_0, 0)$ 为中心, 半径为 c 的上半圆周.

11. 由 Clairaut 关系式 (参看本章习题第 2(2) 题) 知, 圆柱面 $M : x^2 + z^2 = 1$ 上的测地线是直母线、平行圆和圆柱螺线 $\gamma_a(t) = (\sin t, at, \cos t)$, $-\infty <$

$t < +\infty$, $a \neq 0$. 不失一般性, 可设 $q \neq p$. 如果 $z_0 = -1$, 令 $a = \frac{y_0}{3\pi}$, 则 $\gamma_a(t)(0 \leqslant t \leqslant 3\pi)$ 满足要求. 下设 $z_0 \neq -1$. 如果 $z_0 = 1$, 令 $a = \frac{y_0}{2\pi}$, 则 $\gamma_a(t)(0 \leqslant t \leqslant 2\pi)$ 即满足要求; 如果 $z \neq 1$, 则存在唯一的 t_0: $0 < t_0 < 2\pi$, $t_0 \neq \pi$, 使得 $x_0 = \sin t_0$, $z_0 = \cos t_0$. 当 $t_0 \in (0, \pi)$ 时, 取 $a = -\frac{y_0}{2\pi - t_0}$, 则 $\gamma_a(t)(-(2\pi - t_0) \leqslant t \leqslant 0)$ 满足要求; 当 $t_0 \in (\pi, 2\pi)$ 时, 取 $a = \frac{y_0}{t_0}$, 则测地线 $\gamma_a(t)(0 \leqslant t \leqslant t_0)$ 满足要求.

12. 取点 p 的一个法坐标邻域 U 以及 T_pM 的一个单位正交基底 $\{e_i\}$. 然后把 $\{e_i\}$ 沿径向测地线进行平行移动.

13. 对于任意的 $p \in M$, 设 $\{e_i\}$ 是 p 点附近的测地平行标架场 (参看本章习题第 12 题), 使得 $(D_{e_i}e_j)(p) = 0$, $\{\omega^i\}$ 是 $\{e_i\}$ 的对偶标架场, ω_j^i 是黎曼联络关于 $\{e_i\}$ 的联络形式, 则有 $\omega_j^i(p) = 0$, $\mathrm{d}V_M = \omega^1 \wedge \cdots \wedge \omega^m$. 对于任意的 $X \in \mathfrak{X}(M)$, 设 $X = X^i e_i$, 则 $\mathrm{div}\,(X) = \sum_i e_i(X^i)$. 另一方面,

$$i(X)\mathrm{d}V_M = \sum_i (-1)^{i+1} X^i \omega^1 \wedge \cdots \wedge \widehat{\omega^i} \wedge \cdots \omega^m.$$

由此可知在点 p 成立

$$\mathrm{d}(i(X)\mathrm{d}V_M) = \mathrm{div}\,(X)\mathrm{d}V_M.$$

14. 对于测地球 $\mathscr{B}_p(\delta)$ 中的任意一点 q, 存在 $v_q \in T_pM$, 满足 $|v_q| < \delta$, 并且 $\gamma(t) = \exp(tv_q)(0 \leqslant t \leqslant 1)$ 是连接 p, q 两点的测地线, 因而 $d(p, q) \leqslant L(\gamma) = |v_q| < \delta$, 即有 $q \in V_p(\delta)$. 所以 $\mathscr{B}_p(\delta) \subset V_p(\delta)$. 反之, 对于任意的 $q \in V_p(\delta) \subset U$, 由法坐标邻域的定义, 必有 $v_q \in T_pM$ 及连接 p, q 两点的最短测地线 $\gamma(t) = \exp(tv_q)$, $0 \leqslant t \leqslant 1$. 因此, $|v_q| = L(\gamma) = d(p, q) < \delta$. 这说明 v_q 包含在 T_pM 中的一个半径为 δ 的开球 $B_p(\delta)$ 内. 由测地球的定义, $q \in \mathscr{B}_p(\delta)$. 因而又有 $V_p(\delta) \subset \mathscr{B}_p(\delta)$.

15. 在欧氏空间 $\mathbb{R}^m$ 中任取一点 $p \neq 0$ 并设 $d(0, p) = \delta$. 容易验证, $\mathbb{R}^m \backslash \{p\}$ 中, $V_0(2\delta)$ 不是 $\mathbb{R}^m \backslash \{p\}$ 中的测地球.

16. 设 X 生成的局部单参数变换群是 $\varphi_t(q) = \varphi(t, q)$, $t \in (-\varepsilon, \varepsilon)$, $q \in U$. 由于 $X_p = 0$, 对于任意的 t, $\varphi(t, p) = p$. 假设 $\mathscr{S}_p(\delta)$ 是任意一个以 p 点为中心的测地球面, $q \in \mathscr{S}_p(\delta)$. 那么, X 的过 q 点的积分曲线是 $\gamma(t) = \varphi(t, q)(-\varepsilon < t < \varepsilon)$. 对于每一个固定的 t, φ_t 是等距变换, 它把从点 p 到 q 的径向测地线映射为从点 p 到 $\varphi(t, q)$ 的径向测地线, 且有 $d(p, \varphi(t, q)) = d(p, q) = \delta$.

由 t 的任意性, $\gamma(t) \subset \mathscr{S}_p(\delta)$. 因此, $X_q = \gamma'(0)$ 与测地球面 $\mathscr{S}_p(\delta)$ 在点 q 相切.

17. (1) 设 $p \in M$, $(U; x^i)$ 是 M 在点 p 的一个法坐标系, 则有

$$g_{ij}(p) = g\left(\left.\frac{\partial}{\partial x^i}\right|_p, \left.\frac{\partial}{\partial x^j}\right|_p\right) = \delta_{ij}, \quad \Gamma_{ij}^k(p) = 0,$$

其中 Γ_{ij}^k 是度量 g 在 $(U; x^i)$ 下的 Christoffel 记号. 对于 $v \in T_pM$, 令 $\tilde{U} = \pi^{-1}(U)$, 则 $(\tilde{U}; x^i, X^j)$ 是 TM 在点 v 处的局部坐标系, 使对于任意的 $(q, X) \in \tilde{U}$, $X = \sum_j X^j \frac{\partial}{\partial x^j}|_q$. 先计算出 TM 上关于诱导度量 $\tilde{g}$ 的体积元 $\mathrm{d}V_{TM}$ 在任意的点 $(q, X) \in \tilde{U}$ 处的表达式, 并说明它正好是 $U \times U$ 上的乘积度量 $g \times g$(参看第二章的例 2.5 和该章习题第 49(1) 题) 在点 (q, q) 处的体积元. 根据第二章习题第 35 题, 向量场 G 的散度 div G 仅与 TM 上的体积元有关. 再注意到 G 是水平向量场这一事实, 可以用 $U \times U$ 上的乘积度量 $g \times g$ 求出

$$\operatorname{div} G|_v = \operatorname{div}_{g \times g}(0, \pi_*G)(p, p).$$

由于在局部坐标系 $(\tilde{U}; x^i, X^j)$ 下,

$$G(x^i) = X^i, \quad G(X^j) = -\Gamma_{ik}^j X^i X^k, \quad 1 \leqslant i, j, k \leqslant \dim M,$$

而且 $g \times g$ 的 Christoffel 记号在点 (p, p) 为零, 最终得知, 在 p 有

$$\operatorname{div} G = \sum_i \frac{\partial X^i}{\partial x^i} - \sum_j \frac{\partial}{\partial X^j}\left(\sum_{i,k} \Gamma_{ik}^j X^i X^k\right) = 0.$$

(2) 利用第二章习题第 34 题.

18. 参阅参考文献 [24] 定理 11.1, 第 61 页.

19. 参阅参考文献 [24] 命题 11.3, 第 62 页; 命题 11.4, 第 63～64 页.

20. 在点 p 的一个法坐标系 $(U; x^i)$ 内, $\rho^2 = \sum_i (x^i)^2$, 因而函数 ρ 在 U 内是光滑的. 另一方面, Hess (ρ^2) 在点 p 的表达式为

$$\operatorname{Hess}(\rho^2)|_p = 2\sum_i (\mathrm{d}x^i)^2.$$

再由连续性, Hess (ρ^2) 在 p 点的一个开邻域内是正定的.

21. (1) 利用距离函数的连续性.

(2) 设 $v \in T_{q_0}M$. 取 M 上的曲线 $\beta(u)$, $u \in (-\varepsilon, \varepsilon)$, 使得 $\beta(0) = q_0$, $\beta'(0) = v$. 对于任意的 $u \in (-\varepsilon, \varepsilon)$, 设 $\gamma_u(t) = \Phi(t, u)(0 \leqslant t \leqslant 1)$ 是连接 $p_0, \beta(u)$ 两点的最短测地线. 则 $\Phi(t, u)$ 是测地线 γ_0 的一个测地变分. 对 $\Phi(t, u)$ 应用变分公式 (3.5).

22. 先说明距离函数 d 是 $M_1 \times M_2$ 上的连续函数. 再利用 $M_1 \times M_2$ 的紧致性和本章习题第 21 题的证明方法.

23. (必要性) 设 M 是完备的并且 γ 是 M 上的一条发散曲线. 对于任意的自然数 n, 令 $\overline{V}_n = \{p \in M;\ d(\gamma(0), p) \leqslant n\}$, 则 $\overline{V}_n$ 是 M 的有界闭子集, 因而是紧致子集. 由假设, 存在 $t_n > 0$, 使得 $\gamma(t_n) \notin \overline{V}_n$. 于是

$$\int_0^{t_n} |\gamma'(t)| \mathrm{d}t \geqslant d(\gamma(0), \gamma(t_n)) > n.$$

(充分性) 设 $p \in M$. 如果 M 不是完备的, 则有 $v_0 \in T_pM$, $v_0 \neq 0$, 使得测地线 $\gamma(t) = \exp_p(tv_0)$ 在 $t \in [0, 1)$ 内处处有定义, 但不能延拓到闭区间 $[0, 1]$ 上. 显然 γ 的长度是 $|v_0| < +\infty$. 利用定理 2.1 和推论 1.4 证明 γ 是一条发散曲线.

24. 由假设及 Hopf-Rinow 定理, 对于任意的自然数 n, 存在点 $p_n \in M$, 使得 $d(p, p_n) > n$. 再由完备性, 存在单位切向量 $v_n \in T_pM$, 使得 $\gamma_n(t) = \exp_p(tv_n)$ 是从 p 到 p_n 的最短测地线. 不失一般性, 设 $\lim\limits_{n \to +\infty} v_n = v$. 验证 $\gamma(t) = \exp_p(tv)$ 是从点 p 出发的射线.

25. 由已知的不等式和距离函数的定义不难证明

$$d(p, q) \leqslant c\, d(f(p), f(q)), \quad \forall p, q \in M.$$

因此, 如果 $\{f(p_n)\}$ 是 $\tilde{M}$ 中的任意一个 Cauchy 点列, 则 $\{p_n\}$ 是 M 中的 Cauchy 点列. 由 M 的完备性, 存在点 $p \in M$, 使得 $\lim\limits_{n \to +\infty} p_n = p$. 于是有 $\lim\limits_{n \to +\infty} f(p_n) = f(p) \in \tilde{M}$. 所以 $\tilde{M}$ 也是完备的.

26. 注意到局部等距把测地线映射为测地线. 用反证法并利用 M 的完备性证明 f 是单射. 为证明 f 是满射, 任意取定一点 $p \in M$, 并令 $\tilde{p} = f(p)$. 对于任意的 $\tilde{q} \in \tilde{M}$, 设 $\tilde{\gamma}(s)(0 \leqslant s \leqslant l)$ 是 $\tilde{M}$ 中连接点 $\tilde{p}, \tilde{q}$ 的唯一正规测地线: $\tilde{\gamma}(0) = \tilde{p}$, $\tilde{\gamma}(l) = \tilde{q}$, $l = L(\tilde{\gamma})$. 取 $v \in T_pM$ 使得 $f_{*p}(v) = \tilde{\gamma}'(0)$. 再令 $\gamma(s) = \exp_p sv$, 则 $f \circ \gamma|_{[0, l]} = \tilde{\gamma}$. 于是 $f(\gamma(l)) = \tilde{q}$.

28. 设 $K \subset (\mathbb{R}_+^2, g)$ 是一个有界闭集. 首先说明存在正数 δ, δ' 使得对于任意的 $(x,y) \in K$, $\delta \leqslant y \leqslant \delta'$. 由此说明 K 是欧氏空间 $\mathbb{R}^2$ 中的有界闭子集, 因而是 $\mathbb{R}^2$ 中的紧集. 自然 K 也是 $(\mathbb{R}_+^2, g)$ 的紧集. 根据 Hopf-Rinow 定理, $(\mathbb{R}_+^2, g)$ 是一个完备的黎曼流形.

29. 设 $\gamma(t)$ 是 X 的任意一条积分曲线, 其最大定义区间设 (a,b). 取数列 $\{t_n\} \subset (a,b)$, 使得 $\lim\limits_{n\to\infty} t_n \to b$. 由假设条件证明 $\{\gamma(t_n)\}$ 是 M 上的 Cauchy 点列, 故有 $x \in M$, 使得 $\lim\limits_{n\to\infty} \gamma(t_n) = x$. 再由 X 在点 x 的积分曲线的存在唯一性, 曲线 $\gamma(t)$ 的定义域可以向右延拓为 $(a, b+\varepsilon)$, 这与区间 (a,b) 的定义相矛盾.

  此外, 有界性条件 $|X| \leqslant c$ 是必要的. 比如在本章习题第 10 题中的完备黎曼流形 $(\mathbb{R}_+^2, g)$ 上考虑 $X = \frac{\partial}{\partial y}$, 其积分曲线的最大定义区间是 $(0, +\infty)$.

30. 根据黎曼齐性空间的定义, 并利用等距保持测地线及其长度不变的性质, 可以证明: 存在正数 δ, 使得对于任意的 $p \in M$, $\exp_p$ 在开球 $B_p(\delta) \subset T_p M$ 内处处有定义. 由此采用反证法不难证明, M 上的每一条正规测地线的定义域都可以延伸到整个 $\mathbb{R}$ 上. 于是, 对于任意的点 $p \in M$, 指数映射 $\exp_p$ 在 $T_p M$ 上处处有定义.

习 题 四

4. (2) 利用第二章习题第 23 题中的 Killing 方程.

6. 利用第二章的定理 4.6.

7. 当 D 是无挠联络时, 由 $\Omega_i^j = R_{ikl}^j \omega^k \wedge \omega^l$ 知

$$\mathrm{d}\Omega_i^j = \frac{1}{3}(R_{ikl,h}^j + R_{ilh,k}^j + R_{ihk,l}^j)\omega^k \wedge \omega^l \wedge \omega^h + \Omega_k^j \wedge \omega_i^k - \Omega_i^k \wedge \omega_k^j.$$

8. (1) 利用第二章习题第 18 题的结论 (2).

9. 定义函数 $f : M \to M$: $\forall p \in M$, $f(p) = |X(p)|^2$. 设 p_0 是 f 的最小值点. 引入线性映射 $A : T_{p_0} M \to T_{p_0} M$, 使得对于任意的 $Y \in T_{p_0} M$, $A(Y) = A_X(Y) = D_Y X$(参看本章习题第 4 题. 如果 $X(p_0) \neq 0$, 则 $X(p)$ 在 $T_{p_0} M$ 中有正交补 E. 根据 Killing 方程 (见第二章习题第 23 题) 和本章习题第 4 题证明, $A(E) \subset E$, 并且 $A|_E$ 是非退化的和反对称的.

10. 考虑 M 中的曲面片: $f : U \subset \mathbb{R}^2 \to M$, 其中

$$U = \{(t,s) \in \mathbb{R}^2;\ -\varepsilon < t < 1+\varepsilon,\ -\varepsilon < s < 1+\varepsilon\}, \quad \varepsilon > 0,$$

并且对于任意的 $s \in (-\varepsilon, 1+\varepsilon)$, $f(0,s) = f(0,0)$. 设 $V_0 \in T_{f(0,0)}M$, 定义沿 f 的向量场 V 如下: $\forall s \in (-\varepsilon, 1+\varepsilon)$, $V(0,s) = V_0$, 并且当 $t \neq 0$ 时, $V(t,s)$ 是 V_0 沿曲线 $t \mapsto f(t,s)$ 的平行移动. 注意到 $\frac{\partial f}{\partial t} = f_*(\frac{\partial}{\partial t})$, $\frac{\partial f}{\partial s} = f_*(\frac{\partial}{\partial s})$, 于是由本章习题第 3 题,

$$\frac{\mathrm{D}}{\partial s}\frac{\mathrm{D}}{\partial t}V = 0 = \frac{\mathrm{D}}{\partial t}\frac{\mathrm{D}}{\partial s}V + \mathcal{R}\left(\frac{\partial f}{\partial s}, \frac{\partial f}{\partial t}\right)V.$$

由于平行移动与路径无关, 对于任意的 t, $V(t,s)$ 是向量 $V(t,0)$ 沿曲线 $s \mapsto f(t,s)$ 的平行移动, 因而有 $\frac{\mathrm{D}}{\partial s}V(t,s) = 0$. 因此 $\frac{\mathrm{D}}{\partial t}\frac{\mathrm{D}}{\partial s}V = 0$, 从而

$$\mathcal{R}\left(\frac{\partial f}{\partial t}, \frac{\partial f}{\partial s}\right)V = 0.$$

利用 f 和 V_0 的任意性, 即可推得欲证结论.

11. (2) 设 $p,q \in M$. 在 M 上取连接 p,q 两点的曲线段 $\gamma(t), 0 \leqslant t \leqslant 1$, 使得 $\gamma(0) = p$, $\gamma(1) = q$. 设 $e_1, e_2 \in T_pM$ 是单位正交基, X_1, X_2 分别是 e_1, e_2 沿 γ 的平行移动, 则 M 沿 γ 的截面曲率 (即 Gauss 曲率) 是 $K(\gamma(t)) = \langle \mathcal{R}(X_1, X_2)X_2, X_1 \rangle$. 于是

$$\frac{\mathrm{d}}{\mathrm{d}t}(K(\gamma(t)))$$
$$= \langle \mathrm{D}_{\gamma'}(\mathcal{R}(X_1, X_2)X_2, X_1) \rangle + \langle \mathcal{R}(X_1, X_2)X_1, \mathrm{D}_{\gamma'}X_1 \rangle$$
$$= 0.$$

由此即知, M 在 p,q 两点的截面曲率相等.

12. (1) 根据第二章习题第 25 题,

$$\tilde{\mathrm{D}}_{\overline{X}}\overline{Y} = \overline{\mathrm{D}_X Y} + \frac{1}{2}[\overline{X}, \overline{Y}]^v.$$

于是有 $\overline{X}\langle \tilde{\mathrm{D}}_{\overline{Y}}\overline{Z}, \overline{W} \rangle = X\langle \mathrm{D}_Y Z, W \rangle \circ f$, 并且

$$\langle \tilde{\mathrm{D}}_{\overline{X}}\tilde{\mathrm{D}}_{\overline{Y}}\overline{Z}, \overline{W} \rangle = \overline{X}\langle \tilde{\mathrm{D}}_{\overline{Y}}\overline{Z}, \overline{W} \rangle - \langle \tilde{\mathrm{D}}_{\overline{Y}}\overline{Z}, \tilde{\mathrm{D}}_{\overline{X}}\overline{W} \rangle$$
$$= \langle \mathrm{D}_X \mathrm{D}_Y Z, W \rangle \circ f - \frac{1}{4}\langle [\overline{Y}, \overline{Z}]^v, [\overline{X}, \overline{W}]^v \rangle.$$

另一方面, 如果 $\tilde{T} \in \mathfrak{X}(\tilde{M})$ 是铅垂的, 则 $\langle [\tilde{T}, \overline{X}], \overline{Y} \rangle = 0$, 故有

$$\langle \tilde{\mathrm{D}}_{\frac{\partial}{\partial t}}\overline{X}, \overline{Y} \rangle = \langle \tilde{\mathrm{D}}_{\overline{X}}\tilde{T}, \overline{Y} \rangle + \langle [\tilde{T}, \overline{X}], \overline{Y} \rangle = -\langle \tilde{T}, \tilde{\mathrm{D}}_{\overline{X}}\overline{Y} \rangle.$$

用 $(\cdots)^v$ 表示向量 $(\cdots)$ 的水平分量, 则有

$$\langle \tilde{D}_{[\overline{X},\overline{Y}]}\overline{Z}, \overline{W}\rangle = \langle \tilde{D}_{[\overline{X},\overline{Y}]^h}\overline{Z}, \overline{W}\rangle + \langle \tilde{D}_{[\overline{X},\overline{Y}]^v}\overline{Z}, \overline{W}\rangle$$
$$= \langle D_{[X,Y]}Z, W\rangle \circ f - \frac{1}{2}\langle [\overline{X},\overline{Y}]^v, [\overline{Z},\overline{W}]^v\rangle.$$

综合上述的式子, 便可得到 (1) 的结论.

13. (1) 利用第一章习题第 27 题先证明数乘运算 $e^{\sqrt{-1}\,\theta} : S^{2n+1} \to S^{2n+1}$ 是等距. 由于 $f \circ e^{\sqrt{-1}\,\theta} = f$, $\mathbb{C}P^n$ 上的度量 g 可以由 S^{2n+1} 上的标准度量通过 f 诱导. 最后, 根据度量 g 的定义可以验证, $f : S^{2n+1} \to \mathbb{C}P^n$ 是一个黎曼淹没.

(2) 用 z 表示球面 S^{2n+1} 上的位置向量, 令 $\tilde{T}(z) = \sqrt{-1}\,z$, 则 $\tilde{T}(z) \in T_z S^{2n+1}$ 是铅垂切向量. 设 $X, Y \in \mathfrak{X}(\mathbb{C}P^n)$, $X \perp Y$, $|X| = |Y| = 1$. 证明

$$(\tilde{D}_{\overline{X}}\tilde{T}(z))|_z = \sqrt{-1}\,\overline{X}, \quad (\tilde{D}_{\overline{Y}}\tilde{T}(z))|_z = \sqrt{-1}\,\overline{Y},$$

其中 $\tilde{D}$ 是 $\mathbb{R}^{2n+2} = \mathbb{C}^n$ 上的标准联络. 再利用本章习题第 12(2) 题.

14. (1) 在局部坐标系 $(U; x^i)$ 下, 令 $e_i = \frac{\partial}{\partial x^i}$, 则 $\omega^i = \mathrm{d}x^i$. 设 $\alpha = \alpha_i \mathrm{d}x^i$, $Y = Y^j \frac{\partial}{\partial x^j}$. 利用第二章习题第 36(3) 题和第 28 题计算出

$$\mathrm{d}(\delta\alpha)(Y) = -Y^j \alpha^i_{,ij}, \quad \delta(\mathrm{d}\alpha)(Y) = -g^{ij}\alpha_{h,ji}Y^h + g^{ij}\alpha_{j,ki}Y^k.$$

最后把 Ricci 恒等式代入.

(2) 仿照 (1) 等式的证明方法可以得到 Weitzenböck 公式. 为了简化计算, 对于任意的点 $p \in M$, 取点 p 附近的一个法坐标 $(U; x^i)$, 则有 $g_{ij}(p) = \delta_{ij}$, $\Gamma^k_{ij}(p) = 0$. 经过直接计算并且利用第二章习题第 36 题、第 28 题和 Ricci 恒等式即可.

(3) 由 (2), $\tilde{\Delta}\alpha$ 的分量是

$$(\tilde{\Delta}\alpha)(e_{i_1}, \cdots, e_{i_r}) = -(\mathrm{tr}D^2\alpha)(e_{i_1}, \cdots, e_{i_r})$$
$$+ \sum_a (-1)^{a+1} g^{ij}(i(e_j)\mathcal{R}(e_i, e_{i_a})\alpha)(e_{i_1}, \cdots, \widehat{e_{i_a}}, \cdots, e_{i_r}).$$

再利用 $\tilde{\Delta}\alpha = \frac{1}{r!}\tilde{\Delta}\alpha(e_{i_1}, \cdots, e_{i_r})\omega^{i_1} \wedge \cdots \wedge \omega^{i_r}$.

15. (1) 设 $\{e_1, e_2\}$ 和 $\{e'_1, e'_2\}$ 分别是 π 和 π' 的单位正交基, 则有 $\mathbb{R}^{m+1}$ 的单位正交基 $\{p, e_1, e_2, \cdots, e_m\}$, $\{q, e'_1, e'_2, \cdots, e'_m\}$. 假设 $\Phi : \mathbb{R}^{m+1} \to \mathbb{R}^{m+1}$ 是由

$$\Phi(p) = q, \quad \Phi(e_i) = e'_i, \quad i = 1, 2, \cdots, m$$

确定的线性变换, 则 Φ 是一个正交变换. 令 $\phi = \Phi|_{S^m}$, 则容易验证, ϕ : $S^m \to S^m$ 是一个等距, 并且满足 $\phi(p) = q$, $\phi_*(\pi) = \pi'$.

(2) 根据本章习题第 6 题以及结论 (1), 对于任意的点 $p, q \in S^m$, 以及任意的二维子空间 $\pi \subset T_p S^m$, $\pi' \subset T_q S^m$, $K(\pi) = K(\pi')$.

16. 必要性是直接的. 为证明充分性, 对于任意的点 $p \in M$ 以及任意的 $v, e_1, e_2 \in T_p M$, 先说明

$$(\mathrm{D}_v R)(u, w, u, w) = 0, \quad \forall v, u, w \in T_p M.$$

注意到 $\mathrm{D}_v R$ 是一个曲率型张量场, 故由引理 3.1, $\mathrm{D}_v R = 0$.

17. 对于任意的点 $p \in M$, 选取 M 在 p 点附近的单位正交标架场 $\{e_i\}$, 使得在 p 点 $R_{ij} = \mathrm{Ric}(e_i, e_j) = \lambda_i \delta_{ij}$, 则由题设, 在 p 点处成立

$$R(e_i, e_j, e_k, e_l) = \frac{1}{m-1}(R_{il}\delta_{jk} - R_{ik}\delta_{jl}) = \frac{\lambda_i}{m-1}(\delta_{il}\delta_{jk} - \delta_{ik}\delta_{jl}).$$

由此可知, $\lambda_1 = \cdots = \lambda_m = \lambda$. 再利用定理 3.2 和定理 3.5.

18. 在 $T_p M$ 中选取一个单位正交基 $\{e_i\}$, 使得 $R_{ij} = \mathrm{Ric}(e_i, e_j) = \lambda_i \delta_{ij}$, 对于任意的点 $v \in S^{m-1} \subset T_p M$, 若设 $v = \sum_i v^i e_i$, 则有 $\mathrm{Ric}_p(v) = \sum_i \lambda_i (v^i)^2$. 由于 $|v| = 1$, v 是 S^{m-1} 上的一个外向单位法向量. 对于任意的 $u = u^i e_i \in T_p M$, 令 $W(u) = \sum_i \lambda_i u^i e_i$, 则 W 是 $T_p M$ 上的切向量场. 在单位球 B^m 上利用散度定理 (即第二章的定理 5.3), 并注意到 B^m 的体积 $V(B^m) = \frac{\omega_{m-1}}{m}$, 可得

$$\begin{aligned}
&\frac{m}{\omega_{m-1}} \int_{S^{m-1}} \mathrm{Ric}_p(v) \mathrm{d}V_{S^{m-1}} \\
&= \frac{m}{\omega_{m-1}} \int_{S^{m-1}} \sum_i \lambda_i (v^i)^2 \mathrm{d}V_{S^{m-1}} \\
&= \frac{m}{\omega_{m-1}} \int_{S^{m-1}} \langle W(v), v \rangle \mathrm{d}V_{S^{m-1}} = \frac{m}{\omega_{m-1}} \int_{B^m} \mathrm{div}\,(W) \mathrm{d}V_{B^m} \\
&= \sum_i \lambda_i = \sum_i \mathrm{Ric}_p(e_i) = \mathcal{S}(p).
\end{aligned}$$

19. (1) 利用第二章习题第 20 题或第 21 题.

(2) 设 g_0 是 (x, y) 平面上的标准黎曼度量, 则 $g = F^2 g_0$, 并且

$$g_0\left(\frac{\partial}{\partial x}, \frac{\partial}{\partial x}\right) = g_0\left(\frac{\partial}{\partial y}, \frac{\partial}{\partial y}\right) = 1, \quad g_0\left(\frac{\partial}{\partial x}, \frac{\partial}{\partial y}\right) = 0.$$

由于 g_0 的黎曼曲率张量恒为零, $\rho = \ln F$, 根据 (1) 中的关系式 (b), M 的 Gauss 曲率是

$$K = \frac{R_{1221}}{g\left(\frac{\partial}{\partial x}, \frac{\partial}{\partial x}\right) g\left(\frac{\partial}{\partial y}, \frac{\partial}{\partial y}\right)} = -\frac{1}{F^2} \Delta_0 \ln F.$$

20. (1) 先由本章习题第 19 题计算出黎曼曲率张量关于 F 的表达式:

$$\begin{aligned}
R_{ijkl} = &-\frac{1}{F^3}(F_{jl}\delta_{ik} + F_{ik}\delta_{jl} - F_{jk}\delta_{il} - F_{il}\delta_{jk}) \\
&+ \frac{1}{F^4}\sum_h (F_h)^2(\delta_{ik}\delta_{jl} - \delta_{il}\delta_{jk}) \\
= &-\frac{1}{F}(F_{jl}g_{ik} + F_{ik}g_{jl} - F_{jk}g_{il} - F_{il}g_{jk}) \\
&+ \sum_h (F_h)^2(g_{ik}g_{jl} - g_{il}g_{jk}).
\end{aligned}$$

再利用推论 3.3 的结论.

(2) 根据结论 (1), 充分性可以直接验证. 下面证明必要性. 如果 g 具有常截面曲率 c, 则由结论 (1), 当 $i \neq j$ 时, $F_{ij} = 0$, $F_{ii} = F_{jj}$. 因而可以设 $F = G_1(x^1) + \cdots + G_m(x^m)$, 则对于任意的 i, $F_{ii} = G_i''(x^i)$. 利用条件 $F_{ii} = F_{jj}(\forall i, j)$, 存在常数 a, b_i, c_i 使得 $G_i(x) = ax^2 + b_i x + c_i$. 把 F 代入等式 $\sum_k (F_k)^2 + c = F(F_{ii} + F_{jj})$ 即可.

(3) 和 (4) 参照第三章例 1.3 的方法, 求出过原点的正规测地线, 考虑它们的总长度并利用 Hopf-Rinow 定理.

21. (1) 任意给定与 g 共形的黎曼度量 $\tilde{g} = \mathrm{e}^{2\rho}g(\rho \in C^\infty(M))$, $\tilde{g}$ 的曲率张量、Ricci 曲率张量和数量曲率依次记为 $\tilde{R}^l_{kij}$, $\tilde{R}_{ij}$ 和 $\tilde{\mathcal{S}}$. 令

$$\tilde{\varphi}_{ij} = \frac{1}{m-2}\tilde{R}_{ij} - \frac{\mathcal{S}}{2(m-1)(m-2)}\tilde{g}_{ij},$$

则由本章习题第 19 题中的关系式 (c),(d) 可以计算出 $\tilde{\varphi}_{ij} = \varphi_{ij} - \rho_{ij}$. 再由共形曲率张量的定义进行验证.

22. (1) 由共形曲率张量场 C 的定义 (参看本章习题第 21 题) 易知

$$\begin{aligned}
C(Z, X, Y) = &\mathcal{R}(X, Y)Z + \varphi(X, Z)Y - \varphi(Y, Z)X \\
&+ g(X, Z)\varphi^*(Y) - g(Y, Z)\varphi^*(X), \\
&\forall X, Y, Z \in \mathfrak{X}(M),
\end{aligned}$$

其中 $\varphi^* : \mathfrak{X}(M) \to \mathfrak{X}(M)$ 由下式确定:

$$g(\varphi^*(X), Y) = \varphi(X, Y), \quad \forall X, Y \in \mathfrak{X}(M).$$

(2) 取 M 上的单位正交标架场 $\{e_i\}$, 并令

$$C_{klij} = g(C(e_k, e_i, e_j), e_l),$$

则由 (1) 和 φ_{ij} 的定义

$$C_{klij} = R_{klij} + \frac{1}{m-2}(R_{ik}\delta_{jl} - R_{jk}\delta_{il} + R_{jl}\delta_{ik} - R_{il}\delta_{jk})$$
$$- \frac{1}{(m-1)(m-2)}\mathcal{S}(\delta_{ik}\delta_{jl} - \delta_{jk}\delta_{il}).$$

当 $m = 3$ 时, 逐个计算 C_{ijkl} 的分量, 可以验证 $C_{ijkl} = 0$, $1 \leqslant i, j, k, l \leqslant 3$.

(3) 定义 (0,3) 型张量场 T, 使得对于任意的 $X, Y, Z \in \mathfrak{X}(M)$,

$$T(X, Y, Z) = \sum_i g((\mathrm{D}_{e_i}C)(X, Y, Z), e_i).$$

利用 Bianchi 第二恒等式证明 $T_{kij} = -\frac{m-3}{m-2}D_{kij}$.

(4) 设 $\tilde{g} = \mathrm{e}^{2\rho}g$, 用带 $\sim$ 的记号表示由 $\tilde{g}$ 定义的协变导数、张量或数量. 任取局部坐标系 $(U; x^i)$, 用下标中的 ";" 和 "," 分别表示张量关于联络 $\tilde{\mathrm{D}}$ 和 D 的协变导数, 比如

$$\tilde{\varphi}_{ki;j} = (\tilde{\mathrm{D}}_{\frac{\partial}{\partial x^j}}\tilde{\varphi})\left(\frac{\partial}{\partial x^k}, \frac{\partial}{\partial x^i}\right), \quad \varphi_{ki,j} = (\mathrm{D}_{\frac{\partial}{\partial x^j}}\varphi)\left(\frac{\partial}{\partial x^k}, \frac{\partial}{\partial x^i}\right).$$

由本章习题第 19(1) 题中的关系式 (c) 和 (d) 导出 $\tilde{\varphi}_{ki} = \varphi_{ki} - \rho_{ki}$, 同时根据第二章习题第 21(1) 题又有如下的关系式:

$$\varphi_{ki;j} = \varphi_{ki,j} + \varphi_{ji}\rho_k - \varphi_{kj}\rho_i + g^{lp}\rho_p(\varphi_{kl}g_{ij} - \varphi_{li}g_{kj});$$
$$\rho_{ki;j} = \rho_{ki,j} + \rho_{ji}\rho_k - \rho_{kj}\rho_i + g^{lp}\rho_p(\rho_{kl}g_{ij} - \rho_{li}g_{kj}).$$

因而利用 Ricci 恒等式可以证明

$$\tilde{D}_{kij} = \tilde{\varphi}_{ki;j} - \tilde{\varphi}_{kj;i}$$
$$= \varphi_{ki;j} - \varphi_{kj;i} + \rho_{kj;i} - \rho_{ki;j}$$
$$= \varphi_{ki,j} - \varphi_{kj,i} + \cdots + \rho_{k,ji} - \rho_{k,ij} + \cdots$$
$$= D_{kij} - \rho_l C_{kij}^l.$$

所以, 当 $m = 3$ 时, $C \equiv 0$, 因而有 $\tilde{D} = D$.

23. (1) (必要性) 如果 M 是局部共形平坦的, 则在局部上存在共形度量 $\tilde{g} = e^{2\rho}g$, 使得 $\tilde{g}$ 的曲率张量恒为零. 由张量场 $\tilde{C}$ 和 $\tilde{D}$ 的定义便知, $\tilde{C} \equiv 0$, $\tilde{D} \equiv 0$. 再利用张量 C 和 D(当 $m = 3$ 时) 的共形不变性.

(充分性) 设 $(U; x^i)$ 是 M 的任意的局部坐标系, $g_{ij} = g(\frac{\partial}{\partial x^i}, \frac{\partial}{\partial x^j})$. 令

$$\varphi_{ij} = \frac{1}{m-2}R_{ij} - \frac{\mathcal{S}}{2(m-1)(m-2)}g_{ij},$$

其中 R_{ij} 和 $\mathcal{S}$ 分别是度量 g 的 Ricci 曲率张量和数量曲率. 在 M 上考虑关于函数 ρ 的偏微分方程

$$\rho_{ij} \equiv \rho_{i,j} - \rho_i\rho_j + \frac{1}{2}g_{ij}g^{kl}\rho_k\rho_l = \varphi_{ij}.$$

利用 Ricci 方程证明: 如果充分性条件成立, 则上述方程是完全可积的. 因而在 U 的每一点附近存在光滑函数 ρ, 使得 $\rho_{ij} = \varphi_{ij}$. 定义 $\tilde{g} = e^{2\rho}g$, 说明 $\tilde{g}$ 是平坦的.

(2) 首先当 $m = \dim M = 2$ 时, 局部上的等温参数网的存在性即说明 M 是局部共形平坦的. 当 $m \geqslant 3$ 时, 计算常曲率空间的共形曲率张量 C 和 $(m = 3$ 时的) 张量 D, 它们都恒等于零.

(3) 如果 M 是 Einstein 流形, 则存在常数 λ 使得 $R_{ij} = \lambda g_{ij}$. 因为 M 是局部共形平坦的, 故由 (1), $C_{ijk}^l = 0$. 利用本章习题第 21(2) 题, 曲率张量 R_{kij}^l 可以表示为

$$R_{kij}^l = \frac{\lambda}{m-1}(\delta_i^l g_{kj} - \delta_j^l g_{ki}).$$

24. (1) 利用第二 Bianchi 恒等式.

(2) 如果结论不成立, 则在 M 上存在一个平行的单位切向量场 e, 其 Ricci 曲率为零, 即 $\lambda = 0$, 矛盾.

25. 利用曲率张量 R_{kij}^l 的表达式 (1.4).

习 题 五

1. (反证法) 如果 $J(t)$ 的零点不是孤立的, 则有 $t_0 \in [a, b]$, 以及数列 $\{t_n\} \subset [a, b]$, 满足 $t_n \neq t_0$, $t_n \to +\infty(n \to \infty)$, 并且 $J(t_n) = J(t_0) = 0$. 设 $P_t : T_{\gamma(t_0)}M \to T_{\gamma(t)}M$ 是沿 $\gamma(t)$ 的平行移动. 根据第二章的定理 7.2,

$$J'(t_0) = \lim_{t \to t_0}\frac{(P_t)^{-1}J(t) - J(t_0)}{t - t_0} = \lim_{n \to \infty}\frac{(P_{t_n})^{-1}J(t_n) - J(t_0)}{t_n - t_0} = 0.$$

于是由定理 1.2 易知, $J(t) \equiv 0$, 与假设条件矛盾.

3. 设 $\tilde{J}$ 是测地变分 $\Phi(t, u) = \exp_{\gamma(0)} t(\gamma'(0) + uJ'(0))$ 的变分向量场, 则

$$\tilde{J}(t) = (\exp_{\gamma(0)})_{*t\gamma'(0)}(tJ'(0)) = t(\exp_{\gamma(0)})_{*t\gamma'(0)}J'(0).$$

由此可知, $\tilde{J}(0) = 0 = J(0), \tilde{J}'(0) = J'(0)$.

4. 令 $p = \gamma(0)$. 由例 1.1, M 上满足 $J_1(0) = 0$, $J_1'(0) = \frac{u_0}{|u_0|}$ 的 Jacobi 场 J_1 是

$$J_1(t) = \frac{\sinh\sqrt{-c}t}{\sqrt{-c}} w(t).$$

由 (1.13) 式 $J_1(l) = (\exp_p)_{*l\gamma'(0)}(lw(0))$, 从而有 $J(l) = J_1(l)\frac{|u_0|}{l}$. 再利用 Jacobi 场的唯一性和条件 $|v| = 1$.

5. (1) 设 $\varphi(u, p)$ 是 Killing 向量场 X 生成的局部单参数变换群, 则有 $\varepsilon > 0$, 使得对于任意的 $(t, u) \in [0, b] \times (-\varepsilon, \varepsilon)$, $\varphi(u, \gamma(t))$ 有意义. 令 $\Phi(t, u) = \varphi(u, \gamma(t))$, 则 $\Phi : [0, b] \times (-\varepsilon, \varepsilon) \to M$ 是曲线 $\gamma(t)$ 的一个测地变分, 其变分向量场是

$$\Phi_* \left(\frac{\partial}{\partial u} \right) \Big|_{u=0} = \frac{\partial}{\partial u} \Big|_{u=0} \varphi(u, \gamma(t)) = X_{\gamma(t)}.$$

因而由命题 1.1, $X_{\gamma(t)}$ 是沿 γ 的 Jacobi 向量场.

(2) 定义 M 的子集

$$M_0 = \{q \in M;\ X(q) = 0,\ \text{并且}\ \forall v \in T_qM, D_vX = 0\}.$$

则由假设, M_0 是 M 的一个非空闭子集. 只需说明 M_0 也是 M 的开子集即可. 为此, 设 $q_0 \in M_0$. 取 $\delta > 0$, 使得测地球 $\mathscr{B}_{q_0}(\delta)$ 是 M 在点 q_0 的一个法坐标邻域. 再利用 (1) 证明 $\mathscr{B}_{q_0}(\delta) \subset M_0$.

6. (1) 取充分小的正数 δ, 使得 $\exp_p$ 在开球 $B_p(\delta) \subset T_pM$ 内无退化点. 设 $P_b : T_pM \to T_{\gamma(b)}M$ 是 M 中沿 γ 的平行移动. 由 (1.13) 式, 对于任意的 $v \in V$, $v \neq 0, J(t) = t(\exp_p)_{*t\gamma'(0)}(v)$ 是沿 γ 的 Jacobi 场, 它满足初始条件 $J(0) = 0$, $J'(0) = v$. 由假设, 存在沿 γ 平行的单位向量场 $E(t)$, 使得 $J(t) = f(t)E(t)$, 其中 $f \in C^\infty([0, b])$. 由此证明 $P_b(v) = f'(0)E(b) \in T_{\gamma(b)}S$.

(2) 先证明: 对于任意三个互相正交的单位切向量 $u, v, w \in T_pM$, 有 $\langle \mathcal{R}(u, v)u, w \rangle = 0$, 因而有

$$K(u, v) + K(u, w) = 2K(u, v + w),$$
$$K(u, v) + K(u, w) = K(u, v - w),$$

其中的第二个式子是把第一个式子中的 w 用 $-w$ 替代后得到的. 因此, 截面 $[u \wedge (v+w)]$ 所对应的截面曲率 $K(u, v+w)$ 把 $[u \wedge (v+w)]$ 绕 u 旋转 $90°$ 后得到的截面 $[u \wedge (v-w)]$ 所对应的截面曲率 $K(u, v-w)$ 相等. 由此又知, $K(u, v) = K(u, w)$. 于是, 对于任意的 $\theta \in [0, 2\pi]$,

$$K(u, v\cos\theta + w\sin\theta) = \cos^2\theta K(u, v) + \sin^2\theta K(u, w) = K(u, v).$$

7. 设 $V \subset T_{\gamma(0)}M$ 是线性映射 $(\exp_{\gamma(0)})_{*b\gamma'(0)}$ 核空间. 根据 (1.13) 式可以建立线性映射 $\Psi : V \to \mathscr{J}_0^b(\gamma)$, 使得

$$\Psi(v) = t(\exp_{\gamma(0)})_{*t\gamma'(0)}(v).$$

再证明 Ψ 既是单射又是满射.

8. (2) 设 $K_t(e_i(t)) = a_i^j(t)e_j(t)$, $v = \gamma'(0)$, 以 $P_t : T_pM \to T_{\gamma(t)}M$ 表示沿 γ 的平行移动. 由于 $D_{\gamma'(t)}R \equiv 0$,

$$P_t(a_i^j(0)e_j) = P_t(\mathcal{R}(e_i, v)v) = \mathcal{R}(P_t(e_i), P_t(v))P_t(v)$$
$$= a_i^j(t)P_t(e_j) = P_t(a_i^j(t)e_j).$$

(4) 设 λ 是线性映射 K_0 的任意一个正特征根, 则初值问题

$$\begin{cases} \dfrac{\mathrm{d}^2 f}{\mathrm{d}t^2} + \lambda f = 0, \\ f(0) = 0, \quad f'(0) = 1 \end{cases}$$

的解是 $f(t) = \dfrac{1}{\sqrt{\lambda}}\sin\sqrt{\lambda}t$, 其零点是 $t = k\pi/\sqrt{\lambda}$, 这里 k 是非负整数.

9. 由于 $f_{*p} : T_pM \to T_{\beta(a)}N$ 是线性同构, 存在 $v \in T_pM$, 使得 $f_{*p}(v) = \beta'(a)$. 因为 (M, g) 是完备的黎曼流形, 所以由 Hopf-Rinow 定理, 存在测地线 $\tilde{\gamma} : [a, +\infty) \to M$, 满足 $\tilde{\gamma}(a) = p$, $\tilde{\gamma}'(a) = v$. 令 $\tilde{\beta} = f \circ \gamma$, 则 $\tilde{\beta}$ 是 N 中的测地线, 它满足 $\tilde{\beta}(a) = \beta(a)$, $\tilde{\beta}'(a) = f_{*p}(v) = \beta'(a)$. 于是由测地线的唯一性, $\tilde{\beta}|_{[a,b]} = \beta$. 易知, $\gamma = \tilde{\gamma}|_{[a,b]}$ 即为 M 中满足 $f \circ \gamma = \beta$ 的测地线.

10. 仿照 Cartan-Hadamard 定理 (参看定理 3.3) 的证明方法可以证明 (M, g) 与欧氏空间 $\mathbb{R}^m = T_pM$ 微分同胚.

11. (1) 由指数映射的定义, $\exp_p$ 把 T_pM 上过原点的直线 l 映射为 M 上的一条经线, 同时把 T_pM 上以原点为中心的同心圆映射为 M 的纬圆.

12. 设 g 是 M 上的黎曼度量. 则 $\tilde{g} = \pi^* g$ 是 $\tilde{M}$ 上的覆叠度量, 并且 $\pi : (\tilde{M}, \tilde{g}) \to (M, g)$ 是局部等距. 对于任意的 $p \in M$, 记 $\tilde{p} \in \pi^{-1}(p)$.

(必要性) 利用反证法并参考本章习题第 9 题证明方法.

(充分性) 设 $\tilde{\gamma}(t)$ 是 $(\tilde{M}, \tilde{g})$ 上以点 $\tilde{p}$ 为始点的任意一条正规测地线, $\tilde{\gamma}(0) = \tilde{p}$, $v = \pi_*(\tilde{\gamma}'(0))$. 因为 (M, g) 是完备的, 所以有正规测地线 $\gamma : [0, +\infty) \to M$ 满足 $\gamma(0) = p$, $\gamma'(0) = v$. 由于 π 是覆叠映射, 对于任意的 $b > 0$, $\gamma|_{[0,b]}$ 在点 $\tilde{p}$ 处有唯一的提升, 它是 $\tilde{M}$ 中过 $\tilde{p}$ 点且与 $\tilde{\gamma}'(0)$ 相切的测地线. 由测地线的唯一性, 测地线 $\tilde{\gamma}$ 的定义域可以延拓到闭区间 $[0, b]$.

13. 设 $\mathbb{R}_*^2 = \mathbb{R}^2 \backslash \{0\}$, 则包含映射 $i : \mathbb{R}_*^2 \to \mathbb{R}^2$ 是局部等距. 显然, $\mathbb{R}^2$ 是完备的, 但是 $\mathbb{R}_*^2$ 却不是完备的. 更一般地, 设 (M, g) 是一个完备的黎曼流形, $\pi : \tilde{M} \to M$ 是 M 的覆叠映射, $\tilde{p} \in \tilde{M}$. 令 $\tilde{M}_* = \tilde{M} \backslash \{\tilde{p}\}$, 则 $\pi : (\tilde{M}_*, \pi^* g) \to (M, g)$ 是局部等距, 但 $(\tilde{M}_*, \pi^* g)$ 不是完备的黎曼流形.

14. 根据本章习题第 12 题的结论, 这个习题的证明只有一个难点, 即 M 的不可延拓性. 假设 M 是可以延拓的, 即存在连通的黎曼流形 M', 使得 $M \neq M'$ 是 M' 的开子流形. 设 $p' \in M' \cap \partial M$, $W' \subset M'$ 是点 p' 的一个凸邻域. 如果我们能够证明 $W' - \{p'\} \subset M$, 则可导致矛盾, 其原因如下: 利用 π 的局部等距性易知, 此时 $\pi(W' - \{p'\}) = U$ 是点 $(0, 0)$ 在 $\mathbb{R}^2$ 中的一个邻域, 于是可以考虑 U 内以 $(0, 0)$ 为心的圆周 α 并把它提升到 M 中去, 这显然是不可能的.

为了证明 $W' - \{p'\} \subset M$, 注意到: 对于任意的点 $p \in M$, 存在唯一的测地线通过 p 点并且不能扩展到所有的 $t \in \mathbb{R}$. 设 $q \in W' \cap M$, 并取 M' 中从 q 到 p' 的测地线 $\tilde{\gamma}$. 则 $\tilde{\gamma}$ 开始时与 M 中的一条测地线重合, 因而是那条通过点 q 但不能扩展到整个 $\mathbb{R}$ 上的唯一的测地线. 由唯一性以及 p' 为 M 的边界点这一事实可知, $\tilde{\gamma} \cap W'$ 中除了 p' 点以外的所有点都属于 M, 原因是 $\tilde{\gamma}$ 可以任意地接近 M 的边界. 最后, 对于任意的 $q' \in W' \backslash \tilde{\gamma}$, 根据上述的唯一性, 连接 q' 和 q 的测地线一定完全包含在 M 中, 于是 $q' \in M$. 故有 $W - \{p'\} \subset M$.

16. (必要性) 在 $\mathcal{B}_p(\delta)$ 中选取测地标架场 $\{e_i\}$ (参看第三章习题第 12 题), 令

$$R_{ijkl} = R(e_k, e_l, e_i, e_j) = R(e_i, e_j, e_k, e_l).$$

由于 $\mathrm{D}R = 0$, R_{ijkl} 沿着从 p 点出发的测地线为常数. 以 $\alpha : T_p M \to T_p M$ 表示由 $v \mapsto -v$ 确定的线性等距同构, 定义 $\sigma = \exp_p \circ \alpha \circ (\exp_p)^{-1}$. 利用

Cartan 等距定理可以说明 σ 是一个等距.

(充分性) 设 $p \in M$, $v \in T_p M$. 取测地线 $\gamma : (-\varepsilon, \varepsilon) \to M$, 使得 $\gamma(0) = p$, $\gamma'(0) = v$. 再取定 $T_p M$ 的单位正交基 $\{e_i\}$, 通过平行移动可以得到沿 γ 的标架场 $\{e_i(t)\}$. 令 $R_{ijkl}(t) = R(e_i(t), e_j(t), e_k(t), e_l(t))$, 则有

$$(\mathrm{D}_v R)(e_i(t), e_j(t), e_k(t), e_l(t)) = \left. \frac{\mathrm{d}}{\mathrm{d}t} R_{ijkl}(t) \right|_{t=0}$$
$$= \lim_{t \to 0} \frac{R_{ijkl}(t) - R_{ijkl}(-t)}{2t} = 0,$$

其中在最后一步利用了局部对称 σ 的等距性; 另外, 在这里还应用了第四章习题第 5 题的结论.

17. 设 σ 是 $S^n(r)$ 上的任意一个等距变换, $p \in S^n$. 取定 $T_p S^n(r)$ 的一个单位正交基 $\{e_i\}$, 则 $\{\frac{1}{r}p, e_i\}$ 是欧氏向量空间 $\mathbb{R}^{n+1}$ 的一个单位正交基; 同时, $\{\frac{1}{r}\sigma(p), \sigma_*(e_i)\}$ 也是 $\mathbb{R}^{n+1}$ 的一个单位正交基. 由 $\frac{1}{r}p \mapsto \frac{1}{r}\sigma(p)$, $e_i \mapsto \sigma_*(e_i)$ $(1 \leqslant i \leqslant n)$ 确定了 $\mathbb{R}^{n+1}$ 上的一个正交变换 $A \in \mathrm{O}(n+1)$. 令 $\tilde{\sigma} = A|_{S^n(r)}$, 则 $\tilde{\sigma}$ 是 $S^n(r)$ 上的一个等距变换, 且有

$$\tilde{\sigma}(p) = \tilde{p} = \sigma(p), \quad \tilde{\sigma}_{*p} = A|_{T_p S^n(r)} = \sigma_{*p}.$$

根据引理 5.1, $\sigma = \tilde{\sigma}$. 不难验证, 由 $A \mapsto A|_{S^n(r)} \in I(S^n(r))$ 确定正交群 $\mathrm{O}(n+1)$ 到等距变换群 $I(S^n(r))$ 上的同构.

19. (3) 设 $A = (a_\beta^\alpha) \in G$. 则对于任意的 $p = (p^1, \cdots, p^{n+1}) \in H^n(c)$,

$$\langle A(p), A(p) \rangle_1 = \langle p, p \rangle_1 = -a^2.$$

由 $H^n(c)$ 和 G 的定义以及结论 (1) 证明 $a_{n+1}^{n+1} p^{n+1} > -\sum_i a_i^{n+1} p^i$, 从而 $A(p)$ 的第 $n+1$ 个分量

$$a_1^{n+1} p^1 + \cdots + a_{n+1}^{n+1} p^{n+1} > 0.$$

选取 $H^n(c)$ 的一个定向并证明 G 的元素保持这个定向不变.

(4) 设从基底 $\{\delta_1, \cdots, \delta_{n+1}\}$ 到

$$\{e_1, \cdots, e_n, \eta(p)\} \quad \text{和} \quad \{f_1, \cdots, f_n, \eta(q)\}$$

的过渡矩阵分别是 B_p 和 C_q, 则

$$(\delta_1, \cdots, \delta_{n+1}) A B_p = A(e_1, \cdots, e_n, \eta(p)) = (f_1, \cdots, f_n, \eta(q))$$
$$= (\delta_1, \cdots, \delta_{n+1}) C_q.$$

说明 $B_p, C_q \in G$ 并且 $A = C_q B_p^{-1}$. 再利用第三章习题第 30 题, $H^n(c)$ 是一个黎曼齐性空间.

习　题　六

1. (1) 记 $\tilde{U} = \Phi_*(\frac{\partial}{\partial u})$, $\tilde{T} = \Phi_*(\frac{\partial}{\partial t})$, 则 $U = \tilde{U}|_{u=0}$, $\gamma' = \tilde{T}|_{u=0}$. 由定义

$$E(u) = \frac{1}{2} \int_0^b \left\langle \Phi_*\left(\frac{\partial}{\partial t}\right), \Phi_*\left(\frac{\partial}{\partial t}\right) \right\rangle = \frac{1}{2} \int_0^b \langle \tilde{T}, \tilde{T} \rangle \mathrm{d}t.$$

设 D 是拉回丛 $\Phi^*(TM)$ 上的诱导联络 (参看第二例 8.2), 则由第二章的 (8.7) 式和 (8.8) 式可以算出

$$\begin{aligned}
E'(u) = &\sum_{i=0}^r \left\langle \Phi_*\left(\frac{\partial}{\partial u}\right), \Phi_*\left(\frac{\partial}{\partial t}\right) \right\rangle \Big|_{t_i^+}^{t_{i+1}^-} \\
&- \int_0^b \left\langle \Phi_*\left(\frac{\partial}{\partial u}\right), \mathrm{D}_{\frac{\partial}{\partial t}} \Phi_*\left(\frac{\partial}{\partial t}\right) \right\rangle \mathrm{d}t.
\end{aligned}$$

(2) 令 $U(0) = U(b) = 0$ 并利用第三章定理 3.5 的证明技巧.

(3) 利用第四章习题第 3 题进行计算可得

$$\begin{aligned}
E''(u) = &\langle \mathrm{D}_{\frac{\partial}{\partial u}} \tilde{U}, \tilde{T} \rangle|_0^b + \sum_{i=0}^r \left\langle \tilde{U}, \mathrm{D}_{\frac{\partial}{\partial t}} \tilde{U} \right\rangle \Big|_{t_i^+}^{t_{i+1}^-} \\
&- \int_0^b \left\langle \mathrm{D}_{\frac{\partial}{\partial u}} \tilde{U}, \mathrm{D}_{\frac{\partial}{\partial t}} \tilde{T} \right\rangle \mathrm{d}t \\
&- \int_0^b \left\langle \mathrm{D}_{\frac{\partial}{\partial t}} \mathrm{D}_{\frac{\partial}{\partial t}} \tilde{U} - \mathcal{R}(\tilde{T}, \tilde{U})\tilde{T}, \tilde{U} \right\rangle \mathrm{d}t.
\end{aligned}$$

(4) 根据分部积分法可知

$$\begin{aligned}
I_\gamma(U, U) &= \int_0^b \{ \langle U', U' \rangle + \langle \mathcal{R}(\gamma', U)\gamma', U \rangle \} \mathrm{d}t \\
&= \sum_{i=0}^r \langle U', U \rangle \Big|_{t_i^+}^{t_{i+1}^-} - \int_0^b \langle U'' - \mathcal{R}(\gamma', U)\gamma', U \rangle \mathrm{d}t.
\end{aligned}$$

3. 如果结论不对, 则存在正数 r_0, 使得 $\displaystyle\inf_{x^2+y^2 \geqslant r_0} K(x, y) = a^2 > 0$. 令

$$D = \{(x, y) \in \mathbb{R}^2; \ x^2 + y^2 \leqslant r_0\}, \quad D_1 = \{(x, y) \in \mathbb{R}^2; \ x^2 + y^2 \geqslant r_0\},$$

则 D 是紧致子集因而关于度量 g 是有界的. 设 D 的直径为 $d(D)$. 对于 $\mathbb{R}^2$ 上的任意两个不同点 p, q, 设 γ 是 $\mathbb{R}^2$ 中连接 p, q 的最短测地线, 其弧长记

为 $l = L(\gamma)$. 根据 Bonnet-Myers 定理的证明分以下四种情况进行讨论:
(1) $p, q \notin D$, 并且 $\gamma \subset D_1$; (2) $p, q \notin D$, 并且 γ 上含有 D 的内点; (3) $p \in D, q \notin D$; (4) $p, q \in D$. 上面的讨论可以得到, γ 的弧长 $l \leqslant d(D) + \frac{2\pi}{a}$. 再利用完备性和 Bonnet-Myers 定理.

4. 证明方法类似于 Bonnet-Myers 定理的证明, 要用到如下的分部积分法:

$$\int_0^l \left(\sin\frac{\pi t}{l}\right)^2 \frac{\mathrm{d}f}{\mathrm{d}t}\mathrm{d}t = f\left(\sin\frac{\pi t}{l}\right)^2\bigg|_0^l - \frac{\pi}{l}\int_0^l \sin\frac{2\pi t}{l}f\mathrm{d}t.$$

5. 设 M 是截面曲率为 1 的完备常曲率空间. 根据 Synge 定理, M 的基本群 $\pi_1(M) = \{1\}$ 或 $\mathbb{Z}_2$. 如果 $\pi_1(M) = \{1\}$ 则 M 是一个截面曲率为 1 的空间形式, 因而由第五章的定理 5.2, M 与单位球面 S^{2k} 等距; 如果 $\pi_1(M) = \mathbb{Z}_2$, 则由于 M 的通用覆叠空间 $\tilde{M}$ 和 S^{2k} 等距, M 必与实射影空间 $\mathbb{R}P^{2k}$ 等距.

6. 不妨设 $\gamma: [0, l] \to M$ 是一条正则测地线, $p = \gamma(0)$. 则沿 γ 的平行移动给出了 T_pM 到自身的一个保持定向不变的正交变换 $P: T_pM \to T_pM$, 并且显然以 1 为其特征值. 说明 1 的重数大于 1, 因而存在单位向量 $v \in T_pM$, $v \perp \gamma'(0)$, 满足 $P(v) = v$. 由此得到一个沿 γ 平行且处正交于 $\gamma'(t)$ 的单位向量场 $U(t)$. 考虑 γ 的如下变分 $\Phi: [0, l] \times (-\varepsilon, \varepsilon)$, $\varepsilon > 0$:

$$\Phi(t, u) = \exp_{\gamma(t)}(uU(t)), \quad \forall (t, u) \in [0, l] \times (-\varepsilon, \varepsilon)$$

利用相应的弧长第二变分公式证明 $L''(0) < 0$.

7. 在单位球面 S^2 上选取连接一对对径点 $p, -p$ 的正规测地线 γ. 设 $v(t)$ 是沿 γ 的平行向量场, 并满足 $\langle v, \gamma' \rangle = 0$, $|v| = 1$. 令 $U(t) = f(t)v(t)$. 计算以 $U(t)$ 为变分向量场的第二变分公式, 可得

$$I_\pi(U, U) = \int_0^\pi (f')^2\mathrm{d}t - \int_0^\pi f^2\mathrm{d}t.$$

再利用定理 4.6 和第五章的例 1.1.

8. 对于任意的点 $p \in M$, 以及任意的两个单位正交向量 $E_1, E_2 \in T_pM$, 设 $\gamma: [0, \pi] \to M$ 是满足 $\gamma(0) = p$, $\gamma'(0) = E_1$ 的正规测地线, 则 $q = \gamma(\pi)$ 是点 p 沿 γ 的第一个共轭点. 考虑 γ 的测地变分 $\Phi: [0, \pi] \times (-\varepsilon, \varepsilon) \to M$, 其中

$$\Phi(t, u) = \exp_p t(E_1 \cos u + E_2 \sin u), \quad \forall (t, u) \in [0, \pi] \times (-\varepsilon, \varepsilon).$$

由假设, Φ 的变分向量场 $J(t)$ 是满足 $J(0) = 0$, $J(\pi) = 0$ 的法 Jacobi 场. 根据引理 4.3, 存在沿 γ 的向量场 $E(t)$, 使得 $J(t) = tE(t)$. 于是, $E(0) = \lim\limits_{t \to 0} E(t) = E_2$. 取沿 γ 平行的单位正交标架场 $\{e_i(t)\}$, 使得 $e_m = \gamma'$, 并令 $J = \sum\limits_{i=1}^{m-1} J^i e_i$. 记 $K(t) = K(\gamma'(t), J(t))$, 则当 $t > 0$ 时, $K(t) = K(\gamma'(t), E(t))$. 利用本章习题第 7 题的结论和分部积分法,

$$
\begin{aligned}
0 = I_\pi(J, J) &= \int_0^\pi \sum_i (J^{i\prime})^2 \mathrm{d}t - \int_0^\pi K(t)\left(\sum_i (J^i)^2\right) \mathrm{d}t \\
&\geqslant \sum_i \int_0^\pi (J^i)^2 (1 - K(t))\mathrm{d}t \geqslant 0.
\end{aligned}
$$

所以 $K(t) \equiv 1$. 令 $t \to 0$, 可得 $K(E_1, E_2) = 1$. 再利用第五章的定理 5.2.

9. 设 φ 是初值问题

$$
\frac{\mathrm{d}^2\varphi}{\mathrm{d}t^2} + a\varphi = 0, \quad \varphi(0) = 1, \quad \varphi'(0) = 0
$$

的任意一个解. 如果 φ 没有正的零点, 则对于任意的 $t > 0$, $\varphi(t) > 0$. 于是 $\varphi''(t) = -a(t)\varphi(t) \leqslant 0$. 由于 $a(0) > 0$, $\varphi(0) = 1$, 存在 $\varepsilon > 0$, 使得在 $[0, \varepsilon]$ 上, $\varphi''(t) < 0$, 从而有 $\varphi'(\varepsilon) < \varphi'(0) = 0$. 根据 Lagrange 中值定理, 当 $t \in (\varepsilon, +\infty)$ 时, 存在 $\xi \in (\varepsilon, t)$, 使得 $\varphi(t) = \varphi(\varepsilon) + \varphi'(\varepsilon)(t - \varepsilon)$.

10. 设 X 是沿 γ 的平行向量场, 并满足 $\langle \gamma', X\rangle = 0$, $|X| = 1$. 令

$$
\psi_X = \langle \mathcal{R}(\gamma', X)\gamma', X\rangle, \quad K(t) = \inf_X \psi_X(t),
$$

并设 $a : \mathbb{R} \to \mathbb{R}$ 为满足

$$
0 \leqslant a(t) \leqslant K(t), \quad 0 < a(0) < K(0), \quad t \in \mathbb{R}
$$

的光滑函数. 根据本章习题第 9 题的结论, 存在光滑函数 φ 满足

$$
\varphi'' + a\varphi = 0, \quad \varphi'(0) = 0, \quad \varphi(0) = 1,
$$

并且具有两个零点 $t_1 < 0$, $t_2 > 0$. 证明: 对于向量场 $Y = \varphi X$, 指标形式满足

$$
I_{t_1}^{t_2}(Y, Y) < -\int_{t_1}^{t_2} (\varphi'' + a\varphi)\varphi \mathrm{d}t = 0.
$$

11. 设 $\gamma : (-\infty, +\infty) \to M$ 是 M 中的任意一条正规测地线. 根据本章习题第 10 题的结论, 存在 $t_0 > 0$, 使得测地线段 $\tilde{\gamma} = \gamma|_{[-t_0, t_0]}$ 的指数 index$(\tilde{\gamma}) \geqslant m - 1$. 因此当 $m \geqslant 2$ 时, index$(\tilde{\gamma}) > 0$. 所以存在 $Y \in \mathscr{V}_0^{\perp}(\tilde{\gamma})$, 使得指标 $I(Y, Y) < 0$. 取 $\tilde{\gamma}$ 的一个具有固定端点的变分 $\Phi : [-t_0, t_0] \times (-\varepsilon, \varepsilon) \to M$, 使得 $Y = \frac{\partial \Phi}{\partial u}|_{u=0}$. 由命题 4.1, $\frac{\mathrm{d}^2}{\mathrm{d}t^2} L(\Phi_u)|_{u=0} = I(Y, Y) < 0$. 这说明 $\tilde{\gamma}$ 不是 M 中连接 $\gamma(-t_0)$ 和 $\gamma(t_0)$ 两点的最短测地线. 所以 γ 不是 M 中的测地直线. 由 γ 的任意性, 结论得证.

  显然, 圆柱面 $M = S^{m-1} \times \mathbb{R}$ 的截面曲率处处非负, 并且在 M 上存在测地直线.

12. 在单位球面 $S^m (m \geqslant 3)$ 上沿正规测地线 $\gamma(t)(0 \leqslant t \leqslant l < \pi)$ 上取两个正交于 $\gamma'(t)$ 的平行向量场 $A(t), B(t)$, 使得 $|A(t)| = |B(t)| = 1$, 并且 $A(t) \perp B(t)$. 令 $J(t) = A(t) \cos t + B(t) \sin t$. 则由第五章的例 1.1, J 是沿 γ 的一个非零的法 Jacobi 场. 再由命题 4.2, $I(J, J) = \langle J', J \rangle|_0^l = 0$. 所以, 指标形式 I_γ 在 $\mathscr{V}^{\perp}(\gamma)$ 上不是正定的. 适当地选取 γ 的定义区间, 还可以找到沿 γ 的法 Jacobi 场 $\tilde{J}$, 使得 $I_\gamma(\tilde{J}, \tilde{J}) < 0$.

14. 不失一般性, 可以假设 $L(\gamma_0) < \frac{\pi}{\sqrt{K_0}}$, 否则就没有必要继续证明. 根据 Rauch 比较定理, $\exp_p : T_p M \to M$ 在开球 $B = B_p(\frac{\pi}{\sqrt{K_0}})$ 中没有退化点. 对于比较小的 s, 可以把 α_s 提升到切空间 $T_p M$ 中去, 即对于这样的 s, 在 $T_p M$ 中存在曲线 $\tilde{\alpha}_s$ 连接 $0 = \exp_p^{-1}(p)$ 和 $\tilde{q} = \exp_p^{-1}(q)$, 使得 $\alpha_s = \exp_p \circ \tilde{\alpha}_s$. 由于指数映射 $\exp_p$ 在 B 内是局部光滑同胚, 不可能对所有的 $s \in [0, 1]$, 上述的提升曲线 $\tilde{\alpha}_s$ 都存在. 否则, 一定存在不同于原点的点 $\tilde{q} \in B$, 使得对于任意的 $s \in [0, 1]$, 有 $\tilde{\alpha}_s(1) = \tilde{q}$. 特别地, $\tilde{\alpha}_1(1) = \tilde{q}$. 因此, 我们断言: 对于任意的 $\varepsilon > 0$, 存在 $s(\varepsilon) \in [0, 1]$, 使得 $\alpha_{s(\varepsilon)}$ 可以提升到 $\tilde{\alpha}_{s(\varepsilon)}$, 并且 $\tilde{\alpha}_{s(\varepsilon)}$ 上含有到 B 的边界 ∂B 的距离小于 ε 的点. 如果这个断言不成立, 则存在某个 $\varepsilon > 0$, 所有的提升 $\tilde{\alpha}_s$ 到 ∂B 的距离均大于 ε. 因此使 α_s 可以提升到 $T_p M$ 中去的所有 s 构成连通集 $[0, 1]$ 的一个既开且闭的子集, 因而由区间 $[0, 1]$ 的连通性, α_1 也可以提升, 矛盾. 可见断言成立. 于是对于任意的 $\varepsilon > 0$, 有

$$L(\gamma_0) + L(\gamma_{s(\varepsilon)}) \geqslant \frac{2\pi}{\sqrt{K_0}} - 2\varepsilon.$$

取定一个趋于 0 的数列 $\{\varepsilon_n\}$, 则有收敛于 s_0 子列 $\{s(\varepsilon_n)\}$. 所以, 有曲线

α_{s_0} 满足

$$L(\gamma_0) + L(\gamma_{s_0}) \geqslant \frac{2\pi}{\sqrt{K_0}}.$$

15. 首先在 Klingenberg 引理中令 $K_0 = \frac{1}{n}$ (n 为任意自然数), 即可证明: 对于任意的 $p, q \in M$, $p \neq q$, M 中存在唯一的测地线连接点 p, q. 事实上, 如果存在两条连接 p, q 的测地线, 则它们必定是同伦的, 从而由 Klingenberg 引理, 在相应的伦移中必有曲线列 $\{\gamma_n\}$, 其长度 $L(\gamma_n) \geqslant \pi\sqrt{n} \to +\infty$, 这是不可能的. 在此基础上可以进一步说明指数映射 $\exp_p$ 在 $T_p M$ 上没有退化点且为单射, 因而是一个光滑同胚.

16. (1) 根据假设条件和分部积分法, 要证明的等式是显然的. 由初值条件易知, 对于充分小的 $t > 0$, $f(t) > 0$. 如果存在 $t_1 \in (0, t_0)$, 使得 $\tilde{f}|_{(0, t_1]} > 0, f(t_1) = 0$, 并且 $f|_{(0, t_1)} > 0$, 则有 $f'(t_1) \leqslant 0$. 代入等式

$$\left. (\tilde{f}f' - f\tilde{f}') \right|_0^{t_1} + \int_0^{t_1} (K - \tilde{K}) f\tilde{f}\mathrm{d}t = 0$$

知 $K|_{[0, t_1]} \equiv \tilde{K}|_{[0, t_1]}$, 从而由微分方程解的唯一性, $f|_{[0, t_1]} \equiv \tilde{f}|_{[0, t_1]}$, 这与假设 $f(t_1) = 0$ 矛盾.

(2) 根据条件 $K \leqslant \tilde{K}$ 可以推得 $\frac{f'}{f} \geqslant \frac{\tilde{f}'}{\tilde{f}}$, 即有 $(\ln f)' \geqslant (\ln \tilde{f})'$. 设 $0 < t_0 \leqslant t \leqslant b$. 对前面的不等式在区间 $[t_0, t]$ 上进行积分得

$$\frac{f(t)}{\tilde{f}(t)} \geqslant \frac{f(t_0)}{\tilde{f}(t_0)}, \quad \forall t_0 \in (0, t].$$

令 $t_0 \to 0$ 并利用

$$\lim_{t_0 \to 0} \frac{f(t_0)}{\tilde{f}(t_0)} = \lim_{t_0 \to 0} \frac{f'(t_0)}{\tilde{f}'(t_0)} = 1,$$

即得所要证明的不等式.

17. 设 $E(t)$ 是沿 γ 平行并且处处正交于 γ' 的单位向量场, 则 Jacobi 场 J 可以表示为

$$J(t) = f(t)E(t), \quad \forall t \in [0, +\infty), \qquad f(0) = f(t_0) = 0,$$

其中的函数 f 在 $(0, t_0)$ 内处处不等于零, 不妨设 $f|_{(0, t_0)} > 0$. 代入 Jacobi 方程, 可得

$$f''(t) + K(t)f(t) = 0.$$

由本章习题第 16(1) 题中的积分式可得

$$\int_0^{t_0} (K - L)f\tilde{f}\mathrm{d}t + \tilde{f}(t_0)f'(t_0) - \tilde{f}(0)f'(0) = 0.$$

利用 $f'(t_0) \leqslant 0$, $f'(0) \geqslant 0$ 对函数 $\tilde{f}$ 进行讨论.

18. 可以分以下三步来完成证明:

(1) 定义

$$h(t) = \int_t^\infty K(s)\mathrm{d}s + \frac{1}{4(t+1)},$$

则可以验证, $h'(t)+(h(t))^2 \leqslant -K(t)$. 令 $L = -(h'+h^2)$, 则有 $L(t) \geqslant K(t)$.

(2) 对于 $t \geqslant 0$, 定义

$$f(t) = \mathrm{e}^{\int_0^t h(s)\mathrm{d}s}, \quad t \geqslant 0.$$

则 $f > 0$, $f(0) = 1$. 此外, 通过计算可以证明

$$f''(t) + L(t)f(t) = 0.$$

(3) 利用 Sturm 震荡定理证明: 对于任意的 $t_0 \in (0, +\infty)$, 沿测地线 γ 不存在满足 $J(0) = J(t_0) = 0$ 的 Jacobi 场, 因而点 p 沿 γ 没有共轭点.

19. (1) 在 Rauch 比较定理中取 $\tilde{M}$ 为截面曲率为 β 的常曲率空间, $\tilde{\gamma}: [0, b] \to \tilde{M}$ 是 $\tilde{M}$ 中的正规测地线. 则 $\tilde{M}$ 上沿 $\tilde{\gamma}$ 的法 Jacobi 场 $\tilde{J}$ 具有如下的一般表达形式 (参看第五章的例 1.1):

$$\tilde{J}(t) = S'_\beta(t)A(t) + S_\beta(t)B(t),$$

其中 $A(t)$ 和 $B(t)$ 是沿 $\tilde{\gamma}$ 的平行向量场, 并满足

$$A(t) \perp \gamma'(t), \quad B(t) \perp \gamma'(t).$$

再利用 Rauch 比较定理.

(2) 在 Rauch 比较定理中先取 $\tilde{M}$ 为本题中已知的黎曼流形 M, 再把定理中的 M 取为截面曲率为 β 的常曲率空间. 仿照 (1) 的讨论可知, $|J(t)| \leqslant S_\beta(t)$.

习 题 七

1. 利用第一章习题第 75 题和第二章习题第 24 题.

   (2) 分别取 $X \in \Gamma(TM_1)$, $Y \in \Gamma(TM_2)$, 则 $\tilde{X} = X \circ \pi_1$ 和 $\tilde{Y} = Y \circ \pi_2$ 都是 M 上的光滑切向量场. 分别取 M_1 和 M_2 上的局部标架场, 证明 $\mathrm{D}_{\tilde{X}}\tilde{Y} = \mathrm{D}_{\tilde{Y}}\tilde{X} = \mathrm{D}_{\tilde{X}}\mathrm{D}_{\tilde{Y}}\tilde{Y} = 0$.

2. (1) 映射 $f : \mathbb{R}^2 \to \mathbb{R}^4$ 的 Jacobi 矩阵的转置是

   $$(J(f))^t = \frac{1}{\sqrt{2}} \begin{pmatrix} -\sin\theta & \cos\theta & 0 & 0 \\ 0 & 0 & -\sin\varphi & \cos\varphi \end{pmatrix}.$$

   此外, $\mathbb{R}^2$ 上的单位正交标架场 $\left\{\dfrac{\partial}{\partial\theta}, \dfrac{\partial}{\partial\varphi}\right\}$ 在 f_* 下的像是

   $$f_*\left(\frac{\partial}{\partial\theta}\right) = \frac{1}{\sqrt{2}}(-\sin\theta, \cos\theta, 0, 0),$$
   $$f_*\left(\frac{\partial}{\partial\varphi}\right) = \frac{1}{\sqrt{2}}(0, 0, -\sin\varphi, \cos\varphi).$$

   (2) 利用本章习题第 1 题的结论 (2).

4. 根据乘积度量的黎曼联络的定义可知, 如果设 h_i 是 M_i 在 N_i 中第二基本形式 $(i = 1, 2)$, 则 $M_1 \times M_2$ 在 $N_1 \times N_2$ 中的第二基本形式 h 满足下面的关系式

   $$h(\tilde{X}_1 + \tilde{Y}_1, \tilde{X}_2 + \tilde{Y}_2) = h_1(X_1, Y_1) + h_2(X_2, Y_2),$$
   $$\forall X_1, X_2 \in \mathfrak{X}(M_1), \quad Y_1, Y_2 \in \mathfrak{X}(M_2),$$

   其中 $\tilde{X}_i = X_i \circ \pi_i$, $\tilde{Y}_i = X_i \circ \pi_2$, $\pi_i : M_1 \times M_2 \to M_i$ 自然射影 $(i = 1, 2)$. 由此容易证明, 在题设条件下, $h \equiv 0$.

5. 设 $\pi_1, \pi_2 : S^2 \times S^2 \to S^2$ 是自然射影, $(p, q) \in S^2 \times S^2 = M$, 则 $T_{(p,q)}M = T_p S^2 \oplus T_q S^2$. 取 $X_1, X_2, Y_1, Y_2 \in \mathfrak{X}(S^2)$. 利用第二章习题第 25 题说明, M 的黎曼曲率张量 $\tilde{M}$ 满足

   $$\tilde{R}(\tilde{X}_i, \tilde{X}_j, \tilde{X}_k, \tilde{Y}_l) = \tilde{R}(\tilde{X}_i, \tilde{X}_j, \tilde{Y}_k, \tilde{Y}_l)$$
   $$= \tilde{R}(\tilde{X}_i, \tilde{Y}_j, \tilde{Y}_k, \tilde{Y}_l) = 0, \quad 1 \leqslant i, j, k, l \leqslant 2.$$

所以

$$\tilde{R}(\tilde{X}_1 + \tilde{Y}_1, \tilde{X}_2 + \tilde{Y}_2, \tilde{X}_2 + \tilde{Y}_2, \tilde{X}_1 + \tilde{Y}_1)$$
$$= \tilde{R}(\tilde{X}_1, \tilde{X}_2, \tilde{X}_2, \tilde{X}_1) + \tilde{R}(\tilde{Y}_1, \tilde{Y}_2, \tilde{Y}_2, \tilde{Y}_1).$$

再由本章习题第 4 题, $(i,i): T^2 = S^1 \times S^1 \to M$ 是一个全测地的等距嵌入.

6. 设 X, Y 是 H 上的两个左不变向量场. 因为 f 是李群同态, 在 G 上存在左不变向量场 $\tilde{X}, \tilde{Y}$, 使得 $f_*(X) = \tilde{X} \circ f$, $f_*(Y) = \tilde{Y} \circ f$. 设 D^H 和 D^G 分别是李群 H, G 上的双不变度量的黎曼联络, 则由第二章习题第 18 题的结论 (2),

$$\mathrm{D}^H_X Y = \frac{1}{2}[X, Y], \quad \mathrm{D}^G_{\tilde{X}} \tilde{Y} = \frac{1}{2}[\tilde{X}, \tilde{Y}].$$

于是

$$f_*(\mathrm{D}^H_X Y) = \frac{1}{2} f_*([X, Y]) = \frac{1}{2}[\tilde{X}, \tilde{Y}] \circ f = (\mathrm{D}^G_{\tilde{X}} \tilde{Y}) \circ f.$$

7. (4) 注意到 $f : \mathbb{R}^2 \to S^3$ 是以 $\sqrt{2}\pi$ 为周期的双周期映射, 它所诱导的映射 $f : T^2 = S^1\left(\dfrac{1}{\sqrt{2}}\right) \times S^1\left(\dfrac{1}{\sqrt{2}}\right) \to S^3$ 正好是包含映射 $i : f(\mathbb{R}^2) \to S^3$, 因而是一个嵌入; 其极小性由 (2) 和 (3) 直接得到.

8. (1) 对于任意的 $p \in M$, 在 N 中含 p 点的一个开集中取 Darboux 标架场 $\{e_i, \tilde{\xi}_0\}$, 其中 $\tilde{\xi}_0 = \dfrac{\nabla F}{|\nabla F|}$. 记 $A = A_{\xi_0}$, 则由散度的定义以及 $\langle \overline{\mathrm{D}}_{\tilde{\xi}_0} \tilde{\xi}_0, \xi_0 \rangle = 0$, 我们有

$$mH = \mathrm{tr} h = -\sum_i \langle \overline{\mathrm{D}}_{e_i} \tilde{\xi}_0, e_i \rangle - \langle \overline{\mathrm{D}}_{\tilde{\xi}_0} \tilde{\xi}_0, \tilde{\xi}_0 \rangle$$
$$= -\sum_{A=1}^{m+1} \langle \overline{\mathrm{D}}_{e_A} \tilde{\xi}_0, e_A \rangle = -\mathrm{div}_N \left(\frac{\nabla F}{|\nabla F|}\right).$$

(2) 设 ξ_0 是 $\tilde{M}$ 的一个单位法向量场. 根据映射秩定理 (参看第一章的定理 2.1), 存在 N 中包含点 p 的局部坐标系 $(U; x^A)$, 使得 $x^A(p) = 0$, 并且

$$U \cap \tilde{M} = \{q \in U; x^{m+1}(q) = 0\}.$$

令 $F = x^{m+1}$, 则不难验证, 0 是函数 F 的一个正则值, 且有 $F^{-1}(0) = U \cap \tilde{M}$. 必要时改变 F 的符号可以使得 $\tilde{\xi}_0 = \dfrac{\nabla F}{|\nabla F|}$ 在 $\tilde{M}$ 上的限制等于 $\xi_0|_{U \cap \tilde{M}}$. 由结论 (1), $H = -\dfrac{1}{m} \mathrm{div}_N(\tilde{\xi}_0)$.

9. 首先证明: 黎曼流形 N 的子流形 M 是全测地的充要条件是, 对于任意的点 $p \in M$, 在 N 上通过 p 点且在点 p 处与 M 相切的测地线都包含在 M 中. 因此, N 上的等距变换把全测地子流形变为全测地子流形. 然后利用第三章习题第 4、第 5 题的讨论, 进一步说明如果把 $H^n(c)$ 等同于 $\mathbb{R}^n$ 中的开球 $B^n(a)(a = \frac{1}{\sqrt{-c}})$, 则 $H^n(c)$ 中的任意一个 k 维 $(1 \leqslant k \leqslant n-1)$ 全测地闭子流形是和 $\partial B^n(a)$ 垂直相交的 k 维平面或 k 维球面与 $B^n(a)$ 的交集, 这里所谓的垂直相交指的是与 $\partial B^n(a)$ 相交并且在交点处与 $\partial B^n(a)$ 的法向量相切. 此外, 最后利用第三章习题第 4 题和第 5 题的解答中的方法可以说明, 所有这些全测地子流形和 $H^n(c)$ 都是等距的.

10. 首先在 M 上引入子空间的拓扑结构. 对于任意的 $p \in M$, 取充分小的 $\delta > 0$, 使得 N 在点 p 的指数映射 $\exp_p$ 在开球 $B_p(\delta) \subset T_p M$ 上是一个光滑同胚. 令
$$V = \{v \in T_p N; \; \varphi_*(v) = v\},$$
则 V 是 $T_p N$ 的一个线性子空间, 并且 $U_p = \exp_p(V \cap B_p(\delta))$ 是 N 的嵌入子流形. 说明这样构造的 U_p 是点 p 在 M 中的一个开邻域. 记 $\psi_p = (\exp_p)^{-1}|_p$, 则 $\{(U_p, \psi_p); \; p \in M\}$ 是 M 的一个 C^∞ 相关的局部坐标卡覆盖, 因而确定了 M 上的一个光滑结构, 使得 M 成为 N 的子流形. 根据本章习题第 10 题的讨论以及 M 的定义, 可以证明, 相对于诱导度量, M 是 N 的全测地子流形. 细节可参阅参考文献 [5], 第 73~74 页.

11. (必要性) 对于任意的点 $p \in M$, 0 设曲线 $\gamma : (-\varepsilon, \varepsilon) \to M$ 满足: $\gamma(0) = p$, $\gamma'(0) = X(p)$. 设 D 是 M 上的诱导度量的黎曼联络, 则由第二章的定理 7.2 和必要性假设可知
$$(\overline{\mathrm{D}}_X Y)(p) = (\mathrm{D}_X Y)(p) = \lim_{t \to 0} \frac{P_t^0(Y(\gamma(t))) - Y(p)}{t} \in T_p M,$$
其中 P_t^0 是 M 中沿 γ 从 $\gamma(t)$ 到 $\gamma(0)$ 的平行移动. 再由 p 点的任意性, $\overline{\mathrm{D}}_X Y \in \mathfrak{X}(M)$.

(充分性) 对于任意的 $v \in T_{\gamma(0)} M$, 取 $X \in \mathfrak{X}(N)$, 使得 $X|_{\gamma(0)} = v$, 并且 $\overline{\mathrm{D}}_{\gamma'(t)} X = 0$. 于是存在 $X^\top \in \mathfrak{X}(M)$ 和 $X^\perp \in \Gamma(T^\perp M)$, 使得 $X = X^\top + X^\perp$. 由于 $\overline{\mathrm{D}}_{\gamma'(t)} X^\top \in T_{\gamma(t)} M$, $\mathrm{D}_{\gamma'(t)}^\perp X^\perp = 0$, 即 X 的法分量在法丛中沿 γ 是平行的. 又因为 $X|_{\gamma(0)} = v \in T_{\gamma(0)} M$, 即 $X^\perp(\gamma(0)) = 0$, 故有 $X^\perp \equiv 0$. 由此便知, $P_\gamma(v) = X|_{\gamma(1)} \in T_{\gamma(1)} M$. 由 $v \in T_{\gamma(0)} M$ 的任意性, $P_\gamma(T_{\gamma(0)} M) = T_{\gamma(1)} M$.

13. 利用 Ricci 方程.

14. 在标架场 $\{e_i, e_\alpha\}$ 下, $H = \frac{1}{m} \sum_i h(e_i, e_i)$. 故由 h 的协变导数的定义, 对于每一个 j

$$\mathrm{D}_{e_j}^\perp H = \frac{1}{m} \sum_i \mathrm{D}_{e_j}^\perp (h(e_i, e_i)) = \frac{1}{m} \sum_i ((\mathrm{D}_{e_j} h)(e_i, e_i) + 2h(\mathrm{D}_{e_j} e_i, e_i)).$$

设 $\mathrm{D}_{e_j} e_i = \Gamma_{ij}^k e_k$, 则由于 $\{e_i\}$ 是单位正交标架场, $\Gamma_{ij}^k = -\Gamma_{kj}^i$. 根据 h 的对称性,

$$\sum_i h(\mathrm{D}_{e_j} e_i, e_i) = \sum_{i,k} \Gamma_{ij}^k h(e_k, e_i) = 0.$$

所以

$$\mathrm{D}_{e_j}^\perp H = \frac{1}{m} \sum_i (\mathrm{D}_{e_j} h)(e_i, e_i) = \frac{1}{m} \sum_\alpha \left(\sum_i h_{iij}^\alpha \right) e_\alpha.$$

15. 设 $x : S^m(a) \to \mathbb{R}^{m+1}$ 是包含映射, 则 $\xi = -\frac{1}{a} x$ 是 $S^m(a)$ 上的单位法向量场. 证明对于 $S^m(a)$ 上的任意两个单位正交切向量场 e_1, e_2,

$$\langle h(e_i, e_j), \xi \rangle = \frac{1}{a} \delta_{ij}, \quad \forall i, j = 1, 2.$$

再利用 Gauss 方程.

16. (必要性) 对于任意的 $p \in M$, 设 $\{e_\alpha\}$ 是 M 在 p 点附近定义的一个单位正交的法标架场, 并且记 $A_\alpha = A_{e_\alpha}$. 由假设, 存在 p 点附近的标架场 $\{e_i\}$, 使得对于每一个 α, 在 p 点成立 $A_\alpha(e_i) = \lambda_i^\alpha e_i$, 其中 $\lambda_i^\alpha \in \mathbb{R}$. 根据 Weingarten 变换和第二基本形式 h 之间的关系, 在 p 点

$$h_{ij}^\alpha = \langle h(e_i, e_j), e_\alpha \rangle = \lambda_i^\alpha \delta_{ij}, \quad \forall i, j, \alpha.$$

因此, Ricci 方程化为

$$R_{\alpha\beta ij}^\perp = h_{ik}^\alpha h_{jk}^\beta - h_{ik}^\beta h_{jk}^\alpha = 0,$$

即法联络 $\mathrm{D}^\perp$ 的曲率算子在 p 点为零.

(充分性) 任意选取 p 点附近的标架场 $\{e_i\}$ 及法标架场 $\{e_\alpha\}$. 由必要性的计算不难看出, 如果 M 具有平坦的法丛, 则对于任意的 α, β, 成立

$$h_{ik}^\alpha h_{jk}^\beta - h_{ik}^\beta h_{jk}^\alpha = 0.$$

固定一个 α, 并取适当的 $\{e_i\}$, 使得在 p 点, $h_{ij}^\alpha = \lambda_i^\alpha \delta_{ij}$. 由此说明, 必要时可以重新选取 $\{e_i\}$, 使得对于任意的 β, 当 $i \neq j$ 时, 有 $h_{ij}^\beta(p) = 0$.

17. (1) 记 $a = \frac{1}{\sqrt{-c}}$. 对于任意的 $x = (x^1, \cdots, x^n, x^{n+1}) \in H^n(c)$, 令 $\xi = x/a$, 则

$$T_x \mathbb{R}_1^{n+1} = Tx \mathbb{R}^{n+1} = T_x H^n(c) \oplus \mathbb{R} \cdot \xi.$$

由此分解可以得到 $H^n(c)$ 在 $\mathbb{R}_1^{n+1}$ 中的基本公式为

$$\text{Gauss 公式：} \quad \overline{\mathrm{D}}_X Y = \mathrm{D}_X Y + h(X, Y)\xi,$$

$$\text{Weingarten 公式：} \quad \overline{\mathrm{D}}_X \xi = A(X),$$

其中 $X, Y \in \mathfrak{X}(H^n(c))$, D 是 $H^n(c)$ 上的黎曼联络, $A(X) \in \mathfrak{X}(H^n(c))$, 并且

$$\langle A(X), Y \rangle_1 = h(X, Y).$$

此外, $H^n(c)$ 在 $\mathbb{R}_1^{n+1}$ 中的基本方程是

$$\text{Gauss 方程：} \quad \mathcal{R}(X, Y)Z = h(X, Z)A(Y) - h(Y, Z)A(X),$$

$$\text{Codazzi 方程：} \quad (\overline{\mathrm{D}}_Y h)(X, Z) = (\overline{\mathrm{D}}_X h)(Y, Z),$$

其中 R 是 $H^n(c)$ 的曲率张量,

$$(\overline{\mathrm{D}}_X h)(Y, Z) = X(h(Y, Z)) - H(\mathrm{D}_X Y, Z) - h(Y, \mathrm{D}_X Z),$$

$$\forall X, Y, Z \in \mathfrak{X}(H^n(c)).$$

此外, 如果用 $H^n(c)$ 的黎曼曲率张量表示, 则 Gauss 方程可以化为

$$R(X, Y, Z, W) = h(X, Z)h(Y, W) - h(X, W)h(Y, Z).$$

(2) 由于 $\xi = x/a$,

$$A(X) = \overline{\mathrm{D}}_X \xi = \frac{1}{a}X, \quad \forall X \in \mathfrak{X}(H^n(c)),$$

于是

$$h(X, Y) = \langle A(X), Y \rangle_1 = \frac{1}{a}\langle X, Y \rangle, \quad \forall X, Y \in \mathfrak{X}(H^n(c)).$$

特别地, 当 X, Y 是互相正交的单位切向量场时有

$$h(X, X) = h(Y, Y) = \frac{1}{a}, \quad h(X, Y) = 0.$$

所以由 (1) 中的 Gauss 方程, $H^n(c)$ 沿截面 $[X \wedge Y]$ 的截面曲率为

$$K(X, Y) = R(X, Y, Y, X) = -h(X, X)h(Y, Y) = \frac{-1}{a^2} = c.$$

19. (1) 由本章习题第 18 题的结论, f 是全脐的当且仅当存在法向量场 ξ 使得

$$\tilde{h}(X, Y) = g(X, Y)\xi, \quad \forall X, Y \in \mathfrak{X}(M).$$

设 $\xi = \lambda \xi_0$, 则 $\lambda \in C^\infty(M)$, 且有

$$h(X, Y) = \langle \tilde{h}(X, Y), \xi_0 \rangle = \lambda g(X, Y), \quad \forall X, Y \in \mathfrak{X}(M).$$

另一方面, 由基本公式知

$$\langle \tilde{h}(X, Y), \xi_0 \rangle = \langle \overline{D}_X f_*(Y), \xi_0 \rangle = -\langle f_*(Y), \overline{D}_X \xi_0 \rangle.$$

(2) 设 $Z, X, Y \in \mathfrak{X}(M)$, 则由 (1) 的结论,

$$\langle \overline{D}_X \xi_0, f_*(Y) \rangle = -\lambda g(X, Y), \quad \langle \overline{D}_Z \xi_0, f_*(Y) \rangle = -\lambda g(Z, Y).$$

对上述两个方程分别求关于 Z, X 的微分并且利用

$$\langle \overline{D}_X \xi_0, \overline{D}_Z f_*(Y) \rangle = \langle \overline{D}_X \xi_0, f_*(D_Z Y) + \tilde{h}(Z, Y) \rangle = -\lambda g(X, D_Z Y),$$
$$\langle \overline{D}_{[X,Z]} \xi_0, f_*(Y) \rangle = -\lambda g([X, Z], Y) = -\lambda g(D_X Z, Y) + \lambda g(D_Z X, Y),$$

可得

$$\langle \overline{D}_Z \overline{D}_X \xi_0 - \overline{D}_X \overline{D}_Z \xi_0 - \overline{D}_{[X,Z]} \xi_0, f_*(Y) \rangle$$
$$= -\langle Z(\lambda)X - X(\lambda)Z, f_*(Y) \rangle, \quad \forall Y \in \mathfrak{X}(M).$$

再利用 N 是常曲率空间的事实 (参看第四章的推论 3.3), 容易证明 $\lambda = $ const. 此外根据上面的证明, 存在常数 λ 使得

$$h(X, Y) = \lambda g(X, Y), \quad \forall X, Y \in \mathfrak{X}(M),$$

其中 h 是 f 的第二基本形式. 再由 Gauss 方程和第四章的推论 3.3, 即知 M 具有常截面曲率 $c - \lambda$.

(3) 由第二章习题第 22 题和全脐性条件

$$\tilde{D}_X \xi_0 = \overline{D}_X \xi_0 + X(\rho)\xi_0 + \xi_0(\rho)f_*(X), \quad \forall X \in \mathfrak{X}(M).$$

$$\tilde{g}(\tilde{D}_X(e^{-\rho}\xi_0), f_*(Y)) = e^{-\rho}(\xi_0(\rho) - \lambda)(f^*\tilde{g})(X, Y),$$

(4) 由 (2), $\lambda = \text{const.}$ 分为两种情况讨论: 当 $\lambda \neq 0$ 时, 构造映射 $x : M \to \mathbb{R}^{m+1}$ 如下:

$$x(p) = f(p) + \frac{1}{\lambda}\xi_0(p), \quad \forall p \in M.$$

再证明 $x = x_0$ 是常值映射, 从而

$$|f(p) - x_0|^2 = \frac{1}{\lambda^2}, \quad \forall p \in M.$$

于是, $f(M)$ 包含在以 x_0 为心、以 $1/|\lambda|$ 为半径的球面内.

21. (1) 设 $\overline{\mathrm{D}}$ 是 $\mathbb{R}^{m+1}$ 上的黎曼联络. 对于任意的 $p \in M$, $v \in T_p M$, 取光滑曲线 $\gamma : (-\varepsilon, \varepsilon) \to M$, 使得 $\gamma(0) = p$, $\gamma'(0) = v$, 则由第一章习题第 32 题,

$$G_*(v) = \frac{\mathrm{d}}{\mathrm{d}t}(G \circ \gamma)\Big|_{t=0} = \frac{\mathrm{d}}{\mathrm{d}t}(\xi_0 \circ \gamma)\Big|_{t=0} = \overline{\mathrm{D}}_v \xi_0 = -A(v),$$

其中利用了 $\overline{\mathrm{D}}_v \xi_0 \perp \xi_0$.

(2) 由结论 (1), G 的 Jacobi 行列式等于 $(-1)^m \det A$. 因此在假设条件下, G 是一个浸入因而是局部微分同胚; 利用 M 的紧致性可知 G 是 S^m 的覆叠映射 (参看第五章的引理 5.2). 再由 S^m 的单连通性, M 和 S^m 微分同胚.

22. (1) 设 h 是 M 在 N 中的第二基本形式, 则由于所有的主曲率的重数是常数, 对于任意一点 $p \in M$, 都有 p 点附近的光滑标架场 $\{e_i\}$, 使得 $h(e_i, e_j) = \lambda_i \delta_{ij}$, 其中的 $\lambda_i(p)$ 正是 M 在 p 点的主曲率 (参阅参考文献: D. Singley, Rocky Moun. J. Math., 5(1975), 135$\sim$144). 不妨设 $\lambda_1 = \cdots = \lambda_r = \lambda$, 则 $\{e_1, \cdots, e_r\}$ 就是满足要求的一组光滑向量场;

(2) $r = 1$ 的情形直接用一维光滑分布的可积性, 其证明可以参阅参考文献 [3] 第 147$\sim$148 页; $r \geqslant 2$ 时的证明请参阅参考文献 [6] 定理 5.2.2, 第 288 页;

(3) 参阅参考文献 [6] 推论 1, 第 290 页.

23. (充分性) 设 A 是 M 关于单位法向量场 ξ_0 的 Weingarten 变换, 则对于任意的 $X \in \mathfrak{X}(M)$, $A(X) = -\mathrm{d}_X \xi_0$, 这里 d 是 $\mathbb{R}^{m+1}$ 上的标准联络 (即普通微分). 对于任意的 $p \in M$, 取标架场 $\{e_i\}$, 使得在 p 点, $A(e_i) = \lambda_i f_*(e_i)$, 其中 $\lambda_i \in \mathbb{R}$. 因为函数 $S = \langle f, \xi_0 \rangle$ 是常数, 所以

$$0 = e_i(S) = \langle f_*(e_i), \xi_0 \rangle + \langle f, \mathrm{d}_{e_i} \xi_0 \rangle = -\langle f, A(e_i) \rangle, \quad \forall i.$$

在 p 点取值得 $\lambda_i \langle f, f_*(e_i) \rangle = 0 (\forall i)$. 由充分性假设, $\lambda_i \neq 0$, 故 $\langle f, f_*(e_i) \rangle = 0 (\forall i)$. 这说明 f 在每一点处都平行于单位法向量 ξ_0, 从而有 $\mathrm{d}(f^2) = \langle f, \mathrm{d}f \rangle \equiv 0$. 所以 f 具有固定的长度, 结论得证.

24. (充分性) 设 h 是 M 的第二基本形式, $H = \frac{1}{m}\mathrm{tr}h$ 是 M 的平均曲率, x 是 M 在 $\mathbb{R}^{m+1}$ 中的位置向量. 由假设, H 是常数. 对于任意的局部标架场 $\{e_i\}$, 令

$$a_i = \langle x, e_i \rangle, \quad h_{ij} = h(e_i, e_j), \quad X^i = Ha_i \quad Y^i = \sum_j h_{ij}a_j,$$

$$X = \sum X^i e_i, \quad Y = \sum Y^i e_i.$$

通过直接计算, 可知

$$\mathrm{div}\, X = mH(1 + SH), \quad \mathrm{div}\, Y = \sum_{i,j} a_j h_{iji} + mH + S\sum_{i,j}(h_{ij})^2.$$

注意到 H 是常数, $\sum_i h_{iji} = \sum_i h_{iij} = 0$. 于是由散度定理 (第二章的定理 5.3)

$$\int_M (mH + mSH^2)\mathrm{d}V_M = 0, \quad \int_M \left(mH + S\sum_{i,j}(h_{ij})^2\right)\mathrm{d}V_M = 0.$$

两式相减得

$$\int_M S\left(mH^2 - \sum_{i,j}(h_{ij})^2\right)\mathrm{d}V_M = 0.$$

因为 S 在 M 上恒不为零, 所以由 M 的连通性, S 在 M 上不变号. 此外, 容易知道,

$$mH^2 = \frac{1}{m}(\mathrm{tr}h)^2 \leqslant \sum_{i,j}(h_{ij})^2.$$

于是有 $mH^2 - \sum_{i,j}(h_{ij})^2 \equiv 0$. 此式成立当且仅当 h 的所有特征根 (即 M 的主曲率) 处处相等, 因而 M 是全脐的. 根据紧致性假设和本章习题第 19 题的结论 (4), M 是全脐的当且仅当 M 是 $\mathbb{R}^{m+1}$ 中的标准球面.

25. (1) 易知, $\mathbb{R}^{m+1}$ 中的超曲面 M 在一点 p 是凸的当且仅当 M 在点 p 处的所有法截线在 p 点附近位于切平面 T_pM 的同一侧, 由此可知 M 在 p 点的所有法曲率具有相同的符号, 即 M 在该点的第二基本形式 h 是半定的, 即 h 在 p 点的所有特征根 (即 M 在点 p 的所有主曲率) 具有相同的符号. 另一方面, 假设 h 在点 p 是正定的或负定的, 即 M 在点 p 的所有主曲率都

大于零或都小于零. 在此条件下可以证明, M 在点 p 处的所有法曲率都大于零或都小于零, 因而 M 在点 p 处的所有法截线在 p 点附近位于切平面 T_pM 的同一侧, 并且与切平面 T_pM 只有一个公共点 p. 因此, M 在点 p 是严格凸的.

(2) 取 T_pM 的基底 $\{e_i\}$, 使得 M 在 p 点的第二基本形式 h 满足 $h_{ij} = h(e_i, e_j) = \lambda_i \delta_{ij}$. 由 Gauss 公式

$$K(e_i, e_j) = h_{ii} h_{jj} - (h_{ij})^2 = \lambda_i \lambda_j, \quad \forall i \neq j.$$

由此可见, M 在 p 点的截面曲率 $K > 0 \Leftrightarrow$ 对于任意的 $i \neq j$, $\lambda_i \lambda_j > 0$; $K \geqslant 0 \Leftrightarrow$ 对于任意的 $i \neq j$, $\lambda_i \lambda_j \geqslant 0$. 前者等价于所有的主曲率均大于零或均小于零, 后者等价于所有的主曲率具有相同的符号. 再利用结论 (1).

26. (1) 依次证明如下的结论 (细节可以参阅参考文献 [38] 第 $225 \sim 226$ 页):

(a) 至少存在一点 $p_0 \in M$, 使得 M 的第二基本形式 h 在 p_0 点是正定的或是负定的. 事实上, 设 x 是 M 的位置向量, 令 $f = |x|^2$, 则 f 是 M 上的光滑函数. 不失一般性, 可以假定 M 不包含原点. 由 M 的紧致性, 存在点 $p_0 \in M$, 使得 f 在 p_0 点取最大值. 证明 p_0 点满足要求.

(b) 如果截面曲率 K 恒不为零, 则 h 是处处非退化的; 此时, K 恒大于零. 事实上, 如果 e_i 是 h 的对应于特征根 λ_i 的特征向量, 则由假设, 当 $i \neq j$ 时, $\lambda_i \lambda_j = K(e_i, e_j) \neq 0$. 于是, 所有的 λ_i 都不等于零, 因而 h 是非退化的. 考虑 M 的子集

$$A = \{p \in M; \ h \text{在 } p \text{ 点是正定的或负定的}\}$$
$$B = \{p \in M; \ h \text{在 } p \text{ 点是半定的}\}.$$

根据 M 的连通性说明 $A = B = M$.

(c) 如果 K 恒大于零, 则 M 是可定向的, 并且其 Gauss 映射 $G : M \to S^m$ 是微分同胚. 事实上, K 恒大于零等价于 M 在每一点的所有主曲率均大于零或均小于零, 即 h 在每一点是正定的或负定的. 为证明 M 是可定向的, 我们需要在 M 上定义一个单位法向量场. 设 X 是一个局部定义的光滑切向量场, 且处处不等于零, 则由于 h 处处是正定的或负定的, $(\mathrm{d}_X X)^\perp$ 处处不等于零. 令 $\xi_X = -\dfrac{(\mathrm{d}_X X)^\perp}{|(\mathrm{d}_X X)^\perp|}$. 可以验证, 单位法向量场 ξ_X 与向量场 X 的取法无关, 因而确定了 M 上的一个整体定义的单位法向量场. 此外, 注意到 h 是处处非退化的, 由本章习题第 21 题的结论 (1), Gauss 映射 G 是微

分同胚.

(d) 如果 M 是可定向的, 并且其 Gauss 映射 G 是微分同胚, 则 G 的微分处处是线性同构, 从而由本章习题第 21 题的结论 (1), h 是处处非退化的.

(2) 只需证明 M 在任意一点 p 是严格凸的. 我们可以取 $\mathbb{R}^{m+1}$ 中的笛卡儿直角坐标系 $(x^1, \cdots, x^{m+1})$, 使得原点为 p 点, 并且 T_pM 是坐标面 $x^{m+1} = 0$. 令 $f = x^{m+1}|_M$, 则 f 是 M 上的光滑函数. 由于 M 是紧致的, f 在 M 上有最大值点 p' 和最小值点 p''. 因此, 切空间 $T_{p'}M$, $T_{p''}M$ 在 $\mathbb{R}^{m+1}$ 中都与切空间 T_pM 平行. 所以 Gauss 映射 G 在 $p, p'p''$ 的值最多相差一个符号. 因为 G 是微分同胚并且 $p' \neq p''$, 所以 $G(p') = -G(p'')$, 进而 $G(p) = G(p')$ 或 $G(p) = G(p'')$. 不失一般性, 设 $G(p) = G(p'')$. 则 $p = p''$, 于是对于任意的 $q \in M$, 有 $f(q) \geqslant 0$, 等号成立当且仅当 $q = p$. 这说明, M 位于切空间 T_pM 的上侧, 并且 $M \cap T_pM = \{p\}$.

27. (1) 设 $\{e_i\}$ 是 M 上的任意一个单位正交的局部标架场, h 是 M 的第二基本形式, $h_{ij} = h(e_i, e_j)$, $|h|^2 = \sum(h_{ij})^2$. 则有如下的 Gauss 方程和 Codazzi 方程

$$R_{ijkl} = h_{il}h_{jk} - h_{ik}h_{jl}, \quad h_{ijk} = h_{ikj}.$$

利用 Ricci 方程和 Codazzi 方程以及常数平均曲率的条件可以算出 (参阅参考文献 [6] 第 299~300 页)

$$\frac{1}{2}\Delta(|h|^2) = \sum(h_{ijk})^2 + \sum h_{ij}(h_{li}R_{lkkj} + h_{kl}R_{likj})$$
$$= \sum(h_{ijk})^2 + \frac{1}{2}\sum(\lambda_i - \lambda_j)^2 R_{ijji},$$

其中 λ_i 是 M 的主曲率, 即 $h_{ij} = \lambda_i\delta_{ij}$. 由假设条件和 Gauss 方程, 当 $i \neq j$ 时, $R_{ijji} = \lambda_i\lambda_j > 0$. 从而 $|h|^2$ 是紧致流形 M 上的次调和函数. 根据 Hopf 定理 (参看第二章习题第 37 题), $|h|^2$ 是常数, 从而有 $\Delta(|h|^2) \equiv 0$. 由此可知, 对于任意的 i, j, $(\lambda_i - \lambda_j)^2 R_{ijji} \equiv 0$, 因而当 $i \neq j$ 时, $\lambda_i = \lambda_j$, 即 M 是全脐的. 再由 M 的紧致性和本章习题第 19 题, M 是 $\mathbb{R}^{m+1}$ 中的标准球面.

(2) 由 Gauss 方程, 数量曲率和平均曲率为常数的假设蕴含着 $|h|^2$ 是常数. 再利用 (1) 的证明即可.

29. 假设 $M_1 \cap M_2 = \emptyset$. 由紧致性, 存在 $p \in M_1$, $q \in M_2$, 使得 $d(p, q) = d(M_1, M_2) > 0$. 设 $\gamma : [0, b] \to N$ 是 N 中连接 p, q 两点的最矩正规测地线, 则由弧长的第一变分公式, $\gamma'(0)$ 和 $\gamma'(b)$ 分别是 M_1 和 M_2 在点 p, q 的

单位法向量. 同时, 对于 γ 的每一个变分 $\Phi : [0, b] \times (-\varepsilon, \varepsilon) \to N$, 如果对于任意的 $u \in (-\varepsilon, \varepsilon)$, $\Phi(0, u) \in M_1$, $\Phi(b, u) \in M_2$, 则 $\frac{\mathrm{d}^2}{\mathrm{d}t^2} L(\gamma_u)|_{t=0} \geqslant 0$. 用 $P : T_p N \to T_q N$ 是 N 中沿 γ 的平行移动.

(1) 设 $\dim M_1 + \dim M_2 > n$, 则 $T_p M_1 \cap P^{-1}(T_q M_2) \neq \{0\}$. 任意取定一个单位向量 $v \in T_p M_1 \cap P^{-1}(T_q M_2)$, 则 $v \perp \gamma$. 再设 $U(t)$ 是沿 γ 的平行向量场, 满足 $U(0) = v$. 定义

$$\Phi(t, u) = \exp_{\gamma(t)}(uU(t)), \quad \forall (t, u) \in [0, b] \times (-\varepsilon, \varepsilon),$$

则由于 N 的截面曲率处处大于零,

$$\left. \frac{\mathrm{d}^2}{\mathrm{d}u} L(\gamma_u) \right|_{u=0} = \int_0^b R(\gamma', U, \gamma', U)\mathrm{d}t = -\int_0^b K(\gamma', U)\mathrm{d}t < 0.$$

(2) 设 $\dim M_1 = \dim M_2 = n - 1$, 则由于 γ' 分别在 p, q 点与 $T_p M_1$, $T_q M_2$ 正交, $T_p M_1 = P^{-1}(T_q M_2)$. 任意取定 $T_p M_1$ 的一个单位正交基 $\{e_i\}$, 并且设 $U_i(t)$ 是沿 γ 的平行向量场, 满足 $U_i(0) = e_i$, 定义 $\Phi_i(t, u) = \exp_{\gamma(t)} uU_i(t)$, $\gamma_{i,u}(t) = \Phi_i(t, u)$. 由于 N 的 Ricci 曲率处处大于零, 根据 (1) 中的推理有

$$0 \leqslant \sum_i \left. \frac{\partial^2}{\partial u^2} L(\gamma_{i,u}) \right|_{u=0} = \int_0^b \sum_i R(\gamma', U_i, \gamma', U_i)\mathrm{d}t$$
$$= -\int_0^b \mathrm{Ric}(\gamma', \gamma')\mathrm{d}t < 0.$$

30. 选取单位正交的标架场 $\{e_i\}$, 使得 $h_{ij} = \lambda_i \delta_{ij}$. 设 $\{\omega^i\}$ 是 $\{e_i\}$ 的对偶标架场, ω_i^j 是 M 上的联络形式, 则有如下的结构方程 (参看第四章的 (2.7) 式):

$$\mathrm{d}\omega^i = \omega^j \wedge \omega_j^i, \quad \mathrm{d}\omega_i^j = \omega_i^k \wedge \omega_k^j + \frac{1}{2} R_{ikl}^j \omega^k \wedge \omega^l,$$

其中 R_{ikl}^j 是 M 的曲率张量的分量. M 在 N 中的 Gauss 方程是

$$R_{ikl}^j = R_{ijkl} = c(\delta_{il}\delta_{jk} - \delta_{ik}\delta_{jl}) + h_{il}h_{jk} - h_{ik}h_{jl}$$
$$= (c + \lambda_i \lambda_j)(\delta_{il}\delta_{jk} - \delta_{ik}\delta_{jl}).$$

另一方面, 利用第二基本形式的协变导数的定义,

$$0 = \sum_k h_{ijk}\omega^k = \mathrm{d}\lambda_i \delta_{ij} - \lambda_j \delta_{kj}\omega_i^k - \lambda_i \delta_{ik}\omega_j^k.$$

在上式中分别令 $j = i$ 和 $j \neq i$ 并且利用 $\omega_i^j + \omega_j^i = 0$ 可得

$$\mathrm{d}\lambda_i = 0, \quad (\lambda_j - \lambda_i)\omega_i^j = 0, \quad \forall i, j.$$

这说明所有的主曲率 λ_i 都是常数, 并且当 $\lambda_i \neq \lambda_j$ 时, $\omega_i^j = 0$. 对最后一式求外微分并利用结构方程和 Gauss 方程可得

$$0 = \mathrm{d}\omega_i^j = \omega_i^k \wedge \omega_k^j - (c + \lambda_i\lambda_j)\omega^i \wedge \omega^j = -(c + \lambda_i\lambda_j)\omega^i \wedge \omega^j,$$

其中 i, j 是固定的两个指标, 满足 $\lambda_i \neq \lambda_j$. 所以, 当 $\lambda_i \neq \lambda_j$ 时, $\lambda_i\lambda_j + c = 0$. 由此可知, 所有的主曲率 λ_i 中最多只能有两个不同的值. 如果所有的主曲率都相等, 即有常数 λ 使得 $\lambda_i = \lambda(\forall i)$, 则 M 是全脐超曲面, 因而由 Gauss 方程,

$$R_{ijkl} = (c + \lambda^2)(\delta_{il}\delta_{jk} - \delta_{ik}\delta_{jl}).$$

此时 M 具有常截面曲率 $c + \lambda^2$; 如果 M 有两个不同的主曲率, 不妨设

$$\lambda_1 = \cdots = \lambda_k = \lambda, \quad \lambda_{k+1} = \cdots = \lambda_m = \mu.$$

此时有 $\omega_a^\alpha = -\omega_\alpha^a = 0$, 其中 $1 \leqslant a \leqslant k$, $k + 1 \leqslant \alpha \leqslant m$. 于是根据 Frobenious 定理 (参阅参考文献 [3] 第 198 页, 定理 3.2), M 上分别由 $\omega^\alpha = 0$ 和 $\omega^a = 0$ 确定的 k 维分布 $\mathscr{D}_1$ 和 $m - k$ 分布 $\mathscr{D}_2$ 都是完全可积的, 因而确定了 M 的两个子流形 M_1, M_2, 使得在局部上有 $M = M_1 \times M_2$. 最后由 Gauss 方程, M_1 和 M_2 分别具有常截面曲率 $c + \lambda^2$ 和 $c + \mu^2$.

31. 设 $N(c)$ 是 n 空间形式, 其截面曲率 $c \neq 0$, 则由第五章的定理 5.2, 我们可以假设 $N(c)$ 是标准球面 $S^n(a)(c > 0$ 时) 或双曲空间 $H^n(c)(c < 0$ 时). 不失一般性, 令 $c = \varepsilon = \pm 1$. 设 M 是 $N^n(\varepsilon)$ 中的 m 维子流形, 由于 $N^n(1)$ 和 $N^n(-1)$ 可以分别嵌入到欧氏空间 $\mathbb{R}^{n+1}$ 和 Lorentz 空间 $\mathbb{R}_1^{n+1}$ 中, M 在 $N^n(\varepsilon)$ 中的位置向量有意义, 记为 x. 设 d 是 $\mathbb{R}^{n+1}$ 上的普通 (外) 微分算子, $\{e_i, e_\alpha\}$ 是 M 在 $N^n(\varepsilon)$ 中的 Darboux 标架场, 则 $\{e_i, e_\alpha, x\}$ 是 M 在 $\mathbb{R}^{n+1}$ 或 $\mathbb{R}_1^{n+1}$ 中的 Darboux 标架场. 如果 $\{\omega^i\}$ 是 M 上和 $\{e_i\}$ 对偶的余切标架场, $\omega_i^j, \omega_\alpha^\beta$ 分别是 M 上的黎曼联络形式和 M 在 $N^n(\varepsilon)$ 中的法联络形式, $h = h_{ij}^\alpha \omega^i \otimes \omega^j \otimes e_\alpha$ 是 M 在 $N^n(\varepsilon)$ 中的第二基本形式, 则 M 在 $N^n(\varepsilon)$ 中的基本公式是

$$\begin{cases} \mathrm{d}e_i = \omega_i^j e_j + \omega_i^\alpha e_\alpha - \varepsilon\omega^i x, \\ \mathrm{d}e_\alpha = \omega_\alpha^i e_i + \omega_\alpha^\beta, \\ \mathrm{d}x = \omega^i e_i, \quad \langle x, x \rangle = \varepsilon, \end{cases}$$

其中 $\langle \cdot, \cdot \rangle$ 是 $\mathbb{R}^{n+1}$ 中的标准度量或 $\mathbb{R}_1^{n+1}$ 中的 Lorentz 度量, $\omega_i^\alpha = -\omega_\alpha^i = h_{ij}^\alpha \omega^j$. 如果把它们写成矩阵的形式, 则有

$$\mathrm{d}(e_i, e_\alpha, x) = (e_j, e_\beta, x)\omega, \quad \omega = \begin{pmatrix} \omega_i^j & \omega_\alpha^j & \omega^j \\ \omega_i^\beta & \omega_\alpha^\beta & 0 \\ -\varepsilon\omega^i & 0 & 0 \end{pmatrix}$$

对上式求外微分可得 $\mathrm{d}\omega = -\omega \wedge \omega$, 它相当于 M 在 $N^n(c)$ 中的结构方程. 如果用矩阵的元素表示出来, 即可得到 M 在 $N^n(\varepsilon)$ 的基本方程如下:

$$R_{ijkl} = \varepsilon(\delta_{il}\delta_{jk} - \delta_{ik}\delta_{jl}) + \sum_\alpha (h_{il}^\alpha h_{jk}^\alpha - h_{ik}^\alpha h_{jl}^\alpha),$$

$$h_{ijk}^\alpha = h_{ikj}^\alpha, \quad R_{\alpha\beta ij}^\perp = \sum_k (h_{jk}^\alpha h_{ik}^\beta - h_{ik}^\alpha h_{jk}^\beta),$$

其中 $R_{ijkl}, R_{\alpha\beta ij}^\perp$ 和 h_{ijk} 的意义是显然的 (参看 (3.15) 式后面的式子). 与定理 3.1 相应的结论可以叙述如下:

设 (M, g) 是单连通的 m 维黎曼流形, 并且在 M 上有一个秩为 k 的黎曼向量丛 $\tilde{\pi} : E \to M$, 其纤维上的内积 (黎曼结构) 记为 $\{ , \}$. 如果向量丛 $\bar{\pi} : \mathrm{Hom}(TM \otimes TM, E) \to M$ 有一个对称截面 σ(即在每一点 $p \in M$, $\sigma_p : T_pM \times T_pM \to E_p$ 是一个对称的双线性映射), 并且向量丛 $\tilde{\pi} : E \to M$ 有一个与其黎曼结构相容的联络 $\tilde{\nabla}$, 它们和 M 上的黎曼联络 D 一起满足下列条件: $\forall X, Y, Z, W \in \mathfrak{X}(M), \xi \in \Gamma(E)$,

(1) $\langle \mathcal{R}(X, Y)Z, W \rangle = \varepsilon(g(X, W)g(Y, Z) - g(X, Z)g(Y, W)$
$\qquad\qquad\qquad + \{\sigma(X, W), \sigma(Y, Z)\} - \{\sigma(X, Z), \sigma(Y, W)\}$;

(2) $(\tilde{\mathrm{D}}_X\sigma)(Y, Z) = (\tilde{\mathrm{D}}_Y\sigma)(X, Z)$,

(3) $\tilde{\mathcal{R}}(X, Y)\xi = \sigma(A_\xi(Y), X) - \sigma(A_\xi(X), Y)$,

其中各个符号的意义同定理 3.1. 则存在等距浸入 $f : M \to N^n(\varepsilon)$ 和丛映射 $\tilde{f} : E \to T^\perp M$, 使得 $\pi \circ \tilde{f} = f \circ \pi$, 并且

$$\langle \tilde{f}(\xi), \tilde{f}(\eta) \rangle = \{\xi, \eta\}, \quad \forall \xi, \eta \in E_p;$$

$$\tilde{f}(\sigma(X, Y)) = h(X, Y), \quad \forall X, Y \in T_pM;$$

$$\tilde{f}(\tilde{\nabla}_X\xi) = \mathrm{D}_X^\perp(\tilde{f}(\xi)), \quad \forall X \in T_pM, \xi \in \Gamma(E).$$

上述的结论可以依照定理 3.1 的证明去做, 其中只需有少量的修改. 比如: 所有指标 $A, B, \cdots$ 的取值范围修改为 $1, \cdots, n+1$, 相应地把上面得到的基本

公式视为关于 $(n+1)^2$ 个未知函数的偏微分方程; (3.26) 中的第二组式子要修改为

$$\frac{\partial a_i^A}{\partial u^k} = \Gamma_{ik}^j a_j^A + h_{ik}^\alpha a_\alpha^A - \varepsilon g_{ik} a_0^A;$$

初始条件 (3.29) 修改为:

$$\sum_{l=1}^n (a_0^l)^2 + \varepsilon (a_0^{n+1})^2 = \varepsilon, \quad \text{当} \varepsilon = -1 \text{时}, a_0^{n+1} > 0,$$

$$\sum_{l=1}^n a_0^l a_{0i}^l + \varepsilon a_0^{n+1} a_{0i}^{n+1} = 0,$$

$$\sum_{l=1}^n a_{0i}^l a_{0j}^l + \varepsilon a_{0i}^{n+1} a_{0j}^{n+1} = g_{ij}(u_0^1, \cdots, u_0^m),$$

$$\sum_{l=1}^n a_{0i}^l a_{0\alpha}^l + \varepsilon a_{0i}^{n+1} a_{0\alpha}^{n+1} = 0,$$

$$\sum_{l=1}^n a_{0\alpha}^l a_{0\beta}^l + \varepsilon a_{0\alpha}^{n+1} a_{0\beta}^{n+1} = \delta_{\alpha\beta};$$

如此等等.

32. 原始证明请参阅参考文献:

Nomizu & Smyth, J. Diff. Geom., Vol.3(1969), 367-377;

下面是证明的提示. 采用与本章习题第 27 题的证明中完全相同的方法可以得到

$$\frac{1}{2}\Delta(|h|^2) = \sum (h_{ijk})^2 + \sum h_{ij}(h_{li}R_{lkkj} + h_{kl}R_{likj})$$

$$= \sum (h_{ijk})^2 + \frac{1}{2}\sum (\lambda_i - \lambda_j)^2 R_{ijji},$$

其中 λ_i 是 M 的主曲率. 由假设条件和 Gauss 方程, 当 $i \neq j$ 时, $R_{ijji} = 1 + \lambda_i \lambda_j \geqslant 0$. 从而 $|h|^2$ 是紧致流形 M 上的次调和函数. 根据 Hopf 定理 (参看第二章习题第 37 题), $|h|^2$ 是常数, 从而有 $h_{ijk} = 0$, 即 M 具有平行的第二基本形式; 同时还有 $(\lambda_i - \lambda_j)R_{ijji} \equiv 0(\forall i, j)$, 即

$$(\lambda_i - \lambda_j)(1 + \lambda_i \lambda_j) \equiv 0, \quad \forall i, j.$$

再参照本章习题第 30 题的做法便可以说明 M 是标准超球面或是两个低维球面的直积.

33. 参看参考文献: A. Ros, J. Diff. Geom., 27(1988), 215～220.

34. (1) 首先由 $\langle x, x \rangle = 1$ 得 $a \mathrm{d}a + b \mathrm{d}b = 0$. 因为 e_1, e_2 分别是 $\mathbb{R}^{k+1}$ 和 $\mathbb{R}^{m-k+1}$ 中的单位向量函数, 故有

$$\langle \xi_0, \mathrm{d}x \rangle = -b \mathrm{d}a + a \mathrm{d}b.$$

(2) 由位置向量 x 的表达式以及 $a > 0, b > 0$ 的假设易知, $M \subset S^k(a) \times S^{m-k}(b)$ 是开子流形. 根据第二基本形式的定义 (参看本章习题第 19 题),

$$h = \langle \mathrm{d}^2 x, \xi_0 \rangle = -\langle \mathrm{d}x, \mathrm{d}\xi_0 \rangle = ab((\mathrm{d}e_1)^2 - (\mathrm{d}e_2)^2).$$

(3) M 上的诱导度量是

$$g = \mathrm{d}x^2 = a^2 (\mathrm{d}e_1)^2 + b^2 (\mathrm{d}e_2)^2.$$

设 $\{\tilde{\omega}^i\}$, $\{\tilde{\omega}^\alpha\}$ 是 S^k 和 S^{m-k} 上的单位正交的余切标架场, 令 $\omega^i = a x_*(\tilde{\omega}^i)$, $\omega^\alpha = b x_*(\tilde{\omega}^\alpha)$, 则 $\{\omega^i, \omega^\alpha\}$ 是 M 上的单位正交的余切标架场. 同时有

$$(\mathrm{d}e_1)^2 = \frac{1}{a^2} \sum_i (\omega^i)^2, \quad (\mathrm{d}e_2)^2 = \frac{1}{b^2} \sum_\alpha (\omega^\alpha)^2.$$

于是

$$g = \sum_i (\omega^i)^2 + \sum_\alpha (\omega^\alpha)^2, \quad h = \frac{b}{a} \sum_i (\omega^i)^2 - \frac{a}{b} \sum_\alpha (\omega^\alpha)^2.$$

35. (1) 直接计算可得

$$\sum_{i=1}^{5} (u^i)^2 = \frac{1}{a^4} (x^2 + y^2 + z^2)^2,$$

$$\sum_{i=1}^{5} (\mathrm{d}u^i)^2 = \frac{3}{a^4} (x^2 + y^2 + z^2)(\mathrm{d}x^2 + \mathrm{d}y^2 + \mathrm{d}z^2) + \frac{1}{a^4} (x\mathrm{d}x + y\mathrm{d}y + z\mathrm{d}z)^2.$$

另一方面, 设 $\varphi : S^2(a) \to S^2(a)$ 是对径点映射 (参看第二章习题第 4 题), 则 $f \circ \varphi = f$. 注意到自然投影 $\pi : S^2(a) \to (\mathbb{R}P^2, g_a)$ 是一个局部等距, 故 f 诱导了一个共形嵌入 $\tilde{f} : (\mathbb{R}P^2, g_a) \to S^4$.

(2) 设 Δ, Δ_1 和 Δ_a 分别是 $\mathbb{R}^3, S^2$ 和 $S^2(a)$ 上的 Beltrami-Laplace 算子, 则由第二章习题第 32 题可以知道,

$$\Delta = \frac{\partial^2}{\partial r^2} + \frac{2}{r} \frac{\partial}{\partial r} + \frac{1}{r^2} \Delta_1,$$

其中 r 是极半径. 同时, 显然有 $\Delta_a = \frac{1}{a^2}\Delta_1$, $\Delta f = 0$, 并且 $f = r^2(f|_{S^2})$. 由此可以证明

$$\Delta_a(f|_{S^2(a)}) = -\frac{6}{a^2}f|_{S^2(a)}.$$

再利用 Takahashi 定理 (定理 4.6).

36. (1) 由定义, 对于任意的 $X, Y \in \mathfrak{X}(M)$,

$$B_f(X,Y) - B_f(Y,X) = \overline{D}_X f_*(Y) - D_Y f_*(X) - f_*([X,Y]).$$

当 $\overline{D}$ 是无挠联络时, 由诱导联络的定义容易证明 (参阅第二章的例 8.2),

$$\overline{D}_X f_*(Y) - D_Y f_*(X) = f_*([X,Y]).$$

(2) 设 $\{e_i\}$ 是 M 上的单位正交标架场. 那么, 对于给定的正常变分 $F : G \times (-\varepsilon, \varepsilon) \to N$, 有

$$E(u) = E(f_u) = \frac{1}{2}\int_G \langle (f_u)_* e_i, (f_u)_* e_i \rangle \mathrm{d}V_M$$
$$= \frac{1}{2}\int_G \langle F_*(e_i), F_*(e_i) \rangle \mathrm{d}V_M.$$

假设 $\tilde{D}$ 是拉回丛 F^*TN 上的诱导联络, 则利用 $D_{\frac{\partial}{\partial u}} e_i = D_{e_i}\frac{\partial}{\partial u} = 0$ 可得

$$E'(u) = \int_G \langle F_*(e_i), \tilde{D}_{\frac{\partial}{\partial u}} F_*(e_i) \rangle \mathrm{d}V_M$$
$$= \int_G \left\langle F_*(e_i), B_F\left(\frac{\partial}{\partial u}, e_i\right) \right\rangle \mathrm{d}V_M$$
$$= -\int_G \left\langle B_F(e_i, e_i), F_*\left(\frac{\partial}{\partial u}\right) \right\rangle \mathrm{d}V_M.$$

两边在 $u = 0$ 取值得

$$E'(0) = -\int_G \langle B_f(e_i, e_i), V \rangle \mathrm{d}V_M = -\int_G \langle \tau(f), V \rangle \mathrm{d}V_M.$$

其中 V 是 f 对应于变分 F 的变分向量场.

(3) 浸入子流形 $f : M \to N$ 的第二基本形式 h 由 Gauss 公式定义:

$$\overline{D}_X f_*(Y) = f_*(D_X Y) + h(X,Y).$$

把上式与光滑映射 f 的第二基本形式 B_f 的定义式比较, 即知 $B_f = h$.

38. 设 $M \subset S^n$ 是一个紧致无边的 m 维极小子流形, $v \in \mathbb{R}^{n+1}$, 它可以视为定义在 M 上的一个常向量场. 在 M 的每一点把 v 垂直投影到 M 在 S^n 中的法空间, 可以得到一个沿 M 定义的法向量场 W. 取 M 上的单位正交标架场 $\{e_i\}$ 和单位正交的法标架场 $\{e_\alpha\}$, 则 $\{e_i, e_\alpha, x\}$ 是 M 在 $\mathbb{R}^{n+1}$ 中的 Darboux 标架场, 其中 x 是 M 上点的位置向量. 对这个标架场进行微分得

$$\mathrm{d}e_i = \Gamma_{ij}^k \omega^j e_k + h_{ij}^\alpha \omega^j e_\alpha - \delta_{ij}\omega^j x,$$
$$\mathrm{d}e_\alpha = -h_{ij}^\alpha \omega^i e_j + \Gamma_{\alpha i}^\beta \omega^i e_\beta, \quad \mathrm{d}x = \omega^i e_i,$$

其中 $\{\omega^i\}$ 是 M 上与 $\{e_i\}$ 对偶的余切标架场, h_{ij}^α 是 M 在 S^n 中的第二基本形式的分量, Γ_{ij}^k 和 $\Gamma_{\beta i}^\alpha$ 分别是 M 上的黎曼联络 D 和法联络的联络系数. 设 $v = v^i e_i + v^\alpha e_\alpha + v^0 x$, 则 $W = v^\alpha e_\alpha$. 由 $\mathrm{d}v \equiv 0$, 可以得到如下的关系式:

$$v_{,j}^i \equiv e_j(v^i) + v^k \Gamma_{kj}^i = v^\alpha h_{ij}^\alpha - \delta_j^i,$$
$$v_{,i}^\alpha \equiv e_i(v^\alpha) + v^\beta \Gamma_{\beta i}^\alpha = -v^j h_{ji}^\alpha.$$

在此基础上再证明

$$\langle \mathrm{Ric}^\perp W, W \rangle = m \sum_\alpha (v^\alpha)^2, \quad \langle h \circ h^{\mathrm{t}}(W), W \rangle = -\langle \Delta_M^\perp W, W \rangle.$$

代入第二变分公式 (5.16) 得

$$V''(0) = -m \int_M \sum_\alpha (v^\alpha)^2 \mathrm{d}V_M \leqslant 0.$$

参 考 文 献

1. 陈省身, 陈维桓. 微分几何讲义. 2 版. 北京: 北京大学出版社, 2001.

2. 陈维桓. 微分几何初步. 北京: 北京大学出版社, 1990.

3. 陈维桓. 微分流形初步. 2 版. 北京: 高等教育出版社, 2001.

4. 伍鸿熙, 陈维桓. 黎曼几何选讲. 北京: 北京大学出版社, 1993.

5. 伍鸿熙, 沈纯理, 虞言林. 黎曼几何初步. 北京: 北京大学出版社, 1989.

6. 白正国, 沈一兵, 水乃翔, 等. 黎曼几何初步. 北京: 高等教育出版社, 1992.

7. 村上信吾. 齐性流形引论. 上海: 上海科学技术出版社, 1983.

8. 丁同仁, 李承治. 常微分方程教程. 北京: 高等教育出版社, 1991.

9. 项武义, 侯自新, 孟道骥. 李群讲义. 北京: 北京大学出版社, 1992.

10. 孟道骥. 复半单李代数引论. 北京: 北京大学出版社, 1998.

11. 严志达. 实半单李代数. 天津: 南开大学出版社, 1998.

12. 严志达, 许以超. Lie 群及其 Lie 代数. 北京: 高等教育出版社, 1985.

13. 尤承业. 基础拓扑学讲义. 北京: 北京大学出版社, 1997.

14. BOOTHBY W M. An Introduction to Differentiable Manifolds and Riemannian Geometry. 2rd ed. New York:Academic Press, Inc.,1986.

15. CHEEGER J, EBIN D G. Comparison Theorems in Riemannian Geometry, Amsterdam: North-Holland Publishing Company, 1975.

16. CHERN S S. Complex Manifolds Without Potential Theory. New York: Springer-Verlag, 1979.

17. CHERN S S. A simple intrinsic proof of the Gauss-Bonnet formula for closed Riemannian manifolds. Selected Papers: Vol.1, 83-88; New York: Springer-Verlag, 1978.

18. CHERN S S. Minimal submanifolds in a Riemannian manifold. Selected Papers: Vol. 4, 399-462. New York: Springer-Verlag, 1989.

19. CHERN S S. Vector bundle with connection. Selected Papers: Vol. 4, 245-268. New York: Springer-Verlag, 1989.

20. DAJCZER M, Submanifolds and Isometric Immersions. Houston: Publish or Perish, 1990.

21. DO CARMO M P. Riemannian Geometry. Boston: Birkhauser, 1992.

22. GRIFFITHS P, HARRIS J. Principles of Algebraic Geometry. New York: John Wiley & Sons, Inc., 1978.

23. GROMOV M. Partial Relations. New York: Springer-Verlag, 1986.

24. HELGASON S. Differential Geometry, Lie groups, and Symmetric Spaces. New York: Academic Press, 1978.

25. HIRSCH M W. Differential Topology. New York: Springer-Verlag, 1976.

26. HUSEMOLLER D. Fibre Bundles. New York: McGraw-Hill,1966.

27. NABER G L. Topology, Geometry, and Gauge Fields: Foundations. New York: Springer-Verlag, 1997.

28. NABER G L. Topology, Geometry, and Gauge Fields: Interactions. New York: Springer-Verlag, 1997.

29. KOBAYASHI S, NOMIZU K. Foundations of Differential Geometry: Vol. 1. New York: Wiley-Intersciences, 1963; Foundations of Differential Geometry: Vol. 2. New York: Wiley-Intersciences, 1969.

30. SPIVAK M. A Comprehensive Introdiction to Differential Geometry: Vols. 1-5. Berkeley: Publish or Perish, 1979.

31. WOLF J A. Space of Costant Curvature. Berkeley: Publish or Perish,1974.

进一步的参考文献

32. AUBIN T. Nonlinear Analysis on Manifolds, Monge-Ampere Equations. New York: Springer-Verlag, 1982.

33. BERGER M. Riemannian Geometry During The Second Half of The 20th Century. University Lecture Series: Vol. 17, Providence: Amer. Math. Soc., 2000.

34. BERGER M, GOSTIAUX B. Differential Geometry: Manifolds, Curves, and Surfaces. New York: Springer-Verlag, 1988.

35. BRYANT R, CHERN S S, GARDNER R B, et al. Exterior Differential Systems. New York: Springer Verlag, 1991.

36. CHAVEL I. Riemannian Geometry: A Modern Introduction. Cambridge: Cambridge University Press, 1993.

37. DO CARMO M P, WALLACH R N. Minimal immersions of spheres into spheres. Ann. of Math., 93(1971), 43-62.

38. GALLOT S, HULLIN D, LAFONTAINE J. Riemannian Geometry. Berlin: Springer-Verlag, 1990.

39. JOST J. Riemannian Geometry and Geometric Analysis. New York: Springer-Verlag, 1998.

40. KLINGENBERG W. Riemannian Geometry. Berlin: De Gruyter, 1982.

41. LANG S. Differential and Riemannian Manifolds. New York: Springer-Verlag, 1995.

42. LEE J M. Riemannian Manifolds. New York: Springer-Verlag, 1997.

43. PETERSEN P. Riemannian Geometry. New York: Springer-Verlag, 1998.

44. SAKAI T. Riemannian Geometry. Providence: Amer. Math.Soc.,1996.

45. SHARPE P W. Differential Geometry. New York: Springer-Verlag, 1997.

46. WARNER F W. Foundations of Differentiable Manifolds and Lie Groups. New York: Springer-Verlag, 1983.

47. WILLMORE T J. Riemannian Geometry. Oxford: Oxford University Press, 1993.

索　引

B

伴随表示	69
闭微分式	43
变分	173
变分曲线	174
变分向量场	174, 382
不可延拓的黎曼流形	202

C

测地变分	256
测地球	183
测地球面	183
测地平行标架场	205
测地线	162
测地凸邻域	191
常曲率空间	232
乘积度量	91
乘积流形	63
纯不连续作用	291
丛空间	53
丛投影	53

D

带边区域	46
单参数子群	69
单位分解	21
单位正交余标架场	81

等距 | 91 |
等距变换	91
等距变换群	291
等距浸入	91
等距映射	91
底流形	53
第二 Bianchi 恒等式	223
第二基本形式	353, 424
第一 Bianchi 恒等式	210, 215
典型线丛	75
定向	10
定向相符	10
对偶标架场	56
对偶丛	55

F

发散曲线	207
法丛	350
法空间	350
法联络	355
法坐标邻域	186
法坐标系	186
反对称	39
反函数定理	61
翻转定向性质	310
仿射变换	155
仿射联络空间	106

分段光滑曲线　133

覆叠度量　290

覆叠流形　272

覆叠映射　272

复射影空间　60

G

共轭重数　270

共轭点　267

共形变换　92

共形不变量　92

共形度量　151

光滑函数　7, 15

光滑结构　9

光滑截面　54

光滑流形　9

光滑切向量场　30

光滑曲线　8, 16

光滑同胚　16

光滑映射　15

H

横截曲线　174

弧长第二变分公式　301

弧长第一变分公式　175

J

基本指标引理　314

极点　295

极小子流形　386

积分　46

加细　20

(仿射联络空间的) 结构方程　221

截断函数　19

截面曲率　229

浸入　29

浸入子流形　29

径向测地线　183

局部标架场　54

局部等距　91

局部对称变换　296

局部共形平坦　254

局部光滑同胚　16

局部欧氏空间　226

局部平凡化　53

局部有限　20

局部坐标系　9

距离　187

具有固定边界的变分　381

具有固定端点的变分　174

具有平坦法丛的子流形　418

K

开子流形　13

可定向微分流形　10

空间形式　284

L

拉回映射　72

黎曼度量　77

黎曼结构　58

黎曼覆叠空间　290

黎曼局部对称空间　248

黎曼联络　112

黎曼流形　77

黎曼曲率张量　214

黎曼向量丛	58	切空间	25
黎曼淹没	147	切向量	22
李代数	34	切向量丛	53
李群	68	切映射	28
李群的李代数	68	球极投影	87, 147
李群的同态	69	曲率算子	210, 243
李子群	70	曲率形式	220
联络	101, 138	曲率型张量	230
联络系数	103	曲率张量	212, 246
联络形式	128, 140	全测地子流形	353

N

挠率形式	129	**R**	
挠率张量	107	容许坐标卡	9
内乘	71		
内积	76	**S**	
能量	343	散度定理	119
能量第二变分公式	344	散度算子	113
能量第一变分公式	343	射线	207
		实解析函数	7
P		实解析结构	9
平坦环面	91	实解析流形	9
平坦黎曼流形	226	实射影空间	14
平均曲率向量场	359	数量曲率	238
平行平均曲率向量场	418	双不变黎曼度量	151
平行向量场	132	水平切空间	147
平行移动	135		
		T	
Q		特殊线性群	68
恰当微分式	43	特殊正交群	68
嵌入	29	梯度算子	114
嵌入子流形	29	体积第二变分公式	403
铅垂切空间	146	体积第一变分公式	383

体积元素　78
调和函数　157
调和映射　424
拓扑流形　8

W

外微分算子　41
完备黎曼流形　197
微分　28
微分同胚　16
伪黎曼度量　152
稳定极小子流形　408
无挠联络　107

X

纤维　53
向量<u>丛</u>　53
(与黎曼度量) 相容的联络　111
协变导数　99
协变微分　99, 109
形状算子　356
辛结构　73
辛流形　73

Y

淹没　29
诱导度量　83
(拉回丛上的) 诱导联络　143
有向微分流形　10
余切空间　27
余切向量　27
余切向量<u>丛</u>　56
余切映射　28

余微分算子　126

Z

张力场　424
(向量<u>丛</u>的) 张量积　56
张量性质　39
正交群　68
正规测地线　166
(向量<u>丛</u>的) 直和　56
直径　302
直线　346
秩　17
支撑集　44
指标形式　312
指数映射　172
主方向　419
主曲率　419
自然标架场　30
自然基底　26
子流形基本方程　364
子流形基本公式　354
最短线　178
坐标变换　9
坐标函数　9
坐标邻域　8
坐标卡　8
坐标映射　8
左不变黎曼度量　150

Beltrami-Laplace 算子　114
Bonnet-Myers 定理　302

C^r 微分结构　8

C^r 微分流形   9

C^r 相关   8

C^r 映射   8

Cartan 等距定理   279

Cartan-Hadamard 定理   276

Christoffel 记号   95

Clifford 极小超曲面   423

Codazzi 方程   361

Darboux 标架场   357

de Rham 上同调群   43

Einstein 流形   238

Gauss 方程   361

Gauss 公式   351

Gauss 引理   181

Gauss 映射   420

Gauss-Kronercker 曲率   420

Green 公式   121

Hessian 算子   117

Hodge 分解定理   158

Hodge 星算子   123

Hodge-Laplace 算子   126

Hopf 定理   157

Hopf-Rinow 定理   199

Jacobi 向量场   257

Jacobi 方程   257

Jacobi 行列式   10

Jacobi 矩阵   10, 17

Killing 方程   153

Killing 向量场   153

Levi-Civita 联络   112

Lorentz 度量   153

Poisson 括号积   34

r 次可微函数   7

r 次外微分式   39

(r, s) 型张量场   36

Rauch 比较定理   326

Ricci 方程   364

Ricci 恒等式   242

Ricci 曲率   237

Ricci 曲率张量   236

Schur 定理   233

Stokes 定理   47

Synge 定理   308

Takahashi 定理   395

Veronese 曲面   423

Weingarten 变换   356

Weingarten 公式   354

Weitzenböck 公式   250

Weyl 共形曲率张量   253